中 国 国 家 标 准 汇 编

2011 年修订-22

中国标准出版社　编

中国标准出版社
北　京

图书在版编目(CIP)数据

中国国家标准汇编:2011年修订.22/中国标准出版社编.—北京:中国标准出版社,2012
ISBN 978-7-5066-6938-2

Ⅰ.①中… Ⅱ.①中… Ⅲ.①国家标准-汇编-中国-2011 Ⅳ.①T-652.1

中国版本图书馆CIP数据核字(2012)第197119号

中国标准出版社出版发行
北京市朝阳区和平里西街甲2号(100013)
北京市西城区三里河北街16号(100045)

网址 www.spc.net.cn
总编室:(010)64275323 发行中心:(010)51780235
读者服务部:(010)68523946

中国标准出版社秦皇岛印刷厂印刷
各地新华书店经销

*

开本 880×1230 1/16 印张 40 字数 1 092 千字
2012年9月第一版 2012年9月第一次印刷

*

定价 220.00 元

出 版 说 明

1.《中国国家标准汇编》是一部大型综合性国家标准全集。自1983年起，按国家标准顺序号以精装本、平装本两种装帧形式陆续分册汇编出版。它在一定程度上反映了我国建国以来标准化事业发展的基本情况和主要成就，是各级标准化管理机构，工矿企事业单位，农林牧副渔系统，科研、设计、教学等部门必不可少的工具书。

2.《中国国家标准汇编》收入我国每年正式发布的全部国家标准，分为“制定”卷和“修订”卷两种编辑版本。

“制定”卷收入上一年度我国发布的、新制定的国家标准，顺延前年度标准编号分成若干分册，封面和书脊上注明“20××年制定”字样及分册号，分册号一直连续。各分册中的标准是按照标准编号顺序连续排列的，如有标准顺序号缺号的，除特殊情况注明外，暂为空号。

“修订”卷收入上一年度我国发布的、被修订的国家标准，视篇幅分设若干分册，但与“制定”卷分册号无关联，仅在封面和书脊上注明“20××年修订-1，-2，-3，……”字样。“修订”卷各分册中的标准，仍按标准编号顺序排列(但不连续)；如有遗漏的，均在当年最后一分册中补齐。需提请读者注意的是，个别非顺延前年度标准编号的新制定的国家标准没有收入在“制定”卷中，而是收入在“修订”卷中。

读者配套购买《中国国家标准汇编》“制定”卷和“修订”卷则可收齐由我社出版的上一年度我国制定和修订的全部国家标准。

3. 由于读者需求的变化，自1996年起，《中国国家标准汇编》仅出版精装本。

4. 2011年我国制修订国家标准共1 989项。本分册为“2011年修订-22”，收入新制修订的国家标准43项。

中国标准出版社

2012年8月

目　　录

ICS 85.100
Y 91

中华人民共和国国家标准

GB/T 26454—2011

造纸用单层成形网

Paper machine single layer forming fabric

2011-05-12 发布 2011-09-15 实施

中华人民共和国国家质量监督检验检疫总局
中国国家标准化管理委员会 发布

前言

本标准按照GB/T 1.1—2009《标准化工作导则 第1部分:标准的结构和编写》给出的规则起草。

请注意本文件的某些内容可能涉及专利。本文件的发布机构不承担识别这些专利的责任。

本标准由中国轻工业联合会提出。

本标准由全国造纸工业标准化技术委员会(SAC/TC 141)归口。

本标准起草单位:中国造纸学会脱水器材专业委员会、江苏金呢工程织物股份有限公司、上海金熊造纸网毯有限公司、安徽华辰造纸网股份有限公司、河北鹤煌网业股份有限公司、广东新会中新网业有限公司、中国制浆造纸研究院。

本标准主要起草人:胡博能、韩静芬、周积学、盛长新、王海明、丁家祥、郭纪宗、王群兴。

造纸用单层成形网

1 范围

本标准规定了造纸用单层成形网的术语和定义、产品型号与分类、要求、试验方法、检验规则、标志、包装、运输和贮存。

本标准适用于造纸工业及其他工业部门用的单层成形网。

2 规范性引用文件

下列文件对于本文件的应用是必不可少的。凡是注日期的引用文件，仅注日期的版本适用于本文件。凡是不注日期的引用文件，其最新版本(包括所有的修改单)适用于本文件。

GB/T 24290 造纸用成形网、干燥网测量方法

3 术语和定义

下列术语和定义适用于本文件。

3.1

造纸用单层成形网 paper machine single layer forming fabric

采用特殊的编织纹理及相应单丝，使用专用设备和工艺织成单层网，然后经热定型、裁剪、插接和其他特殊的整理工序加工而制成的使纸张成形所用网。

4 产品型号与分类

4.1 产品型号

造纸用单层成形网型号表示方法具体如下：

CX W ×× ×× ×-1

- -1 —— 分类号
- × —— 编织系列综数
- ×× —— 纬线直径(×100 mm)
- ×× —— 编织状态经线密度，根 /cm
- W —— 为“网”
- CX —— 为“成形”

示例 1：

CX W 27 23 4-1

- 4-1：1 号网；编织系列综数为 4 综
- 23：纬线直径 0.23 mm
- 27：经线密度 27 根/cm
- W：网
- CX：成形

4.2 产品分类

4.2.1 造纸用单层成形网按编织系列分为 3 综、4 综、5 综、7 综、8 综。

4.2.2 造纸用单层成形网按接口形式分为无端网和有端网。

4.2.3 造纸用单层成形网按质量分为优等品和合格品。

4.3 规格

4.3.1 造纸用单层成形网的品种规格应符合表 1 规定。

表 1 造纸用单层成形网品种规格表

型号	线径 mm		密度 根/cm		网孔尺寸[a] mm^2	开孔率[a] %
	经线	纬线	经线范围	纬线范围		
cxw07803	0.70	0.80	7.5～8.5	7～8	0.550×0.533	17.6
cxw08603	0.50	0.60	8.5～9.5	7.5～9.5	0.611×0.650	28.6
cxw09703	0.60	0.70	9.5～10.5	7.5～8.5	0.400×0.550	17.6
cxw09603	0.50	0.60	9.5～10.5	8～9	0.500×0.576	24.5
cxw22304-1	0.25	0.30	24～25	16.5～17.5	0.158×0.288	19
cxw22304-2	0.25	0.30	24～25	17.5～18.5	0.158×0.256	17.8
cxw22304-3	0.25	0.30	24～25	18.5～19.5	0.158×0.226	16.7
cxw25254	0.22	0.25	27～28	22～23	0.144×0.194	17.3
cxw25274-1	0.22	0.27	27～28	18～19	0.144×0.271	19.8
cxw25274-2	0.22	0.27	27～28	18.5～19.5	0.144×0.256	19.4
cxw25274-3	0.22	0.27	27～28	19.5～20.5	0.144×0.230	18.2
cxw25304-1	0.22	0.30	27～28	18～19	0.144×0.240	17.6
cxw25304-2	0.22	0.30	27～28	18.5～19.5	0.144×0.226	17.0
cxw25304-3	0.22	0.30	27～28	19.5～20.5	0.144×0.200	15.8
cxw26254-1	0.20	0.25	28.5～29.5	18.5～19.5	0.145×0.276	22.1
cxw26254-2	0.20	0.25	28.5～29.5	21.5～22.5	0.145×0.250	18.9

表 1（续）

型号	线径 mm		密度 根/cm		网孔尺寸[a] mm²	开孔率[a] %
	经线	纬线	经线范围	纬线范围		
cxw26274-1	0.20	0.27	28.5～29.5	17.5～18.5	0.145×0.285	21.6
cxw26274-2	0.20	0.27	28～29	19～20	0.151×0.243	20.4
cxw26274-3	0.20	0.27	28～29	20.5～21.5	0.151×0.206	18.6
cxw27234-1	0.20	0.23	29.5～30.5	23.5～24.5	0.133×0.187	17.9
cxw27234-2	0.20	0.23	30～31	23.5～24.5	0.128×0.187	17.5
cxw27254	0.20	0.25	29.5～30.5	21.5～22.5	0.133×0.204	18
cxw27274	0.20	0.27	29.5～30.5	21～22	0.133×0.195	16.8
cxw28224-1	0.20	0.22	30.5～31.5	19～20	0.123×0.293	21.7
cxw28224-2	0.20	0.22	30.5～31.5	23～24	0.123×0.206	18.4
cxw29234	0.20	0.23	31～32	21～22	0.117×0.235	18.7
cxw29254	0.20	0.25	31～32	20.5～21.5	0.117×0.226	17.6
cxw31204-1	0.17	0.20	34～35	29～30	0.120×0.139	17.0
cxw31204-2	0.18	0.20	34.5～35.5	27.5～28.5	0.106×0.157	16.3
cxw28205-1	0.17	0.20	29.5～30.5	26～27	0.163×0.177	23
cxw28205-2	0.20	0.20	29.5～30.5	27～28	0.133×0.164	18
cxw28225-1	0.17	0.22	29.5～30.5	26～27	0.163×0.157	20.4
cxw28225-2	0.20	0.22	29.5～30.5	27～28	0.133×0.144	15.8
cxw30205	0.17	0.20	31.5～32.5	28～29	0.143×0.151	19.6
cxw30175	0.17	0.17	31.5～32.5	29～30	0.143×0.169	22.7
cxw25358	0.22	0.35	27.5～28.5	18.5～19.5	0.137×0.176	12.9
cxw26328-1	0.20	0.32	28.5～29.5	19.5～20.5	0.145×0.180	15.1
cxw26328-2	0.20	0.32	28.5～29.5	21.5～22.5	0.145×0.135	12.4
cxw26358-1	0.20	0.35	28.5～29.5	18～19	0.145×0.191	14.8
cxw26358-2	0.20	0.35	28.5～29.5	20～21	0.145×0.138	11.9
cxw27358	0.20	0.35	29.5～30.5	19～20	0.133×0.163	12.7

[a] 造纸用单层成形网的网孔尺寸及开孔率指标为参考值，不作为考核指标。

4.3.2 经双方协议，可提供其他规格的产品。

5 要求

5.1 造纸用单层成形网的品种规格及经纬密度实际标称值及透气量应符合表 1 规定的范围。

5.2 造纸用单层成形网的尺寸允差应符合表 2 规定范围。

表 2 造纸用单层成形网尺寸允差

单位为毫米

项目	订货尺寸	允差
长度	≥30 000	+40 −50
	<30 000	+30 −40
宽度	1 000～7 000	+10 −5

5.3 造纸用单层成形网两个边周长尺寸允差应不大于 10 mm。

5.4 在订货时应在合同中注明网的长度、宽度、规格型号及接口形式等。

5.5 造纸用单层成形网主要技术参数及产品优等品、合格品级的评定应符合表 3 规定。

表 3 造纸用单层成形网主要技术指标

指标名称		单位	规定	
			优等品	合格品
经密允差		根/cm	±0.3	±0.5
纬密允差		根/cm	±0.8	±1
抗张强度	3 综	N/cm	≥1 300	≥1 000
	4 综		≥475	≥430
	5 综		≥475	≥430
	8 综		≥525	≥470
接口强度	3 综	N/cm	≥780	≥700
	4 综		≥285	≥260
	5 综		≥215	≥190
	8 综		≥200	≥180
张力在 50 N/cm 时，定力伸长率	3 综	%	≤0.85	≤0.9
	4 综		≤0.70	≤0.80
	5 综		≤0.70	≤0.80
	8 综		≤0.70	≤0.80
注：表中网密允差是指对实际标称值网密的允差。				

5.6 产品要进行熔边或胶边处理，横向作两道醒目标志线，印刷运行方向及标志等。

5.7 产品外观质量等级评定应符合表 4 的规定，不应有纹理错误、错线、老化痕迹、杂物的表面缺陷。

表 4 造纸用单层成形网产品外观质量等级评定表

序号	缺陷种类	规定	
		优等品	合格品
1	折印	有轻微折印，不影响抄纸	
2	沟痕	有轻微沟痕，不影响抄纸	

表 4（续）

序号	缺陷种类	规定	
		优等品	合格品
3	硬伤	不应有	修整后网面平整光滑，网孔不变形
4	个别大小孔	（1）经向不超过标准网孔的二分之一； （2）经向两个大网孔的距离不少于 500 mm	（1）不超过标准网孔的三分之二； （2）经向两个大网孔的距离不少于 500 mm
5	断经	（1）缺经不应有； （2）允许按原编织纹理补，但补后保持网面平整	
6	断纬	（1）允许修补但不高出网面，保持网面平整； （2）距网边 50 mm 内允许有小于 20 mm 的断纬	（1）允许修补但不高出网面，保持网面平整； （2）距网边 100 mm 内允许有小于 80 mm 的断纬
7	双线	（1）多根双线不应有，单根双线不得上下重叠，长度不超过 100 mm； （2）网长小于等于 20 m 的不超过 2 处，网长大于 20 m 的不超过 3 处； （3）允许切断、拆除，但不超过标准网孔的二分之一，并不高出网面	（1）多根双线不应有，单根双线不得上下重叠，长度不超过 150 mm； （2）网长小于等于 20 m 的不超过 4 处，网长大于 20 m 的不超过 6 处； （3）允许切断、拆除，但不超过标准网孔的三分之二，并不高出网面
8	回鼻	（1）不高于网面或出套高出网面削除； （2）同一根纬线上不超过 2 个； （3）任意每平方米内不超过 5 个	（1）不高于网面或出套高出网面削除； （2）同一根纬线上不超过 2 个； （3）任意平方米内不超过 10 个
9	松线	（1）不准并排松两根或隔一根松一根合计不超过三根； （2）长度不超过 60 mm	（1）不准并排松两根或隔一根松一根合计不超过三根； （2）长度不超过 80 mm
10	杂物	拆除后网孔不变形且网面平整	拆除后网孔不超过允许偏差且网面平整
11	插接口	（1）每张网只应有 1 个插接口； （2）插接口应平整	（1）每张网可有 2 个接插口； （2）插接口应平整
12	清洁度	（1）网面清洁，不应有油污、脏物； （2）允许有清洁痕迹	
13	孔洞	不应有	（1）对小于等于 10 mm^2 孔洞应按原纹理织补，但不得高出网面； （2）每条网只应一处
14	缺陷总项数	（1）40 m^2 以下的网不超过 4 项；40 m^2 以上的网不超过 5 项； （2）两边 100 mm 之内除外	（1）40 m^2 以下的网不超过 5 项；40 m^2 以上的网不超过 6 项； （2）两边 100 mm 之内除外

5.8 用户如有特殊要求，可按双方合同约定执行。

6 试验方法

6.1 造纸用单层成形网长度和宽度尺寸的测定：采用最小刻度为 1 mm 的钢卷尺，在无张力状态下，在网幅两端距离网边 100 mm 处测定网的长度，在网的任何部位，均可采用钢卷尺测定网的宽度。

6.2 造纸用单层成形网经纬密度、抗张强度、接口强度、定力伸长率、开孔率的测量按 GB/T 24290 进行。

6.3 造纸用单层成形网外观质量检验时，发现缺陷，用 10 倍～40 倍放大镜观察，根据缺陷的程度和数量按表 4 进行评定。

7 检验规则

7.1 造纸用单层成形网由制造厂技术检验部门按本标准技术要求进行检验，合格后方可出厂。

7.2 造纸用单层成形网每条进行检验，检验项目应包括：

a) 产品的长度及宽度；

b) 产品的经纬密度、抗张强度、接口强度、定力伸长率、开孔率；

c) 产品的外观质量、网面缺陷；

d) 产品的内外包装质量。

7.3 产品出厂前应附合格证书，注明产品名称、型号、规格、生产日期、用网位置和出厂包装号等，并加盖检验人员的检验专用章。

7.4 用户可按本标准或订货合同规定的技术要求进行验收。如发现不符合本标准或订货合同的规定，在产品出厂 6 个月内(产品尚未使用)，有权提出复验。经供需双方共同复验，其结果确属生产质量问题，由生产方负责。如为运输、贮存和使用不当造成的质量问题由相关责任方负责。

8 标志、包装、运输和贮存

8.1 标志

8.1.1 造纸用单层成形网应标志运行方向、3 m 线、企业名称、型号、产品号。

8.1.2 在包装箱的两端贴上标签，应标注：

a) 企业名称、地址；

b) 产品名称；

c) 产品标准编号；

d) 包装号；

e) 规格；

f) 型号；

g) 用网位置；

h) 到达站名；

i) 收货单位；

j) 生产日期。

8.2 包装

8.2.1 无端网应卷在三根网杆上，有端网用单杆卷网，每端留余量 150 mm～250 mm，三根网杆直径、长度应一致。

8.2.2 网杆表面应光滑、平直、无突出的尖角或节子，卷网前擦净尘土脏物，并卷上一层牛皮纸。

8.2.3 卷网应紧且网边重合整齐，网边外凸应不超过 10 mm，根据网长配用合适垫码。

8.2.4 卷好的网应使接口与运行标志置于最外几层，三根杆呈三角形，并用绳子捆扎牢固。

8.2.5 卷好的网外面应包牛皮纸或塑料薄膜。同时将产品合格证书、产品小样 100 mm×100 mm、使用说明书等技术文件等放入资料袋中并置于包装箱内。

8.2.6 包装箱内应衬垫合适的填充物，以保证网不受损坏。

8.2.7 包装箱应与网尺寸相适应，并设置固定网杆的装置，使其在运输过程中不窜、不滚、不跳。

8.2.8 网箱制造应精细、拼合严紧、箱盖用铁腰固定、钉尖不得外露，长度 2.5 m 以上网箱四周应包以铁角。

8.2.9 在网箱两侧应标明“小心轻放”、“防火防蚀”、“请勿倒放”、“防止潮湿”等字样或标志，最后应涂刷吊装位置指示。

8.3 运输

8.3.1 在搬运中应轻抬轻放，严禁抛掷或翻滚，不应倒置或立放。

8.3.2 网箱在运输过程中应与强酸、强碱及有机溶剂相隔离。

8.4 贮存

8.4.1 产品应存放在干燥通风的库房内，存放中应与强酸、强碱、有机溶剂隔离。不应阳光曝晒，库内不应明火作业。

8.4.2 造纸用单层成形网贮存期不应超过六个月，库存的成形网应贯彻先进先出的原则。

ICS 85.100
Y 91

中华人民共和国国家标准

GB/T 26455—2011

造纸用多层成形网

Paper machine multi-layer forming fabric

2011-05-12 发布　　2011-09-15 实施

中华人民共和国国家质量监督检验检疫总局
中国国家标准化管理委员会　发布

前　言

本标准按照 GB/T 1.1—2009《标准化工作导则　第 1 部分：标准的结构和编写》给出的规则起草。

请注意本文件的某些内容可能涉及专利。本文件的发布机构不承担识别这些专利的责任。

本标准由中国轻工业联合会提出。

本标准由全国造纸工业标准化技术委员会(SAC/TC 141)归口。

本标准起草单位：中国造纸学会脱水器材专业委员会、江苏金呢工程织物股份有限公司、上海金熊造纸网毯有限公司、安徽华辰造纸网股份有限公司、河北鹤煌网业股份有限公司、广东新会中新网业有限公司、中国制浆造纸研究院。

本标准主要起草人：胡博能、韩静芬、周积学、盛长新、王海明、丁家祥、郭纪宗、王群兴。

造纸用多层成形网

1 范围

本标准规定了造纸用多层成形网的术语和定义、产品型号与分类、要求、试验方法、检验规则、标志、包装、运输和贮存。

本标准适用于造纸工业及其他工业部门的多层成形网。

2 规范性引用文件

下列文件对于本文件的应用是必不可少的。凡是注日期的引用文件，仅注日期的版本适用于本文件。凡是不注日期的引用文件，其最新版本（包括所有的修改单）适用于本文件。

GB/T 24290 造纸用成形网、干燥网测量方法

3 术语和定义

下列术语和定义适用于本文件。

3.1

造纸用多层成形网 paper machine multi-layer forming fabric

采用特殊的编织纹理及相应单丝，使用专用设备和工艺织成二层及二层以上网，然后经热定型、裁剪、插接和其他特殊的整理工序加工而制成的使纸张成形所用网。

4 产品型号与分类

4.1 产品型号

4.1.1 二层、二层半造纸用成形网型号表示方法具体如下：

× C(B) ×× ××-×××

×××——透气量，单位 CFM

××（第二组）——编织系列综数

××（第一组）——编织状态经线密度，单位根/cm

C(B)——C 为“层”，B 为“半层”

×——层数

示例 1：

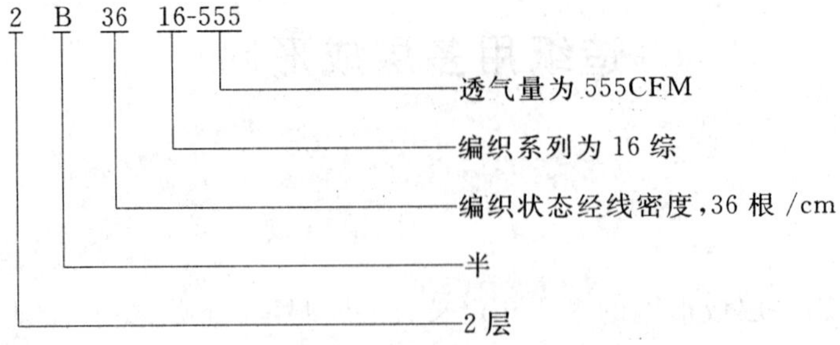

4.1.2 三层造纸用成形网型号表示方法具体如下：

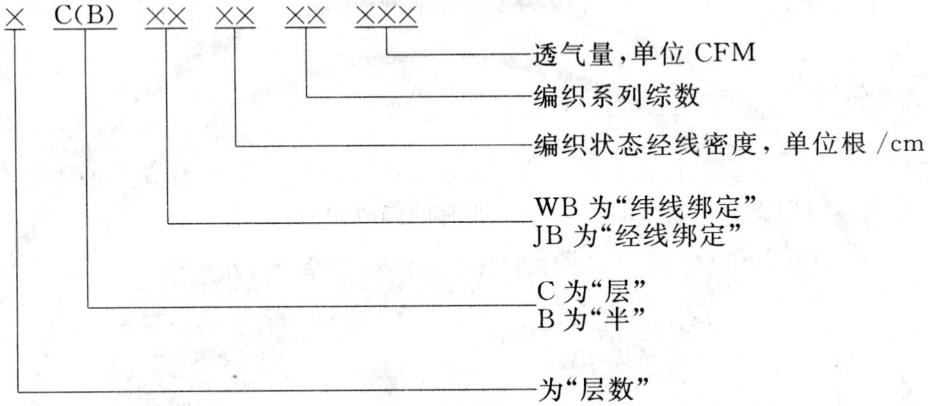

示例 2：

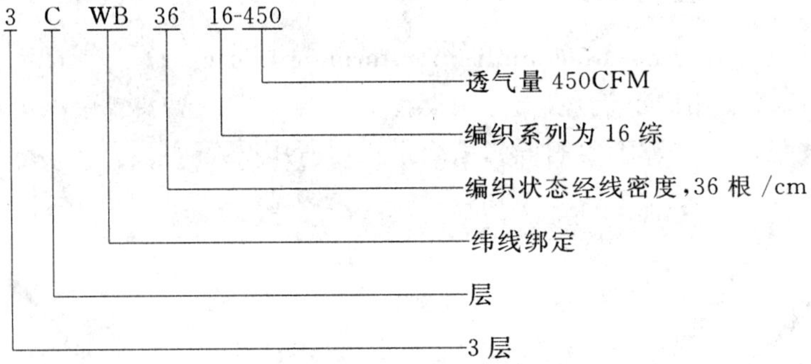

4.2 分类

造纸用多层成形网按编织系列可分为 7 综、8 综、10 综、12 综、14 综、16 综、20 综、24 综、32 综、48 综、54 综等。

造纸用多层成形网按编织纹理层数可分为二层、二层半及三层。

4.3 规格

4.3.1 造纸用多层成形网的品种规格应符合表 1、表 2 和表 3 的规定。

4.3.2 经双方协议，可提供其他规格的产品。

5 要求

5.1 造纸用二层成形网的品种规格及经纬密度实际标称值应符合表 1 规定。

表 1　造纸用二层成形网系列

系列	网　型	透气量 m³/(m²·h)	线材直径 mm		密度 根/cm	
			经线	纬线(上纬/下纬)	经线	纬线
36	2C3616-555	8 800	0.25	0.30/0.50,0.50	39～40	23～24
52	2C5208-390	6 200	0.17	0.20/0.22,0.22	56.5～57.5	48.5～49.5
	2C5208-410	6 500	0.17	0.20/0.22,0.22	56.5～57.5	47.5～48.5
	2C5208-430	6 800	0.17	0.20/0.25,0.25	56.5～57.5	42.5～43.5
54	2C5408-335	5 300	0.17	0.18/0.22,0.22	59.5～60.5	51.5～52.5
	2C5408-340	5 380	0.17	0.20/0.25,0.25	59.5～60.5	48.5～49.5
	2C5408-350	5 500	0.17	0.25/0.32,0.32	60～61	36～37
	2C5408-355	5 600	0.17	0.17/0.22,0.22	59.5～60.5	51.5～52.5
56	2C5608-265	4 200	0.17	0.20/0.25,0.25	61～62	47～48
	2C5608-310	4 890	0.17	0.20/0.25,0.25	61～62	45～46
	2C5608-305	4 860	0.17	0.18/0.20,0.20	62～63	49～50
	2C5608-315	5 000	0.17	0.17/0.20,0.20	62～63	50～51
	2C5608-330	5 200	0.18	0.18/0.21,0.22	61～62	46.5～47.5
	2C5608-350	5 500	0.18	0.18/0.21,0.22	61～62	44.5～45.5
	2C5608-360	5 700	0.17	0.18/0.22,0.22	62～63	47～48
	2C5608-365	5 800	0.17	0.20/0.25,0.25	61～62	42～43
	2C5608-405	6 400	0.17	0.20/0.25,0.25	60～61	44～45
57	2C5707-255	4 000	0.17	0.17/0.20,0.20	63～64	50～51
	2C5707-285	4 500	0.17	0.17/0.20,0.20	63～64	49～50
	2C5707-295	4 700	0.17	0.17/0.20,0.20	63～64	48～49
	2C5707-315	5 000	0.17	0.17/0.20,0.20	63～64	47～48
60	2C6008-355	5 600	0.16	0.17/0.20,0.20	65～66	50.5～51.5
	2C6008-255	4 000	0.17	0.18/0.20,0.20	65～66	52～53
	2C6008-285	4 500	0.17	0.18/0.20,0.20	65～66	49～50
	2C6008-390	6 200	0.16	0.16/0.22,0.22	65～66	50～51
	2C6008-410	6 520	0.17	0.18/0.20,0.20	65～66	46～47
	2C6008-430	6 800	0.16	0.17/0.20,0.20	65～66	42.5～43.5
62	2C6208-315	5 000	0.15	0.16/0.20,0.20	68.5～69.5	57.5～58.5
	2C6208-390	6 200	0.15	0.16/0.19,0.19	68.5～69.5	50～51
	2C6208-395	6 200	0.17	0.18/0.20,0.20	68～69	46～47
	2C6208-410	6 500	0.15	0.16/0.19,0.19	68.5～69.5	47.5～48.5
64	2C6408-320	5 076	0.15	0.18/0.20,0.20	70～71	52～53
	2C6408-355	5 600	0.15	0.16/0.22,0.22	70～71	52.5～53.5

5.2 造纸用二层半成形网的品种规格及经纬密度实际标称值应符合表 2 规定。

表 2 造纸用二层半成形网系列

系列	网型	透气量 $m^3/(m^2 \cdot h)$	线材直径 mm		密度 根/cm	
			经线	纬线(上纬/下纬)	经线	纬线
32	2B3216-450	7 100	0.29	0.25,0.25/0.45,0.45	36～37	33～34
33	2B3316-400	6 320	0.28	0.20,0.27/0.40,0.40	37～38	40～41
	2B3316-380	6 000	0.28	0.20,0.27/0.45,0.45	37～38	37～38
	2B3316-505	8 000	0.28	0.20,0.27/0.45,0.45	37～38	31～32
36	2B3616-350	5 500	0.26	0.20,0.28/0.45,0.45	40.5～41.5	40.5～41.5
	2B3616-400	6 350	0.26	0.20,0.28/0.45,0.45	40.5～41.5	37.5～38.5
	2B3616-410	6 500	0.25	0.20,0.30/0.45,0.45	39～40	38～39
	2B3616-430	6 800	0.25	0.20,0.23/0.45,0.45	39～40	36～37
	2B3616-445	7 000	0.25	0.20,0.30/0.50,0.50	39～40	33～34
	2B3616-450	7 080	0.26	0.20,0.28/0.45,0.45	40.5～41.5	34.5～35.5
38	2B3816-400	6 300	0.27	0.20,0.25/0.50,0.50	43～44	35～36
	2B3816-410	6 500	0.27	0.20,0.25/0.45,0.45	43～44	36～37
	2B3816-455	7 200	0.27	0.20,0.25/0.50,0.50	43～44	33～34
	2B3816-475	7 500	0.27	0.20,0.25/0.45,0.45	43～44	34～35
42	2B4216-270	4 300	0.22	0.22,0.22/0.40,0.40	47～48	43～44
	2B4216-400	6 350	0.22	0.17,0.25/0.40,0.40	47.0～48.0	41.0～42.0
	2B4216-350	5 500	0.22	0.17,0.25/0.40,0.40	47.0～48.0	44.0～46.0
	2B4216-370	5 850	0.22	0.20,0.22/0.40,0.40	47～48	41～42
	2B4216-425	6 700	0.22	0.15,0.25/0.40,0.40	47～48	42～43
	2B4216-445	7 000	0.22	0.17,0.25/0.40,0.40	47.0～48.0	38.0～39.0
43	2B4316-390	6 200	0.20	0.20,0.25/0.45,0.45	49～50	35～36
	2B4316-445	7 000	0.20	0.20,0.25/0.45,0.45	49～50	33～34
50	2B5008-410	6 500	0.17	0.13,0.18/0.32,0.32	55～56	48～49
52	2B5216-335	5 300	0.17	0.17,0.22/0.27,0.27	57.5～58.5	50～51
	2B5216-390	6 200	0.17	0.19.0.22/0.35,0.35	57.5～58.5	43.5～44.5
54	2B5416-395	6 300	0.17	0.13,0.20/0.35,0.35	59～60	43～44
	2B5416-380	6 000	0.17	0.13,0.20/0.35,0.35	59.5～60.5	42～43
56	2B5608-355	5 600	0.17	0.13,0.20/0.25,0.25	60～61	54～55
	2B5608-375	5 940	0.17	0.13,0.20/0.25,0.25	61～62	61～62
	2B5608-410	6 480	0.17	0.13,0.20/0.32,0.32	60～61	48～49
	2B5608-380	6 000	0.17	0.13,0.18/0.22,0.22	62.5～63.5	53.0～54.0

表 2（续）

系列	网　　型	透气量 m³/(m² · h)	线 材 直 径 mm		密度 根/cm	
			经线	纬线(上纬/下纬)	经线	纬线
56	2B5608-380	6 000	0.17	0.13,0.18/0.25,0.25	62.5～63.5	51.0～52.0
	2B5608-405	6 400	0.17	0.13,0.18/0.32,0.32	61～62	56～57
	2B5608-420	6 600	0.17	0.13,0.18/0.25,0.25	62～63	53～54
	2B5608-430	6 800	0.17	0.13,0.18/0.22,0.22	62～63	53～54
	2B5608-435	6 900	0.17	0.13,0.20/0.32,0.32	61.5～62.5	55.5～56.5
	2B5608-440	6 950	0.17	0.13,0.18/0.35,0.35	61～62	51～52
	2B5616-285	4 500	0.17	0.13,0.20/0.35,0.35	62.5～63.5	56.5～57.5
	2B5616-290	4 600	0.17	0.13,0.20/0.35,0.35	63～64	53～54
	2B5616-310	4 900	0.17	0.13,0.22/0.30,0.30	63～64	56～57
	2B5616-320	5 050	0.17	0.13,0.20/0.35,0.35	62.5～63.5	53.5～54.5
	2B5616-350	5 500	0.17	0.13,0.20/0.35,0.35	62.5～63.5	51.5～52.5
	2B5616-370	5 850	0.17	0.13,0.22/0.35,0.35	63～64	48～49
	2B5616-410	6 500	0.17	0.13,0.20/0.35,0.35	62.5～63.5	47.5～48.5
	2B5616-440	7 000	0.17	0.13,0.20/0.30,0.30	62～63	49～50
58	2B5808-410	6 500	0.17	0.13,0.18/0.22,0.22	63～64	53～54
	2B5808-315	5 000	0.18	0.13,0.20/0.25,0.25	63～64	54～55
	2B5808-320	5 100	0.18	0.13,0.20/0.25,0.25	63～64	51.5～52.5
60	2B6016-290	4 600	0.17	0.13,0.17/0.20,0.20	65～66	61～62
	2B6016-350	5 500	0.17	0.13,0.17/0.20,0.20	65～66	57～58
	2B6016-265	4 200	0.17	0.13,0.17/0.25,0.25	65～66	61～62
	2B6016-400	6 300	0.17	0.13,0.17/0.25,0.25	65～66	51～52
	2B6016-275	4 350	0.17	0.13,0.20/0.30,0.30	65～66	58～59
	2B6016-255	4 000	0.17	0.13,0.20/0.35,0.35	65～66	56～57
	2B6016-285	4 500	0.17	0.13,0.20/0.35,0.35	65～66	55～56
	2B6016-315	5 000	0.17	0.13,0.20/0.35,0.35	65～66	54～55
	2B6016-410	6 500	0.17	0.13,0.20/0.35,0.35	65～66	49～50
62	2B6216-230	3 600	0.17	0.17,0.18/0.35,0.35	70～71	52～53
	2B6216-260	4 100	0.17	0.17,0.18/0.35,0.35	70～71	49～50
	2B6216-270	4 300	0.17	0.13,0.22/0.35,0.35	69～70	50～51
	2B6216-315	5 000	0.17	0.13,0.20/0.35,0.35	69～70	51～52
	2B6216-350	5 500	0.17	0.13,0.18/0.20,0.20	68～69	56.5～57.5
	2B6216-355	5 600	0.17	0.13,0.18/0.20,0.20	68～69	61.5～62.5

表 2（续）

系列	网型	透气量 m³/(m²·h)	线材直径 mm		密度 根/cm	
			经线	纬线(上纬/下纬)	经线	纬线
62	2B6216-380	6 000	0.17	0.13,0.18/0.23,0.23	68～69	54.5～55.5
	2B6216-390	6 200	0.17	0.13,0.20/0.35,0.35	68～69	52.5～53.5
	2B6216-405	6 400	0.17	0.13,0.18/0.23,0.23	68～69	64.5～65.5
	2B6216-410	6 500	0.17	0.13,0.18/0.25,0.25	68～69	51.5～52.5
	2B6216-445	7 000	0.17	0.13,0.20/0.35,0.35	68～69	49.5～50.5
	2B6216-505	8 000	0.17	0.13,0.20/0.35,0.35	68～69	46.5～47.5
64	2B6408-370	5 800	0.15	0.12,0.18/0.22,0.22	71.5～72.5	57.0～58.0
	2B6408-290	4 600	0.15	0.12,0.18/0.22,0.22	71.5～72.5	63.5～64.5
	2B6408-340	5 400	0.15	0.12,0.18/0.20,0.20	70～71	65～66
	2B6408-350	5 500	0.15	0.12,0.18/0.20,0.20	70～71	57～58
	2B6408-500	7 900	0.15	0.12,0.18/0.22,0.22	71.5～72.5	47.0～48.0

5.3 造纸用三层成形网的品种规格及经纬密度实际标称值应符合表 3 规定。

表 3 造纸用三层成形网系列

系列	网型	透气量 m³/(m²·h)	线材直径 mm		密度 根/cm	
			经线（面经/底经）	纬线（上纬/绑定/下纬）	经线	纬线
36	3WB3616-410	6 500	0.25/0.25	0.22,0.22/0.22/0.50,0.50	40～41	38～39
	3WB3616-450	7 100	0.25/0.25	0.25,0.25/0.22/0.45,0.45	40～41	40～41
	3WB3620-380	6 000	0.20/0.28	0.20,0.20/0.20/0.40,0.40	40.5～41.5	49.5～50.5
	3WB3620-455	7 200	0.18/0.28	0.25,0.25/0.22/0.40,0.40	40～41	43～44
	3WB3620-445	7 000	0.20/0.28	0.20,0.20/0.20/0.40,0.40	40.5～41.5	43.5～44.5
	3WB3624-380	6 000	0.22/0.22	0.20,0.20/0.20/0.45,0.45	42～43	47～48
	3WB3624-410	6 500	0.20/0.20	0.17,0.17/0.20/0.40,0.40	42～43	52～53
	3WB3624-440	7 000	0.20/0.20	0.17,0.17/0.20/0.40,0.40	42～43	48～49
	3WB3624-475	7 500	0.22/0.22	0.20,0.20/0.20/0.45,0.45	42～43	42～43
	3WB3624-480	7 600	0.18/0.28	0.20,0.20/0.18/0.40,0.40	40～41	45.5～46.5
42	3WB4216-400	6 300	0.22/0.22	0.18,0.18/0.17/0.40,0.40	48～49	60～61
52	3WB5220-320	5 000	0.15/0.20	0.15,0.15/0.15/0.30,0.30	59～60	69～70
	3WB5224-350	5 500	0.15/0.20	0.15,0.15/0.15/0.30,0.30	59～60	60～61

表 3（续）

系列	网　　型	透气量 $m^3/(m^2 \cdot h)$	线材直径 mm		密度 根/cm	
			经线（面经/底经）	纬线（上纬/绑定/下纬）	经线	纬线
56	3WB5616-475	7 500	0.17/0.17	0.15,0.25/0.18/0.35,0.35	61～62	55～56
	3WB5620-255	4 000	0.15/0.20	0.17,0.17/0.17/0.35,0.35	66～67	55～56
	3WB5620-315	5 000	0.15/0.20	0.17,0.17/0.17/0.35,0.35	66～67	58～59
	3WB5620-330	5 200	0.15/0.20	0.13,0.13/0.13/0.20,0.20	66～67	66～67
	3WB5620-350	5 500	0.15/0.20	0.15,0.15/0.15/0.25,0.25	66～67	58～59
	3WB5620-365	5 800	0.15/0.20	0.13,0.13/0.13/0.20,0.20	66～67	70～71
	3WB5620-380	6 000	0.15/0.20	0.15,0.15/0.15/0.25,0.25	66～67	60～61
60	3WB6016-350	5 530	0.15/0.20	0.13,0.13/0.13/0.28,0.28	72～73	74～75
	3WB6020-275	4 750	0.13/0.20	0.13,0.13/0.13/0.25,0.25	69.5～70.5	79.5～80.5
	3WB6020-345	5 450	0.15/0.20	0.13,0.13/0.13/0.25,0.25	72～73	76.5～77.5
	3WB6020-350	5 500	0.13/0.20	0.13,0.13/0.13/0.25,0.25	69.5～70.5	71.5～72.5
	3WB6024-310	4 900	0.15/0.20	0.13,0.13/0.13/0.20,0.20	72～73	80～81

5.4　造纸用多层成形网的尺寸允差应符合表 4 规定。

表 4　造纸用多层成形网尺寸允差

单位为毫米

项　目	订货尺寸	允　差
长　度	<20 000	±30
	≥20 000,<50 000	±40
	≥ 50 000	±60
宽　度	1 000～10 000	$^{+10}_{-5}$

5.5　造纸用多层成形网的两个边周长尺寸允差应不大于 5 mm。

5.6　订货时应在合同中注明网的长度、宽度、规格、型号等。

5.7　在网横向间隔 2 m 处作两条标志线，第一条应距网接口处 1 m，此处还应标出网的运行方向、型号、用网部位及商标标志。

5.8　造纸用多层成形网的两个边进行胶边处理。胶边宽度应不小于 5 mm(可根据要求增加胶边宽度)，胶厚度应不超过 0.3 mm，并且胶着牢固。

5.9　产品根据用户要求可进行网边(200 mm 内)抗磨损胶筋处理。

5.10　造纸用多层成形网主要技术指标应符合表 5 规定。

表 5　造纸用多层成形网主要技术指标

指　标　名　称		单　位	规　定
透气量允差		%	±3
网面抗张强度	≥	N/cm	800
接口强度	≥	%	网面抗张强度的 65%
张力在 50 N/cm 时，定力伸长率	≤	%	0.5

5.11　造纸用多层成形网有标识的面为抄纸面。

5.12　造纸用多层成形网不应有纹理错误、错线、老化痕迹、硬伤、双线、松线、杂物、孔洞、散边的表面缺陷，其外观质量的评定，应符合表 6 规定。

表 6　造纸用多层成形网外观质量要求

序号	缺陷种类	要　求
1	折　印	可有轻微不影响使用的折印。
2	沟　痕	可有轻微不影响使用的沟痕。
3	大小孔	(1) 经纬向不超过标准网孔的二分之一； (2) 经纬向两个大网孔的距离不少于 500 mm
4	断　经	(1) 缺经不应有； (2) 可按原纹理织补，但网面应当平整
5	断　纬	(1) 可修补，但不应高出网面，网面平整； (2) 距网边 100 mm 内允许有 10 mm 的断纬
6	经密允差	不应超过±0.8 根/cm。
7	纬密允差	不应超过±2.0 根/cm。
8	回　鼻*	(1) 不应高出网面； (2) 同一根纬线不超过 2 个； (3) 任意平方米内不超过 4 个； (4) 在范围内允许织补
9	清洁度	(1) 网面清洁不应有油污、脏物； (2) 允许有清洗痕迹
10	缺陷总项数	(1) 40 m^2 以下的网不超过 2 项，40 m^2 以上的网不超过 3 项； (2) 网两边 150 mm 以内除外
* 回鼻是指在织网过程中线材形成高出网面的圈套。		

5.13　用户如有特殊要求，可按双方合同约定执行。

6　试验方法

6.1　造纸用多层成形网的长度和宽度尺寸的测定：采用最小刻度为 1 mm 的标准的钢卷尺，在无张力状态下，在网幅两端距网边 100 mm 处测定长度，在成形网任何部位可用钢卷尺测定多层成形网宽度。

6.2　造纸用多层成形网的经纬密度、抗张强度、定力伸长率、透气量、接口强度的测定按 GB/T 24290 进行。

6.3 造纸用多层成形网的产品外观质量检验时，发现缺陷，用10倍～40倍放大镜观察，根据缺陷的程度和数量按表6进行评定。

7 检验规则

7.1 造纸用多层成形网由制造厂技术检验部门按本标准技术要求进行检验，合格后方可出厂。

7.2 造纸用多层成形网每条进行检验，检验项目应包括：

a) 产品的长度及宽度；

b) 产品的经纬密度、抗张强度、定力伸长率、透气量、接口强度；

c) 产品的外观质量、网面缺陷；

d) 产品的内外包装质量。

7.3 产品出厂前应填写合格证书，注明产品名称、型号、规格、生产日期、用网位置和出厂包装号等，并加盖检验人员的检验专用章。

7.4 用户可按本标准及合同内规定的技术要求进行验收。如发现不符合本标准规定，在产品出厂6个月内（产品尚未使用），有权提出复验，经供需双方共同复验，其结果确属生产质量问题，由生产厂负责。如为运输、贮存和使用不当造成的质量问题由相关责任方负责。

8 标志、包装、运输和贮存

8.1 标志

8.1.1 造纸用多层成形网应标志：运行方向、3 m线、企业名称、型号、产品号。

8.1.2 在包装箱的两端贴上标签，应标注：

a) 企业名称、地址；

b) 产品名称；

c) 产品标准编号；

d) 包装号；

e) 规格；

f) 型号；

g) 用网位置；

h) 到达站名；

i) 收货单位；

j) 生产日期。

8.2 包装

8.2.1 造纸用多层成形网应卷在三根网杠上，每端留余量150 mm～250 mm，三根网杠直经、长度应一致。

8.2.2 网杠表面应光滑、平直，无突出的尖角或节子，卷网前应擦净尘土脏物，并卷上一层牛皮纸。

8.2.3 卷网应紧且网边重合整齐，网边外凸不超过10 mm，根据网长配用合适垫码。

8.2.4 卷好的网应将接口与运行标志置于最外几层，三根杠呈三角形，并用绳子捆扎牢固。

8.2.5 卷好的网外面应包牛皮纸或塑料薄膜。同时将产品合格证书、产品小样100 mm×100 mm、使用说明书等技术文件放入资料袋中，并置于包装箱内。

8.2.6 包装箱内应衬垫合适的填充物，以保证网不受损坏。

8.2.7 包装箱应与成形网尺寸相适应，并设置固定网杠的装置，使其在运输过程中不窜、不滚、不跳。

8.2.8 网箱制造应精细、拼合严密、箱盖用铁腰固定，钉尖不应外露，长度 2.5 m 以上的网箱四周包以铁角。

8.2.9 在网箱两侧应标明“小心轻放”、“防火防蚀”、“请勿倒放”、“防止潮湿”等字样或标志，最后应涂刷吊装位置指示。

8.3 运输

8.3.1 在搬运中应轻抬轻放，严禁抛掷或翻滚，不应倒置或立放。

8.3.2 网箱在运输过程中应与强酸、强碱及有机溶剂相隔离。

8.4 贮存

8.4.1 产品应存放在干燥通风的库房内，存放中应与强酸、强碱、有机溶剂隔离。不应阳光曝晒，库内不应明火作业。

8.4.2 产品贮存期不应超过六个月，库存的成形网应贯彻先进先出的原则。

ICS 85.100
Y 91

中华人民共和国国家标准

GB/T 26456—2011

造纸用异形丝干燥网

Woven paper machine dryer fabric with special shape yarn

2011-05-12 发布　　　　2011-09-15 实施

中华人民共和国国家质量监督检验检疫总局
中国国家标准化管理委员会　发布

前 言

本标准按照GB/T 1.1—2009《标准化工作导则　第1部分:标准的结构和编写》给出的规则起草。

请注意本文件的某些内容可能涉及专利。本文件的发布机构不承担识别这些专利的责任。

本标准由中国轻工业联合会提出。

本标准由全国造纸工业标准化技术委员会(SAC/TC 141)归口。

本标准起草单位:中国造纸学会脱水器材专业委员会、安徽华辰造纸网股份有限公司、上海金熊造纸网毯有限公司、河北鹤煌网业股份有限公司、广东新会中新网业有限公司、江苏金呢工程织物股份有限公司、中国制浆造纸研究院。

本标准主要起草人:丁家祥、韩静芬、丁朝阳、付立兵、王海明、郭纪宗、胡博能、王群兴。

造纸用异形丝干燥网

1 范围

本标准规定了造纸用异形丝干燥网的术语和定义、产品型号与分类、要求、试验方法、检验规则、标志、包装、运输和贮存。

本标准适用于造纸用异形丝干燥网。

2 规范性引用文件

下列文件对于本文件的应用是必不可少的。凡是注日期的引用文件，仅注日期的版本适用于本文件。凡是不注日期的引用文件，其最新版本（包括所有的修改单）适用于本文件。

GB/T 24290 造纸用成形网、干燥网测量方法

3 术语和定义

下列术语和定义适用于本文件。

3.1

造纸用异形丝干燥网 woven paper machine dryer fabric with special shape yarn

以造纸网用异形单丝及异形单丝结合其他单丝为原料，通过特殊的编织纹理和工艺，经整经、织造、定型、裁剪、插接和其他工序加工而成的无端或有端环形织物，应用于造纸机的干燥部起烘干和支撑传递纸页的作用。

4 产品型号与分类

4.1 产品型号

造纸用异形丝干燥网的型号表示方法具体如下：

Y G W D(S) 20 50 4-250

- 250——透气量，CFM
- 4——编织系列综数
- 50——纬线直径（×100 mm）
- 20——编织状态经线密度，根/cm
- D(S)——D 为“单经线异形丝干燥网”；S 为“双经线异形丝干燥网”
- W——为“网”
- G——为“干”
- Y——为“异”

4.2 产品分类

4.2.1 异形丝干燥网按编织系列可分为 3 综、4 综和 6 综等。

4.2.2 异形丝干燥网按编织纹理层数可分为一层、一层半和二层等。

4.2.3 异形丝干燥网按接口形式可分为无端接口、自身环接口和螺旋环接口等。

4.3 规格

4.3.1 双经线异形丝干燥网的品种规格应符合表 1 规定。

表 1 双经线异形丝干燥网品种规格

系列	网型号	层数	线材尺寸 mm		密度 根/cm		透气量 $m^3/(m^2 \cdot h)$
			经线直径	纬线直径	经密	纬密	
14	YGWS14804-190	2.0	1.06×0.25	0.60，0.80	14.5～15.5	10.5～11.5	3 000
	YGWS14804-250		1.06×0.25	0.60，0.80	14.5～15.5	8.5～9.5	4 000
	YGWS14804-315		1.06×0.25	0.60，0.80	14.5～15.5	6.5～7.5	5 000
20	YGWS20704-220		0.815×0.31	0.40，0.70，0.40	20.5～21.5	15.0～16.0	3 500
	YGWS20704-250		0.815×0.31	0.40，0.70，0.40	20.5～21.5	14.0～15.0	4 000
	YGWS20704-350		0.815×0.31	0.40，0.70，0.40	20.5～21.5	11.0～12.0	5 500
	YGWS20704-450		0.815×0.31	0.40，0.70，0.40	20.5～21.5	8.5～9.5	7 000
	YGWS20704-190		0.815×0.31	0.40，0.70	20.5～21.5	11.0～12.0	3 000
	YGWS20704-250		0.815×0.31	0.40，0.70	20.5～21.5	10.0～11.0	4 000
	YGWS20704-350		0.815×0.31	0.40，0.70	20.5～21.5	8.5～9.5	5 500
22	YGWS22704-125		0.815×0.31	0.40，0.70，0.40	22.5～23.5	13.0～14.0	2 000
	YGWS22704-190		0.815×0.31	0.40，0.70，0.40	22.5～23.5	11.5～12.5	3 000

4.3.2 单经线异形丝干燥网的品种规格应符合表 2 规定。

表 2 单经线异形丝干燥网品种规格

系列	网子型号	层数	线材尺寸 mm		密度 根/cm		透气量 $m^3/(m^2 \cdot h)$
			经线直径	纬线直径	经密	纬密	
11	YGWD11904-380	1.0	0.88×0.44	0.90	11.5～12.5	8.0～9.0	6 000
18	YGWD18804-380		0.64×0.32	0.80	18.5～19.5	8.0～9.0	6 000
19	YGWD19604-475		0.53×0.32	0.60	19.5～20.5	7.0～8.0	7 500
20	YGWD20604-475		0.52×0.335	0.60	20.5～21.5	7.0～8.0	7 500
18	YGWD18354-220	1.5	0.62×0.31	0.35,0.70	18.5～19.5	13.0～14.0	3 500
	YGWD18504-315		0.62×0.31	0.50,0.60	18.5～19.5	13.0～14.0	5 000
	YGWD18504-380		0.62×0.31	0.50,0.50	18.5～19.5	12.5～13.5	6 000
19	YGWD19304-285		0.52×0.335	0.30,0.70	19.5～20.5	13.5～14.5	4 500
	YGWD19504-350		0.52×0.335	0.50,0.60	19.5～20.5	13.5～14.5	5 500
	YGWD19504-380		0.52×0.335	0.50,0.50	19.5～20.5	13.5～14.5	6 000
	YGWD19354-190		0.58×0.38	0.35,0.70	19.5～20.5	14.0～15.0	3 000
	YGWD19354-250		0.58×0.38	0.35,0.70	19.5～20.5	12.5～13.5	4 000
20	YGWD20354-160		0.58×0.38	0.35,0.70	20.5～21.5	15.0～16.0	2 500
	YGWD20404-220		0.58×0.38	0.40,0.68	20.5～21.5	14.0～15.0	3 500
	YGWD20504-285		0.58×0.38	0.50,0.60	20.5～21.5	14.0～15.0	4 500
	YGWD20504-350		0.58×0.38	0.50,0.60	20.5～21.5	12.5～13.5	5 500
	YGWD20504-450		0.58×0.38	0.50,0.60	20.5～21.5	10.5～11.5	7 000
	YGWD20584-125		0.58×0.38	0.58×0.38,0.60	20.5～21.5	14.0～15.0	2 000
	YGWD20584-190		0.58×0.38	0.58×0.38,0.60	20.5～21.5	12.5～13.5	3 000
	YGWD20356-190		0.56×0.28	0.35,0.70	20.5～21.5	15.0～16.0	3 000
	YGWD20506-250		0.56×0.28	0.50,0.60	20.5～21.5	13.5～14.5	4 000
	YGWD20506-350		0.56×0.28	0.50,0.60	20.5～21.5	12.0～13.0	5 500
	YGWD20506-450		0.56×0.28	0.50,0.60	20.5～21.5	10.5～11.5	7 000
	YGWD20566-125		0.56×0.28	0.56×0.28,0.70	20.5～21.5	15.0～16.0	2 000
	YGWD20566-190		0.56×0.28	0.56×0.28,0.70	20.5～21.5	13.5～14.5	3 000
	YGWD20566-250		0.56×0.28	0.56×0.28,0.70	20.5～21.5	12.5～13.5	4 000
22	YGWD22504-505	2.0	0.58×0.38	0.50	22.5～23.5	13.5～14.5	8 000
	YGWD22504-625		0.58×0.38	0.50	22.5～23.5	12.0～13.0	10 000

4.3.3 经双方协议，可提供其他规格的产品。

5 要求

5.1 双经线异形丝干燥网的品种规格及经纬密度实际标称值及透气量应符合表 1 规定范围。

5.2 单经线异形丝干燥网的品种规格及经纬密度实际标称值及透气量应符合表2规定范围。

5.3 异形丝干燥网的尺寸允差应符合表3规定。

表3 异形丝干燥网尺寸允差

项目	订货尺寸 mm	允差 mm
长度	>30 000	±80
	≤30 000	±50
宽度	≥2 000,<5 000	±5
	≥5 000,<10 000	±10

5.4 异形丝干燥网的各项主要技术指标应符合表4规定。

表4 异形丝干燥网主要技术指标

指标名称		单位	规定
透气量允差		%	±6
网面抗张强度 ≥		N/cm	1 800
接口强度 ≥	无端	N/cm	网面抗张强度的70%
	自身环		网面抗张强度的45%
	螺旋环		网面抗张强度的65%
张力在50 N/cm时,定力伸长率 ≤		%	0.50

5.5 异形丝干燥网的外观质量应符合表5规定,不应有纹理错误、错线、老化痕迹、硬伤、双线、孔洞、杂物的表面缺陷。

表5 异形丝干燥网的外观质量评定表

序号	缺陷种类	要求
1	折印	可有轻微折印,不应影响抄纸质量
2	沟痕	可有轻微沟痕,不应影响抄纸质量
3	大小孔	(1) 经纬向不应超过标准网孔的三分之二; (2) 经纬向两个缺陷网孔的距离不应少于500 mm
4	断经	(1) 缺经不应有; (2) 允许按编织纹理织补,织补后应平整、不应高出网面
5	断纬	(1) 允许按编织纹理织补,织补后应平整、不应高出网面; (2) 距网边50 mm内允许有20 mm以内的断纬
6	经密允差	不应超过±0.30 根/cm
7	纬密允差	不应超过±0.80 根/cm
8	回鼻[a]	(1) 不应高出网面; (2) 同一根纬线上不应超过5个; (3) 任意平方米内不应超过10个; (4) 在上述范围内允许修补、织补

表 5（续）

序　号	缺 陷 种 类	要　　求
9	松经	（1）松经不应高出网面； （2）不应并排松 3 根或隔 1 根松 1 根，合计不应超过 5 根； （3）松经长度不应超过 100 mm
10	清洁度	（1）网面不应有油污、锈迹等污染物； （2）允许有清洗痕迹
11	缺陷总项目数	（1）小于 60 m^2 的网不应超过 4 项，大于 60 m^2 的网不应超过 6 项； （2）网两边 100 mm 以内除外
[a] 回鼻是指在织网过程中纬线形成高出网面的圈套。		

5.6　当订货长度在 50 m 以下时干燥网的两边周长尺寸允差不应大于 10 mm，当订货长度在 50 m 以上时干燥网的两边周长尺寸允差不应大于 20 mm。

5.7　异形丝干燥网根据客户的要求可全部或局部使用特殊性能的原料，这些特殊性能包括抗水解性能、抗污性能等。

5.8　在订货时应在合同中注明长度、宽度、规格型号及接口形式等。

5.9　造纸用异形丝干燥网的成品应进行胶边处理，胶边宽度 20 mm～40 mm，胶厚度不应超过 0.50 mm，并且胶着牢固。

5.10　造纸用异形丝干燥网在成品的网面应标出网的运行方向、型号、规格和生产厂家的商标。

5.11　造纸用异形丝干燥网成品网有标识的面为纸的接触面。

5.12　造纸用异形丝干燥网的接口及接口插接区域应平整，接口不应高出网体，避免由此造成的接口印痕或意外磨损。

5.13　造纸用异形丝干燥网在接口处应有接口连接对齐标志。

5.14　用户如有特殊要求，按双方合同规定执行。

6　试验方法

6.1　造纸用异形丝干燥网长度和宽度尺寸的测定：采用最小刻度为 1 mm 的钢卷尺，在网无张力的状态下，在网幅两端距网边 100 mm 处测量网的长度，在网的任何部位，均可用钢卷尺测量网的宽度。

6.2　造纸用异形丝干燥网的经纬密度、抗张强度、定力伸长率、透气量、接口强度的测定按GB/T 24290 的规定进行。

6.3　造纸用异形丝干燥网外观质量检验时，如发现缺陷，用 10 倍～40 倍的放大镜观察，根据缺陷的程度和数量按表 5 进行判定。

7　检验规则

7.1　造纸用异形丝干燥网由制造厂技术检验部门按本标准技术要求进行检验，合格后方可出厂。

7.2　造纸用异形丝干燥网应每条进行检验，检验项目应包括：

a)　产品的长度及宽度；

b)　产品的经纬密度、网面抗张强度、定力伸长率、透气量、接口强度；

c)　产品的外观质量、网面缺陷；

d)　产品的内外包装质量。

7.3　产品出厂前应附合格证书，注明产品名称、型号、规格、生产日期、用网位置和出厂包装号等，并加盖检验人员的检验专用章。

7.4　用户可按本标准及合同内规定的技术要求进行验收。如发现不符合本标准或订货合同的规定，在产品出厂6个月内（产品尚未使用），有权提出复验。经供需双方共同复验，其结果确属生产质量问题，由生产方负责。如为运输、贮存和使用不当造成的质量问题由相关责任方负责。

8　标志、包装、运输和贮存

8.1　标志

8.1.1　造纸用异形丝干燥网应标志运行方向、3 m线、企业名称、型号、产品号。

8.1.2　在包装箱的两端贴上标签，应标注：

a)　企业名称、地址；
b)　产品名称；
c)　产品标准编号；
d)　包装号；
e)　规格；
f)　型号；
g)　用网位置；
h)　到达站名；
i)　收货单位；
j)　生产日期。

8.2　包装

8.2.1　无端网应卷在三根网杆上，有端网用单杆卷网，每端留余量为150 mm～250 mm，三根网杆的直径、长度应一致。

8.2.2　网杆表面应光滑、平直、无突出的尖角或节子，卷网前擦净尘土脏物，并卷上一层牛皮纸。

8.2.3　卷网应紧且网边重合整齐，网边外凸不应超过10 mm，根据网长配用合适垫码。

8.2.4　卷好的网应使接口与运行标志置于最外几层，三根杆呈三角形，并用绳子捆扎牢固。

8.2.5　卷好的网外面应包牛皮纸或塑料薄膜。同时将产品合格证书、产品小样100 mm×100 mm、使用说明书等技术文件放入资料袋中并置于包装箱内。

8.2.6　包装箱内应衬垫合适的填充物，以保证网不受损坏。

8.2.7　包装箱应与网尺寸相适应，并设置固定网杆的装置，使其在运输过程中不窜、不滚、不跳。

8.2.8　网箱制造应精细、拼合严紧、箱盖用铁腰固定、钉尖不应外露，长度2.5 m以上网箱四周应包以铁角。

8.2.9　在网箱两侧应标明“小心轻放”、“防火防蚀”、“请勿倒放”、“防止潮湿”等字样或标志，最后应涂刷吊装位置指示。

8.3　运输

8.3.1　在搬运中应轻抬轻放，严禁抛掷或翻滚，不应倒置或立放。

8.3.2　网箱在运输过程中应与强酸、强碱及有机溶剂相隔离。

8.4 贮存

8.4.1 产品应存放在干燥通风的库房内，存放时应与强酸、强碱、有机溶剂隔离。不应阳光曝晒，库内不应明火作业。

8.4.2 产品贮存期不应超过六个月，库存的产品应贯彻先进先出的原则。

ICS 85.100
Y 91

中华人民共和国国家标准

GB/T 26457—2011

造纸用圆丝干燥网

Woven paper machine dryer fabric with round yarn

2011-05-12 发布　　　　2011-09-15 实施

中华人民共和国国家质量监督检验检疫总局
中国国家标准化管理委员会　发布

前言

本标准按照 GB/T 1.1—2009《标准化工作导则 第1部分：标准的结构和编写》给出的规则起草。

请注意本文件的某些内容可能涉及专利。本文件的发布机构不承担识别这些专利的责任。

本标准由中国轻工业联合会提出。

本标准由全国造纸工业标准化技术委员会(SAC/TC 141)归口。

本标准起草单位：中国造纸学会脱水器材专业委员会、安徽华辰造纸网股份有限公司、上海金熊造纸网毯有限公司、河北鹤煌网业股份有限公司、广东新会中新网业有限公司、江苏金呢工程织物股份有限公司、中国制浆造纸研究院。

本标准主要起草人：丁家祥、韩静芬、丁朝阳、付立兵、王海明、郭纪宗、胡博能、王群兴。

造纸用圆丝干燥网

1 范围

本标准规定了造纸用圆丝干燥网的术语和定义、产品型号和分类、要求、试验方法、检验规则、标志、包装、运输和贮存。

本标准适用于造纸用圆丝干燥网。

2 规范性引用文件

下列文件对于本文件的应用是必不可少的。凡是注日期的引用文件,仅注日期的版本适用于本文件。凡是不注日期的引用文件,其最新版本(包括所有的修改单)适用于本文件。

GB/T 24290 造纸用成形网、干燥网测量方法

3 术语和定义

下列术语和定义适用于本文件。

3.1

造纸用圆丝干燥网 woven paper machine dryer fabric with round yarn

以造纸网用圆形单丝及圆形单丝结合复丝为原料,通过特殊的编织纹理和工艺,经整经、织造、定型、裁剪、插接等工序加工而成的无端或有端环形织物,应用于造纸机的干燥部起烘干和支撑传递纸页的作用。

4 产品型号与分类

4.1 产品型号

造纸用圆丝干燥网的型号表示方法具体如下:

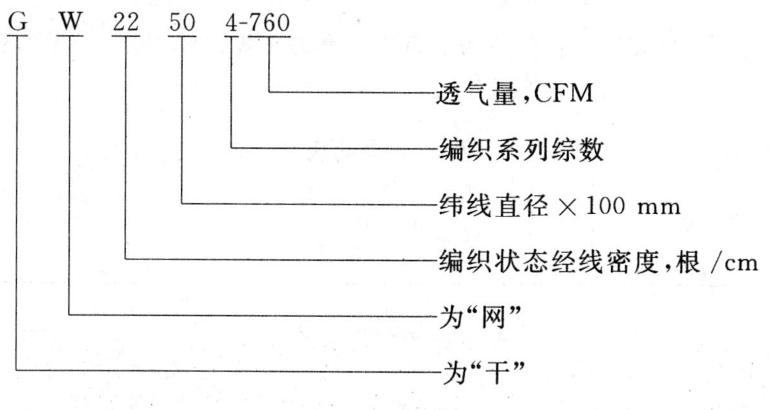

4.2 产品分类

4.2.1 圆丝干燥网按编织系列可分为3综、4综和6综等。

4.2.2 圆丝干燥网按编织纹理层数可分为一层、一层半和二层等。

4.2.3 圆丝干燥网按接口形式可分为无端接口、自身环接口和螺旋环接口等。

4.3 规格

4.3.1 圆丝干燥网的品种规格应符合表1规定范围。

表1 圆丝干燥网品种规格

系列	网子型号	层数	线材尺寸 mm		密度 根/cm		透气量 $m^3/(m^2 \cdot h)$
			经线直径	纬线直径	经密	纬密	
22	GW22453-535	1.5	0.45	0.45	23.0～24.0	12.0～13.0	8 500
	GW22503-505		0.50	0.50	23.0～24.0	11.0～12.0	8 000
	GW22304-380		0.50	0.30	23.0～24.0	13.5～14.5	6 000
	GW22504-440		0.50	0.50	23.0～24.0	13.0～14.0	7 000
	GW22504-505		0.50	0.50	23.0～24.0	11.5～12.5	8 000
24	GW24503-410		0.50	0.50	25.0～26.0	13.0～14.0	6 500
	GW24504-410		0.50	0.50	25.0～26.0	12.5～13.5	6 500
	GW24504-475		0.50	0.50	25.0～26.0	11.0～12.0	7 500
28	GW28403-533		0.40	0.40	28.5.0～29.5	14～15	8 000
	GW28453-633		0.40	0.45	28.5～29.5	12～13	9 500
20	GW20504-820	2.0	0.50	0.50	21.0～22.0	10.0～11.0	13 000
22	GW22504-760		0.50	0.50	23.0～24.0	10.0～11.0	12 000
24	GW24454-700		0.45	0.45	26.0～27.0	12.0～13.0	11 000
	GW24504-760		0.50	0.50	25.0～26.0	9.0～10.0	12 000

4.3.2 经双方协议，可提供其他规格的产品。

5 要求

5.1 圆丝干燥网的经纬密度实际标称值及透气量应符合表1规定范围。

5.2 圆丝干燥网的尺寸允差应符合表2规定。

表2 圆丝干燥网尺寸允差

项　　目	订货尺寸 mm	允　　差 mm
长　度	＞30 000	±80
	≤30 000	±50
宽　度	≥2 000，＜5 000	±5
	≥5 000，＜10 000	±10

5.3　圆丝干燥网的各项主要技术指标应符合表 3 规定。

表 3　圆丝干燥网主要技术指标

指　标　名　称		单位	规　　　定
透气量允差		%	±6
网面抗张强度　≥		N/cm	1 800
接口强度　≥	无端	N/cm	网面抗张强度的 70%
	自身环		网面抗张强度的 45%
	螺旋环		网面抗张强度的 65%
张力在 50 N/cm 时，定力伸长率　≤		%	0.50

5.4　圆丝干燥网的外观质量应符合表 4 规定，不应有纹理错误、错线、老化痕迹、硬伤、双线、杂物、孔洞的表面缺陷。

表 4　圆丝干燥网的外观质量评定表

序　号	缺　陷　种　类	要　　　求
1	折印	可有轻微折印，不应影响抄纸质量
2	沟痕	可有轻微沟痕，不应影响抄纸质量
3	大小孔	(1) 经纬向不应超过标准网孔的三分之二； (2) 经纬向两个缺陷网孔的距离不应少于 500 mm。
4	断经	(1) 缺经不应有； (2) 允许按编织纹理织补，织补后平整、不应高出网面。
5	断纬	(1) 允许按编织纹理织补，织补后平整，不应高出网面； (2) 距网边 50 mm 内允许有 20 mm 以内的断纬。
6	经密允差	不应超过±0.30 根/cm
7	纬密允差	不应超过±0.80 根/cm
8	回鼻[a]	(1) 不应高出网面； (2) 同一根纬线上不应超过 5 个； (3) 任意每平方米内不应超过 10 个； (4) 在上述范围内允许修补、织补。
9	松经	(1) 松经不应高出网面； (2) 不应并排松 3 根或隔 1 根松 1 根，合计不应超过 5 根； (3) 松经长度不应超过 100 mm。
10	清洁度	(1) 网面不应有油污、锈迹等污染物； (2) 允许有清洗痕迹。
11	缺陷总项目数	(1) 小于 60 m^2 的网应不超过 4 项，大于 60 m^2 的网应不超过 6 项； (2) 网两边 100 mm 以内除外。

[a] 回鼻是指在织网过程中纬线形成高出网面的圈套。

5.5　当订货长度在 50 m 以下时，干燥网的两边周长尺寸允差应不大于 10 mm；当订货长度在 50 m 以上时，干燥网的两边周长尺寸允差应不大于 20 mm。

5.6 圆丝干燥网根据客户的要求可全部或局部使用特殊性能的原料，这些特殊性能包括抗水解性能、抗污性能等。

5.7 在订货时应在合同中注明长度、宽度、规格型号及接口形式等。

5.8 干燥网的成品应进行胶边处理。胶边宽度 20 mm～40 mm，胶厚度应不超过 0.50 mm，并且胶着牢固。

5.9 干燥网在成品的网面应标出网的运行方向、型号、规格和生产厂家的商标。

5.10 干燥网成品网有标识的面为纸的接触面。

5.11 干燥网的接口及接口插接区域应平整，接口不应高出网体，避免由此造成的接口印痕或意外磨损。

5.12 干燥网在接口应标识接口连接对齐标志。

5.13 用户如有特殊要求，按双方合同规定执行。

6 试验方法

6.1 造纸用圆丝干燥网长度和宽度尺寸的测定：采用最小刻度为 1 mm 的钢卷尺，在网无张力的状态下，在网幅两端距网边 100 mm 处分别测量网的长度。在网子任何部位，均可用钢卷尺测量网的宽度。

6.2 造纸用圆丝干燥网的经纬密度、抗张强度、定力伸长率、透气量、接口强度的测定按 GB/T 24290 的规定进行。

6.3 造纸用圆丝干燥网外观质量检验时，如发现缺陷，用 10 倍～40 倍的放大镜观察，根据缺陷的程度和数量按表 4 进行判定。

7 检验规则

7.1 造纸用圆丝干燥网由制造厂技术检验部门按本标准技术要求进行检验，合格后方可出厂。

7.2 造纸用圆丝干燥网应每条进行检验，检验项目应包括：

a) 产品的长度及宽度；

b) 产品的经纬密度、网面抗张强度、定力伸长率、透气量、接口强度；

c) 产品的外观质量、网面缺陷；

d) 产品的内外包装质量。

7.3 产品出厂前应附合格证书，注明产品名称、型号、规格、生产日期、用网位置和出厂包装号等，并加盖检验人员的检验专用章。

7.4 用户可按本标准或订货合同规定的技术要求进行验收。如发现不符合本标准或订货合同的规定，在产品出厂 6 个月内(产品尚未使用)，有权提出复验。经供需双方共同复验，其结果确属生产质量问题，由生产方负责。如为运输、储存和使用不当造成的质量问题由相关责任方负责。

8 标志、包装、运输、贮存

8.1 标志

8.1.1 造纸用圆丝干燥网应标志运行方向、3 m 线、企业名称、型号、产品号。

8.1.2 在包装箱的两端贴上标签，应标注：

a) 企业名称、地址；

b) 产品名称；

c) 产品标准编号；

d） 包装号；

e） 规格；

f） 型号；

g） 用网位置；

h） 到达站名；

i） 收货单位；

j） 生产日期。

8.2 包装

8.2.1 无端网应卷在三根网杆上，有端网用单杆卷网，每端留余量为 150 mm～250 mm，三根网杆的直径、长度应一致。

8.2.2 网杆表面应光滑、平直、无突出的尖角或节子，卷网前擦净尘土脏物，并卷上一层牛皮纸。

8.2.3 卷网应紧且网边重合整齐，网边外凸应不超过 10 mm，根据网长配用合适垫码。

8.2.4 卷好的网应使接口与运行标志置于最外几层，三根杆呈三角形，并用绳子捆扎牢固。

8.2.5 卷好的网外面应包牛皮纸或塑料薄膜。同时将产品合格证书、产品小样 100 mm×100 mm、使用说明书等技术文件放入资料袋中并置于包装箱内。

8.2.6 包装箱内应衬垫合适的填充物，以保证网不受损坏。

8.2.7 包装箱应与网尺寸相适应，并设置固定网杆的装置，使其在运输过程中不窜、不滚、不跳。

8.2.8 网箱制造应精细、拼合严紧、箱盖用铁腰固定、钉尖不应外露，长度 2.5 m 以上网箱四周应包以铁角。

8.2.9 在网箱两侧应标明"小心轻放"、"防火防蚀"、"请勿倒放"、"防止潮湿"等字样或标志，最后应涂刷吊装位置指示。

8.3 运输

8.3.1 在搬运中应轻抬轻放，严禁抛掷或翻滚，不应倒置或立放。

8.3.2 网箱在运输过程中应与强酸、强碱及有机溶剂相隔离。

8.4 贮存

8.4.1 产品应存放在干燥通风的库房内，存放中应与强酸、强碱、有机溶剂隔离。不应阳光曝晒，库内不应明火作业。

8.4.2 产品贮存期不应超过六个月，库存的产品应贯彻先进先出的原则。

ICS 71.100.40
G 73

中华人民共和国国家标准

GB/T 26458—2011

脂肪烷基二甲基氧化胺

Fatty alkyl dimethyl amine oxides

2011-05-12 发布 2011-09-15 实施

中华人民共和国国家质量监督检验检疫总局
中国国家标准化管理委员会 发布

前　言

本标准是按照GB/T 1.1—2009《标准化工作导则　第1部分：标准的结构和编写》的规则进行编写的。

请注意本文件的某些内容可能涉及专利。本文件的发布机构不承担识别这些专利的责任。

本标准由中国轻工业联合会提出。

本标准由全国表面活性剂和洗涤用品标准化技术委员会(SAC/TC 272)归口。

本标准起草单位：飞翔化工(张家港)有限公司、广州市星业科技发展有限公司、中国日用化学工业研究院/国家洗涤用品质量监督检验中心(太原)。

本标准主要起草人：马林、姚晨之、连工宝、叶建忠。

脂肪烷基二甲基氧化胺

1 范围

本标准规定了脂肪烷基二甲基氧化胺的产品分类、要求、试验方法、检验规则和标志、包装、运输、贮存。

本标准适用于脂肪烷基二甲基叔胺与过氧化氢反应制得的产品。

2 规范性引用文件

下列文件对于本文件的应用是必不可少的。凡是注日期的引用文件，仅注日期的版本适用于本文件。凡是不注日期的引用文件，其最新版本(包括所有的修改单)适用于本文件。

GB/T 601 化学试剂 标准滴定溶液的制备

GB/T 3143 液体化学产品颜色测定法(Hazen 单位—铂-钴色号)

GB/T 5174 表面活性剂洗涤剂阳离子活性物含量的测定

GB/T 6368 表面活性剂水溶液 pH 值的测定 电位法

QB/T 2344—1997 两性表面活性剂 脂肪烷基二甲基甜菜碱

QB/T 2739—2005 洗涤用品 常用试验方法 滴定分析(容量分析)用试验溶液的制备

3 产品分类

脂肪烷基二甲基氧化胺的结构式：

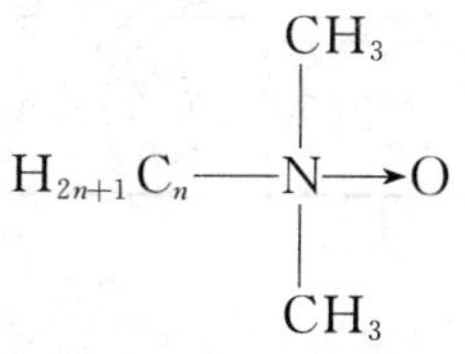

$n = 12 \sim 18$

脂肪烷基二甲基氧化胺按其脂肪烷基碳原子数可分为下列六种规格：

十二烷基二甲基氧化胺，OA-12；

十二/十四烷基二甲基氧化胺，OA-12/14；

十四烷基二甲基氧化胺，OA-14；

十六烷基二甲基氧化胺，OA-16；

十六/十八烷基二甲基氧化胺，OA-16/18；

十八/十六烷基二甲基氧化胺，OA-18/16。

4 要求

脂肪烷基二甲基氧化胺的理化指标应符合表 1 要求。

表 1　脂肪烷基二甲基氧化胺理化指标

项　目		OA-12		OA-12/14		OA-14	
		一等品	合格品	一等品	合格品	一等品	合格品
外观(25 ℃)		无色至淡黄色透明液体					
活性物 %		30～32				24～26	
游离胺 %	≤	0.7	1.0	0.7	1.0	0.7	1.0
pH(10%水溶液,25 ℃)		6.0～8.0					
色泽 Hazen	≤	50	70	50	70	50	70
过氧化氢 %	≤	0.2					

项　目		OA-16		OA-16/18		OA-18/16	
		一等品	合格品	一等品	合格品	一等品	合格品
外观(25 ℃)		白色至微黄色膏体					
活性物 %		24～26					
游离胺 %	≤	0.7	1.0	0.7	1.0	0.7	1.0
pH(10%水溶液,25 ℃)		6.0～8.0					
色泽 Hazen	≤	60	100	60	100	60	100
过氧化氢 %	≤	0.2					

5　试验方法

除非另有说明,在分析中仅使用确认为分析纯的试剂和蒸馏水或去离子水或相当纯度的水。

5.1　外观

目测。

5.2　活性物

按附录 A 执行。

5.3　游离胺

按 QB/T 2344—1997 中 4.3 规定执行,将 QB/T 2344—1997 中 4.3.2 b.的甲醇改为乙醇。

5.4 pH

将试样配成10%的水溶液，并按GB/T 6368规定执行。

5.5 色泽

按GB/T 3143规定执行。

5.6 过氧化氢

5.6.1 原理

在酸性介质中，过氧化氢能被高锰酸钾氧化，过量的高锰酸钾能使溶液显示出粉红色而指示出终点，通过消耗高锰酸钾标准滴定溶液的体积即可计算出过氧化氢的含量。

5.6.2 仪器

a) 三角瓶，150 mL；

b) 量筒，50 mL；

c) 具塞滴定管，棕色，10 mL或25 mL。

5.6.3 试剂

a) 硫酸，5%(质量分数)水溶液；

b) 高锰酸钾，$c(1/7KMnO_4)=0.1$ mol/L标准滴定溶液，按QB/T 2739—2005中4.20配制和标定。

5.6.4 程序

精确称取试样3 g～5 g(准确至0.001 g)于150 mL三角瓶中，加硫酸溶液[5.6.3a)]50 mL摇匀，以高锰酸钾标准滴定溶液[5.6.3b)]滴定至粉红色30 s不褪为止。同时进行空白试验。

5.6.5 结果计算

过氧化氢的含量x以%表示，按式(1)计算：

$$x=\frac{c\times(V-V_0)\times17.07}{10\times m}\times100\% \qquad (1)$$

式中：

c ——高锰酸钾标准滴定溶液的浓度，单位为摩尔每升(mol/L)；

V ——耗用高锰酸钾标准溶液体积数，单位为毫升(mL)；

V_0 ——空白试验耗用高锰酸钾标准滴定溶液体积，单位为毫升(mL)；

17.07——过氧化氢($1/2H_2O_2$)的摩尔质量，单位为克每摩尔(g/mol)；

m ——试样的质量，单位为克(g)。

5.6.6 精密度

在重复性条件下获得的两次独立测试结果的绝对差值不大于0.02%，以大于0.02%的情况不超过5%为前提。

6 检验规则

6.1 检验分类

6.1.1 型式检验

型式检验项目包括表1的全部内容，下列情况应进行型式检验：

a) 正式生产时，原料、工艺、设备、管理等方面(包括人员素质)有较大改变，可能影响产品质量时；

b) 正常生产时，应定期进行型式检验；

c) 长期停产后恢复生产时；

d) 出厂检验结果与上次型式检验结果有较大差异时；

e) 国家行业管理部门和质量监督机构提出进行型式检验时。

6.1.2 出厂检验

出厂检验项目包括外观、活性物、游离胺、pH值。

6.2 产品组批与抽样规则

6.2.1 组批

产品按批交付及抽样验收，一次交付的同一规格、同一批号的产品为一交付批。

生产单位交付的产品，应先经其质量检验部门按本标准检验，符合本标准并出具产品质量检验合格证书，方可出厂。产品质量检验合格证书应包括：生产者名称、产品名称、商标、采用标准编号、批号、批量、等级、质量指标、生产日期等。

收货方凭产品质量检验合格证书验收，必要时可按6.2.2规定在一个月内抽样验收或仲裁。

6.2.2 取样

收货方验收、仲裁检验所需的样品，应根据批量大小按表2确定样本大小，交收双方会同在交货地点从交付批中随机抽取桶样本。

表2 批量和样本大小

单位为桶

批　量	1	2～15	16～50	51～150	151～500	＞500
样本大小	1	2	3	5	8	13

取样时用取样器自包装桶中心插入四分之一深处采集样品，每个样本桶中采集量应相近，样品应迅速置于具塞样品瓶中，并加塞，采样总量不小于1.5 kg。

将采取的样品熔化混匀后，分装于三个清洁、干燥的容器中，签封。标签上应注明产品名称、等级、产品批号及数量、生产单位、试样编号、采样日期、采样人。交收双方各持一份进行检验，第三份由交货方保管，备仲裁检验用，保管期为三个月。

6.3 判定规则

检验结果按修约值比较法判定合格与否。如理化指标有一项不合格，可重新取两倍桶样本采取样品对不合格项进行复检，复检结果仍不合格，则判该批产品不合格。

交收双方因检验结果不同，如不能取得协议时，可商请仲裁检验，仲裁结果为最后依据。

7 标志、包装、运输、贮存

7.1 标志

包装物外壁印刷的标志(图案及文字)应清晰美观,无脱色,并标明:

a) 产品名称、商标、采用标准编号、等级;

b) 生产日期和保质期或产品批号和限期使用日期;

c) 毛重和净含量;

d) 有防水、防潮等文字或标识;

e) 生产者名称、地址和联系电话等。

7.2 包装

用铁桶包装,包装净含量应符合标称质量。

7.3 运输

运输过程中应使容器口向上,防止日晒、雨淋、受潮,轻装轻卸,避免包装损坏。

7.4 贮存

产品应贮存在干燥、洁净、通风的库房内,如需在露天存放时,应采取必要的防潮措施,垛高以不超过支撑物的最大载荷为限,并加遮盖物以防晒、防雨、防潮。

产品在上述贮运条件且未经启封的情况下,自生产之日起保质期为一年以上。

附 录 A
（规范性附录）
活性物的测定

A.1 方法一：酸碱非水滴定法（仲裁法）

A.1.1 原理

脂肪烷基二甲基氧化胺可以通过盐酸醇标准溶液进行非水滴定，氧化胺中未反应的胺与碘甲烷能发生季铵化反应，生成的季铵盐在非水滴定条件下与盐酸不反应，因此可以确定氧化胺的含量。

A.1.2 仪器

a） 100 mL 滴定杯；

b） 50 mL 量筒；

c） 全自动电位滴定仪或能精确到 0.1pH 的酸度计。

A.1.3 试剂

a） 异丙醇；

b） 碘甲烷；

c） 0.1 mol/L 盐酸乙二醇-异丙醇标准溶液。

将盐酸配制在乙二醇和异丙醇 1∶1（体积分数）的混合溶液中，仔细摇匀后按 GB/T 601 中的规定进行标定，此标准溶液密闭保存在 10 ℃左右的冰箱冷藏室内（防止温度过高引起溶剂的挥发），有效期一个月。

A.1.4 程序

精确称取 0.8 g～1.0 g 均匀样品（准确至 0.000 2 g）于 100 mL 滴定杯中，加 50 mL 异丙醇[A.1.3a)]和 5 mL 碘甲烷[A.1.3b)]，室温下，置于滴定仪上搅拌 30 min，用 0.1 mol/L 盐酸乙二醇-异丙醇标准溶液[A.1.3c)]滴定至电位突跃为终点，记录称样质量和滴定体积。

活性物含量 x 以％表示，按式(A.1)计算。

$$x=\frac{c\times V\times M}{10\times m}\times 100\% \qquad \text{(A.1)}$$

式中：

c ——盐酸乙二醇-异丙醇标准溶液的摩尔浓度，单位为摩尔每升（mol/L）；

V ——测定活性物时耗用盐酸乙二醇-异丙醇标准溶液的体积，单位为毫升（mL）；

M ——脂肪烷基二甲基氧化胺的平均相对分子质量，按 A.1.6 测定，单位为克每摩尔（g/mol）；

m ——试样的质量，单位为克（g）。

A.1.5 精密度

在重复性条件下获得的两次独立测试结果的绝对差值不大于 0.3％，以大于 0.3％的情况不超过 5％为前提。

A.1.6 脂肪烷基二甲基氧化胺平均相对分子质量的测定 气相色谱法

A.1.6.1 原理

试样经色谱柱气液分离，采用面积归一化法，得到各碳链的分布，经计算得出平均相对分子量。

A.1.6.2 试剂

a) 参考样品：已知链长的脂肪烷基二甲基叔胺，可采用一已知组成的产品作为参考样品，用来检验色谱仪的性能；

b) 载气：氮气，燃气：氢气，助燃气：空气。

A.1.6.3 仪器

a) 色谱仪，具有火焰离子化检测器和程序升温；

b) 色谱柱：HP-5，30 m×0.32 mm×0.52 μm；

c) 数据处理机或色谱工作站；

d) 进样器：5 μL 或 10 μL。

A.1.6.4 程序

A.1.6.4.1 色谱分析条件

a) 柱温：始温 150 ℃～170 ℃，升温速率 8 ℃/min～10 ℃/min，终温 280 ℃；

b) 汽化温度：300 ℃；

c) 检测器温度：300 ℃；

d) 柱前压 100 kPa，燃气流量约 50 mL/min，助燃气流量约 500 mL/min；

e) 分流比：约 1∶30。

A.1.6.4.2 色谱分析

仪器操作按使用说明书进行，操作条件按 A.1.6.4.1 设定，待仪器稳定后用进样器将足够量的试样（必要时可用乙醇稀释）注入色谱仪中，使之得到峰高适当的色谱图，见图 A.1（不同的色谱仪，保留时间可能有所不同）。

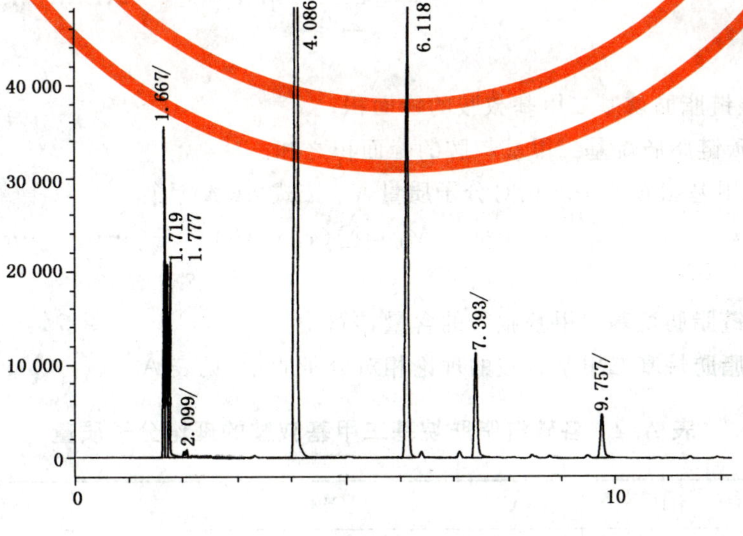

图 A.1 OA-12/14 热解气相色谱图

a） 定性：在同一操作条件下，根据参考标样色谱峰的保留时间对试样的色谱峰进行定性；

b） 定量：各碳链脂肪烷基氧化胺的色谱峰达到良好分离，并在出峰完全的情况下，采用面积归一化法定量；

c） 图中各成分说明见表 A.1。

表 A.1 色谱图成分说明

保留时间 min	成　分
1.667	溶剂乙醇
1.719	OA-12 裂解产生的烯烃
1.777	OA-14 裂解产生的烯烃
2.099	裂解产生的甲胺
4.086	裂解产生的十二烷基二甲基叔胺
6.118	裂解产生的十四烷基二甲基叔胺
7.393	OA-12 热分解产物
9.757	OA-14 热分解产物

A.1.6.5 相对分子质量的计算

a） 脂肪烷基二甲基氧化胺的相对分子质量 M 按式(A.2)计算。

$$M = M_1 + 16.0 \qquad \cdots\cdots\cdots(A.2)$$

式中：

M_1 ——对应的脂肪烷基二甲基叔胺平均相对分子质量，按式(A.4)计算得出；

16.0 ——氧原子的相对原子质量。

b） 各碳链脂肪烷基二甲基叔胺的含量 x_i 以%表示，按式(A.3)计算。

$$x_i = \frac{A_i}{\sum A} \times 100\% \qquad \cdots\cdots\cdots(A.3)$$

式中：

A_i ——i 碳链脂肪烷基二甲基叔胺的峰面积；

$\sum A$——各碳链脂肪烷基二甲基叔胺的峰面积之和。

c） 脂肪烷基二甲基叔胺的平均相对分子质量 M_1 按式(A.4)计算。

$$M_1 = \sum(x_i \times M_i) \qquad \cdots\cdots\cdots(A.4)$$

式中

x_i ——i 碳链脂肪烷基二甲基叔胺的含量，%；

M_i——i 碳脂肪烷基二甲基叔胺的理论相对分子质量，见表 A.2。

表 A.2 各碳链脂肪烷基二甲基叔胺的理论分子质量

脂肪烷基碳数	C10	C12	C14	C16	C18	C20
M_i	185.3	213.4	241.5	269.5	297.6	325.6

A.1.6.6 精密度

同一样品两次平行测定结果之差不应超过1。

A.2 方法二:直接两相滴定法

按GB/T 5174规定执行。

ICS 85-010
Y 30

中华人民共和国国家标准

GB/T 26459—2011

纸、纸板和纸浆　返黄值的测定

Pulp, paper and board—Determination of the post color number

2011-05-12 发布　　　　2011-09-15 实施

中华人民共和国国家质量监督检验检疫总局
中国国家标准化管理委员会　发布

前　言

本标准由中国轻工业联合会提出。

本标准由全国造纸工业标准化技术委员会(SAC/TC 141)归口。

本标准起草单位:中国制浆造纸研究院、山东华泰纸业股份有限公司、国家纸张质量监督检验中心、中国造纸协会标准化专业委员会。

本标准主要起草人:张清文、高君。

纸、纸板和纸浆　返黄值的测定

1　范围

本标准规定了基于 Kubelka-Munk 理论，通过测定纸、纸板和纸浆的光散射系数和光吸收系数得到返黄值的方法。

本标准适用于白色和近白色的纸、纸板和纸浆，不适用于含有荧光增白剂的纸、纸板和纸浆。

2　规范性引用文件

下列文件中的条款通过本标准的引用而成为本标准的条款。凡是注日期的引用文件，其随后所有的修改单(不包括勘误的内容)或修订版均不适用于本标准，然而，鼓励根据本标准达成协议的各方研究是否可使用这些文件的最新版本。凡是不注日期的引用文件，其最新版本适用于本标准。

GB/T 450　纸和纸板　试样的采取及试样纵横向、正反面的测定

GB/T 740　纸浆　试样的采取

GB/T 7973　纸、纸板和纸浆　漫反射因数的测定(漫射/垂直法)

GB/T 7974　纸、纸板和纸浆亮度(白度)的测定　漫射/垂直法

GB/T 24324　纸浆　物理试验用实验室纸页的制备　常规纸页成型器法

3　术语和定义

下列术语和定义适用于本标准。

3.1

反射因数 *R*　reflectance factor

由一物体反射的辐通量与相同条件下完全反射漫射体所反射的辐通量之比，以百分数表示。

3.2

内反射因数 R_∞　intrinsic luminous reflectance factor

试样层数达到不透光，即测定结果不再随试样层数加倍而发生变化时的光反射因数。

3.3

光散射系数 *S*　light scattering coefficient

光通过材料的无限薄层时被反射的漫射光通量部分，应用 Kubelka-Munk 理论这部分光通量与有限厚度材料层的反射光相关，并考虑到材料的定量关系，单位为 m^2/kg。

3.4

光吸收系数 *K*　light absorption coefficient

光通过材料的无限薄层时被吸收的漫射光通量部分，应用 Kubelka-Munk 理论这部分光通量与有限厚度材料层的吸收光相关，并考虑到材料的定量关系，单位为 m^2/kg。

3.5

返黄值　post color number

试样经过一定时间的贮存，受环境或其他因素的影响出现白度下降，这种现象称为返黄。返黄的程度用返黄值表示，也称 PC 值。

4　原理

应用 Kubelka-Munk 理论，测定试样老化处理前后的光散射系数和光吸收系数，计算出返黄值。

5 仪器

5.1 反射光度计

仪器的几何特性、光学特性及光谱特性应符合 GB/T 7973 的规定。

5.2 工作标准

陶瓷或乳白玻璃工作标准板，按 GB/T 7973 进行清洗和校准。

5.3 参比标准

由授权实验室提供，应符合 GB/T 7973 中有关仪器和工作标准的校准规定。

5.4 标准黑筒

在所有的波长范围内，其反射因数与名义值的差值应不大于 0.2%。为防尘，标准黑筒应口朝下放置，或配一防尘盖。标准黑筒的反射因数应由仪器厂校验。

注：黑筒的状况参照仪器制造商的要求进行检查。

5.5 烘箱

温度可调至(105±2)℃。

6 试样采取

如果评价一批样品，纸和纸板应按 GB/T 450 进行试样采取，纸浆应按 GB/T 740 进行试样采取；如果评价不同类型的样品，应保证所取样品具有代表性。

7 试样制备

7.1 纸浆

按 GB/T 24324 的规定制备纸浆实验室纸页，纸页定量为(60±3.0)g/m²。对于机械木浆，如果定量 60 g/m² 的纸页其不透明度超过 95%，应把该纸页的定量降到(50±2.5)g/m²，但应在试验报告中注明。另外，制备纸页的水质应洁净。

注：对于棉浆等长纤维纸浆，建议在打浆机内适当切短后再抄造纸页，并在试验报告中说明。

7.2 纸和纸板

从采取的样品中，切取约 100 mm×100 mm 的正方形试样，切取时避开水印、尘埃及明显的缺陷。将不少于 10 张试样叠在一起，形成试样叠，每张试样应正面朝上。试样叠的层数应能保证当试样层数加倍后，反射因数不会因试样层数的增加而改变。然后在试样叠的上下两面各衬一张试样，以防止试样被污染，或受到不必要的光照及热辐射。

如果能够区分试样的正面和反面，应将试样的正面朝上；如果不能区分，如夹网纸机生产的纸张，则应保证试样的同一面朝上，并在最上面试样的一角作标记。

8 步骤

8.1 按照反射光度计的操作方法对仪器进行校准。取下试样叠的保护层，不应用手触摸试样的测试区。根据测试要求选择试样的测试面。测定试样叠的最上层试样的内反射因数 R_∞，本标准中内反射因数采用蓝光漫反射因数 R_{457}，并按照 GB/T 7974 进行测试。读取并记录测定值，应准确至 0.1%。

注：也可以测定其他波长的内反射因数计算返黄值。由于内反射因数与返黄值呈非线性，不同波长的内反射因数计算的返黄值可能不一致。

8.2 将已测定的试样放在试样叠的下面，测定第二张试样的 R_∞，并将测试完的试样放在试样叠的下面，依次测定 5 张试样。

8.3 如需要测试试样的另一面，翻过试样叠，重复 8.1～8.2 的操作，测定试样的另一面。

8.4 将已测定内反射因数 R_∞ 的试样置于(105±2)℃的烘箱中烘 3 h，进行老化处理。在老化时，试样应悬挂在烘箱内，避免试样之间或试样与烘箱壁之间有任何接触。

注：也可采用其他老化方式，如高温、高湿条件，或采用不同的老化时间，但宜在报告中注明。

8.5 老化后的试样自然冷却到室温，按照 8.1～8.3 的步骤再次测量试样的内反射因数 R_∞。

9 结果表述

9.1 分别计算试样两面内反射因数 R_∞ 的平均值，按式(1)计算老化前后的 $\frac{K}{S}$ 值，按式(2)计算返黄值。

$$\frac{K}{S}=\frac{(1-R_\infty)^2}{2R_\infty} \quad \cdots\cdots(1)$$

$$\text{PC 值}=100\times\left[\left(\frac{K}{S}\right)_t-\left(\frac{K}{S}\right)_0\right] \quad \cdots\cdots(2)$$

式中：

K——光吸收系数，单位为平方米每千克(m^2/kg)；

S——光散射系数，单位为平方米每千克(m^2/kg)；

R_∞——内反射因数，以%表示，计算时将 R_∞ 转换成十进制小数；

$\left(\frac{K}{S}\right)_t$——老化 t 小时后的 $\frac{K}{S}$ 值；

$\left(\frac{K}{S}\right)_0$——老化前的 $\frac{K}{S}$ 值；

PC 值——返黄值，以%表示。

10 试验报告

试验报告应包括以下项目：

a) 本标准编号；

b) 试样的标志和说明；

c) 试验大气条件；

d) 试样老化条件；

e) 返黄值，以%表示，结果保留一位小数；

f) 偏离本标准的任何测定条件。

ICS 85-010
Y 30

中华人民共和国国家标准

GB/T 26460—2011

纸浆 零距抗张强度的测定（干法或湿法）

Pulps—Determination of zero-span tensile strength, wet or dry

(ISO 15361:2000, MOD)

2011-05-12 发布 2011-09-15 实施

中华人民共和国国家质量监督检验检疫总局
中国国家标准化管理委员会 发布

前　言

本标准修改采用ISO 15361:2000《纸浆　零距抗张强度的测定(干法或湿法)》。

本标准与ISO 15361:2000相比,主要差异如下:

——将试样宽度统一为15 mm;

——将ISO 15361:2000中第6章和第7章合并为本标准第6章;

——将ISO 15361:2000中引用的国际标准转化为与之相对应的国家标准和行业标准(本标准第2章)。

本标准的附录A为规范性附录。

本标准由中国轻工业联合会提出。

本标准由全国造纸工业标准化技术委员会(SAC/TC 141)归口。

本标准起草单位:中国制浆造纸研究院、国家纸张质量监督检验中心、中国造纸协会标准化专业委员会。

本标准主要起草人:张青。

纸浆 零距抗张强度的测定
（干法或湿法）

1 范围

本标准规定了实验室纸页在测定距离初始为零时抗张强度的测定方法。

本标准适用于所有纤维，包括回用纤维。

2 规范性引用文件

下列文件中的条款通过本标准的引用而成为本标准的条款。凡是注日期的引用文件，其随后所有的修改单（不包括勘误的内容）或修订版均不适用于本标准，然而，鼓励根据本标准达成协议的各方研究是否可使用这些文件的最新版本。凡是不注日期的引用文件，其最新版本适用于本标准。

GB/T 451.2 纸和纸板定量的测定（GB/T 451.2—2002，ISO 536：1995，EQV）

GB/T 462 纸、纸板和纸浆 分析试样水分的测定（GB/T 462—2008，ISO 287：1985，ISO 638：1978，MOD）

GB/T 740 纸浆 试样的采取（GB/T 740—2003，ISO 7213：1981，IDT）

GB/T 10739 纸、纸板和纸浆试样处理和试验的标准大气条件（GB/T 10739—2002，ISO 187：1990，EQV）

GB/T 24324 纸浆 物理试验用实验室纸页的制备 常规纸页成型器法

GB/T 24325 纸浆 实验室打浆 瓦利（Valley）打浆机法

GB/T 24326 纸浆 物理试验用实验室纸页的制备 快速凯塞法

QB/T 1462 纸浆实验室的湿解离

QB/T 1463 纸浆实验室打浆 PFI 磨法

3 术语和定义

下列术语和定义适用于本标准。

3.1

抗张强度 tensile strength

在本试验方法所规定的条件下，单位宽度的试样断裂前所能承受的最大张力。

3.2

零距 zero-span

两夹具间的最小距离。当两夹具的间距为零时，光束不能从夹具间透过。

3.3

零距抗张强度 zero-span tensile strength

在本标准规定的条件下，使用适当的仪器，当夹具间距为零时所测得的抗张强度。

3.4

零距抗张指数 zero-span tensile index

零距抗张强度除以定量。

注：计算时可使用经温湿处理的定量或者烘干的定量，但宜在试验报告中说明。

4 原理

用浆料抄造干或湿的实验室纸页。可以在湿的(未经干燥的)、干的(经温湿处理的)或者再润湿的状态下进行测定。将试样夹在抗张强度试验仪上,夹距调整为零,试样被拉伸直至断裂。测定试样断裂时的最大值,并计算零距抗张强度。

5 仪器和设备

5.1 零距抗张强度试验仪,包括以下几个部分。

5.1.1 夹持装置,由两个带夹头的夹具组成,夹头用于夹紧试样(见图1)。在每个夹具中,下夹头是一个平面(基准面)。上夹头与下夹头类似,但上夹头还包括一个与夹头前部等宽的尖头,该尖头在垂直方向上的尺寸应至少为0.6 mm。上夹头宽度应为15 mm,应准确至±0.01 mm。下夹头的宽度略大于上夹头,且相互间的尺寸偏差应不大于±0.01 mm(见图2)。

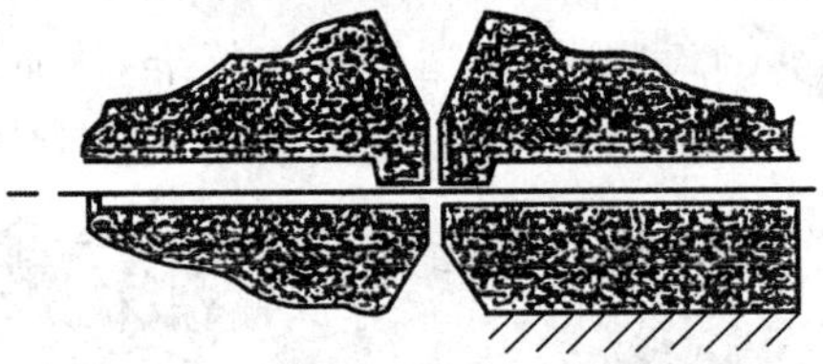

a) 未夹紧的结构

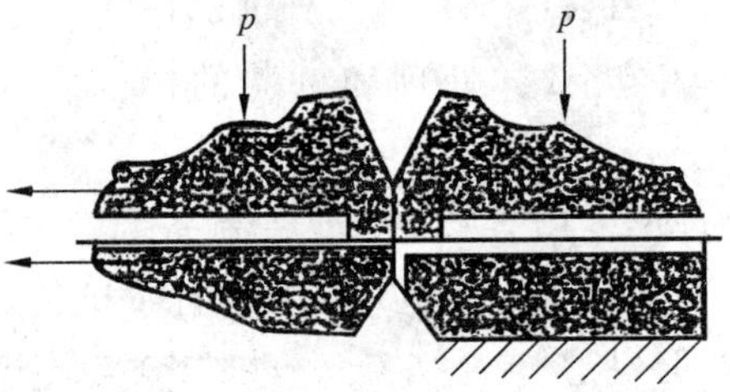

p——夹具在夹紧状态下施加给试样的压力。

b) 已夹紧的结构

图1 零距抗张强度试验仪的基本组件

单位为毫米

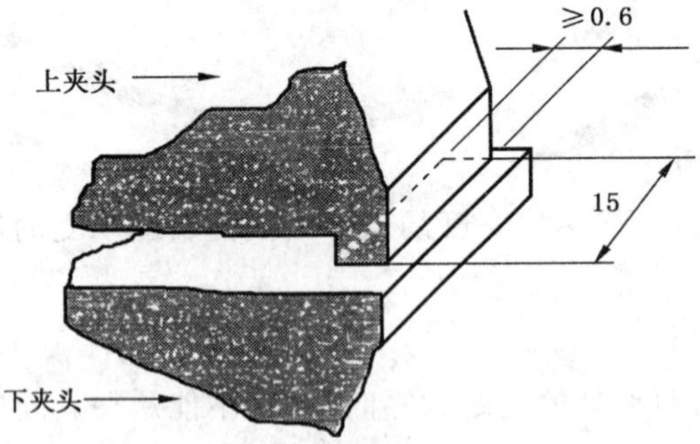

图2 夹具的合适尺寸

应选用合适的装置,将夹持压力合理地分配在已夹紧试样的夹具上。在整个夹头宽度上,夹持压力应一致,其差值应不大于0.1%。夹持压力应在250 kPa~1 000 kPa之间选择。

在水平方向A和垂直方向B上校准夹具(见图3)。当夹具间未夹试样且紧密接触时,光束不应从夹具间透过。一般由制造商来校准夹具,不应由使用者自行调节。但是,使用时可能会有一些纤维粘附在某个夹头上,在这种情况下,光束就可从夹具间透过,应按照7.1.2中所述方法解决这个问题。

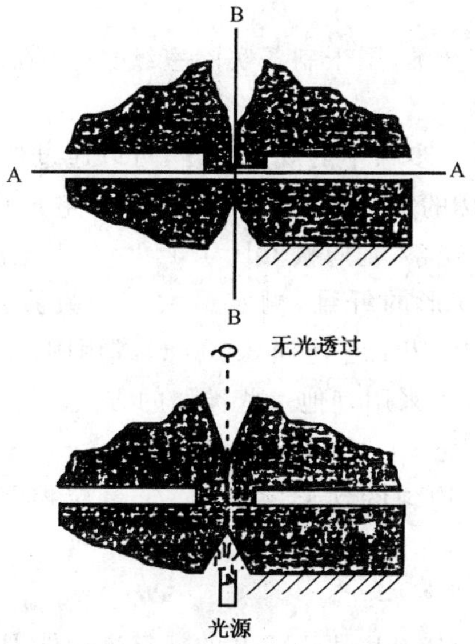

图 3 两夹具间的空间校准

5.1.2 纤维在夹具间任意距离断裂时的平面抗张力测定装置，应符合以下规定。

在零距抗张强度试验仪的测定范围内，施加的力应使两夹具能彼此分离。试验仪应能以(25±2)N/s(10 mm 夹头宽度)的速度均匀施加张力，准确至±0.5%。

5.2 实验室纸页成型器，可制备纸幅均匀的纸页，其绝干定量为(60±3)g/m²。

5.3 载纸、伏辊和平压机，在制备实验室纸页和试样时使用。

5.4 试样裁切装置，见 6.3。

5.5 浸泡盒或实验室用喷雾瓶或其他可用于润湿纸页的合适装置。仅当试样在检测前需要润湿时使用。

5.6 海绵辊，用于从湿试样中移走多余的水分，或选用一个表面平整、没有任何表面缺陷的矩形海绵块。仅当试样在检测前需要润湿时使用。

5.7 试样插入器，由不锈钢或其他抗腐蚀性材质制成，厚度应不大于 0.5 mm。用于将湿试样转移到抗张强度试验仪的夹头中。

5.8 抄纸网，由不锈钢或其他抗腐蚀性材质制成，当测定未经干燥的实验室纸页时，用于制备试样。其尺寸应符合 6.4 的规定。

5.9 其他常用实验室设备，用于测定未经干燥试样的定量。

5.10 解离器，仅当试样是干燥浆或者半干燥浆时使用。

5.11 纤维机械处理装置，用于减少纤维的卷曲或纽结现象，若有必要，可选用实验室打浆机或制浆设备，如瓦利(Valley)打浆机、PFI 磨、或用附录 A 所述的高速混合器。

6 试样的制备

6.1 取样

如果测定结果用于评价一批纸浆，则应按 GB/T 740 的规定取样。

6.2 介绍

本测定方法要求试样中的纤维呈自由聚集状态。如果试样是纸页，则应将纤维配制成纸浆，再重新抄造成纤维自由聚集的纸页。如果它们是按 6.4 制成的实验室纸页，则不需进行此操作。如有必要，还应在抄片前除去纸浆中卷曲或纽结的纤维，但应在试验报告中说明。

6.3 样品的预处理

若纸浆处于干燥或半干燥状态，则需按 QB/T 1462 进行纤维的解离。若有必要，还应对纸浆进行适当的疏解。

从纸浆中量取一定数量的纸浆纤维，用于制备实验室纸页。所需纤维的准确数量应由纸页的形成过程决定。

如果纸浆中的纤维浓度高于下述步骤中的规定浓度，可以通过加水稀释降低其浓度。

工厂生产的纸浆或经混合/揉搓的实验室纸浆常发生变形（卷曲或纽结），这种变形会影响零距抗张强度的测定值。若需排除这种变形现象，则应按 QB/T 1462 中规定浸泡纸浆，如果有必要还可对纤维进行疏解和机械处理。为了拉直变形的纤维，测定最大零距抗张强度，可用如下处理方法：在瓦利（Valley）打浆机中处理 15 min，或用 PFI 磨处理 3 000 r，或用附录 A 中所规定的仪器在纸浆浓度为 0.2%的条件下高速混合 5 min。也可采用其他一些类似的方法。

6.4　干燥或再润湿试样的制备

按 GB/T 24324 规定制备纸幅均匀的实验室纸页，定量应控制在（60±3）g/m²，并用烘箱进行干燥。

按 GB/T 451.2 测定纸页的定量。

如果实验室纸页是干燥的，则应按 GB/T 10739 的规定进行处理。

将实验室纸页切成宽度为（15±0.10）mm 的试样，试样的两个边应平直，切口应整齐无任何损伤，平行度应在 0.10 mm 以内。试样长度为 100 mm 左右，其具体值取决于使用的仪器。但试样长度应超过两夹具触点总长 1.2 mm。

6.5　试样的再润湿

6.5.1　总则

将试样完全浸透，然后除去部分水分，使试样的绝干固含量在 20%～50%范围内。应按 6.5.2 或 6.5.3 的规定操作或在不损伤试样的前提下，采用其他方法达到该目的。

6.5.2　喷湿

将试样放在一个预先浸湿的海绵块上，用喷瓶盛装（23±5）℃的蒸馏水或去离子水喷洒试样至试样完全浸湿。当试样完全浸透，可停止喷洒，用另一个海绵块或海绵辊吸走试样中多余的水分，直至试样的绝干固含量在 20%～50%范围内。然后继续按 7.2.1 的规定操作。

6.5.3　浸泡

用（23±5）℃的蒸馏水或去离子水浸泡试样。正常情况下，试样会迅速吸水润湿，但也有些试样需要浸泡一段时间才能充分吸水润湿，可从试样外观是否均匀来判断其是否充分浸透。不同纤维所需要的浸湿时间是不同的，将该时间记录在试验报告中。将湿试样放在一个预先润湿的海绵块上，用另一个海绵块或海绵辊除去多余的水分，直至试样的绝干固含量达到 20%～50%为止，见 6.5.1。然后继续按 7.2.1 的规定操作。

6.6　未经干燥试样的制备

6.6.1　总则

按 GB/T 24324 或 GB/T 24326 规定的设备和步骤进行，并在 6.6.2、6.6.3 或 6.6.4 中做适当的调整。也可用其他纸页成型器制备纸幅均匀的实验室纸页，保证其绝干固含量在 20%～50%之间，定量为（60±3）g/m²。具体的制备细节由设备和操作步骤来决定。

6.6.2　成型

将抄纸网（5.8）放在纸页成型器（5.2）的支撑网上。按 GB/T 24325 或 QB/T 1463 所述仪器和步骤制备试样，也可使用其他一些能抄造均匀纸幅和规定定量的纸页成型器来制备。

6.6.3　转移

小心取下成形网。拿两张载纸（5.3）放在试样上。将伏辊放在两张载纸的上面，经过足够的时间湿纸页已经完全粘附在载纸上后，将载纸和湿纸页从成形网上揭起取下。

6.6.4 压榨

当外层的载纸不再和试样粘附在一起时，将其取下放在湿纸页暴露着的另一面，使试样夹在两张载纸的中间，好似一个三明治的夹心。另外放一些载纸在夹心的两侧，将这叠试样和载纸用平压机(5.3)压榨，并在25 s内对该叠纸页施加压力至(410±10)kPa。在该压力下停留2 min，可以一次压榨多叠。湿纸页两侧的载纸数目可通过试验作适当的调整，以保证在2 min的压榨后纸页能保持20%～50%的干物料含量。

7 试验步骤

7.1 仪器校准

按说明书校准仪器。

7.1.1 力值

若没有仪器说明书，可用相对误差在±0.5%或以下的测力计进行校准，确保该仪器测定值的准确性。在仪器的量程范围内应进行至少6个点以上的测量。用于校准的测力计与该仪器测定值之间的误差应小于1%。

7.1.2 垂直对准

当两个夹紧的夹具(见5.1.1)间距离为零时，检查两垂直面是否符合图3中的B面所示，夹头间零距接触时，光束应被完全阻断。或在两夹具间插入一张铝箔片，开关夹头一次，通过显微镜观察夹紧时留下的痕迹，检查压印是否垂直对准。垂直对准的程度应与制造商的要求相一致，但夹头很容易被细小纤维所污染，由此导致光线能透过垂直面上的夹头狭缝。有时，可将一张书写纸或较厚的纸浆板置于夹头之间，通过开关夹头数次来清除这些细小纤维。另外，也可用不掉毛的材料，如棉花，将其装在一根小木棍的末端轻轻地擦除夹头表面的脏物。通常用低倍放大镜来确定夹头表面污染物的面积，并进行清除。完成以上步骤后，用放大镜检查夹头表面，确定无任何细小纤维，若图3中的B面夹头仍不能对准，则应参考仪器说明书，或直接与仪器制造商联系，采用其他方法确定夹头不能对准的原因。

7.1.3 夹持压力

选择最佳夹持压力。以150 kPa为间隔，将夹持压力从250 kPa增加至1 000 kPa来确定最佳夹持压力。随着夹持压力的增加，零距抗张强度测定值也随之增加。当零距抗张强度测定值增加至一定值时，再增加夹持压力则会导致纤维损伤，且此时测定值开始下降，故最佳夹持压力为纤维断裂时所测值达到最大时的压力。通常夹持压力在450 kPa～650 kPa之间变化时，测定结果会有微小变化，在这种情况下推荐采用550 kPa的夹持压力。

7.2 试样的测定

7.2.1 试样的插入

将试样置于两夹具(5.1.1)间。若有需要，根据仪器的操作特性，可采用试样插入器(5.7)，以使湿润或未经干燥的试样更容易插入。在这种情况下，建议按7.2.1.1的规定进行操作。

7.2.1.1 将试样插入器(5.7)轻压在湿的试样上，并使试样较长的一边与插入器的一边对齐，小心操作，不应碰到试样的测定区域。从海绵块(5.6)上轻轻地拿走插入器，试样将仍贴在插入器上。若试样上尚有多余的自由水，则试样会紧紧地贴在插入器上，导致试样在插入夹头过程中会受到损伤。也可将湿试样从海绵块上剥离下来，放在插入器上或直接放入夹具中。试样很容易破损，所以处理时应非常小心。

夹紧零距抗张强度试验仪的夹头。

7.2.2 测定

至少进行10次测定。测定并记录试样断裂时的力(Z_B)。

7.2.3 绝干固含量和定量

湿试样测定完毕后，应立即按GB/T 462测定试样的绝干固含量，并计算实验室纸页的绝干定量。

基于被测纤维种类的典型平衡水分，将绝干定量调整为温湿处理定量（23 ℃，相对湿度50%）。例如，该类纤维的典型平衡水分是5%，则将其绝干定量乘以1.05，从而调整至温湿处理定量；若典型平衡水分是7%，则将其绝干定量乘以1.07。

8 结果的表示

8.1 试验报告

分别报告干的（经温湿处理的）、再润湿的或湿的（未经干燥的）试样的测定结果。

8.2 零距抗张强度

每张试样均按式（1）计算其零距抗张强度。

$$Z_{T}=\frac{Z_{B}}{b} \qquad \cdots\cdots(1)$$

式中：

Z_T——零距抗张强度，单位为千牛每米（kN/m）；

Z_B——7.2.2中所测定的零距抗张力，单位为千牛（kN）；

b——夹头的宽度，单位为米（m）。

计算零距抗张强度的平均值，取三位有效数字。

也可先计算出零距抗张力的平均值，然后除以夹头的宽度。

8.3 零距抗张指数

按式（2）计算零距抗张指数。

$$Z_{I}=\frac{Z_{T}}{G} \qquad \cdots\cdots(2)$$

式中：

Z_I——零距抗张指数，单位为千牛·米每克（kN·m/g）；

G——绝干定量或温湿处理定量，单位为克每平方米（g/m^2）。

注：在式（2）中，可选用温湿处理定量或绝干定量，但宜在试验报告中注明。

零距抗张指数保留三位有效数字。如有需要，还可计算结果的标准偏差。

9 精密度

一个实验室对零距抗张强度（湿法）测定了98次，包括漂白阔叶木浆、漂白针叶木浆、中性亚硫酸盐半化学浆，测定结果从6.0 kN/m～8.8 kN/m。

在该份研究中，在3个不同的实验室里，基于30种不同浆样测得的零距抗张强度（干法）值从7.5 kN/m～9.5 kN/m。

表1中的数据即由以上结果计算得来。

表1 变异系数的计算

以%表示

性　质	同一实验室变异系数	不同实验室间变异系数
湿法零距抗张强度（平均值7.5 kN/m）	1.5	—
干法零距抗张强度（平均值8.8 kN/m）	1.0	1.8

10 试验报告

试验报告应包括以下项目：

a） 本国家标准编号；

b) 试验日期和地点；

c) 试样的详细鉴别；

d) 实验室纸页的定量，绝干的或经温湿处理的；

e) 所用的纸页成型器及纸页成型过程；

f) 试样的类型：湿的、干的(经温湿处理的)、再润湿的；

g) 若有必要，再润湿试样的浸泡时间；

h) 实验室打浆方法，若有使用，则需记录；

i) 零距抗张强度；

j) 零距抗张指数，是否基于绝干定量或温湿处理定量；

k) 零距抗张强度的标准偏差；

l) 7.1.3 中所选用的夹持压力；

m) 可能影响测定结果的任何偏差，包括操作步骤方面的偏差及环境方面的影响。

附　录　A
（规范性附录）
纤维矫直的可选设备

在纤维矫直的过程中，使用了一个高速实验室混合仪。混合器的叶片应是钝拙的，如图 A.1 所示。

为了与搅拌头相适应，搅拌室应设计成圆柱形，其额定容积为 1 L。用发动机驱动搅拌头，在加载下其额定功率应至少达到 16 000 r/min。

俯视搅拌头时，刀片末端的前边缘辐向距离应为 1.65 mm～1.78 mm。

刀片俯视图：

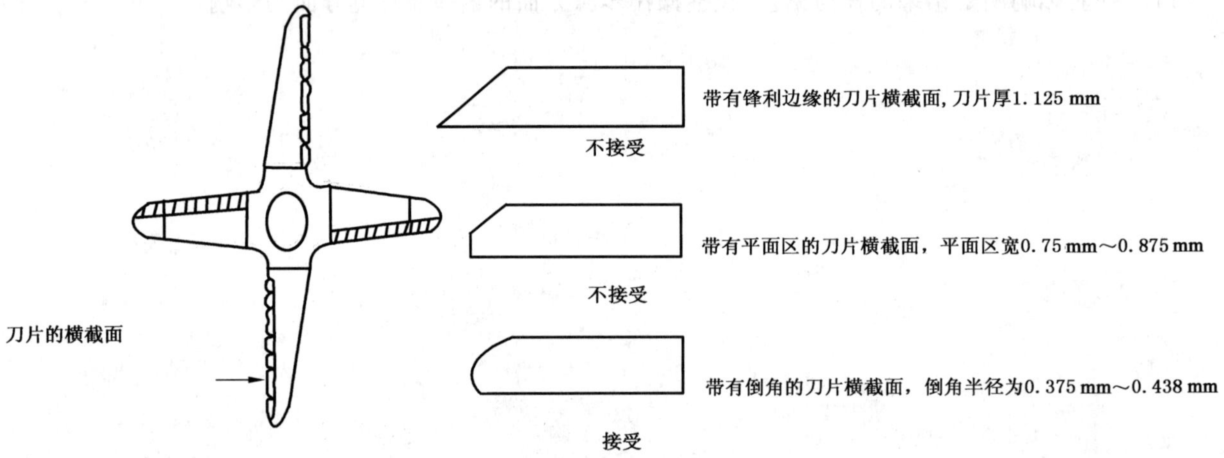

图 A.1　刀片结构的主要元件

ICS 87.080
Y 44

中华人民共和国国家标准

GB/T 26461—2011

纸张凹印油墨

Gravure ink for paper

2011-05-12 发布　　2011-09-15 实施

中华人民共和国国家质量监督检验检疫总局
中国国家标准化管理委员会　发布

前言

本标准由中国轻工业联合会提出。

本标准由全国油墨标准化技术委员会(SAC/TC 127)归口。

本标准起草单位:山西精华科工贸有限公司、浙江永在化工有限公司。

本标准主要起草人:王重声、吴敏、白鹏飞、王尔健。

纸张凹印油墨

1 范围

本标准规定了纸张凹印油墨的要求、试验方法、检验规则、标志、标签、包装、运输和贮存。

本标准适用于在轮转、单张凹版印刷上使用的承印物为各类纸张的纸张凹印油墨。

2 规范性引用文件

下列文件中的条款通过本标准的引用而成为本标准的条款。凡是注日期的引用文件，其随后所有的修改单(不包括勘误的内容)或修订版均不适用于本标准，然而，鼓励根据本标准达成协议的各方研究是否可使用这些文件的最新版本。凡是不注日期的引用文件，其最新版本适用于本标准。

GB/T 191　包装储运图示标志

GB/T 3186　色漆、清漆和色漆与清漆用原材料　取样

GB/T 13217.1　液体油墨颜色检验方法

GB/T 13217.3　液体油墨细度检验方法

GB/T 13217.4—2008　液体油墨粘度检验方法

GB/T 13217.6　液体油墨着色力检验方法

GB/T 13217.7　液体油墨附着牢度检验方法

GB/T 22771　印刷技术　印刷品与印刷油墨　用滤光氙弧灯评定耐光性

GB/T 26395—2011　水性烟包凹印油墨

QB/T 1012　胶版印刷纸

QB 2930.1　油墨中某些有害元素的限量及其测定方法　第1部分：可溶性元素

3 要求

本类产品应用于卷烟条与盒印刷时各项技术性能应符合表1、表2、表3规定，本类产品应用于卷烟条与盒印刷之外的其他应用时应符合表1中的颜色、细度、粘度、着色力、附着牢度及表3的规定。

表1　技术性能

项　目	油墨	罩光油	冲淡剂	调金油
颜色/级	≥4	—	—	—
细度/μm	≤20	—	—	—
粘度/s	13～50	20～50	13～50	18～50
着色力/%	100±5	—	—	—
附着牢度/%	≥90	≥90	≥90	≥90
耐光/级	≥4	—	—	—
耐热性/℃	≥120	≥150	≥120	≥120
耐摩擦性/次	—	≥200	—	—

表 2 挥发性有机化合物的最大限量

单位为毫克每千克

化合物	苯	甲苯	乙苯	二甲苯	正丁醇	乙酸正丁酯	丁酮	4-甲基-2-戊酮	环己酮
限量	0.1	20.0	20.0	20.0	5.0	50.0	10.0	1.0	1.0

表 3 可溶性有害元素的最大限量

单位为毫克每千克

元素名称	锑 Sb	砷 As	钡 Ba	镉 Cd	铬 Cr	铅 Pb	汞 Hg	硒 Se
限量	60	25	1 000	75	60	90	60	500

4 试验方法

4.1 颜色

按 GB/T 13217.1 规定执行。

4.2 细度

按 GB/T 13217.3 规定执行。

4.3 粘度

按 GB/T 13217.4—2008 中的第 3 章规定执行。

4.4 着色力

按 GB/T 13217.6 规定执行。

4.5 附着牢度

按 GB/T 13217.7 规定执行。

4.6 耐光

按 GB/T 22771 规定执行。

4.7 耐热性

4.7.1 原理

油墨印刷品在一定温度、一定压力、一定时间内墨膜损伤的程度。

4.7.2 工具和材料

4.7.2.1 热封仪(最高温度≥180 ℃、压力≥2 MPa)。

4.7.2.2 电吹风(1 000 W)。

4.7.2.3 湿膜厚度为 6 μm～10 μm 的丝棒。

4.7.2.4 基材(铜版纸或其他印刷基材)。

4.7.2.5 PET 膜。

4.7.3 测试条件

在温度(23±2)℃,相对湿度(65±5)%的室内进行,避免日光直射,避免影响测试的药品、气体、蒸汽、灰尘等物质的污染,避免振动、风吹。

4.7.4 测试方法

4.7.4.1 将油墨用丝棒刮于基材上,用电吹风吹 10 s。

4.7.4.2 压力设定 0.2 MPa ,时间设定 2 s,温度设定从 120 ℃开始,梯度 10 ℃升高。

4.7.4.3 在刮样油墨面加盖印刷用 PET 膜,热封仪上热合后,揭开 PET 膜,观察油墨墨膜变化情况。

4.7.5 测试结果

和空白样品对比,目测墨膜无变化的最高温度为该油墨的耐热温度。测试平行进行两次,结果应一致。

4.8 耐摩擦性

4.8.1 原理

油墨印刷品在一定的压力下与测试纸相互摩擦一定次数后墨膜受损的程度。

4.8.2 工具和材料

4.8.2.1 耐摩擦试验仪。

4.8.2.2 电吹风(1 000 W)。

4.8.2.3 湿膜厚度为 6 μm～10 μm 的丝棒。

4.8.2.4 基材(铜版纸或其他印刷基材)。

4.8.2.5 胶版印刷纸(符合 QB/T 1012 的要求)。

4.8.3 测试条件

在温度(23±2)℃,相对湿度(65±5)%的室内进行,避免日光直射,避免影响测试的药品、气体、蒸汽、灰尘等物质的污染,避免振动、风吹。

4.8.4 测试方法

4.8.4.1 将待测罩光油用丝棒刮于基材上,用吹风筒吹 10 s,裁成 300 mm×60 mm 大小的样品,将样品固定在橡胶固定板上。

4.8.4.2 将胶版印刷纸裁成 290 mm×50 mm 大小的测试纸,固定在打磨头上,选择 2 kg 砝码,置于摆臂上。

4.8.4.3 设置摩擦次数,从 200 次开始,以 20 次为梯度。

4.8.5 测试结果

墨膜未被破坏的次数为该罩光油的耐摩擦次数。测试平行进行两次,结果应一致。

4.9 挥发性有机化合物的最大限量

按 GB/T 26395—2011 中的附录 B 规定执行。

4.10 可溶性有害元素的最大限量

按 QB 2930.1 规定执行。

5 检验规则

5.1 组批与抽样

5.1.1 组批

以一次投料单机或机组完成的单位产品为一批。

5.1.2 抽样

产品按 GB/T 3186 方法进行取样,样品应分两份,一份密封备查,另一份作检验用样品。

5.2 检验分类

产品检验分出厂检验和型式检验。

5.2.1 出厂检验

出厂检验项目为颜色、细度、粘度、挥发性有机化合物的最大限量。

5.2.2 型式检验

型式检验项目为本标准要求中规定的全部项目。当有下列情况之一时,应进行型式检验:

a) 新产品或老产品转厂生产的试制定型鉴定;

b) 因结构、材料、工艺有较大改变,可能影响产品性能时;

c) 正常生产后,型式检验周期为六个月;

d) 长期停产后,恢复生产时;

e) 国家质量监督部门提出要求时。

5.3 判定规则

检验结果中全部指标符合本标准要求时,则判该批产品为合格品。如有一项及以上指标不符合本标准要求时,则从同批产品中重新加倍取样对不合格项进行复检,复检后仍有一项及以上不符合本标准要求时,则判该批产品为不合格品。

6 标志、标签、包装、运输和贮存

6.1 标志、标签

产品包装上的标志、标签应有商标、生产单位、地址、产品名称、型号、批号、生产日期、产品标准编号、保质期、净含量及产品质量检验合格证明,当用户有要求时应提供化学品安全技术说明。包装储运图示标志应符合 GB/T 191 的规定。

6.2 包装

产品用密封铁桶包装。

6.3 运输

产品在符合 6.2 的包装要求下,可用车、船等交通工具运输,但在运输和搬运过程中,不得抛、摔、碰撞,防止雨淋、日晒。

6.4 贮存

产品不得露天存放,应贮存于阴凉、通风的仓库内,库房内不得有火源。在规定贮存条件下,自生产之日起,产品保质期为一年。

ICS 85.060
Y 32

中华人民共和国国家标准

GB/T 26462—2011

种子发芽纸

Germinating test paper

2011-05-12 发布　　2011-09-15 实施

中华人民共和国国家质量监督检验检疫总局
中国国家标准化管理委员会　发布

前　言

本标准由中国轻工业联合会提出。

本标准由全国造纸工业标准化技术委员会归口。

本标准起草单位：黑龙江省造纸工业研究所、中国制浆造纸研究院、国家纸张质量监督检验中心、中国造纸协会标准化专业委员会。

本标准主要起草人：王连科、杨金玲、陈海涛、申龙万、隋艳霞。

种 子 发 芽 纸

1 范围

本标准规定了种子发芽纸的分类、要求、试验方法、检验规则和标志、包装、运输、贮存等。

本标准适用于农作物种子质量检测的专用纸。

2 规范性引用文件

下列文件中的条款通过本标准的引用而成为本标准的条款。凡是注日期的引用文件，其随后所有的修改单(不包括勘误的内容)或修订版均不适用于本标准，然而，鼓励根据本标准达成协议的各方研究是否可使用这些文件的最新版本。凡是不注日期的引用文件，其最新版本适用于本标准。

GB/T 450 纸和纸板 试样的采取及试样纵横向、正反面的测定

GB/T 451.1 纸和纸板尺寸及偏斜度的测定

GB/T 451.2 纸和纸板定量的测定

GB/T 458—2008 纸和纸板 透气度的测定

GB/T 461.3 纸和纸板 吸水性的测定(浸水法)

GB/T 462 纸、纸板和纸浆 分析试样水分的测定

GB/T 465.2 纸和纸板 浸水后抗张强度的测定

GB/T 1545 纸、纸板和纸浆 水抽提液酸度或碱度的测定

GB/T 2828.1 计数抽样检验程序 第1部分：按接收质量限(AQL)检索的逐批检验抽样计划

GB/T 10342 纸张的包装和标志

GB/T 10739 纸、纸板和纸浆试样处理和试验的标准大气条件

GB/T 12914 纸和纸板 抗张强度的测定

3 分类

3.1 种子发芽纸为卷筒纸或平板纸。

3.2 种子发芽纸可为本色、浅蓝色或按订货合同规定。

3.3 种子发芽纸按纸张定量分为110 g/m² 和80 g/m² 两种。

4 要求

4.1 种子发芽纸技术指标应符合表1规定，或按订货合同规定。

表 1

指标名称		单位	规定	
定量		g/m²	110.0±5.0	80.0±4.0
抗张强度(纵横向平均)	≥	kN/m	4.00	2.67
湿抗张强度(纵横向平均)	≥	kN/m	0.30	0.20
相对吸收性		%	220±10	150±10
透气度	≥	μm/(Pa·s)	12.2	
水抽提液 pH		—	6.0~7.5	
交货水分		%	8.0±2.0	

4.2 种子发芽纸应用硫酸盐浆生产，应不含水溶性色素或影响农作物种子发育的物质。

4.3 纸面应清洁平整，纤维组织应均匀，不需进行机械压光处理。

4.4 纸面不应有尘埃、褶子、孔眼、皱纹、裂口等影响使用的外观纸病。

4.5 卷筒纸宽度、质量或平板纸尺寸及允许偏差可按订货合同规定。

4.6 纸的切边应整齐洁净，卷筒纸两端应松紧一致，端面不应有裂口。每卷断头应不超过3个，断头处粘接平整牢固，并应有明显标记。

5 试验方法

5.1 试样的采取按 GB/T 450 规定进行。

5.2 试样的处理按 GB/T 10739 规定进行。

5.3 尺寸及偏斜度按 GB/T 451.1 测定。

5.4 定量按 GB/T 451.2 测定。

5.5 抗张强度按 GB/T 12914 测定，仲裁时按恒速拉伸法测定。

5.6 湿抗张强度按 GB/T 465.2 测定，仲裁时按恒速拉伸法测定。

5.7 相对吸收性按 GB/T 461.3 测定，浸水时间 30 min。

5.8 透气度按 GB/T 458—2008 中肖伯尔法测定。

5.9 水抽提液 pH 按 GB/T 1545 测定。

5.10 交货水分按 GB/T 462 测定。

5.11 外观质量通过目测检验。

6 检验规则

6.1 生产厂应保证所生产的种子发芽纸符合本标准或订货合同规定，每件纸交货时应附有一份产品质量检检合格证。

6.2 以一次交货数量为一批，但应不多于 30 t。

6.3 计数抽样检验程序按 GB/T 2828.1 规定进行，样本单位为件(卷)。接收质量限(AQL)：抗张强度、湿抗张强度、相对吸收性为4.0；定量、透气度、水抽提液 pH、交货水分、外观质量为6.5。抽样方案采用正常检验二次抽样方案，检验水平为Ⅰ。抽样方案表见表2。

表 2

批量/件(卷)	正常检验二次抽样方案　　检验水平Ⅰ				
	样本量	AQL=4.0		AQL=6.5	
		Ac	Re	Ac	Re
2～25	2	—	—	0	1
	3	0	1	—	—
26～90	3	0	1	—	—
	5	—	—	0	2
	5(10)	—	—	1	2

6.4 可接收性的确定：第一次检验的样品数量应等于该方案给出的第一样本量。如果第一样本中发现的不合格品数小于或等于第一接收数，应认为该批是可接收的；如果第一样本中发现的不合格品数大于或等于第一拒收数，应认为该批是不可接收的。如果第一样本中发现的不合格品数介于第一接收数与第一拒收数之间，应检验由方案给出样本量的第二样本并累计在第一样本和第二样本中发现的不合格品数。如果不合格品累计数小于或等于第二接收数，则判定该批是可接收的；如果不合格品累计数大于或等于第二拒收数，则判定该批是不可接收的。

6.5 需方有权按本标准或合同规定进行验收检验，检验时应先检查外部包装，然后从中取样进行检验。若对产品质量有异议，应在到货后一个月内或按合同规定通知供方，由供需双方共同取样复验。如不符合本标准或合同规定，则判为该批不可接收，由供方负责处理；如符合本标准规定，则判定为批可接收，由需方负责处理。

7 标志、包装、运输、贮存

7.1 产品的标志和包装按 GB/T 10342 或订货合同规定进行。

7.2 运输过程中，应使用有篷而洁净的运输工具。

7.3 产品搬运时，不应将纸件从高处扔下，不应使纸件受冲撞。

7.4 产品应妥善贮存、保管，严防受潮。

7.5 产品不应与对作物种子有害的物质混装、混放。

ICS 71.080.60
G 17

中华人民共和国国家标准

GB/T 26463—2011

羰基合成脂肪醇

Oxo synthetic fatty alcohol

2011-05-12 发布　　2011-09-15 实施

中华人民共和国国家质量监督检验检疫总局
中国国家标准化管理委员会　发布

前　言

本标准按照 GB/T 1.1—2009《标准化工作导则　第 1 部分：标准的结构和编写》给出的规则起草。

本标准由中国轻工业联合会提出。

本标准由全国表面活性剂和洗涤用品标准化技术委员会(SAC/TC 272)归口。

本标准起草单位：中国石油抚顺石化公司洗涤剂化工厂、中国日用化学工业研究院/国家洗涤用品质量监督检验中心(太原)。

本标准主要起草人：武荣鑫、李晓辉、张克铨。

羰基合成脂肪醇

1 范围

本标准规定了羰基合成脂肪醇的产品分类、要求、试验方法、检验规则和标志、包装、运输、贮存。

本标准适用于用中压羰基合成法生产的脂肪醇。

2 规范性引用文件

下列文件对于本文件的应用是必不可少的。凡是注日期的引用文件，仅注日期的版本适用于本文件。凡是不注日期的引用文件，其最新版本(包括所有的修改单)适用于本文件。

GB/T 603 化学试剂 试验方法中所用制剂及制品的制备

GB/T 7383—2007 非离子表面活性剂 羟值的测定

GB/T 11275 表面活性剂 含水量的测定

GB/T 16451 天然脂肪醇

QB/T 2739—2005 洗涤用品常用试验方法 滴定分析(容量分析)用试验溶液的制备

3 术语和定义

下列术语和定义适用于本文件。

3.1

羰值 carbonyl value

脂肪醇样品中总羰基(以 C═O 计)的含量。

3.2

酸值 acid value

中和 1 g 脂肪醇样品所需氢氧化钾的毫克数。

3.3

皂化值 saponification value

皂化 1 g 脂肪醇样品所需氢氧化钾的毫克数。

3.4

碘值 Iodine value

每 100 g 脂肪醇样品吸收碘的克数。

3.5

羟值 hydroxyl value

使 1 g 脂肪醇乙酰化的乙酸所相当的氢氧化钾的毫克数。

4 产品分子式

羰基合成脂肪醇的分子式为：$R—CH_2—OH$(R 为 $C_{11\sim14}$ 的烷基)。

5 产品分类

羰基合成脂肪醇按其羟基上连接的烷基个数的不同分为 $C_{12\sim13}$醇、$C_{14\sim15}$醇、$C_{12\sim15}$醇。

6 要求

6.1 外观

无色透明、无悬浮物液体或白色固体。

6.2 理化指标

羰基合成脂肪醇的理化指标应符合表 1 的规定。

表 1 羰基合成脂肪醇的理化指标

项 目	$C_{12\sim13}$醇		$C_{14\sim15}$醇		$C_{12\sim15}$醇	
	优等品	合格品	优等品	合格品	优等品	合格品
色泽 Hazen	≤10	≤25	≤10	≤25	≤10	≤25
水分 μg/g	<800	≤1 000	<800	≤1 000	<800	≤1 000
羰值(以 C═O 计) μg/g	<60	≤100	<60	≤100	<60	≤100
酸值(以 KOH 计) mg/g	<0.03	≤0.05	<0.03	≤0.05	<0.03	≤0.05
皂化值(以 KOH 计) mg/g	<0.5	≤0.5	<0.5	≤0.5	<0.5	≤0.5
碘值(以 I_2 计) g/100g	<0.3	≤0.4	<0.3	≤0.4	<0.3	≤0.4
羟值(以 KOH 计) mg/g	290±5	290±7	253±5	253±7	271±5	271±7
烃 %(质量分数)	<0.4	≤0.5	<0.4	≤0.5	<0.4	≤0.5
平均相对分子质量	193±3	193±5	222±3	222±5	208±3	208±5
正构率 %	>71	—	>71	—	>71	—

7 试验方法

除非另有说明，在分析中仅使用确认为分析纯的试剂和蒸馏水或去离子水或相当纯度的水。

7.1 外观

将样品置于无色、透明的烧杯或玻璃瓶中，在 30 ℃下目测。

7.2 色泽

按 GB/T 16451 规定执行。

7.3 水分

按 GB/T 11275 规定执行。

7.4 羰值

按附录 A 测定。

7.5 酸值、皂化值

按附录 B 测定。

7.6 碘值

按 GB/T 16451 规定执行。

7.7 羟值——化学法(仲裁法)

按 GB/T 7383—2007 中乙酐法规定执行。

7.8 烃含量、平均相对分子质量、正构率、羟值——色谱法

按附录 C 测定。

8 检验规则

8.1 出厂检验

出厂检验项目包括外观和全部理化指标。

8.2 产品组批与抽样规则

8.2.1 组批

产品按批交付及抽样验收,一次交付的同一规格、同一批号的产品为一交付批。

生产单位交付的产品,应先经其质量检验部门按本标准检验,符合本标准并出具产品质量检验合格证书方可出厂。产品质量检验合格证书应包括:生产厂商名称、产品名称、商标、采用标准编号、产品等级、批号、批量、质量指标(包括密度)、生产日期等。

收货方凭产品质量检验合格证书验收,必要时可按 8.2.2 规定在一个月内抽样验收或仲裁。

注:密度按 GB/T 1884—2000《原油和液体石油产品密度实验室测定法(密度计法)》测定,按附录 D 换算为标准密度。

8.2.2 取样

液态样品需保持在熔点以上取样,固态样品需加热至全部熔化后取样。

以罐(车)或桶为单位,批量大于 1 时,根据批量大小,罐(车)装产品按表 2、桶装产品按表 3 确定取样单位数,从批中随机抽取样本单位。

表 2 罐(车)装产品的批量和样本

单位为罐(车)

批量	≤8	9～15	≥16
样本大小	2	3	5

对于横截面均匀一致的油罐，采用等量合并从罐的顶液面到罐底的液面的高度的六分之一、二分之一、六分之五液面处所采取试样组合而成的方法，用取样器进行取样。

对于火车油罐车、汽车油罐车，在罐内深度二分之一液面处用取样器进行取样。

表3　桶装产品的批量和样本

单位为桶

批量	≤25	26～150	151～1 200	≥1 201
样本大小	2	3	5	8

对于桶装产品，在桶内深度二分之一液面处进行取样。

从每个取样单位中等量采取总量为3kg的样品，分装于三个洁净、干燥的具塞样品瓶内，加塞密封，贴上标签，注明产品名称、产品登记、产品批号、生产单位、采样日期、采样人。交收双方各持一份进行检验，第三份由交货方保管，备仲裁检验用，样品应存放于暗处，保管期为一个月。

8.3　判定规则

检验结果按修约值比较法判定合格与否。如理化指标有一项不合格，可重新取两倍样本，对不合格项进行复检，复检结果仍不合格，则判该批产品不合格。

8.4　仲裁

交收双方因检验结果不同，如不能协商一致时，可商请仲裁检验，以仲裁结果为最终依据。

9　标志、包装、运输、贮存

9.1　标志

9.1.1　包装物应有下列标志：

a)　产品名称、商标、等级、采用标准编号；

b)　生产日期或产品批号；

c)　净含量和毛重；

d)　有防水、防潮等文字或标识；

e)　生产企业名称、地址和联系电话等。

9.1.2　包装物上印刷的标志(图案及文字)应清晰，无脱色，防水、防油。

9.2　包装

应使用不影响产品质量的专用油罐、槽车或不受腐蚀、能保证强度的清洁容器包装。槽车应为不锈钢或内部经过喷漆处理、无裸露的碳钢，包装桶一般采用200L镀锌铁皮桶。产品装入容器时应根据气温变化留有空隙，装入容器后应盖紧并加印封。包装净含量应符合标称质量。

9.3　运输

运输过程中应加遮盖物，防止日晒、雨淋、受潮，轻装轻卸，避免包装破损。

9.4　贮存

产品应贮存在干燥、洁净的库房内，盖口朝上，如需在露天存放时，应加遮盖物以防晒、防雨、防潮、防止包装破损。产品在贮罐内长期贮存应氮封。

附 录 A
（规范性附录）
羰值的测定

A.1 原理

样品中的羰基化合物在酸性介质中与2,4-二硝基苯肼反应，生成较为稳定的2,4-二硝基苯腙，此产物在480 nm下有特征峰吸收，其吸光度与羰基化合物的浓度成正比。

A.2 试剂

A.2.1 无水乙醇，优级纯，按A.4.1 d)～A.4.1 f)制备空白溶液，测定吸光度，空白溶液的吸光度≤0.100，且无浑浊现象；空白溶液的吸光度＞0.100时，按GB/T 603中规定脱羰基。
A.2.2 氢氧化钾。
A.2.3 2,4-二硝基苯肼乙醇溶液，称取2,4-二硝基苯肼0.4 g(精确至0.001 g)置于装有100 mL无水乙醇(A.2.1)的烧杯中，搅拌5 min后过滤，将滤液转移到100 mL容量瓶中，加入5 mL浓盐酸，充分摇动。
A.2.4 氢氧化钾-乙醇溶液，称取氢氧化钾(A.2.2)23.6 g(精确至0.01 g)置于装有125 mL蒸馏水的烧杯中，加入300 mL无水乙醇(A.2.1)，混匀。
A.2.5 十二烷醛。

A.3 仪器

常用实验室仪器和以下各项。
A.3.1 分光光度计，具有480 nm波长。
A.3.2 比色池，10 mm。
A.3.3 水浴器，可恒温在75 ℃±5 ℃。
A.3.4 容量瓶，10 mL、25 mL、50 mL、100 mL。
A.3.5 吸量管，1 mL、2 mL、5 mL、10 mL。
A.3.6 烧杯，250 mL、500 mL。
A.3.7 量筒，5 mL、100 mL。

A.4 程序

A.4.1 绘制标准曲线

a) 准确称取0.2 g(精确至0.000 1 g)十二烷醛(A.2.5)，放入50 mL容量瓶中，用无水乙醇(A.2.1)稀释至刻度；
b) 分别移取1 mL、3 mL、5 mL、10 mL上述溶液，放入四个50 mL容量瓶中，用无水乙醇(A.2.1)稀释至刻度，制成四种上述溶液的稀释液；
c) 各吸取1 mL稀释溶液，放入四个25 mL的容量瓶中，用吸量管准确加入4 mL无水乙醇(A.2.1)；

d) 吸取 5 mL 无水乙醇(A. 2. 1)，放入 25 mL 的容量瓶中，制备空白溶液；

e) 用吸量管往每个容量瓶里准确加入 2 mL 2,4-二硝基苯肼乙醇溶液(A. 2. 3)，将容量瓶放在 75 ℃±5 ℃的水浴中加热 10 min，立即用自来水冷却至室温，再用氢氧化钾-乙醇溶液(A. 2. 4)稀释至刻度，静置 20 min；

f) 在 480 nm 处，用 10 mm 比色池，以蒸馏水作参比，测定标准溶液和空白溶液的吸光度，用标准溶液的吸光度减去空白溶液的吸光度得到净吸光度；

g) 每种标准溶液的羰基 CO 以微克表示，按式(A. 1)计算：

$$CO = \frac{m_0 \times 28 \times V_0}{2.5 \times M_0} \qquad \cdots\cdots\cdots\cdots (A.1)$$

式中：

m_0——a)中称取十二烷醛的质量，单位为毫克(mg)；

V_0——b)中所用的体积，单位为毫升(mL)；

M_0——十二烷醛的相对分子质量，184。

h) 绘出净吸光度与羰基(μg)对应的曲线，得到标准曲线。

A. 4. 2 羰值的测定

a) 称取含有总羰基(以 C═O 计)100 μg～1 000 μg 的样品(精确至 0. 000 1 g)，放入 10 mL 容量瓶中，用无水乙醇(A. 2. 1)稀释至刻度；

b) 吸取 1 mL 稀释溶液，放入 25 mL 容量瓶中，用吸量管准确加入 4 mL 无水乙醇(A. 2. 1)；

c) 按 A. 4. 1 d)～A. 4. 1 f)的规定测定；

d) 查校准曲线，将净吸光度转换为羰基，以微克表示。

A. 5 结果计算

样品的羰值 X_1 以微克每克(μg/g)表示，按式(A. 2)计算：

$$X_1 = \frac{m_2 \times 10}{m_1} \qquad \cdots\cdots\cdots\cdots (A.2)$$

式中：

m_2——由标准曲线得到的羰基，单位为微克(μg)；

m_1——称取样品的质量，单位为克(g)。

以两次平行测定结果的算术平均值修约至小数点后一位作为测定结果。

A. 6 精密度

在重复性条件下获得的两次独立测定结果的绝对差值不大于 2. 0 μg/g，以大于 2. 0 μg/g 的情况不超过 5%为前提。

附 录 B
(规范性附录)
酸值和皂化值的测定

B.1 原理

将样品溶解到中性含水的醇溶剂中,用碱滴定,得到游离酸的含量,即为酸值。用过量的碱中和样品中的酸,并与样品中的酯类进行反应,待反应完成后,用酸中和剩余的碱,根据反应消耗碱的量得到酯的含量,即为酯值。酸值、酯值之和为皂化值。

B.2 试剂

B.2.1 盐酸,$c(HCl)=0.1\ mol/L$ 标准滴定溶液,按 QB/T 2739—2005 中 4.3 配制和标定。

B.2.2 氢氧化钠,$c(NaOH)=0.1\ mol/L$ 甲醇标准滴定溶液。

a) 移取 5 mL 氢氧化钠饱和溶液至 1 000 mL 容量瓶中,用无水甲醇(B.2.4)稀释至刻度,摇匀。

b) 准确移取 25 mL 配制好的氢氧化钠-甲醇溶液于 250 mL 锥形瓶中,加 30 mL 水,加 2 滴~3 滴酚酞指示液(B.2.3),用 0.1 mol/L 盐酸标准滴定溶液(B.2.1)滴定至无色。

c) 氢氧化钠-甲醇标准滴定溶液的浓度 $c(NaOH)$ 以摩尔每升(mol/L)表示,按式(B.1)计算:

$$c(NaOH)=\frac{c_2\times V_2}{V_1} \qquad \text{(B.1)}$$

式中:

c_2——盐酸标准滴定溶液的浓度,单位为摩尔每升(mol/L);

V_2——消耗的盐酸标准滴定溶液的体积,单位为毫升(mL);

V_1——加入的氢氧化钠-甲醇标准滴定溶液的体积,单位为毫升(mL)。

B.2.3 酚酞指示液,10 g/L,按 QB/T 2739—2005 中 5.1 配制。

B.2.4 无水甲醇。

B.2.5 异丙醇。

B.3 仪器

常用实验室仪器和以下各项。

B.3.1 水浴或电热板。

B.3.2 标准磨口球形冷凝管。

B.3.3 标准磨口锥形瓶,250 mL。

B.3.4 锥形瓶,250 mL。

B.3.5 酸式滴定管,25 mL,分度值 0.10 mL。

B.3.6 碱式滴定管,25 mL,分度值 0.10 mL。

B.3.7 移液管,5 mL、25 mL。

B.3.8 量筒,5 mL、50 mL。

B.3.9 容量瓶,1 000 mL。

B.4 程序

B.4.1 在一个 250 mL 磨口锥形瓶中，加入 50 mL 异丙醇(B.2.5)和 5 mL 蒸馏水，加 3 滴酚酞指示液(B.2.3)，用氢氧化钠-甲醇标准滴定溶液(B.2.2)滴定至浅粉色为终点(稍微呈现浅粉色)。

B.4.2 称取 20.0 g±0.5 g(精确至 0.000 2 g)样品溶于上述溶液中，用氢氧化钠-甲醇标准滴定溶液(B.2.2)滴定至浅粉色。

B.4.3 在上述溶液中，用滴定管准确加入 5 mL 氢氧化钠-甲醇标准滴定溶液(B.2.2)，用水浴或电热板加热回流 30 min。冷却后立即用盐酸标准滴定溶液(B.2.1)滴定到无色。

B.4.4 用同样方法不加试样做空白分析。

B.5 结果计算

B.5.1 样品的酸值 X_2(以 KOH 计)以毫克每克(mg/g)表示，按式(B.2)计算：

$$X_2 = \frac{c_3 \times V_3 \times 56.11}{m_2} \qquad \cdots\cdots(B.2)$$

式中：

c_3 ——氢氧化钠-甲醇标准滴定溶液的浓度，单位为摩尔每升(mol/L)；

V_3 ——在 B.4.b)中消耗的氢氧化钠-甲醇标准滴定溶液的体积，单位为毫升(mL)；

m_2 ——称取样品的质量，单位为克(g)；

56.11——氢氧化钾的毫摩尔质量，单位为毫克每毫摩尔(mg/mmol)。

B.5.2 样品的酯值 X_3(以 KOH 计)以毫克每克(mg/g)表示，按式(B.3)计算：

$$X_3 = \frac{c_4 \times (V_5 - V_4) \times 56.11}{m_2} \qquad \cdots\cdots(B.3)$$

式中：

c_4 ——盐酸标准滴定溶液的的浓度，单位为摩尔每升(mol/L)；

V_5 ——在 B.4.4 中消耗的盐酸标准滴定溶液的体积，单位为毫升(mL)；

V_4 ——在 B.4.3 中消耗的盐酸标准滴定溶液的体积，单位为毫升(mL)；

m_2 ——称取样品的质量，单位为克(g)。

B.5.3 样品的皂化值 X_4(以 KOH 计)以毫克每克(mg/g)表示，按式(B.4)计算：

$$X_4 = X_2 + X_3 \qquad \cdots\cdots(B.4)$$

以两次平行测定结果的算术平均值修约至小数点后两位作为测定结果。

B.6 精密度

B.6.1 酸值

在重复性条件下获得的两次独立测定结果的绝对差值不大于 0.01 mg/g(以 KOH 计)，以大于 0.01 mg/g(以 KOH 计)的情况不超过 5%为前提。

B.6.2 皂化值

在重复性条件下获得的两次独立测定结果的绝对差值不大于 0.05 mg/g(以 KOH 计)，以大于 0.05 mg/g(以 KOH 计)的情况不超过 5%为前提。

附 录 C
（规范性附录）
烃、平均相对分子质量、正构率和羟值的测定 气相色谱法

C.1 原理

采用气液色谱法测定羰基合成脂肪醇样品的碳原子数分布，计算烃含量、平均相对分子质量、正构率和羟值。

C.2 仪器

C.2.1 气相色谱仪，具有氢火焰离子化检测器和程序升温控制器，带有数据处理系统。
C.2.2 石英毛细管柱，长 30 m～50 m，内径 0.25 mm～0.32 mm，内装高温极性固定相(如 OV1701)，要求不同碳原子数的烷烃、脂肪醇的色谱峰能很好分开。
C.2.3 微量注射器，0.5 μL、1 μL。

C.3 试剂

C.3.1 参考脂肪醇：已知链长的羰基合成脂肪醇混合物，例如，C_{12}～C_{15}醇。可采用一已知组成的产品作为参考样品，此参考样品可用来检验色谱仪的性能是否正常。
C.3.2 载气：氮气，纯度为 99.99%。
C.3.3 辅助气：氢气，纯度为 99.99%；空气，由钢瓶或无油气体压缩机供给。

C.4 色谱条件

C.4.1 载气流速

根据柱类型和直径，流速可在 0.5 mL/min～2 mL/min。

C.4.2 注射口温度

注射口温度为 250 ℃～300 ℃。

C.4.3 分流比

分流比为 50∶1。

C.4.4 柱温

初始温度为 150 ℃～170 ℃，升温速率为 0.5 ℃/min～2 ℃/min，终温为 200 ℃，保持 20 min。

C.5 程序

C.5.1 测定

用微量注射器(C.2.3)将 0.5 μL～1 μL 的试样注入色谱仪，调整色谱条件，使得到的色谱图峰与

典型色谱图(见图 C.1)适当。

在相同碳数的一组脂肪醇色谱峰中,峰顶标 nC 的峰为该碳数的正构醇峰,其余的峰为该碳数的非正构醇峰。

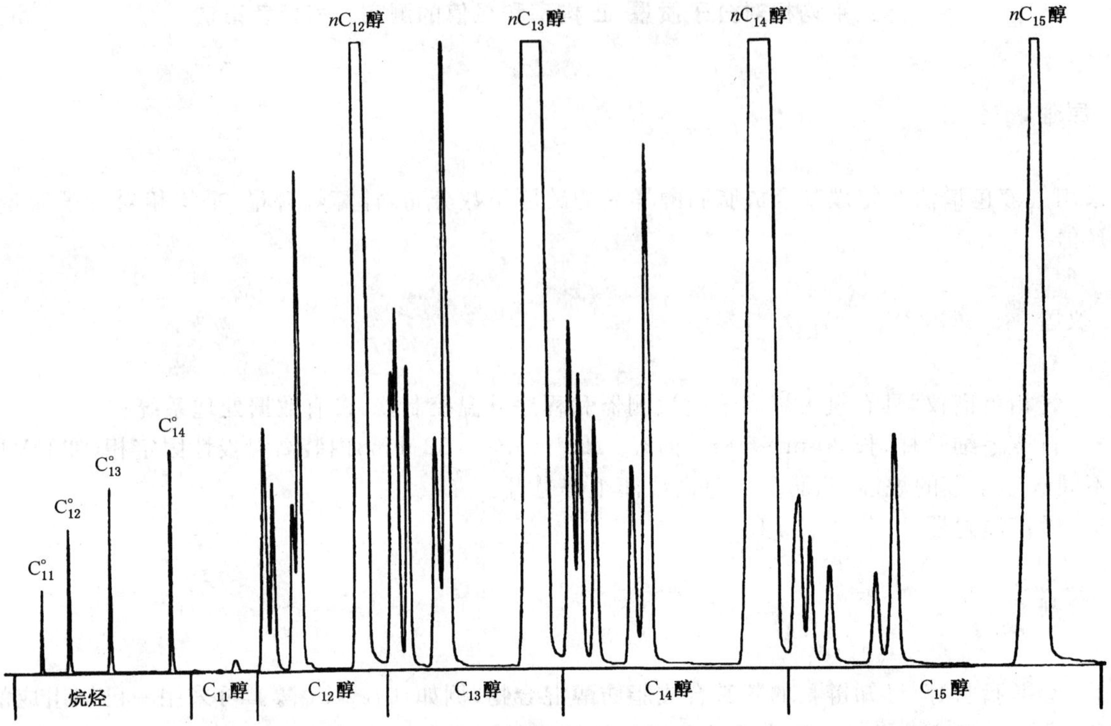

图 C.1 典型脂肪醇色谱图

C.5.2 定性

用试样色谱图与典型脂肪醇色谱图(图 C.1)对照的方法检定试样的组分。

C.5.3 定量

积分测定各碳原子数脂肪醇的峰面积,并计算总峰面积,采用面积归一化法进行定量分析。

C.6 结果计算

C.6.1 烃含量的计算

脂肪醇中烃的质量分数 H 以%表示,按式(C.1)计算:

$$H=\frac{\sum A_i}{A}\times 100\% \qquad \cdots\cdots(C.1)$$

式中:

A_i ——i 碳组分烷烃的色谱峰面积;

A ——总峰面积。

以两次平行测定结果的算术平均值修约至小数点后一位作为测定结果。

C.6.2 平均相对分子质量的计算

i 碳组分脂肪醇的峰面积占总峰面积的百分数 X_i 按式(C.2)计算:

$$X_i = \frac{A_i}{A} \times 100\% \quad \cdots\cdots\cdots\cdots (C.2)$$

非脂肪醇组分的峰面积占总峰面积的百分数 Y 按式(C.3)计算：

$$Y = \frac{B}{A} \times 100\% \quad \cdots\cdots\cdots\cdots (C.3)$$

脂肪醇的平均相对分子质量 M 按式(C.4)计算：

$$M = \frac{\sum_i X_i \times M_i}{100 - Y} \quad \cdots\cdots\cdots\cdots (C.4)$$

式中：

A_i ——i 碳组分脂肪醇的峰面积；

B ——非脂肪醇组分的峰面积；

A ——总峰面积；

M_i ——i 碳组分的脂肪醇相对分子质量，见表 C.1。

以两次平行测定结果的算术平均值修约至小数点后一位作为测定结果。

表 C.1 各碳数脂肪醇的相对分子质量

脂肪醇的碳数	相对分子质量
C_{11}	172.31
C_{12}	186.34
C_{13}	200.37
C_{14}	214.39
C_{15}	228.42
C_{16}	242.45

C.6.3 正构率的计算

脂肪醇的正构率 N 以%表示，按式(C.5)计算：

$$N = \frac{\sum N_i}{\sum A_i} \times 100\% \quad \cdots\cdots\cdots\cdots (C.5)$$

式中：

N_i ——i 碳组分正构脂肪醇的峰面积；

A_i ——i 碳组分脂肪醇的峰面积。

以两次平行测定结果的算术平均值修约至小数点后一位作为测定结果。

C.6.4 羟值的计算

脂肪醇的羟值 HV(以 KOH 计)以毫克每克(mg/g)表示，按式(C.6)计算：

$$HV = \sum C_i \times HV_i \quad \cdots\cdots\cdots\cdots (C.6)$$

式中：

C_i ——i 组分脂肪醇的质量分数，%；

HV_i ——i 组分脂肪醇的理论羟值(以 KOH 计)，单位为毫克每克(mg/g)，见表 C.2。

以两次平行测定结果的算术平均值修约至小数点后一位作为测定结果。

表 C.2 各碳数脂肪醇的理论羟值

脂肪醇的碳数	理论羟值(以 KOH 计) mg/g
C_{11}	325.6
C_{12}	301.1
C_{13}	280.0
C_{14}	261.7
C_{15}	245.6
C_{16}	231.4

C.7 精密度

C.7.1 烃含量

在重复性条件下获得的两次独立测定结果的绝对差值不大于 0.1%，以大于 0.1%的情况不超过5%为前提。

C.7.2 平均相对分子质量

在重复性条件下获得的两次独立测定结果的绝对差值不大于 2，以大于 2 的情况不超过 5%为前提。

C.7.3 正构率

在重复性条件下获得的两次独立测定结果的绝对差值不大于 3.0%，以大于 3.0%的情况不超过5%为前提。

C.7.4 羟值

在重复性条件下获得的两次独立测定结果的绝对差值不大于 3.0 mg/g(以 KOH 计)，以大于3.0 mg/g(以 KOH 计)的情况不超过 5%为前提。

附 录 D
（资料性附录）
标准密度的计算

D.1 原理

在一定温度范围内，羰基合成脂肪醇的密度和温度之间存在线性关系，测定样品在某一温度下的密度，通过线性关系计算出标准密度。

D.2 程序

在某一温度下，采用玻璃密度计测定羰基合成脂肪醇的视密度，通过式（D.1）和式（D.2）将视密度换算为标准密度。

D.3 结果计算

样品的标准密度（kg/m^3）按式（D.1）和式（D.2）计算：

$$\rho_{20}=\rho_t+\gamma(t-20) \quad \cdots\cdots(D.1)$$

$$\rho_t=\rho'_t[1-25\times10^{-6}\times(t-20)-2\times10^{-8}\times(t-20)^2] \quad \cdots\cdots(D.2)$$

式中：

ρ_t ——样品在温度 t 下的密度，单位为千克每立方米（kg/m^3）；

ρ_{20} ——样品的标准密度，单位为千克每立方米（kg/m^3）；

γ ——羰基合成脂肪醇的密度温度系数，0.68 $kg/(m^3\cdot℃)$；

t ——样品的温度，单位为摄氏度（℃）；

ρ'_t ——视密度，单位为千克每立方米（kg/m^3）；

25×10^{-6} ——玻璃密度计的体积膨胀系数，$℃^{-1}$。

D.4 精密度

在重复性条件下获得的两次独立测定结果的绝对差值不大于 0.01 kg/m^3，以大于 0.01 kg/m^3 的情况不超过 5% 为前提。

附 录 D

D.4

ICS 85-010
Y 30

中华人民共和国国家标准

GB/T 26464—2011

造纸无机颜料亮度(白度)的测定

Determination of brightness (whiteness) for paper inorganic pigments

2011-05-12 发布　　2011-09-15 实施

中华人民共和国国家质量监督检验检疫总局
中国国家标准化管理委员会　发布

前　言

本标准的附录 A 为规范性附录。

本标准由中国轻工业联合会提出。

本标准由全国造纸工业标准化技术委员会(SAC/TC 141)归口。

本标准起草单位:中国制浆造纸研究院、中国造纸协会标准化专业委员会。

本标准主要起草人:周军锋。

造纸无机颜料亮度(白度)的测定

1 范围

本标准规定了造纸无机颜料亮度(白度)的测定方法。

本标准适用于造纸工业中使用的各种白色无机颜料。

2 规范性引用文件

下列文件中的条款通过本标准的引用而成为本标准的条款。凡是注日期的引用文件,其随后所有的修改单(不包括勘误的内容)或修订版均不适用于本标准,然而,鼓励根据本标准达成协议的各方研究是否可使用这些文件的最新版本。凡是不注日期的引用文件,其最新版本适用于本标准。

GB/T 7973　纸、纸板和纸浆　漫反射因数的测定(漫射/垂直法)

3 术语和定义

下列术语和定义适用于本标准。

3.1

亮度(白度)　brightness

亦称蓝光漫反射因数,在 GB/T 7973 所规定条件下,试样对主波长(457±0.5)nm 蓝光的内反射因数。

4 原理

试样经过干燥、研磨、打散、过筛等一系列预处理后,用粉体压样器制成一定尺寸的圆形压片,测定压片的亮度(白度)值,该亮度(白度)值即为试样的亮度(白度)。

5 仪器

5.1　反射光度计:仪器的光谱和几何特性等均应符合 GB/T 7973 的规定。

5.2　R457 滤光镜:与仪器的光源、透镜、积分球壁和接收器的光谱特性相匹配,给出主波长(457±0.5)nm、半波宽 44 nm 的光谱特性。

5.3　标准黑筒:反射因数应不大于 0.2%,为防尘应开口朝下放置或配防尘盖。

5.4　工作标准白板:乳白玻璃或陶瓷标准板,不含荧光增白剂。

5.5　干粉打散器:电机转速 25 000 r/min,刀尖线速度 70 m/s,容量杯容积 145 mL。

5.6　粉体压样器:由样品盒、压块、玻璃板、压盖、压样器螺母、手柄和底盖组成,见图 A.1。

5.7　真空过滤装置:由 1 500 mL 吸滤瓶、直径为 150 mm 布氏漏斗、Whatman 5 号滤纸(或性能相当的其他滤纸)和真空泵组成。

5.8　蒸发皿:玻璃制成,直径为 200 mm～250 mm。

5.9　烘箱:能使温度保持在(105±5)℃。

5.10　不锈钢筛网:目数 200 目。

6 试样的采取

6.1　按规定称取足够测试用的试样,所称取试样应具有代表性。

6.2　如果试样以分散悬浮液(浆状)形式存在,则先测定其固含量,并移取相当于 100 g 绝干颜料的悬浮液。

7 试验步骤

7.1 试样的制备

7.1.1 浆状试样

将相当于100 g绝干颜料的悬浮液充分混合，并用蒸馏水稀释至固含量为20%，搅拌均匀后将悬浮液倒入放有滤纸的真空过滤装置(5.7)上过滤，以除去多余的水分。过滤完后，将滤纸及容留物转移到干净玻璃蒸发皿(5.8)上，放置在温度为(105±5)℃烘箱中干燥至恒重。

7.1.2 粉状试样

将100 g粉状试样放置在温度为(105±5)℃烘箱中干燥至恒重。

7.2 试样的研磨及打散

为避免干燥后试样的水分发生较大变化，应将干燥后试样立刻进行研磨及打散处理。对于浆状试样，将干燥后试样转移到研钵中，用杵研磨至完全粉碎，从研磨后的试样中称取20 g放入干净的打散器容量杯中，开动打散器打散60 s。对于粉状试样，称取干燥后试样20 g放入打散器(5.5)容量杯中，开动打散器打散30 s。

7.3 试样的过筛

将研磨及打散完的试样过200目不锈钢筛网(5.10)，筛网下方的试样用于压片。

7.4 试样压片的制备

试样压片的制备应按附录A规定进行，并目视检查试样表面，试样表面应平整，制备后的试样应放在干燥器中保存。

7.5 亮度的测定

将压制成型的试样从干燥器中取出，并立即放在反射光度计(5.1)的测试孔上，测试面朝上测定试样的亮度(白度)值，且测试面应与玻璃板相接触。

8 结果的表示

测定结果可直接从反射光度计上读出，结果应准确至小数点后一位。同时进行两次测定，两次测定结果间的绝对误差应不超过0.5%，并取两次测定的算术平均值作为测定结果。

9 试验报告

试验报告应包括以下项目：

a) 识别样品的所有信息；

b) 本标准编号；

c) 试验日期和地点；

d) 试验仪器的型号；

e) 试验结果；

f) 本标准或规范性引用文件中未规定的并可能影响结果的任何操作。

附 录 A
（规范性附录）
试样压片的制备方法

A.1 粉体压样器

A.1.1 粉体压样器(5.6)如图 A.1 所示。

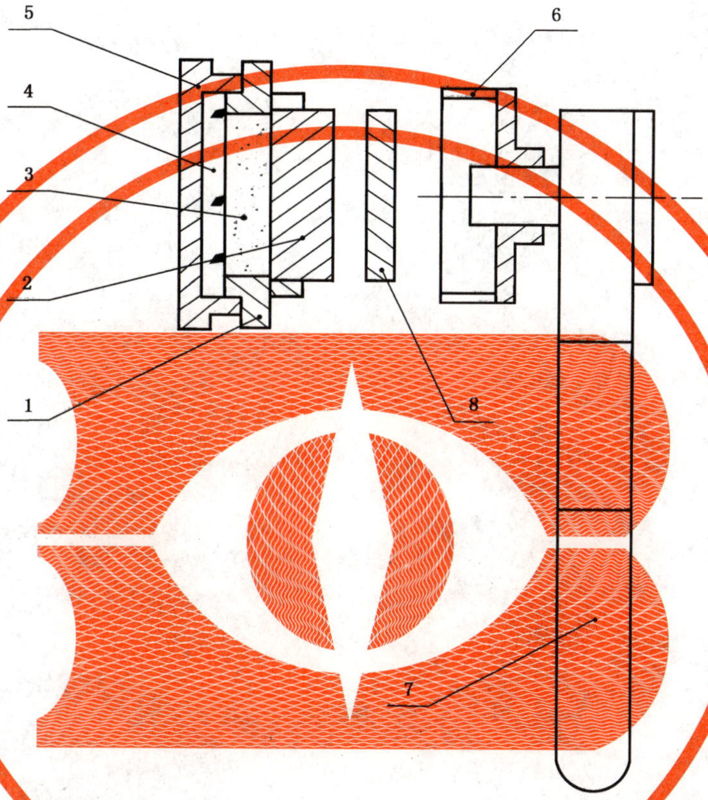

1——样品盒；
2——压块；
3——粉体；
4——玻璃板；
5——压盖；
6——压样器螺母口；
7——手柄；
8——底盖。

图 A.1 粉体压样器的结构

A.1.2 玻璃板朝向压制粉体的工作面应为毛面(经 W103031/2 粒度小于 5 μm 的金刚砂研磨后,用稀氢氟酸腐蚀制成)。

A.2 操作步骤

A.2.1 将洁净玻璃板毛面朝下放置于样品盒上,用压盖压住,拧紧。翻转 180°,口朝上置于桌面上。

A.2.2 将欲压片的粉体样品加入样品盒内,装满为宜。在桌面上方约 1 cm 处自由下落 20 次,让粉体样品充实于样品盒内。

A.2.3 将压块放置于粉体上面，再将压样器螺母拧到样品盒上，顺时针旋转2圈～3圈。再顺时针旋转手柄，通过螺杆加压于样品上。当压力达到一定值时，手柄便产生了滑动。听到响声后，表示自动停止加压。在压片过程中，手柄两连接处不应松动。

A.2.4 逆时针旋转手柄2圈～3圈，再逆时针旋转卸下压样器螺母，取出压块。将底盖拧到样品盒上压住粉体样品，拧紧即可。

A.2.5 翻转样品盒180°，拧下压盖，取出玻璃板，试样压片过程结束。

ICS 91.140.90
Q 78

中华人民共和国国家标准

GB 26465—2011

消防电梯制造与安装安全规范

Safety rules for the construction and installation of firefighters lifts

2011-05-12 发布　　2012-04-01 实施

中华人民共和国国家质量监督检验检疫总局
中国国家标准化管理委员会　发布

前 言

本标准中第1章、第2章、第3章、附录A、附录B、附录C、附录E和附录G以及5.2.3、5.2.4、5.12中带“宜”字的内容为推荐性的，其余为强制性的。

本标准修改采用EN 81-72:2003《电梯制造与安装安全规范 特殊用途的乘客电梯和货客电梯 第72部分：消防员电梯》(英文版)。

本标准与EN 81-72:2003相比，在结构上有较多调整，附录A中列出了本标准与EN 81-72:2003章条编号变化对照一览表。

本标准与EN 81-72:2003技术性差异及其原因如下：

——规范性引用文件中增加了文件GB 50045—95(2005年版)和GB 50016—2006，以便于与相关标准相协调和标准的执行；

——删除了EN 81-72:2003中术语3.2、3.3、3.4、3.6、3.9，因为我国有关的建筑和消防标准已有定义；

——5.1.3中用“消防电梯应设置符合GB 50016—2006的7.4.10和GB 50045—95(2005年版)的6.3.3的前室”代替EN 81-72:2003的“每个用于消防目的的层站入口都应设置防火前室”，以便与我国相关标准相协调和提高可操作性；

——5.2.3中将最小额定载重量由EN 81-72:2003 5.2.3的630 kg改为800 kg，轿厢尺寸也相应的由“1 100 mm宽×1 400 mm深”改为“1 350 mm宽×1 400 mm深”，并删除了注，以便与我国相关的建筑标准统一；

——5.2.4中用“宜不超过60 s”代替EN 81-72:2003的“应不超过60 s”，因为随着我国高层建筑的发展，要求消防电梯在60 s内从消防员入口层到达最高楼层不切实际；

——5.3.5中用“建筑物应具有符合GB 50045—95(2005年版)的6.3.3.11和GB 50016—2006的7.4.10的排水设施，防止底坑内的水面到达可能使消防电梯发生故障的位置”代替EN 81-72:2003的“建筑物应具有防止底坑内的水面到达可能使消防员电梯发生故障的设备”，以便与我国相关标准相协调和标准的执行。

本标准与EN 81-72:2003相比还做了下列编辑性修改：

——删除了EN 81-72:2003引言中与本标准无关的内容，因为其不适合我国国情且其存在与否对本标准的理解和使用没有任何影响；

——规范性引用文件中用国内标准代替了EN 81-72:2003规范性引用文件中对应的国外标准；

——删除了EN 81-72:2003的5.1.5、5.1.6，将其内容合并到本标准的5.8.1中；

——删除了EN 81-72:2003的5.4.6、5.4.7，将其内容合并到5.4.5中；

——删除了EN 81-72:2003的附录A(资料性附录)高层建筑的消防原理，因为该附录的内容与消防电梯的技术要求没有关系且与我国的消防实际情况并不完全相符；

——增加了附录A(资料性附录)本标准与EN 81-72:2003相比的结构变化情况，以便于标准的执行。

本标准由全国电梯标准化技术委员会(SAC/TC 196)提出并归口。

本标准负责起草单位：日立电梯(中国)有限公司。

本标准参加起草单位：中国建筑科学研究院建筑机械化研究分院、上海三菱电梯有限公司、奥的斯电梯(中国)投资有限公司、通力电梯有限公司、上海市特种设备监督检验技术研究院、沈阳博林特电梯有限公司、国家电梯质量监督检验中心、上海永大电梯设备有限公司、西子奥的斯电梯有限公司、迅达

(中国)电梯有限公司、东芝电梯(中国)有限公司、蒂森电梯有限公司、华升富士达电梯有限公司、苏州江南嘉捷电梯股份有限公司、巨人通力电梯有限公司、广州广日电梯工业有限公司、上海新时达电气有限公司。

本标准主要起草人:梁东明、鲁国雄、陈凤旺、徐卫玉、沈言、马凌云、孙持跃、毛鹤同、冯云、王伟峰、刘祖斌、宁棉福、严建忠、莫礼、金亚鑫、赵碧涛、牛有权、苏国明、王鹏。

引　言

0.1 本标准指出了消防电梯所涉及的危险、危险状态和事件的范围。

0.2 按本标准设计和制造的消防电梯还需符合 GB 7588—2003 或 GB 21240—2007 的要求，但本标准的规定与上述标准的要求不同时，应优先考虑本标准的规定。

0.3 本标准基于以下假设：

a) 前室和电梯井道设计成阻止烟雾进入；

b) 建筑设计限制水流入电梯井道；

c) 不同于楼梯等，消防电梯不是逃生路径；

d) 消防电梯能在每个平层位置到达前室。本标准仅包括与电梯安装有关的要求，没有规定建筑物前室本身的耐火结构的要求；

e) 业主或客户与供应商之间已就下列问题达成一致：

1) 电梯的预定用途；

2) 环境条件；

3) 土建工程问题；和

4) 与安装地点和从轿厢内进行救援有关的事宜。

注：开发商和建筑师将有必要考虑国家有关的建筑法规，提供合适的建筑耐火结构、前室、火灾探测和灭火系统。参见附录 B 和附录 E 中给出的例子。

消防电梯制造与安装安全规范

1 范围

1.1 本标准适用于3.2定义的具有前室的消防电梯。

1.2 本标准不适用于：

a) 双层轿厢电梯；

b) 在用建筑中已安装的电梯；

c) 对本标准实施之前已安装的在用电梯的重大改造；

d) 具有两个出入口的电梯，且该消防电梯的前室与消防员入口层的前室不在同一侧。

然而，本标准也可以作为基础。

1.3 本标准涉及了按制造商预期的目的和在制造商预期的条件下使用消防电梯时有关的重大危险、危险状态和事件(见第4章)。

1.4 本标准适用于本标准实施后在新建筑中安装的新消防电梯。

1.5 在消防员控制下可用于消防和疏散目的的消防电梯除符合本标准外，还应符合GB 7588—2003和GB 21240—2007的相关要求。

1.6 本标准未考虑具有部分封闭井道的电梯用作消防电梯的情况。

1.7 如果火灾最后侵入前室，则本标准不再适用。

2 规范性引用文件

下列文件对于本文件的应用是必不可少的。凡是注日期的引用文件，仅注日期的版本适用于本文件。凡是不注日期的引用文件，其最新版本适用于本文件。

GB 4208—2008 外壳防护等级(IP代码)(IEC 60529:2001,IDT)

GB/T 7025.1—2008 电梯主参数及轿厢、井道、机房的型式与尺寸 第1部分：Ⅰ、Ⅱ、Ⅲ、Ⅵ类电梯(ISO/DIS 4190-1:2007,IDT)

GB 7588—2003 电梯制造与安装安全规范(EN 81-1:1998,MOD)

GB/T 15706.1—2007 机械安全 基本概念与设计通则 第1部分：基本术语和方法(ISO 12100-1:2003,IDT)

GB/T 17889.1—1999 梯子 第1部分：术语、型式和功能尺寸(eqv EN 131-1:1993)

GB 21240—2007 液压电梯制造与安装安全规范(EN 81-2:1998,MOD)

GB/T 24477—2009 适用于残障人员的电梯附加要求(EN 81-70:2003,IDT)

GB/T 24479—2009 火灾情况下的电梯特性(EN 81-73:2003,IDT)

GB 50016—2006 建筑设计防火规范

GB 50045—95(2005年版) 高层民用建筑设计防火规范

EN 81-1:1998/A2:2004 电梯制造与安装安全规范 第1部分：电梯 第2号修改件：机器和滑轮空间(Safety rules for the construction and installation of lifts—Part 1:Electric lifts—A2:Machinery and pulley spaces)

EN 81-2:1998/A2:2004 电梯制造与安装安全规范 第2部分：液压电梯 第2号修改件：机器和滑轮空间(Safety rules for the construction and installation of lifts—Part 2:Hydraulic lifts—A2:

Machinery and pulley spaces)

EN 81-71:2005 电梯制造与安装安全规范 乘客电梯和客货电梯的特殊使用 第71部分:抗蓄意损坏的电梯(Safety rules for the construction and installation of lifts—Particular application for passenger and goods passenger lifts—Part 71:Vandal resistant lifts)

3 术语和定义

GB 7588—2003、GB/T 15706.1—2007、GB 21240—2007、GB 50045—95(2005年版)和GB 50016中界定的以及下列术语和定义适用于本文件。

3.1

控制系统 control system

应答输入信号并产生输出信号,使设备在控制下按预期的方式运行的系统。

3.2

消防电梯 fire lift;firefighters lift

设置在建筑的耐火封闭结构内,具有前室和备用电源,在正常情况下为普通乘客使用,在建筑发生火灾时其附加的保护、控制和信号等功能能专供消防员使用的电梯。

3.3

消防电梯开关 firefighters lift switch

在井道外面,设置在消防员入口层的开关。火灾发生时,用于控制消防电梯在消防员控制下运行。

3.4

消防员入口层 fire service access level

建筑物中,预定用于让消防员进入消防电梯的入口层。

4 重大危险列表

4.1 本章包括了所有的主要危险、危险状态和事件,凡是本标准中涉及的且通过风险评价被识别为主要危险的,本标准均要求采取措施消除或降低该风险。

4.2 本标准所涉及的重大危险在表1和表2中列出:

表1 重大危险和危险状态—环境

序号	重大危险和危险状态—环境	本标准的条款号
1	火、热、热气可能扩散进入井道、机器区间	0.3a)、0.3d)、5.1
2	暴露的或被阻隔的消防电梯设备	0.3a)、0.3d)、5.1
3	消防电梯不能供消防员足够长时间地使用	0.3a)、0.3c)、0.3d)、5.1、5.6
4	消防员延误时间大于2 min	0.3a)、0.3c)、0.3e)、5.1、5.6
5	水流入井道	0.3b)
6	因消防电梯故障被困在前室	0.3c)、0.3d)
7	对消防员或等待救援的人员存在危险的环境	0.3c)、0.3d)
8	在消防员结束使用消防电梯之前建筑物结构坍塌	0.3d)
9	在建筑物中没有足够数量的或未在正确位置设置消防电梯用于运送消防员	0.3e)

表 2 重大危险和危险状态—消防电梯

GB/T 15706.1—2007	依据 GB/T 15706.1—2007，消防电梯的重大危险和危险状态，包括表 1 中序号 1 的危险状态	本标准的条款号
—	消防电梯的一般危险	5.1、5.2.1、5.7.3、5.7.4
4.2.1	被困危险	5.2.2、5.4、5.5、5.6、5.7、5.8、5.9、5.10、5.11
—	消防员延误时间大于 2 min	5.2.3、5.2.4、5.5、5.7、5.9、5.10、5.11.3、6、7
4.11	危险的组合	5.7.7、5.7.8、5.7.9
4.2.2	控制器失效或故障	5.3、5.4、5.6、5.7.5、5.10.1、5.10.2、5.11.3
4.9	人为错误，人的行为	5.11
4.9	手动控制(装置)的设计、定位或识别不适当	5.7.1、5.7.2、5.10.3
4.9	标志不合适	5.10.4
—	供电失效	5.9

4.3 本标准未涉及下列危险(见引言)：

a) 在建筑物中没有足够数量的或未在正确位置设置消防电梯用于运送消防员；

b) 由于没有电梯服务而困在前室内；

c) 在消防电梯的井道内、前室、机器区间或轿厢内着火；

d) 在消防员结束使用消防电梯之前建筑物结构坍塌；

e) 楼层缺少识别标志。

5 安全要求和/或防护措施

5.1 环境、建筑物要求

5.1.1 消防电梯应设置在每层层门前面都设有前室的井道内。每一个前室的空间，应根据担架运输和门的具体位置的要求来确定，参见附录 B 和附录 E。

注：前室墙和门的防火等级见 GB 50045—95(2005 年版)和 GB 50016—2006。

如果在同一井道内还有其他电梯，那么整个多梯井道应满足消防电梯井道的耐火要求，其防火等级应与前室的门和机房一致，参见附录 B。如果在多梯井道内消防电梯与其他电梯之间没有中间防火墙分隔开，则所有的电梯和它们的电气设备应与消防电梯具有相同的防火要求，以确保实现消防电梯的功能。

5.1.2 消防电梯应设计成在下列条件下能够正确运行：

a) 当环境温度在 0 ℃～+65 ℃范围内时，电气、电子的层站控制装置和指示器应能持续工作一段时间，使消防员能确定轿厢位置(如：轿厢被阻滞的位置)，以便进行救援。该时间应与建筑物结构的要求相适应，如 2 h；

b) 消防电梯不在前室内的其他所有电气、电子器件，应设计成确保它们在 0 ℃～+40 ℃环境温度范围内能正常工作；

c) 当烟雾充满井道和/或机房时，消防电梯的控制系统的正常功能应至少确保建筑物结构所要求的一段时间，如 2 h。

5.1.3 消防电梯应设置符合 GB 50016—2006 的 7.4.10 和 GB 50045—95(2005 年版)的 6.3.3 的前室。

5.1.4 消防电梯有两个轿厢入口时，任何不是预定由消防员使用的电梯层门都应被保护，使它们不会暴露于65 ℃以上的环境温度中（参见附录B中图B.3）。

5.2 消防电梯基本要求

5.2.1 消防电梯的设计应符合GB 7588—2003和GB 21240—2007的要求，并应配备附加的保护、控制和信号。

注：在火灾情况下，消防员直接控制并使用消防电梯。

5.2.2 消防电梯应服务于建筑物的每一楼层。

5.2.3 消防电梯的轿厢尺寸和额定载重量宜优先从GB/T 7025.1—2008中选择，其轿厢尺寸不应小于1 350 mm宽×1 400 mm深，额定载重量不应小于800 kg，见0.3e)。

轿厢的净入口宽度不应小于800 mm。

在有预定用途包括疏散的场合，为了运送担架、病床等，或者设计有两个出入口的消防电梯，其额定载重量不应小于1 000 kg，轿厢的最小尺寸应设计成GB/T 7025.1—2008中所规定的1 100 mm宽×2 100 mm深，见0.3e)。

5.2.4 消防电梯从消防员入口层到顶层的运行时间宜不超过60 s，运行时间从消防电梯轿门关闭时开始计算，见0.3e)。

5.3 电气设备的防水保护

5.3.1 在消防电梯道内或轿厢上部的电气设备，如果其设置在距设有层门的任一井道壁1 m的范围内，则应设计成能防滴水和防淋水，或者其外壳防护等级应至少为GB 4208—2008规定的IPX3（见附录D）。

5.3.2 设置在消防电梯底坑地面以上1 m以内的所有电气设备，防护等级应至少为IP67。插座和最低的井道照明灯具应设置在底坑内最高允许水位之上至少0.50 m处。

5.3.3 应保护在井道外的机器区间内和消防电梯底坑内的设备，以免因进水而造成故障。

5.3.4 建筑物应具备适当的措施，确保在消防电梯底坑内的水位不会上升到轿厢缓冲器被完全压缩时的上表面以上。

5.3.5 建筑物应具有符合GB 50045—95（2005年版）的6.3.3.11和GB 50016—2006的7.4.10的排水设施，防止底坑内的水面到达可能使消防电梯发生故障的位置。

5.4 消防员被困在轿厢内的救援

救援原理示例参见附录G和0.3e)。

5.4.1 应在轿顶设置一个轿厢安全窗，其尺寸应至少为0.50 m×0.70 m。

5.4.2 轿厢安全窗应符合GB 7588—2003和GB 21240—2007的8.12的要求。

通过轿厢安全窗进入轿厢内不应被永久性的设备或照明灯具阻碍。如果装有悬挂吊顶，则无需使用专用工具便能容易地将其打开或移去，且应能从轿厢内清楚地识别其打开位置。

5.4.3 从轿厢外救援

可使用下列救援方法：

a) 符合GB 7588—2003和GB 21240—2007的6.2.2b)、c)和e)要求的固定式梯子设置在距上层站地坎垂直距离不大于0.75 m范围内；

b) 便携式梯子；

c) 绳梯；或

d) 安全绳系统。

注：无论用何种方法，所有这些工具都应由建筑物业主而不是消防电梯制造商提供。

在每个层站附近都应设置救援工具的安全固定点。

无论轿顶与最近可到达层站地坎之间的距离多长，使用上述装置应能安全地达到轿顶。

5.4.4 从轿厢内自救

应提供从消防电梯轿厢内能完全打开轿厢安全窗的方法，例如在轿厢内提供合适的踩踏点，其最大梯阶高度为0.40 m。任一踩踏点应能支撑1 200 N的负荷。

如果提供梯子，梯子应符合GB/T 17889.1的要求，其设置方式应能使它们安全地展开。

任何踩踏点的外缘与对应的垂直轿厢壁之间的自由距离不应小于0.10 m。

梯子与安全窗的尺寸和位置，应能允许消防员通过。

在井道内每个层站入口靠近门锁处，应设置简单的示意图或标志，清楚地表明如何打开层门。

5.4.5 如果在轿厢外部设置一个用于救援的刚性梯子，则应符合下列要求：

a) 应提供一个符合GB 7588—2003和GB 21240—2007的14.1.2要求的电气安全装置，以确保梯子从其储存位置移开后消防电梯不能移动；

b) 梯子的储存位置应避免在正常维护作业时发生绊倒维护人员的危险；

c) 梯子的最小长度应按以下方式确定：当消防电梯轿厢停在平层位置时，应能接触到上一层站的层门锁。如果这种梯子不可能设置在轿厢上，则应采用永久固定于井道内的梯子。

5.5 轿门和层门

应使用轿门和层门联动的自动水平滑动门。

5.6 驱动主机和相关设备

5.6.1 装有消防电梯驱动主机和相关设备的任何区间，应至少具有与消防电梯井道相同的防火等级。当驱动主机和相关设备的机房设置在建筑物的顶部且机房内部及其周围没有火灾危险时除外。

5.6.2 设置在井道外和防火分区外的所有机器区间，应至少具有与防火分区相同的防火等级。防火分区之间的连接(如：电缆、液压管路等)也应予以同样的保护。

5.7 控制系统

5.7.1 消防电梯开关应设置在预定用作消防员入口层的前室内，该开关应设置在距消防电梯水平距离2 m范围内，高度在地面以上1.8 m到2.1 m之间的位置。消防电梯开关应采用附录F规定的标志标示。

5.7.2 消防电梯开关的操作应借助于一个GB 7588—2003和GB 21240—2007的附录B规定的开锁三角形钥匙。该开关的工作位置应是双稳态的，并应清楚地用“1”和“0”标示。位置“1”是消防员服务有效状态。

该服务有两个阶段：阶段1的功能见5.7.7，阶段2的功能见5.7.8。

附加的外部控制或输入仅能用于使消防电梯自动返回到消防员入口层[见0.3e)]并停在该层保持开门状态。消防电梯开关仍应被操作到位置“1”，才能完成阶段1的运行。

5.7.3 在消防电梯开关处于有效状态期间，除下述阶段1的5.7.7c)和阶段2的5.7.8f)所述的反开门装置外，消防电梯的所有安全装置(电气和机械)都应保持有效状态。

5.7.4 消防电梯开关不应取消检修运行控制(见GB 7588—2003和GB 21240—2007的14.2.1.3)、停止装置(见GB 7588—2003和GB 21240—2007的14.2.2)或紧急电动运行控制(见GB 7588—2003的14.2.1.4)。

5.7.5 当处于消防员服务状态时，层站召唤控制或设置在消防电梯井道外的消防电梯控制系统其他部分的电气故障不应影响消防电梯的功能。

与消防电梯在同一群组中的其他任一台电梯的电气故障，均不应影响消防电梯的运行。

5.7.6 为了确保消防员获得对消防电梯的控制不被过度延误,消防电梯应设置一个听觉信号,当门开着的实际停顿时间超过 2 min 时在轿厢内鸣响。在超过 2 min 后,此门将试图以减小的动力关闭,在门完全关闭后听觉信号解除。该听觉信号的声级应能在 35 dB(A)至 65 dB(A)之间调整,通常设置在 55 dB(A),而且该信号还应能与消防电梯的其他听觉信号区分开。此功能仅在阶段 1 有效。

5.7.7 阶段 1:消防电梯的优先召回

阶段 1 可手动或自动进入。

一旦进行阶段 1,应确保:

a) 所有的层站控制和消防电梯的轿厢内控制均应失效,所有已登记的呼梯均应被取消;
b) 开门和紧急报警的按钮应保持有效;
c) 可能受到烟和热影响的轿门反开门装置应失效,以允许门关闭;
d) 消防电梯应脱离同一群组中的所有其他电梯独立运行;
e) 到达消防员入口层后,消防电梯应停留在该层,且轿门和层门保持在完全打开位置;
f) 5.11 所述的消防服务通讯系统应有效;
g) 如果进入阶段 1 时消防电梯正处于检修运行/紧急电动运行控制状态下,5.7.6 规定的听觉信号应鸣响;GB 7588—2003 和 GB 21240—2007 的 14.2.3.4 所述的内部对讲系统(如果有)应被启动。当消防电梯脱离上述状态时,该信号应被取消;
h) 正在离开消防员入口层的消防电梯,应在可以正常停层的最近楼层做一次正常的停止,不开门,然后返回到消防员入口层;
i) 在消防电梯开关启动后,井道和机房照明应自动点亮。

5.7.8 阶段 2:在消防员控制下消防电梯的使用

消防电梯开着门停在消防员入口层以后,消防电梯应完全由轿厢内消防员控制装置所控制,并应确保:

a) 如果消防电梯是由一个外部信号触发进入阶段 1 的,在消防电梯开关被操作到位置"1"前,消防电梯应不能运行;
b) 消防电梯应不能同时登记一个以上的轿厢内选层指令;
c) 当轿厢正在运行时,应能登记一个新的轿厢内选层指令,原来的指令应被取消,轿厢应在最短的时间内运行到新登记的层站;
d) 一个登记的指令将使消防电梯轿厢运行到所选择的层站后停止,并保持门关闭;
e) 如果轿厢停止在一个层站,通过持续按压轿厢内"开门"按钮应能控制门打开。如果在门完全打开之前释放轿厢内"开门"按钮,门应自动再关闭。当门完全打开后,应保持在打开状态直到轿厢内控制装置上有一个新的指令被登记;
f) 除 5.7.7c)规定的情况外,轿门反开门装置和开门按钮应与阶段 1 一样保持有效状态;
g) 通过操作消防电梯开关从位置"1"到"0",保持时间不大于 5 s,再回到"1",则重新进入阶段 1,消防电梯应返回到消防员入口层。本要求不适用于 h)所述轿厢内设有消防电梯开关的情况;
h) 如果设置有一个附加的轿厢内消防员钥匙开关。它应用附录 F 的标志标示,并应清楚地标明位置"0"和"1",该钥匙仅能在处于位置"0"时才能拔出。

   钥匙开关应按下列方法操作:

   1) 当消防电梯由消防员入口层的消防电梯开关控制而处于消防员服务状态时,为了使轿厢进入运行状态,该钥匙开关应被转换到位置"1";
   2) 当消防电梯在其他层而不在消防员入口层,且轿厢内钥匙开关被转换到位置"0"时,应防止轿厢进一步的运行,并保持门在打开状态。

i) 已登记的轿厢内指令应清晰地显示在轿厢内控制装置上;
j) 在正常或应急电源有效时,应在轿厢内和消防员入口层显示出轿厢的位置;

k) 直到已登记下一个轿厢内指令为止，消防电梯应停留在它的目的层站；
l) 在阶段 2 期间，5.11 规定的消防服务通讯系统应保持有效；
m) 当消防员开关被转换到位置“0”时，仅当消防电梯已回到消防员入口层时，消防电梯控制系统才应回复到正常服务状态。

5.7.9 如果消防电梯有两个入口，且消防电梯前室都与消防员入口层的消防电梯前室设置在同一侧，则应符合下列附加要求：

a) 在轿厢内靠近两个门的位置均应有控制装置：
——其中之一供乘客正常使用；
——靠近前室(参见附录 B)的消防员控制装置仅供消防员使用，并应采用消防电梯(见附录 F)的标志标示；

注：GB/T 24477《适合于残障人员的电梯附加要求》不适用于消防电梯控制装置。

b) 进入了阶段 1 时，除开门和报警按钮外，供乘客正常使用的控制装置上的其他按钮都应是无效的；
c) 靠近消防电梯前室的消防员控制装置，在进入阶段 2 时变为有效；
d) 预定不被消防员使用的所有层门，在消防电梯恢复到正常运行状态之前应始终保持关闭状态。这些层门的确定取决于建筑设计，见 0.3e)；
e) 面向消防电梯前室的所有层门，在消防电梯恢复到正常运行前都应恢复正常。

5.8 供电

5.8.1 消防电梯和照明的供电系统应由第一和第二(应急、备用或二者之一)电源组成，其防火等级应至少等于消防电梯井道(参见附录 C)的防火等级。消防电梯第一和第二电源的供电电缆应进行防火保护，它们相互之间以及与其他电源之间应独立设置。

5.8.2 第二电源应足以驱动额定载重量的消防电梯运行，运行速度应满足 5.2.4 规定的时间要求。

5.9 供电转换

供电转换时应满足下列要求：

a) 校正运行不是必要的；
b) 当恢复供电时，消防电梯应立即进入服务状态。如果消防电梯需要移动来确定轿厢的位置，则应向着消防员入口层运行不超过两个楼层，并显示轿厢所在位置。

5.10 轿厢和层站的控制装置

5.10.1 轿厢和层站的控制装置以及相关的控制系统，不应登记因热、烟和湿气影响所产生的错误信号。

5.10.2 轿厢和层站的控制装置、轿厢和层站的指示器以及消防电梯开关，其防护等级应至少为 GB 4208—2008 规定的 IPX3。

除非在消防电梯开关启动时通过电气方式被断开，层站控制装置和层站指示器应至少具有 GB 4208—2008 规定的 IPX3 级的防护。

5.10.3 在阶段 2 控制时，消防电梯的运行应依靠轿厢内的控制装置上的按钮，其他的操作系统都应变成无效状态。

5.10.4 在消防电梯轿厢内，除正常的楼层标志外，在轿厢内消防员入口层的按钮之上或其附近，还应设有清晰的消防员入口层的指示，该指示应采用附录 F 规定的标志。

5.11 消防服务通讯系统

5.11.1 消防电梯应有交互式双向语音通讯的对讲系统或类似的装置，当消防电梯处于阶段 1 和阶段

2 时，用于消防电梯轿厢与下列地点之间通讯：

a) 消防员入口层；和

b) 消防电梯机房或 EN 81-1:1998/A2:2004 和 EN 81-2:1998/A2:2004 所规定的无机房电梯的紧急操作屏处。如果是在机房内，只有通过按压麦克风的控制按钮才能使其有效。

5.11.2 轿厢内和消防员入口层的通讯设备应是内置式麦克风和扬声器，不能用手持式电话。

5.11.3 通讯系统的线路应敷设在井道内。

5.12 易受破坏的区域

设置在易受破坏区域和建筑中的消防电梯，还宜符合 EN 81-71 的要求。

6 安全要求和/或保护措施的验证

本标准第 5 章和第 7 章的安全要求和措施应按照表 3 来验证。

表 3 验证表

条　　款	目测检查[a]	设计符合性检查[b]	测　量[c]	设计文件审查[d]	功能试验[e]
5.2.1	见 GB 7588—2003、GB 21240—2007				
5.2.2	×				
5.2.3			×	×	
5.2.4			×		
5.3.1	×		×		
5.3.2	×		×		
5.3.3	×			×	
5.3.4	×	×	×		
5.3.5	×	×	×		
5.4	×	×	×	×	
5.5	×				
5.6		×		×	
5.7.1	×	×	×	×	
5.7.2	×	×		×	
5.7.3		×			
5.7.4		×			
5.7.5		×		×	
5.7.6		×	×		
5.7.7		×			×
5.7.8a),b),c),d),e),f)	×	×	×		×
5.7.8g)		×	×		×

表 3（续）

条　款	目测检查[a]	设计符合性检查[b]	测　量[c]	设计文件审查[d]	功能试验[e]
5.7.8h)	×	×			×
5.7.8i),j),k),l),m)		×			×
5.7.9	×	×			×
5.9		×			×
5.10.1				×	
5.10.2	×			×	
5.10.3	×	×		×	
5.10.4	×				
5.11		×			×
7	×				
注：如果采用经过型式试验的产品，则按产品文件进行测试和检查。					
[a] 目测检查的结果仅能说明其存在(如：标志、控制装置、使用手册)，所要求的标志符合标准要求，递交给业主的文件内容与标准要求一致。 [b] 设计符合性的检查结果是证实电梯是按照设计进行制造的，其零部件、装置符合设计文件。 [c] 测量的结果是为了表明所规定的可测量参数已得到满足。 [d] 设计文件审查的结果是证明本标准的要求在设计文件(如：布置图、说明书)中已得到满足。 [e] 功能试验的结果是表明电梯包括安全装置按预定要求工作。					

7　使用信息

应提供下列信息：

7.1　与普通电梯不同，消防电梯应设计成当建筑物某些部分发生火灾时，尽可能长时间地运行。在没有火灾时，它可用作乘客电梯。为了降低当消防电梯用于消防员服务时入口被阻碍的风险，应限制用消防电梯来运送废弃物或货物。

7.2　消防电梯安装者应向业主提供使用说明，其内容包括表 4 列出的详细信息。

表 4　使用信息

条款号	信　息　内　容
5.1	环境、建筑物要求(如：工作温度、未涉及的重大危险)
5.2	消防电梯的基本要求(如：轿厢尺寸和用途)
5.4	消防员被困于消防电梯轿厢内的救援(如：救援原理，见 7.3 和 7.4)
5.7	控制系统(如：功能描述)
5.8	消防电梯的电源(如：业主的维护责任)
5.9	供电转换(如：业主的维护责任)
5.11	消防服务通讯系统(如：定期的试验)

7.3 外部救援程序

a) 消防员打开轿厢停止位置上方的层门并进入轿顶；

b) 轿顶上的消防员打开轿厢安全窗，拉出储存在轿厢上的梯子并把它放入轿厢内；

c) 被困人员沿梯子爬上轿顶；

d) 消防员和被困人员从打开的层门撤离，如果有必要可利用梯子。

7.4 自救程序

a) 被困消防员打开轿厢安全窗；

b) 被困消防员利用轿厢内的踩踏点或储存在轿厢内储存室里的梯子爬上轿顶；

c) 被困消防员利用梯子（如果有必要）从井道内打开层门门锁并撤离。

附　录　A
（资料性附录）
本标准与 EN 81-72:2003 相比的结构变化情况

本标准与 EN 81-72:2003 相比，章条编号发生了变化，具体对照情况见表 A.1。

表 A.1　本标准与 EN 81-72:2003 章条编号对照表

本标准章条编号	对应 EN 81-72:2003 章条编号
—	3.2、3.3、3.4、3.6、3.9
3.2	3.5
3.3	3.7
3.4	3.8
5.4.5	5.4.5、5.4.6、5.4.7
—	5.5
5.5	5.6
5.6	5.7
5.6.1	5.7.1
5.6.2	5.7.2
5.7	5.8
5.7.1	5.8.1
5.7.2	5.8.2
5.7.3	5.8.3
5.7.4	5.8.4
5.7.5	5.8.5
5.7.6	5.8.6
5.7.7	5.8.7
5.7.8	5.8.8
5.7.9	5.8.9
5.8	5.9
5.8.1	5.1.5、5.1.6、5.9.1
5.8.2	5.9.2
5.9	5.10
5.10	5.11
5.10.1	5.11.1

表 A.1（续）

本标准章条编号	对应 EN 81-72:2003 章条编号
5.10.2	5.11.2
5.10.3	5.11.3
5.10.4	5.11.4
5.11	5.12
5.11.1	5.12.1
5.11.2	5.12.2
5.11.3	5.12.3
5.12	5.13
附录 A	—
—	附录 A

附　录　B
（资料性附录）
消防电梯的布置

门与墙的布置和耐火性需符合国家相关消防法规。

以下对耐火性和设备的要求，在国家建筑消防法规中进行规定：

——逃生路径；

——楼层数量；

——火灾负荷；

——自动灭火设施；

——其他。

下列示意图仅是示例，也可为其他建筑布置。

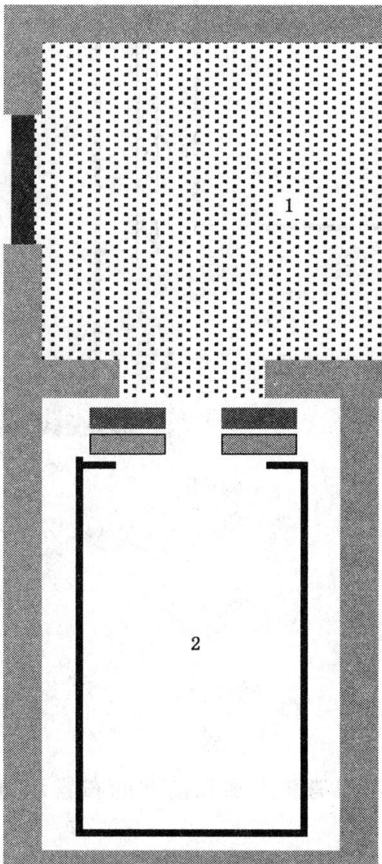

说明：

1——前室；

2——消防电梯。

图 B.1　单台消防电梯和前室的布置示意图

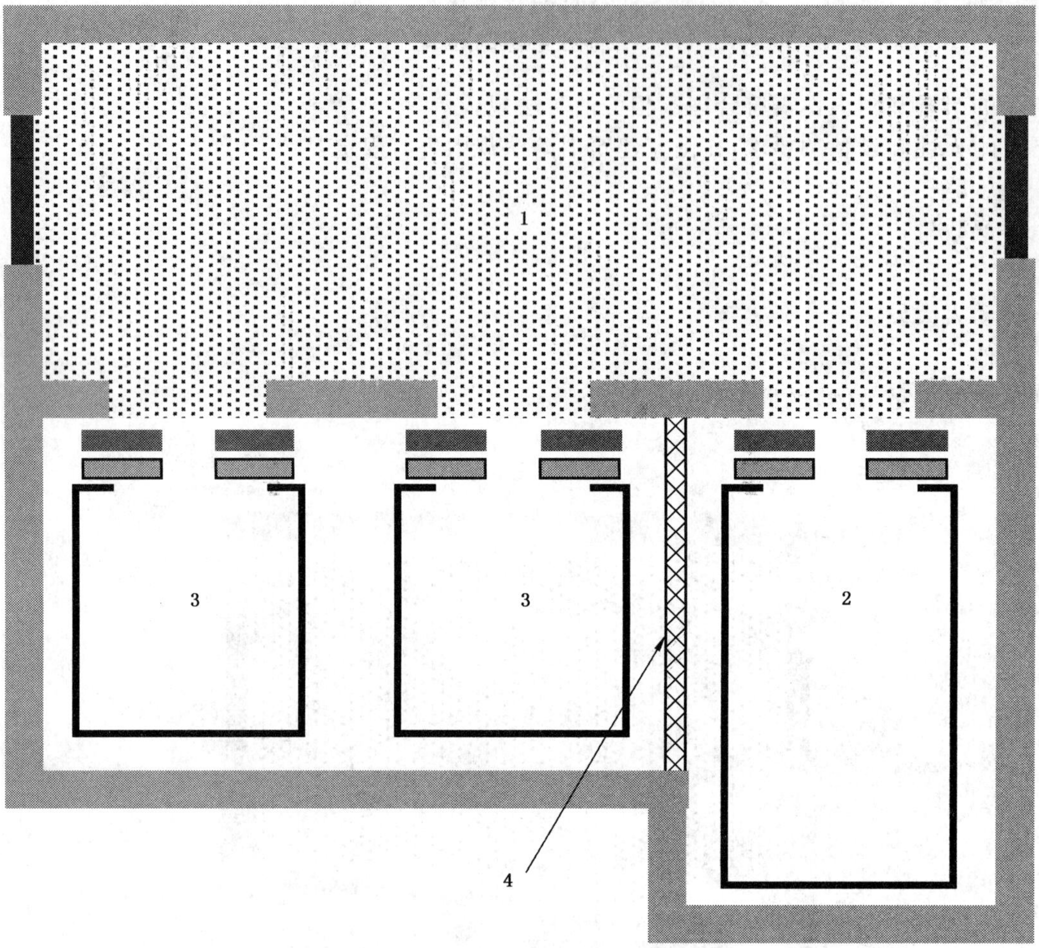

说明：
1——前室；
2——消防电梯；
3——普通电梯；
4——中间防火墙。

图 B.2 在多梯井道内的消防电梯和前室的布置示意图

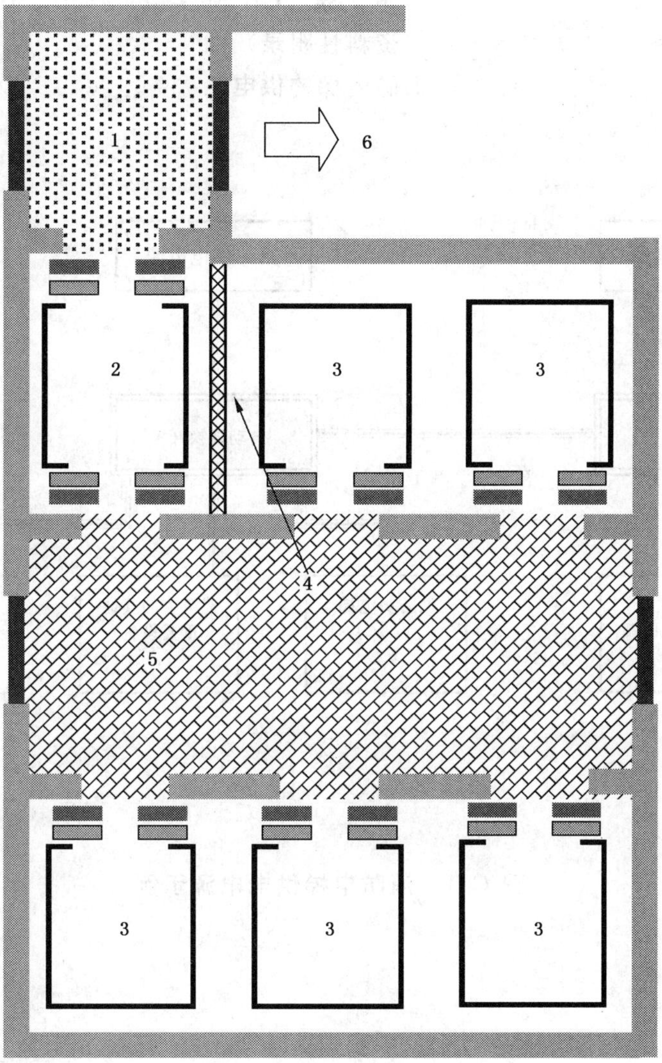

说明：
1——前室；
2——消防电梯；
3——普通电梯；
4——中间防火墙；
5——主要的防火分区/前室；
6——逃生路径。

图 B.3 在多梯井道内的两个出入口消防电梯和前室的布置示意图

附　录　C
（资料性附录）
消防电梯的供电

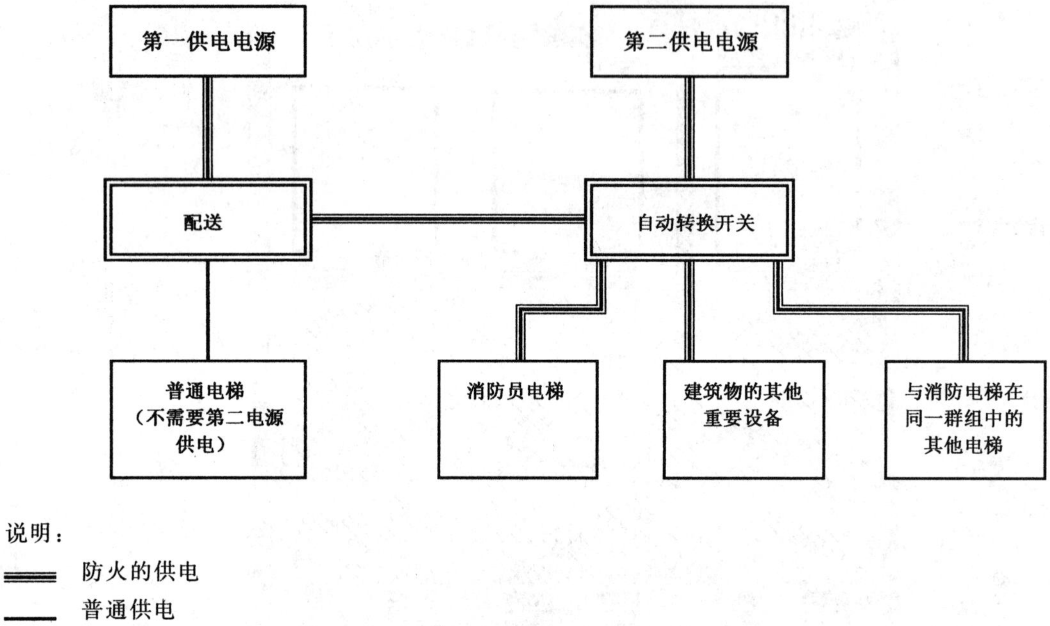

图 C.1　消防电梯供电电源示例

附　录　D
（规范性附录）
电梯井道内的防水

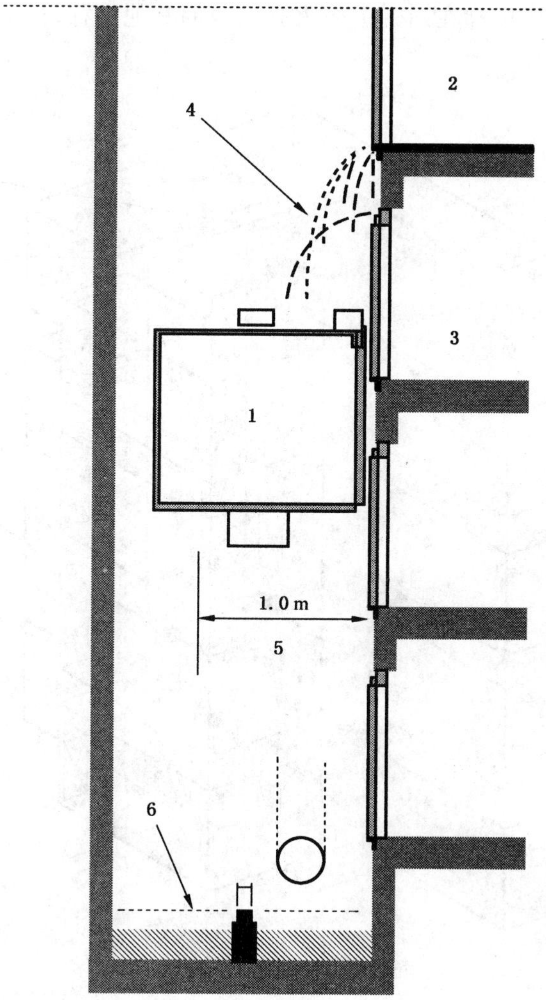

说明：
1——消防电梯轿厢；
2——着火层；
3——前方控制点（桥头）；
4——从着火层地面漏下的水；
5——在井道内和轿厢上的防水区域；
6——底坑积水最高水位。

图 D.1　电气设备的防水保护

附 录 E
（资料性附录）
防火分区的原理

防火分区的原理见图 E.1 所示。

使用区域将只能通过前室连通到消防电梯，形成一个独立的防火分区。

电梯井道可能包括与消防电梯在同一个防火分区内的其他电梯。

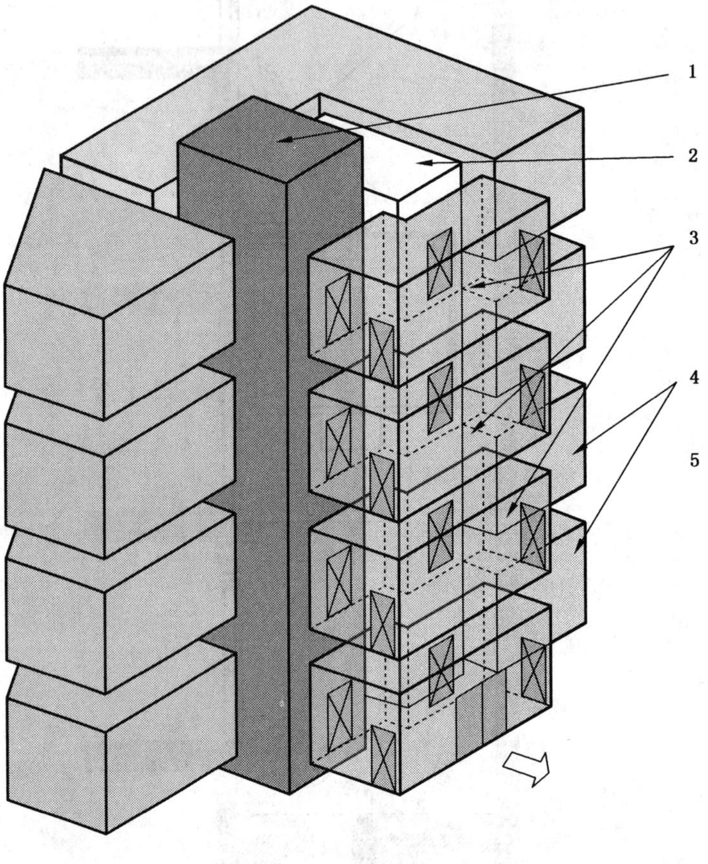

说明：

1——电梯井道，贯穿所有楼层形成单个独立的防火分区；

2——楼梯（逃生路径），贯穿所有楼层形成单个独立的防火分区；

3——前室，在每一楼层形成一个独立的防火分区；

4——使用区域，在每一层包括一个或多个独立的防火分区；

5——机器区间，本图没有表示。它可被设置在不同的位置，但通常与电梯井道属于同一防火分区。

图 E.1 防火分区的原理

附 录 F
（规范性附录）
消防电梯的标志

该标志图形采用白色，背景采用红色。

注：

——在轿厢操作面板上标志尺寸为 20 mm×20 mm；

——在层站上标志尺寸至少为 100 mm×100 mm；

——两个出入口消防电梯的消防操作面板上的标志尺寸应为 20 mm×20 mm。

图 F.1 消防电梯的标志

附 录 G
（资料性附录）
消防员救援原理示例

G.1 外部救援程序（见图 G.1）

a） 消防员打开轿厢停止位置上方的层门并进入轿顶；

b） 轿顶上的消防员打开安全窗，拉出储存在轿厢上（位置“a”）的梯子，并把它放入轿厢内（位置“b”）；

c） 被困人员沿梯子爬上轿顶；

d） 消防员和被困人员从打开的层门撤离，如有必要可利用梯子（位置“c”）。

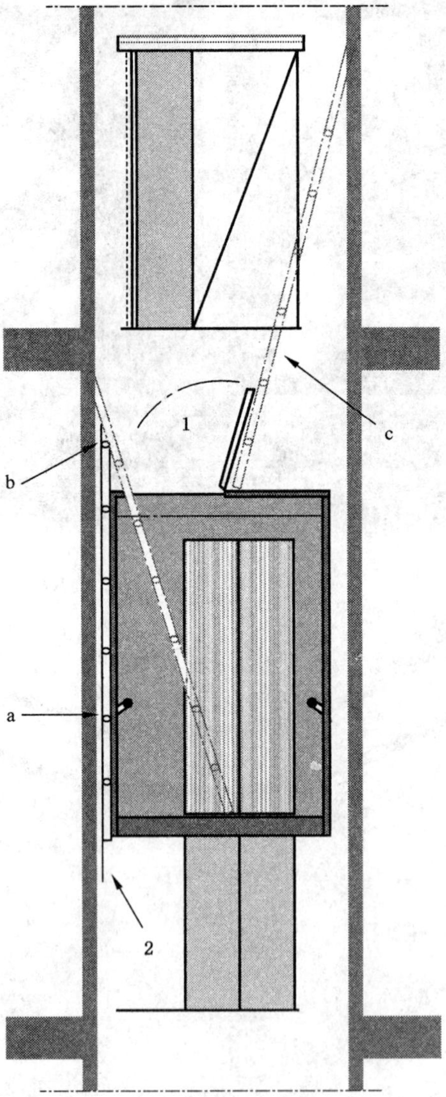

说明：

1——轿厢安全窗；

2——储存在轿厢上的便携式梯子。

图 G.1 利用储存在轿厢上的便携式梯子从消防电梯外救援

G.2 自救程序Ⅰ(见图 G.2)

a) 被困的消防员打开安全窗;

b) 被困的消防员利用轿厢内的踩踏点爬上轿顶;

c) 被困的消防员利用储存在轿厢上的便携式梯子(如有必要)从井道内打开层门门锁并撤离。

仅当层门地坎间的距离与梯子的长度相适应时才能使用此方法。

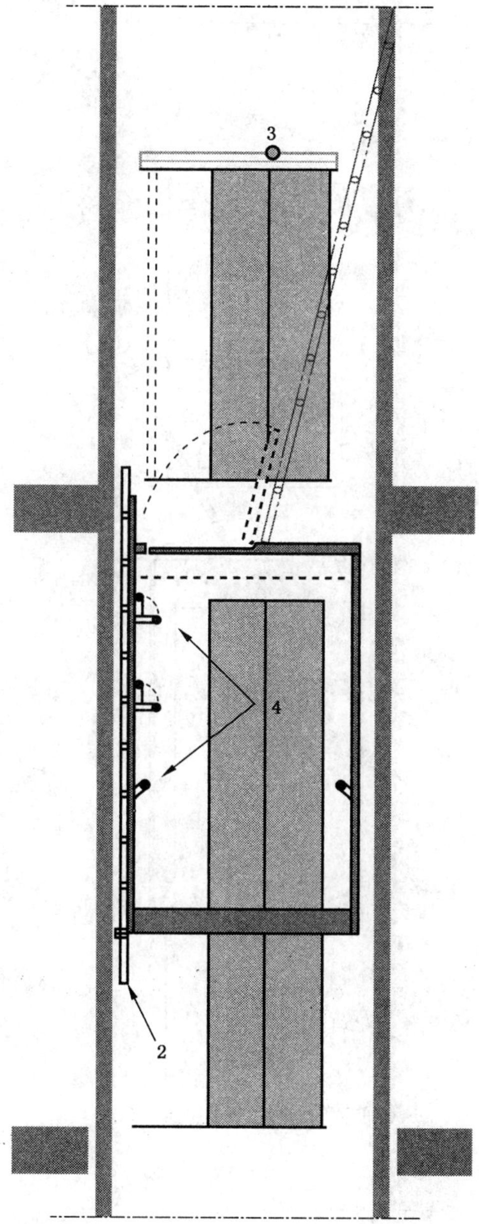

说明:

2——储存在轿厢上的便携式梯子;

3——层门门锁;

4——踩踏点。

图 G.2 利用储存在轿厢上的便携式梯子自救

G.3 自救程序Ⅱ(见图 G.3)

a) 被困的消防员打开储存室的门，搬出储存的梯子(位置“d”)；

b) 被困的消防员打开安全窗；

c) 被困的消防员利用梯子(位置“b”)爬上轿顶；

d) 被困的消防员利用梯子(位置“c”)(如有必要)从井道内打开层门门锁并逃出。

仅当层门地坎间的距离与梯子的长度相适应时才能使用此方法。

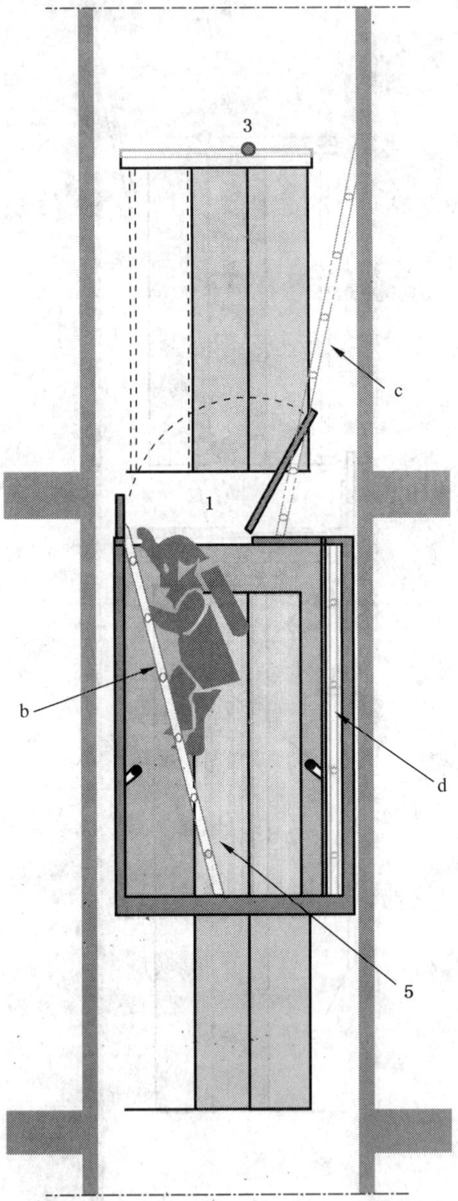

说明：

1——轿厢安全窗；

3——层门门锁；

5——储存在轿厢内储存室的便携式梯子。

图 G.3 利用轿厢内储存室的便携式梯子自救

ICS 23.020.30
J 74

GB

中华人民共和国国家标准

GB/T 26466—2011

固定式高压储氢用钢带错绕式容器

Stationary flat steel ribbon wound vessels for storage of high pressure hydrogen

2011-05-12 发布　　2011-12-01 实施

中华人民共和国国家质量监督检验检疫总局
中国国家标准化管理委员会　发布

前　言

本标准由全国锅炉压力容器标准化技术委员会(SAC/TC 262)提出并归口。

本标准起草单位:浙江大学化工机械研究所、巨化集团公司工程有限公司、中国电子工程设计院、北京飞驰绿能电源技术有限公司。

本标准主要起草人:郑津洋、魏春华、徐平、叶晓茹、陈霖新、张立芳、刘建虎、刘贤信、朱国辉。

引　言

钢带错绕式压力容器是我国首创的一种压力容器结构形式。自1964年研制成功以来，我国已制造钢带错绕式氨合成塔、甲醇合成塔、氨冷凝器、铜液吸收塔、水压机蓄能器、高压气体储罐等7 000多台。经过40多年的理论分析、试验研究和工程应用，我国已系统地建立了钢带错绕式压力容器的优化设计理论，积累了丰富的设计、制造、使用经验。

1980年我国颁布了JB 1149—80《扁平钢带压力容器技术条件》。1996年和1997年该型容器分别列入美国机械工程师学会锅炉压力容器规范案例2229和2269，即Case2229 Design of Layered Vessels Using Flat Ribbon Wound Cylindrical Shells，Section Ⅷ，Division 1和Case2269 Design of Layered Vessels Using Flat Ribbon Wound Cylindrical Shells，Section Ⅷ，Division 2，可用于制造设计压力在70 MPa以内、直径为250 mm～3 000 mm、设计温度不超过427 ℃的压力容器。

本标准是在总结钢带错绕式压力容器产品(特别是固定式高压储氢用钢带错绕式容器)设计、制造、使用经验的基础上，结合国内外的最新研究成果制定的。

固定式高压储氢用钢带错绕式容器

1 范围

本标准规定了固定式高压储氢用钢带错绕式容器的设计、制造、检验和验收要求。

本标准适用于同时满足以下条件的固定式高压储氢用钢带错绕式容器：

a) 设计压力大于或等于 10 MPa 且小于 100 MPa；

b) 设计温度大于或等于－40 ℃且小于或等于 80 ℃；

c) 内直径大于或等于 300 mm 且小于或等于 1 500 mm，设计压力(MPa)与内直径(mm)的乘积不大于 75 000。

2 规范性引用文件

下列文件中的条款通过本标准的引用而成为本标准的条款。凡是注日期的引用文件，其随后所有的修改单(不包括勘误的内容)或修订版均不适用于本标准，然而，鼓励根据本标准达成协议的各方研究是否可使用这些文件的最新版本。凡是不注日期的引用文件，其最新版本适用于本标准。

GB/T 228—2002　金属材料　室温拉伸试验方法

GB/T 229—2007　金属材料　夏比摆锤冲击试验方法

GB 713—2008　锅炉和压力容器用钢板

GB 3531—2008　低温压力容器用低合金钢钢板

GB 6653—2008　焊接气瓶用钢板和钢带

JB 4708—2000　钢制压力容器焊接工艺评定

JB/T 4711—2003　压力容器涂敷与运输包装

JB 4726—2000　压力容器用碳素钢和低合金钢锻件

JB 4727—2000　低温压力容器用低合金钢锻件

JB 4728—2000　压力容器用不锈钢锻件

JB/T 4730.2—2005　承压设备无损检测　第 2 部分：射线检测

JB/T 4730.3—2005　承压设备无损检测　第 3 部分：超声检测

JB/T 4730.5—2005　承压设备无损检测　第 5 部分：渗透检测

JB 4732—1995　钢制压力容器—分析设计标准(2005 年确认版)

JB 4733—1996　压力容器用爆炸不锈钢复合钢板

3 定义、符号

3.1 定义

3.1.1

固定式高压储氢用钢带错绕式容器　stationary flat steel ribbon wound vessels for storage of high pressure hydrogen

在较薄的内筒外面倾角错绕多层扁平钢带(层数为偶数)，钢带与筒体环向成一定倾角，相邻层钢带绕向相反，且仅将每层钢带两端与半球形封头和加强箍相焊接所构成的高压储氢容器(型式见图 1、图 2，容器对外接口型式根据工艺要求确定)。

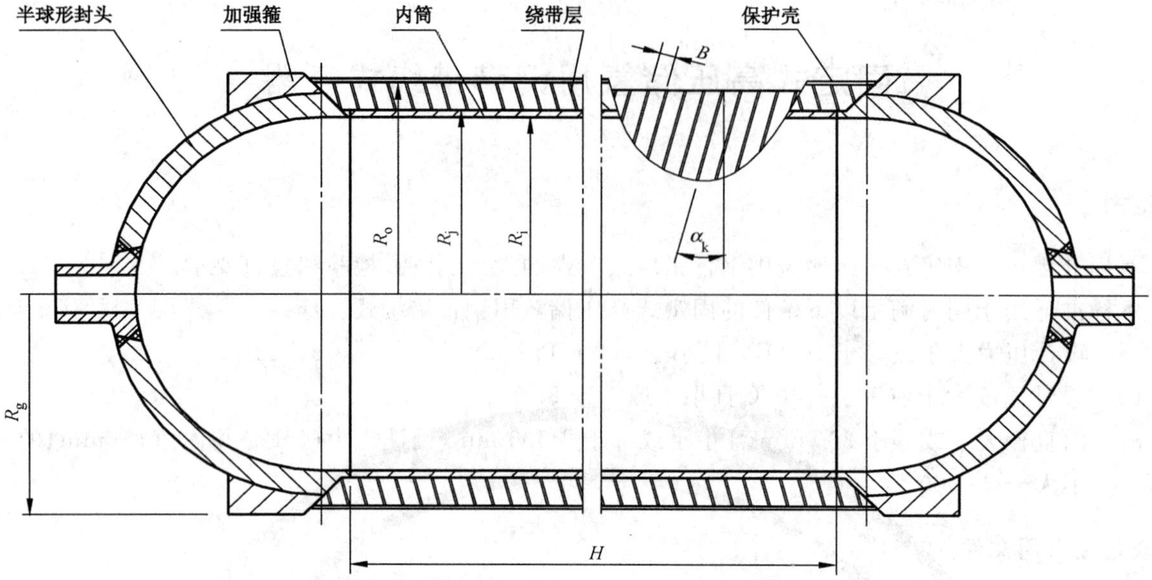

图1 固定式高压储氢用钢带错绕式容器结构简图

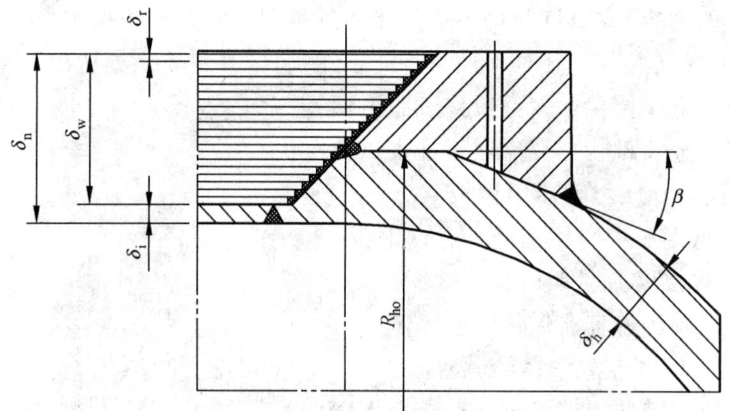

图2 容器端部局部示意图

3.1.2

绕带筒体 flat steel ribbon wound cylindrical shell

由内筒和错绕钢带层组成的筒体。

3.1.3

轴向爆破压力 axial bursting pressure

按容器轴向极限承载能力确定的爆破压力。

3.1.4

环向爆破压力 hoop bursting pressure

按容器环向极限承载能力确定的爆破压力。

3.2 符号

下列符号适用于本标准：

B——钢带宽度，mm；

D_i——容器内直径，mm；

D_k——第 k 层钢带平均直径，mm；

D_o——容器外直径，mm；

E_{ic}——内筒材料在设计疲劳曲线中规定的弹性模量，MPa；

E_{in}——内筒材料常温弹性模量，MPa；

E_m——材料常温弹性模量，MPa；

E_{wc}——钢带材料在设计疲劳曲线中规定的弹性模量，MPa；

E_{wn}——钢带材料常温弹性模量，MPa；

e_m——竣工液压试验压力下，绕带筒体周长平均伸长量，mm；

e_{th}——竣工液压试验压力下，与绕带筒体尺寸相同的单层圆筒周向伸长量，mm；

f——疲劳强度减弱系数，$f=1.25$；

H——内筒筒体长度，mm；

j——壁厚比，容器内筒名义厚度与绕带筒体名义厚度之比；

K——绕层外半径与容器内半径之比，$K=R_o/R_i$；

K_1——内筒径比，$K_1=R_j/R_i$；

K_2——钢带层径比，$K_2=R_o/R_j$；

m——钢带层数；

m_k——第 k 层钢带根数；

N——预计循环次数；

p——设计压力，MPa；

p_b^z——绕带筒体的轴向爆破压力，MPa；

p_b^θ——绕带筒体的环向爆破压力，MPa；

p_s^z——绕带筒体的轴向全屈服压力，MPa；

p_s^θ——绕带筒体的环向全屈服压力，MPa；

p_T——容器液压试验压力，MPa；

p_{Ti}——内筒液压试验压力，MPa；

R_g——加强箍外半径，mm；

R_{ho}——半球形封头圆柱部分半径，mm；

R_i——内筒内半径，mm；

R_j——内筒外半径，mm；

R_o——绕层外半径，mm；

$R_{eL\,i}$——内筒材料标准常温屈服强度，MPa；

$R_{eL\,h}$——半球形封头材料标准常温屈服强度，MPa；

$R_{eL\,w}$——钢带材料标准常温屈服强度，MPa；

R_{mi}——内筒材料标准常温抗拉强度下限值，MPa；

R_{mh}——半球形封头材料标准常温抗拉强度下限值，MPa；

R_{mw}——钢带材料标准常温抗拉强度下限值，MPa；

R_α——考虑倾角错绕削弱的绕层修正外半径，$R_\alpha=R_j+(R_o-R_j)(\cos^2\alpha+0.3\sin^2\alpha)$，mm；

S_{alt}——内筒交变应力强度幅，MPa；

S_{alt}^d——钢带交变应力强度幅，MPa；

$S_{alt}{}'$——考虑弹性模量修正后的内筒交变应力强度幅，MPa；

$S_{alt}^{d}{}'$——考虑弹性模量修正后的钢带交变应力强度幅，MPa；

S_m——绕带筒体材料常温设计应力强度，$S_m=jS_{mi}+(1-j)yS_{mw}$，MPa；

S_{mi}——内筒材料常温设计应力强度，MPa；

S_{mh}——半球形封头材料常温设计应力强度，MPa；

S_{mw}——钢带材料常温设计应力强度，MPa；

$S_{i\alpha}$——根据预计循环次数和内筒材料运用设计疲劳曲线所得的许用交变应力强度幅，MPa；
$S_{w\alpha}$——根据预计循环次数和钢带材料运用设计疲劳曲线所得的许用交变应力强度幅，MPa；
S_{zr}——内筒轴向、径向主应力差的波动范围，MPa；
$S_{\theta r}$——内筒环向、径向主应力差的波动范围，MPa；
y——钢带倾角错绕引起的环向削弱系数，一般取 $y=0.9$；
α——钢带相对于容器环向的平均倾角，$\alpha=15°\sim30°$；
α_k——第 k 层钢带的倾角；
δ——绕带筒体计算厚度，mm；
δ_h——半球形封头名义厚度，mm；
δ_i——内筒名义厚度，mm；
δ_k——第 k 层钢带的带间间隙，mm；
δ_n——绕带筒体名义厚度，mm；
δ_r——钢带厚度，mm；
δ_w——钢带层名义厚度，mm；
λ_k——第 k 层钢带的导程，mm；
σ_{ir}——内筒径向应力，MPa；
σ_{iz}——内筒轴向应力，MPa；
$\sigma_{i\theta}$——内筒环向应力，MPa；
σ_{Ti}——竣工液压试验压力下内筒应力，MPa；
σ_{Tw}——竣工液压试验压力下最外层钢带应力，MPa；
σ_w——最外层钢带应力，MPa；
Δp——内压波动范围，MPa。

4 总则

本标准规定范围内的固定式高压储氢用钢带错绕式容器的设计、制造、检验与验收除应符合本标准规定外，还应符合 JB 4732 中的有关规定，并遵守国家颁布的有关压力容器的法律、法规和标准。

5 材料

5.1 用于内筒、封头的钢板，其标准常温抗拉强度下限值应不大于 540 MPa。

5.2 不锈钢复合钢板应符合以下规定：

a) 复材为 0Cr18Ni9、00Cr19Ni10 或 00Cr17Ni14Mo2；基材为 Q345R 或 16MnDR；

b) 复合钢板的级别为 JB 4733 中规定的 B1 级。

5.3 用于内筒、封头的钢板，其复验要求如下：

a) 逐张按 GB/T 228 进行室温拉伸试验，对不锈钢复合钢板仅复验基材。合格指标按相应钢材标准；

b) 逐张按 GB/T 229 进行夏比(V 型缺口)冲击试验，对不锈钢复合钢板仅复验基材。冲击试验温度为设计温度或按图样的规定。合格指标按 JB 4732 中相应规定；

c) 逐张进行超声检测，其质量等级不低于 JB/T 4730.3 中规定的Ⅱ级。对不锈钢复合钢板进行贴合率检测，合格指标按 JB 4733 中相应规定。

5.4 锻件应符合 JB 4726～JB 4728 中相应规定，锻件的级别应不小于Ⅲ级。

5.5 钢带材料为 Q345R、16MnDR 或 HP345，厚度为 4 mm～8 mm，宽度为 80 mm～160 mm，其常温设计应力强度按表 1 规定。

表 1

MPa

钢号	钢材标准	常温强度指标		常温设计应力强度
		抗拉强度	屈服强度	
Q345R	GB 713—2008	510	345	196
16MnDR	GB 3531—2008	490	315	188
HP345	GB 6653—2008	510	345	196

6 设计

6.1 筒体

6.1.1 筒体厚度

6.1.1.1 绕带筒体计算厚度按式(1)计算：

$$\delta=\frac{pD_i}{2S_m-p} \qquad (1)$$

6.1.1.2 绕带筒体名义厚度按式(2)计算：

$$\delta_n=\delta_i+\delta_w=\delta_i+m\delta_r \qquad (2)$$

式中 m 取偶数，δ_i 不小于 $\frac{1}{8}\delta_n$。

6.1.2 钢带缠绕参数

6.1.2.1 钢带平均缠绕倾角

钢带平均缠绕倾角按式(3)计算：

$$\alpha=\arccos\sqrt{\frac{0.95(K_2^2-1)R_{mw}+R_{mi}\left[0.95(K_1^2-1)/K_1^2-2\ln K_1/\sqrt{3}\right]}{R_{mw}\left[\ln K_2+0.831\,25(K_2^2-1)\right]}} \qquad (3)$$

6.1.2.2 钢带缠绕平均导程

钢带缠绕平均导程按式(4)计算：

$$\lambda=2\pi\left(\frac{R_o+R_i}{2}\right)\tan\alpha \qquad (4)$$

设计时应根据绕带机床实际导程数值选定，导程 λ 可以数层或者全部钢带取同一数值，以方便钢带缠绕操作，具体根据带间间隙 δ_k 值确定(见 6.1.2.5)。

6.1.2.3 各层钢带的缠绕倾角

各层钢带的缠绕倾角按式(5)计算：

$$\alpha_k=\arctan(\lambda_k/\pi D_k) \qquad (5)$$

6.1.2.4 同层钢带根数

同层钢带根数按式(6)计算：

$$m_k=(\pi D_k/B)\sin\alpha_k \qquad (6)$$

计算结果取小于 m_k 的最大整数。

6.1.2.5 带间间隙

带间间隙按式(7)计算：

$$\delta_k=(\pi D_k/m_k)\sin\alpha_k-B \qquad (7)$$

同层钢带中，相邻钢带的间隙应不大于 3 mm。当第 k 层钢带的间隙 δ_k 计算值大于 3 mm 时，须改变导程，使 δ_k 不大于 3 mm。

6.1.3 爆破压力校核

6.1.3.1 环向爆破压力

环向爆破压力按式(8)计算：

$$p_b^\theta = \frac{2}{\sqrt{3}} R_{mi} \ln K_1 + R_{mw} \cos^2\alpha \ln K_2 \qquad (8)$$

要求：$\frac{p_b^\theta}{p} > 2.6$。

6.1.3.2 **轴向爆破压力**

轴向爆破压力按式(9)计算：

$$p_b^z = \frac{K_1^2 - 1}{K_1^2} R_{mi} + R_{mw}(\sin^2\alpha + 0.125\cos^2\alpha)(K_2^2 - 1) \qquad (9)$$

要求：$\frac{p_b^z}{p} > 2.6$。

6.1.4 **全屈服压力校核**

6.1.4.1 **环向全屈服压力**

环向全屈服压力按式(10)计算：

$$p_s^\theta = \frac{2}{\sqrt{3}} R_{eLi} \ln K_1 + R_{eLw} \cos^2\alpha \ln K_2 \qquad (10)$$

要求：$\frac{p_s^\theta}{p} > 1.5$。

6.1.4.2 **轴向全屈服压力**

轴向全屈服压力按式(11)计算：

$$p_s^z = \frac{K_1^2 - 1}{K_1^2} R_{eLi} + R_{eLw}(\sin^2\alpha + 0.125\cos^2\alpha)(K_2^2 - 1) \qquad (11)$$

要求：$\frac{p_s^z}{p} > 1.5$。

6.1.5 **容器疲劳分析**

6.1.5.1 筒体

根据预计循环次数 N，按 JB 4732 分别确定内筒、钢带的许用交变应力强度幅 $S_{i\alpha}$ 和 $S_{w\alpha}$。

6.1.5.1.1 内筒轴向应力按式(12)计算：

$$\sigma_{iz} = \frac{R_i^2 p}{(R_j^2 - R_i^2) + (R_o^2 - R_j^2)(\sin^2\alpha + 0.3\cos^2\alpha)} \qquad (12)$$

6.1.5.1.2 内筒径向应力按式(13)计算：

$$\sigma_{ir} = -p \qquad (13)$$

6.1.5.1.3 内筒环向应力按式(14)计算：

$$\sigma_{i\theta} = \frac{p(R_\alpha^2 + R_i^2)}{R_\alpha^2 - R_i^2} \qquad (14)$$

6.1.5.1.4 内筒疲劳校核按式(15)～式(17)计算：

$$S_{zr} = \frac{\Delta p}{p}(\sigma_{iz} - \sigma_{ir}) \qquad (15)$$

$$S_{\theta r} = \frac{\Delta p}{p}(\sigma_{i\theta} - \sigma_{ir}) \qquad (16)$$

$$S_{alt} = 0.5\max(S_{zr}, S_{\theta r}) \qquad (17)$$

考虑弹性模量修正后的内筒交变应力强度幅按式(18)计算：

$$S_{alt}' = S_{alt} \frac{E_{ic}}{E_{in}} \qquad (18)$$

要求：$S_{alt}' < S_{i\alpha}$。

6.1.5.1.5 最外层钢带应力按式(19)计算：

$$\sigma_w = \frac{2pR_i^2}{\cos^2\alpha(R_\alpha^2 - R_i^2)} \quad \cdots\cdots (19)$$

6.1.5.1.6 钢带疲劳校核按式(20)计算：

$$S_{alt}^d = 0.5\frac{\Delta p}{p}\sigma_w \quad \cdots\cdots (20)$$

考虑弹性模量修正和疲劳强度减弱系数 f 后的钢带交变应力强度幅按式(21)计算：

$$S_{alt}^{d}{}' = S_{alt}^d f \frac{E_{wc}}{E_{wn}} \quad \cdots\cdots (21)$$

要求：$S_{alt}^{d}{}' < S_{w\alpha}$。

6.1.5.2 其他受压元件的疲劳设计按 JB 4732 执行。

6.2 半球形封头

半球形封头主体部分按 JB 4732 的有关规定进行设计。圆柱部分的半径 R_{ho} 按式(22)计算：

$$R_{ho} = R_i + \delta_h - 8 \quad \cdots\cdots (22)$$

半球形封头圆锥部分的倾角 β 取 15°。

6.3 加强箍

加强箍外半径按式(23)计算：

$$R_g \geqslant R_i + \delta_n + 10 \quad \cdots\cdots (23)$$

6.4 开孔补强

6.4.1 容器只允许在半球形封头上开径向孔。

6.4.2 开孔补强按 JB 4732 第 10 章计算。

7 液压试验

内筒制作完毕和容器整体制作完毕后，应分别按图样要求进行内筒液压试验和竣工液压试验。试验液体采用水。水中的氯离子含量不得超过 25 mg/L。

7.1 试验压力

内筒液压试验按式(24)计算：

$$p_{Ti} = S_{mi}\frac{\delta_i}{R_i} \quad \cdots\cdots (24)$$

竣工液压试验按式(25)计算：

$$p_T = 1.25p \quad \cdots\cdots (25)$$

7.2 液压试验前的应力校核

内筒应力按式(26)计算：

$$\sigma_{Ti} = \frac{p_T(R_\alpha^2 + R_i^2)}{R_\alpha^2 - R_i^2} \quad \cdots\cdots (26)$$

最外层钢带应力按式(27)计算：

$$\sigma_{Tw} = \frac{2p_T R_i^2}{\cos^2\alpha(R_\alpha^2 - R_i^2)} \quad \cdots\cdots (27)$$

上述应力不得超过试验温度下材料屈服强度的 90%。

7.3 试验温度

液压试验用水的温度不得低于 5 ℃。

7.4 试验方法

7.4.1 试验时容器顶部应设排气口，充液时应将容器内的空气排尽。

7.4.2 试验过程中，应保持容器观察表面的干燥。当容器壁金属温度与液体温度接近时，缓慢升压，达到规定试验压力后，保压时间不少于 30 min。然后将压力降至规定试验压力的 80%，并保持足够长的时间以此来对两端斜面焊缝部位、周长等进行检查。

7.4.3 竣工液压试验时，应在最外层钢带两端离端部焊缝 800 mm 处与容器中部测量周长，取两组测量值，第一组取自竣工液压试验前的零压力状态；第二组取自竣工液压试验期间。应在规定试验压力下至少保压 5 min 后，在规定试验压力下进行测量。计算周长平均伸长量 e_m。

7.4.4 按下式计算相同尺寸单层圆筒周向伸长量 e_{th} 按式(28)计算：

$$e_{th}=\frac{10.68R_o p_T R_i^2}{E_m(R_o^2-R_i^2)} \qquad (28)$$

7.4.5 试验完成后用压缩空气将水吹干。

7.5 合格要求

7.5.1 内筒液压试验后，同时符合下列条件为合格：

a) 无渗漏；

b) 无可见变形；

c) 试验过程中无异常响声。

7.5.2 竣工液压试验后，同时符合下列条件为合格：

a) 无渗漏；

b) 无可见变形；

c) 试验过程中无异常响声(带层应力调整可能发出的轻微摩擦响声属正常现象)；

d) e_m 和 e_{th} 之比在 0.5～1.0 之间。

8 制造与检验

8.1 内筒筒节成形

8.1.1 同一断面上最大内直径与最小内直径之差应不大于该断面内直径 D_i 的 0.5%，且不大于 4 mm；A 类焊接接头形成的棱角 E，用弦长等于 $1/6D_i$ 且不小于 300 mm 的内样板或外样板检查，其 E 值应不大于 2 mm。

8.1.2 A 类焊接接头对口错边量不大于钢板复层厚度的 50%，且不大于 1.5 mm。

8.2 内筒组装

8.2.1 相邻筒节的 A 类接头焊缝中心线间外圆弧长以及封头 A 类接头焊缝中心线与相邻筒节的 A 类接头焊缝中心线间外圆弧长应大于内筒厚度的 3 倍，且不小于 100 mm。筒体直线度应符合图样要求，当图样未提出要求时，应不大于 $H/1\,000$，且不大于 12 mm。

8.2.2 B 类焊接接头形成的棱角 E 应不大于 2 mm。

8.2.3 B 类焊接接头对口错边量应不大于钢板复层厚度的 50%，且不大于 2 mm。

8.2.4 除封闭焊缝内表面外，内筒其余焊缝的内、外表面均须修磨至与母材齐平，且不应存在咬边。封闭焊缝应采用气体保护焊打底。

8.2.5 内筒 A、B 类焊接接头应采用双面焊或相当于双面焊的全熔透对接接头。

8.3 热处理

内筒焊接接头焊后应进行消除应力热处理。内筒焊接接头的返修应在热处理前进行。热处理后如有返修，补焊后应重新进行热处理。

8.4 无损检测

8.4.1 内筒 A、B 类焊接接头经形状尺寸和外观检查合格后，应进行 100% 射线检测，检测技术等级采用 AB 级，其质量等级应不低于 JB/T 4730.2—2005 中规定的Ⅱ级。

8.4.2 采用复合钢板制作的容器，内筒焊接接头经射线检测合格后，应进行 100% 渗透检测(封闭焊缝除外)，其质量等级应不低于 JB/T 4730.5—2005 中规定的Ⅰ级。

8.5 **钢带缠绕**

8.5.1 钢带缠绕前应将内筒外表面的铁锈、油污及影响贴合的杂物清除干净。

8.5.2 各层钢带应按图样规定的缠绕倾角和预拉应力进行缠绕，并记录测力装置读数。钢带缠绕过程中，应实测并记录各层钢带的实际厚度，并确保各层钢带的实际厚度总和大于钢带层设计厚度，否则，应增加钢带层数。

8.5.3 同层钢带中，相邻钢带的间隙应均匀分布，不得因间距不均匀而切割钢带侧边。

8.5.4 每层钢带缠绕后应进行松动面积检查，每根钢带上的松动面积应不超过该钢带总面积的15%。

8.5.5 每层钢带的始末两端应尽量与其内层贴合，并通过焊接钢带端部长度大于或等于两倍钢带宽度的带间间隙使之得到加强与箍紧。每层钢带端部焊缝处均应修磨平整，并用不小于5倍的放大镜对焊缝进行外观检查，不应有咬边、密集气孔、夹渣、裂纹等缺陷。必要时可进行磁粉或渗透检测。

8.5.6 钢带允许作45°斜边对接拼接处理，对接接头应采用全熔透结构，拼接前应按JB 4708进行焊接工艺评定。对缠绕于容器上的每层钢带，这种对接接头不应超过三处，且在一根钢带上只允许一处，拼接长度不小于500 mm。

9 标志、包装、贮运

9.1 各项检验合格后，应加上保护壳。保护壳上应有泄放孔或者安装在线泄漏检测装置。

9.2 容器制作完毕后，内表面应吹扫干净，并用氮气置换容器内空气，管口用盲板封闭。

9.3 容器制作完毕后，机械加工面涂清漆一道，非加工面涂防锈漆两道。

9.4 所有螺孔部位、密封面应加油封，没有装配的零件、配件装箱保护随机出厂。

9.5 容器出厂应有铭牌标志，其内容应符合JB 4732中相应的规定。

9.6 容器的涂敷与运输包装应符合JB/T 4711的规定。

ICS 23.020.30
J 74

中华人民共和国国家标准

GB/T 26467—2011

承压设备带压密封技术规范

Generic specification for online leak sealing technology of pressure equipments

2011-05-12 发布 2011-12-01 实施

中华人民共和国国家质量监督检验检疫总局
中国国家标准化管理委员会 发布

前　言

本标准的附录A、附录B、附录C为资料性附录。

本标准由全国锅炉压力容器标准化技术委员会(SAC/TC 262)提出并归口。

本标准负责起草单位:天津翔悦密封材料有限公司。

本标准参加起草单位:天津江达扬昇密封制造有限公司、吉林石化建修有限公司、吉林化工学院带压密封中心、中国石化集团公司广州石化分公司、天津大学化工学院、武汉石油化工设备检测防护中心、上海子力工业在线技术服务有限公司。

本标准主要起草人:王金荣、王扬昇、慈宏光、赵锡芝、赵庆远、胡忆沩、林志民、赵忠祥、王漫江、纪方奇、郭军、邢辉。

承压设备带压密封技术规范

1 范围

本标准规范了带压密封安全管理、泄漏部位现场勘测、施工前准备、作业过程控制、安全防护和竣工验收。

本标准适用于注剂法带压密封和紧固法带压密封施工。

本标准适用范围由泄漏系统工作压力从－0.1 MPa(表压)～35 MPa(表压)、温度从－180 ℃～800 ℃。

2 规范性引用文件

下列文件中的条款通过本标准的引用而成为本标准的条款。凡是注日期的引用文件，其随后所有的修改单(不包括勘误的内容)或修改版均不适用于本标准，然而，鼓励根据本标准达成协议的各方研究是否可使用这些文件的最新版本。凡是不注日期的引用文件，其最新版本适用于本标准。

GB/T 2626 呼吸防护用品—自吸过滤式防颗粒物呼吸器

GB 2811 安全帽

GB 2890 过滤式防毒面具通用技术条件

GB/T 3608 高处作业分级

GB 4385 防静电鞋、导电鞋 技术要求

GB 8965 阻燃防护服

GB 11651 个体防护装备选用规范

GB 12014 防静电工作服

GB 12348 工业企业厂界环境噪声排放标准

GB 21146 个体防护装备职业鞋

GB Z1 工业企业设计卫生标准

AQ 6102—2007 耐酸(碱)手套

AQ 6104—2007 防X线手套

HG 20660 压力容器中化学介质毒性危害和爆炸危险程度分类

LD 6 电动送风过滤式防尘呼吸器通用技术条件

LD 32 高温防护鞋

压力容器安全技术监察规程

3 术语和定义

下列术语和定义适用于本标准。

3.1

带压密封 online leak sealing

流体介质在泄漏状态下，进行有效密封的技术手段。

3.2

注剂法密封 injecting leak sealing

通过向包容泄漏点的密封空腔，注入专用密封注剂，阻止泄漏的方法。

3.3

紧固法密封　tightening leak sealing

通过紧固钢带、卡箍或缠绕带压紧使密封材料产生有效密封比压终止泄漏的密封方法。

3.4

注剂压力　injecting pressure

保证密封注剂在密封空腔内充满,达到有效密封比压的压力。

3.5

注剂工具　injecting tool

向包容泄漏点的密封空腔注入密封注剂的专用配套工具。

3.6

注剂枪　injection gun

在压力作用下,将密封注剂注入到密封空腔,实现有效密封的专用器械。

3.7

注剂阀　injection valve

实现注剂孔与注剂枪连接,起到接通和关闭注剂通道的专用旋塞阀。

3.8

换向接头　angle adaptor

变更注剂枪与注剂孔方向的连接构件。

3.9

螺孔注剂接头　lug adaptor

是连接注剂枪,通过法兰连接螺栓与螺孔间隙为通道注入密封剂的连接构件。

3.10

密封空腔　close down cavity

包容或覆盖泄漏部位,形成容纳密封注剂的特定空间。

3.11

注剂孔　injection hole

连接注剂阀、换向接头,形成注剂通道的螺纹孔。

3.12

紧带器　banding tool

捆扎、拉紧、切断钢带的专用工具。

3.13

承压设备　pressured equipment

是压力容器、压力管段、承压附件、压力锅炉以流体压力为基本载荷的设备总称。

3.14

敛缝　caulking

将法兰连接间隙两侧外缘铲捻变形、阻止金属丝发生位移的操作过程。

3.15

缠绕法密封　enlacing leak sealing

用缠绕带缠绕捆扎压紧泄漏部位实现有效密封的方法。

3.16

卡箍密封　quick clamp leak sealing

金属外壳内衬片状密封剂,通过紧固壳体的连接螺栓对管道漏点外表面压紧消除泄漏的密封方法。

3.17

密封比压　sealing pressure

作用在泄漏缺陷部位单位有效面积上实现有效密封的最低压力。

3.18

G 型卡具　G-type clamp

用于填料函带压密封及法兰连接螺栓加固的 G 字型工具。

4　安全技术管理

4.1　一般规定

4.1.1　从事带压密封施工单位(简称施工单位)的作业人员应取得《特种设备作业人员证》方可持证上岗作业。

4.1.2　接受带压密封服务的生产单位(简称生产单位),应聘用取得《特种设备作业人员证》的人员从事相关管理和施工作业。

4.1.3　生产单位自行组建的带压密封作业队伍,应由持有《特种设备作业人员证》的人员组成。

4.2　生产单位管理

4.2.1　为确保技术实施过程安全,生产单位应协助施工单位对泄漏部位进行现场勘测、数据分析,配合制定带压密封施工方案及施工。

4.2.2　生产单位应负责填写并签发带压密封工程安全检修任务书。任务书内容应包括:

a)　生产单位、泄漏装置、设备、位号及部位;

b)　泄漏介质名称及性质、泄漏介质压力、温度及设备泄漏部位缺陷尺寸和腐蚀减薄余量;

c)　应采取的安全防护措施。

4.2.3　生产单位应协助施工单位办理带压密封施工作业所涉及的各种特殊作业的票证。

4.2.4　带压密封作业前,生产单位应对施工人员进行安全教育和技术交底。内容包括:

a)　泄漏介质压力、温度及危险特性;

b)　泄漏设备的生产工艺特点;

c)　泄漏点周围环境存在的危险源情况;

d)　施工现场的安全通道、安全注意事项和必备的安全防护措施及相关安全管理制度。

4.2.5　生产单位在带压密封施工作业前,应对用电、动火、高处作业及所有票证进行审核签批后,方可下达作业指令。

4.2.6　生产单位应配合施工单位做好带压密封施工作业现场安全防护准备,以确保作业过程安全顺利进行。

4.2.7　生产单位应依据本标准及本单位相关管理制度、负责监督带压密封施工过程中是否按照事先制定并获审批施工方案施工,是否实施了获审批的安全措施并及时制止违章操作。

4.2.8　当密封后发生再泄漏时,生产单位应及时通知原施工单位进行处置、并按作业要求重新办理带压密封作业的相关手续。

4.2.9　生产单位的相关部门经对施工单位编制的带压密封施工方案进行审查后由技术负责人签批。方案内容及会签审批见附录 A。

4.2.10　当泄漏介质毒性危害程度大于高度危害(含高度危害)时,生产单位应负责填写附录 B 带压密封工程施工安全评估报告,并应提供现场作业必备的安全防护用品、器材和防护措施。

4.3　施工单位管理

4.3.1　从事带压密封施工单位应具备以下条件:

a)　施工单位应具有特种设备安装改造维修(压力容器压力管道)资质证明;

b)　施工单位的管理人员和作业人员必须经专业培训并取得有效《特种设备作业人员证》,并应持证上岗作业;

c) 施工单位技术负责人应具备大专以上学历和中级以上技术职称；

d) 施工作业人员中取得《特种设备作业人员证》资质的不得少于5人(含5人)；

e) 施工单位应有健全的相关管理制度和有效的质量保证体系；

f) 应具备包括带压密封专用注剂工具等全套工、器具及设备，其中计量器具应定期通过法定计量鉴定机构检测并出具证明。

4.3.2 施工单位应有计划地对施工作业人员进行技术培训和安全教育。

4.3.3 施工单位应配备并使用与泄漏介质毒性危害程度相适应、符合国家现行标准规定的安全防护用品。

4.3.4 施工单位应编制适应不同工况、不同密封方法的防护措施和应急预案。

4.3.5 施工单位应根据生产单位签发的带压密封工程安全检修任务书规定的内容进入现场，在生产单位的配合监护下进行现场勘测。

4.3.6 施工单位根据泄漏部位现场勘测的情况，按附录A制定带压密封工程施工方案，报生产单位技术负责人审批；确定施工方案后，分析该方案可能的不安全因素，例如螺栓突然断裂，管段断裂，或塌陷，燃烧爆炸，中毒等等，并制定相应的安全措施。

4.3.7 当泄漏介质毒性危害程度为高度时，施工单位应对生产单位签发的工程安全评估报告予以确认。

4.3.8 施工单位应根据带压密封施工作业需要，向生产单位申请办理各种特殊作业所需的票证。

4.3.9 带压密封工程所需一切票证，应经生产单位相关部门审批、由生产单位下达作业指令后方可动工。

5 泄漏部位现场勘测

5.1 概述

泄漏部位现场勘测包括几何参数和理化参数。

5.1.1 几何参数包括：法兰夹具的基准尺寸(法兰外径)、管段夹具的基准尺寸(管段外径)和法兰螺栓数量、同心偏差和弯管半径等。

5.1.2 理化参数包括：泄漏介质温度、压力和化学性质。

5.1.3 泄漏部位勘测的安全措施应符合第4章和第8章规定。

5.1.4 经现场勘测有下列安全隐患时，不应进行带压密封施工：

a) 现场不具备安全施工要求的泄漏部位；

b) 结构和材料的刚度和强度，不能满足带压密封要求的泄漏部位；

c) 法兰线密封无法满足安全施工要求的泄漏部位；

d) 螺栓强度不能满足形成密封比压要求，且无法加固的泄漏部位；

e) 无法有效阻止带压密封部位材料裂纹继续扩展的泄漏部位；

f) 无法检测确认带压密封部位材料减薄程度的泄漏部位；

g) 毒性程度为极度危害介质的泄漏部位。

5.2 泄漏介质理化参数勘测

5.2.1 泄漏介质勘测的项目应符合表1的规定。

表1 泄漏介质勘测记录表

<table>
<tr><td rowspan="3">泄漏介质
化学参数</td><td>名称</td><td></td><td colspan="4">危险性类别</td></tr>
<tr><td rowspan="2">腐蚀性质</td><td rowspan="2"></td><td colspan="2">毒性危险程度</td><td colspan="2">爆炸危险程度</td></tr>
<tr><td colspan="2"></td><td colspan="2"></td></tr>
<tr><td rowspan="2">泄漏介质
物理参数</td><td>最低工作温度/℃</td><td></td><td>最高工作温度/℃</td><td></td><td>作业环境温度,℃</td><td></td></tr>
<tr><td>最低工作压力/MPa</td><td></td><td>最高工作压力/MPa</td><td></td><td></td><td></td></tr>
<tr><td colspan="7">勘测人员姓名： 年 月 日</td></tr>
</table>

5.2.2　泄漏介质性质、温度、压力应以现场实际运行的数据为准进行记录。当对勘测结果有怀疑时，应在现场重新进行测量或取样复检。

5.2.3　泄漏介质毒性危害和爆炸危险程度分类，按 HG 20660 执行。

5.3　泄漏部位几何参数勘测

5.3.1　法兰密封面泄漏几何设计参数勘测：

（1）法兰垫片泄漏部位勘测的项目和内容应符合表 2 和图 1 规定。

表 2　法兰密封面泄漏部位勘测记录表

项目	ϕ_1	ϕ_2	e	C_1	C_2	C	h	螺栓	泄漏缺陷简图
测量值						$C_{min}=$	$h_{min}=$	规格 M 数量 $n=$	长×宽　或当量孔径

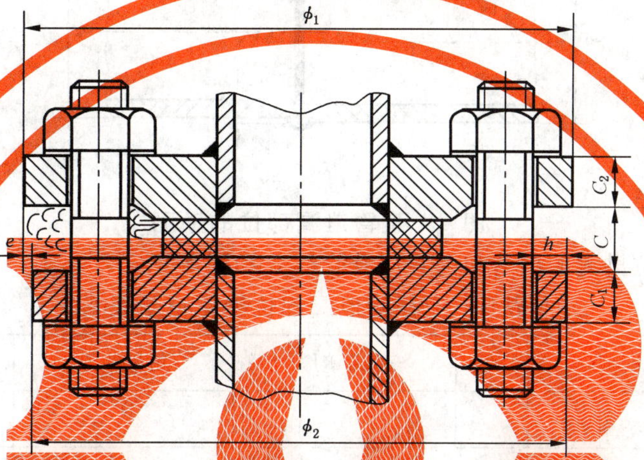

图 1　法兰密封面部位泄漏的勘测

（2）法兰角焊缝或螺纹连接泄漏部位勘测的项目和内容应符合表 3 和图 2 规定。

表 3　法兰角焊缝或螺纹连接泄漏部位勘测记录表

项目	ϕ_1	ϕ_2	ϕ_3	ϕ_4	e	e_1	C_1	C_2	C	h	f_1	f_2	f_3	f_4	泄漏缺陷简图
测量值									$C_{min}=$	$h_{min}=$					长×宽或当量孔径

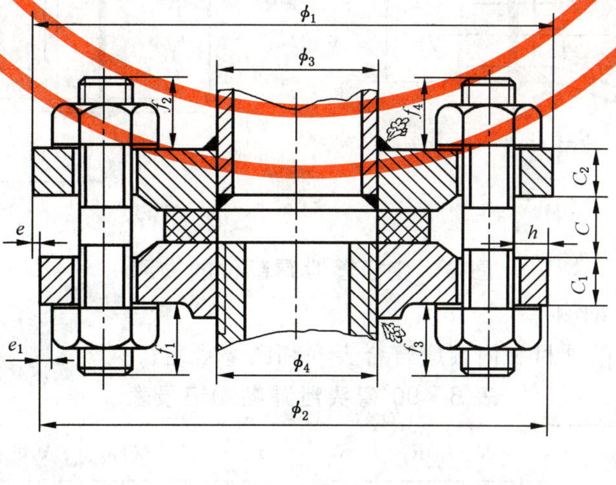

图 2　法兰角焊泄漏部位的勘测

5.3.2　直管泄漏几何参数勘测：

a)　直管、设备筒体泄漏部位勘测的项目和内容应符合表 4 和图 3 规定。

表 4 直管设备筒体泄漏部位勘测记录表

项目	ϕ_1	ϕ_2	e	b	名义壁厚	测量壁厚	泄漏缺陷及简图
测量值							长×宽　或当量孔径
注：b 为确定夹具空腔覆盖宽度尺寸。							

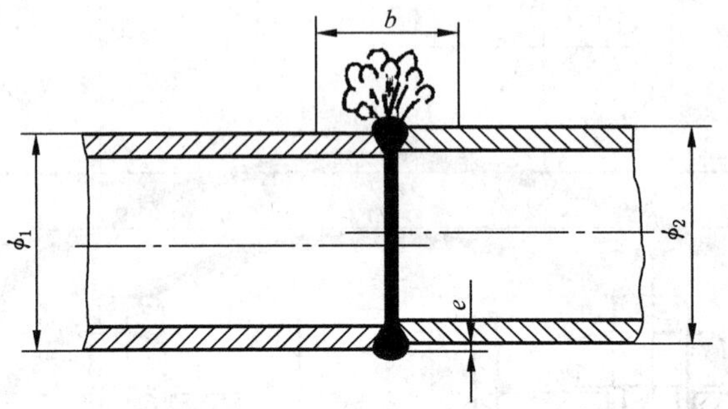

图 3 直管泄漏部位的勘测

b） 变径管泄漏部位勘测的项目和内容应符合表 5 和图 4 规定。

表 5 变径管泄漏部位勘测记录表

项目	ϕ_1	ϕ_2	e	L	b	名义壁厚	测量壁厚	泄漏缺陷及简图
测量值								长×宽　或当量孔径
注：b 与 L 为确定夹具空腔覆盖宽度提供依据。								

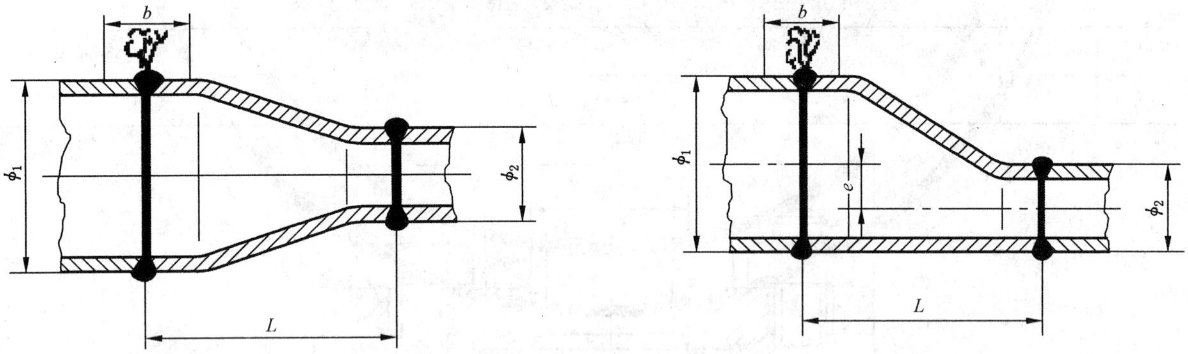

图 4 变径管泄漏部位的勘测

5.3.3 弯头泄漏几何参数勘测

90°弯头泄漏部位勘测的项目和内容应符合表 6 和图 5 规定。

表 6 90°弯头泄漏勘测记录表

项目	ϕ_1	ϕ_2	F_1	F_2	R	R_1	R_2	b	名义壁厚	测量壁厚	泄漏缺陷及简图
测量值											长×宽　或当量孔径

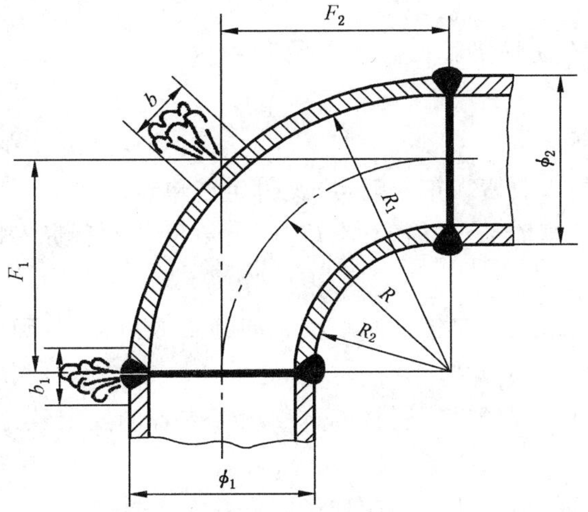

图 5 弯头泄漏部位的勘测

5.3.4 三通泄漏几何参数勘测

三通泄漏部位勘测的项目和内容应符合表 7 和图 6 规定。

表 7 三通泄漏部位勘测记录表

项目	ϕ_1	ϕ_2	ϕ_3	M	C	b	名义壁厚	测量壁厚	泄漏缺陷及简图
测量值									长×宽　或当量孔径

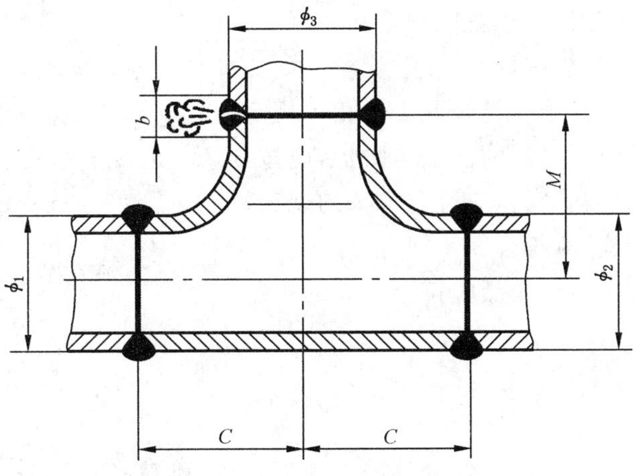

图 6 三通泄漏部位的勘测

6 施工前的准备

6.1 组织分工及人员配置

6.1.1 施工组织应设立项目负责、技术、施工安全三个岗位，技术负责人可以由项目或施工安全负责人兼任。项目施工人员配置不得少于 2 人。

6.1.2 项目技术负责人应负责编制带压密封施工方案。施工方案主要包括以下内容：

a) 带压密封施工方法；

b) 夹具设计；

c) 密封剂选用及用量估算；

d) 注剂操作与注意事项；

e) 作业工器具及耗材准备；

f) 防护用品配备及安全防护措施；

g) 突发事项的应急预案。

6.1.3 施工方案的审核与批准

6.1.3.1 方案经施工单位技术负责人审核后，应交付生产单位。

6.1.3.2 生产单位组织相关职能部门进行方案审查，由单位技术负责人批准。

6.2 施工方案交底和安全教育

6.2.1 施工人员进入现场前由施工单位技术负责人向施工人员交底，确保施工人员完全理解施工方案及安全措施。

6.2.2 带压密封施工人员进入现场前应履行 4.2.4 规定内容的安全教育。

6.3 施工工具及器材准备

6.3.1 注剂用的工具连接装配后经测试均应处于完好状态。

6.3.2 确认需要的注剂阀，螺孔注剂接头、换向接头的规格和数量，密封剂选型、用量估算及其他耗材配备。

6.3.3 采用钢带捆扎法通过注剂消除泄漏时，应备齐钢带、钢带卡、紧带器、G 型卡、螺孔注剂接头、盘根、密封注剂或紧固密封剂等。

6.3.4 采用金属丝围堵法密封时，应准备相当直径的铜丝、风镐及配套凿子、钻孔工具及注剂阀、螺孔注剂接头和密封注剂。

6.3.5 紧固密封法施工作业前，应准备钢带、紧固密封剂、紧带器或内衬紧固密封剂的卡箍和缠绕带。

6.3.6 采用填料函泄漏密封法作业，应配备相应规格的 G 型卡，配套钻孔和攻丝工具。

6.3.7 易燃易爆介质泄漏密封，应准备风动钻和防爆工具。

6.4 安全防护用品、器材及防护措施

6.4.1 高空作业的安全防护措施应符合 8.1 的相关规定。

6.4.2 有毒有害介质系统泄漏密封的安全与防护，应按 8.2.2 的规定执行。

6.4.3 易燃易爆介质系统泄漏密封，应符合 8.7 的规定。

6.4.4 防止产生静电的措施，应符合 8.4 规定。

6.4.5 作业人员自身的安全防护用品应符合 8.5 的规定。

7 带压密封施工

7.1 施工条件确认

7.1.1 施工人员在生产单位相关人员配合下进入施工现场，确认各项准备工作均已满足施工要求，安全措施均已齐备。

7.1.2 检查泄漏部位仍然能够满足安全施工要求。

7.2 确定密封施工方法

7.2.1 密封施工方法经现场确认后，进行密封施工作业。

7.2.2 本标准涉及的带压密封施工方法包括注剂法密封、紧固法密封和填料函泄漏密封。

7.3 注剂法密封

7.3.1 夹具法密封应符合以下规定：

7.3.1.1 适用范围：

夹具密封法(见图 7)适用于本标准规定的技术适用范围(不适用于 5.1.4 限定的泄漏部位)。

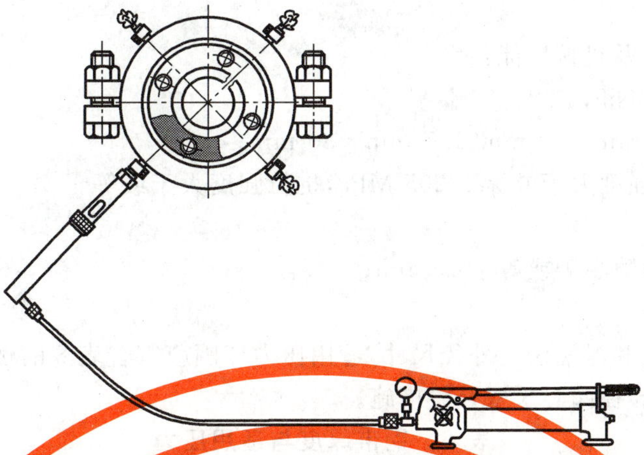

图7　夹具密封法示意图

7.3.1.2　夹具安装：

a）夹具注剂孔均应装配注剂阀，旋塞处于开启的位置；

b）作业人员穿戴好防护用品，从上风方向靠近泄漏点；

c）夹具安装过程应先调整方位，消除对接间隙，对称紧固连接螺栓；

d）夹具安装时应轻推嵌入，不应采用强力冲击的方法密合。

7.3.1.3　注剂操作：

a）注意起始注入点的选择，单点泄漏应从距离泄漏点最远端的注剂孔开始（见图8）顺序注入密封注剂。

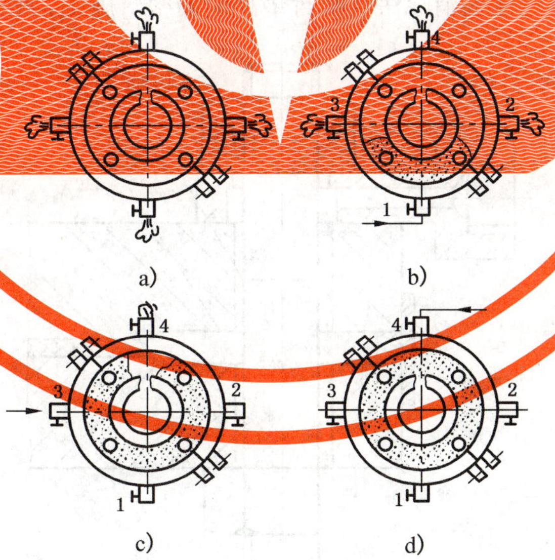

图8　注入密封注剂的顺序图

b）当泄漏缺陷尺寸较大或多点泄漏时，应从泄漏点两侧开始注入密封注剂。

c）从第二注入点开始，要在泄漏点两侧交叉注入，最终直对主泄漏点直至消除泄漏。

d）注剂人员应站在注剂枪的旁侧操作，装卸注剂枪和向料剂腔填加密封注剂必须先关闭注剂阀。

e）注剂枪的料剂腔加入密封注剂，经压泵顶压后，方可打开注剂阀注入。

f）注入密封注剂施压过程应匀速平稳，注意推进速度与密封注剂固化时间协调。要严格控制注剂压力，避免不必要的超压，防止把密封注剂注入到泄漏系统中去。

g）完成顺序注入后要进行补注压紧，防止产生应力松弛，确保密封效果长期稳定。

7.3.2 钢带捆扎密封法

7.3.2.1 钢带材质、规格及机械性能：

a) 钢带材质：0Cr18Ni9；

b) 截面尺寸：1.25 mm×30 mm、1.5 mm×30 mm；

c) 机械性能：屈服强度大于或等于 205 MPa，抗拉强度大于或等于 520 MPa。

7.3.2.2 适用范围：

a) 适用法兰连接间隙小于或等于 10 mm；

b) 适用压力

根据不同的钢带厚度和泄漏法兰外径尺寸，适用压力范围应符合表 8 的规定；

c) 法兰同径同心，异径同心采取补偿措施。

表 8 钢带厚度与适用压力

泄漏法兰外径/mm	钢带厚度/mm	
	1.25	1.5
	操作限定压力/MPa	
165	3.15	3.75
220	2.34	2.81
340	1.51	1.82
505	1.02	1.22
615	0.84	1.01

7.3.2.3 钢带捆扎法通过螺孔注剂消除法兰密封垫片泄漏密封施工，如图 9 所示。

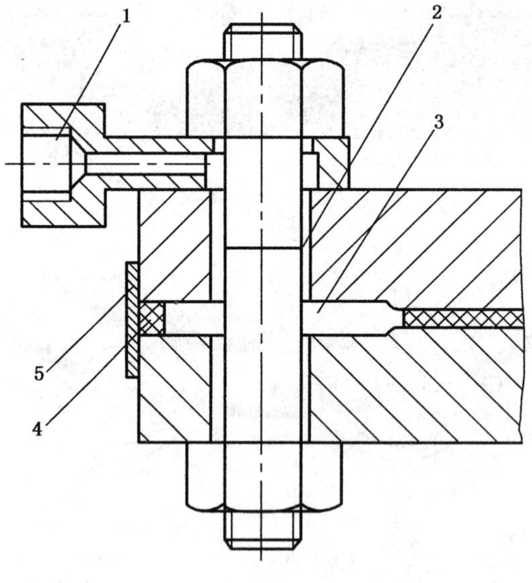

1——螺孔注剂接头；

2——注剂通道；

3——密封空腔；

4——盘根；

5——钢带。

图 9 钢带捆扎螺孔注剂示意图

7.3.2.4 施工操作应符合下列规定：

a) 螺孔注剂接头设置时，应在泄漏点两侧相邻螺栓处安装螺孔注剂接头，其余螺栓可间隔设置。

b) 螺孔注剂接头安装时,首先用G型卡卡紧拆卸螺母的螺栓旁,卸下螺母后装入螺孔注剂接头,再紧固螺母,装配过程中不得同时拆卸两个及以上螺栓螺母。
c) 法兰间隙嵌入适当尺寸的盘根,接口处采用斜口对接。
d) 钢带捆扎法兰外缘,用紧带器拉紧后,紧固钢带卡顶丝。钢带捆扎示意见图10。
e) 通过螺孔注入密封注剂操作应符合7.3.1.3的相关规定。

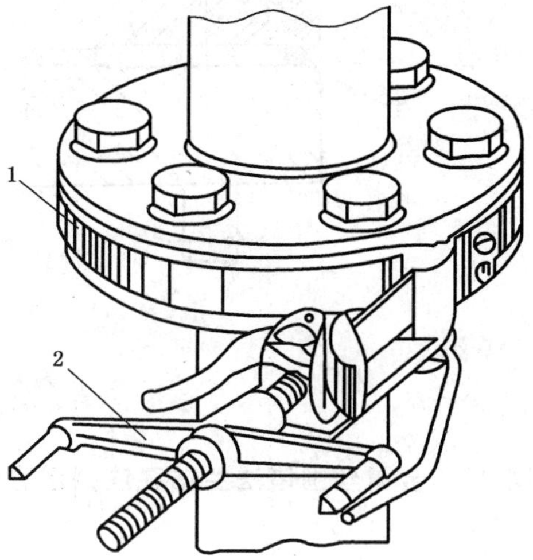

1——钢带;
2——钢带拉紧器。

图10 钢带捆扎示意图

7.3.3 金属丝围堵法密封

7.3.3.1 适用范围:

a) 适用于消除法兰间隙小于5 mm,圆形或非圆形法兰密封垫片泄漏;
b) 金属丝围堵密封通过螺孔注剂时(见图11),适用压力为2 MPa以下,超过2 MPa时,应由法兰外缘钻孔攻丝接入注剂阀注剂密封(见图12)。

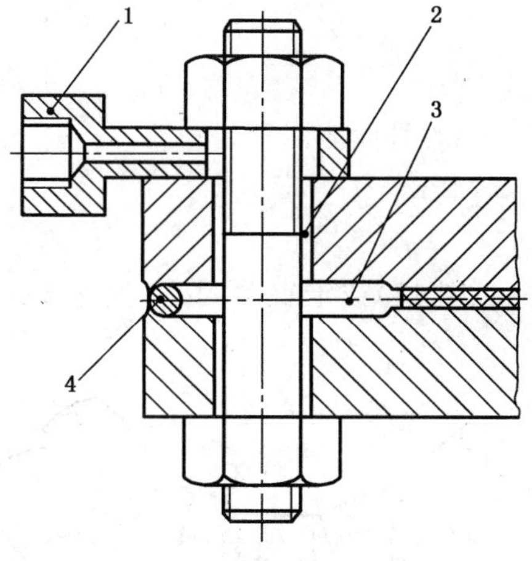

1——螺孔注剂接头;
2——注剂通道;
3——密封腔;
4——金属丝。

图11 金属丝围堵螺孔注剂示意

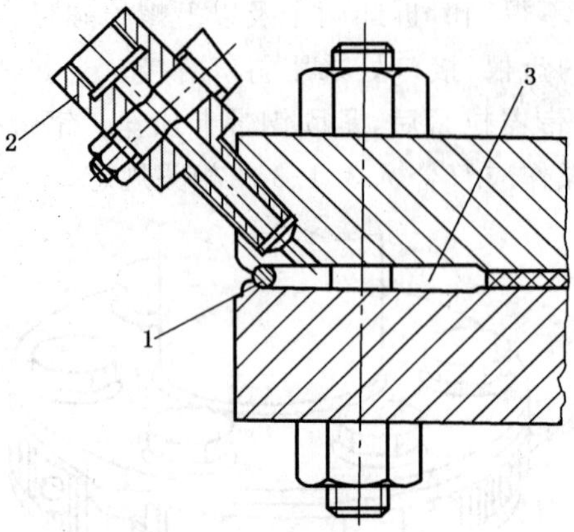

1——金属丝；

2——注剂阀；

3——密封腔。

图 12　金属丝围堵法兰钻孔注剂示意

7.3.3.2　施工操作应符合下列规定：

a)　安装螺孔注剂接头时，应符合 7.3.2.4 的相关规定。

b)　法兰钻孔注剂时，应选择法兰外缘适当位置钻孔，攻丝接装注剂阀，通过注剂阀用 Φ4 钻头。钻通至法兰间隙的剩余厚度。钻孔应符合下列规定：

1)　钻孔位置，不得在法兰螺栓中心线之内，更不能损伤法兰螺栓；

2)　易燃易爆介质系统设备钻孔时，应符合 8.7.5 相关规定；

3)　作业人员自身防护，应符合 8.5 的相关规定。

c)　将与法兰间隙相当直径尺寸的金属丝，嵌入法兰周圈间隙，用配有圆形凿子的微型风镐铲捻法兰外缘内边角，敛缝阻挡金属丝。

d)　通过注剂阀或螺孔注剂接头，按 7.3.1.3 的规定注入密封注剂，直到消除泄漏。

7.4　紧固法密封

7.4.1　适用范围

a)　公称直径小于或等于 300 mm 的管段泄漏密封；

b)　泄漏系统压力小于或等于 2 MPa。

7.4.2　密封施工方法

管段泄漏采用钢带捆扎紧固法(见图 13)或卡箍紧固法(见图 14)及缠绕法(见图 15)密封施工时，应符合 7.4.2.1～7.4.2.3 规定：

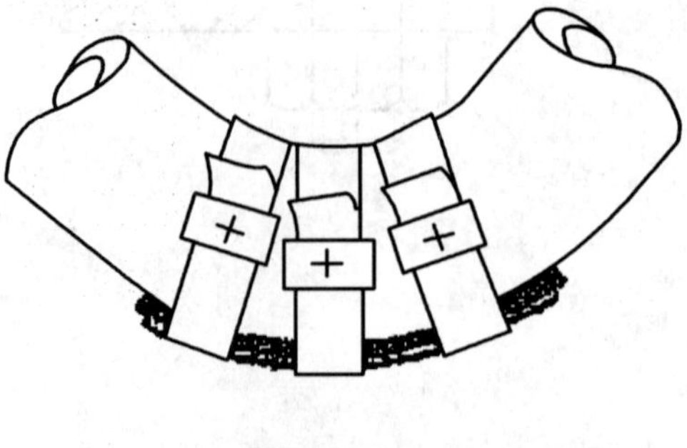

图 13　钢带捆扎紧固法密封图

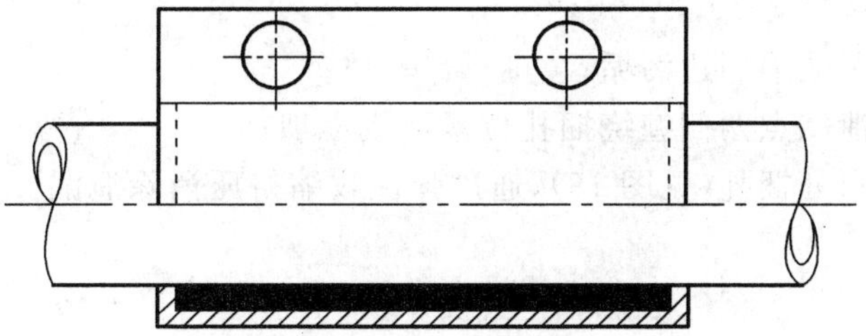

图 14 卡箍紧固法密封图

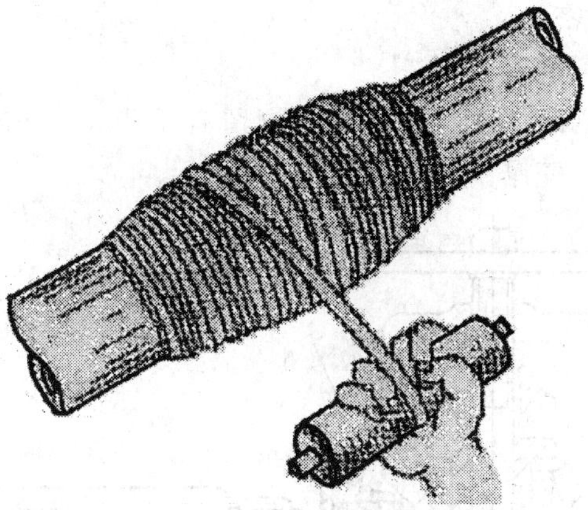

图 15 缠绕捆扎示意图

7.4.2.1 钢带捆扎紧固法密封施工应符合以下规定：

a) 根据泄漏管道直径尺寸截取适量的钢带和紧固密封剂；

b) 将钢带套在管道泄漏点的旁侧，用紧带器拉紧钢带，调整方位使漏点距钢带固定端环向距离为 100 mm～150 mm；

c) 钢带拉紧前轴向推移，使紧固密封剂覆盖泄漏缺陷处，拉紧过程中用手锤敲击钢带，以减轻摩擦力；

d) 泄漏被阻止后，紧固钢带卡顶丝，锁定钢带。

7.4.2.2 卡箍紧固法密封施工应符合以下规定：

a) 卡箍内衬紧固密封剂，解开卡箍螺栓，将卡箍套在管道泄漏点的旁侧，调整方位使卡箍开口处与泄漏点环向错位；

b) 轴向推移卡箍使其覆盖泄漏点，紧固卡箍螺栓直至消除泄漏。

7.4.2.3 缠绕法密封

a) 适用范围

1) 适用于直管、弯头、三通、法兰与管道焊缝及管道和管件螺纹连接处泄漏密封；

2) 系统温度小于 150 ℃；

3) 根据泄漏管道外径尺寸，适用压力范围应符合表 9 规定。

表 9 管径与适用压力

管道外径/mm	适用压力/MPa
325	0.35
219	0.40
159	0.50
108	1.00

b) 施工方法

1) 清除管道泄漏缺陷周边污垢；

2) 用缠绕带在泄漏点两侧缠绕捆扎拉紧形成堤坝；

3) 直接对泄漏点处捆扎(见图 15)，通过弹性收缩挤压消除泄漏。

7.5 **填料函泄漏密封**

7.5.1 适用部位：

a) 适用于阀门填料函泄漏密封；

b) 机泵及搅拌器轴封泄漏处理；

c) 填料函式伸缩接头泄漏密封。

7.5.2 密封施工操作应符合下列规定：

a) 在填料函中部偏阀体侧(罐体或管端侧)钻孔(留有不小于 2 mm 的剩余壁厚)，攻丝装配注剂阀，通过注剂阀钻通剩余壁厚。钻孔示意图 16 所示。

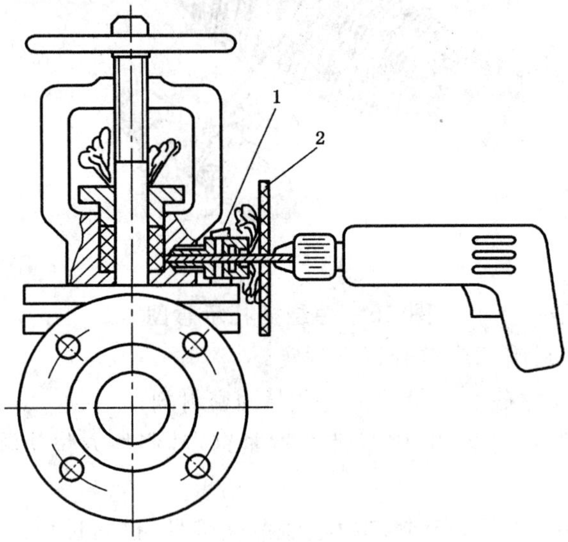

1——注剂阀；

2——挡板。

图 16 填料函泄漏带压密封钻孔示意图

b) 填料函壁厚小于或等于 10 mm 时，可借助装配注剂阀的卡兰螺栓嵌入定位窝，紧固卡兰螺栓夹紧填料函外壁，通过注剂阀钻通填料函壁。

c) 填料函壁厚大于 10 mm 且小于 25 mm 时，先打底孔留有 2 mm～3 mm 剩余壁厚，攻丝后安装注剂阀，用 $\phi4$ 钻头钻透剩余壁厚。

d) 填料函壁厚大于或等于 25 mm 时，在填料函外壁定位处用 $\phi5$ 钻头打过渡孔，留有剩余壁厚，扩孔攻丝装配注剂阀，通过注剂阀和过渡孔用 $\phi4$ 钻头钻通剩余壁厚。

e) 填料函壁钻孔时应符合 8.5.5 的相关规定。

f) 高温高压及有毒有害介质系统填料函壁钻孔时，应符合 8.5.2 的相关规定。

g) 通过注剂阀，向填料函注入适宜泄漏系统工况条件和泄漏状况的密封注剂，直到消除泄漏。

8 施工过程安全与防护

8.1 高处作业安全与防护

凡高出坠落基准面 2 m(含 2 m)以上，有可能发生坠落的作业，属高处作业。除遵守 GB/T 3608 规定外，还应遵守以下规定：

a) 进入现场佩戴好个人劳动保护用品，并配备必要的专用工具；

b) 作业前禁止饮酒；

c) 搭建带有安全护栏的防滑操作平台，并应设有作业人员能迅速撤离的通道；

d) 不准上下抛掷工具及其他物品；

e) 患有高血压、心脏病、癫痫病及恐高症的人员，严禁从事高处带压密封作业；

f) 在专设带有防护栏的作业平台上从事带压密封操作时，不宜系安全带。

8.2 呼吸器官的防护

在有毒介质或粉尘环境施工，必须佩戴呼吸器官保护器，并设立现场安全监护人员。

8.2.1 对有粉尘的作业环境，依据粉尘性质，应佩戴自吸过滤式防尘口罩，或送风过滤式呼吸器。其质量应符合 GB/T 2626 和 LD 6 的规定。

8.2.2 对于在有毒有害物质环境作业，应依据泄漏物质的毒性程度佩戴导管式防毒面具或过滤式防毒面具。其质量应符合 GB Z1 和 GB 2890 的规定。

8.2.3 对各种类型的呼吸器官保护器，在使用前必须仔细阅读使用说明及注意事项，按要求使用。

8.3 噪声的防护

当密封作业环境的噪声超过 GB 12348 的规定时，作业人员应佩戴符合标准的耳塞、耳罩和防噪声头盔。

8.4 静电的防护

在易燃易爆的环境中作业，应防止静电的产生、积聚、放电和电击。

8.4.1 带压密封作业，应防止静电的产生和积聚。

8.4.2 作业人员应穿防静电服和防静电鞋、防静电服应符合 GB 12014 的规定。防静电鞋应符合 GB 4385 的规定。

8.4.3 不穿带钉的鞋和不在易燃易爆场合脱换衣服。

8.5 头、眼、手、足、身的防护

8.5.1 头部的防护，应根据泄漏介质压力、温度及其化学性质选用和佩戴不同种类的安全帽或头盔，其质量应满足 GB 2811 的规定。

8.5.2 眼的防护，应依据泄漏介质、温度和压力的高低，选戴防护眼镜或防护面罩。其质量应符合国家相关标准的规定。若介质为高温高压、低温低压或者是有较强的腐蚀性时，可戴防护眼镜或装防护挡板。

8.5.3 手的防护，应根据接触介质的化学性质及温度的高低，选戴不同材料和性能的手套：

a) 介质为酸碱类时，应佩戴耐酸碱手套。其质量应符合 AQ 6102 的规定；

b) 介质为油类时，应佩戴耐油手套。其质量应符合 AQ 6104 的规定；

c) 如介质为高温或低温，应选戴耐温手套，其质量应符合国家相关质量标准；

d) 当手持风镐、风钻、风铲等振动工具时，应戴减振手套；

e) 当需接触有毒介质时，可选用耐酸碱手套。

8.5.4 足部的防护，应根据泄漏介质的不同，穿用不同品种的足部保护用品：

a) 若介质为易燃易爆时，应穿用符合 GB 4385 规定的鞋；

b) 若介质为酸碱时，应穿用耐酸碱鞋；

c) 若泄漏介质为油品时，应穿用耐油防护鞋，其质量应符合 GB 21146 的规定；

d) 若介质是高温或低温时，应穿用高温防护鞋或防寒鞋，其质量应符合 LD 32 的规定。

8.5.5 身体的防护，应依据工作环境泄漏介质的恶劣程度，选穿不同种类性能的工作服：

a) 若在粉尘环境施工，应穿防尘服；

b) 若在温度较高的场合施工，应穿阻燃工作服，其质量应符合 GB 8965 的规定；

c) 若在低温环境下作业，应穿防寒服、防寒鞋和佩戴防寒手套；

d） 若在易燃易爆环境施工，应穿防静电服。其质量应符合 GB 12014 的规定；

e） 若介质为酸类介质时，应穿用防酸服；

f） 若介质为油品时，应穿用抗油拒水服。

8.6 其他作业的防护

可按 GB 11651 的规定选用和佩戴劳动保护用品。

8.7 燃烧与爆炸的防护

燃烧与爆炸是互为因果的，有效的防护不仅可避免火灾发生，某种程度上也能避免爆炸事故的发生。

8.7.1 严格禁止明火，防静电的产生、电击和放电。

8.7.2 采用通风换气，降低可燃物的浓度，使之处于爆炸范围之下。

8.7.3 采用惰性气体保护法，冲淡可燃气体的浓度，使之保持在爆炸范围之下。

8.7.4 采用防爆工具，如风镐、风钻、铜改锥、铜手锤等。

8.7.5 如必须在易燃易爆介质系统设备上打孔，应采用气动钻，并用惰性气体将泄漏介质吹向无人一侧。在钻孔过程中为防止产生火花、静电及高温，应采取以下措施：

a） 冷却降温法：钻孔过程中，将冷却液不断地浇在钻孔表面上，降低温度，使之不产生火花；

b） 隔绝空气法：在注剂阀或卡兰通道内，填满密封剂，钻头周围被密封剂所包围，使介质不与空气接触，起到保护作用；

c） 惰性气体保护法：用一个可以通入惰性气体的注剂阀，钻头通过注剂阀与设备和介质接触，惰性气体可起到保护作用。

8.8 对法兰螺栓状态的控制

8.8.1 应严格执行注剂操作规定，控制密封空腔注剂挤压力，防止螺栓超载。

8.8.2 当泄漏法兰的连接螺栓锈蚀严重或已经产生超载变形时，应采用更换或增强措施。

9 带压密封施工竣工验收

9.1 验收判定

带压密封施工结束后，连续 24 小时无泄漏为合格，并应按附录 C 填写带压密封施工验收记录。

9.2 检测方法

密封效果的检测，可用宏观法、皂液喷涂法、仪器检测法检测，所采用的具体方法和验收标准由生产单位和施工单位商定后，应在工程协议中以予明确。

9.3 资料管理

竣工验收技术资料一式两份由生产单位和施工单位分别保存。

附　录　A
（资料性附录）
带压密封工程施工方案

A.1　带压密封工程施工方案的封面宜采用以下格式。

项目名称：____

工程编号：____

图纸编号：____

生产单位：	施工单位：
批　　准：	批　　准：
审　　核：	复　　审：
	审　　核：
	编　　制：

编制单位：(　　　　　　　　)

编制时间：　　年　　月　　日

A.2　带压密封工程施工方案的内容应包括：编制说明、编制依据、工程概况、现场勘测、夹具设计、施工准备、施工组织措施、施工（工艺）方法、安全评价、资源需求计划和施工进度等。

A.3　带压密封工程施工方案按带压密封工程施工方案审批表的规定，如表 A.1 所示。

表 A.1　带压密封工程施工方案审批意见表

<table>
<tr><td>方案名称</td><td></td><td>编制单位</td><td></td></tr>
<tr><td rowspan="3">职能部门审查意见</td><td colspan="3">工程部：

复审人：　　　　年　月　日</td></tr>
<tr><td colspan="3">安全部：

复审人：　　　　年　月　日</td></tr>
<tr><td colspan="3">其他相关部门：

复审人：　　　　年　月　日</td></tr>
<tr><td>批准意见</td><td colspan="3">

总(副总)工程师(技术经理)：　　　　年　月　日</td></tr>
</table>

附　录　B
（资料性附录）
带压密封工程施工安全评估

带压密封工程施工安全评估如表B.1所示。

表B.1　带压密封工程施工安全评估

施工单位：　　　　　　　　　　　　　　　　　　　　　　　　　　　　年　　月　　日

带压密封工程项目内容	序号	危险因素	可能发生的危险后果	对　策
主要内容：				
附图：				

施工单位安全负责人：(签章)

生产单位泄漏装置安全员：(签章)

生产单位泄漏装置负责人：(签章)

附　录　C
（资料性附录）
带压密封施工验收记录

带压密封施工验收记录如表 C.1 所示。

表 C.1　带压密封施工验收记录

甲方(生产单位)：　　　　　　　　　　　　乙方(施工单位)：

车间		装置		设备(管道)	
泄漏部位/尺寸		泄漏点大小		泄漏介质	
介质温度/℃		介质压力/MPa		密封方法	
密封注剂牌号		施工日期		验收日期	
验收结果					
甲方代表签字　　（单位盖章）			乙方代表签字　　（单位盖章）		

ICS 23.020.30
J 74

GB

中华人民共和国国家标准

GB/T 26468—2011

承压设备带压密封夹具设计规范

Generic specification for online leaksealing clamps of pressure equipment

2011-05-12 发布 2011-12-01 实施

中华人民共和国国家质量监督检验检疫总局
中国国家标准化管理委员会 发布

前　言

本标准的附录A、附录B为资料性附录。

本标准由全国锅炉压力容器标准化技术委员会(SAC/TC 262)提出并归口。

本标准负责起草单位:天津翔悦密封材料有限公司。

本标准参加起草单位:吉林化工学院带压密封中心、天津大学化工学院、天津江达扬昇密封制造有限公司、甘肃金环堵漏技术开发公司、合肥通用机械研究院。

本标准主要起草人:胡忆沩、赵庆远、赵忠祥、王扬昇、匡建钊、段成军。

引　言

带压密封技术是消除流程工业生产装置的设备、法兰、管段、阀门泄漏的检维修技术。该技术适应泄漏介质的压力、温度和化学性质范围很宽，目前在石油、化工、冶金、医药、核电、热电等行业已广泛应用。为规范带压密封技术在生产中的应用，提高带压密封夹具设计水平、安全性、可靠性和密封性，完善带压密封技术管理，特编制本标准。

鉴于目前的科研水平，并通过国内外科技查新等项工作，对带压密封专用夹具刚度和厚度计算，目前尚没有研究出令人信服的计算公式，虽然已进行了夹具受内压作用后的应力值和分布状态的测试与分析，但尚不能建立完全适用的夹具刚度和厚度计算公式。只能根据相近似的受力状态和《压力容器安全技术监察规程》中的相应规定，引用 GB 150《钢制压力容器》的相关计算公式，并对公式中的个别参数，根据带压密封技术应用实际经验进行修正。

承压设备带压密封夹具设计规范

1 范围

本标准规定了带压密封夹具(以下简称“夹具”)的设计准则、夹具结构设计、材料选择、夹具计算、密封结构设计、注剂孔结构和夹具制作。

本标准适用于承压设备泄漏状态下带压密封夹具的设计和制作。常压设备泄漏状态下带压密封夹具的设计和制作,可参照本标准执行。

2 规范性引用文件

下列文件中的条款通过本标准的引用而成为本标准的条款。凡是注日期的引用文件,其随后所有的修改单(不包括勘误的内容)或修订版均不适用于本标准,然而,鼓励根据本标准达成协议的各方研究是否可使用这些文件的最新版本。凡是不注日期的引用文件,其最新版本适用于本标准。

GB 150 钢制压力容器

GB/T 26467—2011 承压设备带压密封技术规范

3 术语和定义

下列术语和定义适用于本标准。

3.1

夹具 clamp

安装在泄漏缺陷部位外部形成密封空腔,提供强度和刚度保证的金属构件。

3.2

夹具的基准尺寸 D_0 nominal clamp diameter

夹具与设备器壁吻合尺寸。

法兰夹具的基准尺寸等于泄漏法兰的外直径,管段夹具的基准尺寸等于泄漏管段的外直径。

3.3

夹具线膨胀 clamp thermal expansion

在温度变化时,夹具基准尺寸的增量。

3.4

密封比压 sealing pressure

作用在泄漏缺陷部位单位有效面积上实现有效密封的最低压力。

3.5

夹具设计压力 P design pressure of clamp

作用在夹具内壁的最大压力,一般可取泄漏系统工作压力与修正值之和。

3.6

密封注剂压力 P_p injecting press of injecting sealants

按密封作业需要作用在密闭空腔内的密封注剂挤压力。

3.7

密封空腔 close down cavity

可有效覆盖泄漏缺陷、容纳密封注剂的特定空间。

3.8

注剂孔　injecting threaded hole

连接注剂阀、注剂接头，并形成注剂通道的螺纹孔。

3.9

G形卡具　G-type clamp

用于填料函带压密封及法兰连接螺栓加固用的G字形工具。

3.10

法兰夹具　flange clamp

利用包容法兰外边缘与法兰垫片之间的空隙构成密封空腔的凸形或凹形夹具。

3.11

管段夹具　pipe clamp

指直管、变径、弯头、三通夹具等的总称。

3.12

直管夹具　tube clamp

用于直管段泄漏的夹具结构包括方形直管夹具和焊接直管夹具。

3.13

偏心法兰夹具　eccentric flange clamp

为法兰副外径存在外径错口量大于或等于1.0 mm而设计和制作的法兰夹具。

3.14

异径法兰夹具　reducer flange clamp

为法兰副外直径差大于1.0 mm而设计和制作的法兰夹具。

3.15

凸形法兰夹具　convexity flange clamp

夹具断面为“凸”字形的法兰夹具。

3.16

凹形法兰夹具　concavity flange clamp

夹具断面为“凹”字形的法兰夹具。

3.17

孔板法兰夹具　orifice flange clamp

为孔板法兰泄漏而设计和制作的法兰夹具。

3.18

盒式法兰夹具　box type flange clamp

用于法兰与接管角焊缝泄漏而设计和制作的夹具。

3.19

局部法兰夹具　local flange clamp

为带压密封点状或局部泄漏区域而设计和制作的法兰夹具。

3.20

方形法兰夹具　square flange clamp

用于方形法兰泄漏的夹具结构。

3.21

密封增强结构　enhanced seal structure

在夹具需要增强密封性的部位上开槽，填充O形、矩形截面填料或软金属的夹具结构。

3.22

隔离式夹具 isolated barrier clamp

在泄漏孔洞周边设密闭空腔、可有效隔离密封注剂与泄漏缺陷直接接触的一种夹具结构。

3.23

偏心直管夹具 eccentric tube clamp

用于管道对接后，同轴度偏差较大而设计和制作的夹具结构。

3.24

隔离式直管夹具 isolated barrier tube clamp

可有效隔离密封注剂与泄漏缺陷直接接触的直管夹具结构。

3.25

90°弯头焊接夹具 welded 90° elbow clamp

用于90°弯头泄漏而设计和制作的夹具结构，包括整体加工90°弯头夹具。

3.26

三通焊接夹具 welded tee clamp

用于三通泄漏而设计和制作的组焊夹具结构，包括整体加工三通夹具。

3.27

隔离式三通夹具 isolated barrier clamp

可有效隔离密封注剂与泄漏缺陷直接接触的三通夹具结构。

3.28

局部三通夹具 local tee clamp

为带压密封三通部位点状或局部泄漏区域设计和制作的夹具。

3.29

自由热煨弯头夹具 bended clamp

用于自由热煨弯头泄漏而设计和制作的夹具结构。

3.30

隔离式弯头夹具 isolated barrier bended clamp

用于密封注剂不宜与泄漏孔洞及周边直接接触的弯头夹具。

4 符号

a——夹具耳板的宽度，mm；

b——夹具耳板长度，mm；

C——夹具密封空腔宽度，mm；

C_K——预紧和刚性系数，$C_K=1.5$；

D_0——夹具基准尺寸，mm；

d_1——夹具连接螺栓计算小径，mm；

L——耳板螺栓孔中心线至夹具外壁与耳板连接(焊接部位)处距离，mm；

L_1——耳板双螺栓孔中心线至法兰夹具外侧面的距离，mm；

n——连接螺栓数量；

P——夹具设计压力，MPa；

P_L——泄漏介质系统工作压力，MPa；

P_p——密封注剂压力，MPa；

S——夹具计算厚度，mm；

t——夹具耳板厚度，mm；

$[\sigma]^t$——泄漏介质工作温度下夹具材料的许用应力，MPa；

ϕ——焊接接头系数。

5 夹具设计准则

5.1 概述

采用夹具法密封施工，按夹具结构型式可分为法兰夹具和管段夹具。管段夹具包括：直管夹具、变径管夹具、弯头夹具和三通夹具等。夹具设计所包括的泄漏介质理化参数和泄漏部位几何参数勘测，应按 GB/T 26467—2011《承压设备带压密封技术规范》第 5 章规定进行。

5.2 夹具的作用

5.2.1 夹具应包容泄漏部位外表面，并形成容纳密封注剂的密封空腔，保证密封注剂的充填、维持注剂压力的递增、防止密封注剂外溢，最终产生止住泄漏所需的密封比压，是新建立的密封结构的密封保证。

5.2.2 夹具刚度应满足泄漏介质系统的工作压力及注剂压力之和，注剂时不应出现夹具位移，是新建立的密封结构的刚度保证。

5.2.3 夹具应设置注剂孔，用于连接注剂阀或注剂枪，并建立密封注剂进入密封空腔的通道。

5.3 夹具设计准则

5.3.1 承受注剂压力和泄漏介质压力的夹具所用金属材料和厚度应满足刚度条件，使用中不应出现塑性变形。

5.3.2 夹具的连接部位的结构应满足强度条件，使用中不应发生断裂。

5.3.3 选择夹具结构型式时，不应在注剂密封操作时，使泄漏缺陷部位产生新的附加应力。

5.3.4 夹具与泄漏部位外表面接触部位应有适宜的吻合间隙，以此来满足形成密封比压的要求。

5.3.5 夹具与泄漏部位的外表面应构成可注入密封注剂的密封空腔，并应符合下列规定：

a) 管段夹具密封空腔的宽度应包容泄漏缺陷，其边界距夹具侧端板单向不小于 15 mm。其高度，即密封注剂的厚度应与泄漏系统温度成正比，宜在 5 mm～20 mm 之间对应选取；

b) 法兰夹具宜设计为“凸”型，其最大凸台宽度应略小于最小法兰副间隙；

c) 法兰与接管的角焊缝及螺纹连接或对焊法兰颈部的焊缝泄漏，应按附录 A 盒式法兰夹具设计；

d) 夹具宽度宜由法兰内侧面向两侧分别延伸 10 mm～20 mm 确定。若需采取密封增强结构，根据开槽宽度需要适当增加。

5.3.6 夹具上注剂孔数量应符合下列规定：

a) 法兰夹具的注剂孔数应等于法兰副连接螺栓个数；

b) 管段夹具注剂孔中心间距距离应小于或等于 100 mm。

5.3.7 夹具应采取合理的剖分设计，便于现场安装。

5.3.8 夹具设计人员应取得国家质检总局颁发的相应特种设备作业人员资格证，方能从事带压密封施工的夹具设计工作。

5.3.9 根据泄漏结构特点，可设计成附录 A 推荐的变异夹具结构或附录 B 推荐的密封增强结构。

5.3.10 夹具连接螺栓性能等级宜选用不低于 8.8 级的双头螺栓。

6 夹具结构设计

6.1 法兰夹具结构

凸型法兰夹具宜设计为图 1 的型式。

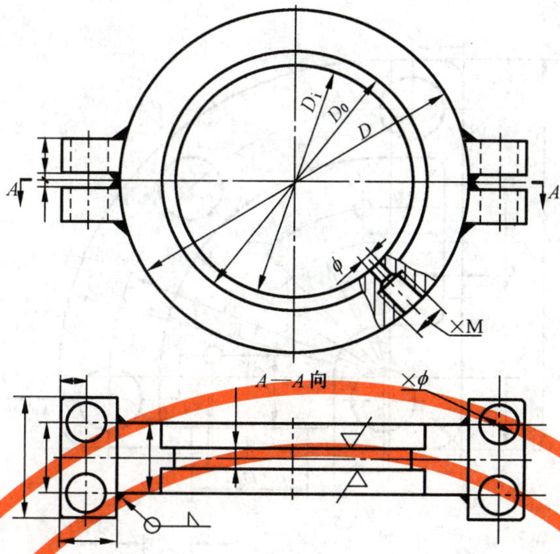

图 1　凸形法兰夹具

6.2　**直管夹具结构**

方形直管夹具宜设计为图 2 的型式。

管段的公称尺寸 DN≤80。

图 2　方形直管夹具

6.3　**弯头夹具结构**

整体加工 90°弯头夹具宜设计为图 3 的型式。

管段的公称尺寸 DN≤80。

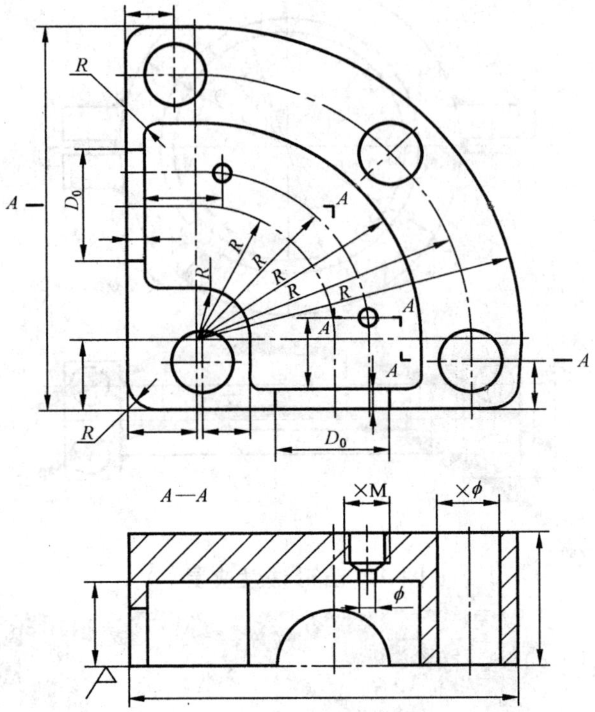

图 3　整体加工 90°弯头夹具

6.4　三通夹具结构

整体加工三通夹具宜设计为图 4 的型式。

管段的公称尺寸 DN≤80。

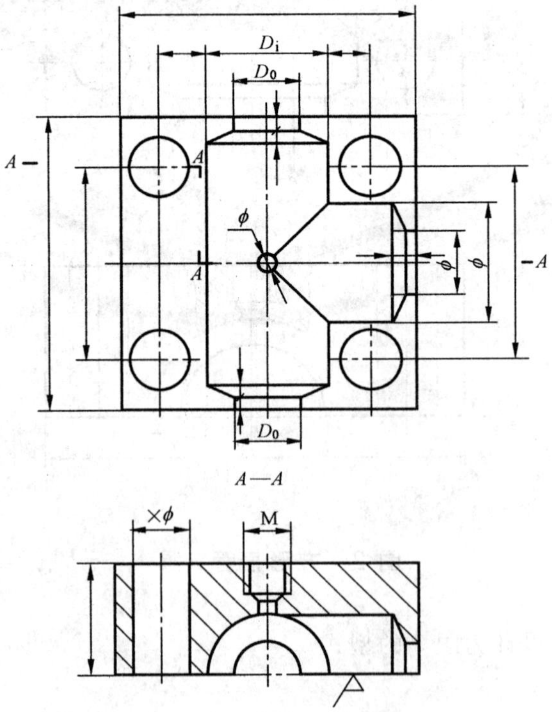

图 4　整体加工三通夹具

6.5 辅助夹具结构

阀门填料函泄漏辅助夹具宜设计为图5的型式。

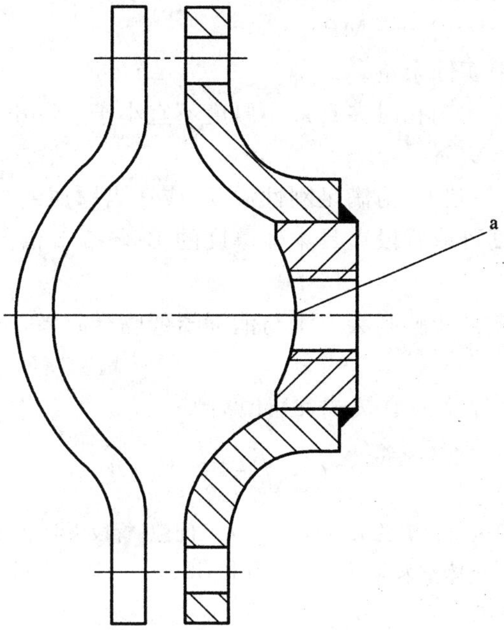

[a] 贴合面

图5 阀门填料函泄漏辅助夹具

7 材料选择

7.1 按泄漏介质化学性质选择

当泄漏介质腐蚀性较强时，应选择耐腐蚀金属材料制作夹具。

7.2 常用材料

通常采用Q235，高温选用0Cr18Ni9，低温可用16MnDR或0Cr18Ni9。

8 夹具计算

8.1 设计压力

系统工作压力加修正值为设计压力。

8.2 法兰夹具厚度计算

夹具设计不但要考虑强度，而且要考虑刚性，以保障施工安全和密封的成功率。

8.2.1 法兰夹具的计算厚度 S，宜按式(1)计算：

$$S=\frac{PD}{2[\sigma]^{t}\phi-P} \qquad \cdots\cdots(1)$$

注1：式中 D 为夹具计算直径，其值为泄漏法兰外径，即法兰夹具基准尺寸 D_0。

注2：式(1)引用GB 150《钢制压力容器》公式(5-1)。

8.2.2 夹具设计压力 P 修正为：$P=P_L+5$ MPa。

8.2.3 夹具设计可不考虑材料腐蚀余量。

8.2.4 夹具本体需要直接开设注剂孔时夹具最小厚度不宜小于14 mm。

8.2.5 焊接接头系数 ϕ，取 $\phi=0.7$。

8.2.6 在式(1)计算厚度值的基础上，为满足刚性需要，应适当增加夹具厚度。

8.3 管段夹具厚度计算

8.3.1 管段夹具的计算厚度 S，宜按式(2)计算：

$$S=\frac{PD}{2[\sigma]^{t}\phi-P} \quad \cdots\cdots(2)$$

注：式中 D 为夹具计算直径，其值为 D_0（管段外径）+2 倍空腔高度。

8.3.2　夹具设计压力修正为：$P=P_L+5$ MPa。

8.3.3　夹具设计可不考虑材料腐蚀余量。

8.3.4　夹具本体需要直接开设注剂孔时夹具最小厚度不宜小于 14 mm。

8.3.5　焊接接头系数 ϕ，取 $\phi=0.7$。

8.3.6　在式(2)计算厚度值的基础上，为满足刚性需要，应适当增加夹具厚度。

8.3.7　管段夹具的端封板厚度可取管段夹具本体厚度的 1.3～1.5 倍。

8.4　温度对夹具设计的影响

在泄漏介质温度影响下，夹具线膨胀会产生与泄漏器壁吻合超差，夹具设计时应注意予以修正。

8.5　耳板厚度计算

8.5.1　单螺栓连接耳板（图 6）厚度 t，宜按式(3)计算：

$$t=\sqrt{\frac{3CLPD}{b[\sigma]^{t}}} \quad \cdots\cdots(3)$$

注 1：式中 C 为夹具密封空腔宽度。法兰夹具，C=两法兰间隙；管段夹具，C=密封空腔宽度。

注 2：式中 D 为夹具计算直径。法兰夹具，D=法兰外径，即法兰夹具基准尺寸 D_0。管段夹具，D=管段基准尺寸 D_0（管段外径）+2 倍空腔高度。

注 3：夹具设计压力修正为 $P=P_L+5$ MPa。

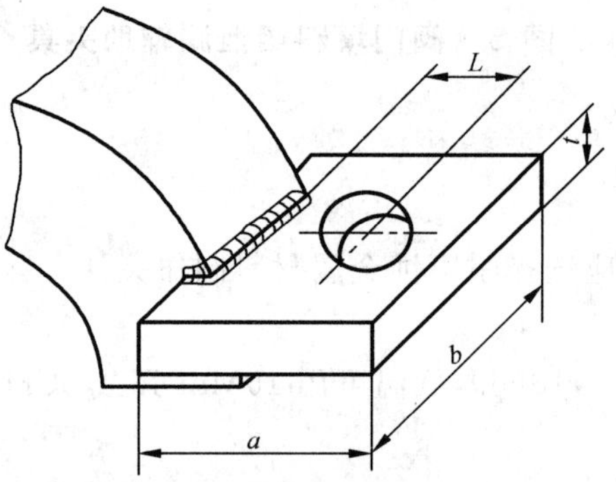

图 6　单螺栓耳板结构图

8.5.2　双螺栓连接耳板（图 7）厚度 t，宜按式(4)计算：

$$t=\sqrt{\frac{3CL_1PD}{a[\sigma]^{t}}} \quad \cdots\cdots(4)$$

注：C、D、P 值同 8.5.1 注。

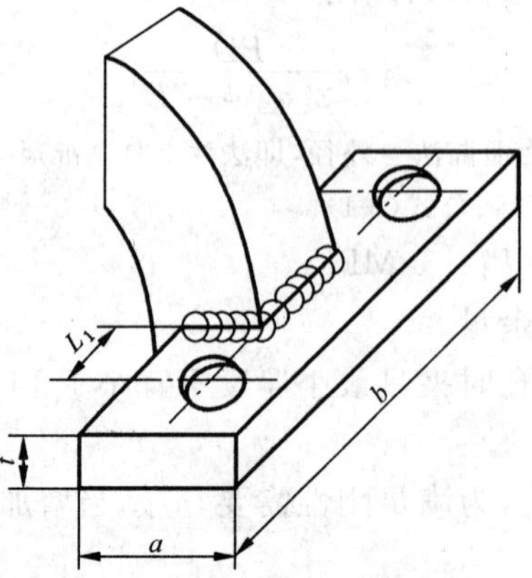

图 7　双螺栓耳板结构图

8.6 连接螺栓计算

8.6.1 夹具连接螺栓的小径 d_1，应按式(5)计算：

$$d_1 = 1.12\sqrt{\frac{C_K CPD}{n[\sigma]^t}} \quad \cdots\cdots(5)$$

注：C、D、P 值同 8.5.1 注。

8.6.2 按小径选用标准规格，但不宜小于 M12。

8.6.3 $[\sigma]^t$ 为泄漏系统工作温度下螺栓材料的许用应力。

9 夹具密封结构设计

9.1 夹具吻合间隙要求

夹具与泄漏部位吻合间隙应符合表 1 的规定。

表 1 夹具与泄漏部位吻合间隙

泄漏介质压力/MPa	0.1～2.9	3～4.9	5～6.9	7～9.9	>10
配合间隙/mm	<0.5	<0.4	<0.3	<0.2	0.1

9.2 密封结构

当夹具与泄漏部位吻合间隙不能满足表 1 的规定或泄漏系统压力高、介质渗透性强时，宜采用附录 B 推荐的夹具密封增强结构设计。

10 注剂孔结构

10.1 标准注剂孔

设计成图 8 的型式。

a） 螺纹规格，根据需要选用 M8、M10、M12、M14；

b） 适用于高温、高压、低温或泄漏量大的夹具结构设计选用；

c） 适用于填充型密封剂的夹具结构设计选用。

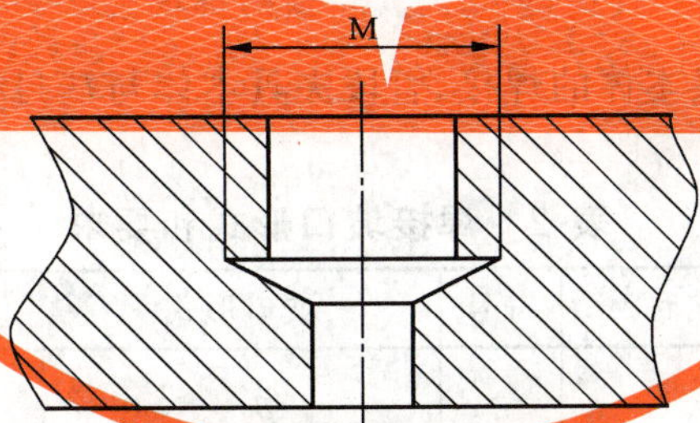

图 8 标准注剂孔结构图

10.2 注剂通孔

设计成图 9 的型式。

a） 螺纹规格。根据需要选用 M8、M10、M12、M14；

b） 适用于低压、泄漏量较小的夹具结构设计选用。

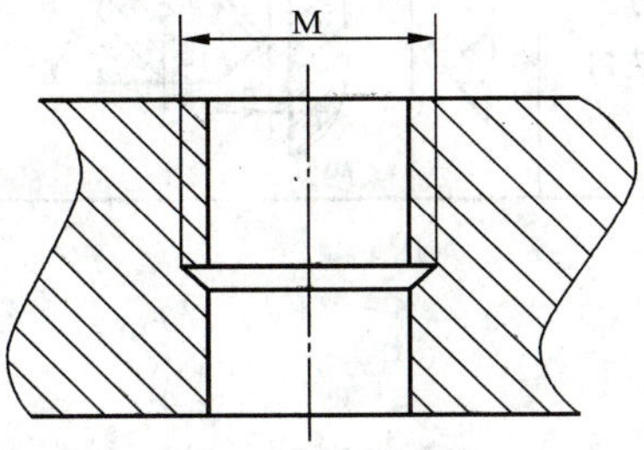

图 9 注剂通孔结构图

10.3 连枪注剂孔

设计成图 10 的型式。

a) 适用于密封空腔容积大的夹具结构选用；

b) 适用于低压或泄漏量较小的夹具设计选用，并应与标准注剂孔协调排布；

c) 螺纹规格与高压注剂枪枪头螺纹尺寸相同。

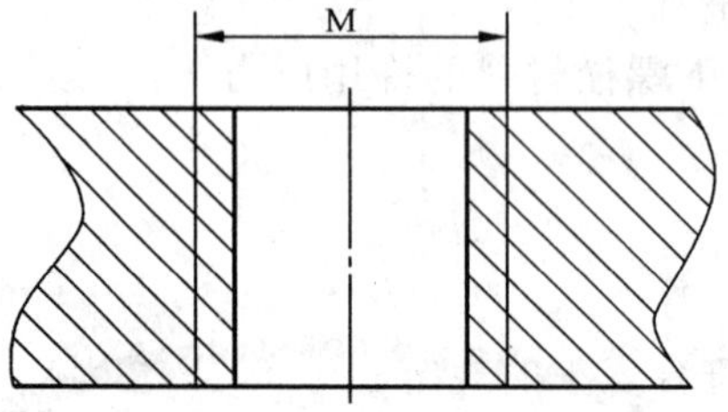

图 10 连枪注剂孔结构图

11 夹具制作

11.1 夹具成型

夹具可采用整体切割或焊接组合的方法成型，并应在机床上进行精细加工。

11.2 夹具加工精度

11.2.1 夹具加工公差等级宜在 IT10～IT11 之间选取。

11.2.2 夹具加工整体成型表面粗糙度的符号、代号宜在图 11 的三者中选择。

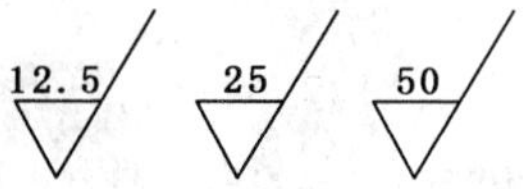

图 11 夹具加工整体成型表面粗糙度

11.3 焊接成型

夹具本体的焊接、耳板与夹具本体的焊接、管段夹具本体与端封板的焊接，其坡口形式和焊接要求应符合表 2 的规定。

表 2 焊接坡口形式和要求

焊接部位	工件厚度	名称	符号	坡口形式	焊接形式	坡口尺寸
	6 mm～30 mm	带钝边单边 V 型坡口		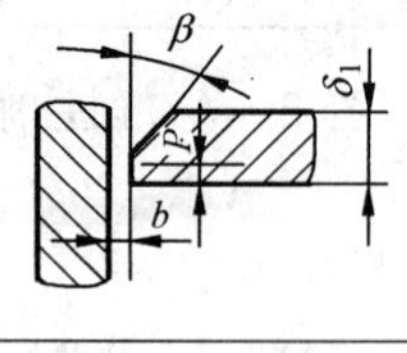	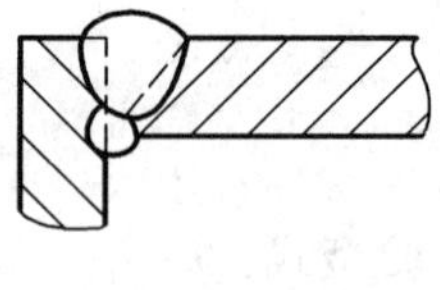	$\beta=35°\sim50°$ $b=0\sim3$ $P=1\sim3$
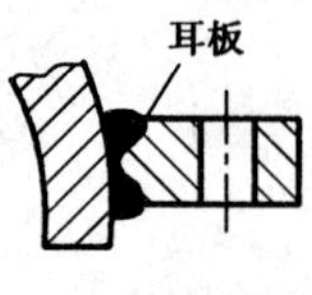	>10 mm	双单边 V 型坡口		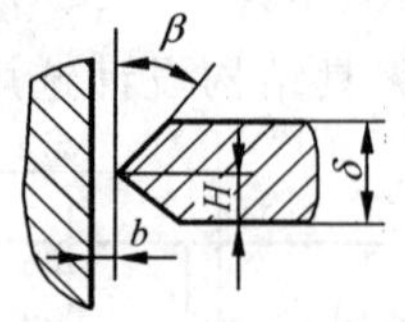	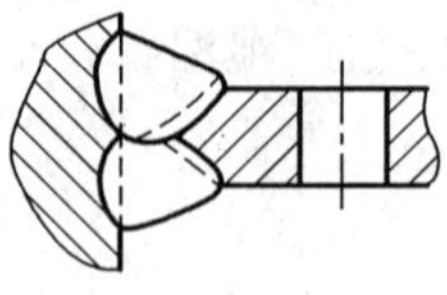	$\beta=35°\sim50°$ $b=0\sim3$ $H=\delta/2$

附 录 A
（资料性附录）
变异夹具结构

A.1 总则

A.1.1 本附录作为第 6 章夹具结构设计基本结构外为适应不同泄漏部位特殊需要的补充。

A.1.2 本附录所列变异夹具结构的材料选择，应符合第 7 章的规定。

A.1.3 本附录所列变异夹具结构的夹具计算，应符合第 8 章的规定。

A.2 法兰变异夹具结构

A.2.1 凹形法兰夹具

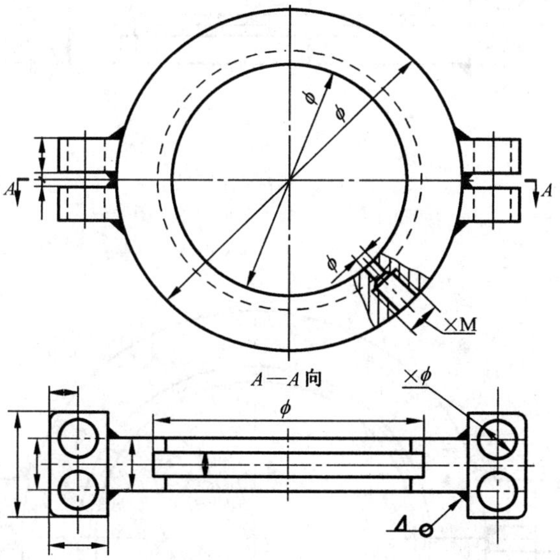

图 A.1 凹形法兰夹具

A.2.2 偏心法兰夹具

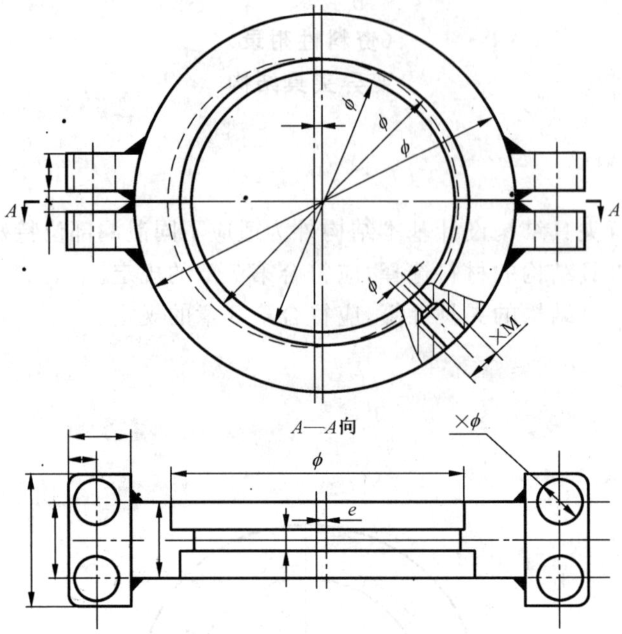

图 A.2 偏心法兰夹具

A.2.3 异径法兰夹具

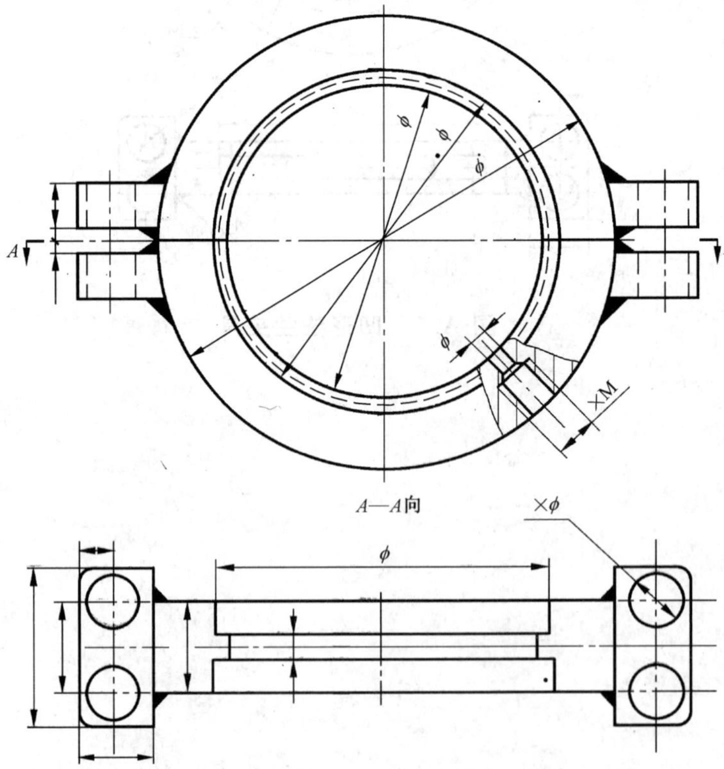

图 A.3 异径法兰夹具

A.2.4 孔板法兰夹具

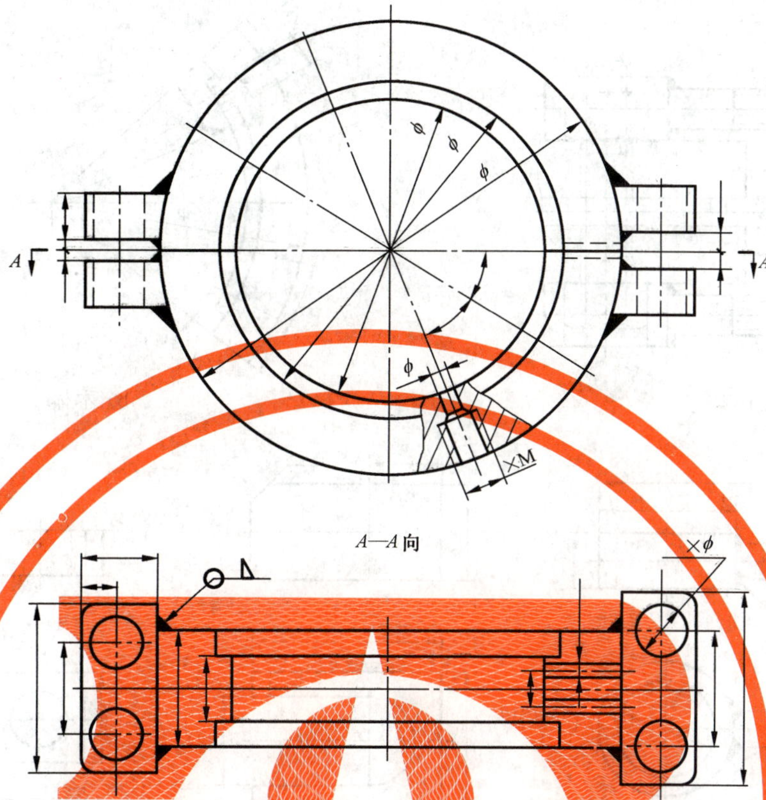

图 A.4 孔板法兰夹具

A.2.5 盒式法兰夹具

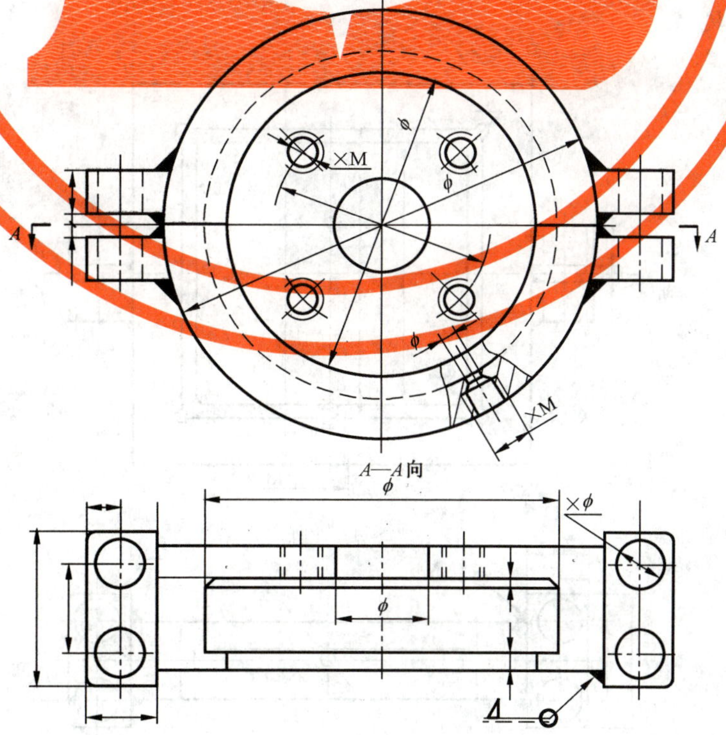

图 A.5 盒式法兰夹具

A.2.6 局部法兰夹具

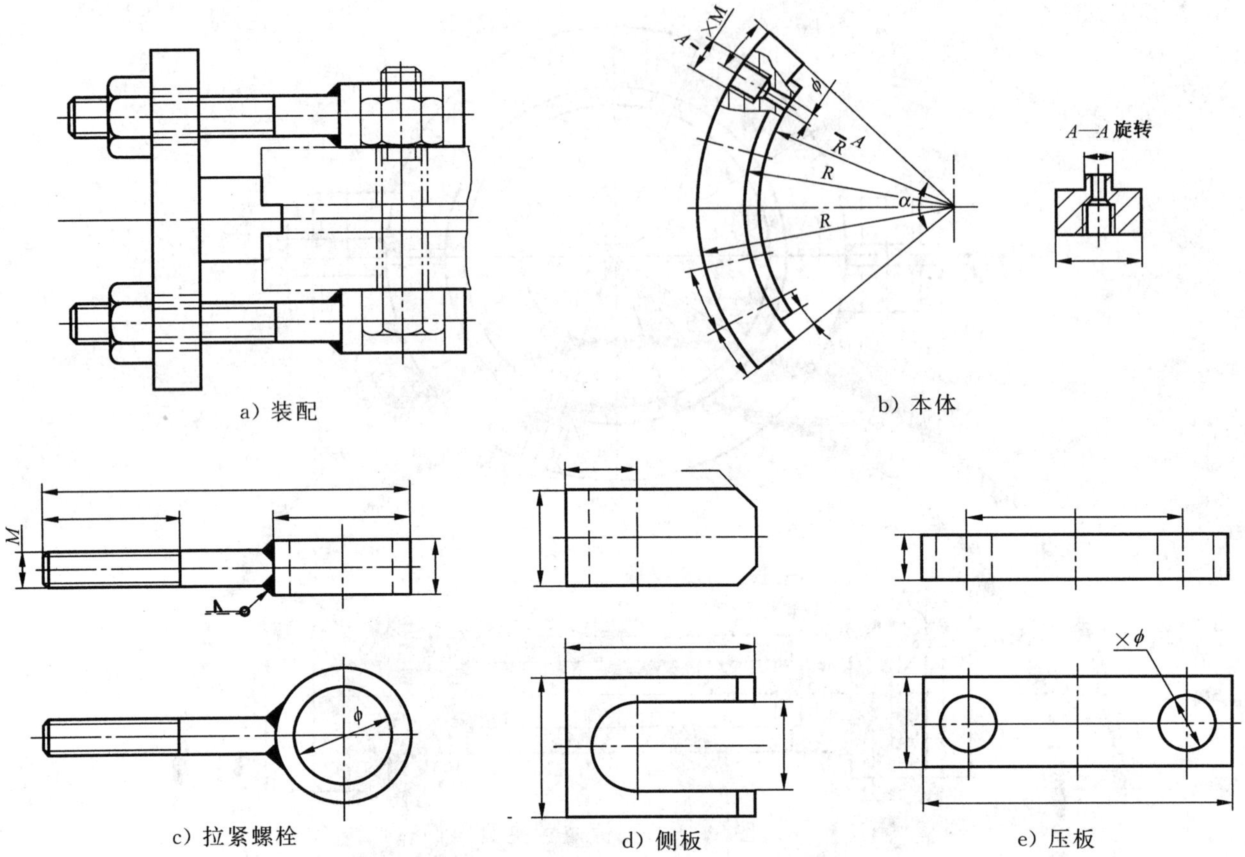

图 A.6 局部法兰夹具

A.2.7 方形法兰夹具

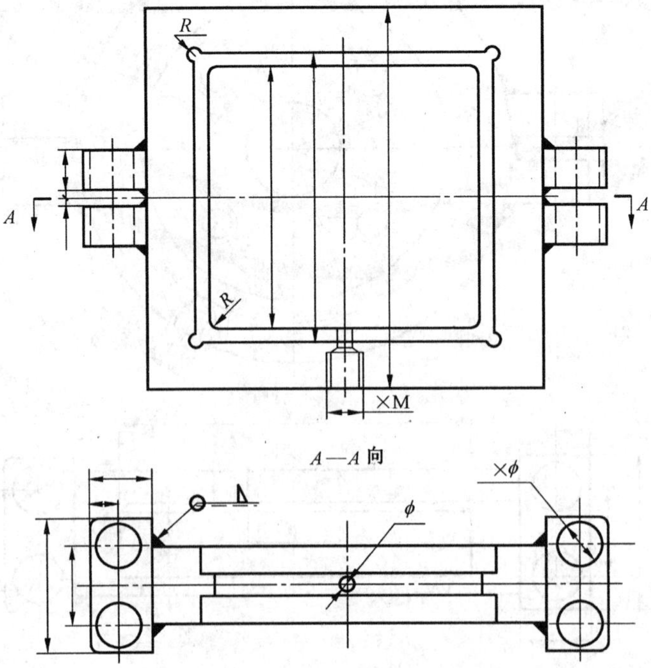

图 A.7 方形法兰夹具

A.3 管段变异夹具结构

A.3.1 隔离式直管夹具

泄漏缺陷当量直径大于或等于 2 mm，或减薄至设计强度计算厚度以下，且无法采取其他有效隔离密封注剂与泄漏孔洞及其周边直接接触措施时，应采用隔离式夹具。

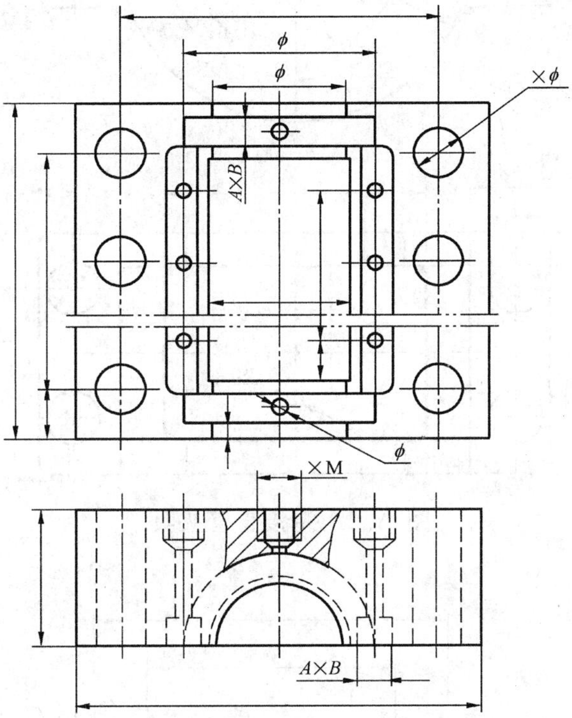

A——槽宽；
B——槽深。

图 A.8 隔离式直管夹具

A.3.2 焊接直管夹具

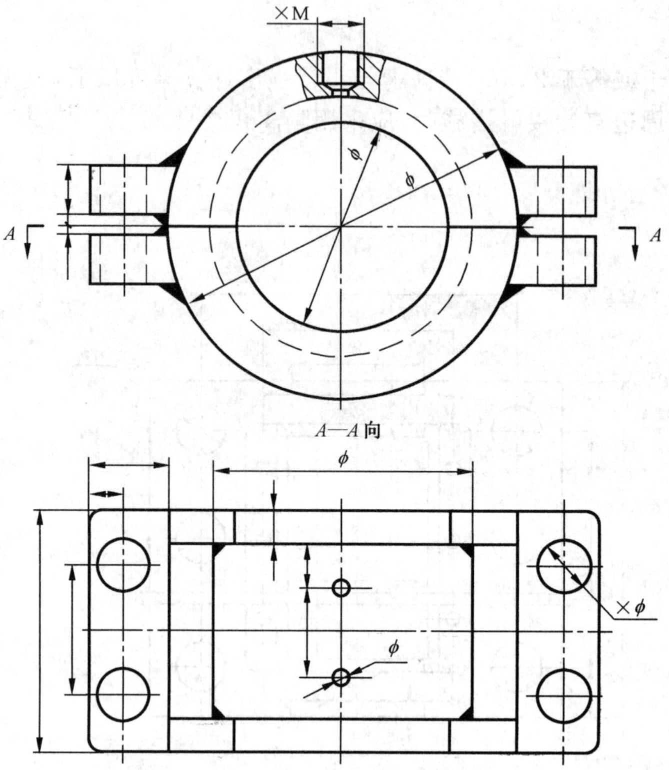

图 A.9 焊接直管夹具

A.3.3 偏心直管夹具

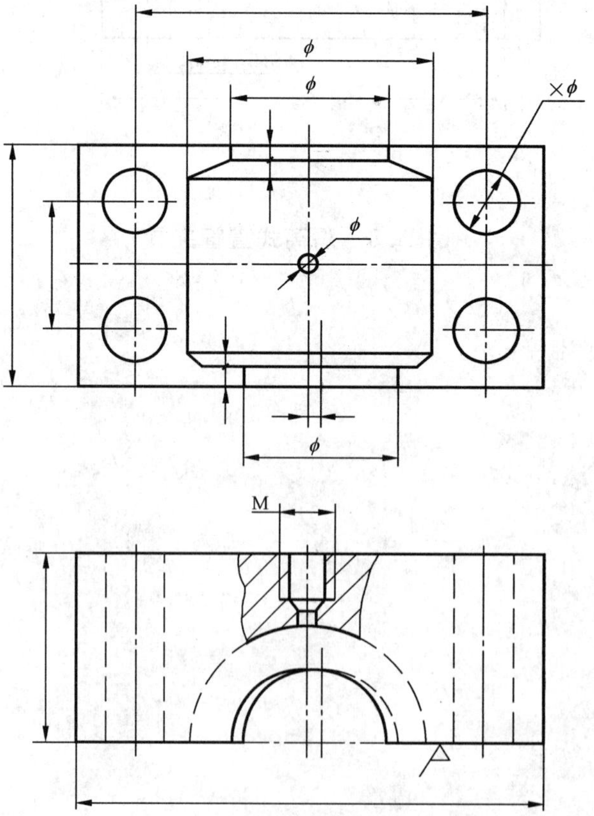

图 A.10 偏心直管夹具结构

A.4 弯头变异夹具结构

A.4.1 隔离式弯头夹具

A——槽宽；

B——槽深。

图 A.11 隔离式弯头夹具

A.4.2 90°弯头焊接夹具

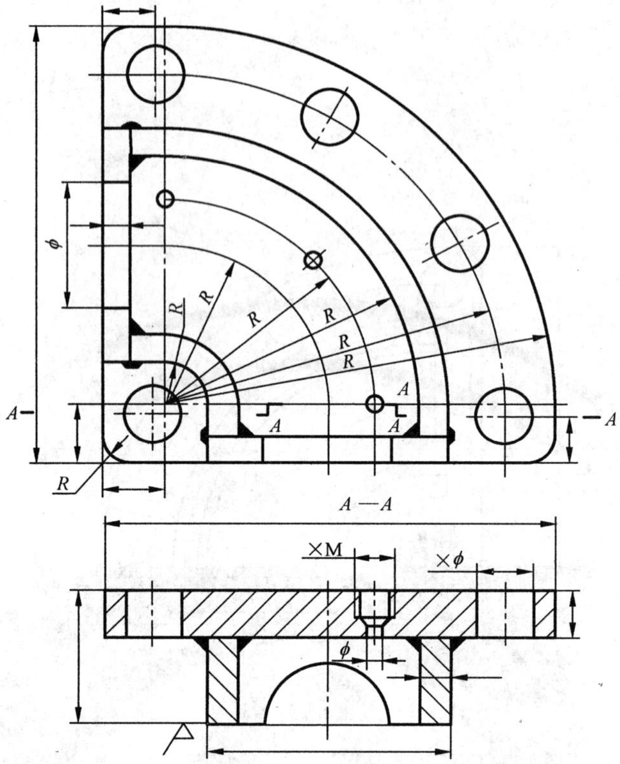

图 A.12 90°弯头焊接夹具

A.4.3 自由热煨弯头夹具结构

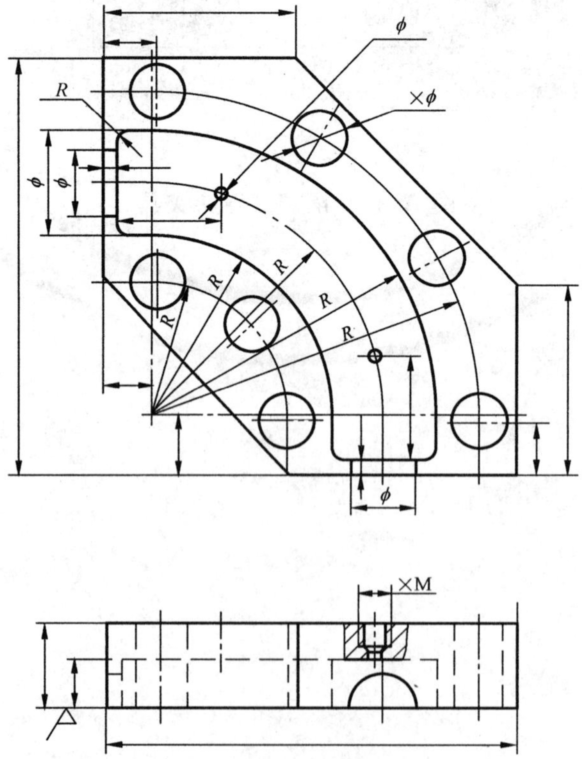

图 A.13 自由热煨弯头夹具

A.5 三通变异夹具结构

A.5.1 隔离式三通夹具

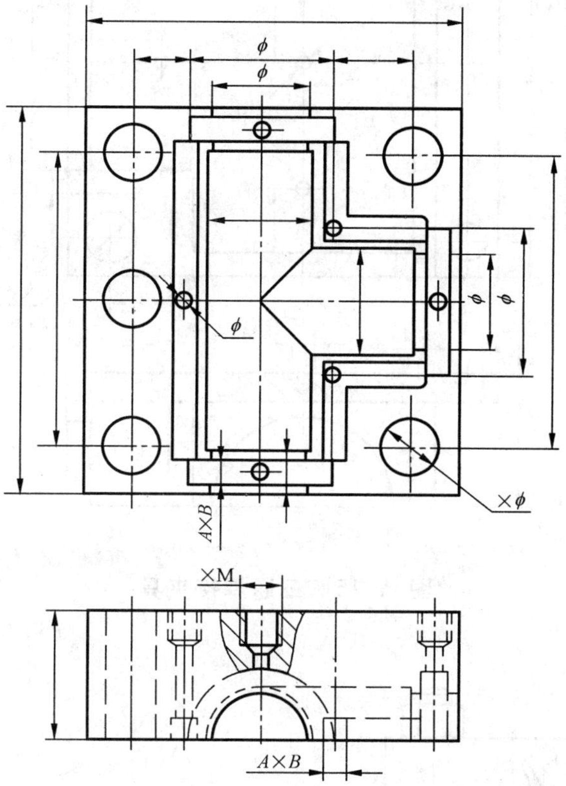

A——槽宽；

B——槽深。

图 A.14 隔离式三通夹具

A.5.2 三通焊接夹具

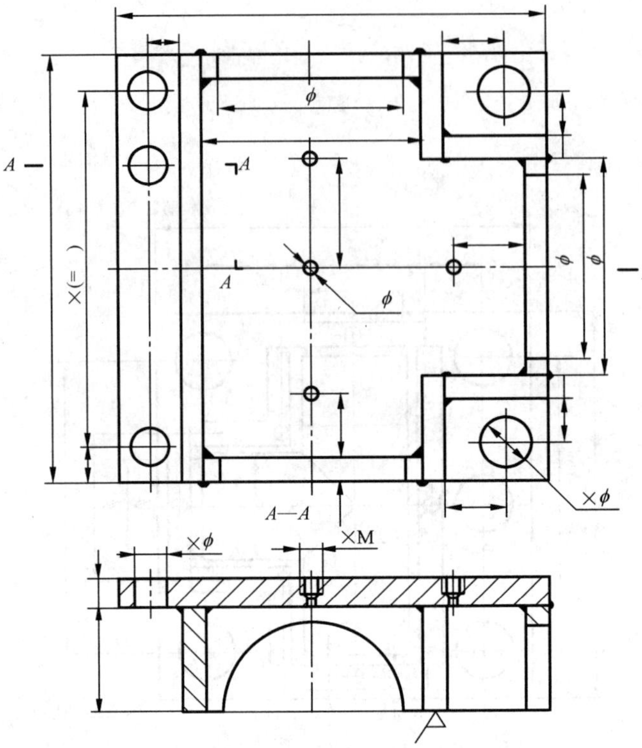

图 A.15 三通焊接夹具

A.5.3 局部三通夹具

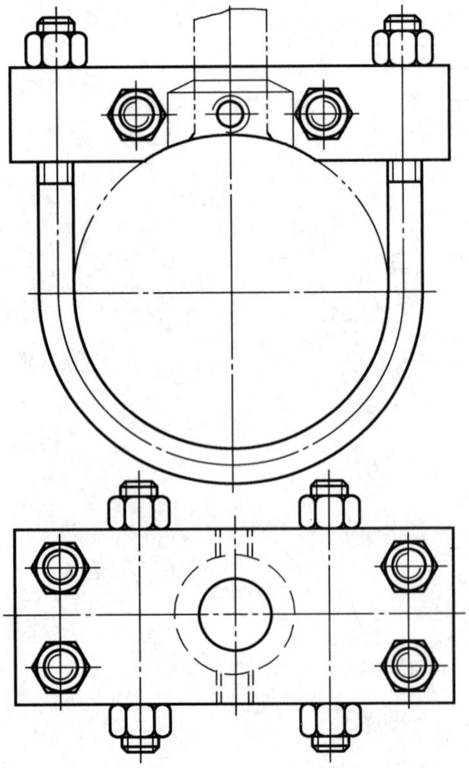

a) 双 U 形螺栓局部三通夹具装配图

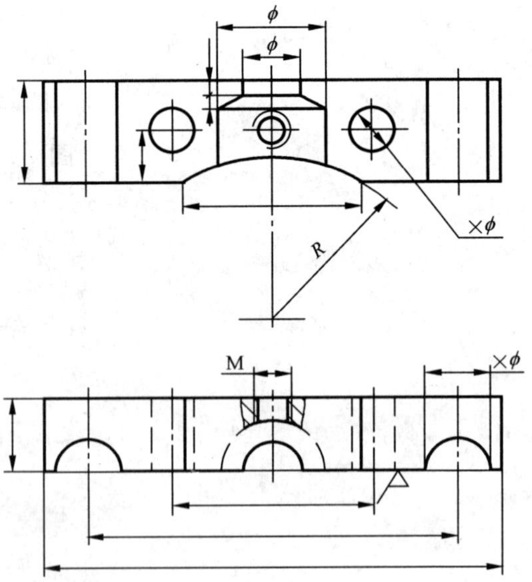

b) 单 U 形螺栓局部三通夹具结构图

图 A.16 局部三通夹具

附 录 B
（资料性附录）
夹具增强密封结构

B.1 总则

B.1.1 本附录作为第6章夹具结构设计基本结构外，为适应不同泄漏部位特殊需要采用增强密封结构的补充。

B.1.2 本附录所列夹具增强密封结构的夹具材料选择应符合第7章的规定。

B.1.3 本附录所列夹具增强密封结构的夹具计算，应符合第8章的规定。

B.2 法兰夹具增强密封结构

B.2.1 法兰夹具密封结构

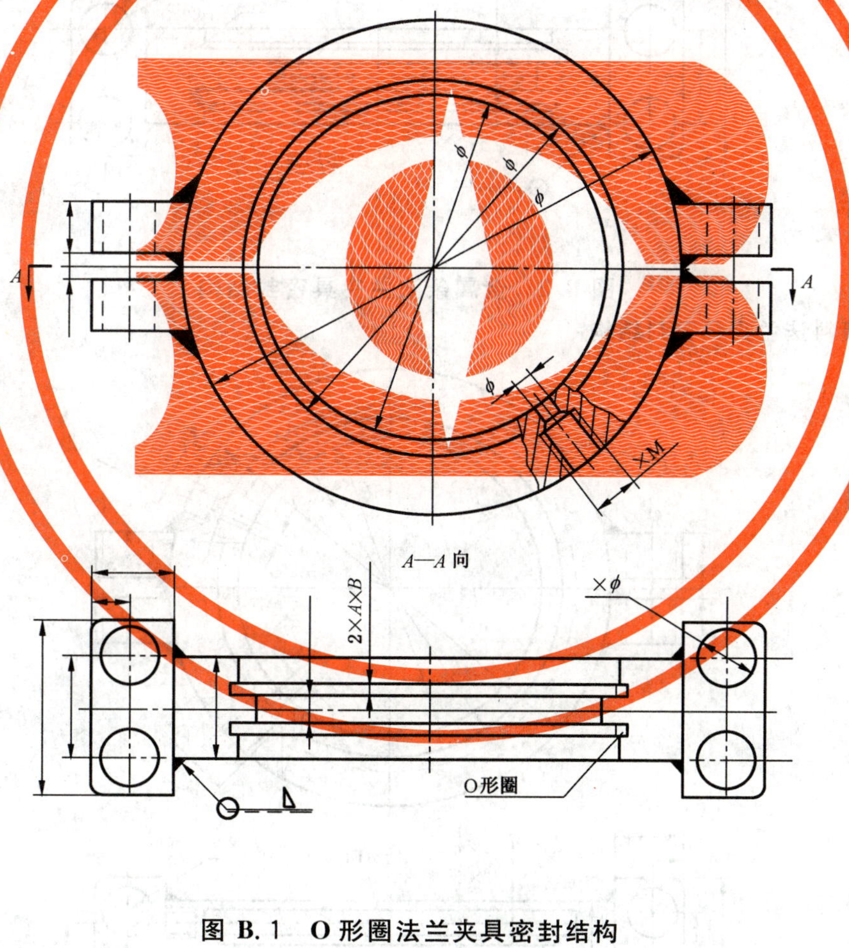

A——槽宽；
B——槽深。

图 B.1 O形圈法兰夹具密封结构

B.2.2 金属条法兰夹具密封结构

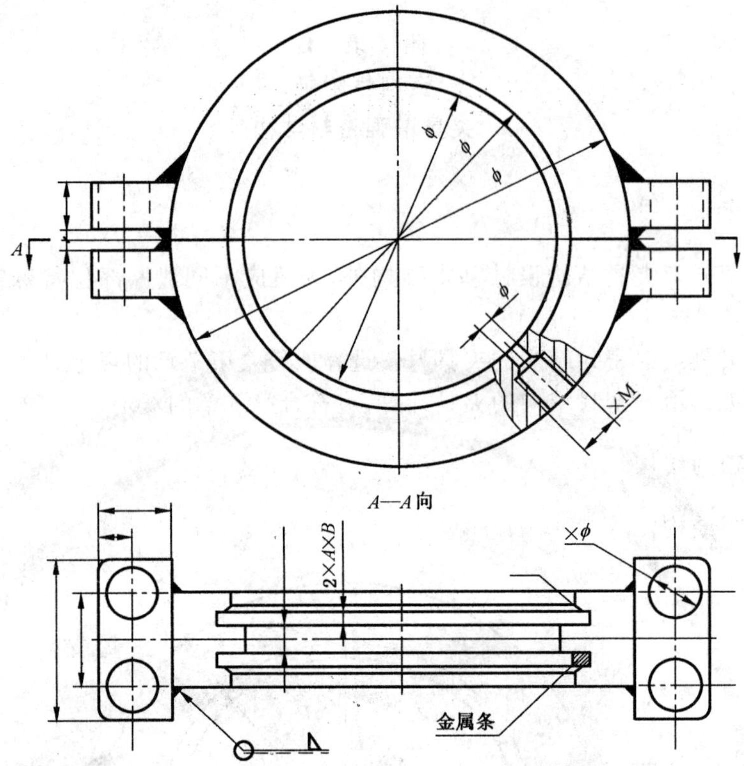

A——槽宽；
B——槽深。

图 B.2 金属条法兰夹具密封结构

B.2.3 柔性填料法兰夹具密封结构

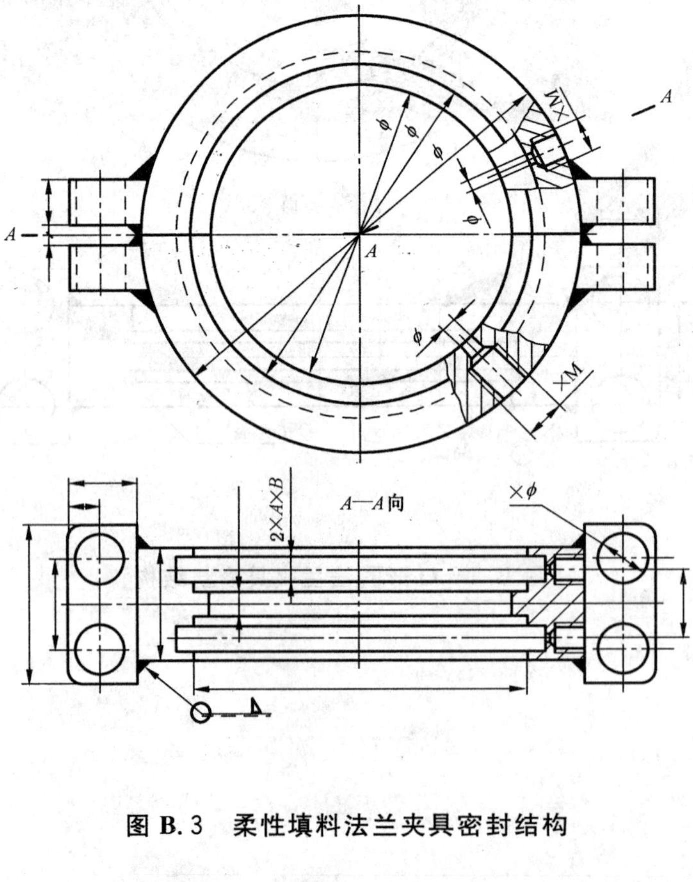

A——槽宽；
B——槽深。

图 B.3 柔性填料法兰夹具密封结构

B.2.4 嵌入式法兰夹具密封结构

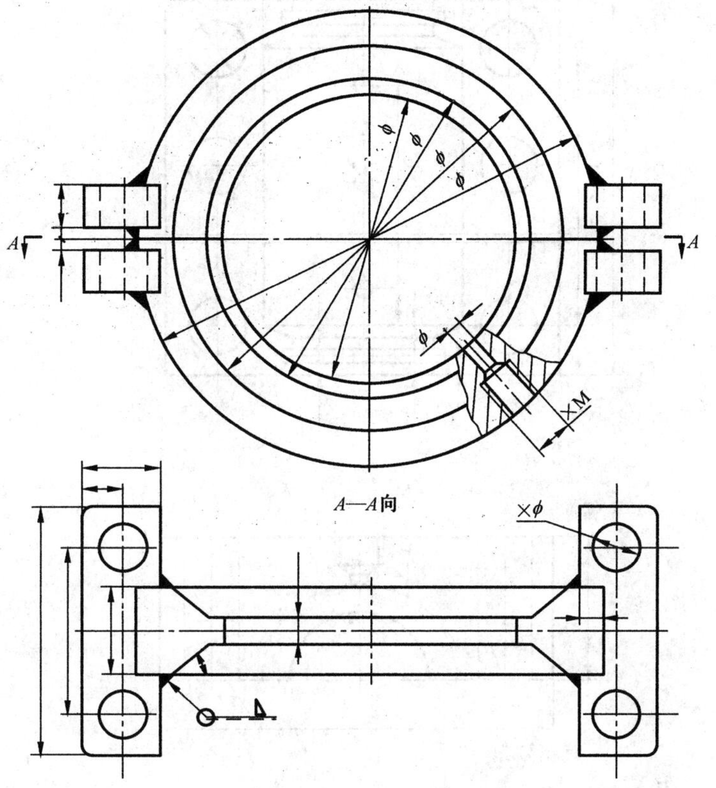

图 B.4 嵌入式法兰夹具密封结构

B.3 直管夹具增强密封结构

B.3.1 直管夹具密封结构

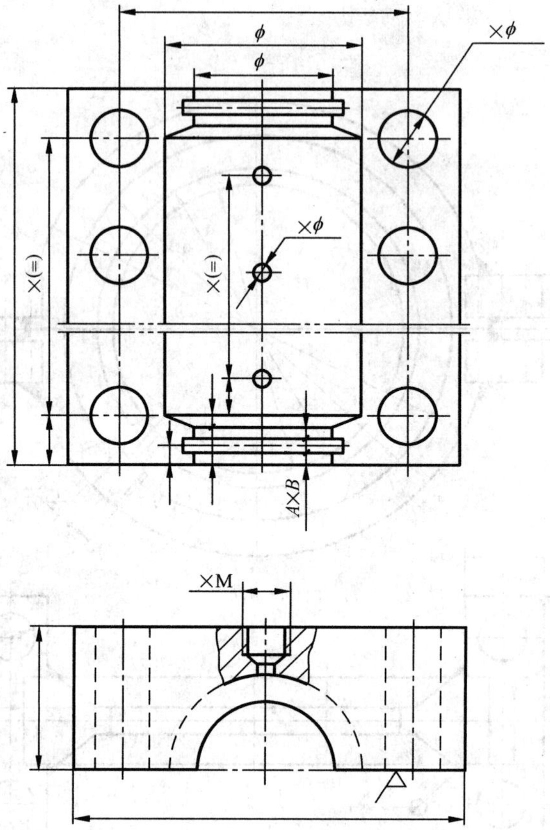

A——槽宽；

B——槽深。

图 B.5 O形圈密封增强直管夹具密封结构

B.3.2 O形圈直管夹具密封结构

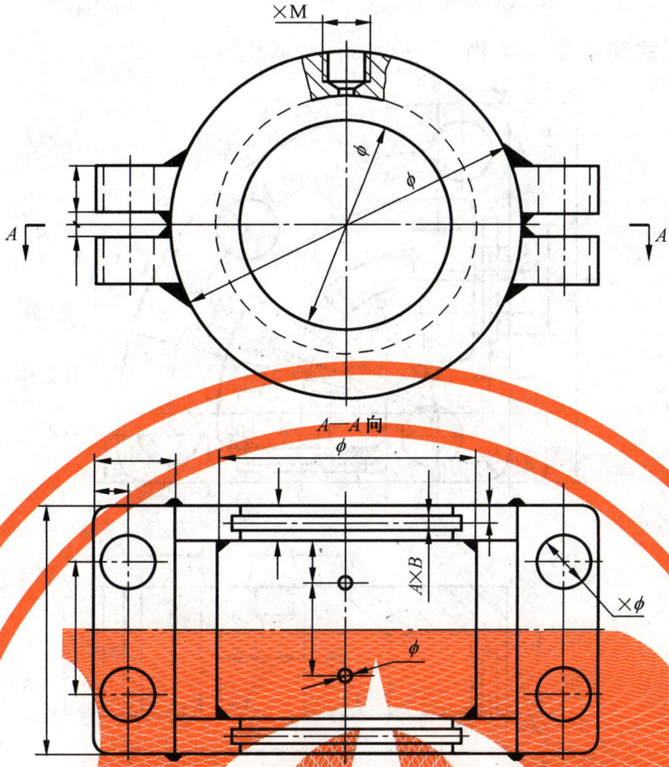

A——槽宽；

B——槽深。

图 B.6 O型圈直管夹具密封结构

B.3.3 金属条直管圆形夹具密封结构

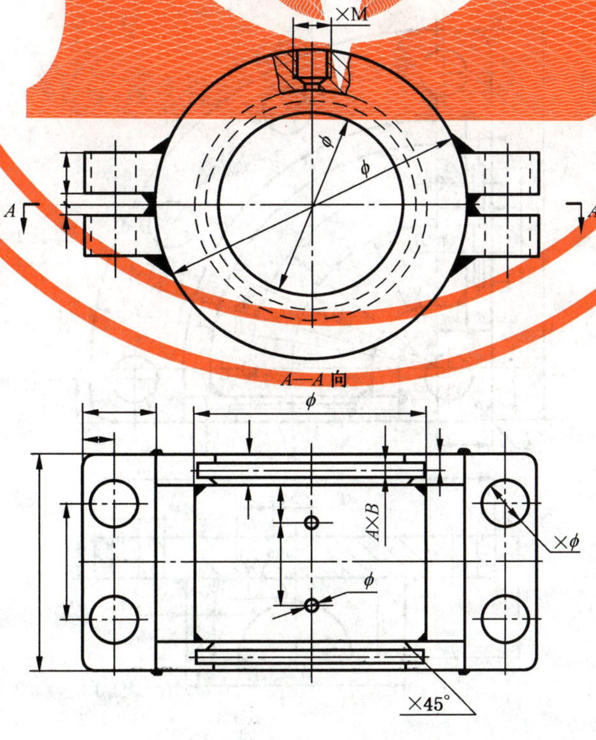

A——槽宽；

B——槽深。

图 B.7 金属条直管圆形夹具密封结构

B.4 弯头夹具增强密封结构

B.4.1 O形圈整体加工式弯头密封结构

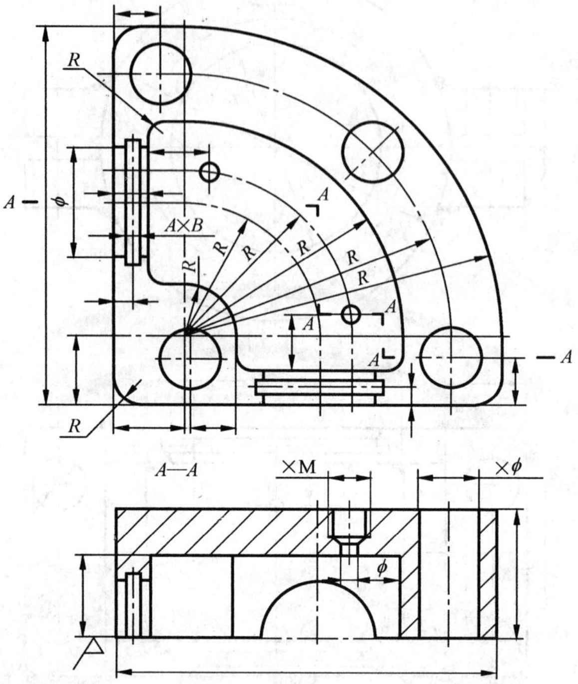

A——槽宽；

B——槽深。

图 B.8 O形圈整体加工式弯头密封结构

B.4.2 O形圈焊接式弯头夹具密封结构

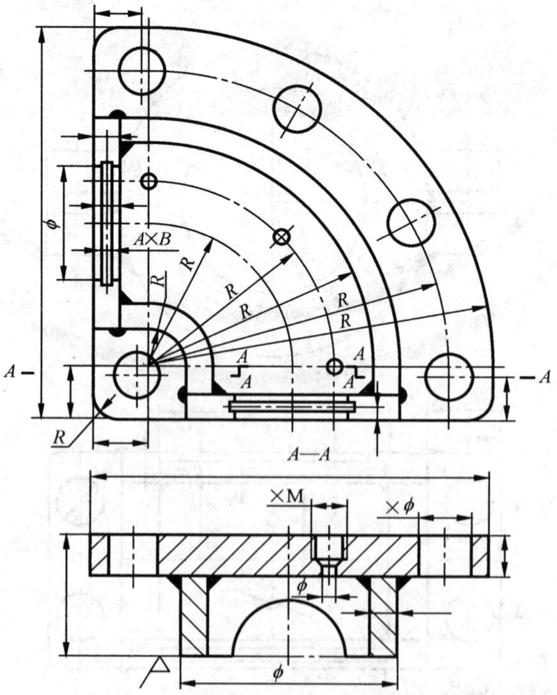

A——槽宽；

B——槽深。

图 B.9 O形圈焊接式弯头夹具密封结构

B.4.3 金属条自由热煨弯头夹具密封结构

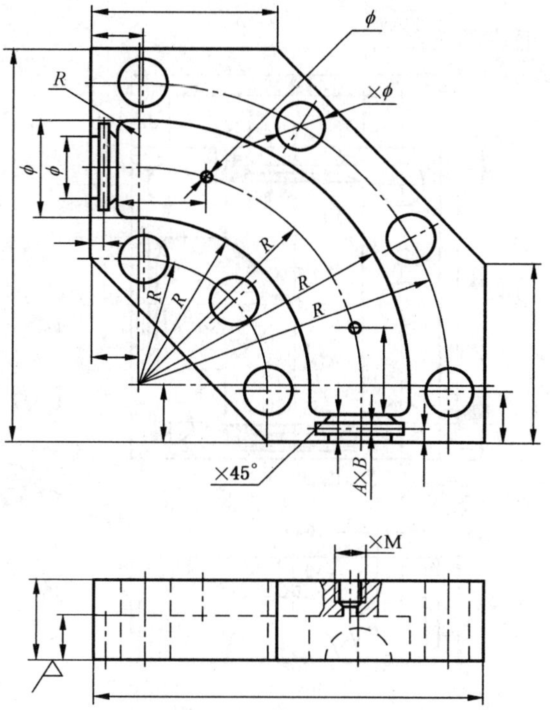

A——槽宽；

B——槽深。

图 B.10 金属条自由热煨弯头夹具密封结构

B.4.4 金属条异径整体加工 90°弯头夹具密封结构

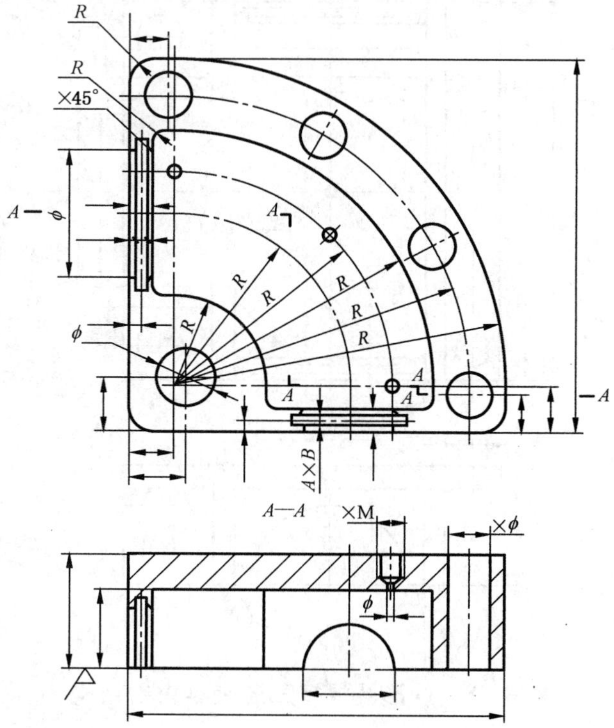

A——槽宽；

B——槽深。

图 B.11 金属条异径整体加工 90°弯头夹具密封结构

B.5　三通夹具增强密封结构

B.5.1　O形圈整体加工式三通夹具密封结构

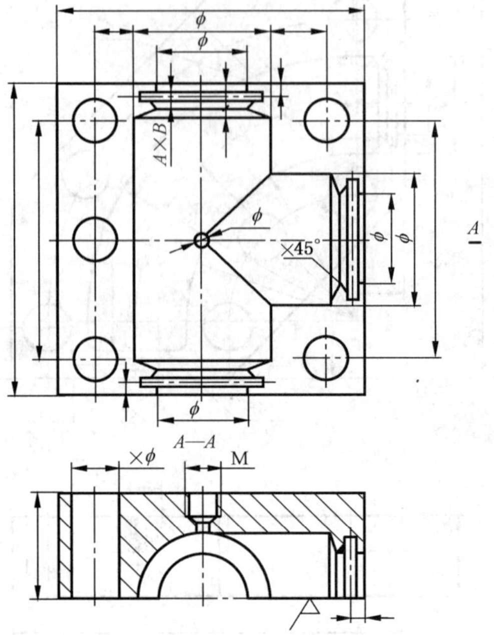

A——槽宽；

B——槽深。

图 B.12　O形圈整体加工式三通夹具密封结构

B.5.2　O形圈焊接三通夹具密封结构

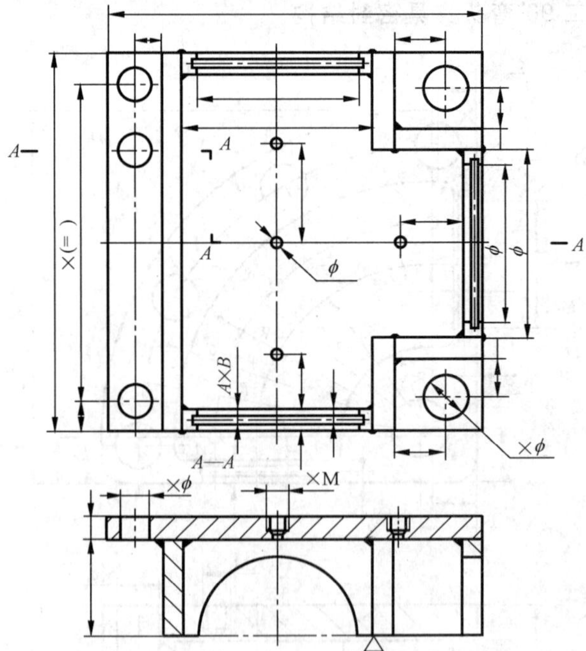

A——槽宽；

B——槽深。

图 B.13　O形圈焊接三通夹具密封结构

ICS 53.020.99
J 80

中华人民共和国国家标准

GB 26469—2011

架桥机安全规程

Safety code for launching machine

2011-05-12 发布　　　　2012-04-01 实施

中华人民共和国国家质量监督检验检疫总局
中国国家标准化管理委员会　发布

前　言

本标准的3.1、3.2、3.3.3、3.3.5、3.3.6、3.3.7、3.3.8、3.3.9、3.3.10、3.4、3.9、4.1、4.2、4.3、4.4、4.5.1、4.5.2、4.5.3、4.5.5、4.5.6、4.5.7、4.7、4.8、5.1、5.4、5.5、5.7、6.1、6.3.2、6.3.3、6.3.4、6.4.5、6.4.6、6.4.7、6.5.1、6.5.2、6.5.3、6.5.4、6.5.5、6.5.6、6.5.7、6.5.8、6.7、7.1、7.2、7.3、7.4、7.5、7.6.1、7.6.2、7.7、10.3、**第 11 章、第 12 章、第 13 章、第 14 章和第 15 章为强制性条款，其余为推荐性条款。**

本标准按照 GB/T 1.1—2009 给出的规则起草。

本标准由中国机械工业联合会提出。

本标准由全国起重机械标准化技术委员会(SAC/TC 227)归口。

本标准负责起草单位：国家起重运输机械质量监督检验中心、秦皇岛天业通联重工股份有限公司。

本标准参加起草单位：北京万桥兴业机械有限公司、郑州新大方重工科技有限公司、石家庄铁道学院国防交通研究所、郑州市华中路桥设备有限公司、郑州江河重工有限公司、郑州市华中建机有限公司、浙江中建路桥设备有限公司、南通力威机械有限公司。

本标准主要起草人：陶天华、魏福祥、王顺亭、刘亚斌、陈浩、刘嘉武、宋鹏伟、黄光者、倪建中、宋海杰、丁邦建、谢靖。

架桥机安全规程

1 范围

本标准规定了架桥机的设计、制造、安装、使用、维护、报废、检验等方面的基本安全要求。

本标准适用于公路架桥机、铁路架桥机，本标准不包括在铁路线上运行的架桥机用平车。

2 规范性引用文件

下列文件对于本文件的应用是必不可少的。凡是注日期的引用文件，仅注日期的版本适用于本文件。凡是不注日期的引用文件，其最新版本（包括所有的修改单）适用于本文件。

GB/T 27　六角头铰制孔用螺栓　A 和 B 级

GB/T 28　六角头螺杆带孔铰制孔用螺栓　A 和 B 级

GB/T 152.1　紧固件　铆钉用通孔

GB/T 1228　钢结构用高强度大六角头螺栓(ISO 7412)

GB/T 1229　钢结构用高强度大六角螺母(ISO 4775)

GB/T 1230　钢结构用高强度垫圈(ISO 7416)

GB/T 1231　钢结构用高强度大六角头螺栓、大六角螺母、垫圈技术条件

GB 2893　安全色(ISO 3864-1)

GB/T 3098.1　紧固件机械性能　螺栓、螺钉和螺柱(ISO 898-1)

GB/T 3323　金属熔化焊焊接接头射线照相(EN 1435)

GB/T 3632　钢结构用扭剪型高强度螺栓连接副

GB/T 3811—2008　起重机设计规范

GB/T 4162—2008　锻轧钢棒超声检测方法(ASTM E2375:2004)

GB/T 4842　氩

GB/T 5117　碳钢焊条(ANSI/AWSA5.1)

GB/T 5118　低合金钢焊条(ANSI/AWSA5.5)

GB/T 5293　埋弧焊用碳钢焊丝和焊剂(ANSI/AWSA5.17)

GB/T 5905　起重机试验规范和程序(ISO 4310)

GB/T 5972　起重机　钢丝绳　保养、维护、安装、检验和报废(ISO 4309)

GB/T 8110　气体保护电弧焊用碳钢、低合金钢焊丝(AWSA5.18M)

GB 8918　重要用途钢丝绳(ISO 3154)

GB/T 10051.1～10051.12—2010　起重吊钩

GB/T 12470　埋弧焊用低合金钢焊丝和焊剂

GB 15052　起重机　安全标志和危险图形符号　总则(ISO 13200)

GB/T 19418　钢的弧焊接头　缺陷质量分级指南(ISO 5817)

GB/T 20303.1　起重机　司机室　第1部分:总则(ISO 8566-1)

GB/T 26470—2011　架桥机通用技术条件

GB 50256　电气装置安装工程　起重机电气装置施工及验收规范

HG/T 2537　焊接用二氧化碳

JB/T 6061　无损检测　焊缝磁粉检测
JB/T 6062　无损检测　焊缝渗透检测
JB/T 10559　起重机械无损检测　钢焊缝超声检测
JGJ 81　建筑钢结构焊接技术规程
JGJ 82　钢结构高强度螺栓连接的设计、施工及验收规程

3　金属结构

3.1　总则

3.1.1　架桥机金属结构设计时，应合理选用材料、结构型式和构造措施，满足结构构件在运输、安装和使用过程中的强度、稳定性、刚性和有关安全性方面的要求，并尽可能减少施工载荷以适应桥梁施工的需要。且应便于检查、维修和排水。

3.1.2　在金属钢结构设计文件中，应注明钢材牌号，必要时还应注明对钢材所要求的力学性能、化学成分及其他的附加保证项目。应注明所要求的焊缝形式、尺寸、焊缝质量等级及对施工的要求。

3.2　材料

架桥机承载结构构件的钢材选择应符合 GB/T 3811—2008 中 5.3 的规定，且不允许采用 B 级以下钢材。

3.3　金属结构件焊接要求

3.3.1　金属结构制作和安装单位应根据 JGJ 81 或有关标准制定的金属结构焊接技术规程。

3.3.2　制造单位和安装单位对其首次采用的钢材型号、焊接材料、焊接方法、接头形式、焊接位置、焊后热处理工艺以及焊接参数、预热或后热工艺措施等各种参数的组合条件，应进行焊接工艺评定。

3.3.3　焊接材料应符合下列要求：

a)　手工焊焊条应符合 GB/T 5117 或 GB/T 5118 的规定，气体保护焊焊丝应符合 GB/T 8110 的规定，其牌号选择应与主体金属力学性能适应；
b)　埋弧自动焊、半自动焊的焊丝和焊剂应符合 GB/T 5293 和 GB/T 12470 的规定，其牌号选择应与主体金属力学性能适应；
c)　气体保护焊使用的氩气应符合 GB/T 4842 的规定，其纯度应不低于 99.95%；使用的二氧化碳气体应符合 HG/T 2537 的规定。

3.3.4　金属结构件全焊透熔化焊焊接接头的对接焊缝质量按 JB/T 10559 中焊缝等级的分级规定，分为以下 3 个等级：

a)　1 级是指重要受拉结构件的焊接接头，如主梁、小车架的受拉区等；
b)　2 级是指一般受拉结构件的焊接接头；
c)　3 级是指受压结构件的焊接接头。

3.3.5　设计要求全焊透的对接焊缝，其内部缺陷的检验应符合下列要求：

a)　1 级焊缝应进行 100% 的检验，其评定合格等级应符合 JB/T 10559 中 1 级焊缝的验收准则要求。采用射线探伤时应达到 GB/T 3323 的规定，其评定合格等级不应低于Ⅱ级。
b)　2 级焊缝可根据具体情况进行抽检，其评定合格等级应分别符合 JB/T 10559 中 2 级焊缝的验收准则要求。采用射线探伤时应达到 GB/T 3323 的规定，其评定合格等级不应低于Ⅲ级。
c)　3 级焊缝可根据具体情况进行抽检，其评定合格等级应分别符合 JB/T 10559 中 3 级焊缝的验收准则要求。射线探伤不作规定。

3.3.6　有下列情况之一时，应进行表面探伤：

a) 外观检查怀疑有裂纹；

b) 设计文件规定；

c) 检验员认为有必要时。

磁粉探伤应符合 JB/T 6061 的规定；渗透探伤应符合 JB/T 6062 的规定。

3.3.7 钢的弧焊接头缺陷质量应达到 GB/T 19418 的下列规定：

a) 1 级焊缝外观质量评定等级应符合 GB/T 19418 的 B 级；

b) 2 级焊缝外观质量评定等级应符合 GB/T 19418 的 C 级；

c) 3 级焊缝外观质量评定等级应符合 GB/T 19418 的 D 级。

3.3.8 焊工应经考试合格并取得合格证书且在有效期内。持证焊工应在其考试合格项目及其认可范围内施焊。

3.3.9 1 级焊缝施焊后应具有可追溯性。

3.3.10 焊缝无损检测人员应取得相应无损检测资格；报告编制人员和签发人员应持有相应探伤方法的Ⅱ级或Ⅱ级以上资格。

3.4 高强度螺栓连接

3.4.1 高强度螺栓连接的设计施工及验收应符合 JGJ 82 的规定。

3.4.2 构件拼装接头采用摩擦型高强度螺栓连接时，高强螺栓连接处构件接触面应保持干燥、整洁，不应有飞边、毛刺、焊接飞溅物、疤痕、氧化铁皮、污垢等。

3.4.3 构件拼装接头采用摩擦型高强度螺栓连接时，应使用力矩扳手拧紧，并应达到所要求的拧紧力矩，其接触面应紧密贴合。连接副的施拧顺序和初拧、复拧扭矩应符合设计要求。力矩扳手应进行标定并有标定记录。应有高强螺栓拧紧施工记录。

3.4.4 非剪切型高强度螺栓、螺母、垫圈的尺寸应分别按 GB/T 1228、GB/T 1229 和 GB/T 1230 的规定，其技术条件应符合 GB/T 1231 的规定。采用扭剪型高强螺栓连接副时应符合 GB/T 3632 的规定。

3.4.5 铰制孔用螺栓、孔的尺寸应分别按 GB/T 27、GB/T 28 和 GB/T 152.1 的规定，其技术条件应符合 GB/T 3098.1 的规定。

3.4.6 构件拼装接头采用摩擦型高强度螺栓连接副时，高强螺栓经使用拆卸后不能重复使用。

3.5 司机室

3.5.1 总则

当架桥机设有司机室时，司机室应符合 GB/T 20303.1 和本标准的相关规定。

3.5.2 当存在坠落物危险时，司机室顶部应装设有效的防护装置。

3.5.3 架桥机宜采用封闭式司机室。仅作辅助性质工作较少使用的架桥机司机室，可以是敞开式的，敞开式司机室应设高度不小于 1 m 的护栏。

3.5.4 在架桥机空间允许的情况下，司机室内净空高度不宜低于 1.8 m。

3.5.5 司机室工作面上的照度不应低于 30 lx。

3.5.6 司机室应有安全出入口；当司机室装有门时，应防止其在架桥机工作时意外打开；司机室的拉门和外开门应通向同一高度的水平平台；司机室的门向外开，可以安全、方便地从已架桥梁的梁面进出司机室。司机室外无平台时，一般情况下门应向里开。

3.5.7 司机室底窗和天窗安装防护栏时，防护栏应尽可能不阻挡视线。司机室的构造与布置，应使司机对工作范围具有良好的视野，并便于操作和维修。

3.5.8 司机室地板应采用防滑的非金属隔热材料覆盖。

3.5.9 重要的操作指示器应有醒目的显示，并安装在司机方便观察的位置。指示器和报警灯及急停按钮应有清晰永久的易识别标志。指示器应有合适的量程并应便于读数。报警灯应具有适宜的颜色，危险显示应用红灯。

3.6 通道和平台

3.6.1 架桥机上所有操作部位以及要求经常检查和保养的部位，凡与桥面(地面、墩、台)距离超过 2 m 的，都应能通过斜梯、平台、通道或直梯到达。

3.6.2 外设通道和平台的净空高度不应低于 1.8 m。运动部分附近的通道和平台的净宽度不应小于 0.5 m；如果设有扶手或栏杆，在高度不超过 0.6 m 的范围内，通道的净宽度可减至 0.4 m。固定部分之间的通道净宽度不应小于 0.4 m。

架桥机结构件内部很少使用的进出通道，其最小净空高度可为 1.3 m，但此时通道净宽度应增加到 0.7 m。只用于保养的平台，其上面的净空高度可以减到 1.3 m。

3.6.3 通道和平台表面应防滑。在通道和平台上人员可能停留的任何部位，都应保证在下列情况下不应发生永久变形：

a) 2 000 N 的力通过直径为 125 mm 的圆盘施加在平台表面的任何位置；

b) 通道和平台承受 4 500 N/m^2 的均布载荷。

3.6.4 维修平台的地板上单个孔洞和间隙按以下要求控制：

a) 不允许 ϕ20 mm 的球体穿过；

b) 当长度不小于 200 mm 时，其最大宽度为 12 mm。

3.7 斜梯和直梯

3.7.1 斜梯

3.7.1.1 斜梯的倾斜角不宜超过 65°。特殊情况下，倾斜角也不应超过 75°(超过 75°时按直梯设计)。

3.7.1.2 斜梯两侧应设置栏杆，两侧栏杆的间距：主要斜梯不应小于 0.6 m；其他斜梯可取为 0.5 m。斜梯的一侧靠机体时，只在另一侧设置栏杆，栏杆高度不小于 1 m。

3.7.1.3 梯级的净宽度不应小于 0.32 m，单个梯级的高度宜取为 0.18 m～0.25 m，斜梯上梯级的进深不应小于梯级的高度，连续布置的梯级，其高度和进深均应为相同尺寸。

3.7.1.4 梯级踏板表面应防滑。

3.7.2 直梯

3.7.2.1 直梯两侧撑杆间距不应小于 0.40 m，两侧撑杆之间踏杆宽度不应小于 0.30 m，梯级的间距应保持一致，宜为 0.23 m～0.30 m，梯级离开固定结构件至少应为 0.15 m，梯级中心 0.1 m 范围内应能承受 1 200 N 的分布垂直力而无永久变形。

3.7.2.2 人员出入的爬越孔尺寸，方孔不宜小于 0.63 m×0.63 m，圆孔直径宜取为 0.63 m～0.80 m。

3.7.2.3 高度 2 m 以上的直梯应设有护圈，护圈从 2.0 m 高度起开始安装，护圈直径宜取为 0.6 m～0.8 m。护圈之间应由三或五根间隔布置的纵向板条联接起来，并保证有一根板条正对着直梯的垂直中心线，相邻护圈之间的距离：当护圈设置三根纵向板条时，不应大于 0.9 m；当护圈设置五根纵向板条时，不应大于 1.5 m。安装了纵向板条的护圈在任何一个 0.1 m 的范围内应可以承受 1 000 N 的分布垂直力，不允许有永久变形。

3.7.2.4 除非提供有其他合适的把手，直梯的两边撑杆至少要比最上一个梯级高出 1.0 m，当空间受限制时此高出的高度也不应小于 0.8 m。

3.7.2.5 装在结构内部的直梯，如果结构件的布置能够保证直径为 0.6 m 的球体不能穿过，则可不设护圈。

3.7.2.6 直梯的终端宜与平台平齐，梯级终端踏板或踏杆不应超过平台平面。

3.7.2.7 如梯子在平台处不中断，则护圈也不应中断，但应在护圈侧面开一宽为0.5 m、高为1.4 m的洞口，以便人员出入。

3.8 栏杆和护绳

3.8.1 在架桥机的以下部位应装设栏杆：

a) 用于进行架桥机安装、拆装、试验、维修和保养，且高于桥面2 m的工作部位；

b) 通往离桥面高度2 m以上的检修保养部位的通道。

3.8.2 栏杆的设置应满足以下要求：

a) 栏杆上部表面的高度不低于1 m，栏杆下部有高度不低于0.1 m的踢脚板，在踢脚板与手扶栏杆之间有不少于一根的中间横杆，它与踢脚板或手扶栏杆的距离不得大于0.5 m；对净高不超过1.3 m的通道，手扶栏杆的高度可以为0.8 m。

b) 在手扶栏杆上的任意点任意方向应能承受的最小力为1 000 N，且无永久变形。

c) 栏杆允许开口，但开口处应有防止人员跌落的保护措施。

3.8.3 在无法装设栏杆的情况下，应装设护绳，护绳高度不宜低于1 m。护绳任意位置应能承受5 000 N的外力，护绳宜采用钢丝绳或链条。

3.9 金属结构的修复与报废

3.9.1 主要受力构件失去整体稳定性时不应修复，应报废。

3.9.2 主要受力构件发生腐蚀时，应进行检查和测量。当主要受力构件断面腐蚀达原设计厚度的10%时，如不能修复，应报废。

3.9.3 主要受力构件产生裂纹时，应根据受力情况和裂纹情况采取阻止裂纹继续扩展的措施，并采取加强或改变应力分布的措施，或停止使用。

3.9.4 主要受力构件因产生塑性变形，使工作机构不能正常地安全运行时，如不能修复，应报废。

4 主要零部件

4.1 吊具

4.1.1 吊杆、吊杆螺母表面应光洁，无剥裂、锐角、毛刺、裂纹等。安全系数不应小于4。

4.1.2 吊钩应符合GB/T 10051.1～10051.12—2010的规定。

4.1.3 吊杆、吊杆螺母应有制造单位的合格证、探伤报告等技术证明文件，方可投入使用。否则，应经检验，查明性能合格后方可使用。吊杆的探伤应符合GB/T 4162—2008中的A级。

4.1.4 吊杆、吊杆螺母上的螺纹不得腐蚀。

4.1.5 吊杆、吊杆螺母出现下述情况之一时，应报废：

a) 裂纹；

b) 产生明显变形。

4.1.6 吊梁扁担出现下述情况之一时，应报废：

a) 整体失去稳定性时；

b) 发生腐蚀，断面腐蚀达原设计厚度的10%，如不能修复时；

c) 产生裂纹，如不能根据受力情况和裂纹情况采取阻止裂纹继续扩展的措施时；

d) 主要部件产生塑性变形不能修复时。

4.1.7 吊杆、吊杆螺母和吊钩不得补焊。

4.1.8 吊钩达到GB/T 10051.1～10051.12—2010的有关报废指标时，应更换。

4.1.9 当使用条件或操作方法会导致重物意外脱钩时，应采用防脱绳带闭锁装置的吊钩；当吊钩起升过程中有被其他物品钩住的危险时，应采用安全吊钩或采取其他有效措施。

4.1.10 吊运物品时需同步供给电能的取物装置，其供电电缆的收放速度应与该取物装置升降速度相匹配，在升降过程中电缆不应过分松弛和碰触起重钢丝绳。

4.1.11 在可分吊具上，应永久性地标明其自重和能起吊物品的最大质量。

4.2 钢丝绳

4.2.1 架桥机用钢丝绳应符合 GB 8918 的要求。

4.2.2 钢丝绳的安全系数，工作级别 M1～M3 时不应小于 4，工作级别 M4 时不应小于 4.5。

4.2.3 起升机构不得使用接长的钢丝绳。

4.2.4 载荷由多根钢丝绳支承时，应设有各根钢丝绳受力均衡的装置；安装后的均衡装置应能灵活转动，避免钢丝绳和均衡装置间出现相对滑动。如果钢丝绳传动设计中不能使各根承载钢丝绳的载荷自动平均分配，则应在设计中考虑到各根钢丝绳间载荷不均衡分布的可能性。

4.2.5 钢丝绳在卷筒上，应能按顺序整齐排列。

4.2.6 当吊具处于工作位置最低点时，在卷筒上缠绕的钢丝绳，除固定绳尾的圈数外，必须不少于2圈。

4.2.7 钢丝绳端部固定连接应符合下列要求：

a) 用绳夹连接时，应满足表1的要求，同时应保证连接强度不得小于钢丝绳破断拉力的85%；

表1 钢丝绳夹连接时的安全要求

钢丝绳公称直径/mm	≤19	19～32	32～38	38～44	44～60
钢丝绳夹最少数量/组	3	4	5	6	7
注：钢丝绳夹夹座应在钢丝绳长头一边，钢丝绳夹的间距不应小于钢丝绳直径的6倍。					

b) 用编结连接时，编结长度不应小于钢丝绳直径的15倍，并且不得小于300 mm，连接强度不得小于钢丝绳破断拉力的75%；

c) 用楔块、楔套连接时，楔套应用钢材制造，连接强度不得小于钢丝绳破断拉力的75%；

d) 用锥形套浇铸法连接时，连接强度应达到钢丝绳的破断拉力；

e) 用铝合金套压缩法连接时，连接强度应达到钢丝绳的破断拉力的90%。

4.2.8 钢丝绳的保养、维护、安装、检验、报废应符合 GB/T 5972 的有关规定。

4.3 卷筒

4.3.1 卷筒的材料应符合 GB/T 26470—2011 中 5.4.4.3 和 5.4.4.4 的要求。

4.3.2 焊接卷筒的焊接应符合 GB/T 26470—2011 中 5.4.4.5 的要求。

4.3.3 卷筒出现下述情况之一时，应报废：

a) 影响性能的表面缺陷(如：裂纹等)；

b) 筒壁磨损达设计壁厚的20%。

4.4 滑轮

4.4.1 滑轮槽应光洁平滑，不得有损伤钢丝绳的缺陷。

4.4.2 滑轮应有防止钢丝绳脱出绳槽的装置或结构。在滑轮罩的侧板和圆弧顶板等处与滑轮本体的间隙不应超过钢丝绳直径的50%，其最大值不应超过10 mm。

4.4.3 铸造滑轮，出现下述情况之一时，应报废：

a) 影响性能的表面缺陷(如：裂纹等)；

b) 轮槽不均匀磨损达 3 mm；

c) 轮槽壁厚磨损达原壁厚的 20%；

d) 因磨损使轮槽底部直径减少量达钢丝绳直径的 50%。

4.5 制动器

4.5.1 制动器的设置应符合 GB/T 26470—2011 中 5.2.13、5.2.14 和 5.2.15 的规定。

4.5.2 架桥机起升机构在下降制动时的制动距离应符合 GB/T 26470—2011 中 5.2.16 的规定。

4.5.3 制动器应便于检查和调整，常闭式制动器的制动弹簧应为压缩式的，制动衬片应能方便更换。

4.5.4 宜选择对制动衬垫的磨损有自动补偿功能的制动器。

4.5.5 控制制动器的操纵部位，如踏板、操纵手柄等，应有防滑性能。

4.5.6 正常使用的架桥机，每班都应对制动器进行检查。

4.5.7 制动器的零件，出现下述情况之一时，应报废：

a) 驱动装置：

1) 电磁铁线圈或电动机绕组烧损；

2) 推动器推力严重不足达不到松闸要求或无推力。

b) 制动弹簧：

1) 弹簧出现塑性变形且变形量达到了弹簧工作变形量的 10%以上；

2) 弹簧表面出现 20%以上的锈蚀或有明显的损伤(如：裂纹等缺陷)。

c) 传动构件：

1) 构件出现影响性能的严重变形；

2) 主要摆动铰点出现严重磨损，且磨损造成的制动衬垫的两侧退距之和大于额定退距的 20%以上时。

d) 制动衬垫：

1) 铆接或组装式制动衬垫的磨损量达到衬垫原始厚度的 50%；

2) 带钢背的卡装式制动衬垫的磨损量达到衬垫原始厚度的 60%；

3) 制动衬垫表面出现碳化或剥脱面积达到衬垫面积的 30%；

4) 制动衬垫表面出现裂纹或严重的龟裂现象。

e) 制动轮：

1) 影响性能的表面缺陷(如：裂纹等)；

2) 起升机构的制动轮，制动面厚度磨损达原厚度的 40%；

3) 其他机构的制动轮，制动面厚度磨损达原厚度的 50%；

4) 制动面凹凸不平度达 1.5 mm 时。

4.6 车轮

出现下列情况之一时，应报废：

a) 影响性能的表面缺陷(如：裂纹等)；

b) 轮缘厚度磨损达原始厚度的 50%；

c) 轮缘厚度弯曲变形达原始厚度的 20%；

d) 踏面厚度磨损达原始厚度的 15%；

e) 当运行速度低于 50 m/min，圆度达 1 mm 时；当运行速度高于 50 m/min，圆度达 0.5 mm 时。

4.7 传动齿轮

出现下述情况之一时，应报废：

a) 轮齿塑性变形造成齿面的峰或谷比理论齿形高于或低于轮齿模数的 20%。

b) 断齿折断大于等于齿宽的 1/5；轮齿裂纹大于等于齿宽的 1/8。

c) 齿面点蚀宏观面积达轮齿工作面积的 50%；或 20%以上点蚀坑最大尺寸达 0.2 模数；或对于起升机构的 20%的点蚀坑深度达 0.1 模数；或对于其他机构的 20%的点蚀坑深度达 0.15 模数。

d) 齿面咬合面积达工作齿面面积的 20%及胶合沟痕的深度达 0.1 模数。

e) 齿面剥落的判定准则与齿面点蚀的判定准则相同。

f) 对于起升机构齿根两侧磨损量之和达 0.1 模数，对于其他机构齿根两侧磨损量之和达 0.15 模数。

4.8 横移轨道

架桥机横移轨道应和运行车轮相适应，横移轨道及轨道梁应可靠垫实。

5 液压系统

5.1 液压系统应有防止过载和冲击的安全装置。采用安全阀时，安全阀的最高工作压力不应大于系统正常工作压力的 1.1 倍，同时不得大于液压泵的额定压力。

5.2 液压系统应有良好滤清器或其他防止油污染的装置。

5.3 液压系统工作时，液压油的温升不得影响安全性能。

5.4 支腿油缸处于支承状态时，液控单向阀必须保证可靠地工作。支腿油缸应有机械支承装置，架梁状态，应由支腿油缸支承转化为机械支承。

5.5 液压系统中，应有防止被物品或主梁自重等作用，使液压马达超速的措施或装置，如平衡阀。平衡阀与油缸和液压马达应刚性连接。如果与平衡阀的连接管路过长，在靠近压力管路接头处应装自动保护装置(防破裂阀)以避免出现任何意外的物品下降。

5.6 液压系统应按设计要求用油；按说明书要求定期换油。

5.7 爆破压力与工作压力的比值，对液压钢管连同其终端部件不应小于 2.5，对液压软管连同其终端部件应不小于 4。

6 电气设备

6.1 基本要求

架桥机的电气设备必须保证传动性能和控制性能准确可靠，在紧急情况下能切断电源安全停车。在安装、维修、调整和使用中不得任意改变电路，以免安全装置失效。

架桥机电气设备的安装，必须符合 GB 50256 的规定。

6.2 环境和运行条件

6.2.1 总则

电气设备应适合在本标准规定的实际环境和运行条件使用。当实际环境或运行条件超出规定范围时，供方和用户之间应有一个协议，电气设备的具体数据由相应的产品标准规定。

6.2.2 电磁兼容性(EMC)

电气设备不应产生高于其预定使用场合相适的电磁骚扰等级。此外,电气设备还应具有足够的抗电磁骚扰能力,使其在预期环境中能正常工作。

6.2.3 环境温度

电气设备应能在预定环境温度中工作。对所有电气设备的一般要求为在环境温度 0 ℃～40 ℃范围内应能正常工作。对于高温环境和寒冷环境,必须规定附加要求。

6.2.4 湿度

最高温度为 40 ℃时,空气的相对湿度不超过 50%,电气设备应能正常工作。在较低温度下可允许较高的相对湿度,例如 20 ℃时为 90%。

若湿度偏高应采用适当的附加设施(如内装加热器、空调器、排水孔)来避免偶然性凝露的有害影响。

6.2.5 海拔

电动机正常使用地点的海拔高度不超过 1 000 m;电器正常使用地点的海拔高度不超过 2 000 m。当超过正常规定的海拔高度时,应进行修正。

6.2.6 防护

电气设备应有防止固体物和液体侵入的防护措施。

若电气设备安装处的实际环境中存在污染物(如灰尘、酸类物、腐蚀性气体、盐类物)时,应提高电气设备的适应性,保证设备在寿命周期的正常使用。

6.2.7 防油滴

任何润滑系统、液压系统或其他含油装置在运行和安装时应保证不会使油滴到电气设备上,否则电气设备应加以保护。

6.2.8 离子和非离子辐射

当电气设备受到辐射(如微波、紫外线、激光、射线)时,为避免设备误动作和预防绝缘老化,应采取防护措施。

6.2.9 振动、冲击和碰撞

当电气设备在安装和使用过程中存在振动、冲击和碰撞影响时,应采取必要的减振措施保证设备正常使用。

6.3 供电及电路

6.3.1 供电电源

在正常工作条件下,供电系统在架桥机馈电线接入处的电压波动不应超过额定值的±10%。

6.3.2 配电系统

配电系统应符合以下要求:

a） 架桥机应装设切断所有电源的主隔离开关。

b） 总电源回路应设置总断路器，总断路器的控制应具有电磁脱扣功能，其额定电流应大于架桥机额定工作电流，电磁脱扣电流整定值应大于架桥机最大工作电流。

c） 动力电源回路应设能够分断动力线路的接触器，即正常工作时所有动力回路能够通过接触器分断。

6.3.3 控制电路

架桥机控制电路应保证控制性能符合机械与电气系统的要求，不得有寄生回路和虚假回路。

6.3.4 遥控电路及自动控制电路

遥控控制电路应设置双回路，遥控操作与控制站操作应互锁。

遥控电路及自动控制电路所控制的任何机构，一旦控制失灵应自动停止工作。

6.3.5 电气配线

6.3.5.1 电线应敷设于金属管中，金属管应经防腐处理。如用金属线槽或金属软管代替，必须有良好的防雨及防腐性。

6.3.5.2 不同机构、不同电压等级、交流与直流的导线、信号线，穿管时应分开，照明线应单独敷设。

6.4 控制与操作系统

6.4.1 控制与操作系统的设计和布置应能避免发生误操作的可能性，保证在正常使用中架桥机能安全可靠地运转。

6.4.2 应按人类工效学有关的功能要求设计和布置所有控制手柄、手轮、按钮，并保证有足够的操作空间，最大限度地减轻司机的疲劳，将发生意外时对人员造成的伤害和引起财产损失的可能性降至最小。

6.4.3 控制与操作系统的布置应使司机对架桥机工作区域及所要完成的操作有足够的视野，宜采用无线遥控等视野较好的操作方式。

6.4.4 应将操作杆（或按钮等）布置在司机手或脚能方便操作的位置。操纵装置的运动方向应适合人体的自然运动。控制与操作装置应用文字或代码清晰地标明其功能（如用途、机构的运动方向等）。

6.4.5 对于采用多个控制站控制一台架桥机的同一机构（如司机室操纵和地面操纵），应具有互锁功能，在同一时间内只允许一个控制站工作。应装有显示控制站工作状态的装置。每个控制站均应设置紧急停止开关。

6.4.6 采用无线遥控的架桥机，应设有明显的遥控工作指示灯。

6.4.7 采用无线控制系统（例如无线电、红外线）应符合下列要求：

——应采取措施（如钥匙操作开关、访问码）防止擅自使用控制站。

——控制站应设置一个紧急停止开关（见 7.5）。无线控制系统对停止信号的响应时间应不超过 550 ms。

——当检测不到高频载波或收不到数据信号时，应实现被动急停功能，在 1.5 s 之内切断通道电源。当通道的突发噪声干扰超过 1 s 或在 1 s 检测不到正确的地址码等，应切断通道电源。

6.5 电气设备保护

6.5.1 主隔离开关

架桥机进线处应设主隔离开关，或采取其他隔离措施。

6.5.2 短路保护

6.5.2.1 架桥机应设总断路器实现短路保护。

6.5.2.2 架桥机的机构由笼型异步电动机拖动时，应单独设短路保护。对于导线截面较小，外部线路较长的控制线路或辅助线路，当接地电流达不到瞬时脱扣电流值时，应增设热脱扣功能，以保证导线不会因接地而引起绝缘烧损。

6.5.3 失压保护、欠压保护和零位保护

架桥机各机构应设失压保护、欠压保护和零位保护。

6.5.4 过流保护

6.5.4.1 架桥机各机构必须单独设置过流保护。对笼型异步电动机驱动机构、辅助机构可例外。

6.5.4.2 三相绕线式电动机可在两相中设过流保护。用保护箱保护的系统，应在电动机第三相上设总过流继电器保护。

直流电动机可用过电流继电器保护。

6.5.5 电动机定子异常失电保护

起升机构电动机应设置定子异常失电保护功能，当调速装置或正反向接触器故障导致电动机失控时，制动器应立即制动。

6.5.6 错相和缺相保护

各机构应设置缺相保护。当错相会引起危险时，应设错相保护。

6.5.7 漏电保护

架桥机应设漏电保护。

6.5.8 超速保护

起升机构应设置超速开关。超速开关的整定值取决于控制系统性能和额定下降速度，通常为额定速度的1.25～1.4倍。

6.5.9 防雷

施工现场内且相对周围地面处在较高位置的架桥机，若在相邻建筑物、构筑物的防雷装置的保护范围以外宜考虑防雷措施。

6.6 照明

各种作业面用照明，应保证有足够的亮度。照明回路应单独供电，各种工作照明均应设短路保护。

6.7 信号

架桥机应有指示总电源分合状况的装置，设置过孔状态下的声光警示信号，必要时还应设置故障信号或报警信号。信号指示应设置在司机或有关人员视力、听力可及的位置。

7 安全防护装置

7.1 基本要求

安全防护装置是防止架桥机事故的必要措施。包括限制运动行程和工作位置的装置、锚定、防风和滑移的装置、联锁保护装置和紧急停止开关等。各安全防护装置，须在使用中及时检查、维护，使其保持正常工作性能。如发现性能异常，应立即进行修理或更换。

7.2 限制运动行程和工作位置的安全装置

7.2.1 起升高度限制器

起升机构应装设起升高度限制器。当吊具起升到设计规定的上极限位置时，应能自动切断起升电源。在此极限位置的上方，还应留有足够的高度，以适应起升制动行程的要求。

7.2.2 运行行程限位器

应在架桥机整机横移和吊梁小车每个运动方向装设运行行程限位器或采取限位措施。

7.2.3 缓冲器及端部止挡

在轨道上运行的架桥机的运行机构、吊梁小车的运行机构等均应装设缓冲器或缓冲装置。

轨道端部止挡装置应牢固可靠，防止脱轨。

7.2.4 锚定装置

下导梁在固定状态下须实施锚定。架桥机过孔状态下应对非运动支腿实施锚定。架梁状态下应对主梁与支腿间进行固定连接。

锚定装置应确保架桥机在下列情况下整机及相关部件的安全可靠：

a） 架桥机进入非工作状态且锚定时；

b） 架桥机处于工作状态，架桥机进行正常作业并实施锚定时。

7.3 抗风防滑装置

7.3.1 架桥机应装设可靠的抗风防滑装置，并应满足规定的工作状态和非工作状态抗风防滑要求。

7.3.2 工作状态下的抗风制动装置可采用制动器、夹轨器、顶轨器、压轨器、防风铁楔等。

7.3.3 制动装置的制动与释放动作应考虑与运行机构联锁。

7.3.4 非工作状态抗风锚定应装设牵缆式、插销式或其他形式的锚定装置（如利用自身起升机构吊一片梁）。架桥机有锚定装置时，锚定装置应能独立承受架桥机非工作状态下的风载荷。

架桥机只装设抗风制动装置而无锚定装置的，抗风制动装置应能承受架桥机非工作状态下的风载荷；当工作状态下的抗风制动装置不能满足非工作状态下的抗风防滑要求时，应按上述要求设置锚定装置。架桥机有锚定装置时，锚定装置应能独立承受架桥机非工作状态下的风载荷。

7.4 联锁保护装置

7.4.1 架桥机工作时只能进行一个动作，架桥机吊梁小车起升机构的升降、吊梁小车的纵向运行和横向运行、架桥机横向运行应相互联锁。

7.4.2 在过孔状态下，不得进行有关架梁动作；架桥机架梁状态各机构应与架桥机过孔作业机构联锁，如吊梁小车的升降应与架桥机过孔运行联锁。

7.4.3 根据架桥机结构和作业工况，应明确禁止联动、互动的机构，并以直接的继电保护电气联锁线路进行联锁与互锁。

7.5 紧急停止开关

架桥机必须在司机操作处、承载支腿处等可方便控制的位置设置紧急停止开关，在紧急情况下，应能够停止所有运动驱动装置。紧急停止开关应为红色，并且不能自动复位。

7.6 其他安全防护装置

7.6.1 风速仪

架桥机应配备风速仪。

7.6.2 防护罩

在正常工作或维修时，为防止异物进入或防止其运行对人员可能造成危险，零部件应设有保护装置。吊梁小车上外露的、有可能伤人的运动零部件，如开式齿轮、联轴器、传动轴、链轮、链条等，均应装设防护罩。

7.6.3 起重量限制器

架桥机宜装设起重量限制器。

装设起重量限制器时，当实际起重量超过95%额定起重量时，起重量限制器宜发出报警信号(机械式除外)。

当实际起重量在100%～110%的额定起重量之间时，起重量限制器起作用，此时应自动切断起升动力源，但应允许机构作下降运动。

7.7 安全标志

应在架桥机的合适位置或工作区域设有明显可见的文字安全警示标志，如“起升物品下方严禁站人”等。在架桥机的危险部位，应有安全标志和危险图形符号，安全标志和危险图形符号应符合GB 15052和GB 2893的规定。

8 架桥机作业管理

8.1 安全工作制度

对于架桥机针对每项工程的作业，无论作业量的多少，都应建立一个安全工作制度并遵守。安全工作制度应包括以下内容：

a) 作业计划；

b) 合适的架桥机的选用；

c) 架桥机的维护、检查和必要的试验；

d) 制定专门的培训计划并确定明确自身职责的主管人员以及与架桥机操作有关的其他人员；

e) 经过专门培训的并授予充分监督权的授权人员；

f) 获取所有必备证书和其他有效文件；

g) 未经许可，架桥机在任何时候都不得使用或移动；

h) 建立包括架桥机操作人员在内的人员能理解的通讯方式；

i) 故障及事故的发生应及时报告。

8.2 架梁作业计划

8.2.1 要求

所有架梁作业计划应保证安全操作并充分考虑到各种危险因素。计划应由有相当经验的管理人员制定。架梁作业计划应包括：

a) 待架桥梁的特征(包括质量、架设跨度和桥梁的构造特征)和架设方法;
b) 桥墩、桥台和路基的结构特征及是否能够满足架桥机施工载荷的要求;
c) 架桥机通过隧道、提篮拱桥等建筑物时,是否满足安全净空的要求;
d) 必要的情况下,应由桥梁设计单位提供架桥机适合于本工程的检算报告;
e) 架桥机作业应考虑环境可能存在的危险因素、实际的空间作业环境、墩台和路基的适用性;
f) 架桥机所需的安装和拆卸。

8.2.2 架梁作业程序管理

进行架梁作业前,应按安全规程和使用说明书的要求制定严密的作业程序表,并在作业时严格履行作业程序表。

8.3 故障及事故报告

管理人员应保证坚持有效的故障及事故报告制度。该制度应包括告知管理人员、记录故障排除的结果以及架桥机再次投入使用的许可手续。该制度还应包括及时通报以下情况:
a) 每日检查或定期检查中发现的故障;
b) 在其他时间发现的故障;
c) 不论轻重与否的突发事件或意外事件;
d) 发生的危险情况或事故报告。

9 作业人员的要求及职责

9.1 基本要求

为了保证架桥机的安全工作制度的实施,用户方应任命经过全面的培训并有实践经验的管理人员负责架桥机作业的全面管理。

架桥机安全作业取决于架桥机作业人员的素质和责任心,应根据培训记录和人员的实际经验综合选择作业人员,应明确架桥机作业人员的职责。

作业人员应取得国家有关机构颁发的相应业务的作业资格证书。

9.2 管理人员的职责

为履行职责,管理人员应被赋予必要的权利,特别是在某些导致危险的作业情况下,有权停止操作。管理人员的职责应当包括下列内容:
a) 应对架桥机作业的有关事项进行审核,包括提出工作计划、架桥机及有关设备的选择、安全操作规程和监管等,还应包括与有关政府监督机构的沟通以及与有关单位之间的协作;
b) 保证对架桥机进行及时的全面检查和维护;
c) 保证故障和事故的报告制度有效运行以及采取正确的处理措施;
d) 为架桥作业的组织和作业过程负责。

9.3 架桥机司机

9.3.1 职责

司机应遵照制造商说明书和安全工作制度负责架桥机的安全操作。除接到停止信号之外,在任何时候都只应服从指挥发出的可明显识别的信号指令。

9.3.2 基本要求

司机应具备以下条件：

a) 具备相应的文化程度；

b) 年满18周岁；

c) 在视力、听力和反应能力方面能胜任该项工作；

d) 具有安全操作架桥机的体力；

e) 具有判断距离、高度和净空的能力；

f) 受过所操作架桥机的专业培训，并有架桥机及其安全装置方面的丰富知识；

g) 经过架梁作业指挥信号的培训，理解架桥机作业指挥信号，听从指挥人员或吊装工的指挥；

h) 熟知在各种紧急情况下的逃逸手段；

i) 具有操作架桥机资质，但出于培训的目的在专业技术人员指挥监督下的操作除外。

9.4 指挥人员

9.4.1 职责

指挥人员负责指挥架桥机作业，负有将信号从吊装工传递给司机的责任，指挥人员可以代替吊装工指挥架桥机和载荷移动。

9.4.2 基本要求

指挥人员应具备以下条件：

a) 具备相应的文化程度；

b) 年满18周岁；

c) 在视力、听力和反应能力方面能胜任该项工作；

d) 具有判断距离、高度和净空的能力；

e) 经过架梁作业指挥信号的培训，理解并能熟练使用架桥机作业指挥信号；

f) 能够熟练使用听觉设备(如对讲机)并能发出准确、清晰的口令；

g) 具有指挥架桥机作业(包括架梁和过孔作业)的能力；

h) 具有担负该项工作的资质，但出于培训的目的在专业技术人员指挥监督下的操作除外。

9.5 吊装工

9.5.1 吊装工负责将吊具与待架桥梁可靠的联接和将吊具从已架桥梁上拆除。负责将吊梁小车起升机构的升降、吊梁小车纵向运行、吊梁小车横向运行、架桥机整机横移、架桥机过孔各种动作的要求准确地传达给指挥，由指挥将信号传送给司机。在危险情况下直接将操作指令传送给司机并要求司机按要求进行操作。

9.5.2 吊装工应具备以下条件：

a) 具备相应的文化程度；

b) 年满18周岁；

c) 在视力、听力和反应能力方面能胜任该项工作；

d) 具备搬动吊具和组件的体力；

e) 具有判断距离、高度和净空的能力；

f) 经过吊装技术的培训；

g) 经过架梁作业指挥信号的培训，理解并能熟练使用架桥机作业指挥信号；

h) 能够熟练使用听觉设备(如对讲机)并能发出准确、清晰的口令;

i) 具有担负该项工作的资质,但出于培训的目的在专业技术人员指挥监督下的操作除外。

9.6 安装人员

9.6.1 安装人员负责按照制造商说明书安装架桥机,应指定一人作为"安装主管"在任何时候监管安装工作。

9.6.2 安装人员应具备以下条件:

a) 具备相应的文化程度;

b) 年满18周岁;

c) 在视力、听力和反应能力方面能胜任该项工作;

d) 具有架桥机安装工作的体力;

e) 能够胜任高空作业环境;

f) 具有估计载荷质量、平衡载荷及判断距离、高度和净空的能力;

g) 经过吊装技术及起重作业指挥信号的培训;

h) 具有根据载荷的情况选择合适的吊具的能力;

i) 在架桥机安装、拆卸以及所安装的架桥机的操作知识方面经过全面培训,并取得相应资质;

j) 经过在所安装的架桥机上的安全防护装置和调试的培训。

9.7 维护人员

9.7.1 职责

维护人员的职责是维护架桥机以及对架桥机的安全使用和正常操作负责。应遵照制造商提供的维护手册并在安全工作制度下对架桥机进行所有必要的维护。

9.7.2 基本要求

维护人员应具备以下条件:

a) 具备相应的文化程度;

b) 熟悉所维护的架桥机及其危险性;

c) 受过相应的教育和培训,包括学习特种设备使用方面的相关课程;

d) 熟悉架桥机的有关工作程序和安全防护措施。

10 架梁作业中人员的安全性

10.1 基本要求

在现场负责全面管理的人员或组织以及架桥机操作中的人员对架桥机的安全运行都负有责任。管理人员应保证架桥机作业中各项安全制度的落实。架桥机作业中与安全性相关的问题包括架桥机的使用、维修、检查和更换安全装备、安全操作规程,以及与设备有关的各类人员的责任应落实到位。

10.2 指挥人员的识别

指挥架桥机作业的人员(指挥人员)应易于为架桥机司机所识别,例如通过穿着明亮色彩的服装或使用其他的传呼信号。

10.3 人员的安全装备

管理人员应保证安全装备符合以下要求:

a) 人员安全装备适合工作现场状况，如装备安全帽、安全带、安全靴等保护装备；
b) 在工作前后检查安全装备，按规定程序进行维护，必要时进行更换；
c) 需要时应保存检查和维修记录。

11 架桥机的施工现场

11.1 基本要求

应检查以下因素是否满足架桥机施工的基本要求：
a) 桥墩、桥台、路基、横移轨道等；
b) 现场和附近的其他危险因素；
c) 工作和非工作状态下风载荷的影响；
d) 具备架桥机安装以及作业完成之后进行桥间转移和拆卸的通道或场地。

11.2 架桥机支承条件

11.2.1 架桥机制造商或架桥机设计单位应提供架桥机全部作业工况下的施工载荷。该载荷应包括下列载荷的组合：
a) 架桥机的自重；
b) 所架设梁体的质量；
c) 架桥机运行引起的动载荷；
d) 架桥机在工作状态允许的最大风载荷。
11.2.2 架桥机主管人员应负责确认桥墩、桥台、路基、横移轨道等满足架桥机施工要求。一般将架桥机制造商或架桥机设计单位提供的全部作业工况下的施工载荷交由桥梁设计单位检算确认是否满足施工要求。

11.3 架空电线和电缆(包括架桥机上方的架空线缆和待架桥梁跨越的线缆)

11.3.1 确认所有架空电缆线路是否带电。
11.3.2 在可能与带电动力线接触的场合，在工作开始之前，应首先考虑带电动力线主管部门的意见。
11.3.3 架桥机工作时，架桥机各部分和架桥机上所有操作人员手持金属工具等，与输电线的最小距离应符合表2的规定。

表2 架桥机与输电线的最小距离

输电线路电压 V/kV	<1	1～20	35～110	154	220	330
最小距离/m	1.5	2	4	5	6	7

12 安装与拆卸

12.1 施工计划

架桥机的安装与拆卸应做出施工计划并应严格监督管理。
正确的安装和拆卸程序应保证：
a) 安装前向当地有关部门提出安装申请；

b) 提供架桥机的安装、拆卸说明书，并提供架桥机制造单位及安装单位的有关资质的许可证明；

c) 安装人员未完全理解说明书及有关的操作规程之前，不能进行安装作业；

d) 安装和拆卸作业应按照安装说明书进行，并且由安装主管人员负责；

e) 参与操作的所有人员应经过培训并取得作业人员资格证；

f) 更换的部件和构件应为合格品；

g) 改变任何预定程序、技术参数或结构应经架桥机设计者或工程师的同意。

12.2 安装调平

架桥机安装时应对架桥机的主梁和横移轨道进行调平，否则设计时应考虑架桥机作业时的坡度带来的危险因素，并应具备自锁功能。

13 架桥机的操作

13.1 基本要求

13.1.1 司机操作架桥机时，不允许从事分散注意力的其他任何工作。

13.1.2 司机体力和精神不适时，不得操作架桥机。

13.1.3 司机应接受指挥信号的指挥。无论何时，司机都应执行来自任何人发出的停止信号。

13.1.4 司机应对自己直接控制的操作负责。无论何时，当怀疑有不安全情况时，司机应在操作架桥机之前和管理人员协商。

13.1.5 在离开架桥机之前，司机应做到下列要求：

a) 桥梁未架设到位，司机不得离开架桥机；

b) 使运行机构制动器制动或设置其他的保险装置；

c) 将所有控制器置于“零位”或空档位置；

d) 发动机熄火；

e) 有超过架桥机工作状态极限风速的大风警报或架桥机处于非工作状态时，为保证架桥机安全应将其可靠锚定。

13.1.6 在接通电源或开动设备之前，司机应查看所有控制器，使其处于“零位”或空档位置。所有现场人员均在安全区内。

13.1.7 在每个班开始，司机必须试验所有控制器。如果控制器操作不正常，应在架桥机运行之前调试和修理。

13.1.8 当风速超过制造单位规定的最大风速时，不允许操作架桥机。

13.1.9 架桥机作业时，应视线良好并提供有效的通讯手段保证架桥机的安全操作，不应在雾雪、雷雨等恶劣天气条件下作业，不宜在夜间进行作业。

13.2 架梁作业

13.2.1 确认待架梁体的自重和外形尺寸在架桥机作业能力覆盖范围之内。

13.2.2 吊具与梁体确认可靠联结后方可起吊。起升不超过 100 mm 距离应制动、下降，如此试吊 2 次确认起升制动安全可靠后方可正式起吊梁体。

13.2.3 起吊梁体时应两端分别进行，但单端起吊后梁体的倾斜程度应满足待架梁体的相关规定。

13.2.4 采用拖拉喂梁时，应保证前吊梁小车与运梁车驮梁小车行走的同步。

13.2.5 架桥机架梁操作应严格按照架桥机操作手册或使用说明书的规定进行。

14 检验与维护

14.1 检查

14.1.1 日常检查

在每次换班或每个工作日开始工作前，对架桥机至少进行下列日常检查：

a) 按制造商手册的要求进行检查；

b) 检查所有钢丝绳在滑轮和卷筒上缠绕是否正常；

c) 目测检查电气设备，不允许沾染润滑油、润滑脂、冷却剂、水或灰尘；

d) 目测检查架桥机车轮和轮胎的安全状况；

e) 检查液压系统软管是否有非正常弯曲和磨损；

f) 检查各工作机构的制动器和离合器的功能是否正常；

g) 检查架桥机在空载情况下所有控制系统是否处于正常状态；

h) 检查所有限制装置或保护装置，以及控制手柄或操纵杆的操作状态；

i) 检查防风锚定装置(固定时)的安全性以及架桥机运行轨道上有无障碍物；

j) 检查架桥机是否处于整洁环境，并且远离油罐、废料、工具或物料，已有安全储藏措施的情况除外；检查架桥机的出入口，要求无障碍以及相应的灭火设施应完备；

k) 检查所有声光报警装置和信号装置能否正常操作；

l) 检查照明灯、挡风屏雨刷是否能正常使用。

14.1.2 定期检查

用户应按制造商规定的检查周期或根据架桥机的实际使用工况制定检查周期进行定期检查。除了按照规定推荐的检查内容外，还应根据下列内容进行检查：

a) 检查金属结构及其连接件的损坏情况，例如构件的缺损、拉压杆件的弯曲、板件的波浪变形、焊接裂纹和螺栓及其他紧固件的松动；

b) 摩擦型螺栓连接，应按规定的扭矩和制造商规定的时间间隔进行检查；

c) 检查液压系统有无渗漏；

d) 目测检查所有钢丝绳有无断丝、挤压变形、笼状扭曲变形或其他的损坏迹象及过度的磨损和表面锈蚀情况；

e) 检查所有钢丝绳端部结点、销轴和固定装置的连接情况；

f) 检查吊具的焊缝及吊具结构有无磨损及永久变形情况，且吊杆、吊杆螺母每吊装 200 片梁时，应进行无损探伤检验；

g) 检查滑轮和卷筒的裂纹和磨损情况；检查所有滑轮装置是否损坏、绳槽磨损及卡绳情况；

h) 检查控制器、制动器和离合器的操作和控制情况；检查主起升机构编码器、超速开关、高度限位开关线路是否正常；

i) 应做好检查记录并加以保存。

14.1.3 不经常使用的架桥机检查

架桥机如果停止使用一个月以上，但不超过一年，应在使用前按 14.1.2 的规定进行检查。

14.2 试验

14.2.1 基本要求

对于新设计、首次制造的架桥机应进行型式试验。

对于新制造的、新安装的、改造和大修的架桥机在初次使用之前及架桥机发生重大事故之后再次使用前，除进行安装检查外，还应进行载荷起升能力试验。改造是指改变架桥机受力结构、机构或控制系统致使架桥机的性能参数与技术指标发生变更；大修是指需要通过拆卸或更新主要受力结构部件，也包括对机构或控制系统进行整体修理，但大修后架桥机的性能参数与技术指标不应变更。架桥机的载荷起升能力试验包括静载试验、动载试验和额定载荷试验。

对于再次安装的架桥机，应进行额定载荷试验。

目测检查与载荷起升能力试验的内容应按 GB/T 5905 和 GB/T 26470 的规定进行。试验必须由有资格的人员进行。

14.2.2 试验记录

应制定具有签字栏和日期的试验记录以供使用。记录的内容至少要有试验过程、试验载荷采取的试验工况和程序的阐述、有资格的试验人员和负责人员的姓名。

14.3 维护

14.3.1 预防性维护

14.3.1.1 应在架桥机制造商建议的基础上建立预防性的维护计划，并制定注明日期的维护记录。

14.3.1.2 所有需要润滑的运动零件或器件应定期进行润滑。严格遵守制造商规定的润滑部位(点)、润滑保养级别形式。

14.3.1.3 更换的零部件应符合原制造商规定的技术要求。未经制造商同意，不得采用代用件及代用材料。

14.3.2 维护程序

14.3.2.1 架桥机重大调整或检修之前，应采取下列预防措施：

——全部控制器应置于"零位"；

——除了试验目的之外，应把主开关或紧急开关置于断路位置并锁住。

14.3.2.2 架桥机调整或检修后，全部安全装置应重新安装调整完毕并应达到其相应的功能，拆除并移去维修设备，同时完成有关规定的试验。

14.3.3 部件或器件的调试

架桥机应保持经常性调试，保证部件或器件的功能正常，应经常调试的项目包括：

——功能性的操作机构；

——限制装置；

——控制系统；

——制动系统；

——动力系统。

15 架桥机使用状态的安全评估

架桥机应按 14.1 的规定进行检查。当架桥机使用接近设计寿命，架桥机的故障频度增加，或架桥机的工作状况明显恶化时，应进行架桥机使用状态的安全评估来监控架桥机的安全状况。

架桥机达到下列条件之一时应进行使用状态安全评估：

a) 达到设计规定的架梁片数，如设计无规定，铁路架桥机已架梁片达到 1 000 孔，公路架桥机架梁片数达到 2 000 片，节段拼装式架桥机的架梁片数达到 3 000 节段；

b) 铁路架桥机安装拆卸转场次数 4 次；

c) 出厂年限达到 5 年。

使用状态的安全评估应包括所有会影响架桥机安全使用的结构件、零部件及电气件，并应包括下列部件组：

——承载结构；

——机械系统；

——液压系统；

——电气系统；

——安全系统。

架桥机使用者应保留用来确定架桥机接近设计寿命的使用记录。除制造商提供的有关记录外，还应包括维护、检查、意外事件(如误操作导致的不正常载荷等)、故障、修理和改装等记录。在定期检查中应检查这些记录，保证在适当时间进行安全评估。

ICS 53.020.99
J 80

中华人民共和国国家标准

GB/T 26470—2011

架桥机通用技术条件

General specification for launching machine

2011-05-12 发布　　2012-04-01 实施

中华人民共和国国家质量监督检验检疫总局
中国国家标准化管理委员会　发布

前　言

本标准按照GB/T 1.1—2009给出的规则起草。

本标准由中国机械工业联合会提出。

本标准由全国起重机械标准化技术委员会(SAC/TC 227)归口。

本标准负责起草单位:国家起重运输机械质量监督检验中心、郑州新大方重工科技有限公司。

本标准参加起草单位:北京万桥兴业机械有限公司、福建省特种设备监督检验所、秦皇岛天业通联重工股份有限公司、浙江中建路桥设备有限公司、石家庄铁道学院国防交通研究所、郑州市华中建机有限公司、郑州市华中路桥设备有限公司、郑州江河重工有限公司、南通力威机械有限公司。

本标准主要起草人:陶天华、陈浩、刘亚斌、谢靖、王小平、魏福祥、赵建华、刘嘉武、倪建中、陶英喜、宋海杰、丁邦建。

架桥机通用技术条件

1 范围

本标准规定了架桥机的术语和定义、型式与基本参数、技术要求、试验方法、检验规则、标志、包装、运输及贮存。

本标准适用于额定起重量不大于 2 000 t 的公路架桥机和铁路架桥机。本标准不包括在铁路线上运行的架桥机用平车。

2 规范性引用文件

下列文件对于本文件的应用是必不可少的。凡是注日期的引用文件，仅注日期的版本适用于本文件。凡是不注日期的引用文件，其最新版本(包括所有的修改单)适用于本文件。

GB/T 191 包装储运图示标志(ISO 780)
GB/T 700 碳素结构钢(ISO 630)
GB 755 旋转电机 定额和性能(IEC 60034-1)
GB/T 985.1 气焊、焊条电弧焊、气体保护焊和高能束焊的推荐坡口(ISO 9692-1)
GB/T 985.2 埋弧焊的推荐坡口(ISO 9692-2)
GB/T 1228 钢结构用高强度大六角头螺栓(ISO 7412)
GB/T 1229 钢结构用高强度大六角螺母(ISO 4775)
GB/T 1230 钢结构用高强度垫圈(ISO 7416)
GB/T 1231 钢结构用高强度大六角头螺栓、大六角螺母、垫圈技术条件
GB/T 1591 低合金高强度结构钢
GB 2893 安全色(ISO 3864-1)
GB/T 3323 金属熔化焊焊接接头射线照相(EN 1435)
GB/T 3632 钢结构用扭剪型高强度螺栓连接副
GB/T 3766 液压系统通用技术条件(ISO 4413)
GB/T 3811—2008 起重机设计规范
GB/T 4162—2008 锻轧钢棒超声检测方法(ASTM E2375:2004)
GB 4208 外壳防护等级(IP 代码)(IEC 60529)
GB 5226.2 机械安全 机械电气设备 第 32 部分:起重机械技术条件(IEC 60204-32)
GB/T 5905 起重机试验规范和程序(ISO 4310)
GB 6067.1—2010 起重机械安全规程 第 1 部分:总则
GB 8918 重要用途钢丝绳(ISO 3154)
GB/T 8923 涂装前钢材表面锈蚀等级和除锈等级(ISO 8501-1)
GB/T 9286 色漆和清漆 漆膜的划格试验(ISO 2409)
GB/T 10051.1～10051.12—2010 起重吊钩
GB/T 10095(所有部分) 圆柱齿轮 精度制[ISO 1328(所有部分)]
GB/T 11352 一般工程用铸造碳钢件(ISO 3755,ISO 4990)
GB/T 13306 标牌

GB/T 13384　机电产品包装通用技术条件

GB/T 14406—2011　通用门式起重机

GB 15052　起重机　安全标志和危险图形符号　总则(ISO 13200)

GB/T 21972.1　起重及冶金用变频调速三相异步电动机技术条件　第1部分:YZP系列起重及冶金用变频调速三相异步电动机

GB 26469—2011　架桥机安全规程

GB 50017　钢结构设计规范

JB/T 6392　起重机车轮

JB/T 6406　电力液压鼓式制动器

JB/T 7019　盘式制动器　制动盘

JB/T 7020　电力液压盘式制动器

JB/T 7076　YEZS系列起重用双速锥形转子制动三相异步电动机　技术条件

JB/T 7077　YZRE系列起重及冶金用电磁制动绕线转子三相异步电动机　技术条件

JB/T 7842　YZR-Z系列起重专用绕线转子三相异步电动机　技术条件

JB/T 8110.1　起重机　弹簧缓冲器

JB/T 8110.2　起重机　橡胶缓冲器

JB/T 8398　双幅板压制滑轮

JB/T 8437　起重机械无线遥控装置

JB/T 8905.1　起重机用三支点减速器

JB/T 8905.2　起重机用底座式减速器

JB/T 8905.3　起重机用立式减速器

JB/T 8905.4　起重机用套装式减速器

JB/T 8955　YZR2系列起重及冶金用绕线转子三相异步电动机　技术条件

JB/T 9003　起重机用三合一减速器

JB/T 9005(所有部分)　起重机用铸造滑轮

JB/T 9006(所有部分)　起重机用铸造卷筒

JB/T 10104　YZ系列起重及冶金用三相异步电动机　技术条件

JB/T 10105　YZR系列起重及冶金用绕线转子三相异步电动机　技术条件

JB/T 10360　YZ2系列起重及冶金用三相异步电动机　技术条件

JB/T 10559　起重机械无损检测　钢焊缝超声检测

JB/T 10816　起重机用底座式硬齿面减速器

JB/T 10817　起重机用三支点硬齿面减速器

JB/T 10833　起重机用聚氨酯缓冲器

JG/T 5078.1　建筑机械与设备　焊接滑轮

3　术语和定义

下列术语和定义适用于本文件。

3.1

架桥机　launching machine

支承在桥梁结构上、可沿纵向自行变换支承位置、用于将预制桥梁梁体(包括整孔梁体、整跨梁片、节段梁体、非整跨梁片)安装在桥墩(台)指定位置的一种专用起重机。

常见架桥机的结构形式如图1～图9所示。

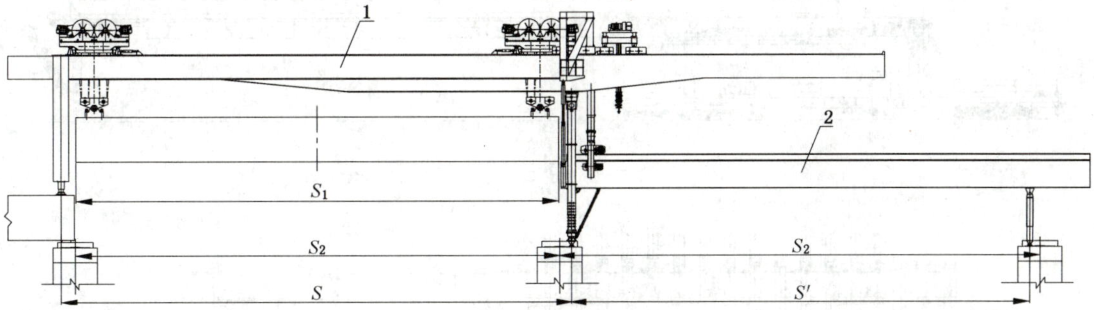

说明：

1 ——主梁；

2 ——导梁。

S ——支承跨度；

S_1——所架梁体长度；

S_2——架设跨度；

S'——导梁支承跨度。

图 1

图 2

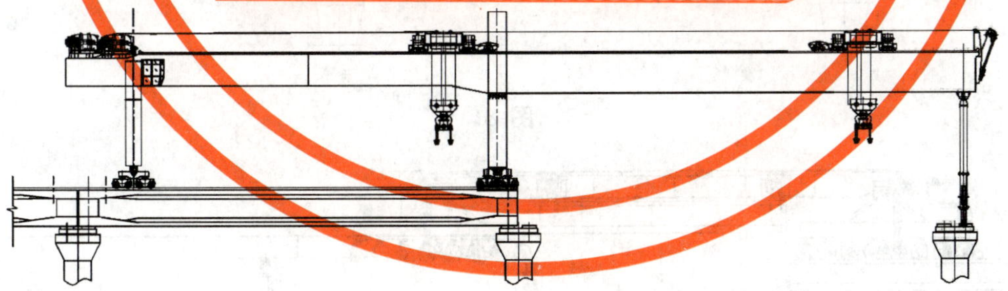

图 3

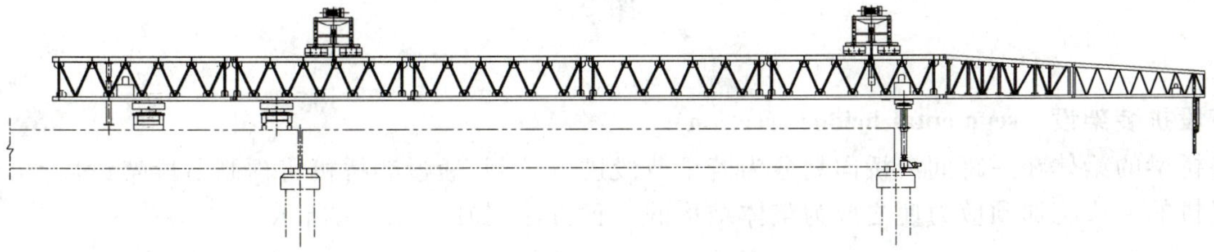

图 4

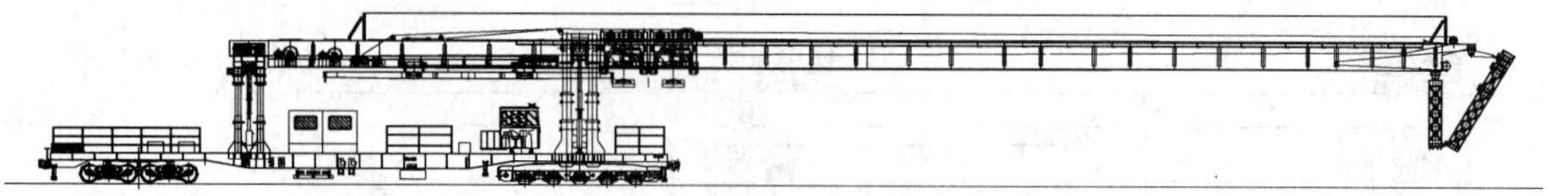

图 5

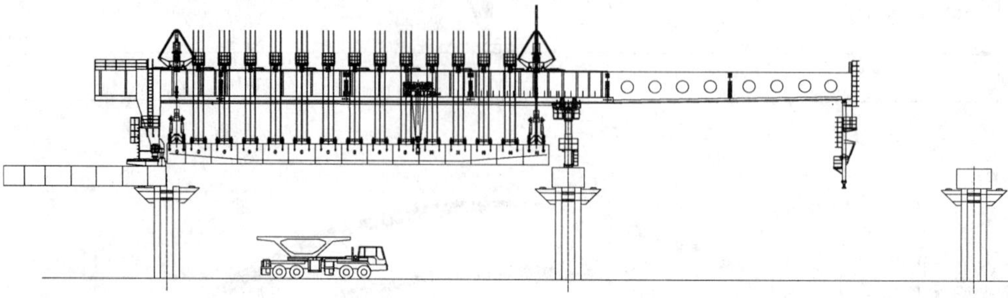

图 6

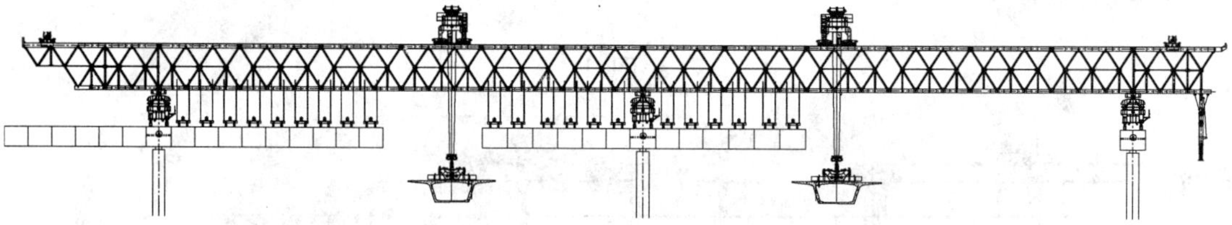

图 7

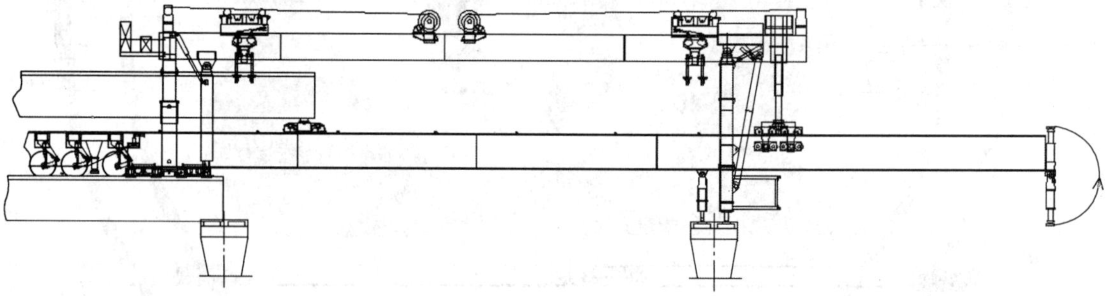

图 8

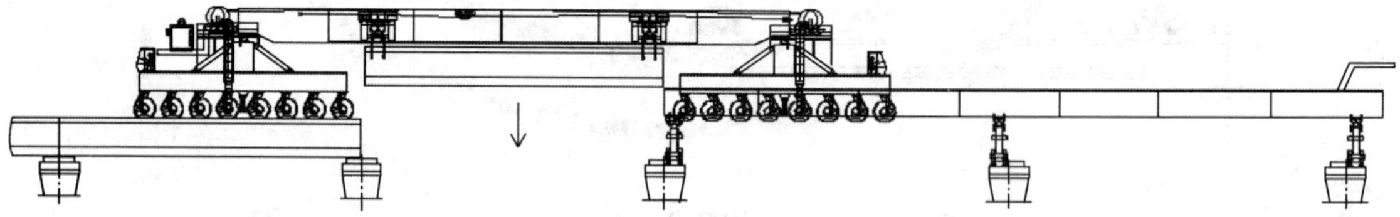

图 9

3.2

节段拼装架设　segmental bridge erection

将桥梁的梁体在一跨间沿桥向划分为若干节段进行预制，通过架桥机将预制节段架设后进行组拼，并对组拼的节段施加预应力使之成为整体结构的一种方法，如图 6、图 7 所示。

3.3

整跨架设　beam erection

桥梁梁体长度与桥梁跨径相吻合，由一榀或多片梁体架设到位后构成桥跨结构，如图 1、图 2、图 3、

图 4、图 5、图 8、图 9 所示。由一榀梁体构成桥跨结构的又称为整孔架设。

3.4

架设跨度 erecting span

架桥机架设桥梁两桥墩中心线间的距离称为架设跨度，见图 1 中 S_2 所示。S_2 通常以名义值表示。

3.5

支承跨度 supporting span

架桥机架梁状态下，架桥机位于架设孔位上沿桥向两支承结构中心线间的距离称为架桥机的支承跨度，见图 1 中 S 所示。

3.6

过孔作业 self launching operation

架桥机沿桥向自行从桥墩(台)移到下一桥墩(台)的作业过程。

3.7

主梁 main beam

置于支承结构上，沿桥向的主要承载金属结构(见图 1 中序号 1 所示)。

3.8

导梁 under bridge

用于承载架桥机主体过孔或承载待架桥梁及其驮运设备的结构(见图 1 中序号 2 所示)。

3.9

起升高度 load-lifting height

架梁状态下，架桥机吊具在最高位置时与在最低位置时吊具下表面之间的距离。

3.10

额定起重量、额定承载量 rated load, rated loading capacity

对于整跨架设的架桥机，通常将架桥机两个小车抬吊的最大质量称为架桥机的额定起重量；对于节段拼装架桥机，通常将架桥机单个小车的额定起重量作为架桥机的额定起重量。架桥机在最大架设跨度时允许承受的梁体的最大质量称为架桥机的额定承载量。

4 型式与基本参数

4.1 型式

4.1.1 架桥机按施工方法可分为：

a) 整跨架设式架桥机，如图 1、图 2、图 3、图 4、图 5、图 8、图 9 所示；

b) 节段拼装架设式架桥机，如图 6、图 7 所示。

4.1.2 架桥机按过孔方式一般分为：

a) 导梁式过孔，可分为：

——导梁式架桥机：架桥机借助导梁完成过孔作业，如图 1、图 2、图 8、图 9 所示；

——吊运架一体式架桥机：架桥机由吊运梁机和独立导梁机两部分组成，能独立完成吊梁、运梁、架梁和过孔作业，且过孔作业是借助独立导梁完成，如图 8、图 9 所示。

b) 步履式架桥机：架桥机设置多组支腿，依靠支腿的换位和主梁相对于支腿的运动实现过孔作业，如图 4、图 7 所示。

c) 走行式架桥机：架桥机依靠支腿在桥面上走行实现过孔作业，如图 2、图 3、图 5 所示。

d) 铁路车辆式架桥机：架桥机设有专用铁路车体，在铺设的铁路轨道上走行过孔，如图 4 所示。

4.2 基本参数

4.2.1 按 GB/T 3811 的有关规定，架桥机的工作级别分为 A1、A2、A3，见表 1。

表 1

载荷状态级别	载荷谱系数 K_P	使用等级	
		U_0	U_1
Q3	$0.250<K_P\leqslant 0.500$	A1	A2
Q4	$0.500<K_P\leqslant 1.000$	A2	A3

4.2.2　架桥机的额定起重量(G_n)应优先采用表 2 规定的数值。

表 2

单位为吨

60	80	100	120	140	160	180	200	220	250	320	360
450	500	550	600	700	750	900	1 000	1 200	1 600	1 800	2 000

4.2.3　架桥机的架设跨度(S_2)应优先采用表 3 规定的数值。

表 3

单位为米

20	24	25	30	32	35	40	45	48	50
55	56	60	64	70	75	80	100	110	130

4.2.4　架桥机的起升高度应优先采用表 4 所规定的数值。

表 4

单位为米

桥面喂梁	3.0	3.5	4.0	4.5	5.0	5.5	6.0	6.5	7.0
	7.5	8.0	8.5	9.0	9.5	10.0	—	—	—
桥下喂梁	10	15	20	25	30	35	40	45	50
	55	60	65	70	75	80	85	90	—

4.2.5　架桥机的各机构工作速度应优先在表 5 规定的范围内选用。

表 5

单位为米每分

机　构		速　度
起升	桥面喂梁	0.4～1.0
	桥下喂梁	0.8～4.0
吊梁小车纵向运行		2.0～8.0
吊梁小车横向运行		0.2～5.0
架桥机整机横向运行		0.5～5.0
架桥机过孔		1.0～5.0
慢速推荐为正常工作速度的 1/2～1/10		
注：超出上述范围时，由用户(需方)与制造商(供方)进行协商确定。		

5 技术要求

5.1 环境条件

5.1.1 架桥机的电源为三相交流，额定频率为 50 Hz 或 60 Hz，额定电压为 380 V～460 V。在正常工作条件下，供电系统在架桥机馈电线接入处的电压波动不应超过额定值的±10%。

5.1.2 采用发电机组供电时，发电机组在架桥机使用环境条件下其常用功率应满足架桥机工作需要，电压波动不应超过额定值的±5%。

5.1.3 架桥机安装使用地点的海拔高度不应超过 1 000 m(超过 1 000 m 时应按 GB 755 的规定对电动机容量进行校核，超过 2 000 m 时应对电器件进行容量校核)。

5.1.4 架桥机正常使用的环境温度应在 −20 ℃～+40 ℃的范围以内，24 h 内的平均温度不应超过+35 ℃。

5.1.5 当架桥机周围环境温度在+40 ℃时，其相对湿度不应超过 50%。较低温度下相对湿度可以提高。

5.1.6 抗风能力应不低于表 6 的规定。

表 6

单位为帕(相当风级)

工作状态 p_o		非工作状态 p_w
过孔状态	150(5)	1 200(11)
架梁状态	250(6)	

5.1.7 架桥机的最小曲线半径，应优先采用表 7 所规定的数值。

表 7

单位为米

300	400	500	600	800	1 000
1 200	1 500	2 000	3 000	4 000	5 000

5.1.8 架桥机适应的最大坡度不宜超过表 8 所规定的数值。

表 8

单位为%

公路	纵坡	6
	横坡	5
铁路	纵坡	2
	横坡	2
注：架桥机的工作环境超出上述范围时，由用户(需方)与制造商(供方)进行协商确定。		

5.2 使用性能

5.2.1 与架桥机有关的参数应符合 4.2 和用户在订货合同中提出的要求。

5.2.2 架桥机起重能力应达到额定起重量(G_n)，承载能力应能达到额定承载量。

5.2.3 架桥机吊梁小车吊点位置及结构型式应满足梁体设计要求，且吊具(杆)极限位置偏差不应大于

100 mm。

5.2.4 架桥机架梁时应具备带载纵向、横向调节功能，纵向、横向调节量应与架桥机架设桥梁跨度和所适应曲线半径相匹配。

5.2.5 架梁过程中，架桥机的内净空应满足所架设梁体构造尺寸的要求，应具有足够的安全距离，安全距离不宜小于 100 mm。

5.2.6 架桥机可以通过利用已架桥梁或墩(台)锚固以提高整机稳定性。架桥机过孔和架梁时整机抗倾覆稳定性应满足 GB/T 3811—2008 中 8.1.4 的要求。

5.2.7 架桥机各机构工作速度的允许偏差为额定值的±10%。

5.2.8 架桥机在各种正常使用工况下，各机构的起动、制动应平稳可靠。

5.2.9 架桥机在设计规定的纵坡、横坡或同时具有纵横坡的坡道上作业应制动可靠。

5.2.10 架桥机的伸缩支腿应有可靠的机械锁定。

5.2.11 架桥机进行静载试验时，应能承受 1.25 倍额定起重量的试验载荷，试验后进行目测检查，各受力金属结构件应无裂纹、无永久变形、无油漆剥落或对起重机的性能与安全有影响的损坏，各连接处也应无松动或损坏。

5.2.12 架桥机进行动载试验时，应能承受 1.1 倍额定起重量的试验载荷和 1.1 倍的额定承载量，试验过程中应工作正常，制动器等安全装置动作灵敏可靠，试验后进行目测检查，各受力金属结构件不应有损坏，连接处也不应出现损坏或松动。

5.2.13 架桥机采用的制动器应是常闭式的，制动轮(盘)应装在与传动机构刚性连接的轴上。起升机构的每一套独立的驱动装置至少应装设一个支持制动器和安全制动器。

5.2.14 起升机构每套驱动装置装有一个支持制动器时，制动器安全系数不应低于 1.75。

5.2.15 起升机构每套驱动装置装有两个支持制动器时，每一个制动器的安全系数不应低于 1.5；对于两套彼此有刚性联系的驱动装置，每套装置装有两个支持制动器时，每一个制动器的安全系数不应低于 1.25；对于采用行星减速器传动，每套驱动装置装有两个支持制动器时，每一个制动器的安全系数不应低于 1.75；具有液压制动作用的液压传动起升机构不应低于 1.25。

5.2.16 架桥机起吊梁体在下降制动时的制动距离(起升机构以稳定工作速度运行，从制动器断电至梁体停止时的下滑距离)不应大于 1 min 内稳定起升距离的 1/65。

5.2.17 钢丝绳安全系数应符合表 9 规定。

表 9

起升机构工作级别	安全系数
M1～M3	4
M4	4.5

5.2.18 架桥机的静态刚性应符合以下要求：

a) 垂直静挠度 f 与支承跨度 S 的关系，推荐值见表 10 的规定。

表 10

架桥机主梁	$f\leqslant\frac{1}{400}S$
架桥机导梁(简支)S'	$f\leqslant\frac{1}{600}S'$
对于铁路车辆式架桥机、隧道内架梁的架桥机及定点起吊的架桥机主梁静态刚性可不大于 $S/300$。 **注：** S 为主梁的支承跨度，S' 为导梁支承跨度。	

b) 对于非导梁过孔式架桥机，设计时应控制过孔时架桥机悬臂端挠度，使架桥机能在设计规定的支承跨度和纵向坡度条件下顺利过孔。对于起重小车在主梁悬臂作业时，悬臂端的挠度 f 不应大于 $L/350$（L 为悬臂端有效长度）。

5.2.19 采用两台吊梁小车的架桥机，吊梁小车的升降和运行既可以单动，也可以联动，速度的相对误差不应超过 2%；采用拖拉喂梁方式的架桥机，前吊梁小车运行速度与运梁台车走行速度相差不应超过 2%。

5.2.20 架桥机的起升高度不应小于名义值的 97%。

5.3 金属结构

5.3.1 基本要求

5.3.1.1 架桥机主梁、支腿、小车架和导梁等主要结构件材料应符合 GB/T 3811—2008 中 5.3.1.1 的规定，且不允许采用 B 级以下钢材。

5.3.1.2 主要结构件在涂装前应进行表面喷（抛）丸处理，且应达到 GB/T 8923 中规定的 Sa2$\frac{1}{2}$级或 St3 级，其他构件应达到 Sa2 级或 St2 级。

5.3.1.3 焊接构件用焊条、焊丝、焊剂应与被焊接的材料相适应。

5.3.1.4 金属结构件的设计应便于检查、维修和排水。

5.3.2 焊接

5.3.2.1 焊接坡口的形式和尺寸应符合 GB/T 985.1 和 GB/T 985.2 规定。

5.3.2.2 钢的弧焊接头缺陷质量应符合 GB 6067.1—2010 中 3.3.7 的规定。

5.3.2.3 架桥机主梁、导梁、小车架、吊具及主要承力支腿等位于受拉区的翼缘板及腹板的对接焊缝应进行 100% 无损检测，超声波检测时不应低于 JB/T 10559 中的 1 级要求，射线检测时不应低于 GB/T 3323 中规定的Ⅱ级。

5.3.3 高强度螺栓连接

5.3.3.1 高强度螺栓连接的设计应符合 GB/T 3811 和 GB 50017 的相关规定。

5.3.3.2 非剪切型高强度螺栓接头所用螺栓、螺母、垫圈及其技术要求应分别符合 GB/T 1228、GB/T 1229、GB/T 1230 和 GB/T 1231 的规定。扭剪型高强度螺栓接头所用的钢结构用扭剪型高强度螺栓连接副应符合 GB/T 3632 的规定。

5.3.4 主梁（架桥机主梁组装完成以后）

5.3.4.1 主梁设计要求有上拱时，跨中上拱允许偏差为 $\pm S/5\,000$，且最大上拱度应位于跨中部 $S/10$ 范围内。设计未要求上拱时，主梁跨度中部最低点不应低于水平线 $S/1\,000$。

5.3.4.2 主梁在水平方向产生的弯曲，对正轨箱形梁和半偏轨箱形梁不应大于 $S_3/1\,500$（S_3 为两端始于第一块横向加筋肋的实测长度，在离上翼缘板约 100 mm 的横向加筋肋处测量），最大不应超过 15 mm。

对全偏轨箱形梁、单腹板梁和桁架梁，应满足 5.3.4.9 和 5.3.4.10 对轨道的要求。

5.3.4.3 主梁腹板的局部翘曲，用以 1 m 平尺检测，离上翼缘板 $H/3$ 以内不应大于 0.7δ，其余区域不应大于 1.2δ（见图 10）。

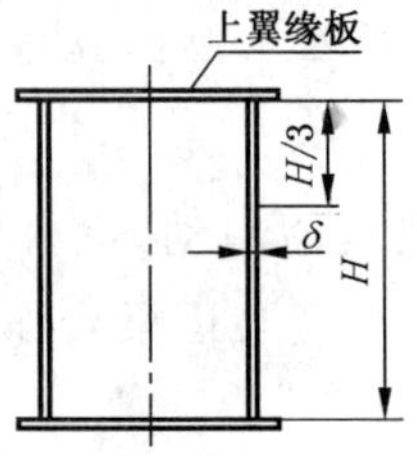

图 10

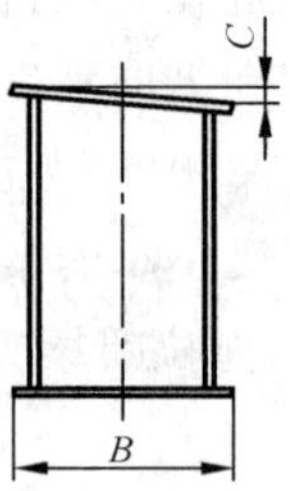

图 11

5.3.4.4 箱形梁及单腹板梁上翼缘板的水平偏斜值 $C \leqslant B/200$(见图 11),此值允许在未装轨道前在大筋板或节点处测量。

5.3.4.5 箱形梁腹板的垂直偏斜 $h \leqslant H/200$,单腹板梁及桁架梁的垂直偏斜 $h \leqslant H/300$(见图 12),此值应在大筋板或节点处测量。

5.3.4.6 桁架梁杆件的直线度 $\Delta l \leqslant 0.0015a$(见图 13)。

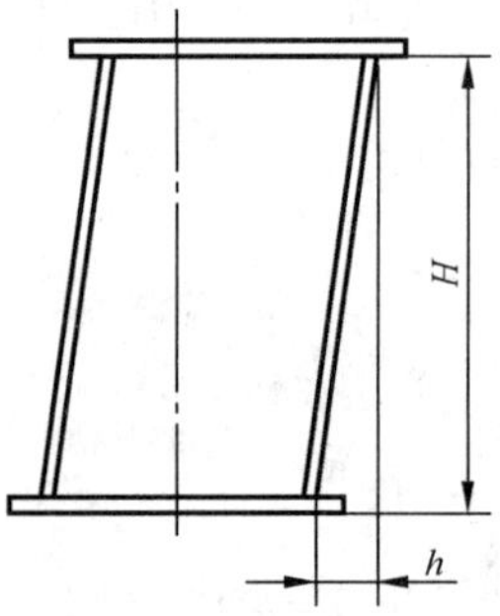

图 12

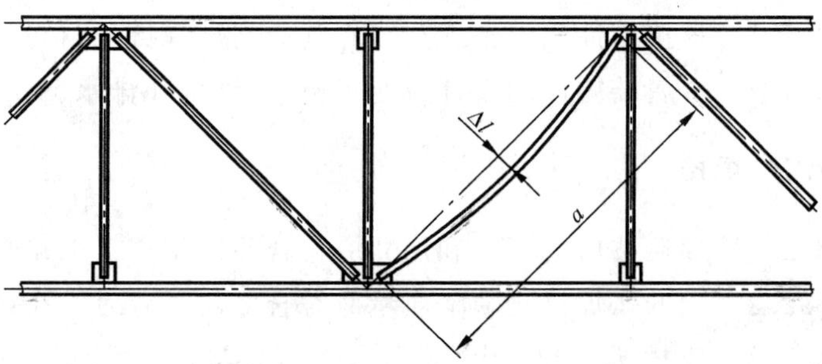

图 13

5.3.4.7 架桥机主梁支承跨度范围内以各支腿中心线形成的平面和小车轨道上表面中心线的交点所得的对角线长度的差值不应大于 5 mm。

5.3.4.8 吊梁小车轨道应满足以下要求(见图 14):

对于起重量小于 320 t 的分段拼接桁架梁,每段梁上小车轨道不允许有接缝(允许焊为一体),桁架梁拼接处的小车轨道应满足:

a) 接头处的高低差 $d \leqslant 2$ mm;

b) 接头处的间隙 $e \leqslant 4$ mm;

c) 接头处的侧向错位 $f \leqslant 2$ mm;

d) 非焊接连接的轨道应当在端部加挡铁。

对于其他梁,小车轨道应满足:

a) 接头处的高低差 $d \leqslant 1$ mm;

b) 接头处的间隙 $e \leqslant 2$ mm;

c) 接头处的侧向错位 $f \leqslant 1$ mm;

d) 对正轨箱形梁及半偏轨箱形梁,轨道接缝应该放在筋板上,允差不应大于 15 mm;

e) 两端最短一段轨道长度不应小于 1.5 m,并且在端部加挡铁。

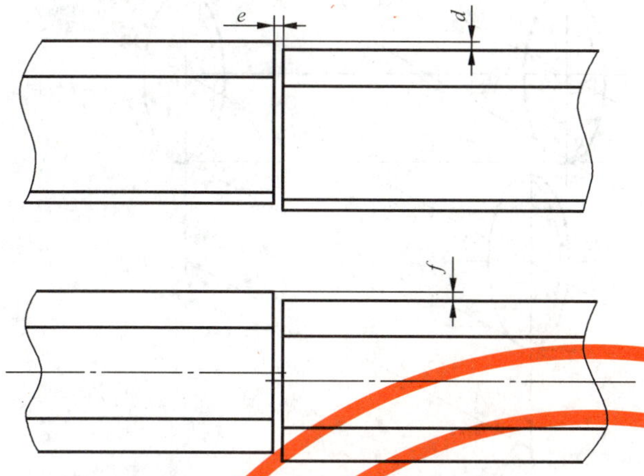

图 14

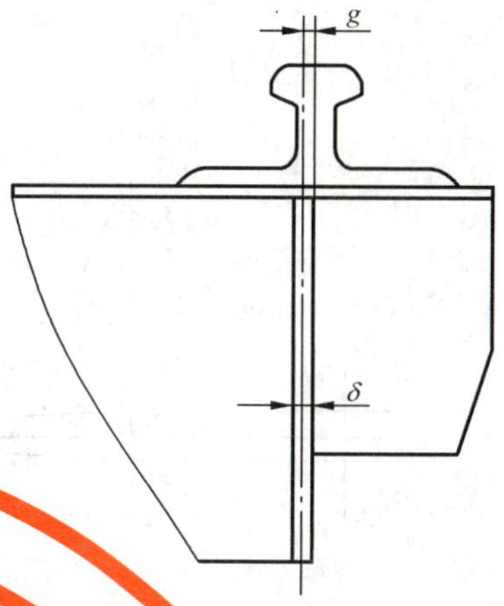

图 15

5.3.4.9 主梁为偏轨箱形梁、单腹板梁的小车轨道中心线对承轨腹板中心线的位置偏差(见图 15)，$g \leqslant \delta/2$，δ 为腹板厚度。

5.3.4.10 两根运行小车轨道轨距偏差 $\Delta K = \pm 8$ mm，如图 16 所示。K 为小车轨距的名义值。

5.3.4.11 在与小车运行方向相垂直的同一截面上两根小车轨道表面之间的高低差，当 $K \leqslant 2$ m 时，$\Delta h \leqslant 5$ mm；当 $K > 2$ m 时，$\Delta h \leqslant 2.5K$，K 以米(m)计，Δh 最大不超过 10 mm，如图 16 所示。

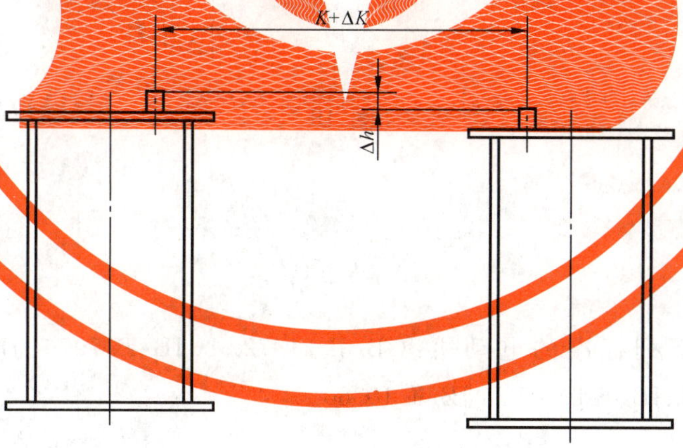

图 16

5.3.4.12 架桥机两根小车轨道顶部形成的局部平面度 Δh_r(见图 17，相对于四个轮子形成的标准平面)，当 $K \leqslant 2$m 时，$\Delta h_r \leqslant 2.5$ mm；当 $K > 2$ m 时，$\Delta h_r \leqslant 1.25K$，$K$ 以米(m)计，Δh_r 最大不超过 5 mm(K 为小车轨距的名义值)。

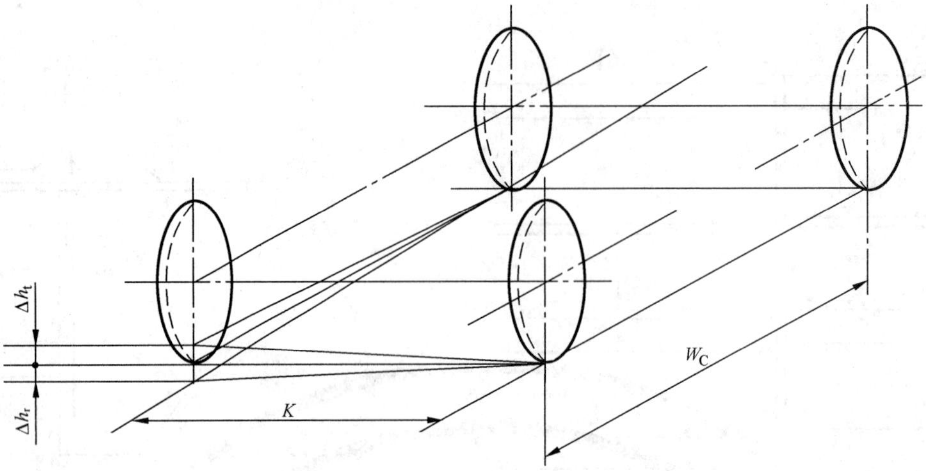

图 17

5.3.4.13 小车运行轨道的侧向直线度(见图 18),应符合以下要求:

a) 每 2 m 长度内 b 不应大于 2 mm;

b) 轨道全长范围内 b 不应大于 10 mm。

单位为毫米

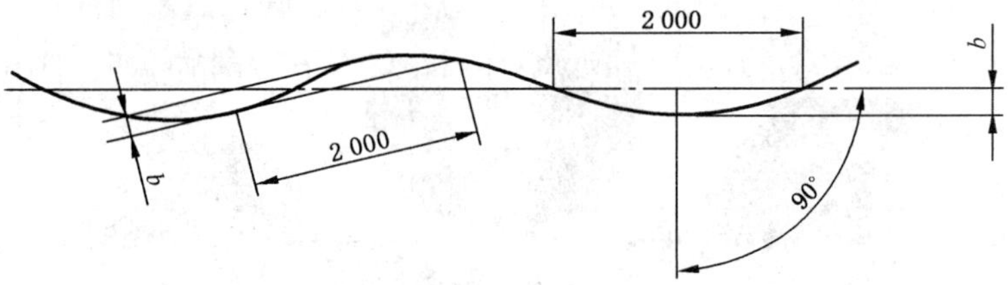

图 18

5.4 主要零部件

5.4.1 电动机

应优先选用符合下列标准的电动机:GB/T 21972.1、JB/T 7076、JB/T 7077、JB/T 7842、JB/T 8955、JB/T 10104、JB/T 10105 和 JB/T 10360。

5.4.2 减速器和开式传动齿轮

5.4.2.1 应优先选用符合下列标准的减速器:JB/T 8905.1、JB/T 8905.2、JB/T 8905.3、JB/T 8905.4、JB/T 9003、JB/T 10816 和 JB/T 10817。

5.4.2.2 选用其他减速器时,硬齿面齿轮副的精度不应低于 GB/T 10095(所有部分)中的 6 级,中硬齿面则不应低于 8-8-7 级。

5.4.2.3 用开式齿轮传动,则齿轮副精度不应低于 GB/T 10095(所有部分)中的 9 级。

5.4.3 制动器

应优先选用符合下列标准的制动器:JB/T 6406、JB/T 7019 和 JB/T 7020。

5.4.4 滑轮和卷筒

5.4.4.1 铸造滑轮的结构型式宜符合 JB/T 9005(所有部分)的规定,铸造卷筒结构型式宜符合 JB/T 9006(所有部分)的规定。

5.4.4.2 双腹板压制滑轮结构型式宜符合 JB/T 8398 的规定,焊接滑轮结构型式宜符合 JG/T 5078.1 的规定。

5.4.4.3 铸造滑轮和卷筒材料的力学性能不应低于 GB/T 11352 的 ZG270-500。

5.4.4.4 焊接滑轮和卷筒材料的力学性能不应低于 GB/T 700 的 Q235B,根据使用工况和环境温度,可采用属于不同质量等级的 GB/T 1591 中的 Q345 钢或 Q420 钢。

5.4.4.5 焊接卷筒体的环向对接焊缝和纵向对接焊缝经外观检查合格后应进行无损检测。对环形对接焊缝进行 50%检验,超声波检测时不应低于 JB/T 10559 中规定的 1 级要求,射线检测时不应低于 GB/T 3323 中规定的Ⅱ级。纵向对接焊缝要保证卷筒两端各 160 mm 范围内做检验,其余部分至少进行 20%检验,超声波检测时不应低于 JB/T 10559 中规定的 3 级要求,射线检测时不应低于 GB/T 3323 中规定的Ⅲ级。

5.4.4.6 卷筒上应设置绳槽。卷筒绳槽为折线时,钢丝绳在卷筒上的缠绕层数可以是两层或两层以上;卷筒绳槽为螺旋线时,钢丝绳在卷筒上的缠绕层数不宜超过两层。缠绕层数不小于两层且卷筒钢丝绳入绳角度超过 1.7°时,应设置排绳装置。

5.4.4.7 多层缠绕的卷筒,端部应有防止钢丝绳从卷筒端部滑落的凸缘。当钢丝绳全部缠绕在卷筒后,凸缘应超出最外面一层钢丝绳,超出的高度不应小于钢丝绳直径的 1.5 倍。

5.4.5 钢丝绳

5.4.5.1 应采用符合 GB 8918 中的钢芯钢丝绳。

5.4.5.2 钢丝绳端部的固定和连接应符合 GB 6067.1—2010 中 4.2.1.5 的规定。

5.4.5.3 当吊具处于工作位置最低点时,在卷筒上缠绕的钢丝绳,除固定绳尾的圈数外不应少于 2 圈。

5.4.6 缓冲器

应优先选用符合 JB/T 8110.1、JB/T 8110.2 和 JB/T 10833 规定的缓冲器。

5.4.7 车轮

应优先选用符合 JB/T 6392 规定的车轮。

5.4.8 吊钩

应优先选用符合 GB/T 10051.1～10051.12—2010 的吊钩。

5.4.9 吊杆

吊杆表面应光洁,无剥裂、锐角、毛刺、裂纹等。吊杆的两端宜设有球铰,吊杆的安全系数不应小于 4。吊杆的探伤应符合 GB/T 4162—2008 中的 A 级。

5.4.10 遥控装置

当架桥机设有无线遥控装置时,无线遥控装置除应符合 JB/T 8437 的规定外,还应符合 5.8.3.2 的要求。地面有线控制装置,也应符合 5.8.3.2 的要求。

5.5 装配

5.5.1 传动链中各部件间的连接，同一轴线的偏斜角不应大于所用联轴器允许的安装误差。

5.5.2 制动轮安装后，应保证其径向圆跳动不应超过表 11 规定的值。

表 11

制动轮直径/mm	≤250	>250~500	>500~800
径向圆跳动/μm	100	120	150

5.5.3 车轮安装后，应保证基准面上的圆跳动不应超过表 12 规定的值。

表 12

车轮直径/mm	≤250	>250~500	>500~800
端面圆跳动/μm	100	120	150

5.5.4 空载小车一个车轮相对于其他三个车轮形成的平面的垂直偏差 Δh_t（见图 17），当 $K \leqslant 2$ m 时，$\Delta h_t = 2.5$ mm；当 $K > 2$ m 时，$\Delta h_t \leqslant [2.5 + 0.1 \times (K-2)]$[$K$ 为小车轨距的名义值，单位为米(m)]。

5.5.5 由小车车轮中心之间量出的轨距的极限偏差为±8 mm。

5.5.6 架桥机车轮、架桥机吊梁小车和起重小车车轮的水平偏斜应符合以下规定：

a) 当采用镗孔并直接装车轮的结构时，车轮轴线的水平偏斜角 φ（见图 19）的控制范围为 $-0.63‰ \sim +0.63‰$。

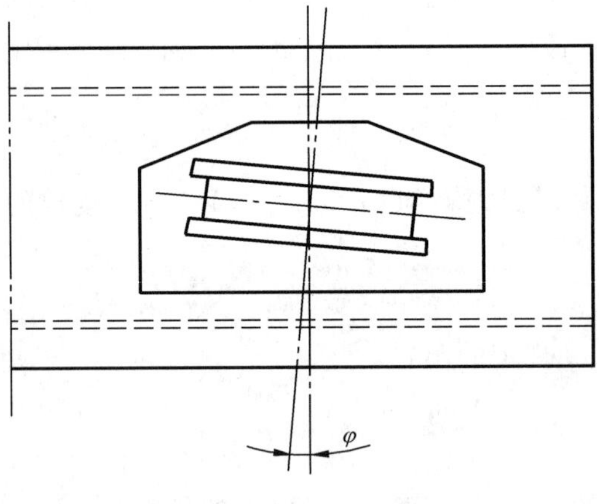

图 19

b) 当采用焊接连接的整体车架及角型轴承箱结构，并用测量车轮端面来控制车轮偏斜时，测量值 $|P_1 - P_2|$（见图 20）。对于四个车轮的架桥机和小车不应大于表 13 的规定，但同一轴线上的两个车轮的偏斜方向应相反；对多于四个车轮的架桥机和小车，单个平衡梁（平衡台车）下的两个车轮按表 13 的规定，同一轨道上的所有车轮间不应大于 $l/800$（l 为测量长度）且不控制车轮偏斜方向。

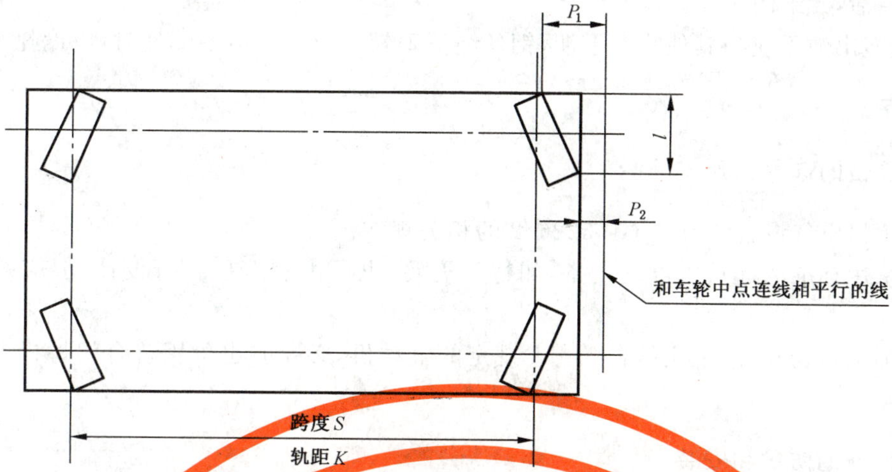

图 20

表 13

机构工作级别	M1	M2～M4
$\|P_1-P_2\|\leqslant$	$l/800$	$l/1\ 000$

5.5.7 架桥机车轮的垂直偏斜应符合以下规定：

a) 架桥机车轮轴线的垂直偏斜：$-0.002\ 6\leqslant\tan\alpha\leqslant0.002\ 6$；

b) 架桥机吊梁小车车轮轴线的垂直偏斜：$-0.000\ 6\leqslant\tan\alpha\leqslant0.002\ 6$（见图 21）。

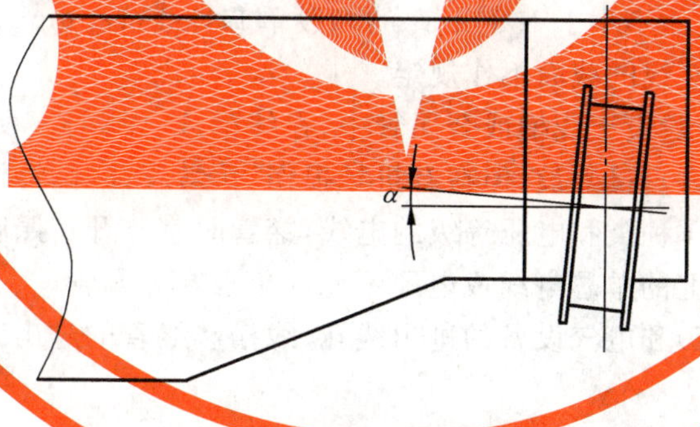

图 21

5.5.8 同一端梁上车轮的同位差要求，两个车轮时不应大于 2 mm，三个或三个以上车轮时不应大于 3 mm。同一平衡梁上不应大于 1 mm。（见图 22）。

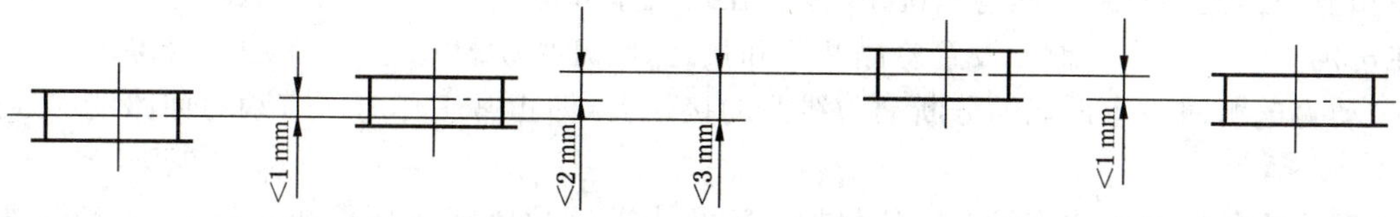

图 22

5.5.9 在前支腿与中支腿间量出的架桥机整机横移车轮的支承跨度相对偏差不大于 10 mm。

5.5.10 装配好的各机构，应安装牢固，起升机构宜设有独立的底座，各机构无渗漏油现象。非制动状态时，应运转灵活，无卡阻现象。

5.5.11 钢丝绳出绳不应与其他物件干涉，钢丝绳下垂较大影响其他零部件时，应设托轮（辊）。

5.6 电气设备

5.6.1 电气设备的选用原则

5.6.1.1 架桥机电气设备应符合 GB 5226.2 的相关规定。

5.6.1.2 宜采用标准的起重机电气设备，如特殊需要，也可由制造厂自行设计，但应符合 GB/T 3811 的有关规定。

5.6.1.3 除辅助机构外，应采用符合 5.4.1 规定的电动机，必要时也可用符合架桥机要求的其他类型电动机。

5.6.2 电气设备的防护和安装

5.6.2.1 安装在电气室（柜）内的电气设备，其防护等级应为 GB 4208 中的 IP00，但应有适当的防护措施，如防护栏杆、防护网等。如安装在无遮蔽防护的场所时，室外电气设备外壳防护等级不应低于 GB 4208 中的 IP54，电阻器不应低于 GB 4208 中的 IP33。

5.6.2.2 安装在架桥机各部位的电气设备，应能方便和安全地维修。走台上和电气室内的电气设备一般应留有 600 mm 以上的通道。特殊情况允许适当缩小，但不应小于 500 mm。

5.6.3 导线及其敷设

5.6.3.1 架桥机应采用铜芯、多股、有护套的绝缘导线，司机室内允许采用无护套的铜芯、多股、塑料绝缘导线。

5.6.3.2 架桥机上移动用电缆，应采用扁型软电缆。

5.6.3.3 架桥机上应采用截面不小于 1.5 mm^2 的多股单芯导线或 1 mm^2 的多股多芯导线。对电子装置、液压系统、传感元件等连接线的截面不作规定。

5.6.3.4 架桥机上的电线应敷设于线槽或金属管中，在线槽或金属管不便敷设或有相对移动的场合，可穿金属软管敷设。电缆允许直接敷设，但在有机械损伤、化学腐蚀、油污浸蚀的地方应有防护措施。

5.6.3.5 不同机构、不同电压种类和电压等级的电线，穿管时宜分开。照明线宜单独敷设。

5.6.3.6 交流载流 25 A 以上的单芯电线或电缆不允许单独穿金属管。

5.6.3.7 司机室、电气室（柜）和电气设备的进出线孔、线槽和线管的进出线口均应采取防雨措施，线槽内不应积水。

5.6.4 配电系统

5.6.4.1 架桥机应装设切断所有电源的主隔离开关。

5.6.4.2 总电源回路应设置总断路器，总断路器的控制除应具有电磁脱扣功能以外，根据设计还应具有分励脱扣或失压脱扣功能。紧急情况下，能够在司机室和电气室内断开总电源，急停按钮为非自复位式。应在司机方便地操作的地方设置急停开关和接通、断开架桥机总电源（照明信号除外）。

5.6.4.3 动力电源回路应设能够分断动力线路的接触器，即正常工作时所有动力回路能够通过接触器分断。

5.6.4.4 架桥机各传动机构应设有零位保护。运行中若因故障或失压停止运行后，重新恢复供电时，机构不应自行动作，应人为将控制器置回零位后，机构才能重新启动。

5.6.5 馈电装置

架桥机及吊梁小车馈电装置宜采用电缆导电，并应满足以下要求：

a) 在桥架和小车架的适当部位设置固定的接线盒(箱);

b) 另设牵引绳,保证在小车运动过程中电缆不受力;

c) 电缆截面不大于 2.5 mm^2 时,可选用多芯电缆;电缆截面不小于 4 mm^2 时,可选用三芯或四芯电缆;截面不小于 16 mm^2 的圆电缆宜选用单芯电缆。

5.6.6 照明及其他

5.6.6.1 司机室和电气室均应有合适的照明,司机工作面上的照度不应低于 30 lx。

5.6.6.2 固定式照明的电压不宜超过 220 V,严禁用金属结构做照明线路的回路,可携式照明的电压不应高于 48 V,交流供电时,应使用隔离变压器。架桥机上应具有适当的供插接可携式照明用的插座。

5.6.6.3 照明、讯号应设专用电路,电源应从主断路器进线端分接。当主断路器断开时,照明讯号电路不应断电,照明、讯号电路及其各分支电路应设置短路保护。

5.6.7 绝缘电阻和接地电阻

5.6.7.1 架桥机动力线路导线和保护接地电路之间施加 500 V(DC)时,测得的绝缘电阻不应小于 1 MΩ。

5.6.7.2 架桥机金属结构应当可靠接地,架桥机的重复接地或防雷接地的接地电阻不应大于 10 Ω,对于保护接地的接地电阻不应大于 4 Ω。

5.7 液压系统

5.7.1 液压系统的设计、制造应符合 GB/T 3766 的有关规定。

5.7.2 液压系统应有防止过载和液压冲击的安全装置。安全阀的调整压力不应大于系统正常工作压力的 110%,不应大于液压泵的额定压力。

5.7.3 液压系统应当有满足系统要求的过滤器或者其他防止油污染的装置。

5.7.4 液压系统中,应有防止被物品或主梁自重等作用,使液压马达超速的措施或装置,如平衡阀,平衡阀与油缸和液压马达应刚性连接。

5.7.5 有相对运动的部位采用软管连接时,应当尽可能缩短软管长度,避免相互摩擦碰撞,易受到损坏的外露软管应当加保护套。

5.7.6 液压油缸的端口和阀(例如:保护阀)之间的焊接或装配连接件,爆破压力与工作压力的安全系数不应小于 2.5。液压软管连同它们的终端部件,爆破压力与工作压力的安全系数不应小于 4。

5.7.7 系统采用蓄能器时,必须在蓄能器上或者靠近蓄能器的明显处标出安全警示标志。

5.7.8 对于工作压力超过 5 MPa 和/或温度超过 50 ℃,并位于架桥机操作者 1 m 范围之内的液压软管,应加装安全防护措施。

5.8 安全与卫生

5.8.1 总则

架桥机的安全与卫生应符合 GB 6067.1、GB 26469—2011 和本标准的相关规定 。

5.8.2 安全防护装置与措施

5.8.2.1 架桥机运行机构均应设置限位装置。

5.8.2.2 吊梁小车应设置起升高度限位装置。当取物装置上升到设计规定的上极限位置时,应能自动停止起升动作,此时可做下降方向的运动。在此限位器的上方,还应留有足够的高度尺寸,以适应起升制动行程的要求。

5.8.2.3 架桥机各机构制动器的安全系数应符合5.2.14、5.2.15的要求。

5.8.2.4 架桥机各伸缩支腿应有可靠的机械锁定装置；架桥机依靠液压缸承力部位，应设置机械支承装置以释放液压缸载荷，避免液压缸长时间承载。

5.8.2.5 起升机构应设置超速保护装置。

5.8.2.6 架桥机宜装设起重量限制器。装设起重量限制器时，当实际起重量超过95%额定起重量时，起重量限制器宜发出报警信号(机械式除外)。当实际起重量在100%～110%的额定起重量之间时，起重量限制器起作用，此时应自动切断起升动力源，但应允许机构做下降运动。

5.8.2.7 应在架桥机的合适位置或工作区域设有明显可见的文字安全警示标志，如“起升物品下方严禁站人”等。在架桥架的危险部位应有安全标志和危险图形符号，安全标志和危险图形符号应符合GB 15052和GB 2893的规定。

5.8.3 保护与控制

5.8.3.1 架桥机进线处应设置隔离开关或采取其他隔离措施，应装有总断路器作短路保护。

5.8.3.2 架桥机应设置失压保护和零位保护，在司机和操作人员方便操作的地方应设置紧急停止开关。

5.8.3.3 根据架桥机结构和作业工况，应明确禁止联动、互动的机构，应对相关电气线路设置联锁与互锁。

5.8.3.4 架桥机应配置风速仪。

5.8.3.5 架桥机推荐采用遥控等地面操纵方式。设有司机室时，司机室应安全可靠，视野良好，座椅可调，符合人类工效学的原则，司机操纵舒适方便，并具有良好的隔音、密封、保暖、通风、防雨性能。

5.8.3.6 架桥机上所有操作部位以及要求经常检查和保养的部位，凡与桥面距离超过2 m的，都应能通过斜梯、平台、通道或直梯到达，梯级应装护栏。

5.8.3.7 用斜梯(楼梯)或台阶构成的固定通道和平台为维护架桥机的首选方案。但活动通道设备也可作为维护作业的一种替代方案。

5.8.3.8 架桥机通道的宽度不应小于500 mm，上方的净空高度一般不应低于1 800 mm。在通道和平台上人员可能停留的任何部位，都应能承受以下载荷而不发生永久变形：

a) 2 000 N的力通过直径为125 mm圆盘施加在平台表面的任何位置；

b) 4 500 N/m^2 均布载荷。

5.8.3.9 任何通道基面上的孔隙，包括人员可能停留区域之上的走道、驻脚台或平台底面上的狭缝和空隙都应满足如下要求：

a) 不允许直径为20 mm的球体通过；

b) 长度等于或大于200 mm时，其最大宽度为12 mm。

5.8.3.10 通道基面应具有防滑性能。

5.8.3.11 栏杆上部表面的高度不低于1 m，栏杆下部有高度不低于0.1 m的踢脚板，在踢脚板与手扶栏杆之间有不少于一根的中间横杆，它与踢脚板或手扶栏杆的距离不得大于0.5 m；对净高不超过1.3 m的通道，手扶栏杆的高度可以为0.8 m；栏杆上任何一处都应能承受1 kN来自任何方向的载荷而不产生永久变形。

5.8.3.12 小车的栏杆原则上应和走台上的同样设置。当因小车栏杆高度使架桥机整体高度增大而无法通过特定的限界(如隧道、立交桥、高压电缆等)要求时，栏杆高度可与小车上传动部件最高点一致，但最小高度为700 mm，中间加一道横杆。

5.8.3.13 在无法装设栏杆的情况下，应装设护绳，护绳高度不宜低于1 m。护绳任意位置应能承受

5 000 N 的外力,护绳宜采用钢丝绳或链条。

5.8.3.14 架桥机上外露的、有伤人可能的旋转零部件,如开式齿轮、联轴器、传动轴等,均应装设防护罩。

5.8.4 噪声

架桥机工作时,在无其他外声干扰、距声源 1 m 处,架桥机各机构产生的噪声(不含发动机产生的噪声)不应大于 85 dB(A)。

5.9 外观

5.9.1 架桥机面漆应均匀、细致、光亮、完整和色泽一致,不得有粗糙不平、漏漆、错漆、皱纹、针孔及严重流挂等缺陷。

5.9.2 涂漆时,应先涂两层底漆,两层漆膜总厚度 50 μm~60 μm,然后再涂两层或两层以上面漆。漆膜的总厚度不小于 100 μm。

5.9.3 漆膜附着力应符合 GB/T 9286 中规定的一级质量要求。

5.9.4 涂漆颜色一般应符合订货合同的规定。

6 试验方法

6.1 总则

架桥机的试验应遵循 GB/T 5905 和本标准的规定,与通用门式起重机相同的试验(检验)项目参照 GB/T 14406—2011 执行,见表 14。

6.2 目测检查

目测检查应包括检查所有重要部分的规格和/或状态是否符合要求,如:各机构、电气设备、安全装置、制动器、控制器、照明和信号系统;架桥机金属结构及其连接件、梯子、通道、司机室和走台;所有的防护装置;吊杆或其他吊具及其连接件;钢丝绳及其固定件;滑轮组及其轴向紧固件。检查时,不必拆开任何部分,但应打开在正常维护和检查时应打开的盖子,如限位开关盖。

目测检查还应包括检查必备的证书是否已提供齐全并经过审核。

6.3 合格试验

6.3.1 总则

架桥机空载运行后,根据起重量的大小,经过 2~3 次的逐渐加载直至额定起重量,在额定工况下做各机构各方向的动作试验和测试,验证表 14 中所列项目是否符合本标准和设计图样的要求,试验时不允许同时开动两个机构。

6.3.2 主梁支承跨度跨中静挠度测试

对于非定点起吊架桥机,先将空载吊梁小车停放在支腿支点,在主梁跨中位置找好基准点,然后将一吊梁小车开至主梁最不利位置(主梁中部),对于单小车的架桥机按额定起重量加载,对于双小车的架桥机按架桥机额定起重量的一半加载,载荷离地面 100 mm~200 mm,保持 10 min。测量基准点的下挠数值后卸载,主梁基点下挠数值即为架桥机主梁跨中的静挠度。

对于定点起吊架桥机,架桥机空载时,在主梁跨中位置找好基准点,架桥机吊梁小车按架桥机的额定起重量加载,载荷离地面 100 mm~200 mm,保持 10 min。测量基准点的下挠数值后卸载,主梁基点下挠数值即为架桥机主梁跨中的静挠度。

表 14

<table>
<tr><th rowspan="2">序号</th><th rowspan="2" colspan="2">项目名称</th><th rowspan="2">计量单位</th><th colspan="2">检验分类</th><th rowspan="2">要求值</th><th rowspan="2">极限偏差</th><th rowspan="2">试验方法</th></tr>
<tr><th>出厂检验</th><th>型式试验</th></tr>
<tr><td>1</td><td colspan="2">目测检验</td><td></td><td>○</td><td>○</td><td>见 6.2</td><td></td><td></td></tr>
<tr><td>2</td><td colspan="2">主梁水平弯曲</td><td></td><td>○</td><td>○</td><td>见 5.3.4.2</td><td></td><td>见 GB/T 14406—2011 中 6.2.3.1</td></tr>
<tr><td>3</td><td colspan="2">架桥机支承跨度对角线差</td><td>m</td><td></td><td>○</td><td>见 5.3.4.7</td><td></td><td>见 GB/T 14406—2011 中 6.2.2</td></tr>
<tr><td>4</td><td colspan="2">架桥机上拱度</td><td></td><td>○</td><td>○</td><td>见 5.3.4.1</td><td></td><td>见 GB/T 14406—2011 中 6.2.3.2</td></tr>
<tr><td>5</td><td colspan="2">小车轨距偏差</td><td></td><td>○</td><td>○</td><td>见 5.3.4.10</td><td></td><td></td></tr>
<tr><td>6</td><td colspan="2">同一截面小车轨道高低差</td><td></td><td>○</td><td>○</td><td>见 5.3.4.11</td><td></td><td>见 GB/T 14406—2011 中 6.2.6</td></tr>
<tr><td>7</td><td colspan="2">小车轨道顶部局部平面度</td><td></td><td></td><td>○</td><td>见 5.3.4.12</td><td></td><td>见 GB/T 14406—2011 中 6.2.8</td></tr>
<tr><td>8</td><td colspan="2">小车轨道侧向直线度</td><td></td><td></td><td>○</td><td>见 5.3.4.13</td><td></td><td>见 GB/T 14406—2011 中 6.2.4</td></tr>
<tr><td>9</td><td colspan="2">车轮水平偏斜</td><td></td><td>○</td><td>○</td><td>5.5.6</td><td></td><td>见 GB/T 14406—2011 中 6.3.3.1</td></tr>
<tr><td>10</td><td colspan="2">车轮垂直偏斜</td><td></td><td>○</td><td>○</td><td>5.5.7</td><td></td><td>见 GB/T 14406—2011 中 6.3.3.2</td></tr>
<tr><td>11</td><td colspan="2">额定载荷试验</td><td>t</td><td></td><td>○</td><td>5.2.2</td><td>±1%</td><td></td></tr>
<tr><td>12</td><td colspan="2">载荷起升范围</td><td>m</td><td></td><td>○</td><td rowspan="3">见设计图样</td><td>−3%</td><td></td></tr>
<tr><td>13</td><td colspan="2">吊具(或吊杆)极限位置</td><td>mm</td><td></td><td>○</td><td>≤100</td><td></td></tr>
<tr><td>14</td><td colspan="2">各机构工作速度</td><td>m/min</td><td></td><td>○</td><td>±10%</td><td>见 GB/T 14406—2011 中 6.4.1</td></tr>
<tr><td>15</td><td colspan="2">载荷下降的制动距离</td><td>mm</td><td></td><td>○</td><td>见 5.2.16</td><td></td><td>见 GB/T 14406—2011 中 6.4.2</td></tr>
<tr><td>16</td><td rowspan="4">架桥机静刚度</td><td>主梁支承跨度跨中静挠度</td><td></td><td></td><td>○</td><td>≤S/400</td><td></td><td>见 6.3.2</td></tr>
<tr><td>17</td><td>导梁跨中静挠度</td><td></td><td></td><td>○</td><td>≤S'/600</td><td></td><td>见 6.5.2</td></tr>
<tr><td>18</td><td>过孔时主梁悬臂端静挠度</td><td></td><td></td><td>○</td><td>5.2.18b)</td><td></td><td>见 6.5.3</td></tr>
<tr><td>19</td><td>悬臂梁侧小车至悬臂最远端静挠度</td><td></td><td></td><td>○</td><td>≤L/350</td><td></td><td>见 6.3.3</td></tr>
<tr><td>20</td><td colspan="2">漆膜附着力</td><td></td><td>○</td><td>○</td><td>见 5.9.3</td><td></td><td>GB/T 9286</td></tr>
<tr><td>21</td><td colspan="2">动载试验</td><td></td><td></td><td>○</td><td>见 5.2.12</td><td></td><td>见 6.4.2</td></tr>
<tr><td>22</td><td colspan="2">静载试验</td><td></td><td></td><td>○</td><td>见 5.2.11</td><td></td><td>见 6.4.1</td></tr>
<tr><td>23</td><td colspan="2">电控设备中各电路的对地绝缘电阻和接地电阻</td><td>MΩ;Ω</td><td></td><td>○</td><td>见 5.6.7</td><td></td><td>见 GB/T 14406—2011 中 6.6</td></tr>
<tr><td>24</td><td colspan="2">噪声</td><td>dB(A)</td><td>○</td><td>○</td><td>见 5.8.4</td><td></td><td>见 6.3.4</td></tr>
<tr><td>25</td><td colspan="2">限位器的可靠性</td><td></td><td></td><td>○</td><td>能准确停车</td><td></td><td></td></tr>
</table>

6.3.3 起重小车在主梁悬臂端挠度测试

先将空载小车停放在前支腿支点或接近支腿极限位置处，在悬臂的有效悬臂位置找好基准点，然后将小车开至悬臂最不利位置（悬臂端部），按起重小车额定起重量加载，载荷离地面 100 mm～200 mm，保持 10 min。测量基准点的下挠数值后卸载，将悬臂基点下挠数值除以有效悬臂长度，即为悬臂端的静挠度。

6.3.4 架桥机噪声测试

在跨中起吊额定载荷，分别开动运行机构和起升机构，对双小车的架桥机可同时开动两个小车的同一机构。在操作座椅处或操作处距负载小车垂线下旁不大于 6 m 外用声级计 A 档读数测噪声，测试时脉冲声峰值除外。总噪声与背景噪声之差应大于 3 dB(A)。总噪声值减去表 15（背景噪声修正值）所列的修正值即为实际噪声，然后取三次的平均值。

表 15

总噪声与背景噪声之差值/dB(A)	3	4	5	6	7	8	9	10	＞10
修正值/dB(A)	3	2	2	1	1	1	0.5	0.5	0

6.4 载荷起升能力试验

6.4.1 静载试验

6.4.1.1 静载试验的主要目的是检查架桥机及其部件的结构承载能力。

6.4.1.2 架桥机吊梁小车起升机构的静载试验应根据架桥机作业工况进行。试验前根据试验工况将吊梁小车停放在相应位置，定出测量基准点。每个起升机构的静载试验应分别进行，试验前应调整好制动器。

6.4.1.3 起升机构按 1.25 G_n 逐渐加载，载荷离地 100 mm～200 mm 高度，悬空时间不少于 10 min。卸去载荷后检查基点位置的变化，检查是否有永久变形。如有永久变形，需从头再做试验，但总共不应超过三次，不应再有永久变形。

6.4.2 动载试验

6.4.2.1 动载试验的目的是验证架桥机各机构和制动器的功能及安全可靠性。

6.4.2.2 架桥机各机构的动载试验应按照架桥机的作业工况分别进行。

6.4.2.3 起升机构按 1.1G_n 加载；试验时对每种动作应在其整个运动范围内做反复起动和制动，试验时不允许两个不同机构同时动作；对悬挂的试验载荷做空中起动时，试验载荷不应出现反向动作；试验时应按该机构的电机负载持续率留有操作间歇时间，按操作规程进行控制，且应注意把加速度限制在架桥机正常工作的范围内；试验时间应不少于 2 个工作循环。

对节段拼装式架桥机，应当按最危险工况，给架桥机加载至其整机额定承载量的 1.1 倍，时间不少于 1 h。加载前定出测量基准点，加载后监测基点位置。卸去载荷后检查基点位置的变化量。

6.4.2.4 各机构或构件完成其功能试验，并在随后进行的目测检查中检查机构或构件是否有损坏，检查连接处是否出现松动或损坏。

6.5 架桥机过孔试验

6.5.1 架桥机过孔走行试验

按照架桥机的过孔走行方式进行过孔走行试验，试验次数不少于 3 次，检查过孔能力和过孔的平稳性，测量纵移速度、制动距离及相关技术参数。

6.5.2 导梁跨中静挠度试验

首先将架桥机下导梁安装在规定跨度的桥台上，架桥机过孔前，在下导梁跨度中部定好基准点，在架桥机过孔过程中，架桥机前支腿过孔至下导梁两简支中部时，架桥机暂止过孔，测得基准点的变化量，即为下导梁的过孔挠度。

6.5.3 架桥机过孔时悬臂挠度试验

架桥机过孔前，做好过孔准备，前支腿悬空，确定与架桥机过孔时悬臂挠度有关的各基准点，如支腿处支承主梁处位置、前悬臂处主梁的位置等，测量各基准点位置。过孔后前支腿达到桥梁墩台上方仍悬空时，再测量各基准点位置，计算出过孔时悬臂挠度。

7 检验规则

7.1 检验分类

架桥机的检验分为出厂检验和型式试验。

7.2 出厂检验

7.2.1 每台架桥机都应进行出厂检验，出厂检验的项目见表14。

7.2.2 架桥机应在制造厂进行预装。预装时，架桥机主梁、导梁和各支腿应单独试拼装；各支腿和主梁的连接局部需试拼装。

7.2.3 进行空转试验，分别开动各机构，做正、反方向运转，各机构试验时间均不少于5 min。

7.2.4 架桥机制造厂的质量检验部门应按产品图样及本标准进行逐项检验，只有检验合格后才能准予验收，并向用户签发《产品合格证书》。

7.3 型式试验

7.3.1 架桥机属于下列情况之一时，应进行型式试验：

a) 新设计制造的架桥机或老产品转厂生产的试制定型鉴定；

b) 正式生产后，如结构、材料、工艺有较大改变，可能影响架桥机性能时；正常生产时，应抽取一定数量的产品进行型式试验，抽试的架桥机按生产总量不应少于表16规定的数量；

表 16

额定起重量/t	≤320		>320	
年生产总量/台	≤20	>20	≤5	>5
抽试数量	1/10	1/15	1/5	1/10

c) 架桥机停产两年以上后又重新恢复生产时；

d) 出厂检验结果与上次型式试验有较大差异时；

e) 国家质量监督机构提出进行型式试验的要求时。

7.3.2 型式试验项目见表14，型式试验项目一般应集中在一台架桥机上进行。

8 标志、包装、运输及贮存

8.1 标志

8.1.1 在架桥机上应设置明显的起重量吨位牌，吊具上应设置明显的起重量标识。

8.1.2 在架桥机明显位置应设置产品标牌，其要求应符合 GB/T 13306 的规定，标牌的内容至少应包括：

a) 架桥机名称及型号；

b) 额定起重量(额定承载量)，架设跨度，工作级别；

c) 出厂编号及出厂日期；

d) 制造商名称和地址。

8.2 包装、运输及贮存

8.2.1 架桥机的包装、运输、贮存应符合 GB/T 191 和 GB/T 13384 的有关规定。

8.2.2 架桥机出厂应附有以下随机文件：

a) 产品合格证书；

b) 产品使用、维护说明书(包括外购电气设备及其他外购配套件制造商或供应商的使用说明书)；

c) 主要外购件明细表；

d) 易损件明细表；

e) 随机附件、备件清单；

f) 随机图样(包括整机及各主要部件总图，液压系统原理图，电气控制系统原理图)。

ICS 53.020.20
J 80

中华人民共和国国家标准

GB/T 26471—2011

塔式起重机　安装与拆卸规则

Tower crane—The rules of installation and disassembly

2011-05-12 发布　　2011-12-01 实施

中华人民共和国国家质量监督检验检疫总局
中国国家标准化管理委员会　发布

前　言

本标准由中国机械工业联合会提出。

本标准由全国起重机械标准化技术委员会(SAC/TC 227)归口。

本标准起草单位:四川省标准化研究院、抚顺永茂建筑机械有限公司、四川建设机械(集团)股份有限公司、长沙中联重工科技发展股份有限公司、广西建工集团建筑机械制造有限责任公司、重庆市土木学会建筑机械专业委员会。

本标准主要起草人:张应杰、程昌永、杨路、杨玲、田若南、董思军、邓小芹、田福生、林永、董丹、祈仁俊、陈世教。

塔式起重机　安装与拆卸规则

1　范围

本标准规定了塔式起重机(以下简称“塔机”)安装与拆卸的基本要求、基本架设高度的安装与拆卸、安装与拆卸前的准备、爬升、附着装置的安装与拆卸、内爬式塔机的安装与拆卸、安全保护装置的调试、安装后的调试与验收。

本标准适用于组装式上回转塔机,其他类型的塔机可参照执行。不适用于配备有塔式起重装置的汽车、轮胎和履带起重机。也不适用于自行架设式塔机。

2　规范性引用文件

下列文件中的条款通过本标准的引用而成为本标准的条款。凡是注日期的引用文件,其随后所有的修改单(不包括勘误的内容)或修订版均不适用于本标准。然而,鼓励根据本标准达成协议的各方研究是否可使用这些文件的最新版本。凡是不注日期的引用文件,其最新版本适用于本标准。

GB/T 5031　塔式起重机

GB/T 6974.3　起重机　术语　第3部分:塔式起重机(GB/T 6974.3—2008,ISO 4306-3:2003,IDT)

GB/T 23723.3—2010　起重机　安全使用　第3部分:塔式起重机(ISO 12480-3:2005,IDT)

GB/T 23724.3　起重机　检查　第3部分:塔式起重机(GB/T 23724.3—2010,ISO 9927-3:2005,IDT)

GB 50169　电气装置安装工程　接地装置施工及验收规范

3　术语

GB/T 6974.3确立的以及下列术语和定义适用于本标准。

3.1

基本架设高度　basic sitting height

塔机安装到爬升前的最小安装高度。

3.2

过渡节　transition section

联接不同断面尺寸或不同连接尺寸的塔节之间的连接塔节。

4　安装拆卸塔机的施工单位

4.1　施工单位应取得安装许可资质。

4.2　安装拆卸人员应符合GB/T 23723.3—2010的第5章的有关规定。

4.3　安装主管应符合GB/T 23723.3—2010中9.9.3和9.9.4的规定。

5　基本要求

5.1　安装的塔机应具有制造商出具的产品合格证。

5.2　遇有大风、大雾、雷电、雨天等恶劣气候,禁止安装拆卸塔机,具体要求按制造商提供的使用说明书的规定。塔机安装拆卸作业时,塔机的最大安装高度处的风速不大于12 m/s。

5.3　夜间进行塔机安装拆卸,现场应配备足够亮度的照明。

5.4 在有建筑物的场所，塔机的尾部与建筑物及建筑物外围施工设施之间的距离不小于0.6 m。

5.5 有架空输电线的场所，塔机的任何部位与输电线的安全距离，应符合表1的规定。如果条件限制不能保证表1的安全距离，应与有关部门协商，并采取相应安全防护措施后方可安装。

表1 塔式起重机与输电线的安全距离

单位为米

安全距离	电压 kV				
	<1	1～15	20～40	60～110	220
沿垂直方向距离	1.5	3.0	4.0	5.0	6.0
沿水平方向距离	1.0	1.5	2.0	4.0	6.0

5.6 两台塔机之间的最小架设距离应保证处于低位塔机的臂架端部与另一台塔机的塔身之间至少有2.0 m的距离；处于高位的塔机的最低位置的部件（吊钩升至最高或平衡重的最低部位）与低位塔机处于最高位置部件之间的垂直距离不得小于2.0 m。

6 安装拆卸前的准备

6.1 技术准备

施工方案应符合GB/T 23723.3—2010的9.1的规定。

6.2 安装机具和检测器具等的准备

6.2.1 用于塔机安装拆卸作业的起重设备应满足起升高度、起升幅度、最大起重量的要求并安全可靠。

6.2.2 吊装作业用的钢丝绳、卸扣等吊索具的安全系数应不小于5。

6.2.3 应配备塔机安装拆卸计划规定的器械、安全防护用品和指挥联络工具。

6.2.4 应配备塔机安装拆卸计划规定的检测器具，所使用的检测器具应在检定有效期内。

6.3 安装拆卸前的检查

6.3.1 安装前的检查

6.3.1.1 安装前的检查应符合GB/T 23723.3—2010的9.6的规定。

6.3.1.2 塔机基础的强度和安装面的平面度应符合使用说明书的规定。

6.3.1.3 塔机的工作机构及司机室操作台上的标牌和指示牌应齐全、清晰。

6.3.2 拆卸前的检查

6.3.2.1 塔顶、过渡节、臂架、平衡臂、爬升套架、塔身及顶升支承靴等受力构件应无塑性变形，不得有裂纹和开焊等情况。

6.3.2.2 采用液压顶升的塔机，其液压系统的安全装置应工作正常，平衡阀或液压锁与顶升液压缸之间的连接管道不得有任何泄漏。

6.3.2.3 采用非液压顶升的塔机，其爬升机构应工作正常，主要承力零部件应无影响安全的缺陷和损坏。否则应采取相应措施，方可进行拆卸。

6.4 基础

基础应符合GB/T 23723.3—2010的8.2.2的规定。

6.5 接地装置

接地装置应符合GB 50169的规定。

6.6 平衡重

平衡重应符合GB/T 23723.3—2010的6.9.2的规定。

7 基本架设高度的安装与拆卸

7.1 基本架设高度的安装与拆卸应按使用说明书的要求进行。

7.2 固定式底架安装在混凝土基础上后，底部安装平面与水平面的倾斜度不大于1/1 000。轨道基础铺设时，其轨道顶面纵、横方向上的倾斜度不大于1.5/1 000。轨距误差不大于公称值的1/1 000，绝对值不大于6 mm。钢轨接头间隙不大于4 mm，与另一侧钢轨接头的错开距离不小于1.5 m，接头处两轨顶高度差不大于2 mm。

7.3 安装时，各部件之间的连接件和防松元件（如销轴、螺栓轴、轴端挡板、开口销、钢丝绳夹、钢丝绳楔形接头等）应齐备并连接可靠。

7.4 安装时，应根据使用说明书要求的预紧力或预紧力矩对高强度螺栓进行紧固。紧固时，相同部位同一类螺栓的紧固力应相同。

7.5 高强度螺栓副拆卸后再次使用时，应无任何损伤、变形、滑牙、锈蚀等现象，否则不能再用于受力结构的连接。

7.6 臂架节间连接销轴的安装应注意：

——当采用螺栓固定轴端挡板形式时，若发生连接螺栓拧折、拧裂或螺栓孔脱扣时，一定要修复或更换后才能继续安装。

——当采用销轴加焊接轴端挡板定位形式时，应及时检查轴端挡板的焊缝，发现问题及时修复后才能继续安装。

——当采用轴向固定装置时，每个销轴都连接有效、固定可靠。不应出现下列现象：

- 未安装开口销；
- 开口销端部未按规定分开弯折；
- 开口销以小代大；
- 以铁丝代替开口销。

——应及时查看销轴孔的磨损情况，当轴孔的磨损使销轴不能固定可靠，影响销轴连接的有效性时应修复后才能继续安装。

7.7 吊装平衡臂、臂架前，应将安装在上面的部件可靠紧固，被吊装部件应处于平衡状态。

7.8 安装和拆卸过程中，平衡重块的数量、重量、位置及臂架的安装和拆卸程序应严格遵循使用说明书的规定准确安装。

7.9 拆卸臂架、平衡臂根部连接销轴前，应找准重心，采取措施防止连接销轴拆除后臂架可能引起的危险。

8 塔机爬升

8.1 爬升前的工作

8.1.1 调整并确认爬升套架导向装置与塔身主弦杆的径向间隙，应符合使用说明书的要求。

8.1.2 检查、调试并确认爬升机构工作正确、可靠，应保证爬升套架能按塔身爬升规定的程序上升、下降、可靠停止；升降过程中应平稳，无爬行、振动现象。

8.1.3 检查爬升套架支承系统，应确保各部分运动灵活、承重可靠。

8.1.4 液压爬升机构应保证安全，溢流阀的调整压力应不大于系统额定工作压力的110%。

8.2 爬升作业

8.2.1 爬升作业应按照使用说明书的要求进行。

8.2.2 塔机爬升作业时，应确保爬升套架上支承在塔身上的受力部位（如踏步式的爬升横梁两端销轴或挂板，K型腹杆顶升式的铰接在爬升套架上的撑杆等）与塔身爬升支承部位（如踏步，K型腹杆式的支撑点等）应可靠定位和结合。

8.2.3 应确认爬升防脱功能有效、可靠，方可进行爬升作业。

8.2.4 每次爬升前，应按使用说明书的规定调整平衡；爬升过程中严禁任何吊装作业。塔身爬升过程中，应随时观察套架与塔身轨道有无卡阻现象，主电缆是否被夹拉挤伤等。若出现异常情况，应立即停止操作，排除故障确认无误后方可继续进行。

8.2.5 塔机在爬升过程中，严禁套架装置出现脱轨现象。

8.2.6 塔机在爬升过程中，若出现问题，应立即停止爬升作业，及时排除问题后再恢复爬升作业。

8.2.7 塔机加节与下部塔身可靠连接后，应将加节上部与下支座按使用说明书规定进行连接。塔身上部与下支座所有连接件可靠连接后，塔机方可回转。

8.3 液压爬升系统

8.3.1 液压系统应设置防止过载和液压冲击的装置。

8.3.2 液压系统中应设置滤油和其他防止污染的装置，过滤精度应符合系统中选定的液压元件的要求。

8.3.3 油箱应有足够的容量，在连续作业中最高温度不超过 80 ℃。

8.3.4 液压元件的技术要求应符合有关标准的规定。

8.3.5 液压传动应平稳，不得有异常噪声。

8.3.6 应保证液压缸在有效行程内的任意位置上能准确、平稳地停止。

8.3.7 维护保养和注意事项：

——选用专用液压油（液压油的固体污染清洁度等级不得大于 19/16）应经过滤油机过滤后从油箱回油过滤器或滤清器将油加入到油标高度；

——初次起动液压泵时，应先检查液压泵旋转方向是否正确，吸油管路是否漏气，在一切正常后方可进行试运转；

——在冬季起动液压泵时，应空载多次伸缩活塞杆使油温上升，液压装置运转灵活后，再进入正常运转；

——应经常检查各处管接头连接是否严密、可靠，不得发生漏油现象；

——液压泵、液压缸和阀类元件如发现渗漏应及时检修；

——液压爬升前，应将液压系统中的空气排净；

——溢流阀、平衡阀的压力调整锁定后，不得随意变更；

——应定期清洗或更换滤芯，按规定期限更换指定的液压油。

9 附着装置的安装与拆卸

9.1 附着装置的安装

9.1.1 塔机安装的高度超过最大独立高度时，应按照使用说明书的要求安装附着装置。

9.1.2 附着装置的安装高度和间距应符合使用说明书规定。

9.1.3 塔身与构筑物附着点的距离及方位应尽可能满足使用说明书的规定。当附着参数超出使用说明书规定时，应与制造商联系，由有资格的专业人员设计。

9.1.4 附着框架应尽可能在靠近标准节有水平支撑的位置安装，或根据使用说明书安装。

9.1.5 附着装置的安装作业应符合第 5 章的规定。

9.1.6 支承构件与附着框架和建筑物之间应按使用说明书规定可靠连接。

9.1.7 建筑物附着点处的承载能力应满足使用说明书的要求。

9.1.8 安装附着装置时，应先在同一高度平面内安装附着框和附着连接件，待调整起重臂的方位和变幅小车在起重臂上的位置，使塔身相对于塔身中心处于最佳平衡状态后再安装支承杆。安装方法和顺序应按使用说明书的规定进行。

9.1.9 附着装置安装后，最高附着点以下塔身轴心线对水平面的垂直度不大于 2/1 000。

9.2 附着装置的拆卸

拆卸附着装置前应先降低塔身，当塔身下降至爬升套架下端与最高附着装置之间的安全距离时，并保证在其下面的附着装置处于夹紧有效状态，才能拆卸该道附着装置。拆卸方法和顺序应按使用说明书的规定进行。

10 内爬式塔机的安装、爬升与拆卸

10.1 安装要求如下：

——安装前的准备应符合第 6 章的规定。

——基本架设高度的安装及爬升加节按第 7 章、第 8 章执行。

——爬升加节完成后，塔身轴心线对水平面的侧向垂直度不大于塔身高度的 4/1 000。

10.2 爬升要求如下：

——爬升过程中，液压爬升油缸无论侧置或中置，均应按使用说明书规定使塔机处于最佳平衡状态。

——沿建筑物楼层上下通道方向，爬升框架的间距应符合使用说明书的规定。

——内爬通道楼层或井壁支承点处的强度应符合使用说明书中的要求后，方能进行爬升作业。

——爬升系统支承构件与建筑物的支承点应在水平和垂直方向可靠连接。

——塔机爬升完毕进入工作状态前，应用顶紧装置将其与塔身可靠固定。塔身在垂直方向应可靠支承，并保证塔身轴心线对水平面的侧向垂直度不大于 4/1 000。

10.3 内爬式塔机拆卸前应详细制定拆卸方案。应按使用说明书的规定执行。

11 安全保护装置的调试

安全保护装置的调试应符合 GB/T 5031 的要求。

12 安装后的检查与验收

应按 GB/T 23724.3 的要求进行安装后的检查与验收。

ICS 53.020.20
J 80

中华人民共和国国家标准

GB/T 26472—2011/ISO 8087:1985

流动式起重机 卷筒和滑轮尺寸

Mobile cranes—Drum and sheave sizes

(ISO 8087:1985,IDT)

2011-05-12 发布

2011-12-01 实施

中华人民共和国国家质量监督检验检疫总局
中国国家标准化管理委员会
发布

前　言

本标准等同采用ISO 8087:1985《流动式起重机　卷筒和滑轮尺寸》(英文版)。

本标准等同翻译ISO 8087:1985。

为了便于使用,本标准做了下列编辑性修改:

a) “本国际标准”一词改为“本标准”;

b) 删除ISO 8087:1985的前言;

c) 用小数点“.”代替作为小数点的逗号“,”;

d) 对于ISO 8087:1985引用的国际标准,用已被采用为我国的标准代替对应的国际标准。对于未被采用为我国标准的国际标准,在本标准中均被直接引用。

本标准由中国机械工业联合会提出。

本标准由全国起重机械标准化技术委员会(SAC/TC 227)归口。

本标准起草单位:徐工集团徐州重型机械有限公司。

本标准主要起草人:季小敏、张海燕。

流动式起重机　卷筒和滑轮尺寸

1　范围

本标准规定了流动式起重机起升和变幅机构的卷筒和滑轮卷绕直径与钢丝绳公称直径的最小比值。

本标准适用于按 GB/T 6974.2 定义的流动式起重机。

2　规范性引用文件

下列文件中的条款通过本标准的引用而成为本标准的条款。凡是注日期的引用文件，其随后所有的修改单(不包括勘误的内容)或修订版均不适用于本标准，然而，鼓励根据本标准达成协议的各方研究是否可使用这些文件的最新版本。凡是不注日期的引用文件，其最新版本适用于本标准。

GB/T 6974.2　起重机械　术语　第 2 部分：流动式起重机(GB/T 6974.2—2010,ISO 4306-2:1994,IDT)

GB/T 20863　起重机械　分级

GB/T 24811(所有部分)　起重机和起重机械　钢丝绳选择

ISO 4309　起重机用钢丝绳　检验和报废实用规范

3　卷筒和滑轮尺寸

卷筒和滑轮卷绕直径与钢丝绳公称直径的最小比值见表 1。

该比值以钢丝绳公称直径作为基本要素。采用公称直径考虑到应用的灵活性，可不受起重机机构的限制。

流动式起重机通常是按多种使用功能设计的，如：用起升吊钩、抓斗或电磁吸盘操作，为避免应用时的困难，仅给出一组最小比值，这些比值和起重机机构分级无关。

表 1　卷筒和滑轮卷绕直径[a] 与钢丝绳公称直径的最小比值

部　件	最小比值
起升卷筒	16.0:1
起升滑轮(动滑轮组)	18.0:1
补偿滑轮：	
起升机构	14.0:1
变幅机构	12.5:1
变幅卷筒	14.0:1
变幅滑轮	16.0:1
[a] 卷绕直径是从钢丝绳中心计算。	

ICS 53.020.20
J 80

中华人民共和国国家标准

GB/T 26473—2011/ISO 15442:2005

起重机 随车起重机安全要求

Cranes—Safety requirements for loader cranes

(ISO 15442:2005,IDT)

2011-05-12 发布 2011-12-01 实施

中华人民共和国国家质量监督检验检疫总局
中国国家标准化管理委员会 发布

前　言

本标准等同采用 ISO 15442:2005《起重机　随车起重机安全要求》(英文版)。

本标准等同翻译 ISO 15442:2005。

为便于使用,本标准做了下列编辑性修改:

a) “本国际标准”一词改为“本标准”;

b) 用小数点“.”代替作为小数点的逗号“,”;

c) 删除 ISO 15442:2005 的前言,修改了 ISO 15442:2005 的引言;

d) 对于 ISO 15442:2005 中引用的国际标准,用已被采用为我国的标准,代替对应的国际标准;对于未被采用为我国标准的国际标准,在本标准中均被直接引用;

e) ISO 15442:2005 中引用的 ISO 13852《机械安全　防止上肢触及危险区的安全距离》和 ISO 13853《机械安全　防止下肢触及危险区域的安全距离》,在本标准发布后不久被 ISO 13857:2008《机械安全　防止上下肢触及危险区的安全距离》代替,同时 ISO 13857 已转化为 GB 23821—2009,故本标准即引用 GB 23821;

f) 对“总的理论回转力矩”用 M_1 表示;对“允许的取力器最大扭矩”用 M_2 表示。

g) 规范性引用文件中增加图 6 注中 ISO 3864-1:2002。

本标准附录 E、附录 F、附录 J 为规范性附录,附录 A、附录 B、附录 C、附录 D、附录 G、附录 H、附录 I、附录 K、附录 L 为资料性附录。

本标准由中国机械工业联合会提出。

本标准由全国起重机械标准化技术委员会(SAC/TC 227)归口。

本标准起草单位:徐州徐工随车起重机有限公司。

本标准主要起草人:陈维、程磊、赵馥平、陈志伟、陈宝凤、常晓梅。

引　言

安装在汽车上的随车起重机看作是一种特殊类型的移动式起重机，但目前为流动式起重机制定的国家标准中，很少涉及随车起重机的安全要求。

制定本标准的目的、依据：

a) 明确随车起重机专用的安全要求；

b) 参考现行的、适用于随车起重机的国际标准条款；

c) 通过明确专用的安全要求提高随车起重机的安全性，将其应用到随车起重机的设计和使用中，以防止对人员的伤害和设备的损坏或将其降到最低程度；

d) 便于随车起重机行业相关人员（设计人员、管理人员和其他直接或间接负责随车起重机安全使用及维护的人员）查阅当前随车起重机的标准；

e) 促进随车起重机标准国际化。

起重机 随车起重机安全要求

1 范围

本标准规定了随车起重机的设计、计算、检验以及安装在汽车或固定机座上的最低要求。

本标准适用于其发布一年后生产的所有新的随车起重机。不要求对现存随车起重机进行改造。

本标准不适用于安装在船甲板上或浮动结构上的随车起重机，以及专门设计作为专用设备(转运机)的整体部分的铰接臂式起重机。

本标准所包括的危险见第4章。

本标准不包括随车起重机载人的有关危险。

注1：卷扬机包括在专用标准中。

注2：随车起重机用于载人时执行专用的国家法规。

2 规范性引用文件

下列文件中的条款通过本标准的引用而成为本标准的条款。凡是注日期的引用文件，其随后所有的修改单(不包括勘误的内容)或修订版均不适用于本标准，然而，鼓励根据本标准达成协议的各方研究是否可使用这些文件的最新版本。凡是不注日期的引用文件，其最新版本适用于本标准。

GB/T 3766 液压系统通用技术条件(GB/T 3766—2001,eqv ISO 4413:1998)

GB 5226.2—2002 机械安全 机械的电气设备 第32部分:起重机械技术条件(IEC 60204-32:1998,IDT)

GB/T 5905 起重机 试验规范和程序(GB/T 5905—1986,idt ISO 4310:1981)

GB/T 6974.1 起重机 术语 第1部分:通用术语(GB/T 6974.1—2008,ISO 4306-1:2007,IDT)

GB/T 8591 土方机械 司机座椅标定点(GB/T 8591—2000,eqv ISO 5353:1995)

GB/T 15706.1 机械安全 基本概念和设计通则 第1部分:基本术语和方法(GB/T 15706.1—2007,ISO 12100-1:2003,IDT)

GB/T 15706.2—2007 机械安全 基本概念和设计通则 第2部分:技术原则(ISO 12100-2:2003,IDT)

GB/T 16855.1—2008 机械安全 控制系统有关安全部件 第1部分:设计通则(ISO 13849-1:2006,IDT)

GB/T 17909.1 起重机 起重机操作手册 第1部分:总则(GB/T 17909.1—1999,idt ISO 9928-1:1990)

GB/T 18453 起重机 维护手册 第1部分:总则(GB/T 18453—2001,idt ISO 12478-1:1997)

GB/T 20303.1 起重机 司机室 第1部分:总则(GB/T 20303.1—2006,ISO 8566-1:1992,IDT)

GB/T 20303.2 起重机 司机室 第2部分:流动式起重机(GB/T 20303.2—2006,ISO 8566-2:1995,IDT)

GB/T 22437.1 起重机 载荷与载荷组合的设计原则 第1部分:总则(GB/T 22437.1—2008,ISO 8686-1:1989,MOD)

GB/T 23722 起重机 司机(操作员)、吊装工、指挥人员和评审员的资格要求(GB/T 23722—2009,ISO 15513:2000,IDT)

GB/T 23724.1 起重机 检查 第1部分:总则(GB/T 23724.1—2009,ISO 9927-1:1994,IDT)

GB/T 23725.1 起重机 信息标牌 第1部分:总则(GB/T 23725.1—2009,ISO 9942-1:1994,IDT)

GB 23821 机械安全 防止上下肢触及危险区的安全距离(GB 23821—2009,ISO 13857:2008,IDT)

GB/T 24810.1 起重机 限制器和指示器 第1部分:总则(GB/T 24810.1—2009,ISO 10245-1:2008,IDT)

GB/T 24817.1 起重机械 控制装置布置形式和特性 第1部分:总则(GB/T 24817.1—2009,ISO 7752-1:1983,IDT)

GB/T 24818.1 起重机 通道及安全防护设施 第1部分:总则(GB/T 24818.1—2009,ISO 11660-1:2008,IDT)

GB/T 24818.2 起重机 通道及安全防护设施 第2部分:流动式起重机(GB/T 24818.2—2010 ISO 11660-2:1994,IDT)

GB/T 25195.2—2010 起重机 图形符号 第2部分:流动式起重机(ISO 7296-2:1996,IDT)

ISO 3864-1:2002 图形符号 安全色和安全标志 第1部分:在工作场所和公共领域中的安全标志设计原理

ISO 7000:2004 设备用图形符号 索引和一览表

ISO 13854 机械安全 避免人体部位挤压的最小间距

IEC 60068-2-64:1993 环境试验 第2-64部分:试验方法 Fh试验:振动、宽带随机(数控)和指南

IEC 61000-6-2 电磁兼容性(EMC) 第6-2部分:通用标准 工业环境的抗干扰性

IEC 61000-6-4 电磁兼容性(EMC) 第6-4部分:通用标准 工业环境用辐射标准

3 术语和定义

3.1 定义

GB/T 6974.1 中确立的以及下列术语和定义适用于本标准。

注:为了方便查阅,除了3.1.1之外,其他定义按英文字母顺序排列。

3.1.1

随车起重机 loader crane

由一个在基座上方的转台和一个固定到转台顶端的臂架系统组成的动力驱动的起重机。通常安装在汽车上(包括拖车),用于货物的装卸。

注1:符合上述规定的起重机,安装在固定的基座上也认为是随车起重机。

注2:随车起重机的布置和安装示例见附录B。

3.1.2

折臂式臂架 articulated boom

由在垂直平面上铰接的部件组成的臂架。

3.1.3

液压伸缩臂 boom extension,hydraulic

以液压为动力进行伸缩,改变其长度的臂架。

3.1.4

手动伸缩臂 boom extension,manual

以手动伸缩的臂架的一部分。

3.1.5

臂架系统　boom system

包括第一节臂(第二节臂)、伸缩臂和液压缸在内的完整系统。

3.1.6

转台(柱)　column

支撑臂架系统的回转结构件。

3.1.7

操纵台　control station

可以操作随车起重机的装置。

3.1.8

操纵系统　control system

操纵杆与提供随车起重机运动的执行元件之间的连接装置组成的系统。

3.1.9

危险区域　danger zone

能造成人员伤害或死亡的作业范围及其周围的任何区域。

3.1.10

自重　dead loads

当使用起重机时,永久作用于结构上的固定的和运动的起重机部件产生的重力。

3.1.11

动态压力　dynamic pressure

当处理载荷时由动态作用力引起的液压系统元件或部件中的压力。

3.1.12

流量感知单向阀(防爆阀)　flow sensitive check valve

当压降超过设定值时可停止油液流量的阀。

3.1.13

高座椅　high seat

与转台相连并与起重机一起旋转的操纵台。

3.1.14

液压管路破裂　hydraulic line rupture

导致压力损失的液压管路故障。

3.1.15

限制器　limiting device

使起重机动作、功能停止或受到限制的装置。

注:当各个动作或功能达到极限位置时,大多数限制器将自动起作用。

3.1.16

平衡阀　load holding valve

通常由外力关闭和打开,允许液压油流出的阀。

3.1.17

主溢流阀　main relief valve

限制起重机液压系统压力的阀。

3.1.18

最大的工作压力　maximum working pressure

泵回路中或单独的作业功能元件中的最大压力。

3.1.19

基座 mounting base

通过回转支承与转台连接的部件。

3.1.20

限压阀 port relief valve

限制液压执行元件压力的阀。

3.1.21

卸荷阀 pressure relief valve

当压力超过规定值时自动将液压油释放回油箱的阀。

3.1.22

液压工作幅度 radius,hydraulic

通过臂架系统的液压执行元件所获得的工作幅度。

3.1.23

高位操纵台 raised control station

位于地面以上的操纵台,即安装到随车起重机转台上的高座椅或安装于随车起重机基座上方的平台(见附录K)。

3.1.24

额定起重量 rated capacity

起重机在给定的工作条件(例如:起重机的配置、载荷的位置)下,起重机设计能起吊的净载荷。

3.1.25

额定起重量指示器 rated capacity indicator

在规定的允许极限范围内,超出额定起重量时能够连续显示的装置。在某些类型的起重机上,接近额定起重量时它也连续显示。

3.1.26

额定起重量限制器 rated capacity limiter

自动防止起重机的载荷超过额定起重量的装置,该装置考虑了正常操作过程中的动态影响。

3.1.27

设定 setting up function

用于为起重机起吊做准备的工作。

3.1.28

下沉率 sink rate

在规定的时间内,由于液压元件泄漏造成载荷下落的距离。

3.1.29

支腿 stabilizer

用来支承起重机基座或汽车相连的支撑结构,保持或增加起重机稳定性的装置。使用该装置时汽车无需离地。

3.1.30

水平支腿 stabilizer extension

支腿的一部分,能将垂直支腿从运输位置横向延伸至起重作业位置。

3.1.31

垂直支腿 stabilizer leg

支腿的一部分,能与地面接触提供所需的稳定性。

3.1.32

固定基座 static foundation

用于固定起重机的安装装置。

3.1.33

原木起重机 timber handling crane

特殊设计、制造，配有抓斗用于装卸未加工的原木(如：树干、树枝)的随车起重机。

注：操作员在高座椅或操作室控制起重机。

3.1.34

总起重力矩 total lifting moment

载荷和随车起重机自重产生的力矩总和。

3.2 术语

本标准中随车起重机主要部件的术语见图1。

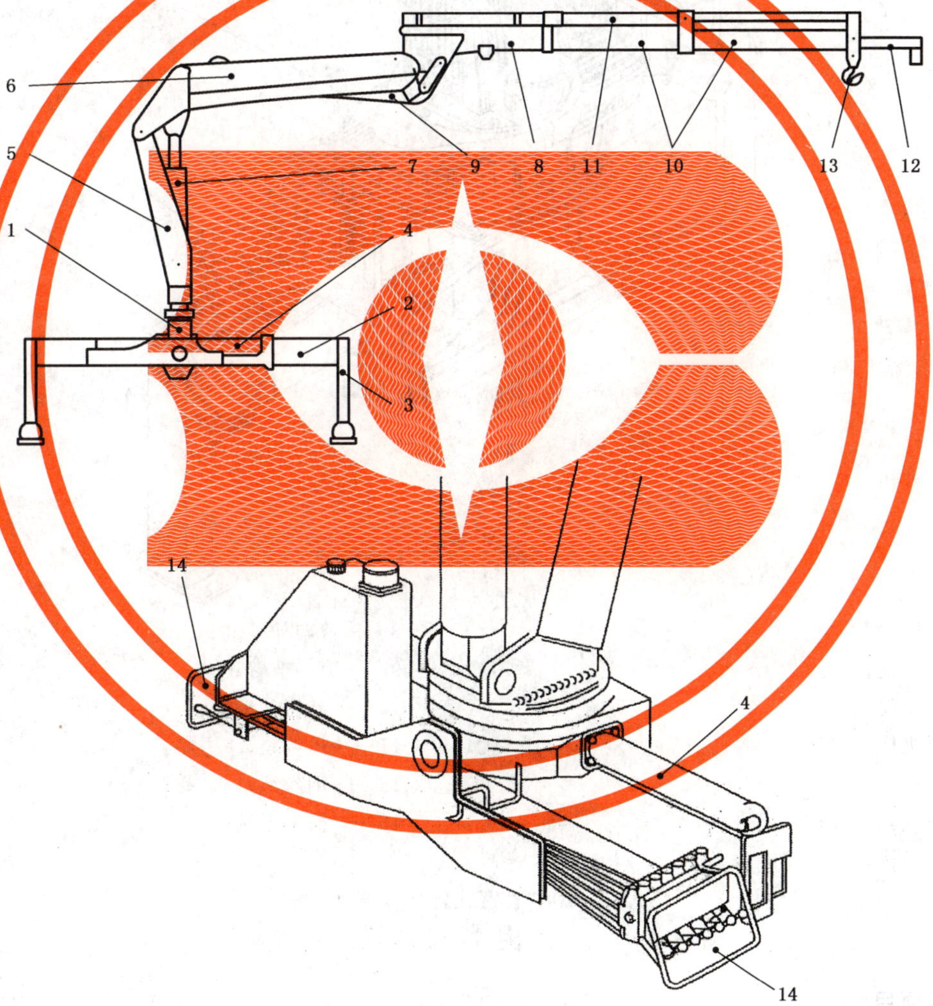

1——基座；
2——水平支腿；
3——垂直支腿；
4——回转机构；
5——转台；
6——第一节臂；
7——第一变幅油缸；
8——第二节臂；
9——第二变幅油缸；
10——液压伸缩臂；
11——臂架伸缩缸；
12——手动伸缩臂；
13——吊钩；
14——操纵系统。

a） 折臂式臂架系统

图1 随车起重机主要部件

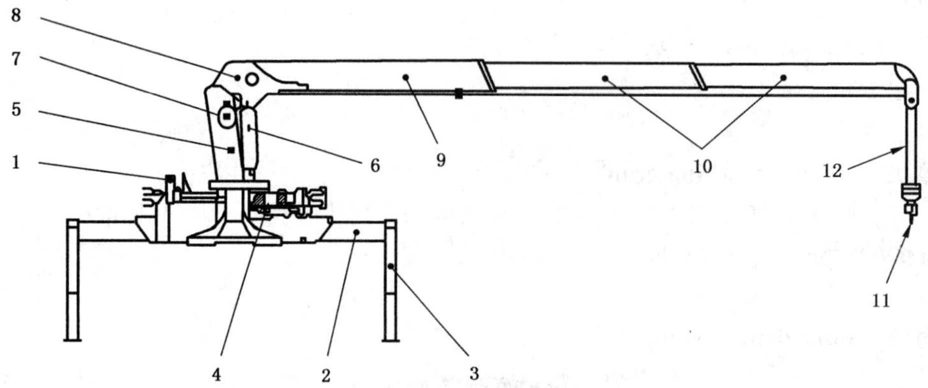

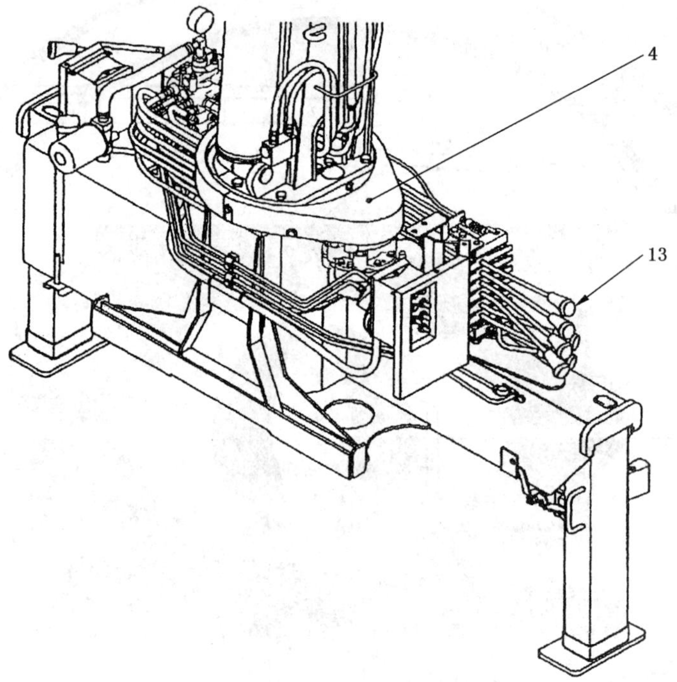

1——基座；
2——水平支腿；
3——垂直支腿；
4——回转机构；
5——转台；
6——第一变幅油缸；
7——卷扬机构；
8——臂架伸缩缸；
9——第一节臂；
10——液压伸缩臂；
11——吊钩；
12——钢丝绳；
13——操纵系统。

b) 直臂式臂架系统

图 1（续）

4 重大危险项目

与本标准有关的重大危险项目见附录 A。

5 安全要求

5.1 概述

随车起重机应符合本章中的安全要求，除此之外还应按照 GB/T 15706 的有关原则设计机器。

额定起重量应按下列内容计算：

a) 液压缸的工作压力；

b) 液压缸的承载面积；

c) 运动学；

d) 自重；

e) 载荷组合；

f) 起升载荷。

为了便于计算，额定起重量应等于总载荷。

5.2 结构计算

5.2.1 概述

结构计算应采用 GB/T 22437.1 中的规定。对于回转机构加速或减速产生的力，应符合 5.2.2 的要求。

5.2.2 回转机构加速或减速产生的力

水平力 F_h，单位牛顿，应按式(1)计算：

$$F_h = M_1 / R \times \Phi_{5h} \quad \cdots\cdots (1)$$

式中：

Φ_{5h}——动载系数，按下列工况选取：

吊钩工况 $\Phi_{5h}=1.05$；

铲斗或抓斗工况 $\Phi_{5h}=1.3$。

M_1——总的理论回转力矩(效率为 100%)，单位为牛顿米(N·m)；

R——计算位置的工作幅度，单位为米(m)。

如果 $R<\frac{R_{max}}{2}$，则取 $R=\frac{R_{max}}{2}$，其中 R_{max} 为最大液压工作幅度。

F_h 也可取试验值。

5.3 应力分析

部分国家和地区关于应力分析和计算的标准列在参考文献中。

注：GB/T 3811 规定的应力分析和计算的方法适用于随车起重机。

5.4 随车起重机的布置

5.4.1 支腿

当随车起重机安装在汽车上，需要满足稳定性要求时应提供支腿(见 5.10.3)。

5.4.1.1 垂直支腿

垂直支腿应有地面支撑装置(如：支脚)。

支脚应可适应至少±5°的地面倾斜度。

当垂直支腿上有翻转装置时，垂直支腿应有锁止装置，确保垂直支腿安全置于作业和行驶位置(见 5.4.3)。

5.4.1.2 水平支腿

水平支腿上应有能显示其正确伸出的标记。

手动操作的水平支腿应配有：

a) 手动操纵杆；

b) 作业和行驶位置的锁止装置(见 5.4.3)；

c) 防脱装置。

当支腿液压缸不能克服作业过程中产生的力时，应配置作业位置的锁止装置。

5.4.2 手动伸缩臂

手动伸缩臂应配有防脱装置和机械锁止装置，以确保安全置于收回和伸出的位置。

5.4.3 行驶安全

为防止行驶时随车起重机和安装在车上的支腿的不可控运动，应配有机械锁止装置。车辆行驶时，水平支腿和垂直支腿都要锁止于运输位置，应至少有一种锁止装置是自动操作的，如：一个弹簧偏心夹和一个自动的弹簧插销。它们应固定在随车起重机和/或支腿上，并且加以防护，防止无意碰掉，如：用带弹簧夹的锁销。

对于液压操纵的水平支腿，可用一个机械锁止装置。

应让操作员能清楚看到锁止装置是在锁止或非锁止位置。在运输位置时，推荐配置操作员检查支腿是否锁止的装置，如：镜子、与支腿位置联动的报警灯/蜂鸣器。

5.5 液压系统

5.5.1 概述

液压系统及其元件应符合 GB/T 3766 的规定。

液压元件和管路的通径应保证在设定的工作压力(包括试验压力)下操作时，液压系统不会产生故障和过高温度。

液压系统中的所有液压元件应相互匹配，并与特殊环境下液压油相互匹配。液压系统应有过滤装置，确保液压油不受污染。

应有检查各液压回路压力的装置。

5.5.2 泵

泵在规定的转速时，应能满足随车起重机液压系统规定的流量和压力的要求。泵的规格和额定转速应与动力相匹配。

注：泵的规格选择见附录 L。

泵应能适应液压油要求。

5.5.3 液压油箱

液压油箱的容积应满足液压缸全伸及全缩的要求，并配有液位计、检修孔和放油塞。

5.5.4 卸荷阀

每个压力回路都应配有一个自动装置(如：限压阀)，可以限制压力不高于工作压力 25%或者能承受在可预见的操作条件下出现的最大压力。

卸荷阀的最小设定值应满足的条件是：除了原木起重机(见 5.6.2.1 和 5.6.2.2)之外，当载荷达到 1.2 倍的额定起重量时无不可控运动发生。

5.5.5 软管、硬管和管接头

软管的最小爆破压力应是最大工作压力的 4 倍。硬管和接头的最小爆破压力应为最大工作压力的 2.5 倍。

软管、硬管和接头应正确地安装与固定，适当的地方加以保护，防止因摩擦、挤压而损坏。

压力超过 5 MPa 或温度超过 50 ℃、位于操作员 1 m 以内的液压软管应加装防护装置。

任何可以改变液压油喷射方向的部件或元件都可视为有效的保护装置。

用于承受 15 MPa 以上压力的软管不应装可重复使用的管接头。

5.5.6 液压管路破裂的预防措施

5.5.6.1 随车起重机(不含原木起重机)

所有起升回路应配有自动保护装置(如：平衡阀)，以防止随车起重机在液压管路破裂时的不可控运动。防爆阀应只用于补偿和压力传感回路。通过这些回路的流量不能超过 3 L/min。这些阀应与油缸紧密连接并应符合下列之一：

a) 同液压缸成为一体；

b) 用法兰直接安装到液压缸上；

c) 安装在液压缸上或通过刚性管与液压缸连接。

这些阀和执行元件之间的管子和接头的安全系数为2.5(依据最大动态工作压力计算)。

5.5.6.2 原木起重机

如果液压管路破裂,载荷的下降速度不能超过额定起重量时最大下降速度的30%(见C.2)。

垂直支腿液压缸应符合5.5.6.1的规定。

5.5.7 臂架系统下沉率

在臂架系统顶端测量,由于液压元件泄漏引起的下沉率每分钟不能超过工作幅度的0.5%,对于原木起重机可为2%。

应在额定的最大起重量和最大液压工作幅度工况下测试下沉率(即无手动伸缩臂的情况下)。

5.5.8 回转机构

回转机构应能承受最大回转力(见5.2.2),在最不利的运行条件下能停止和支撑载荷。

5.5.9 液压缸的计算

液压缸应根据动态工作压力进行计算,对应于屈服应力的安全系数不低于1.5。

5.6 限制器和指示器

5.6.1 概述

5.6.1.1 额定起重量大于或等于3 000 kg的随车起重机都宜安装起重量限制器和指示器。

限制器和指示器应符合GB/T 24810.1(ISO 10245-1)的要求。限制和指示系统中与安全有关的元件应符合GB/T 16855.1—2008中类别1的要求,电子元件应符合GB/T 16855.1—2008中类别2的要求。

随车起重机的起重量限制器一般要完成下列三项任务:

a) 防止结构超载;

b) 防止汽车倾翻;

c) 防止载荷的危险运动。

有利于减少起重力矩的所有操作始终可以进行。

注:随车起重机额定起重量限制器见C.1。不同类型随车起重机危险运动见附录D。

额定起重量小于3 000 kg的随车起重机未安装起重量限制器的,则应按照5.5.4和5.6.5安装溢流阀提供过载保护。

5.6.1.2 对于装有起重量限制器的随车起重机(见5.6.1.1),对额定起重量较低的回转扇形区域,应配置回转限制器。当试图在这个区域内起升或回转大于额定起重量的载荷时,这些限制器应能使操作失效。

配有卷扬机构的随车起重机,应安装能提示操作员接近回转极限位置的指示器。

5.6.1.3 在运输过程中,当随车起重机的臂架系统放置于载荷平台或载荷顶部时,应安装指示器(如:角度传感器)。当随车起重机高度超过预定的最大值时该指示器能告知操作员。

5.6.1.4 带有支腿的随车起重机应配置水平仪,且能使操作员在下车操纵位置处清楚地看到。

5.6.1.5 配有卷扬机构的随车起重机,起重量限制器应能控制该机构。

5.6.1.6 配有手动伸缩臂的随车起重机,手动伸缩臂应包括在起重量限制器系统内。当安装手动伸缩臂时,可进行模式选择,用于在限制器和指示器上选择臂架系统的组合状态。

5.6.2 起重量限制器

5.6.2.1 起重量限制器在随车起重机的设计加速度内、额定起重量处于100%与100+Δ%范围内应能正常工作。Δ值取决于液压工作幅度,见式(2):

$$\Delta \leqslant 8+0.5R \leqslant 20 \quad \cdots\cdots(2)$$

式中:

R——液压工作幅度,单位为米(m)。

对于原木起重机,可不考虑液压工作幅度而取20%的偏差。

注:随车起重机的额定起重量限制器限制载荷力矩已获得普遍认可。在大工作幅度下,总起重力矩的主要部分来

自随车起重机自重，只有很少一部分来自有效载荷。上述的额定起重量限制器偏差考虑了这个因素。

5.6.2.2 原木起重机不安装起重量限制器时，应有限压阀提供过载保护，限压阀偏差设定应符合5.6.2.1的规定。

5.6.3 应急装置

为避免起重量限制器启动后随车起重机锁止，可以安装一个应急装置。此装置不允许随车起重机的不受控运动(如：无意操作载荷平衡阀)，否则会影响车辆的稳定性。

如果安装这种应急装置，则应能清楚地识别。它只能在操纵系统由操作员操纵时才起作用，而且每次操纵的时间最多5 s，间隔时间不少于30 s。

5.6.4 额定起重量指示器

额定起重量指示器应能在载荷大于额定起重量的90%时，向操作员发出一种视觉或听觉警示信号，或者同时发出两种警示信号。如果超过额定起重量，还应有一个报警信号，向操作员和随车起重机周围人员发出过载警报。

接近额定起重量的警示信号和过载报警信号应明显不同，能使相关人员辨别。两种信号都应是持续的。

除无线遥控以外，工作幅度小于12 m的危险区域报警装置不是必需。

5.6.5 主溢流阀

所有的随车起重机均应配有一个或多个主溢流阀。

主溢流阀(不包括卷扬机构配有一个指示器的随车起重机)在随车起重机的设计加速度内，额定起重量处于100%与110%范围内应能正常工作。

5.6.6 运动和性能限制器

5.6.6.1 运动限制

回转(如果是非连续的)、变幅和伸缩动作的极限应由液压缸的行程或合适的限位器来限定。

5.6.6.2 性能限制

对于性能要求中速度的限制应包括在回转、变幅和伸缩动作限制器内，以确保任何由于这些动作而产生的力限制在随车起重机的设计范围内。

5.6.7 声音报警

应提供一个声音报警装置，如：电喇叭，用于随车起重机工作前报警。操作员可在每一个操纵台控制该声音报警装置，除非这个操纵台仅用于操作支腿。

5.6.8 急停装置

除了仅用于操作支腿的操纵台，应在每个操纵台安装通过切断动力，使随车起重机安全停止的控制装置，该装置应满足下列各项要求：

a) 执行元件为红色，在可行的情况下使用黄色背景使其明显可见；

b) 激活这个装置不需要操作员作任何判断，如：蘑菇形按钮；

c) 执行元件的布置应考虑操作员的操作方便性和安全性；

d) 随车起重机停止后，臂架系统不应出现任何危险运动。

5.6.9 下降深度限位器

配有卷扬机构的随车起重机应安装下降深度限位器。

5.6.10 起升高度限位器

配有卷扬机构的随车起重机应安装起升高度限位器。

5.7 操纵系统

5.7.1 概述

下列要求规定了操纵系统的布置和运动方向，如转台回转、臂架起落和支腿伸缩功能。

下列要求适用于双向和多向操纵杆(手柄)。

双向操纵系统布置顺序应遵守作业的顺序。设置功能的操纵杆应与其他操纵杆保持一定距离或清晰区别于其他操纵杆(不仅是符号)。

当操纵杆被释放时,所有控制装置(除了急停装置)应能自动恢复中位。操纵杆应有符合 5.7.2 要求的永久、清晰可辨的符号。

操纵系统应符合 GB/T 24817.1(ISO 7752-1)的规定和人类工效学原理的要求。操纵杆应位于可防止误操作的位置或安装防误操作装置。

无线控制系统的附加要求按附录 E。

5.7.2 符号

折臂式臂架随车起重机其作业和设定功能的符号,应符合附录 F 的规定。其他臂架型式的随车起重机所附加符号应是附录 F 的变型。双向操纵杆的符号应按以下要求使用:

a) 符号在操纵杆手柄上时,内部箭头表示相应杆的运动;只能将一个表示随车起重机功能的符号和一个表示杆运动的箭头组合(见图 2);

b) 当符号位于与操纵杆相邻的单独的板上时,可采用无操纵杆运动箭头的符号;这种情况下,每个操纵杆可使用两个符号(见图 H.3);

c) 符号的最小尺寸应由 15 mm 的圆周限定(如是遥控器,应为 12 mm);如果是多个符号,最小的符号也应满足此要求(如:按图 2)。

单位为毫米

操纵杆手柄	符号/箭头组合的含义
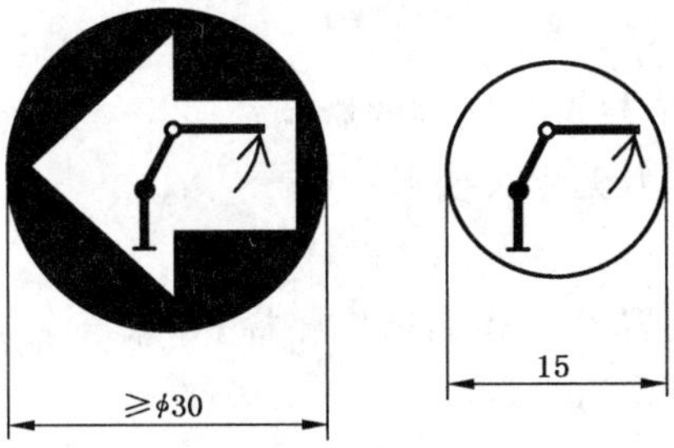 一个符号/箭头组合	向左移动操纵杆起第二节臂 向右移动操纵杆落第二节臂

图 2 作业功能符号

5.7.3 双向操纵系统的布置

5.7.3.1 概述

5.7.1 中的原则适用于垂直和水平操纵杆的布置。

5.7.3.2 垂直布置的操纵杆顺序

操纵系统从地面操作,操纵杆的垂直布置见附录 G。

5.7.3.3 水平布置的操纵杆顺序

操纵系统从地面操作,操纵杆的水平布置见附录 H。

5.7.4 高座椅操纵系统指南

见附录 I。

5.8 操纵台

5.8.1 概述

操纵台分为下列类型:

a) 在地面控制;

b) 高位控制,分别为固定平台、回转平台、高位座椅或操作室;

c） 遥控；

d） 独立操作室。

当有多个操纵台时，应安装防止从两个操纵台同时操作的装置，除非操纵系统是互相机械连接的（见 C.3）。

应将水平支腿操纵台放置在不阻挡操作员视线的地方。

操纵台应安装在操作员不受随车起重机运动部件的挤压或刮住衣服的地方。应采用符合 GB 23821中规定的安全距离。不能用提供的安全防护装置来支撑操作员重量或作为手柄（除非是专门设计的）。

在不能安装防护装置的地方，运动部件之间的间隙应符合 ISO 13854 中规定的防止夹住手指、手和脚的尺寸要求。

随车起重机一般不需要操作室。如因环境条件需要时，操作室技术条件应符合 GB/T 20303.1 的规定。操作室最小尺寸除了应符合附录 J 的规定之外，还应符合 GB/T 20303.2 的规定。

5.8.2 高位操纵台

5.8.2.1 部件强度

护栏应能承受每 100 mm 长度方向上 300 N 的水平力。平台表面任意位置上应能承受在直径为 125 mm 圆区域内所施加的 1 500 N 的力。踏板和踏杆应能承受每 100 mm 长度方向上 1 500 N 的垂直力。部件在承受上述力的作用下应无永久变形，且弹性变形量不大于支撑跨距的 2%或 10 mm（以最小的为准）。

5.8.2.2 高座椅（见附录 K）

高座椅的制造和安装应满足以下要求：

a） 操作员到座椅的过程不应受到操纵系统或随车起重机结构的影响；

b） 带有支撑件的座椅，应能承受 1 500 N 的垂直力无永久变形；

c） 座椅应能水平调节和锁止，且无需使用工具；

d） 座椅上应安装防止操作员跌落的装置，且此装置不能影响进出座椅；如果安装侧防护，则应符合 GB/T 8591 中至少高出座椅标定点 100 mm 的规定；

e） 应安装防止随车起重机运动部件困住操作员或刮住其衣服的防护装置；

f） 应为操作员提供一个脚踏平台，每只脚的最小尺寸为 160 mm×300 mm。

5.8.2.3 操纵台（见附录 K）

操纵台的制造和安装应满足以下要求：

a） 操纵台应能保护操作员在作业过程中不受到随车起重机运动部件的伤害；必要时，应安装回转角度防护或限制装置；

b） 地板应是水平的，最小尺寸为 400 mm×500 mm；

c） 地板应由防滑材料制成，其结构应能防止液体和碎屑滞留；

d） 应有防止操作员从操纵台上跌落的措施，应符合 GB/T 24818.1（ISO 11660-1）的规定。

5.8.2.4 高位操纵台通道

高位操纵台的通道装置应符合 GB/T 24818.2（ISO 11660-2）的规定。

5.9 电气系统

5.9.1 概述

随车起重机电气设备应符合 GB 5226.2—2002 的规定，如：

——4.3.3，直流电源；

——第 13 章，导线和电缆；

——第 14 章，配线技术。

5.9.2 电磁兼容性

电气系统电磁环境的抗干扰性应符合 IEC 61000-6-2 的规定。

电气系统电磁环境的抗幅射性应符合 IEC 61000-6-4 的规定。

当随车起重机制造商采用合格的电气系统元件时，应按照上述标准和供应商的要求安装这些元件，不需进行整机电气系统电磁环境适应性试验。

5.10 安装

5.10.1 概述

随车起重机可以安装在各种类型的基座上。

随车起重机未安装在作业位置上且未连接动力前，一般不能操作。

5.10.2 安装

随车起重机的安装应遵守起重机制造商、汽车制造商、地方法规和场地条件(指固定安装)的特殊要求。

5.10.2.1 安装在汽车上

应将副车架牢固安装在汽车车架上，满足加载及底盘强度要求。

注：副车架尺寸的计算方法见附录 L。

随车起重机安装在底盘上时，整车应符合道路法规允许的最大轴荷、车辆宽度、高度和 5.10.3 的要求。

5.10.2.2 固定安装

安装基座应能承受载荷且为随车起重机提供可靠的稳定性。基座的尺寸不能影响随车起重机的正常运动。基座在地面的尺寸应考虑总载荷和相关的地面条件。

5.10.2.3 操作员保护

安装随车起重机时，应考虑地面操纵台和其他操纵台的定位。操纵台的位置应满足下列要求：

a) 确保操作员不会吸入废气；

b) 确保操作员不会接触热的表面，表面温度超过 55 ℃应加防护；

c) 应将随车起重机或支腿运动对操作员造成的伤害风险降到最小。应根据需要安装防护装置，以防止操作员被挤压或困在起重机和汽车之间的狭窄区域内。

支腿运动部件及其运动机构形成的危险区域应用防护装置或安全措施加以防护。

支腿危险区域包括：

——滑轮/支重轮附近区域；

——在水平支腿运动部件内的开口处的剪切区域；

——水平支腿链条/钢丝绳附近区域。

应符合 GB 23821 和 ISO 13854 中安全距离的规定。

压力超过 5 MPa 或油液温度超过 50 ℃，且距操作员 1 m 以内的液压软管应加防护装置。

5.10.3 稳定性

安装在汽车上的随车起重机的稳定性是指工作装置在可预见的操作条件下不会倾翻的性能。应按照 6.2.5 经过加载试验验证。

当按照 5.10.2 确定随车起重机的安装方式时，用 6.2.5.3 的式(3)计算出稳定性。

5.10.4 噪声

用汽车发动机作为动力源的随车起重机，其噪声值按汽车确定。随车起重机一般只短期使用，操作不会增加明显噪声。

5.10.5 振动

随车起重机通常是短期操作的，振动对操作员的影响不大。

5.10.6 电气系统的安装

5.10.6.1 概述

随车起重机安装电气设备，应符合 GB 5226.2—2002 中的下列规定：

——4.3.2，交流电源；

——4.3.3，直流电源；

——第 13 章，导线和电缆；

——第 14 章，配线技术。

随车起重机与汽车电气系统的连接应在制造商指定的连接点进行。

5.10.6.2 电磁兼容性

电气系统电磁环境的抗干扰性应符合 IEC 61000-6-2。

电气系统电磁环境的抗幅射性应符合 IEC 61000-6-4。

当随车起重机安装者采用合格的电气元件（对于电气系统任何附加的元件）时，应按照上述标准和供应商的要求安装这些元件，不需对改装电气系统进行电磁环境适应性试验。

5.10.7 液压元件

为了扩展随车起重机功能，改装已有液压系统所采用的液压件应符合 5.5 的要求。

新增液压件应与原有的液压件相匹配，流量、压力和温度应符合原有液压件的设计规范。

新增的液压件和对液压系统的改装不能影响原有液压系统的安全和完整性。

5.10.8 通道

随车起重机应提供通向任何位置操纵台的通道。

通道装置应遵守 5.8.2.4 的要求。

6 安全要求的验证

6.1 概述

应通过计算或试验的方法验证随车起重机的设计是否符合第 5 章中规定的安全要求。

随车起重机制造商应在同型号批量产品的第一台起重机上进行机械强度的安全性验证。

专用随车起重机在第一次使用前应按本标准的安全要求进行试验验证。

第 5 章中列出的安全要求应通过表 1 所述的方法和 6.2 中所述的试验程序进行验证。

校正限制器和指示器时，应采用制造商规定的载荷、工况和方法。

随车起重机在投入使用前应按第 7 章中的要求提供资料。

表 1 安全要求的验证方法

条　款	验 证 方 法
5.1,5.2	根据第 6.2.1～6.2.4 计算和试验，并且分析结果
5.4.1,5.4.1.1,5.4.1.2	通过检查和试验，验证其功能正常
5.4.2	通过检查和试验，验证其功能正常
5.4.3	通过检查和试验，验证其功能正常
5.5.1	通过检查元件规格，验证其功能正常。根据 GB/T 3766 检查液压原理图
5.5.2	通过检查元件规格，证实其功能正常
5.5.3	通过检查元件规格，证实其功能正常
5.5.4	通过检查液压回路，验证其安装符合性。检查卸荷阀的设置
5.5.5	通过检查供应商的技术规格验证爆破压力。检查磨损、防护装置
5.5.6.1	通过模拟液压管路的破裂进行试验。检查固定情况

表 1（续）

条　　款	验 证 方 法
5.5.6.2	通过检查，确认随车起重机在需要的地方安装了相关安全装置。进行下降速度试验
5.5.7	根据 5.5.7 的要求，在最不利的液压油和液压油温度条件下进行试验
5.5.8	通过计算、试验并分析结果
5.5.9	通过计算、试验并分析结果
5.6.1.1	通过检查，确保安装了相关的装置。符合性见 GB/T 24810.1(ISO 10245-1)
5.6.1.2	根据 6.2.5 进行稳定性试验以确定是否需要回转限制器。 在安装时，进行功能试验以确保其正确操作
5.6.1.3	检查随车起重机的安装高度要求。 在安装时，进行功能试验以确保其正确操作
5.6.1.4	通过检查和试验，验证其功能正常
5.6.1.5	如果安装了卷扬机构，检查其功能是否正常
5.6.1.6	功能检查
5.6.2.1	确定额定起重量指示器/限制器的精确度： a) 绘制臂架总成的额定起重量与工作幅度关系图(见图 3)； 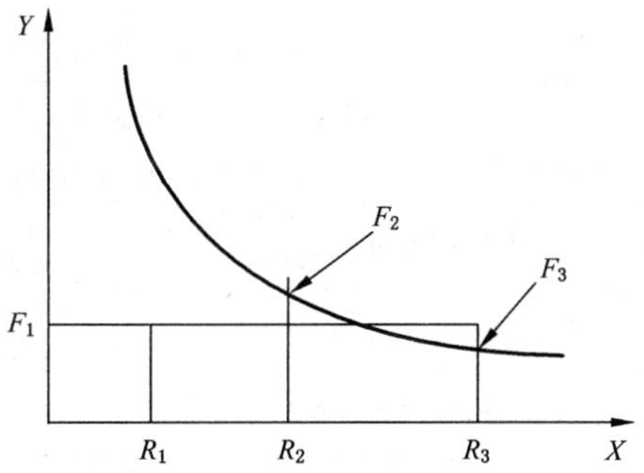 X——工作幅度，R Y——额定起重量，F **图 3　额定起重量与工作幅度关系** b) 在工作幅度(R_1)内，给随车起重机加载，载荷大约与 80％最大工作幅度时的额定起重量(F_1)相等； c) 起升载荷使臂架系统达到如 7.3.4.1 中所述载荷指示牌上的位置。对于伸缩臂随车起重机，臂架应完全缩回； d) 慢慢加大随车起重机工作幅度，保持臂头在水平位置。对于伸缩臂随车起重机，这种运动应通过伸出臂架来实现； e) 测量起重量限制器发出第一次警报时的工作幅度(R_2)。从曲线图中测量随车起重机在作业工作幅度 R_2 时的额定起重量 F_2。确定额定起重量百分比，即 $F_1/F_2\times100\%$； f) 从 e)中的百分比中减去 90％就是预警值的精度； g) 按 d)中所述方法继续慢慢增加随车起重机工作幅度，直至起重量限制器起作用停止这个动作； h) 测量工作幅度(R_3)。从曲线图测量随车起重机作业工作幅度 R_3 时的额定起重量 F_3。确定额定起重量百分比，即 $F_1/F_3\times100\%$； i) 从此百分比中减去 100％就是额定起重量限制器的值。此值不能超过预先设定的值； j) 应将 f)或 i)中的最大值作为指示器或限制器的偏差。 在随车起重机额定能力范围内以不同的载荷，利用不同的随车起重机动作来重复试验(见图 3)。所得偏差均应小于额定能力限制器的偏差。 根据随车起重机制造商的规定，检查起重量限制器是否能防止随车起重机危险动作和不限制安全动作

表 1（续）

条　款	验证方法
5.6.2.2	确保随车起重机符合原木起重机的定义。 检查液压回路是否正确安装了进出口限压阀。 进行试验，确保进出口限压阀功能正常，并能防止危险动作
5.6.3	功能检查
5.6.4	功能检查
5.6.5	液压原理图检查，功能检查
5.6.6.1	检查是否安装了适当的装置，并进行功能检查
5.6.6.2	检查液压原理图，并测量速度
5.6.7	外观检查，功能检查
5.6.8	检查以确保每个操纵台均具有急停装置，确保其功能正常
5.6.9	检查是否安装了适当的装置，并进行功能检查
5.6.10	检查是否安装了适当的装置，并进行功能检查
5.7.1	认真检查随车起重机，确保控制装置安装正确，并已作标记。检查所有的控制装置是否能自动返回中位。符合性见 GB/T 24817.1(ISO 7752-1)
5.7.2	检查，确保标记正确
5.7.3	外观检查，功能检查
5.7.4	外观检查，功能检查
5.8.1	外观检查，功能检查。如果安装操作室，则验证其尺寸是否正确。符合性见 GB 23821、ISO 13854、GB/T 20303.1 和 GB/T 20303.2
5.8.2.1， 5.8.2.2， 5.8.2.3， 5.8.2.4	计算、进行外观检查、测量。符合性见 GB/T 8591、GB/T 24818.1(ISO 11660-1)和GB/T 24818.2(ISO 11660-2)
5.9.1	检查安装情况以确保满足要求。符合性见 GB 5226.2
5.9.2	根据 GB 5226.2—2002 中第 19 章进行试验
5.10.1， 5.10.2	a)　检查汽车和随车起重机制造商说明书，或根据 5.1 进行静态分析加以确认。 b)　检查安装以确保其满足要求。 符合性见 GB 23821 和 ISO 13854
5.10.3	根据 6.2.5 中规定的方法检查稳定性
5.10.4，5.10.5	在正常情况下不需检查
5.10.6.1	检查安装情况以确保满足要求。符合性见 GB 5226.2
5.10.6.2	根据 GB 5226.2—2002 中第 19 章进行试验
5.10.7	检查和试验以确认装置可以正常起作用。见 5.5.1～5.5.5
5.10.8	进行检查以确保其适用性及满足 5.8.2.4 的要求

6.2 试验和试验程序

6.2.1 概述

为验证随车起重机及其安装符合制造商技术规范所规定的操作要求，以及验证其结构和所有部件的稳定性及完整性，应进行试验。

在指定的状态和配置下进行的试验，测试随车起重机主要部件的最大载荷、最大弯曲力矩和最大轴向应力。

试验的风速不应超过 8.3 m/s，并且根据汽车制造商规定的压力给轮胎充气。

试验期间随车起重机的设定和控制应根据制造商的说明书进行操作。

在进行某些试验时，有可能会去掉所有安装到随车起重机上的安全装置和限制装置，或者使之失效。在完成试验之后，应小心操作，以确保将这些装置重新连接、重新校准和重新试验。

使用制造商规定的方法对指示器和限制器进行校准。

6.2.2 功能试验

操纵随车起重机做不同的许可动作直到最大速度和额定起重量，证实控制装置和限制器功能令人满意。

6.2.3 静载试验

试验载荷至少是额定起重量的 1.25 倍。

6.2.3.1 型式试验

制造商应测试随车起重机的最大载荷及其部件和结构的最大应力，其结果应记录并保留。

6.2.3.2 安装试验

随车起重机安装到工作位置后，应在下列工作幅度对其进行测试：

a) 最大工作幅度，含手动伸缩臂；

b) 最大的液压工作幅度；

c) 与最大载荷力矩对应的工作幅度。

在每一工作幅度，载荷应接近地面并且在许可的范围内缓慢回转。

安装试验可在 6.2.5 中稳定性试验时来完成。

6.2.3.3 静载试验核准

静载试验应符合 GB/T 5905 中的要求。

6.2.4 动载试验

试验载荷至少是额定起重量的 1.1 倍。

动载试验应在每台随车起重机上单独进行。如果随车起重机有允许同时进行动作的说明时，应在起重机部件承受最大载荷或者最大应力的情况下，在同时进行的动作上进行试验。试验应在正常的操作速度下进行，且应包括在其动作范围内所有动作的重复起动和停止。

6.2.4.1 动载试验核准

动载试验应符合 GB/T 5905 中的要求。

液压油温度应在建议的油温范围之内。

6.2.5 稳定性试验

6.2.5.1 通过计算得出的随车起重运输车的稳定性只能作为指导，稳定性的验证应通过加载试验完成。

6.2.5.2 试验的目的是验证安装在无驾驶员的空载车辆上的随车起重机的稳定性。在试验过程中，车辆无载荷侧的一个或多个支腿或者车轮可以离开地面。但是至少应有一个手动制动的轮子与地面保持接触。

6.2.5.3 稳定性试验的试验载荷按式(3)计算：

$$F_t = 1.25F + 0.1m_b \quad \cdots\cdots(3)$$

式中：

F_t——试验载荷，单位为千克(kg)；

F——额定起重量，单位为千克(kg)；

m_b——臂架系统折算到载荷点的质量，单位为千克(kg)。

m_b 值由制造商确认。

6.2.5.4 稳定性试验应在所有回转范围内，最不利的臂架伸展情况下进行。如果部分回转范围的额定起重量较低，则应相应地确定这部分的试验载荷。在试验过程中，可以暂时断开限制器和指示器。

稳定性试验应在随车起重机处于制造商所规定的、或由试验者确定的最不利状况下，且位于坚实而平坦(坡度在±1°内)的支承面上时进行。

6.2.5.5 稳定性试验应符合 GB/T 5905 中的要求。

7 使用信息

7.1 概述

所有使用信息应符合 GB/T 15706.2—2007 中第 6 章的规定。

7.2 说明书

7.2.1 说明书的规定

随车起重机制造商应提供说明书，说明书应符合 7.2.2.1、7.2.3.1 和 7.2.4 的要求。

7.2.2 安装指南

7.2.2.1 安装指南应包括：

a) 将随车起重机安装到一台汽车或一个固定的基座上时所需的螺栓和紧固件的要求。

b) 质量、重心和下列所需资料：

   1) 稳定性计算和试验；

   2) 轴荷计算。

c) 液压系统技术条件应包括：

   1) 压力和流量要求；

   2) 液压系统油液容量；

   3) 液压油技术要求；

   4) 储能器最小容量建议；

   5) 推荐的过滤方法。

d) 电气系统要求。

e) 根据 6.2.5.3 进行稳定性试验时 m_b 的值。

7.2.2.2 应将安装过程中由制造商增加到随车起重机上的设备的合适说明加入安装指南。

7.2.3 操作手册

7.2.3.1 操作手册应符合 GB/T 17909.1 的规定。

7.2.3.2 操作手册应说明所有的随车起重机操作员应按 GB/T 23722 进行培训。

7.2.3.3 操作手册应说明每 12 个月或更频繁地由有资格的人员按照 GB/T 23724.1 对随车起重机进行检查。如果需调试，也应由有资格的人员进行。

7.2.3.4 如果是原木起重机，操作手册应清楚地说明随车起重机只能用于处理原木。

7.2.4 维护手册

维护手册应符合 GB/T 18453 的规定。

7.3 标识

7.3.1 概述

所有永久性固定在随车起重机上的标牌应由防水材料制成。

7.3.2 制造商标牌

制造商标牌应永久性固定在随车起重机上。制造商标牌应包括以下内容：

a) 制造商名称；

b) 生产日期；

c) 系列号；

d) 类型(如果有类型名称时标注)。

制造商标牌应符合 GB/T 23725.1 的规定。

7.3.3 安装者标牌

随车起重机的安装者应把一个标牌固定在起重机或支撑件上。标牌应包括以下内容：

a) 安装者名称和地址；

b) 安装日期；

c) 起重机系列号，汽车底盘或机动车辆识别代号(如果可行的话)。

7.3.4 载荷标牌

7.3.4.1 概述

至少应提供以下资料：

a) 额定起重量标牌(见图 4)。标牌应固定到随车起重机上，并且从所有固定操纵台都能清楚看见。操作手册中也应包括此标牌。

该标牌标有沿着从臂架系统最内支点画出的水平线，指示各种载荷在固定位置的额定起重量。所标出的最内侧位置的载荷应是允许的最大载荷。图示的臂架系统应是允许的最长的或接近最长的伸出长度。如果使用一个以上吊钩亦应标明；

b) 操作手册中应有所有臂架组合情况下的额定起重量图表(见图 5)。也应将它固定在随车起重机合适的位置。

额定起重量应使操作员除了可分吊具外，无需考虑随车起重机部件的重量，无需计算额定起重量。

如果随车起重机有多个起升机构，应说明每一个起升机构的额定起重量并提供允许起升机构组合使用的资料。

如果在某些回转区域内额定起重量会减少，应在额定起重量图表中标出这些减少量。

对于复合的臂架系统，需要多个额定起重量图表。应将它们图示在操作手册中。

所有与额定起重量有关的条件(如：支腿位置、回转角度)均应在额定起重量图表中标明。

7.3.4.2 手动伸缩臂加长节标牌

手动伸缩臂加长节标牌应标出：“最大值×××kg”。

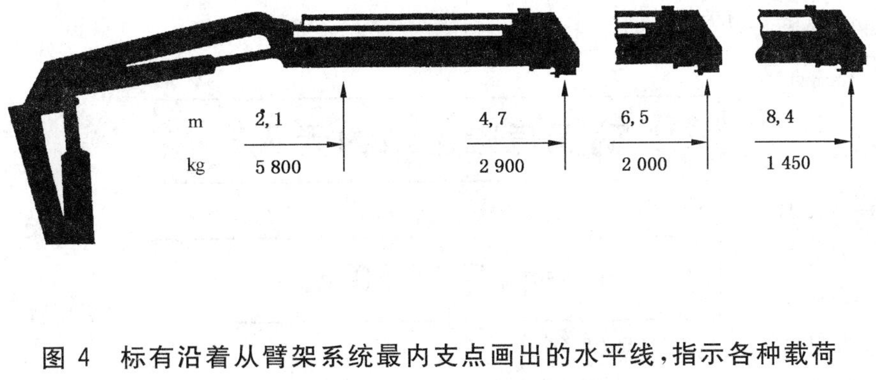

图 4 标有沿着从臂架系统最内支点画出的水平线，指示各种载荷在固定位置的额定起重量标牌

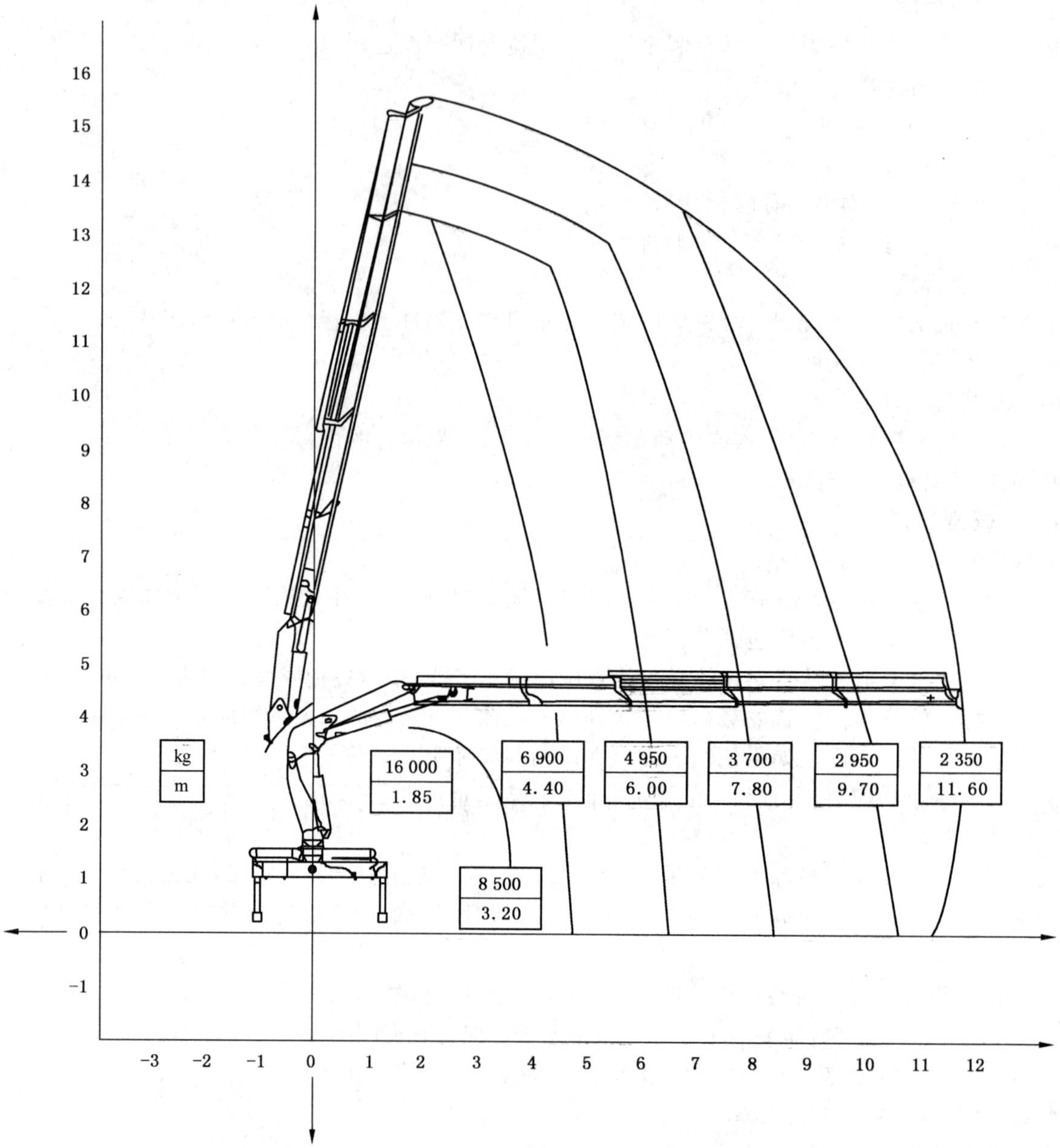

图 5　所有臂架组合情况下的额定起重量图表

7.3.5　原木起重机的特殊标牌

原木起重机应提供特殊标牌，如：

a)　在操纵台上：

确保危险区域内无人

b)　在臂架系统上：

危险区域 20 m

c)　不允许使用吊钩工况的符号(见图 6)：

图 6　不允许使用吊钩工况的符号

对于所有的禁用标志，圆圈和否定线（斜线）应按照 ISO 3864-1 中的规定涂上红色。

附 录 A
（资料性附录）
重大危险一览表

表 A.1 显示的是重大危险状况和对人员造成危险的事件，还包含本标准内的相关条款，这些条款对于减少和消除那些相关的危险是必要的。

表 A.1 重大危险和相关要求

序号	危 险	本标准相关条款
危险、危险情况和危险事件		
1	**机械危险：** ——随车起重机和其部件的机械强度不足	5.1,5.2,5.3,5.5.1,5.5.4,5.5.5,5.5.8,5.5.9,5.8.2.1,5.8.2.2,5.10.2.1,5.10.2,7.2.3
1.1	挤压危险	5.8.1,5.8.2.2,5.8.2.3,5.10.2.3
1.2	剪切危险	
1.3	切割或切断危险	
1.4	缠绕危险	
1.5	吸入或卷入危险	
1.6	冲击危险	
1.7	刺伤或刺穿危险	
1.8	摩擦或磨损危险	
1.9	高压液体注射或喷出危险	5.5.1,5.5.5,5.10.7,7.2.3,7.2.4
1.10	部件脱出	5.4.1.1,5.4.1.2,5.4.2,5.4.3
1.11	稳定性降低	5.6.1,5.6.2,5.6.4,5.6.5,5.6.6.2,5.6.9,5.6.10,5.10.3
1.12	滑倒，绊倒，跌落	5.8.2.2,5.8.2.3,5.8.2.4,5.10.8
2	**电气危险：**	5.6.1.3,5.9,5.10.6,7.2.3
2.1	接触有电部件(直接接触)	
2.2	接触载有不当条件下带电的部件(间接接触)	
2.3	接近高压下带电部件	
2.4	静电现象	
2.5	热辐射或其他现象比如由于短路、过载等引起的炽热离子发射和化学反应	
3	**热危险，导致：**	5.5.5,5.10.2.3,7.2.4
3.1	烧伤、烫伤和由于人员可能与极高或极低温度的物体或材料接触，由于火焰或爆炸以及热源辐射受到的其他伤害	
3.2	热或冷的工作环境对健康的损害	
4	**噪声产生的危险**	5.10.4
5	**振动产生的危险**	5.10.5

表 A.1(续)

序号	危　　险	本标准相关条款
危险、危险情况和危险事件		
7	**机械生产或使用的材料或物质(以及它们的组成成分)产生的危险:**	5.10.2.3
7.1	与有害的液体、气体、雾、气味和粉尘接触产生的危险	7.2.4
8	**在机械设计时,忽视人类工效学原则产生的危险,如:**	—
8.1	对健康有害的姿势或(需用)过多力气	5.4.1.2,5.4.2,5.4.3,5.7,5.8,5.10.8
8.2	没有充分考虑手-臂或脚-腿构造	5.7,5.8
8.3	忽视人员保护装置的使用	7.2.4
8.4	局部照明不够	5.8.1,7.2.4,7.2.3
8.6	人为误差、人的行为	5.6,5.7.1,5.7.2,7.2.3,7.2.4
8.7	手动控制的设计、定位或标志不合适	5.4.1.2,5.4.3,5.7,5.8
8.8	可视显示装置的设计、定位不合适	—
9	**危险组合**	5.2
10	**意外的起动、意外的超极限运动/超速(或任何类似的故障)由于:**	—
10.1	控制系统故障/混乱	5.5.6.1,5.5.6.2,5.5.7,5.6.6,5.6.8,5.6.9,5.6.10,5.7.1
11	**由于没采取安全措施/方法或采取的部位不对而引起的危险:**	—
11.1	防护	5.5.5,5.7.1,5.8.2.2,5.8.2.3,5.10.2.3
11.2	安全保护装置	5.4.1,5.4.3,5.6.3,5.6.6,5.6.7,5.6.9,5.6.10
11.4	安全标志、信号、符号	5.4.1.2,5.6.7,5.7.2,7.2.3,7.3.4,7.3.5
11.5	资料或报警装置	5.6.1,5.6.2,5.6.4,5.6.7,7.1,7.2,7.3
11.6	视野	5.4.3,5.8.1,7.3.4.1
11.7	应急装置	5.6.3,5.6.8
15	**装配错误**	7.2.2,7.2.4
18	**机械失去稳定性/倾翻**	5.4.1,5.6.1,5.6.2,5.6.4,5.6.5,5.6.6,5.6.9,5.6.10,5.10.3
由于起升引起的额外的危险、危险情况和危险事件		
27	**机械危险和危险事件:**	—
27.1	由于下列原因引起的载荷下落、碰撞和起重机倾翻:	—
27.1.1	缺乏稳定性	5.10.3,6.2.5
27.1.2	不受控制的加载—超载—超过倾翻力矩	5.5.4,5.6.1,5.6.2,5.6.3,5.6.4,5.6.5

表 A.1（续）

序号	危　　险	本标准相关条款
由于起升引起的额外的危险、危险情况和危险事件		
27.1.3	不受控制的运动	5.6.6,5.6.9,5.6.10
27.1.4	意外的/无意的载荷运动	5.5.6,5.5.7,5.5.8
27.1.5	不适当的夹具/附助设备	5.4.2,7.2.3
27.2	从人员通道至载荷支撑	1,7.2.3
27.4	部件的机械强度不够	5.1,5.2,5.3,5.5.8,5.5.9,5.10.2
27.8	安装/试验/使用/维护的条件异常	5.10,7.1,7.2,7.3
29	**忽视人类工效学原则产生的危险：**	—
29.1	操作位置视野不足	5.8.1

附 录 B
（资料性附录）
布置和安装示例

B.1 臂架系统

B.1.1 直臂式臂架随车起重机

图 B.1 和图 B.2 分别表示伸缩直臂式臂架随车起重机和固定直臂式臂架随车起重机。

图 B.1 伸缩直臂式臂架系统

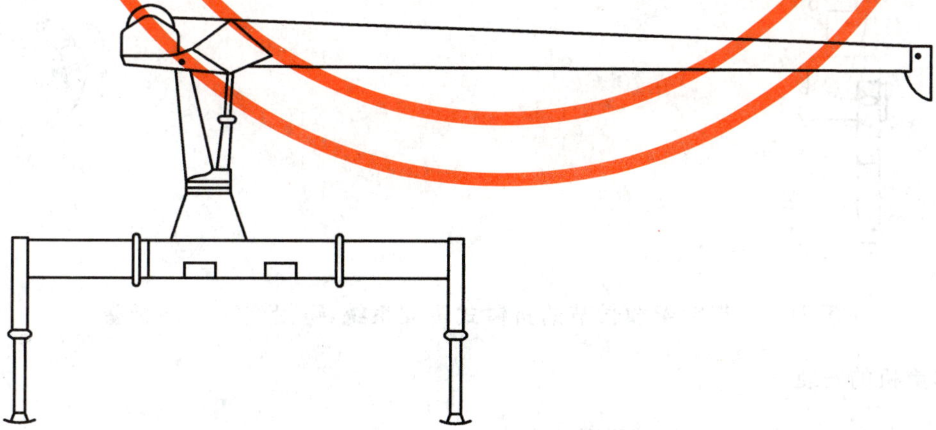

图 B.2 固定直臂式臂架系统

B.1.2 折臂式臂架随车起重机

图 B.3 和图 B.4 表示折臂式臂架随车起重机。

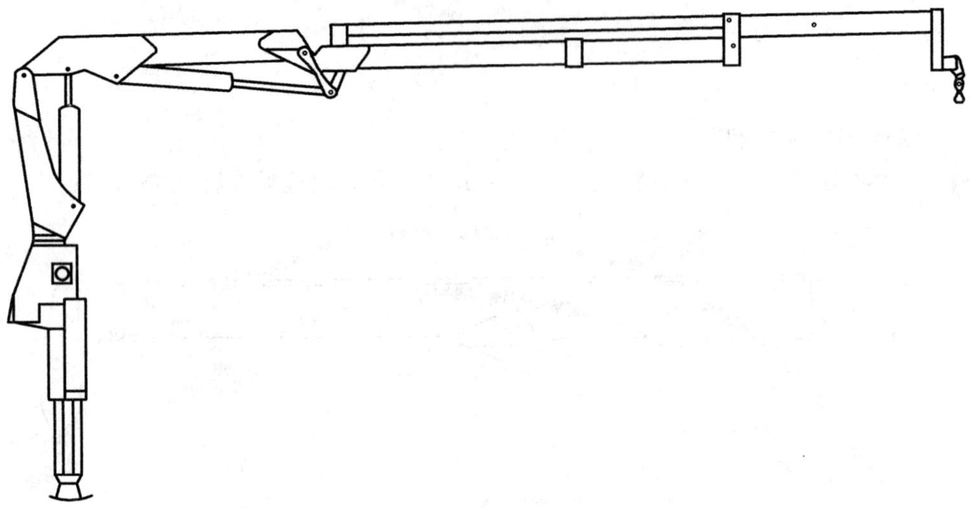

图 B.3 折臂式臂架系统,可沿汽车横向折叠

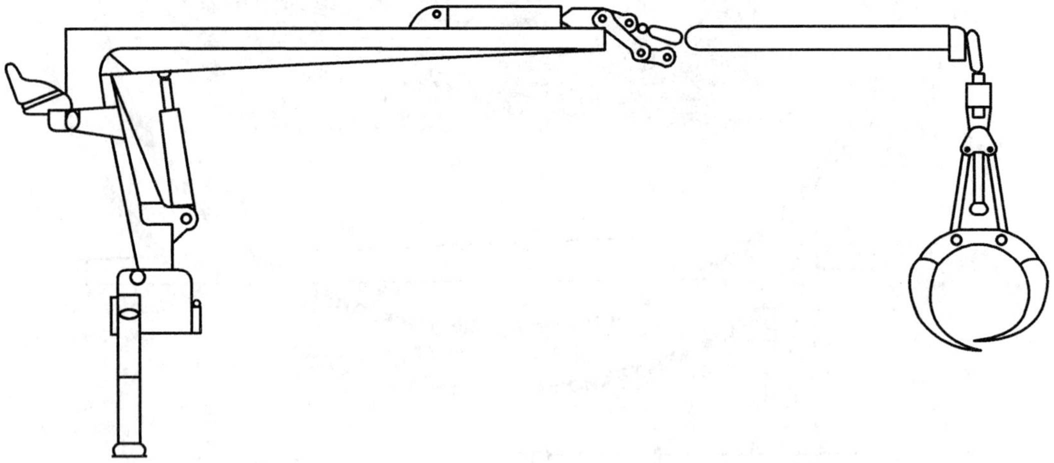

图 B.4 带臂架加长节的折臂式臂架系统,可沿汽车纵向折叠

B.2 随车起重机的安装

图 B.5～图 B.11 为随车起重机的安装示例。

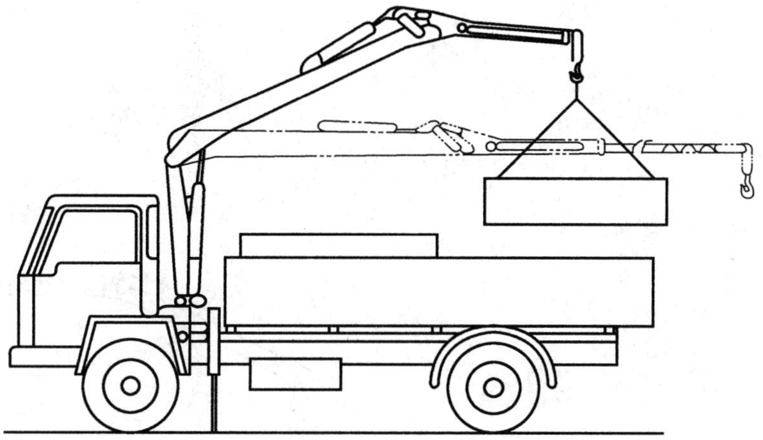

图 B.5　安装在驾驶室后面的随车起重机

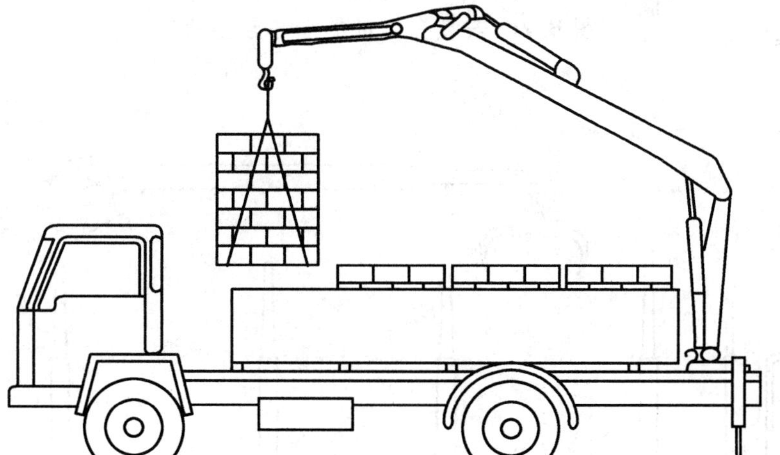

图 B.6　安装在后部的随车起重机

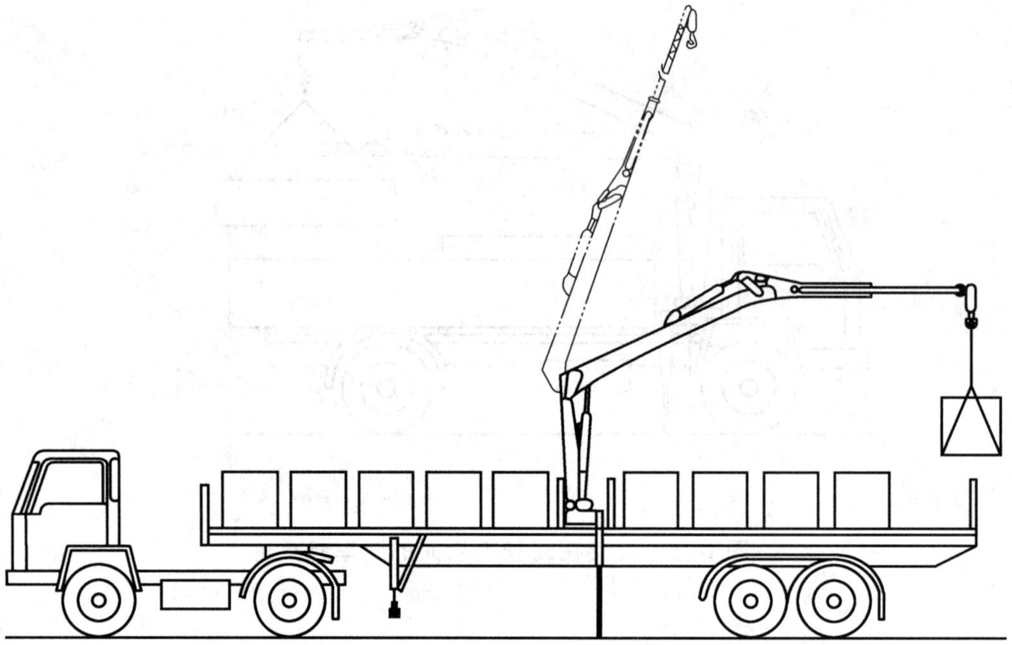

注：随车起重机通常固定安装在车辆底盘上，但可以安装在一个可拆分的支架上。随车起重机也能安装在车辆平台的轨道上，并可在其上移动。

图 B.7 安装在中部的随车起重机

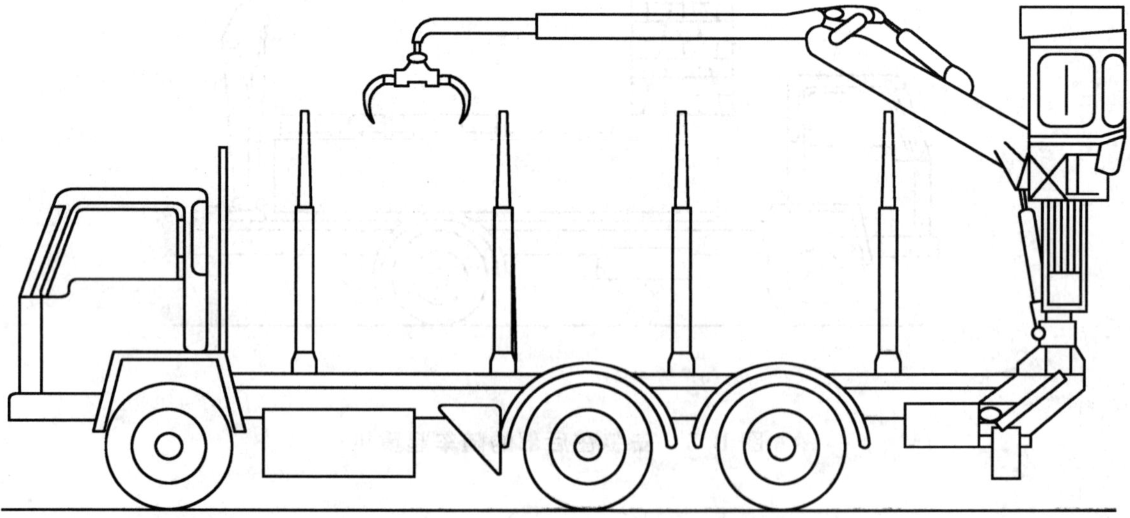

图 B.8 安装在后部的带操作室的原木起重机

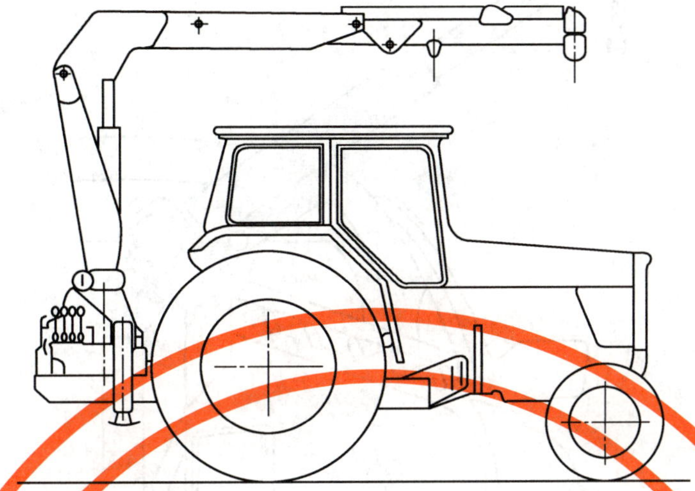

图 B.9　安装在拖拉机上的随车起重机

图 B.10　安装在固定基座上的随车起重机

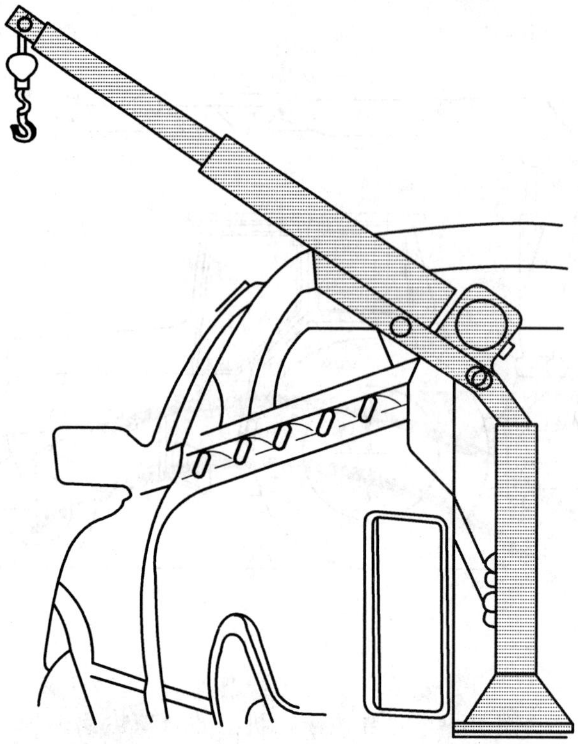

图 B.11　安装在轻型卡车上的随车起重机

附　录　C
（资料性附录）
说　　明

C.1　额定起重量限制器(5.6)

随车起重机是根据所有承载缸内的特殊受力而设计和制造的。额定起重量是根据随车起重机所有位置的特殊受力计算的。

因此,随车起重机的额定起重量限制器应该测量限制额定起重量的承载缸内的受力,而不是测量载荷本身。随车起重机几何结构和臂架系统实际位置不同,限制承载缸内的压力也不同。因此,设计额定起重量限制器时应该考虑所有能限制额定起重量的承载缸。

随车起重机的额定起重量限制器一般要完成下列三项任务:

a)　防止结构超载;

b)　防止汽车倾翻;

c)　防止载荷的危险运动。

对于除了原木起重机以外的所有随车起重机,额定起重量限制器应该完成以上三项任务,而对于原木起重机只要考虑防止超载和不稳定即可。

对于原木起重机,因作业区域内不允许有人,所以允许出入口溢流阀打开产生危险运动。由额定起重量限制器和原木起重机高速运动共同引起的突然停止会产生出入口溢流阀打开。

C.2　原木起重机　管路破裂(5.5.6.2)

原木起重机速度高,软管故障造成的臂架系统自动停止会引起比一个载荷受控下降更严重的危险。

C.3　操纵台(5.8)

为了确保在回转范围内所有位置都有较好的载荷视野,随车起重机通常可以从车辆两侧操纵。

由于操作员对起重机另一侧的操纵系统有较好的视野,而且操纵系统是机械连接在一起的,因此没必要通过附加装置来防止使用另一侧的操纵杆。

然而,应能够从随车起重机两侧启动急停装置(5.6.8)。

附 录 D
（资料性附录）
危险运动示例

根据 5.6.1.1，额定起重量大于或等于 3 000 kg 的随车起重机上应提供起重量限制器和指示器。这些装置的目的是警告随车起重机操作员并防止载荷在超过额定起重量时的危险运动。图 D.1 是超载时应防止的危险运动（箭头所示）的示例。

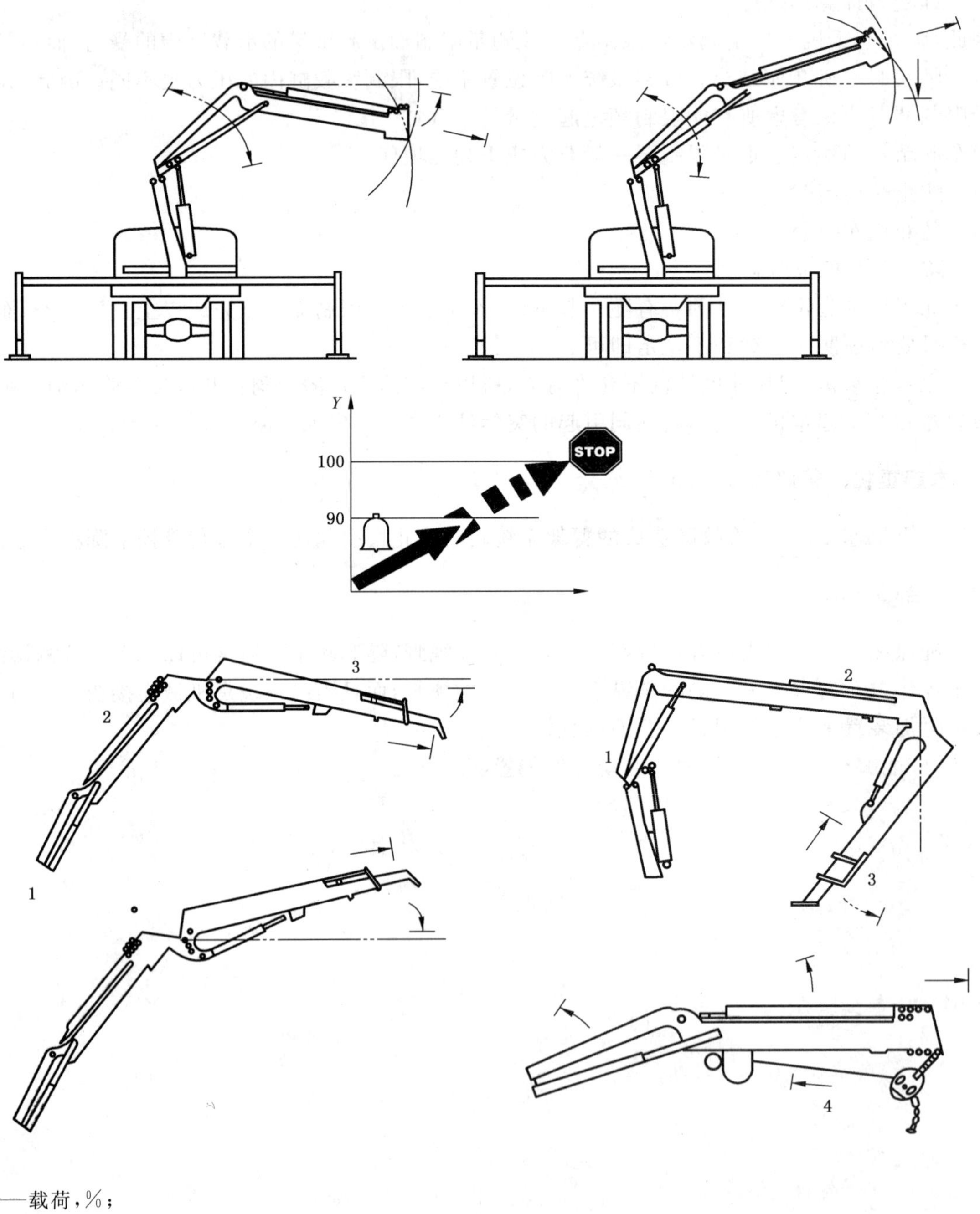

Y——载荷，%；
1——第一节臂；
2——第二节臂；
3——第三节臂；
4——卷扬机构。

图 D.1 超载时应防止的危险运动（箭头所示）的示例

附 录 E
（规范性附录）
无线控制器和控制系统的附加要求

应按 GB 5226.2—2002 中 9.2.7 设计带有下列附加装置的无线控制器。

E.1 概论

当遥控器使用模式未被激活时，不能发出信号。

E.2 控制限制

E.2.1 发射机的激发应显示在发射机上，而且不能启动随车起重机的任何运动。

E.2.2 接收装置只应在接收到包含正确地址和正确指令的帧时才向控制系统输出操作指令。

E.2.3 随车起重机开关应能被至少一个正确收到的帧激发（即控制到“接通”状态），这个帧没有任何操作指令但包含一个开始指令。

E.2.4 在任何引起随车起重机停止（例如：电源故障、蓄电池更换或信号损失）的情况发生之后，为了避免非指令运动，控制系统应在随车起重机操作员将控制器返回到“关闭”位置一段时间后，也就是它收到了至少一个不带任何操作指令的帧之后才能输出使随车起重机运动的操作指令。

E.2.5 无论何时随车起重机开关被停止激发，接收装置输出的所有随车起重机运动的操作指令应停止。

E.3 停止装置

E.3.1 按照 GB/T 16855.1—2008 中 4.1 的规定，用于实施停止功能的无线控制系统的部件是随车起重机控制系统与安全相关的部件。无线控制系统的安全性能应按照 GB/T 16855.1—2008 中 6.2.4 的 3 类或高于 3 类设计。

E.3.2 当在 0.5 s 内没有正确收到有效的帧时，控制系统的停止功能应启动。对于 0.5 s 太短的应用场合，这个值可以延长到 2 s。此时应对随车起重机的预期使用进行试验，确保不会由于延长这个时间值而产生额外的危险。

E.3.3 如果接收装置监控控制系统的状态与接收装置输出的状态不一致，E.3.2 中所述的停止装置也应停止激发随车起重机开关。

如果接收装置监控控制系统的状态与接收装置输出的状态一致，最多可以延迟 5 min 停止激发随车起重机开关。

E.3.4 如果紧急停止功能按照 0 类会产生任何额外的危险，则可以为 1 类。

E.4 连续的数据通讯

E.4.1 在操作过程中，帧应重复发送。

E.4.2 系统应提供一个帧内总位数至少 4 位，可达到 20 位汉明间距的传输可靠性，或提供其他确保同等可靠性的方法，以使一个错误帧通过的可能性小于 10^{-8}。

E.5 一个以上操纵台的使用

E.5.1 除非有使第一个发射器失效的特别设计，不应有从一个发射器到另一个发射器的控制转换。

E.5.2 应提供能使几个发射器/接收器在传输范围内成对操作且互相不干扰的装置。

E.5.3 应对 E.5.2 中提供的装置加以保护，防止意外或无意的改变。

E.6 使用电池的操纵台

在报警和 GB 5226.2—2002 中 9.2.7.6 的要求的一段时间(当发射器蓄电池电压变得太低以致于不能保证稳定的传输)之后,发射器应自动到被锁状态(即接收器停止所有随车起重机动作并停止激发开关)。

E.7 接收器

接收器应经受住宽波段随机振动试验,即 IEC 60068-2-64:1993 中规定的 Fh 试验。

E.8 警示标牌

在随车起重机或其部件附近有人的地方以及存在困住、撞倒人员等风险的地方应提供除 5.6.7 中规定之外的警示标牌。

随车起重机应提供:

a) 随车起重机通道上的标识,说明此机有无线控制系统;

b) 满足下列之一:

——当无线控制系统被启动时,一个连续的可视警报;

——在随车起重机运动之前,一个自动的声音和/或可视警报。

E.9 使用信息

E.9.1 安装指南应包括如下信息:确保使用无线控制系统时不会干涉在那个位置使用的其他系统或被其他系统所干涉。

E.9.2 在 E.3.2 中的停止功能的延长时间应在操作手册中说明。

附 录 F
（规范性附录）
作业和设定功能的符号

随车起重机部件在工作时的相应运动，应通过符号中的空白圆、粗线及箭头表示。符号应符合表 F.1 要求。

表 F.1 使用的符号

符号 （ISO 7000:2004）	说　　明	符号 （ISO 7000:2004）	说　　明
 1210	转台 顺时针回动 （可选择：GB/T 25195.2—2010，15.8） （ISO 7296-2）	 1217	取物装置 顺时针旋转 （可选择：GB/T 25195.2—2010，17.5） （ISO 7296-2）
 1211	转台 逆时针回动 （可选择：GB/T 25195.2—2010，15.7） （ISO 7296-2）	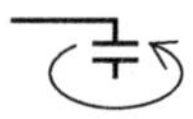 1216	取物装置 逆时针旋转 （可选择：GB/T 25195.2—2010，17.6） （ISO 7296-2）
 1206	第一节臂 向上变幅 （可选择：GB/T 25195.2—2010，15.1） （ISO 7296-2）	 1496	抓斗 闭合
 1207	第一节臂 向下变幅 （可选择：GB/T 25195.2—2010，15.2） （ISO 7296-2）	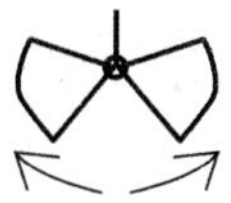 1495	抓斗 开启
 1212	第一节臂 伸出 （可选择：GB/T 25195.2—2010，15.5） （ISO 7296-2）	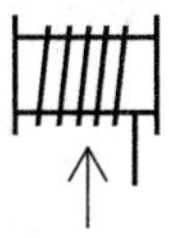 1538	卷扬机构 卷入 （可选择：GB/T 25195.2—2010，19.3） （ISO 7296-2）
 1213	第一节臂 缩回 （可选择：GB/T 25195.2—2010，15.6） （ISO 7296-2）	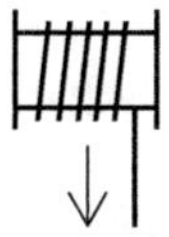 1539	卷扬机构 卷出 （可选择：GB/T 25195.2—2010，19.2） （ISO 7296-2）

表 F.1（续）

符号 （ISO 7000:2004）	说　　明	符号 （ISO 7000:2004）	说　　明
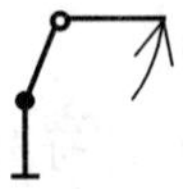 1208	第二节臂 向上变幅	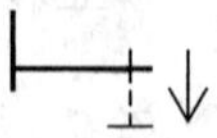 0750	垂直支腿 伸出
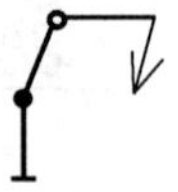 1209	第二节臂 向下变幅	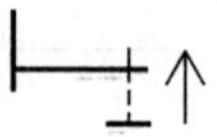 0751	垂直支腿 缩回
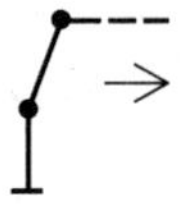 1214	第二节臂 伸出	 0746	水平支腿 伸出
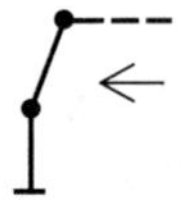 1215	第二节臂 缩回	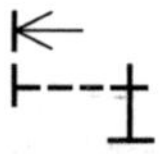 0747	水平支腿 缩回

注 1：在遥控器操作面板上可以用简单的字母代替符号来解释随车起重机的动作。

注 2：如果是直臂式臂架系统，可以使用 GB/T 25195.2(ISO 7296-2)表中所示的相应符号。

附　录　G
（资料性附录）
垂直布置的地面操纵系统

G.1　概述

图 G.1 表示垂直布置的操纵杆。表 G.1 表示控制装置操作和相应运动方向的符号。

表 G.1　控制装置操作和相应随车起重机运动方向的符号

控制装置符号	向左	随车起重机部件	向右
	开启	抓斗	闭合
	顺时针回转	取物装置	逆时针回转
	伸出	臂架加长节	缩回
	向下变幅	第二节臂	向上变幅
	向下变幅	第一节臂	向上变幅
	顺时针回转	转台	逆时针回转

注 1：如果其中有一个或多个功能没有提供，那么把相应的控制装置及符号取消。

注 2：随车起重机两侧都用这种布置。

表格第 1 列中的图表示固定到操纵杆按钮[见 5.7.2a)]上的符号。这种情况下，符号和方向箭头一起使用，以便每个操纵杆的一个符号既能用于表示它的功能又能表示它的相反功能。

作为替代物[见 5.7.2b)]，也可将符号用在操纵杆旁边的标牌上，与图 H.3 中所示的例子相似。在这种情况下，使用不带方向箭头的符号，因此，应使用两个不同的符号来表示操纵杆每个动作方向的相应功能。

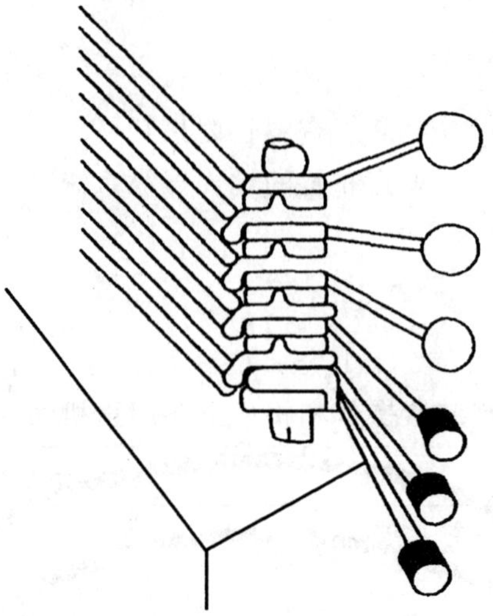

图 G.1 垂直布置的操纵杆

附 录 H
（资料性附录）
水平布置的地面操纵系统

H.1 概述

图 H.1 和图 H.3 给出两种可选择的从地面操作的控制装置。

方案 1:布置方法 A 应该用于随车起重机两侧和遥控器上。

方案 2:布置方法 A 应该用于一侧,布置方法 B 应该用于另一侧。

方案 1 是更受欢迎的布置。

图 H.1 中向上指的箭头也可按图 H.2 表示。根据操纵杆的形状,按钮动作可以偏离垂直方向(两个操纵杆都在中位)。

图 H.1 表示固定在操纵杆按钮上的符号。也可将箭头符号用在如图 H.3 中所示操纵杆上方的标牌上。

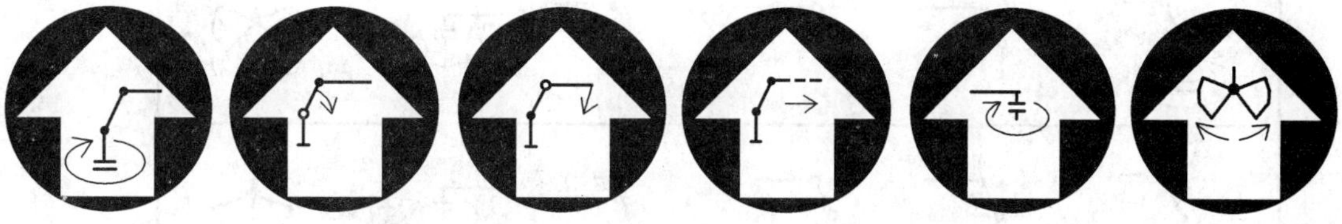

a） 布置方法 A

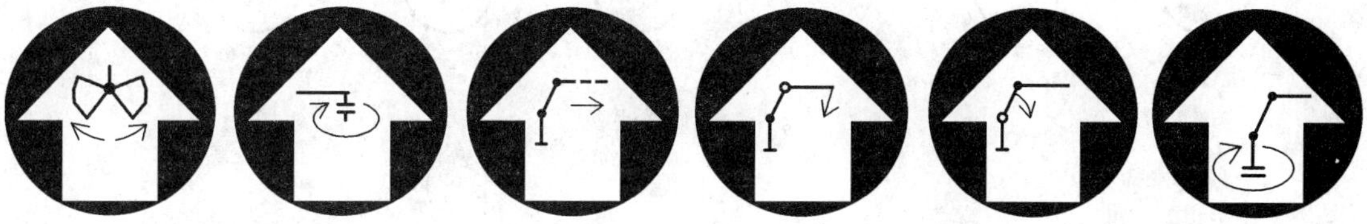

b） 布置方法 B

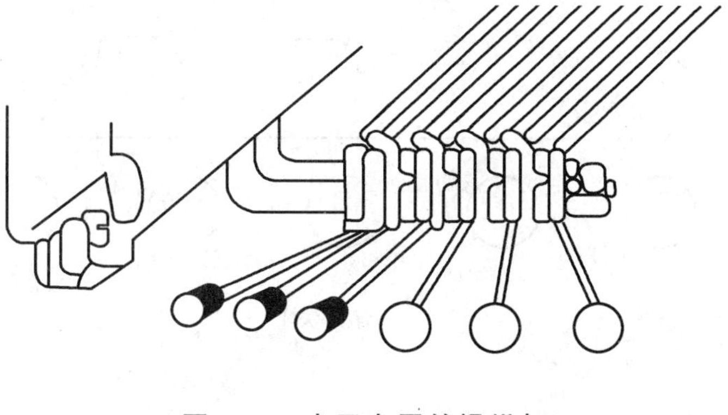

图 H.1 水平布置的操纵杆

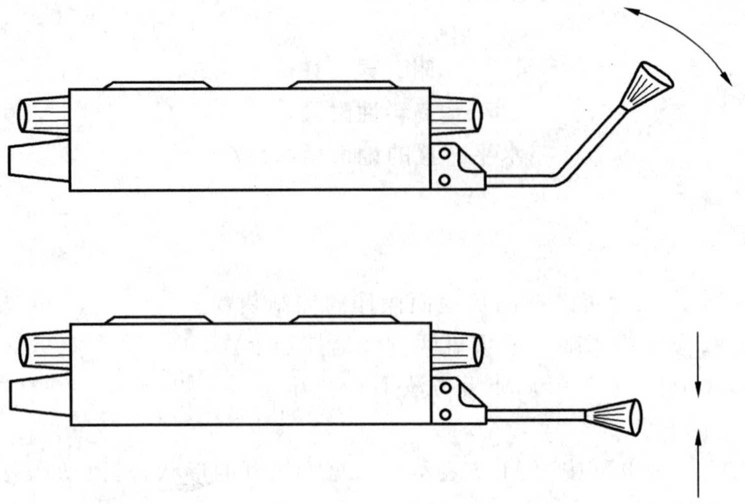

图 H.2　水平布置的操纵杆示例(在图中,按钮动作偏离垂直方向)

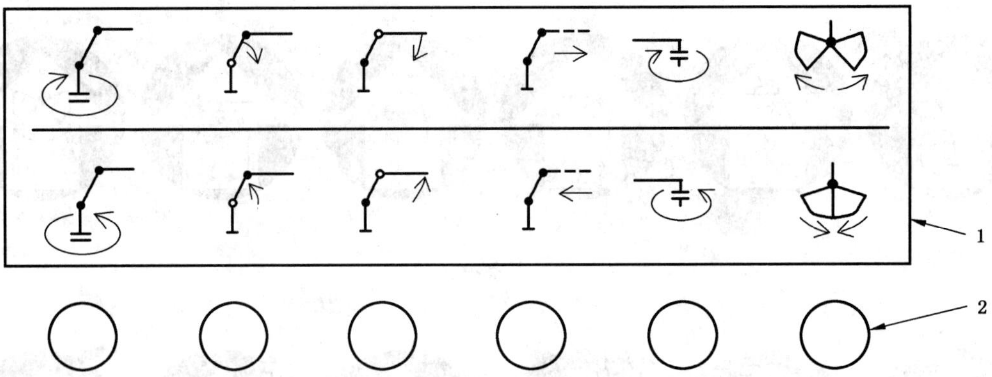

a)　布置方法 A

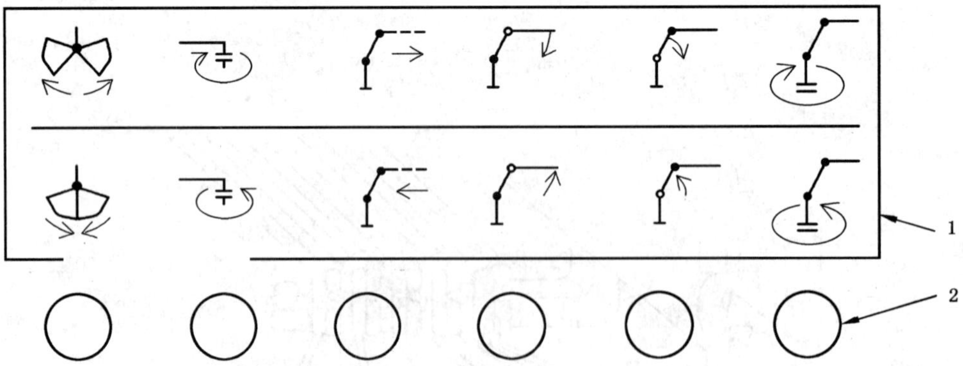

b)　布置方法 B

1——标牌;
2——操纵杆。

图 H.3　水平布置的操纵系统(操纵杆上方标牌上的符号)

附　录　I
（资料性附录）
高座椅控制装置和遥控器

I.1　高座椅控制装置

I.1.1　多向控制装置

图 I.1 表示一个两杆操纵系统的布局。图 I.2 表示一个包括两个操纵杆和两个踏板的操纵系统的布局。

I.1.2　双向控制装置

应该按图 H.1a)或图 H.3a)布置操纵杆。

I.2　遥控器

应该按图 I.1 布置多向操纵杆，按图 H.1a)布置双向操纵杆。

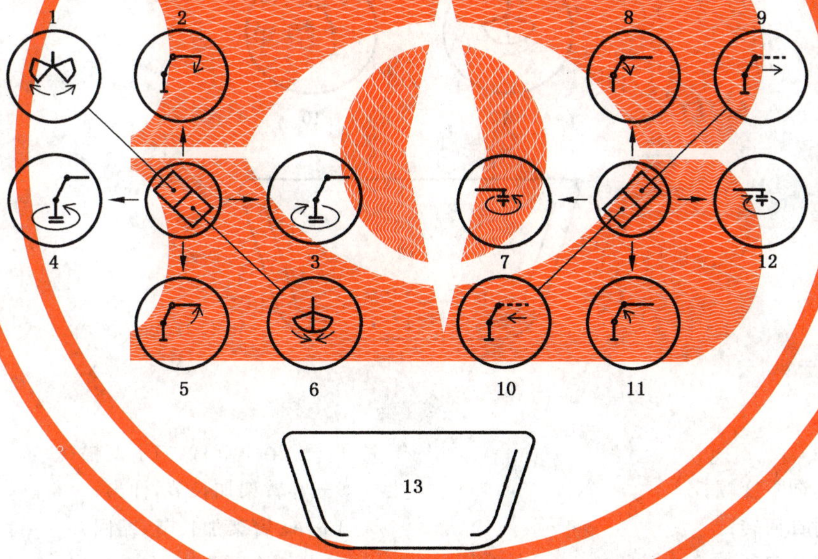

1——抓斗，开启；
2——第二节臂，向下变幅；
3——转台，顺时针回转；
4——转台，逆时针回转；
5——第二节臂，向上变幅；
6——抓斗，闭合；
7——取物装置，逆时针旋转；
8——第一节臂，向下变幅；
9——伸缩臂，伸出；
10——伸缩臂，缩回；
11——第一节臂，向上变幅；
12——取物装置，顺时针旋转；
13——操作员。

图 I.1　多向控制装置　两杆操纵系统的布局

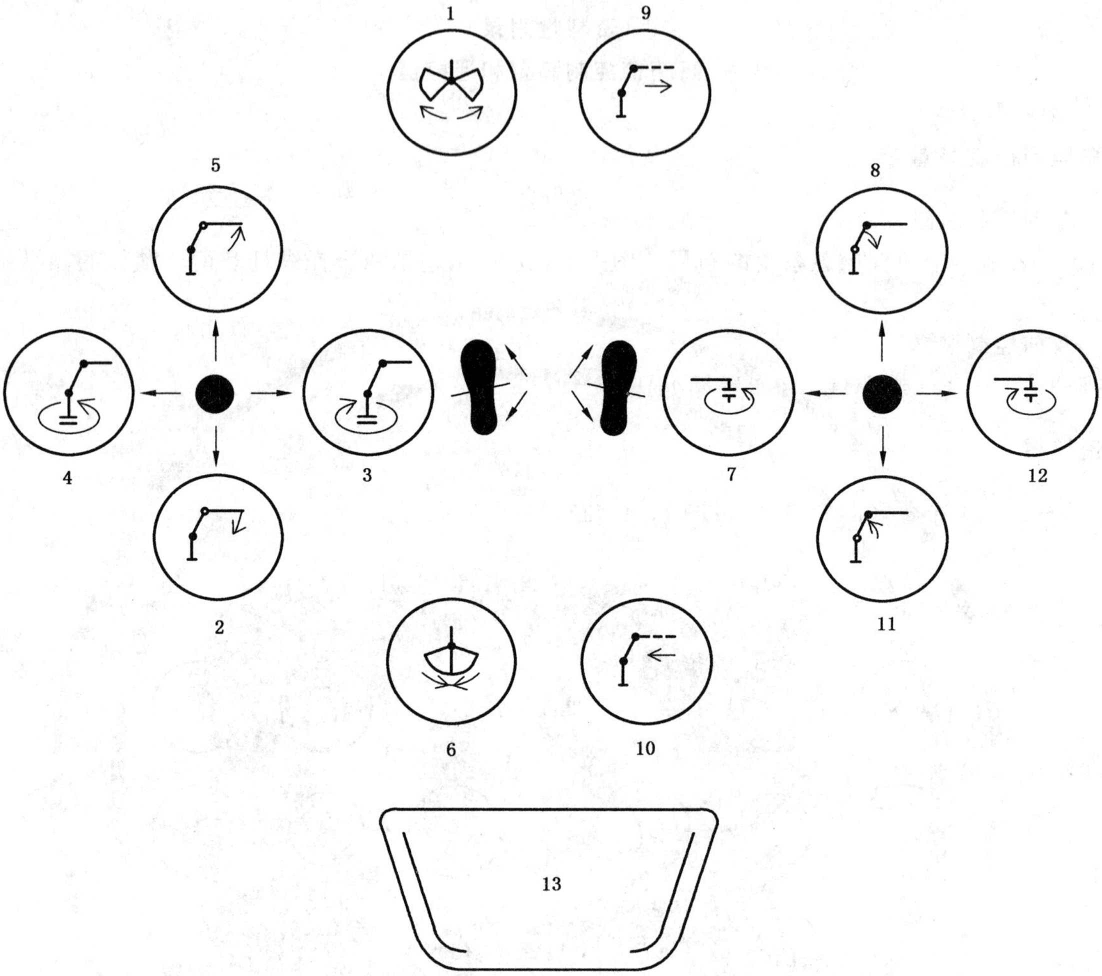

1——抓斗,开启;
2——第二节臂,向下变幅;
3——转台,顺时针回转;
4——转台,逆时针回转;
5——第二节臂,向上变幅;
6——抓斗,闭合;
7——取物装置,逆时针旋转;
8——第一节臂,向下变幅;
9——臂架加长节,伸出;
10——臂架加长节,缩回;
11——第一节臂,向上变幅;
12——取物装置,顺时针旋转;
13——操作员。

图 I.2 多向控制装置 两个操纵杆和两个踏板的操纵系统的布局

附 录 J
（规范性附录）
起重力矩为 250 kN·m 及以下随车起重机操作室最小尺寸

以下是起重力矩为 250 kN·m 及以下随车起重机操作室最小尺寸：

a） 带一个座椅的操作室最小尺寸应是：

——从座椅标定点测量的垂直高度，见图 J.1：1 000 mm；

——通过座椅标定点测量的水平宽度：700 mm；

——从座椅标定点水平向前测量的长度，见图 J.1：700 mm。

注：关于 250 kN·m 以上或安装在固定基座上的随车起重机，其操作室的参数见 GB/T 20303.2。

b） 直立的、有效的门的最小尺寸应是：

——宽度：600 mm；

——高度：1 500 mm。

c） 应急出口有效孔径的最小尺寸应是：

550 mm×550 mm、500 mm×600 mm 或直径为 600 mm。

单位为毫米

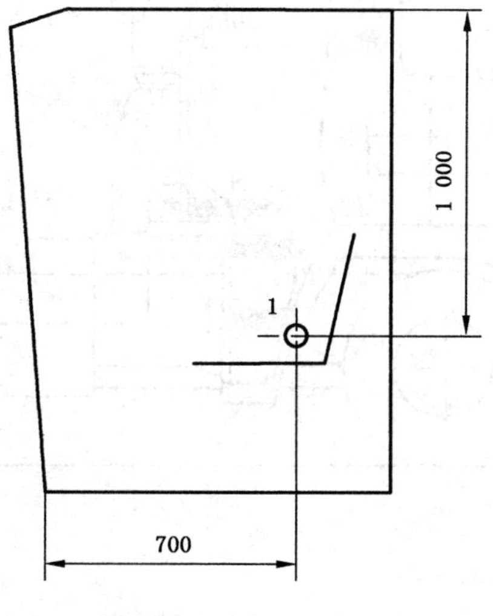

1——座椅标定点(SIP)，见 GB/T 8591。

图 J.1 内部最小尺寸

附　录　K
（资料性附录）
高位操纵台示例

图 K.1～图 K.3 表示不同的高位操纵台。

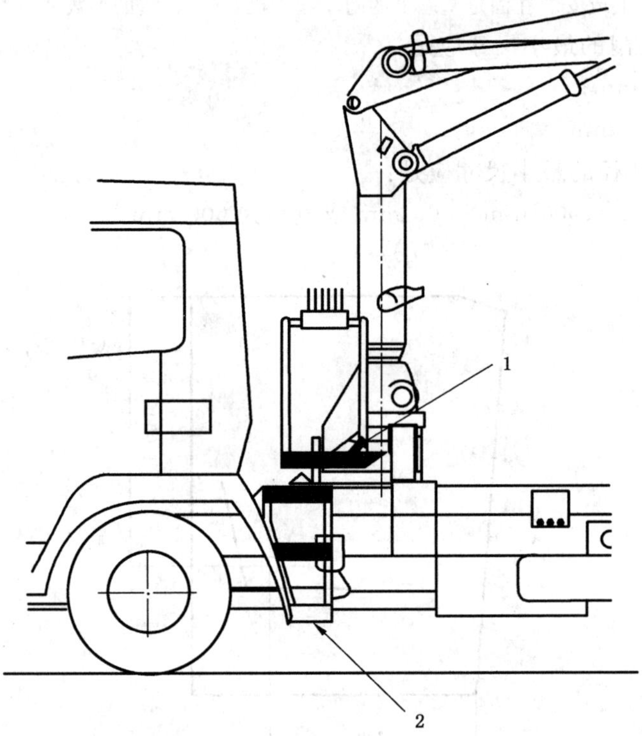

1——操纵平台；
2——踏板。

图 K.1　带踏板的操纵平台

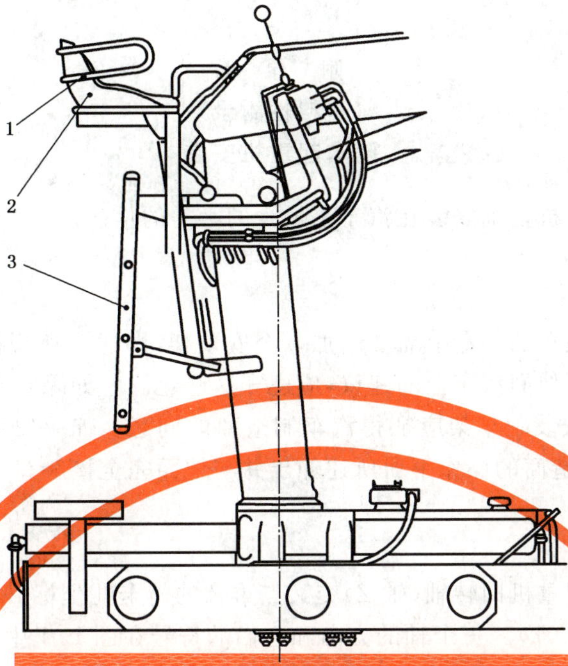

1——侧防护；
2——座椅；
3——梯子。

图 K.2　在带梯子的转台上的高座椅

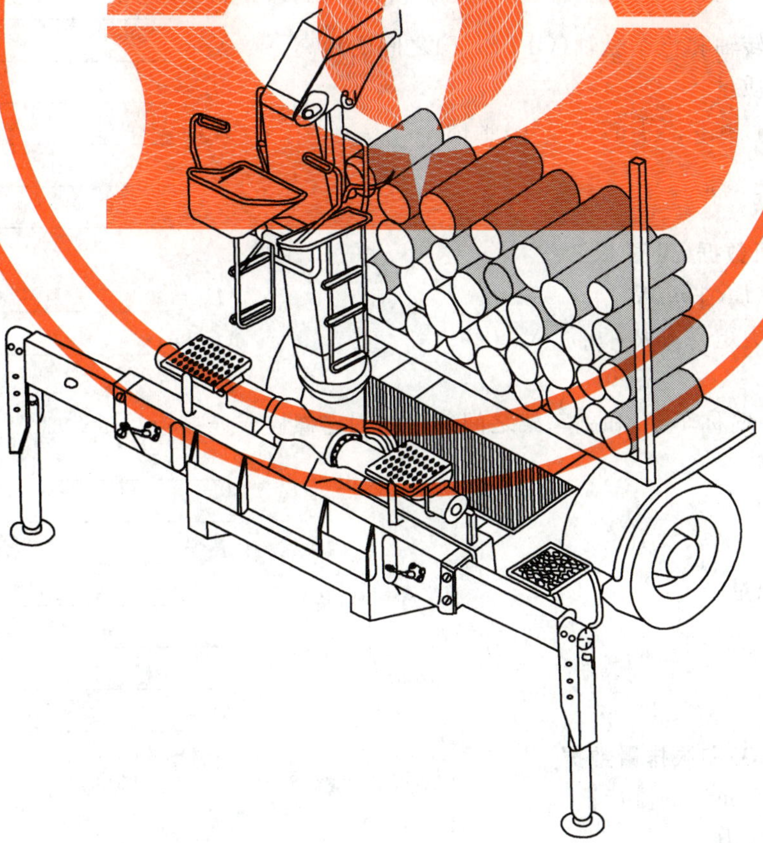

图 K.3　在带踏板的转台上的高座椅

附　录　L
（资料性附录）
随车起重机安装

本附录提供将随车起重机正确安装在汽车上最少的必需的信息。

L.1　概论

将随车起重机安装在汽车的底盘上需要增加一个安装架，即通常所说的副车架。大多数汽车制造商提供将随车起重机安装到他们汽车上的建议，应遵守这些建议。如果没有特殊的建议，副车架的尺寸和特点可以由L.4确定。安装副车架应征得汽车制造商的同意。如果安装随车起重机的支腿和附加的支腿，要能按照起重机制造商的操作手册所述伸出并与地面完全接触。

L.2　安装最少数据

数据涉及一个在随车起重机回转轴（轴Z）交叉点重合的笛卡儿坐标（X、Y、Z）系和随车起重机基本总成的水平支承表面（平面XY）。三个轴的方向和它们的符号在图L.1中标出。需要获得随车起重机在行驶状态下的重心位置。

L.2.1　随车起重机在车上的位置数据

纵向	$A=$ ________ mm
横向	$B=$ ________ mm
垂直方向	$H=$ ________ mm
随车起重机回转轴和汽车纵轴（OFFSET）之间的距离	$X_a=$ ________ mm
随车起重机总质量	$m_t=$ ________ kg
随车起重机在行驶状态下的重心（g）坐标	$X_g=$ ________ mm
	$Y_g=$ ________ mm
	$Z_g=$ ________ mm

L.2.2　随车起重机数据（见图L.2）

最大起重力矩（$FR+m_b X_b$）	$M_{st}=$ ________ N·m
最大动态起重力矩（$\varphi_2 FR+\varphi_1 m_b X_b$）	$M_{dyn}=$ ________ N·m

L.2.3　安装数据

底盘车架（以下简称车架）和副车架之间每侧的固定螺栓或连接板数量：

固定螺栓直径	________ mm
固定螺栓的材料等级	________
扭紧力矩	$T_L=$ ________ N·m
螺栓/连接板数量	________
螺栓直径	________ mm
螺栓等级	________
扭紧力矩	$T=$ ________ N·m

L.2.4　取力器（PTO）和泵排量数据

在控制阀处最大允许的流量	$q=$ ________ L/min
泵的最大工作压力	$p=$ ________ bar
随车起重机上溢流阀最大设定值	$p_t=$ ________ bar
最大需用功率	$P_r=$ ________ kW

最大电源要求 ______________ V

______________ A

L.2.5 稳定性计算数据

随车起重机制造商应提供下列如载荷曲线图中规定的最大液压幅度数据。

随车起重机基座总成加上转台和起升液压缸的质量 m_f = ______________ kg

m_f 的重心坐标 X_f = ______________ mm

Y_f = ______________ mm

臂架系统质量 m_b = ______________ kg

m_b 的重心和随车起重机回转轴之间的距离 X_b = ______________ mm

L.3 取力器(PTO)和泵的相关信息

安装随车起重机的公司通常给出泵和取力器供应商的下列数据：

——汽车制造商；

——汽车类型；

——车辆总重；

——变速箱详图；

——随车起重机最大工作压力；

——随车起重机所需油的最大额定流量。

应在汽车发动机规定的扭矩范围内选择取力器的传动比，以便产生输出功率。

来自取力器(在规定的转速时，最大允许扭矩)的功率应超过液压系统需要的功率。

按式(L.1)可得到功率(kW)：

$$P_a = M_2 \times v / 9\ 550 \qquad \text{(L.1)}$$

按式(L.2)可计算需要的功率(kW)

$$P_r = \frac{Q \times p}{600} \qquad \text{(L.2)}$$

式(L.3)是极其重要的：

$$P_a \geqslant P_r\text{，且 } Q \leqslant \frac{C \times v}{100} \qquad \text{(L.3)}$$

式中：

M_2——允许的取力器最大扭矩，单位为牛顿米(N·m)；

v——取力器/泵的速度，单位为转每分(r/min)；

C——泵的排量，单位为立方厘米(cm^3)；

Q——泵的流量，单位为立方分米每分(dm^3/min)；

p——主溢流阀的设置压力，单位为兆帕(MPa)。

L.4 确定副车架尺寸的计算方法

L.4.1 通常需考虑的因素

所用副车架的结构类型，取决于它在强度和刚度方面的应用：

a) 柔性安装允许底盘和副车架之间有有限的水平运动，而且可以被看作是两个一起工作的平行梁。底盘和副车架的截面都将分别受到各自的弯曲力矩。此力矩是总弯曲力矩的一部分，并与总弯曲力矩成正比；

b) 刚性安装不允许车架和副车架之间的任何水平运动，而且可以被看作是单个组合梁。侧板的间隔和尺寸要足以承受剪切力；

c) 安装在汽车驾驶室后面的随车起重机：为了保持尽可能接近汽车车架原始的弯曲和扭转特性，副车架到车架上的安装通常是柔性安装。一些汽车制造商要求沿着副车架的总长柔性安装。大多数汽车制造商建议副车架的随车起重机部分与车架刚性联接，其他部分柔性安装；

d) 后部安装：因为随车起重机质量集中在车架的后悬，应提供确保行驶时良好行驶特性的扭转刚度，而且提高操作随车起重机时的稳定性。为此，需要将副车架刚性安装到车架上。除此之外，大多数汽车制造商建议给副车架安装斜梁，从随车起重机位置一直到驱动桥中心。许多汽车制造商还建议离汽车驾驶室最近的连接板是柔性安装的。这样车架和副车架表面的第二组合力矩值就会逐渐减少。

L.4.2 应力

假设随车起重机的最大动态力矩沿起重机的垂直回转轴的纵平面起作用。它将同汽车底盘的纵轴线重合或平行。

如果随车起重机的回转轴偏离汽车的纵轴线，或者说如果随车起重机基座不能提供一个沿副车架的两个纵梁均匀分布的载荷力矩，那么载荷力矩应该通过引入偏离随车起重机偏心距和基座特性的系数 $\beta \geqslant 0.5$ 和制约条件来分布。系数 β 应由随车起重机制造商提供。

副车架的尺寸应该按照作用在一侧的载荷力矩的最大值来确定。载荷力矩从随车起重机连接点的最大值线性变化到汽车前轴或后轴或附加支腿上的零值。

L.4.3 材料和允许应力

见参考文献。

L.4.4 符号和公式

L.4.4.1 概述

车架和副车架部分被认为用来抵挡总载荷力矩。将车架的尺寸用下标“t”表示，副车架的尺寸用下标“c”表示。

本附录所用公式中的符号含义如下：

M_{dyn}：最大动态起重力矩；

β：分布系数；

M_e：用于计算的力矩（$M_e=\beta \times M_{dyn}$）；

M：作用于车架或副车架上的载荷力矩；

I：车架或副车架截面表面的第二组合力矩；

W：车架或副车架截面的第二模数；

σ：弯曲应力；

σ_a：允许的材料应力；

W_1：车架的截面模数；

W_2：副车架的截面模数。

L.4.4.2 挠性安装（车架和副车架）

$$M_e=M_c+M_t \qquad M_c=M\left(\frac{I_c}{I_c+I_t}\right)=M_c/W_c \leqslant \sigma_a \qquad \text{(L.4)}$$

$$M_c/M_t=I_c/I_t \qquad M_t=M_t=M\left(\frac{I_t}{I_c+I_t}\right)=M_t/W_t \leqslant \sigma_a \qquad \text{(L.5)}$$

L.4.4.3 刚性安装

$$\sigma_1=M_e/W_1 \leqslant \sigma_a \qquad \text{(L.6)}$$

$$\sigma_2=M_e/W_2 \leqslant \sigma_a \qquad \text{(L.7)}$$

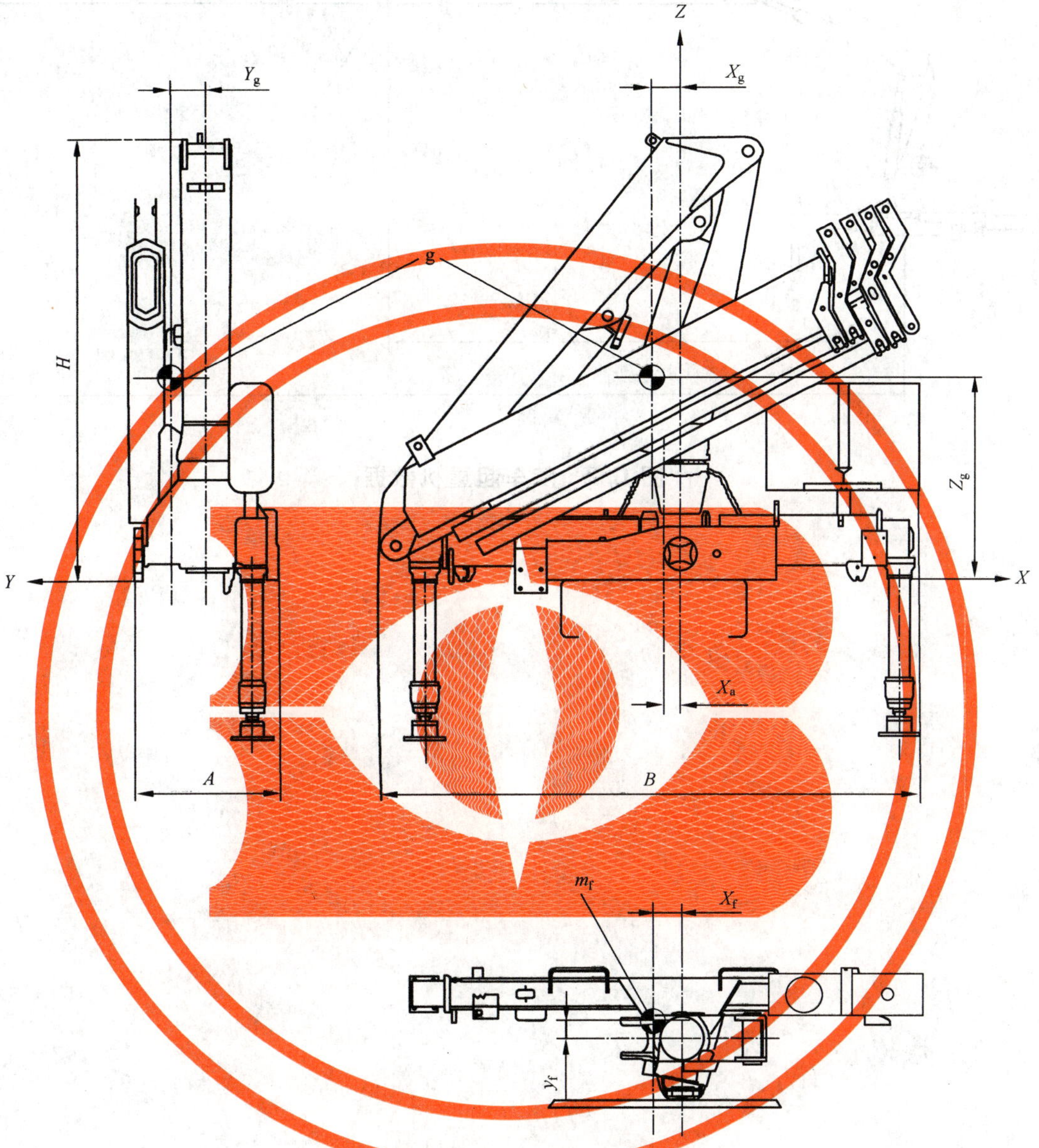

图 L.1　三个轴的方向及符号

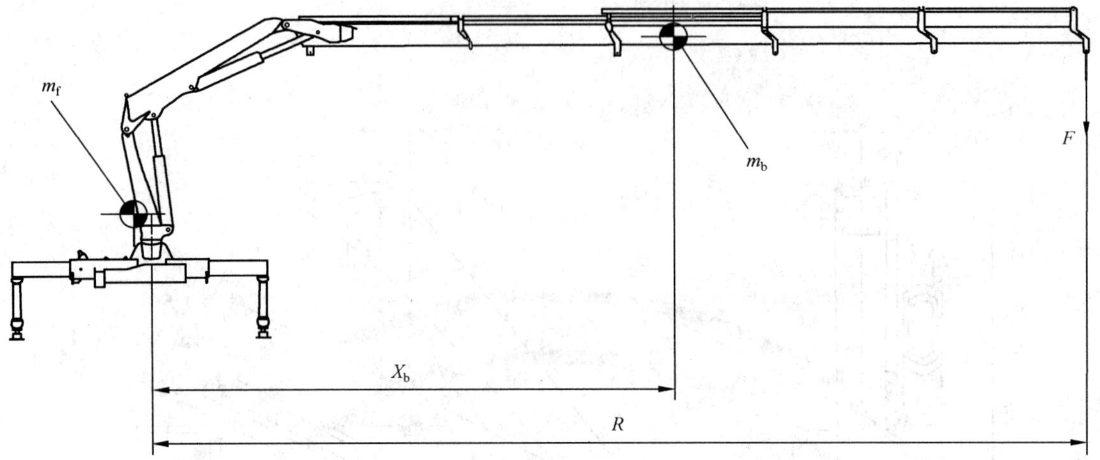

图 L.2 随车起重机数据

参 考 文 献

[1] GB/T 3811 起重机设计规范.

[2] FEM1.001:1997 起重机械设计规范.

[3] DIN 18800-1:1990 钢结构 设计和构造.

[4] DIN 18800-1/A1:1990 钢结构 第1部分:设计和构造 修正方案1.

[5] DIN 15018-1:1984 起重机 钢结构 验证和分析.

[6] DIN 15018-2:1984 起重机 钢结构 设计和构造原则.

[7] DIN 15018-3:1984 起重机 钢结构 车载起重机设计.

[8] NEN 2019/NBN 52003 起重机 金属结构.

[9] NEN 2023/NBN 52007 起重机 结构的安全要求.

[10] IKH 4.30.01 起重机钢结构标准 计算.

[11] BS 2573 起重机设计规范 分类、应力计算和结构设计准则.

[12] JIS B 8821:2002 起重机钢结构计算标准.

[13] AISC 许用应力法和极限状态法的应力设计与(材料力学)极限设计.

[14] AISC 载荷和阻力系数设计.

[15] AWS D14.3 土方机械焊接技术条件.

[16] SAE J 1078 分析确定液压伸缩悬臂起重机臂架能力的推荐方法.

[17] SAE J 1063 悬臂起重机结构 试验方法.

[18] CEN/TS 13001-3-1 起重机 通用设计 第3-1部分:钢结构的极限状态和能力证明.

[19] CEN/TS 13001-3-2 起重机 通用设计 第3-2部分:钢丝绳的极限状态和能力证明.

ICS 53.020.20
J 80

中华人民共和国国家标准

GB/T 26474—2011

集装箱正面吊运起重机　技术条件

Container reach stacker—Specifications

2011-05-12 发布　　2011-12-01 实施

中华人民共和国国家质量监督检验检疫总局
中国国家标准化管理委员会　发布

前　言

本标准由中国机械工业联合会提出。

本标准由全国起重机械标准化技术委员会(SAC/TC 227)归口。

本标准负责起草单位:交通部水运科学研究院、三一重工股份有限公司、北京起重运输机械设计研究院。

本标准参加起草单位:哈尔滨工程机械制造有限公司、科尼起重机设备(上海)有限公司、天津港股份有限公司。

本标准主要起草人:李海波、苏国萃、陶天华、刘晋川、路建湖、李翠英、董世民、高宁、张明江。

集装箱正面吊运起重机　技术条件

1　范围

本标准规定了集装箱正面吊运起重机(以下简称"正面吊")的技术要求、试验方法、检验规则和标志、包装、运输、贮存。

本标准适用于装卸 GB/T 1413 所规定的集装箱的正面吊。

2　规范性引用文件

下列文件中的条款通过本标准的引用而成为本标准的条款。凡是注日期的引用文件,其随后所有的修改单(不包括勘误的内容)或修订版均不适用于本标准,然而,鼓励根据本标准达成协议的各方研究是否可使用这些文件的最新版本。凡是不注日期的引用文件,其最新版本适用于本标准。

GB/T 700　碳素结构钢(GB/T 700—2006,ISO 630:1995,NEQ)

GB/T 985.1　气焊、焊条电弧焊、气体保护焊和高能束焊的推荐坡口(GB/T 985.1—2008,ISO 9692-1:2003,MOD)

GB/T 985.2　埋弧焊的推荐坡口(GB/T 985.2—2008,ISO 9692-2:1998,MOD)

GB/T 1413　系列 1 集装箱　分类、尺寸和额定质量(GB/T 1413—2008,ISO 668:1995,IDT)

GB/T 1591　低合金高强度结构钢

GB/T 3220　集装箱吊具的尺寸和起重量系列

GB/T 3323—2005　金属熔化焊焊接接头射线照相(EN 1435:1997,MOD)

GB/T 3766　液压系统通用技术条件(GB/T 3766—2001,eqv ISO 4413:1998)

GB/T 3811　起重机设计规范

GB/T 4205　人机界面标志标识的基本和安全规则　操作规则(GB/T 4205—2010,IEC 60447:2004,IDT)

GB 6067.1　起重机械安全规程　第 1 部分:总则

GB/T 8923—1988　涂装前钢材表面锈蚀等级和除锈等级(eqv ISO 8501-1:1988)

GB/T 9286—1998　色漆和清漆　漆膜的划格试验(eqv ISO 2409:1992)

GB/T 13306　标牌

GB/T 13384　机电产品包装通用技术条件

GB/T 16905　集装箱正面吊运起重机试验方法

GB/T 18849　机动工业车辆　制动器性能和零件强度(GB/T 18849—2002,eqv ISO 6292:1996)

GB/T 19418—2003　钢的弧焊接头　缺陷质量分级指南(ISO 5817:1992,IDT)

GB 20062　流动式起重机作业噪声限值及测量方法

GB/T 20303.2　起重机　司机室　第 2 部分:流动式起重机(GB/T 20303.2—2006,ISO 8566-2:1995,IDT)

GB 20891　非道路移动机械用柴油机排气污染物排放限值及测量方法(中国Ⅰ、Ⅱ阶段)[GB 20891—2007,97/68/EC(最新修订版 2002/88/EC)和 74/150/EEC(最新修订版 2000/25/EC)]

GB 50150　电气装置安装工程　电气设备交接试验标准

GB 50254　电气装置安装工程　低压电器施工及验收规范

JB/T 4198.1　工程机械用柴油机　技术条件

JB/T 8816　工程机械　驱动桥技术条件

JB/T 10559—2006 起重机械无损检测 钢焊缝超声检测

ISO 13562-2 伸缩臂式工业车辆 第2部分:搬运6 m及6 m以上长度货运集装箱车辆的附加稳定性试验

ISO 15870 机动工业车辆 安全标志和危险图示 总则

3 术语和定义

下列术语和定义适用于本标准。

3.1

额定起重量 rated capacity

正面吊允许吊起集装箱的最大质量,不包括吊具的质量。

3.2

起升高度 load-lifting height

吊具在最高工作位置时,其转锁下缘与地面的距离,见图1中的 H。

3.3

安全高度 safety height

吊具在最高工作位置时,其转锁下缘与最高层集装箱上表面的垂直距离,见图1中的 S。

3.4

外伸距 outreach

吊具垂直中心线至车体前缘的水平距离,见图1。其中 L_1 为最小工作外伸距,指能够吊起第一排额定起重量的集装箱时,吊具垂直中心线至车体前缘的水平距离。

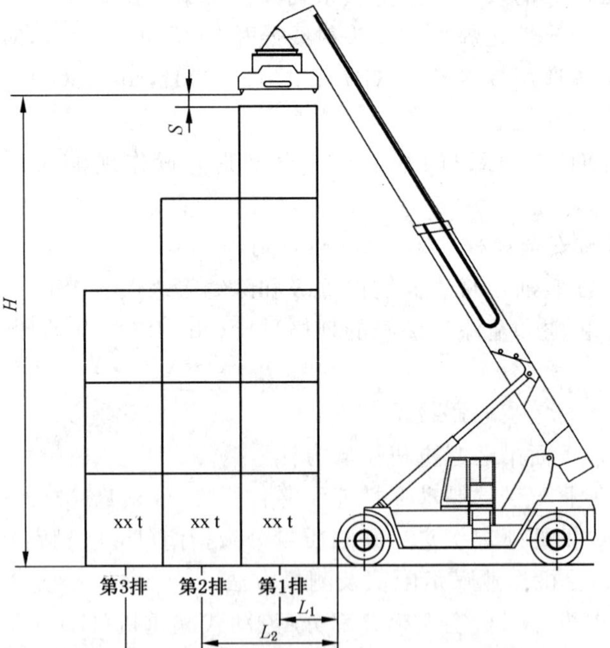

图 1

4 技术要求

4.1 工作环境条件

4.1.1 工作环境温度为-20 ℃~+40 ℃,相对湿度不大于95%。

4.1.2 海拔高度不超过1 000 m。

4.1.3 工作时风力等级不大于6级。

4.1.4 工作场地应平整、坚实,地面坡度不大于3%。

4.2 整机

4.2.1 正面吊的设计及制造应符合GB/T 3811、GB 6067.1及本标准的规定。

4.2.2 正面吊的抗倾覆稳定性应符合ISO 13562-2的规定。

4.2.3 正面吊在空载和带载运行、变幅、起升以及吊具伸缩、回转和侧移时应平稳,不应产生爬行、振颤、冲击及驱动功率异常增大现象。

4.2.4 正面吊的安全高度不应低于350 mm。

4.2.5 正面吊作业时的辐射噪声声功率级限值应符合GB 20062的规定,座椅处司机耳边噪声不应大于85 dB(A)。

4.2.6 正面吊用发动机的排气污染物排放限值应符合GB 20891的规定。

4.2.7 正面吊进行额定载荷试验时,应能承受额定起重量的试验载荷。试验中各机构应工作正常,无异常声响;连接处应无松动;结构件应无裂纹、永久变形和表面油漆打皱;焊缝应无裂纹;液压件、电器元件应完好无损;整机动作应满足设计所规定的性能要求。

4.2.8 正面吊进行额定载荷试验时,吊具下沉量在10 min内不应超过150 mm。

4.2.9 正面吊进行动载试验时,应能承受1.1倍额定起重量的试验载荷。试验中各机构应工作正常,无异常声响;结构件应无裂纹、永久变形和表面油漆打皱;焊缝应无裂纹;连接处应无松动;固定结合面不应渗油,运动结合面不应滴油;液压件、电器元件、轮胎应完好无损。

4.2.10 正面吊进行静载试验时,应能承受1.25倍额定起重量的试验载荷。试验中各机构与结构件应无裂纹、永久变形和表面油漆打皱;连接处应无松动;结合面不应渗油;整机无异常。

4.2.11 工业性试验的作业时间不应少于500 h,且不少于2 000自然箱。试验中正面吊各部分不应发生较大损坏或性能异常现象。试验期间不允许正面吊同一处发生三次(含)以上故障。

4.3 主要技术参数的允许偏差

4.3.1 运行速度、伸缩速度和俯仰速度的允许偏差为公称值的±10%。

4.3.2 起升高度和安全高度的允许偏差为公称值的±1.5%。

4.3.3 外伸距的允许偏差为公称值的±5%。

4.3.4 最小转弯半径不应大于公称值的102%。

4.3.5 轮距、轴距的允许偏差为公称值的±1%。

4.3.6 整机质量、轴荷的允许偏差为公称值的±3%。

4.3.7 外形尺寸的允许偏差为公称值的±2%。

4.3.8 最大牵引力(或满载最大爬坡度)不应低于设计值的90%。

4.4 主要结构件材料

金属结构的主要受力构件,宜采用力学性能不低于GB/T 700中的Q235B钢;当结构需要采用高强度钢材时,可采用力学性能不低于GB/T 1591中的Q345钢。

4.5 金属结构

4.5.1 焊缝坡口应符合GB/T 985.1和GB/T 985.2的规定。

4.5.2 主要受力结构件对接焊缝应进行无损探伤,射线探伤时质量等级不应低于GB/T 3323—2005中规定的Ⅱ级;超声波探伤时质量等级不应低于JB/T 10559—2006中的1级要求。

4.5.3 受力结构件焊缝的表面缺陷质量等级不应低于GB/T 19418—2003中规定的C级。

4.6 主要零部件

4.6.1 一般要求

4.6.1.1 各零部件均应装配正确齐全,不应出现漏装、错装现象,紧固件应连接可靠。

4.6.1.2 各零部件的安装位置应便于维修和保养。

4.6.2 发动机

4.6.2.1 发动机的技术要求应符合 JB/T 4198.1 的规定。

4.6.2.2 发动机应有良好的起动、停机性能;发动机点火、润滑、燃料供给、冷却、进气和排气系统应有效、可靠。

4.6.3 变速箱和液力变矩器

4.6.3.1 换挡操纵杆应操纵灵活、无卡滞现象,换挡杆在前进、后退和空挡各位置应定位可靠准确,不允许出现脱挡、串挡现象。

4.6.3.2 输入轴和输出轴应转动灵活,无卡滞现象。

4.6.3.3 变速箱各连接结合处应密封良好,无渗漏现象。

4.6.4 驱动桥

4.6.4.1 驱动桥的技术要求应符合 JB/T 8816 的规定。

4.6.4.2 驱动桥各连接结合处应密封良好,无渗漏现象。

4.6.4.3 桥壳上应设置通气孔并保持畅通。

4.6.5 转向桥

4.6.5.1 转向桥应操作轻便,并应保证正面吊在停驶状态下转向轮能够转向。

4.6.5.2 转向桥的桥体应具有足够的强度和刚度。

4.6.6 传动轴

传动轴的输入轴和输出轴的夹角不宜大于 8°。

4.6.7 制动器

4.6.7.1 行车制动的控制装置与停车制动的控制装置应相互独立。

4.6.7.2 行车制动器应保持清洁,其工作压力应满足正常使用要求,工作时动作灵敏可靠,无卡滞现象。制动装置应保证发动机关闭后,能有连续 5 次以上的有效制动。

4.6.7.3 制动性能应符合 GB/T 18849 的规定。

4.6.7.4 应设置可将停车制动器释放的装置,以便正面吊在无动力情况下被牵引。

4.6.8 油箱

4.6.8.1 油箱及管路应坚固并固定牢靠,不应有漏油现象。

4.6.8.2 油箱的内表面应采取耐油、防腐措施并应进行密封试验;应设置清洗孔,便于维护和清洗。

4.6.8.3 燃油箱容量应保证正面吊 10 h 工作需要。

4.6.9 操纵装置

4.6.9.1 所有操纵手柄、踏板、按钮应布置合理,操作方便,应避免发生各操纵动作相互干扰或容易引起误操作。

4.6.9.2 所有操纵手柄、踏板、按钮应轻便灵活,工作可靠。

4.6.9.3 控制臂架和吊具动作的操纵手柄或按钮应布置在同一侧。

4.6.9.4 方向盘(或转向手轮)应转动灵活,操纵方便,无卡滞现象。

4.6.9.5 操纵力和操纵行程应满足:手柄操纵力不大于 30 N,操纵行程不大于 160 mm;脚踏操纵力不大于 250 N,操纵行程不大于 250 mm。

4.6.10 司机室

4.6.10.1 司机室应符合 GB/T 20303.2 的规定。

4.6.10.2 司机室宜为移动式,可为自动移动和手动推拉两种方式。

4.6.10.3 移动式司机室的运行应平稳、可靠,并应设置限位装置。

4.6.11 臂架

4.6.11.1 臂架装配应保证结构件与滑块间润滑良好,臂架在伸缩全程中不应有异常现象。

4.6.11.2 臂架应保证正面吊能可靠地进行带载变幅。

4.6.11.3 伸缩油缸与支轴连接处应转动灵活，无卡滞现象。

4.6.11.4 臂架与吊具相连的油管和电缆应能随臂架伸缩段移动，支撑宜采用拖链结构形式。

4.6.12 吊具

4.6.12.1 吊具应能装卸 GB/T 1413 规定的 20 ft. 和 40 ft. 集装箱，其转锁的位置尺寸和公差不应低于 GB/T 3220 的规定。

4.6.12.2 吊具回转机构应能实现至少一个方向回转角度不小于 180°，另一方向回转角度不小于 90°。

4.6.12.3 吊具应设有能使上下架间相对侧移的机构及对中标记，移动量不小于±0.8 m；上下架间应存在一定的活动空间，使二者相对侧向倾斜的角度不小于±2°。

4.6.12.4 吊具与臂架间的液压管路和电气线路应便于快速拆换。

4.6.12.5 正面吊应设置能抑制吊具与集装箱摇摆的减摇装置。

4.6.13 轮胎

4.6.13.1 轮胎宜选用无内胎式轮胎。

4.6.13.2 轮胎充气压力应符合制造商的规定，充气压力允许偏差为±3%。

4.7 液压系统

4.7.1 液压系统应符合 GB/T 3766 的规定。

4.7.2 液压系统应反应灵敏、控制准确、操作轻便、传动平稳，液压管路的布置应整齐、牢固、合理、便于维修。

4.7.3 每个液压回路都应有压力限制装置以防止超压，限制压力值不应超过最大工作压力的 110%。

4.7.4 软管、硬管和接头不应有渗漏现象。

4.7.5 液压系统应设有测压点，便于检测。

4.7.6 应设有独立的制动液压系统散热装置。

4.8 电气系统

4.8.1 电气设备的安装应符合 GB 50150 和 GB 50254 的相关规定。

4.8.2 指示灯和按钮的颜色应符合 GB/T 4205 的相关规定。

4.8.3 蓄电池出线处应设有开关。

4.8.4 臂架及吊具电缆应选用耐油挠性多芯软电缆，并且对有相对运动部件的连接电缆采取防水措施。

4.8.5 所有连接导线两端应有与电气原理图和配线表一致的明显编号牌，标明线号和线束号。

4.8.6 在臂架和吊具处应设置工作照明装置，并在车辆前后端设置行驶照明装置。

4.8.7 正面吊应设置转向指示灯、示廓灯、制动灯、工作警示灯和喇叭。

4.9 安全防护

4.9.1 正面吊的各种安全保护和报警装置应准确、灵敏、可靠。

4.9.2 应设置防倾覆保护装置，并具有显示、报警、停止动作等功能，当实际力矩达到额定力矩的 90%～95%时应报警，当实际力矩达到额定力矩 100%～105%时应起作用。

4.9.3 应配备发动机冷却水温度、机油压力、转速、变速箱油压、油温和液压系统油温的显示或报警装置。

4.9.4 应设置燃油箱保护装置，用单独的封罩或挡板将燃油箱和加油装置与电气系统、废气排放系统隔离。

4.9.5 应装有转锁到位保护装置，只有当四个转锁开、闭锁到位后才能起吊，吊起集装箱后吊具不能伸缩、转锁不能转动，该装置应同时有灯光显示。

4.9.6 应设置带箱高速行走的警示装置，当吊具上带有集装箱，正面吊以大于 10 km/h 的速度行驶时，应能发出提示性报警信号。

4.9.7 应设置停车制动未脱离制动位置前不能挂挡的保护装置。

4.9.8 应设置倒车报警装置，倒车时，报警装置应能发出清晰的报警音响信号和闪烁的灯光信号。宜设置倒车监视装置。

4.9.9 应设置紧急停止开关，在紧急情况下能使臂架和吊具停止动作。

4.9.10 应具有应急下放功能，当正面吊在工作过程中失去动力时，应能安全可靠地放下集装箱。

4.10 润滑

4.10.1 各润滑油路应畅通。油杯安装位置应便于加注润滑油脂及油杯的维修更换。

4.10.2 应将附有注油点的标志装设在车身的适当位置。

4.11 涂装

4.11.1 主要结构件的钢板应进行预处理，其他钢材在涂装前应进行除锈处理，其除锈质量等级应符合GB/T 8923—1988的规定，用手工除锈为St3级，用化学处理和抛（喷）丸或其他磨料方式除锈为Sa2 $\frac{1}{2}$ 级。

4.11.2 漆层总厚度不应低于100 μm，涂层的漆膜附着力不应低于GB/T 9286—1998中规定的2级。

5 试验方法

正面吊的试验方法应符合GB/T 16905的规定。

6 检验规则

6.1 出厂检验

6.1.1 每台正面吊都应进行出厂检验，检验合格后(包括用户特殊要求检验项目)方能出厂，出厂产品应附有产品合格证明书。

6.1.2 出厂检验项目见表1。

6.2 型式试验

6.2.1 属下列之一者，均应进行型式试验：

a) 新产品或老产品转厂生产的试制定型鉴定；
b) 正式生产后，如结构、材料、工艺有较大改变，可能影响产品性能时；
c) 产品停产达一年以上后恢复生产时；
d) 出厂检验结果与上次型式试验有较大差异时；
e) 国家质量监督机构提出进行型式试验要求时。

6.2.2 型式试验项目见表1。

表 1

序号	检验项目	检验分类		检验要求
		出厂检验	型式试验	
1	标志	√	√	7.1
2	安全防护	√	√	4.9
3	液压系统	√	√	4.7
4	电气系统	√	√	4.8
5	吊具回转角度	—	√	4.6.12.2
6	吊具上下架间相对侧移量、相对侧向倾斜角	—	√	4.6.12.3
7	吊具下沉量	√	√	4.2.8

表 1（续）

序号	检验项目		检验分类		检验要求
			出厂检验	型式试验	
8	质量、轴荷		—	√	4.3.6
9	轮距、轴距		—	√	4.3.5
10	外形尺寸		—	√	4.3.7
11	起升高度		√	√	4.3.2
12	安全高度		—	√	4.2.4 和 4.3.2
13	外伸距		—	√	4.3.3
14	最小转弯半径		—	√	4.3.4
15	操纵力和行程		—	√	4.6.9.5
16	运动速度	运行速度	—	√	4.3.1
		伸缩速度	√	√	4.3.1
		俯仰速度	√	√	4.3.1
17	噪声测定		—	√	4.2.5
18	制动性能		√	√	4.6.7.3
19	牵引力		—	√	4.3.8
20	额定载荷试验		√	√	4.2.7
21	动载试验		—	√	4.2.9
22	静载试验		—	√	4.2.10
23	稳定性试验		—	√	4.2.2
24	工业性试验		—	√	4.2.11
25	焊接		√	√	4.5
26	涂装		—	√	4.11

7 标志、包装、运输、贮存

7.1 标志

7.1.1 在正面吊明显而又不易碰坏处装设产品标牌，产品标牌的型式及尺寸应符合 GB/T 13306 的规定，至少包含下列内容：

a) 产品名称和型号；

b) 制造商名称；

c) 额定起重量；

d) 整机质量；

e) 产品出厂日期；

f) 产品编号；

g) 产品执行标准编号。

7.1.2 各种操纵手柄、开关及信号装置旁应装设指示功能的标牌，并应表示位置和控制方向。

7.1.3 司机室内在醒目位置上应设置有表示正面吊安全工作载荷图表的标牌或标志。

7.1.4 安全标志应符合 ISO 15870 的规定。

7.2 **包装**

7.2.1 产品的包装应符合 GB/T 13384 及本标准的规定。

7.2.2 产品解体后，应将液压管件接口封住，并标上识别标志，外螺纹加以保护。电线接头应注明编号并应防水封好。

7.2.3 防震易损的仪表和部件应拆下作防震包装，对不能拆下的易损防震部件应作防震处理。

7.2.4 外露加工表面应采取防锈措施，防止锈蚀。

7.2.5 产品应具备下述随机文件：

a) 产品合格证书；

b) 使用维护文件；

c) 备件目录；

d) 总图、液压系统和电气系统原理图；

e) 主要外购件说明书；

f) 随机工具清单；

g) 装箱单。

7.2.6 大型零部件的质量及吊挂点应有标志。

7.2.7 危险、易碎、防潮等包装箱、件应分别标明危险、易碎、防潮、放置方向等符号及字样。

7.3 **运输**

7.3.1 产品的运输应符合铁路、公路、航运的有关运输要求。

7.3.2 在解体运输中各部件应垫平、绑扎牢固，防止运输时变形、移位、碰撞。

7.4 **贮存**

整机及零部件应妥善保管，应注意防锈、防潮和通风。露天存放的大型物件应垫平以免变形。

ICS 053.020.99
J 80

中华人民共和国国家标准

GB/T 26475—2011

桥式抓斗卸船机

Bridge type grab ship unloader

2011-05-12 发布　　2011-12-01 实施

中华人民共和国国家质量监督检验检疫总局
中国国家标准化管理委员会　发布

前　言

本标准由中国机械工业联合会提出。

本标准由全国起重机械标准化技术委员会(SAC/TC 227)归口。

本标准起草单位:大连重工·起重集团有限公司、北京起重运输机械设计研究院。

本标准主要起草人:吕新民、高飞、贾铁军、尹静霞。

桥式抓斗卸船机

1 范围

本标准规定了额定生产率为 400 t/h～5 000 t/h 桥式抓斗卸船机(以下简称卸船机)的分类、基本参数、技术要求、涂装、试验方法、检验规则、标志、包装、运输及贮存。

本标准适用于接卸煤炭或矿石的卸船机,其他散料类的卸船机也可参照使用。

本标准不适用于安装在趸船上的桥式抓斗卸船机。

2 规范性引用文件

下列文件中的条款通过本标准的引用而成为本标准的条款。凡是注日期的引用文件,其随后所有的修改单(不包括勘误的内容)或修订版均不适用于本标准,然而,鼓励根据本标准达成协议的各方研究是否可使用这些文件的最新版本。凡是不注日期的引用文件,其最新版本适用于本标准。

GB/T 191 包装储运图示标志(GB/T 191—2008,ISO 780:1997,MOD)

GB 755—2008 旋转电机 定额和性能(IEC 60034-1:2004,IDT)

GB/T 1228 钢结构用高强度大六角头螺栓(GB/T 1228—2006,ISO 7412:1984,NEQ)

GB/T 1229 钢结构用高强度大六角螺母(GB/T 1229—2006,ISO 4775:1984,NEQ)

GB/T 1230 钢结构用高强度垫圈(GB/T 1230—2006,ISO 7416:1984,NEQ)

GB/T 1231 钢结构用高强度大六角头螺栓、大六角螺母、垫圈技术条件

GB 2893 安全色(GB 2893—2008,ISO 3864-1:2002,MOD)

GB/T 3323 金属熔化焊焊接接头射线照相(GB/T 3323—2005,EN 1435:1997,MOD)

GB/T 3766 液压系统通用技术条件(GB/T 3766—2001,eqv ISO 4413:1998)

GB/T 3811—2008 起重机设计规范

GB 4208 外壳防护等级(IP 代码)(GB 4208—2008,IEC 60529:2001,IDT)

GB 5226.1 机械电气安全 机械电气设备 第 1 部分:通用技术条件(GB 5226.1—2008,IEC 60204-1:2005,IDT)

GB 5226.2 机械安全 机械电气设备 第 32 部分:起重机械技术条件(GB 5226.2—2002,idt IEC 60204-32:1998)

GB/T 5905 起重机试验规范和程序(GB/T 5905—1986,idt ISO 4310:1981)

GB 6067.1—2010 起重机械安全规程 第 1 部分:总则

GB/T 6974.1 起重机 术语 第 1 部分:通用术语(GB/T 6974.1—2008,ISO 4306-1:2007,IDT)

GB/T 6974.5 起重机 术语 第 5 部分:桥式和门式起重机(GB/T 6974.5—2008,ISO 4306-5:2005,IDT)

GB 8918 重要用途钢丝绳(GB 8918—2006,ISO 3154:1988,MOD)

GB/T 8923 涂装前钢材表面锈蚀等级和除锈等级(GB/T 8923—1988,eqv ISO 8501-1:1988)

GB/T 9286 色漆和清漆 漆膜的划格试验(GB/T 9286—1998,eqv ISO 2409:1992)

GB/T 9330.1 塑料绝缘控制电缆 第 1 部分:一般规定

GB/T 9330.2 塑料绝缘控制电缆 第 2 部分:聚氯乙烯绝缘和护套控制电缆

GB/T 9331 船舶电气装置 额定电压 1 kV 和 3 kV 挤包绝缘非径向电场单芯和多芯电力电缆(GB/T 9331—2008,IEC 60092-353:1995,IDT)

GB/T 10095(所有部分) 圆柱齿轮 精度制[ISO 1328(所有部分)]

GB/T 10183.1 起重机 车轮及大车和小车轨道公差 第1部分:总则(GB/T 10183.1—2010,ISO 12488-1:2005,IDT)

GB/T 10236 半导体变流器与供电系统的兼容及干扰防护导则

GB/T 10595 带式输送机

GB 12602 起重机械超载保护装置

GB/T 13306 标牌

GB/T 13384 机电产品包装通用技术条件

GB 13955 剩余电流动作保护装置安装和运行

GB 14048.1—2006 低压开关设备和控制设备 第1部分 总则(IEC 60947-1:2001,MOD)

GB/T 14406—2011 通用门式起重机

GB 15052 起重机 安全标志和危险图形符号 总则(GB 15052—2010,ISO 13200:1995,IDT)

GB/T 18224 桥式抓斗卸船机安全规程

GB/T 19418 钢的弧焊接头 缺陷质量分级指南(GB/T 19418—2003,ISO 5817:1992,IDT)

GB/T 20303.1 起重机 司机室 第1部分:总则(GB/T 20303.1—2006,ISO 8566-1:1992,IDT)

GB/T 20303.5 起重机 司机室 第5部分:桥式和门式起重机(GB/T 20303.5—2006,ISO 8566-5:1992,IDT)

GB/T 24809.5 起重机 对机构的要求 第5部分:桥式和门式起重机(GB/T 24809.5—2009,ISO 10972-5:2006,IDT)

GB 50231 机械设备安装工程施工及验收通用规范

GB 50256 电气装置安装工程起重机电气装置施工及验收规范

GB 50278 起重设备安装工程施工及验收规范

JB/T 6392 起重机车轮

JB/T 8905.1 起重机用三支点减速器

JB/T 8905.2 起重机用底座式减速器

JB/T 8905.3 起重机用立式减速器

JB/T 8905.4 起重机用套装式减速器

JB/T 9003 起重机三合一减速器

JB/T 10559 起重机械无损检测 钢焊缝超声检测

JB/T 10816 起重机用底座式硬齿面减速器

JB/T 10817 起重机用三支点硬齿面减速器

JGJ 82 钢结构高强度螺栓连接技术规程

3 术语和定义

GB/T 6974.1 和 GB/T 6974.5 确立的及下列术语和定义适用于本标准。

3.1

额定生产率 rated capacity

额定生产率是指卸船机在规定条件下,单位时间内能从船上卸下货物总质量的理论值。通常以吨每小时(t/h)为单位。

3.2

额定起重量 rated lifting capacity

额定起重量是指与额定生产率、工作速度和工作行程相匹配的起重量,该起重量为抓斗自身质量与斗内物料质量之和。通常以吨(t)为单位。

4 分类

卸船机按小车的驱动方式分为自行式和牵引式两种。

4.1 自行式

卸船机的小车运行机构设在小车上，称为自行式抓斗卸船机。

4.2 牵引式

卸船机的小车运行通过绳索牵引，牵引驱动装置设在固定的机器房内，称为牵引式抓斗卸船机。

牵引式卸船机按抓斗的起升、开闭机构是否设在小车上分为半牵引式和全牵引式两种。

4.2.1 半牵引式

卸船机的起升、开闭机构设在小车上，小车运行通过绳索牵引，牵引驱动装置设在固定的机器房内，称为半牵引式抓斗卸船机。

4.2.2 全牵引式

卸船机的起升、开闭机构以及小车运行机构均设在固定的机器房内，通过绳索的牵引，实现小车预定的运动(运行、抓卸物料)，称为全牵引式抓斗卸船机。

常用的全牵引式卸船机根据小车运行时抓斗水平移动的实现方式又分为差动式和补偿式两类。

常用的全牵引差动式卸船机如图1所示。

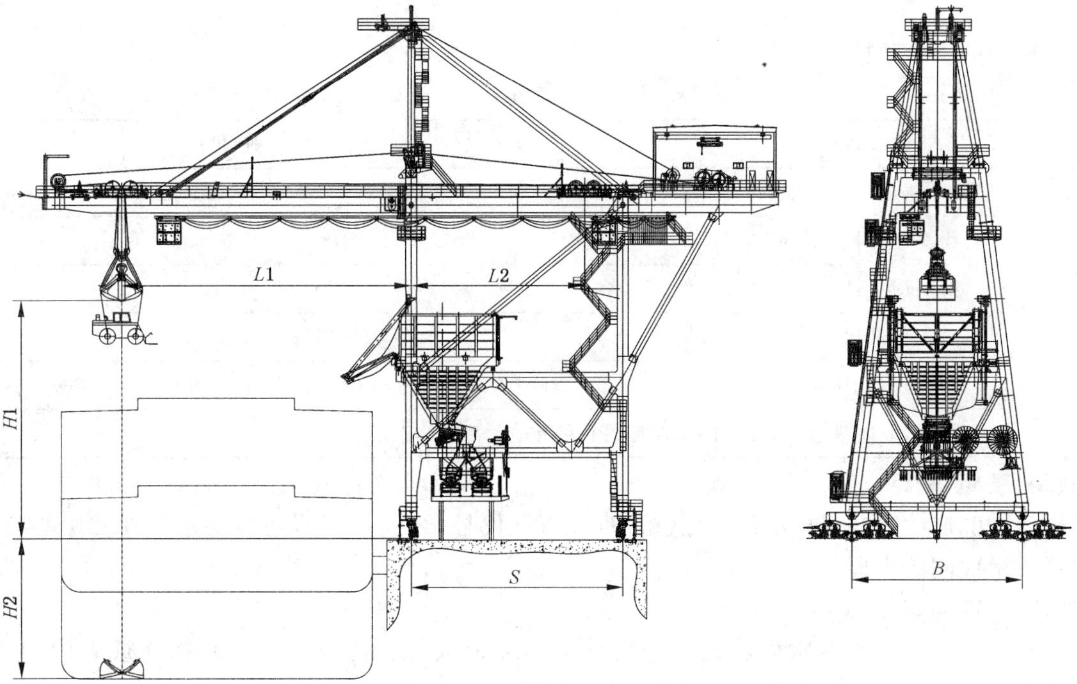

图 1

5 基本参数

5.1 额定生产率

额定生产率一般宜优先采用表1所给定的数值。

表 1　　单位为吨每小时

额定生产率	400;500;600;800;1 000;1 250;1 500;1 800;2 000;2 250;2 500;3 000;3 600;4 000;4 500;5 000
注：额定生产率超出上述范围时，可由供需双方另行约定。	

5.2 额定起重量

额定起重量一般宜优先采用表 2 所给定的数值。

表 2

单位为吨

额定起重量	10;12.5;16;20;25;32;40;45;50;56;63;71;80;90
注：额定起重量超出上述范围时，可由供需双方另行约定。	

5.3 工作级别

按 GB/T 3811 的规定，卸船机整机的工作级别通常为 A8 级。主要机构的工作级别见表 3。

表 3

机　　构	使 用 等 级	载荷状态级别	机构工作级别
起升、开闭机构	T8	L4	M8
小车运行机构	T8	L4	M8
卸船机运行机构	T5	L3	M6
臂架俯仰机构	T4	L3	M5
司机室运行机构	T4	L3	M5
注：工作级别超出上述规定时，可由供需双方另行约定。			

5.4 工作速度

主要机构的工作速度见表 4。

表 4

机　　构	工 作 速 度
起升、开闭机构(负载/空载)	(60～180)/(100～240)m/min
小车运行机构	(100～280)m/min
卸船机运行机构	(20～40)m/min
臂架俯仰机构	(5～10)m/min，单行程
司机室运行机构	(20～25)m/min
注：工作速度超出上述规定时，可由供需双方另行约定。	

5.5 轨距、基距、轮距

供需双方除应约定卸船机的跨度(代号 S)、基距(代号 B)、轮距外，还应约定缓冲器中心高和两端缓冲器撞头平面间的距离。

5.6 外伸距、内伸距、后伸距

供需双方应约定以码头水侧轨道中心起计的抓斗最大外伸距(代号 $L1$)、抓斗最大内伸距(代号 $L2$)或后伸距，司机室最大外伸距和最大内伸距。

5.7 起升高度

闭合抓斗提升至最高位置，抓斗底部至码头轨道顶面的距离为轨上起升高度(代号 $H1$，需满足用抓斗的吊耳吊运清舱机的需要)；张开抓斗下降至船舱最低位置，抓斗底部的刃口至码头轨道顶面的距离为轨下起升高度(代号 $H2$，需满足用抓斗抓取船舱底部物料的需要)；起升高度是指二者之和。

5.8 门架净空间

门架跨内的净空高度和宽度应满足场地设备通行的需要，并应在合同中约定。

5.9 现场相关接口

5.9.1 码头轨道与轮压

供需双方应约定：码头的轨道型号和轨道面至地面间的距离；码头允许的正常工作轮压、腿压；非工作状态下最大轮压、最大腿压。

5.9.2 物料与抓斗

5.9.2.1 供需双方应约定所卸散料的名称、容重(t/m^3)、平均粒度(mm)、最大粒度(mm)及其所占比例(%)、含水量(%)、动堆积角(°)、静堆积角(°)等。

5.9.2.2 按被卸物料的物理特性商定卸船机需配备的抓斗型号规格。必要时可按数种不同的物料容重分档来配备数种抓斗,针对不同物料容重适时换斗,以提高卸船效率。

5.9.3 代表船型

供需双方应约定代表船型及其全长、船宽、型深、全高、满载吃水、空载吃水、舱口宽和高等,还应约定码头标高,轨道标高,设计高水位、低水位和平均水位等。

5.9.4 现场设施信息

供需双方应约定作业码头地面设施信息。如码头平面布置和标高要求(包括卸船机运行距离、水侧轨中心与岸壁距离、护舷厚度、锚定坑、顶升、防风系缆、系缆柱、轨道端部的止挡器、避碰限制等要求)、供电点及供水点的型式和布置、地面带式输送机及其廊道布置等和其相关接口情况。

如果要求整机滚装运输时,还应约定整机滚装运输时的地面容许承压和上岸方向等技术数据。

5.9.5 工况

供需双方应约定平均每天作业班次、工作时间、年作业天数和年卸货量等。

5.9.6 抑尘方式

供需双方应约定卸船机配备抑尘装置的供水方式、供水点和供水行程。通常,对于煤炭和矿石一般推荐采用洒水喷雾抑尘。

洒水喷雾抑尘的供水方式有以下几种:

a) 采用水缆卷筒供水方式时,供水点应设在有效工作行程的中点;

b) 采用水槽吸水供水方式时,供水点应为有效工作行程的全行程;

c) 采用机上贮水箱供水方式时,供水应为地面定点定时供水。

6 技术要求

6.1 总则

卸船机设置的各机构及其布局、机构的部件尺寸及定位布置,应符合 GB/T 24809.5 的要求。卸船机的设计、制造应符合 GB/T 3811 和本标准的有关规定。

6.2 环境条件

6.2.1 电源及供电方式

动力电源:一般情况下,采用三相交流动力电源,频率为 50 Hz 或 60 Hz,电压一般常用 6 kV 或 10 kV,采用高压电缆卷筒供电。供电系统在卸船机馈电线接入处的电压波动不应超过额定电压的 ±10%,卸船机内部电压损失应符合 GB/T 3811 的规定。

特殊情况下采用 380 V 动力电源,低压电缆卷筒等供电方式。

检修电源:三相四线制,交流 380 V、50 Hz 或 440 V、60 Hz。

6.2.2 气候环境条件

6.2.2.1 工作场合有盐雾、雷暴、风和海洋气候的侵蚀。

6.2.2.2 工作环境温度一般为 −20 ℃～+40 ℃。

6.2.2.3 年平均相对湿度不应大于 90%(可有凝露)。

6.2.2.4 卸船机安装使用地点的海拔不应超过 1 000 m(超过 1 000 m 时按 GB 755 的规定对电动机进行容量校核,超过 2 000 m 时应对电器件进行容量校核)。

6.2.2.5 电动机的运行条件应符合 GB 755—2008 中第 6 章和第 7 章的相关规定。

6.2.2.6 电器的正常使用、安装和运输条件应按 GB 14048.1—2006 中第 6 章的规定。

6.2.2.7 特殊要求可另行约定。

6.2.3 风速

6.2.3.1 工作状态风速不应大于 20 m/s(相当于 6 级风)。

6.2.3.2 非工作状态风速不应大于 49 m/s(相当于 12 级风)。

6.2.3.3 沿海地区、台湾地区及南海诸岛港口卸船机抗风防滑系统及锚定装置的设计,所用的设计风速不应小于 55 m/s(相当于 13 级风)。

6.2.3.4 超过上述范围时,供需双方可另行约定。

6.2.4 场地轨道敷设质量

6.2.4.1 场地轨道敷设质量应符合 GB/T 10183.1 中表 7 的 2 级公差和表 6 的钢轨接头构造公差的规定。

6.2.4.2 卸船机场地轨道的接地电阻值不应大于 4 Ω(由用户负责)。

注:超过上述范围规定时,由供需双方协商解决。

6.3 使用性能

6.3.1 卸船机的卸船能力应达到额定生产率或额定起重量。

6.3.2 与卸船机使用有关的参数应符合第 5 章和用户在订货合同中提出的要求。

6.3.3 卸船机的静态刚性推荐为由满载抓斗和小车自重载荷产生的垂直静挠度 f,f':

主梁跨中　　$f \leqslant S/1\,000$(S 为跨度);

有效悬臂端　$f' \leqslant L/350$(L 为悬臂长)。

6.3.4 动态刚性一般不作规定。但当用户从卸船机使用条件考虑对此有要求时,由供需双方协商解决。

6.3.5 卸船机做静载试验时,应能承受 1.25 倍额定起重量的试验载荷,其主梁和悬臂不应产生永久变形。试验后,空载小车处在水侧支腿零位时,上拱度最高点应在跨中 $S/10$ 范围内,其值不应小于 $0.7S/1\,000$;悬臂端的上翘度不应小于 $0.7L/350$。

6.3.6 卸船机做动载试验时,应能承受 1.1 倍额定起重量的试验载荷。试验过程中应正常工作,制动器等安全装置动作灵敏可靠。试验后进行目测检查,各受力钢结构件应无裂纹和永久变形等,应无油漆剥落,各连接处应无松动现象。

6.3.7 抓斗的抓满率不应小于 90%。

6.3.8 卸船机基本参数允许的偏差值应符合以下规定:

a) 额定生产率的允许偏差为其公称值的−3%;
b) 额定起重量的允许偏差为其公称值的−5%~+5%;
c) 抓斗起升、开闭的速度允许偏差为其公称值的−3%~+10%;
d) 小车运行的速度允许偏差为其公称值的−3%~+10%;
e) 卸船机运行的速度允许偏差为其公称值的−10%~+10%;
f) 臂架俯仰速度允许偏差为其公称值的±10%T(T 为单行程工作时间,单位为 min)。

6.3.9 当风速为 23.7 m/s(相当于 7 级风)时卸船机应能运行至锚定位置,使夹轨器夹轨或锚定地锚。当有强台风预报时,在风来临前,应锚好地锚及采取其他抗风措施。

6.4 安全与防护

6.4.1 总则

卸船机的安全与防护应符合 GB 6067.1—2010、GB/T 18224 和 GB/T 3811—2008 中第 9 章的相关规定以及本标准的规定。

6.4.2 安全设施

6.4.2.1 卸船机上人行通道、平台、栏杆、梯子的设置应符合 GB/T 3811 和 GB 6067.1 的规定。

6.4.2.2 起升机构、开闭机构、臂架俯仰机构、卸船机和小车的运行机构均应设置终点减速限位、终点限位及终端紧急限位。司机室运行机构应设置终点限位和减速限位。

6.4.2.3 为了防止超载，起升机构应装起重量限制器。限制器及其动作点(报警和自动切断电源)的标定，应符合 GB 12602 的规定。

6.4.2.4 应在起重机的合适位置或工作区域设有明显可见的文字安全警示标志，如“起升物品下方严禁站人”等。在起重机的危险部位，应有安全标志和危险图形符号，安全标志和危险图形符号应符合 GB 2893 和 GB 15052 的规定。

6.4.3 安全距离

6.4.3.1 在确定起升高度时，应保证抓斗打开通过料斗上方时有 1 m 以上的净空；不卸抓斗吊运清舱机过料斗口时，清舱机与料斗之间的净空不应小于 0.5 m，这时抓斗闭合状态底部与清舱机顶部的间距不应小于 1 m。

6.4.3.2 在任何情况下，当抓斗处于起升高度上部位置时，抓斗与司机室之间的距离不应小于 0.5 m。

6.4.4 避雷

卸船机应在臂架及塔架的顶部分别装设避雷针，避雷针的高度应能有效覆盖整个卸船机。

6.4.5 噪声

卸船机工作时产生的噪声，在无其他外声干扰的情况下，当司机室、电气室、控制室门窗封闭时，在操作位置测得的噪声不应大于 85 dB(A)。

6.4.6 安全联锁

6.4.6.1 急停联锁

应在主司机室、臂架俯仰司机室和电气室的控制台上设置“低压紧急停止按钮 ”，或在料斗司机室、机器房，以及水、陆侧门腿、主梁、臂架处分别设置“低压紧急停止按钮”，以便在紧急情况下应能切断低压电源，使各机构停止工作。

6.4.6.2 联锁与保护

除按 GB/T 3811 中规定的常规安全联锁保护外，卸船机还应考虑下述各项联锁保护装置：

a) 供电系统漏电检测保护：漏电检测装置及连接应符合 GB 13955 的要求；
b) 高压开关柜应附有检修时的安全接地开关；
c) 小车、移动司机室的停车位置与臂架俯仰控制的联锁；
d) 电缆卷筒放缆终端及收放电缆方向与卸船机运行方向控制的联锁；
e) 臂架俯仰安全钩应与起升、开闭、小车、俯仰、司机室运行等机构之间有完善的安全联锁；
f) 地面中控室与机上输送机的联锁及与机上给料器的联锁；
g) 料斗载荷测量装置与抓斗开闭、给料器的速度联锁；
h) 抓斗卸料与洒水系统的联锁；
i) 起升/开闭、俯仰机构均应设超速保护装置，当机构下降速度超过 115% 的额定速度时，保护装置应立即动作并停止机构工作；
j) 卸船机运行机构应与卸船机的抗风系缆、锚定和夹轨器(或夹轮器、铁楔)等联锁；
k) 风速仪与卸船机运行机构、夹轨器(压轨器、夹轮器)等联锁。

6.4.7 故障显示

电气系统应有完善的故障显示，主要功能应包括：超风速、超负荷、超速度、短路、过压、过流、过载、失压漏电、缺相等保护，以便及时发现和排除故障。

6.4.8 警示与报警

6.4.8.1 卸船机运行机构工作前和工作过程中，应设有清晰的声光报警信号。

6.4.8.2 卸船机运行机构应设置防撞报警信号。

6.4.8.3 在臂架的顶端及塔架的最高点应分别设置红色障碍灯，供电应是蓄电池及自动充电设备，使其不受总电源断电的影响。蓄电池采用自动充电，其容量可以使障碍灯连续工作 10 h 以上。

6.4.8.4 风速报警器应能在风速大于等于 20 m/s(相当于 6 级风)时报警。

6.4.9 安全操纵

6.4.9.1 吊运清舱机时的起升及运行速度均不应大于 20 m/min。

6.4.9.2 司机应在臂架俯仰操纵室的控制台上完成臂架的俯仰操纵,实施全过程监控直至其防风挂钩的动作指示灯显示工作正常为止,经确认无误后方可转入其他工作。

6.4.9.3 应优先在主司机室的控制台上完成抓斗正常卸船时的操纵。确因其他因素影响时,方可在辅助司机室的控制台上完成。

6.5 主要零部件

6.5.1 钢丝绳

卸船机各机构钢丝绳应符合 GB 8918 的规定。

6.5.2 滑轮和卷筒

卸船机各机构的卷筒和滑轮设计选用应符合 GB/T 3811 的规定。优先采用轧制滑轮,宽槽滑轮槽应满足钢丝绳快换接头组件的通过要求。滑轮及卷筒应设防脱槽装置,其间隙一般不应大于 5 mm。

6.5.3 制动器和制动盘(轮)

6.5.3.1 制动器的选用和使用应符合 GB 6067.1 和 GB/T 18224 的规定。

6.5.3.2 制动盘(轮)不应有影响使用的缺陷,且制动面上不应有裂纹,也不应焊补。

6.5.3.3 应在机构高速轴上配置常闭式制动器,还应在俯仰机构低速端配置常闭式安全制动器。

6.5.3.4 制动衬垫与制动盘的接触面积不应低于 75%,开闸后的间隙不应小于 1 mm。

6.5.3.5 制动轮安装后,应保证其径向跳动不超过表 5 的规定值;制动盘安装后,应保证端面跳动不应超过表 6 的规定值。

表 5

制动轮直径/mm	≤250	>250~500	>500~800
径向圆跳动/μm	100	120	150

表 6

制动盘直径/mm	≤355	>355~500	>500~710	>710~1 250	>1 250~2 000	>2 000~3 150	>3 150~5 000	>5 000
端面跳动/μm	100	120	150	200	250	300	400	500

6.5.4 减速器和齿轮传动

6.5.4.1 应优先选用符合如下标准的减速器:JB/T 8905.1、JB/T 8905.2、JB/T 8905.3、JB/T 8905.4、JB/T 9003、JB/T 10816、JB/T 10817。

6.5.4.2 选用其他减速器时,硬齿面齿轮副的精度不应低于 GB/T 10095(所有部分)中的 6 级,中硬齿面则不应低于 8-8-7 级。

6.5.4.3 如用开式齿轮传动,则齿轮副精度不应低于 GB/T 10095(所有部分)中的 9 级。

6.5.5 联轴器

6.5.5.1 起升、开闭、小车运行和俯仰机构的电动机和减速器连接,以及减速器与卷筒的连接均应优先采用鼓形齿式联轴器。

6.5.5.2 所有鼓形齿式联轴器应有注润滑油的润滑点。

6.5.5.3 鼓形齿式联轴器的安装、检测(见图 2)应符合表 7 的规定。

6.5.5.4 齿轮联轴器的两个半联轴器的相对端面跳动和相对径向跳动的偏差值为 0.2 mm。

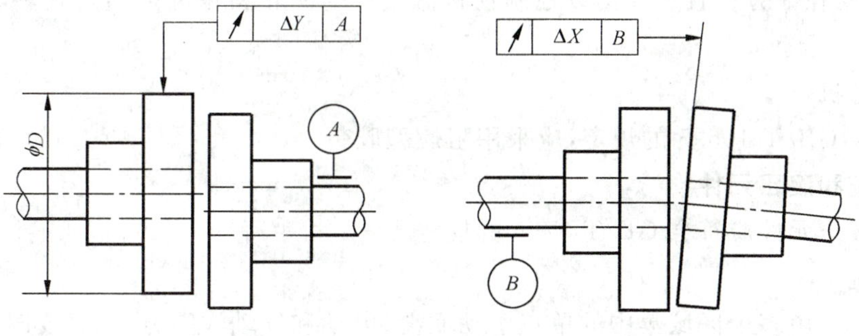

图 2

表 7

单位为毫米

D	ΔY	ΔX
100～180	0.14	0.16
>180～280	0.16	0.18
>280～380	0.18	0.20
>380～580	0.20	0.22
>580～800	0.25	0.30

6.5.6 **车轮**

6.5.6.1 车轮踏面的粗糙度 *Ra* 值不大于 6.3 μm，直径尺寸精度不低于 h9。

6.5.6.2 车轮应符合 JB/T 6392 的规定。

6.5.6.3 成品车轮踏面和轮缘内侧面上不应有影响使用的缺陷，也不允许焊补。

6.5.6.4 车轮安装后，应保证基准端面上的跳动不超过表 8 规定值。

表 8

车轮直径/mm	≤250	>250～500	>500～800	>800～900	>900～1 000
端面跳动/μm	100	120	150	200	250

6.5.7 **司机室**

司机室应符合 GB/T 20303.1 和 GB/T 20303.5 的规定。

6.5.8 **抓斗**

6.5.8.1 采用的抓斗应具有足够的强度、刚度，良好的抓取性能。钢丝绳更换和润滑保养方便，具有防脱绳和防磨绳措施。指状挡绳块与滑轮外圈之间间隙不应大于 5 mm。粉状物料抓斗底刃口板合缝间隙不应超过 2 mm。

6.5.8.2 抓斗底板应设有供吊运清舱机械的吊耳。

6.5.8.3 抓斗应采用快换接头与起升机构绳索系统连接。

6.5.8.4 抓斗的开闭方向应符合合同的约定。

6.5.9 **料斗**

6.5.9.1 料斗容量通常应大于 5 倍抓斗容量，斗内壁采用耐磨衬板。料斗上方设有格栅，并应有足够的强度和刚度能承受抓斗的自重和物料的冲击。

6.5.9.2 料斗应设有挡风墙、落料回收装置、洒水喷雾抑尘装置等。洒水喷雾抑尘装置的水压不应小于 0.5 MPa。洒水抑尘点包括料斗上方及物料在机上的各转载点，喷嘴应满足形成水雾罩形状的要求。

6.5.9.3 出料口处应设给料器，并应具有调整和控制输送能力的功能。

6.5.9.4 料斗通常在下方设置料斗门以控制物料流量。为防止料壁起拱通常在料斗侧壁设置防起拱装置。

6.5.10 带式输送机

输送机应符合 GB/T 10595 的规定,应采用阻燃型胶带。

6.5.11 液压系统和液压元件

液压系统和液压元件应符合 GB/T 3766 的规定。

6.5.12 润滑系统

干油润滑推荐采用多个区域集中的单点手动润滑、电动和气动润滑方式,必要时也可采用多点动自动润滑方式。

6.5.13 供电装置

卸船机通常采用电缆卷筒供电。电缆卷筒应设置防松和防过紧保护开关。电缆导向装置导缆半径不应小于电缆直径的 10 倍。

6.6 焊接

6.6.1 焊缝外观检查不应有目测可见的裂纹、气孔、固体夹杂、未熔合和未焊透等缺陷。

6.6.2 卸船机的主梁、臂架等主要受拉翼缘板的对接焊缝表面质量,应达到 GB/T 19418 中的“B”级,焊缝内部质量应进行无损探伤。射线探伤时不应低于 GB/T 3323 中规定的质量等级Ⅱ;超声波探伤时不应低于 JB/T 10559 中的 1 级。

6.7 金属结构

6.7.1 卸船机的主梁、臂架、门架等主要结构采用箱型结构,其中拉杆、撑杆等可采用管结构,宜有消除风振措施。对于前拉杆等的重要结构件(若自身破坏而引起主结构溃败),其材料质量等级应至少采用 C 级。

6.7.2 金属结构用高强度大六角头螺栓连接接头的安装,应符合 JGJ 82 的规定。连接用的螺栓、螺母、垫圈、技术条件,应分别符合 GB/T 1228、GB/T 1229、GB/T 1230、GB/T 1231 的规定。

6.7.3 箱形截面梁、杆、腿的翼缘板偏斜值 $C \leqslant B/200$(见图 3)。

6.7.4 翼缘板与腹板的垂直偏斜 $h \leqslant H/200$(见图 4),此值应在大筋板或节点处测量。

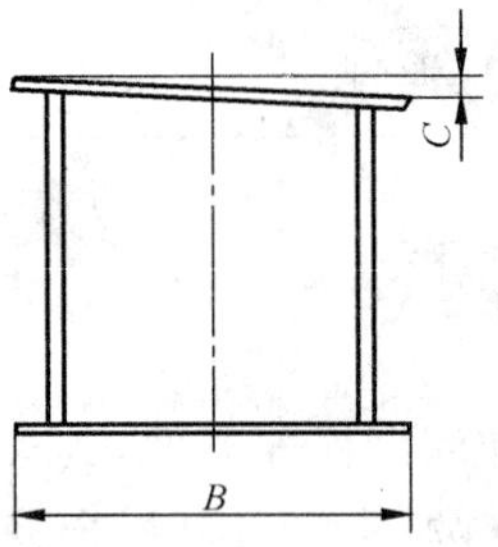

图 3

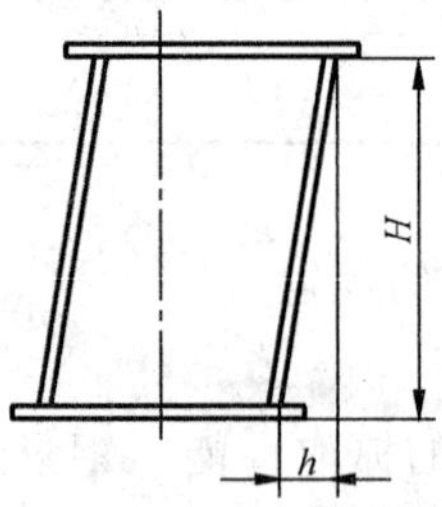

图 4

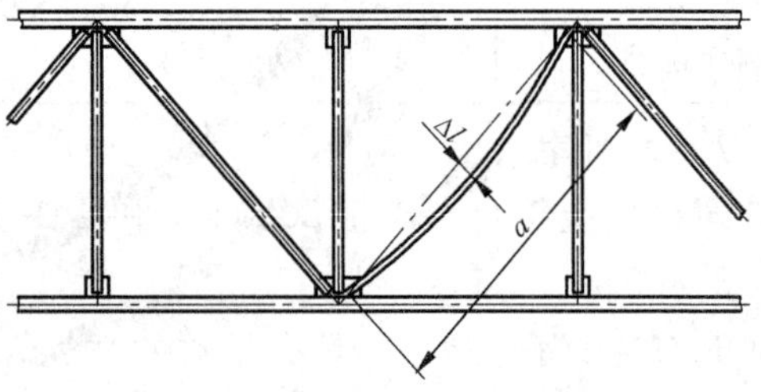

图 5

6.7.5 臂架、各段主梁轴线在水平方向的弯曲度不应大于 1/1 500 梁长,此值应在离承轨梁上盖板约 100 mm 的腹板处从第一个大筋板(或桁架的第一个有效节间)算起测量。

6.7.6 桁架梁杆件的直线度 $\Delta l \leqslant 0.0015a$(见图 5)。

6.7.7 小车轨道一般宜用整根钢轨(将接头焊为一体),钢轨接头构造公差应满足以下要求:

a) 接头处钢轨顶部的垂直错位值 $H_F \leqslant 1$ mm、水平错位值 $H_S \leqslant 1$ mm,应将错位处以 1∶50 的斜度磨平(GB/T 10183.1 中的表 6),见图 6;

b) 连接后的钢轨顶部,水平面内的直线度 b,在任意 2 m 测量范围内应使 $b \leqslant 1$ mm(即 GB/T 10183.1 中表 3 的 2 级公差),见图 7;

c) 不采用焊接接头的钢轨也应符合上述 a)、b)的要求,但头部间隙不应大于 2 mm。

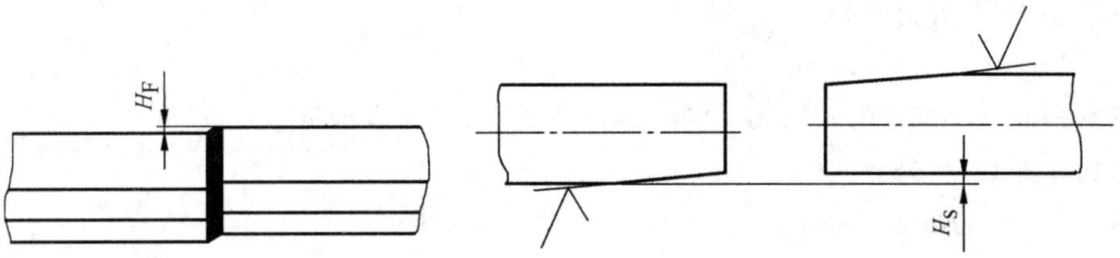

图 6

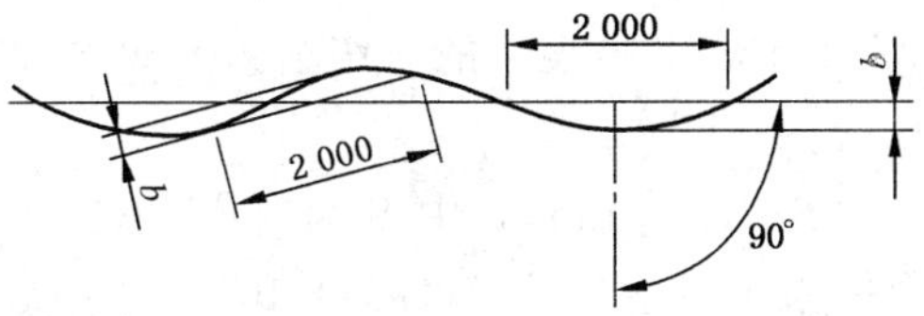

图 7

6.7.8 小车轨道上任一点处，轨道中心相对于承轨梁腹板中心的位置偏移量 $K \leqslant 0.5t_{\min}$ (GB/T 10183.1 中表 3 的 2 级公差)，见图 8(含焊接型 T 形钢)。

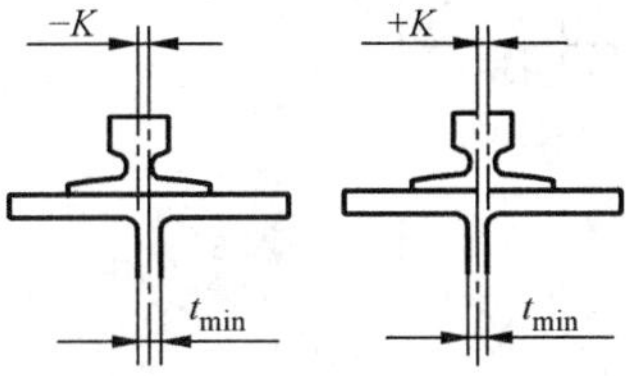

图 8

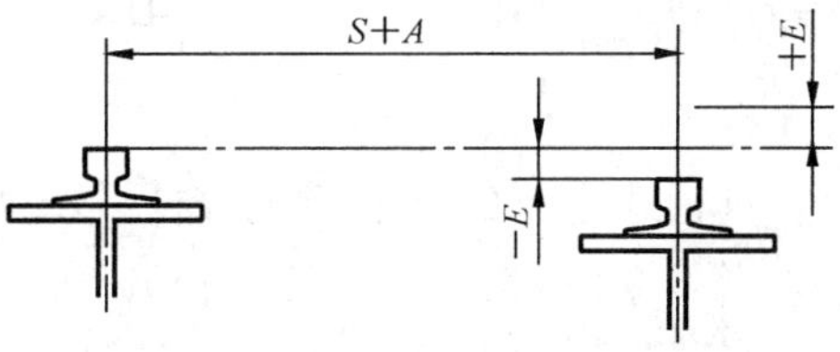

图 9

6.7.9 小车轨距公差 A (GB/T 10183.1 中表 3 的 1 级和 2 级公差)，见图 9。

a) 自行式小车(1 级公差)，$A=\pm3$ mm；

b) 牵引式小车(2 级公差)，$A=\pm5$ mm。

6.7.10 在同一截面上两根小车轨道之间的高低差 E(GB/T 10183.1 中表 3 的 1 级和 2 级公差)，见图 9。

a) 自行式小车(1 级公差)：

当 $S\leqslant2$ m 时，$E\leqslant3.2$ mm；

当 $S>2$ m 时，$E\leqslant1.6S$ mm，$E_{\max}=\pm6.3$ mm，S 单位为 m。

b) 牵引式小车(2 级公差)：

当 $S\leqslant2$ m 时，$E\leqslant4.2$ mm；

当 $S>2$ m 时，$E\leqslant2.0S$ mm，$E_{\max}=\pm8$ mm，S 单位为 m。

6.7.11 小车轨道上任意点处，车轮接触点高度差 Δh_r，(即相对于四轮形成的标准平面的差，GB/T 10183.1 中表 3 的 1 级和 2 级公差)，见图 10。

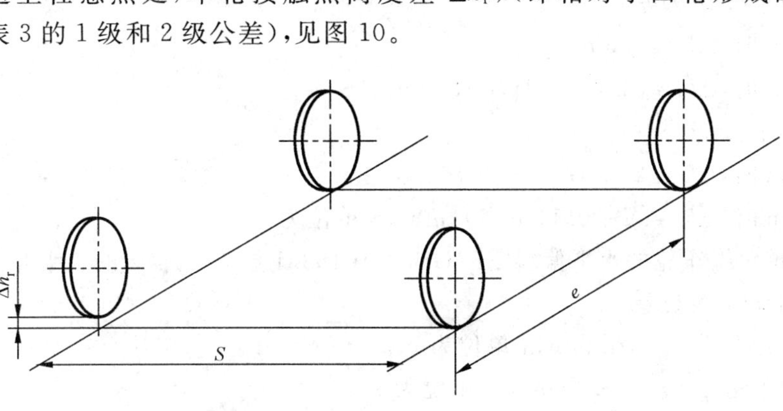

图 10

a) 自行式小车(1 级公差):

当 $S\leqslant 2$ m 时,$\Delta h_r\leqslant 1.6$ mm;

当 $S>2$ m 时,$\Delta h_r\leqslant 0.8S$ mm,$\Delta h_{rmax}=3.2$ mm,S 单位为 m。

b) 牵引式小车(2 级公差):

当 $S\leqslant 2$ m 时,$\Delta h_r\leqslant 2$ mm;

当 $S>2$ m 时,$\Delta h_r\leqslant 1.0S$ mm,$\Delta h_{rmax}=4$ mm,S 单位为 m。

6.8 装配

6.8.1 卸船机跨度公差 A(GB/T 10183.1 中表 4 的 2 级公差),见图 11。

$S\leqslant 10$ m 时,$A=\pm 2.5$ mm;

$S>10$ m 时,$A=\pm[2.5+0.1(S-10)]$mm,式中 S 为跨度,单位为 m。

6.8.2 小车带轮缘车轮中心点之间轨距 S 的公差 A(GB/T 10183.1 中表 5 的 1 级和 2 级公差),见图 11。

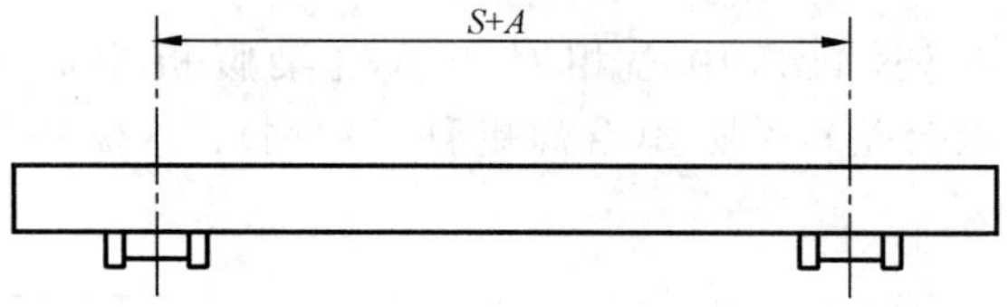

图 11

a) 自行式小车(1 级公差):

当 $S\leqslant 2$ m 时,$A=\pm 1.0$ mm;

当 $S>2$ m 时,$A=\pm[1+0.1(S-2)]$mm,S 单位为 m。

b) 牵引式小车(2 级公差):

当 $S\leqslant 2$ m 时,$A=\pm 2.0$ mm;

当 $S>2$ m 时,$A=\pm[2+0.1(S-2)]$mm,S 单位为 m。

6.8.3 小车车轮接触点高度公差 Δh_r(GB/T 10183.1 中表 5 的 1 级和 2 级公差),见图 12。

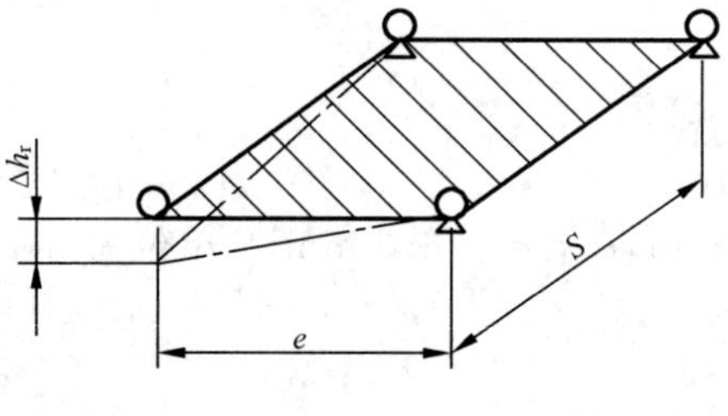

图 12

a) 自行式小车(1 级公差):

当 $S\leqslant 2$ m 时,$\Delta h_r\leqslant 1.6$ mm;

当 $S>2$ m 时,$\Delta h_r=[1.6+0.1(S-2)]$mm,$S$ 单位为 m。

b) 牵引式小车(2 级公差):

当 $S\leqslant 2$ m 时,$\Delta h_r\leqslant 2$ mm;

当 $S>2$ m 时,$\Delta h_r=[2+0.1(S-2)]$mm,S 单位为 m。

6.8.4 导向轮或带轮缘车轮的水平偏斜 ΔF(GB/T 10183.1 中表 4、表 5 的 1 级和 2 级公差),见图 13。

a) 自行式小车(1 级公差):

对导向轮:$\Delta F\leqslant\pm 0.32a$ mm,a 单位为 m;

对带轮缘车轮:$\Delta F\leqslant\pm 0.4e$ mm,e 单位为 m。

b) 牵引式小车、卸船机 (2 级公差):

对导向轮(仅小车):$\Delta F \leqslant \pm 0.4a$ mm,a 单位为 m;

对带轮缘车轮:$\Delta F \leqslant \pm 0.5e$ mm,e 单位为 m。

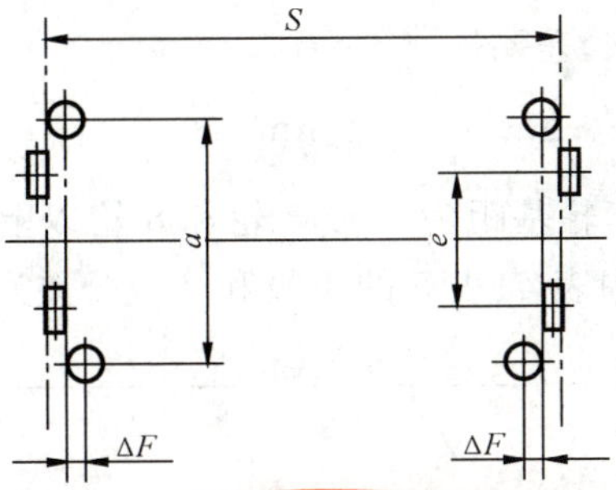

图 13

6.8.5 车轮在水平投影面内车轮轴中心线倾斜度公差 φ_r(GB/T 10183.1 中表 4、表 5 的 1 级和 2 级公差),见图 14。

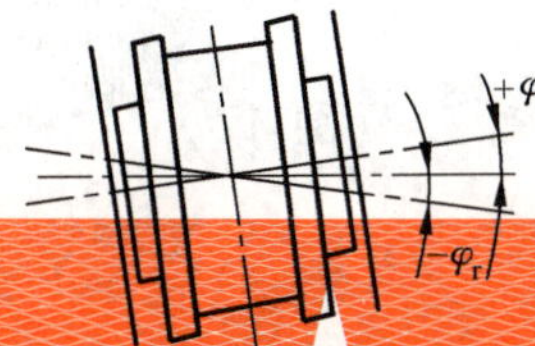

图 14

自行式小车(1 级公差):$\varphi_r = \pm 0.4‰$;

牵引式小车、卸船机(2 级公差):$\varphi_r = \pm 0.5‰$。

6.8.6 在垂直平面内车轮轴中心线倾斜度公差 τ_r(车轮垂直倾斜度,GB/T 10183.1 中表 4、表 5 的 1 级和 2 级公差),见图 15。

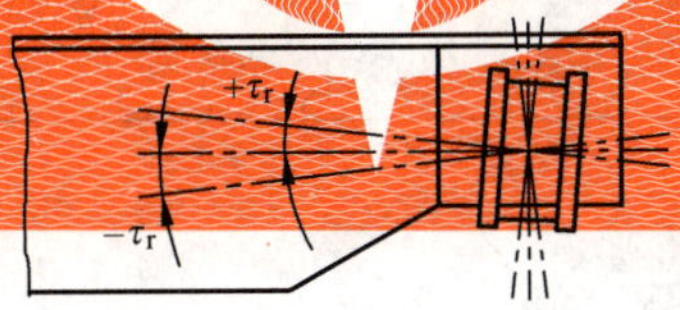

图 15

小车、卸船机:$-0.5‰ \leqslant \tau_r \leqslant +2‰$。

6.8.7 水平导向轮轴在垂直于轨道方向的轴线倾斜度公差 α_F,水平导向轮在沿轨道方向的轴线倾斜度公差 β_F,水平导向轮底面至轨道上平面的高度公差 Δh_F(GB/T 10183.1 中表 4 的 1 级和 2 级公差),见图 16。

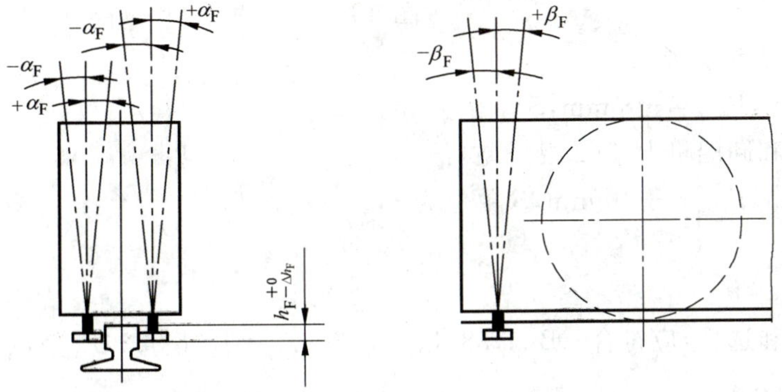

图 16

a) 自行式小车(1级公差):

$\alpha_F=\pm0.5‰;\beta_F=\pm0.3‰;\Delta h_F={}^{\ 0}_{-1}$ mm。

b) 牵引式小车、卸船机(2级公差):

$\alpha_F=\pm0.63‰;\beta_F=\pm0.4‰;\Delta h_F={}^{\ \ 0}_{-1.6}$ mm。

6.8.8 卸船机及小车运行机构的车轮基距为e(或8轮和8轮以上的最上层运行平衡架轴间水平距离为e)时的公差Δe(GB/T 10183.1中表4、表5的1级和2级公差),见图17。

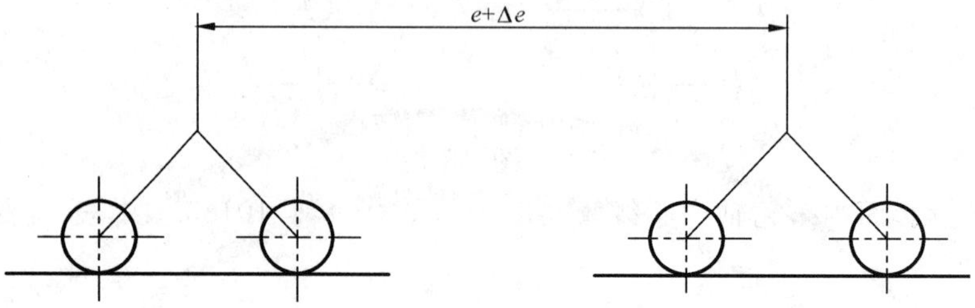

图 17

a) 自行式小车(1级公差):

$e\leqslant3$ m时,$\Delta e=\pm3.2$ mm;

$e>3$ m时,$\Delta e=\pm e$ mm,e单位为m。

b) 牵引式小车、卸船机(2级公差):

$e\leqslant3$ m时,$\Delta e=\pm4$ mm;

$e>3$ m时,$\Delta e=\pm1.25e$ mm,e单位为m。

6.8.9 终端止挡器或缓冲器垂直于纵向轴线的平行度公差F_{max}(即GB/T 10183.1中表2、表3的1级和2级公差),见图18。

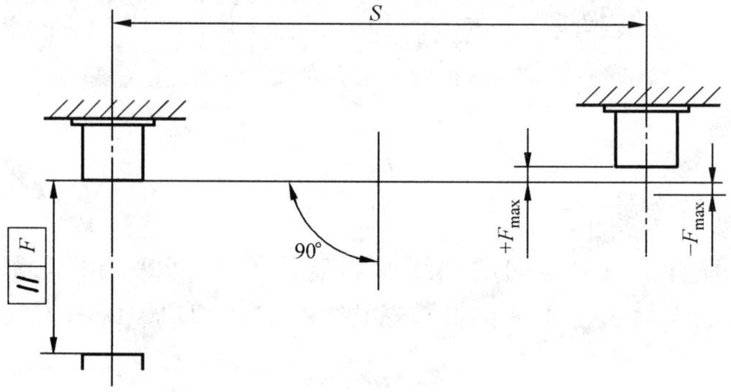

图 18

a) 自行式小车(1级公差):

$F=0.8S$ mm,$F_{max}=\pm8$ mm,S单位为m。

b) 牵引式小车和卸船机大车(2级公差):

$F=1.0S$ mm,$F_{max}=\pm10$ mm,S单位为m。

6.9 电气设备

6.9.1 总则

电气设备的设计和选择,应符合GB/T 3811、GB 5226.1、GB/T 5226.2及其他相关标准的规定。

6.9.2 一般要求

6.9.2.1 应确保含油装置在运行和安装时,油滴不会落到电气设备上,否则应加以保护。

6.9.2.2 所有电气设备应适于在－20 ℃～＋40 ℃温度下工作，当电气设备安装在密闭的空间时，要有必要的措施来保证电气设备正常工作时所许可的温度。当环境温度较高或较低时，电气设备应按合同约定的卸船机工作温度设计，提供必要的降温和取暖装置。

6.9.2.3 所有电气设备应适应年平均相对湿度不应大于 90％的大气环境，如果预计环境湿度超过这个水平，要采取特殊的预防措施，具体细节应在合同中商定。

6.9.2.4 设置在室内的电气设备防护等级不应低于 GB 4208 中的 IP23，室外时不应低于 IP55。特殊环境下电气设备防护等级应由供需双方商定。

6.9.2.5 卸船机电控设备中各电路的绝缘电阻在一般环境中不应小于 1.0 MΩ。

6.9.2.6 电气装置的安装、施工、验收应符合 GB 50231、GB 50256 和 GB 50278 的规定。

6.9.3 特殊要求

6.9.3.1 主、副高压变压器宜用干式环氧树脂浇注型，高压侧应设调节电压的抽头（手动切换）。调节范围应为±2×2.5％。

6.9.3.2 高、低压开关柜宜用整体防护型，其中高压柜的防护等级不低于 IP4X，低压柜的防护等级不低于 IP23。柜内应设防冷凝加热器、检修插座及与柜门联锁的照明灯。

6.9.3.3 所有高压母线、隔离开关、熔断器及接线端子等，带电部分不应裸露在柜外。电缆的进出口在施工后应有密封措施。所有按钮、转换开关、仪表、指示灯应设在便于操作及观察的地方，并有功能指示标牌。

6.9.3.4 应设有火灾报警装置。火灾报警发生后的其他功能，根据用户的要求确定。

6.9.3.5 照明电源与动力电源应分开设置。动力电源切断时，照明不应失电。

6.9.3.6 应设有机内电话系统和有线广播等通讯设备。

6.9.3.7 卸船机应设有码头供电的低压备用电源，其容量应满足当高压断电时，能够为卸船机提供照明、防冷凝加热器及维修等电源。该备用电源应该与机上供电电源具有联锁保护，保证任何时候只有一种电源提供给卸船机。

6.9.3.8 卸船机各主要机构的驱动电动机应设有防冷凝加热器及温控装置，带强迫通风时其风口应有防尘措施，并应符合 GB 755 的规定。

6.9.3.9 卸船机除紧急停止保护及其他重要联锁功能外，其余的动作顺序及联锁等功能均由可编程控制器（PLC）来完成。PLC 所有部件均应坚固可靠，适合于港口的高温、振动及潮湿等恶劣工作环境。

6.9.3.10 卸船机应具有监控管理系统，该系统由微型计算机（PC）来实现。

6.9.3.11 卸船机应具有相应的措施，确保功率因数及谐波符合 GB/T 10236 的规定。

6.9.4 电气设备的安装

6.9.4.1 卸船机的主要电控设备，包括驱动柜、PLC 控制柜及监控管理柜等电控装置均应安装在设有空调的电气室内。电气室内的温度不应大于 30 ℃。

6.9.4.2 安装时应使电气设备有必要的防振措施，并方便日常维护保养。开关柜在卸船机运行时不应有目视可见的相对于主机的水平移动和垂直跳动，不应把柜体直接与底座焊接，柜体应用螺栓与底座紧固。

6.9.4.3 开关柜内的布线均应采用铜质导电芯，其分相色标应符合国家标准。

6.9.4.4 高压柜前应有 10 mm 厚的绝缘橡胶板及必要的操作防护用品，其柜前操作距离不应小于 1 m；低压柜前操作距离不应小于 0.6 m。

6.9.4.5 行程开关的触杆（块）及支架应牢固可靠，卸船机运转时不应有明显的晃动。

6.9.4.6 电阻器应具有符合安装环境的防护外罩，并通风散热良好。

6.9.5 线缆及其敷设

6.9.5.1 应选用符合 GB/T 9330.1、GB/T 9330.2 及 GB/T 9331 规定的船用护套电缆；高压供电选用高压橡套分相屏蔽软电缆；小车及移动司机室的供电电缆应选用船用橡皮绝缘氯丁护套软电缆；通讯及弱电控制电缆应选用专门的橡套分芯屏蔽多芯软电缆。

6.9.5.2 动力线最小截面为 2.5 mm^2;控制线路最小截面为 1.5 mm^2。全部用多股铜芯电缆或电线。弱电电子设备内的导线最小截面不作规定。

6.9.5.3 对有机械损伤、化学腐蚀、油浸蚀的场合应采取防护措施。每根管子的 90°弯头不应超过两处;管子弯曲半经不应小于管子外径的 6 倍。固定电缆的弯曲内半径不应小于电缆外径的 5 倍。移动电缆的弯曲半径不应小于电缆外径的 8 倍。

6.9.5.4 不同电压等级的电缆应分开敷设,强电电缆及弱电电缆也应分开敷设。在电缆桥中敷设电缆时,每束电缆应隔一定的距离,并捆扎牢固。

6.9.5.5 电缆管及电缆桥的接头处应保证机械和电气的连续性,并应可靠接地。所有紧固件均应采用耐腐蚀材料或进行防腐处理。

6.9.6 **接地**

6.9.6.1 卸船机整机接地电阻不应大于 10 Ω,而卸船机轨道接地电阻不应大于 4 Ω。电压为 3 kV 及以上的变压器外壳,应设专门的接地线,其截面与容量有关,但不应小于 6 mm^2。对于低压电器设备的接地,一般应遵守下述原则:

a) 当相导线截面积 $S \leqslant 16\ mm^2$ 时,接地线截面积可等于 S,但不应小于 2.5 mm^2;
$16\ mm^2 < S \leqslant 35\ mm^2$ 时,接地线截面积为 16 mm^2;
$S > 35\ mm^2$ 时,接地线截面积为 $S/2$。

b) 当相导线电流 $I_S < 200$ A 时,用 M6 螺栓作为固定接地;
$200\ A \leqslant I_S < 630$ A 时,用 M8 螺栓作为固定接地;
$630\ A \leqslant I_S < 1\ 000$ A 时,用 M10 螺栓作为固定接地;
$I_S \geqslant 1\ 000$ A 时,用 M12 螺栓作为固定接地。

6.9.6.2 电缆金属护套应两端接地,但对于控制及通讯所采用的屏蔽电缆的屏蔽金属网,若一端接地更为有利时,应采用一端接地。

6.9.6.3 不应把接地线及机体直接作载流线或作 220 V 照明系统的回路零线。

6.9.7 **照明**

6.9.7.1 机器房、电气室、司机室内的照度不应低于 50 lx。

6.9.7.2 各主要通道及扶梯平台入口处的照度不应低于 30 lx。

6.9.7.3 料斗区域的照度不应低于 50 lx。

6.9.7.4 活动臂架及主梁下部横梁处均应有足够的照度,其工作面平均照度应不低于 30 lx。

6.9.7.5 卸船机门架梁处应有照明灯具。

6.9.7.6 卸船机应急照明设备应与用户协商确定。

7 涂装

7.1 涂装前的钢材表面处理

卸船机的主梁、臂架、门架等重要结构件应进行喷(抛)丸的除锈处理,达到 GB/T 8923 中的 Sa2$\frac{1}{2}$级;其余构件应达到 Sa2 级或 St2 级(手工除锈)。

7.2 涂漆质量

7.2.1 卸船机面漆应均匀、细致、光亮、完整和色泽一致,不得有粗糙不平、漏漆、错漆、皱纹、针孔及严重流挂等缺陷。

7.2.2 油漆漆膜总厚度不应小于 260 μm。

7.2.3 漆膜附着力应符合 GB/T 9286 中规定的一级质量要求。

8 试验方法

8.1 总则

卸船机试验应遵循 GB/T 5905 规定的规范和程序。

8.2 试验的条件

卸船机试验条件如下：

a) 试验时风速不应大于 8.3 m/s；

b) 试验时温度应在 0 ℃～40 ℃之间；

c) 最大相对湿度不应大于 95%，可有凝露、盐雾；

d) 场地的轨道安装公差应符合 6.2.4 的规定；

e) 外部电源电压应符合设计规定，其允差应控制在±10%之内。

8.3 目测检查

目测检查应包括检查所有重要部分的规格和/或状态是否符合要求，如：各机构、电气设备、安全装置、制动器、控制器、照明和信号系统；卸船机金属结构及其连接件、梯子、通道、司机室和走台；所有的防护装置，取物装置及其连接件；钢丝绳及其固定件；滑轮组及其轴向固定件。检查时，不必拆开任何部件，但应打开在正常维护和检查时应打开的盖子，如：限位开关盖。

目测检查还应包括检查必备的证书是否提供并经过审核。

8.4 空载试验

空载试验的各机构（例如、臂架的俯仰和防风挂钩、小车的运行、抓斗的起升和开闭、司机室的运行、卸船机的运行和夹轮轨动作、简易电梯的升降、料斗的附属机构等）应先分别在全行程慢速动作数次，无异常情况后方可进行全速运转。在试验中注意观测下述情况并作好以下记录：

a) 观测和检查各操作手柄（或按钮）运动动作的一致性；

b) 观测和检查各传动机构的安装情况和单动及联动动作的准确性；

c) 观测和检查各传动机构的行程限位开关动作是否达到要求；

d) 观测和检查卸船机运行、小车运行机构主动车轮在轨道全长上接触情况；

e) 检测臂架的单程俯仰时间。

8.5 静载试验

静载试验的目的是检验卸船机及其各部件的结构承载能力。

小车分别在跨中、水侧臂架端的基准点处，以 1.0G_n 起升离地 100 mm～200 mm 后，无冲击地逐渐加载至 1.25G_n，保持 10 min。卸载后，抓斗落地（或放料斗上），小车移至后伸距或料斗上方。在主梁跨中、水侧臂架端的基准点处不应有永久变形。此时，主梁跨中实有上拱度和悬臂端的上翘度应符合 6.3.5 的规定，即可终止试验。如有永久变形，需从头做试验，但总共不应超过 3 次，不得再有永久变形。

试验后，如果未见到裂纹、永久变形、油漆剥落或对卸船机的性能与安全有影响的损坏，连接处也未出现松动、损坏。

8.6 额定载荷试验

目的是通过额定载荷试验，进一步测试卸船机的相关功能指标。

起升机构（抓斗）按 1.0G_n 加载，分别做起升机构和小车运行机构的动作，然后按 GB/T 14406—2011 中 6.4.1、6.4.2 和 6.5 分别检测各机构的速度（含调速）、制动距离和起重机噪声。

如果用户对卸船机的静态刚性有要求，则按照合同约定检测静态刚性。将空载小车停放在水侧支腿零点，在主梁跨中和臂架端部找好基准点，然后将小车起升机构依次放在主梁和臂架端部最不利位置，分别按照额定起重量加载，载荷离地 100 mm～200 mm，保持 10 min，然后测量基准点的下挠数值后，将主梁基准点下挠数值除以主梁的跨度，即为卸船机的静态刚性；将悬臂基点下挠数值除以有效悬臂长度,即为悬臂的静态刚性。

8.7 动载试验

动载试验的目的主要是验证卸船机各机构和制动器的功能。

卸船机各机构的动载试验应先分别进行,而后做联合动作试验。做联合动作试验时,同时开动的机构不应超过两个。

起升机构(抓斗)按 $1.1G_n$ 加载,试验中对每种动作应在其整个运动范围内做反复起动和制动,对悬挂的试验载荷作空中起动时试验载荷不应出现反向动作。试验时应按该机的电动机接电持续率留有操作的间歇时间,按操作规程进行控制,且必须注意把加速度、减速度和速度限制在卸船机正常工作的范围内。按接电持续率及其工作循环,试验时间至少应延续 1 h。

如果各部件能完成其功能试验,并在随后进行的目测检验中没有发现机构或构件有损坏,连接处也没有出现松动或损坏。

8.8 生产率试验

8.8.1 额定生产率

8.8.1.1 额定工作循环周期 T 的确定

依照 5.9.2 和 5.9.3 规定的物料特性和船型的条件下,取船的舱口中心线上平均水位线附近(可根据物料不同选择不同的抓取点)作为抓斗的抓料点,以时间算最短的工作轨迹,并以设定的加速度和额定速度,抓斗自料斗上方开始按既定最短的工作轨迹行至抓料点抓料,再返回到料斗上方卸完料为止,所需要的时间作为额定工作循环周期 T(s)。

8.8.1.2 计算额定生产率

卸船机的额定生产率按式(1)计算:

$$Q=\rho VC\times 3\,600/T\ (\mathrm{t/h}) \qquad \cdots\cdots(1)$$

式中:

Q——卸船机额定生产率,单位为吨每小时(t/h);

ρ——合同所约定物料的粒度、湿度下的名义容重,单位为吨每立方米(t/m³);

V——抓斗名义容积,单位为立方米(m³);

C——抓斗抓满率,推荐取 $C=0.90\sim1.0$;

T——额定工作循环周期,单位为秒(s)。

额定生产率的计算方法,必要时也可在合同中另行约定。

8.8.2 实测生产率

测试应符合 8.8.1 的设计(或约定)条件。先以抓斗在船舱内的物料上抓取 3~5 次,取其抓取质量的平均值作为每斗次的抓取质量 q(t)、平均工作循环周期 T'(s),再按式(2)计算卸船机的实际生产率:

$$Q'=n\times q\ (\mathrm{t/h}) \qquad \cdots\cdots(2)$$

式中:

Q'——卸船机的实测生产率,单位为吨每小时(t/h);

q——抓斗平均抓取量,单位为吨(t);

n——每小时平均卸料次数(由 $n=3\,600/T'$ 求得)。

试验所用的抓斗必须与物料特性相适应,其操作应由合格的司机来担任,作业程序应符合试验大纲要求。

9 检验规则

9.1 检验分类

卸船机的检验分为出厂检验和型式试验。

9.2 出厂检验

9.2.1 卸船机在出厂前应进行整机总装或部件预装(钢丝绳及抓斗除外),包括:小车、门架金属结构、门架与主梁、门架与A型架、门架与大车运行机构、主梁与臂架、机器房、电气室与主梁、前后拉杆、臂架挂钩装置、物料输送系统等。

9.2.2 卸船机至少应进行部件预装并应进行空运转试验,正、反方向运转,各机构空运转试验累计时间不应少于5 min。

9.2.3 制造商的质量检验部门,应对每台卸船机进行出厂检验,检验合格后,向用户签发《产品合格证明书》。

9.2.4 出厂检验的主要项目见表9。

9.3 型式试验

9.3.1 有下列情况之一时,应进行型式试验:

a) 新产品或老产品转厂生产的试制定型鉴定;

b) 正式生产后,如结构、材料、工艺有较大改变,可能影响产品性能时;

c) 产品停产达一年以上后恢复生产时;

d) 出厂检验结果与上次型式试验有较大差异时;

e) 国家质量监督机构提出进行型式试验要求时。

9.3.2 型式试验的检验项目见表9。

9.3.3 型式试验一般应在用户使用现场进行试验。

表9

序号	项目名称	出厂检验	型式试验	要求值	试验方法	极限偏差
1	目测检验	√	√		8.3	
2	空载试验	—	√		8.4	
3	小车轨距	√	√	设计图样和6.7.9	GB/T 14406—2011中6.2.7	
4	卸船机跨度	√	√	设计图样和6.8.1	GB/T 14406—2011中6.2.2	
5	小车带轮缘车轮中心之间轨距公差	√	√	设计图样和6.8.2	GB/T 14406—2011中6.2.2	
6	小车轨道上任意点处车轮接触点高度差 Δh_r	√	√	6.7.11	GB/T 14406—2011中6.2.8	
7	小车车轮接触点高度差 Δh_r	√	√	6.8.3	GB/T 14406—2011中6.3.2.2	
8	车轮在水平投影面内车轮轴中心线倾斜度公差 φ_r	√	√	6.8.5	GB/T 14406—2011中6.3.3.1	
9	在垂直平面内车轮轴中心线倾斜度公差 τ_r	√	√	6.8.6	GB/T 14406—2011中6.3.3.2	
10	水平导向轮在垂直于轨道和沿轨道方向的轴线倾斜度公差 α_F 和 β_F	√	√	6.8.7	GB/T 14406—2011中6.3.3.3	
11	静载试验	—	√	6.3.5	8.5	

表 9（续）

<table>
<tr><th>序号</th><th colspan="3">项目名称</th><th>出厂检验</th><th>型式试验</th><th>要求值</th><th>试验方法</th><th>极限偏差</th></tr>
<tr><td rowspan="6">12</td><td rowspan="6">额定载荷试验</td><td colspan="2">抓斗升降速度</td><td rowspan="6">—</td><td rowspan="6">√</td><td rowspan="4">见设计图样</td><td rowspan="6">8.6 和 GB/T 14406—2011 中 6.4.1 和 6.4.2</td><td rowspan="2">−3%～+10%</td></tr>
<tr><td colspan="2">小车运行速度</td></tr>
<tr><td colspan="2">卸船机运行速度</td><td>±10%</td></tr>
<tr><td colspan="2">臂架俯仰单程时间</td><td>±10%</td></tr>
<tr><td rowspan="2">静态刚性</td><td>主梁跨中</td><td>$f \leqslant S/1\ 000$</td><td rowspan="2"></td></tr>
<tr><td>悬臂端</td><td>$f' \leqslant L/350$</td></tr>
<tr><td>13</td><td colspan="3">动载试验</td><td>—</td><td>√</td><td>6.3.6</td><td>8.7</td><td></td></tr>
<tr><td>14</td><td colspan="3">生产率试验</td><td>—</td><td>√</td><td>6.3.1</td><td>8.8.2</td><td>−3%</td></tr>
<tr><td>15</td><td colspan="3">卸船机噪声</td><td>—</td><td>√</td><td>6.4.5</td><td>GB/T 14406—2011 中 6.5</td><td></td></tr>
<tr><td>16</td><td colspan="3">漆膜附着力及漆膜厚度</td><td>√</td><td>√</td><td>7.2.2 和 7.2.3</td><td>GB/T 9286 和 GB/T 14406—2011 中 6.2.10</td><td></td></tr>
<tr><td>17</td><td colspan="3">电控设备中各电路的绝缘电阻</td><td>√</td><td>√</td><td>6.9.2.5</td><td>GB/T 14406—2011 中 6.6</td><td></td></tr>
<tr><td>18</td><td colspan="3">抓斗的抓满率</td><td>—</td><td>√</td><td>6.3.7</td><td>GB/T 14406—2011 中 6.7</td><td></td></tr>
</table>

10 标志、包装、运输及贮存

10.1 标志

10.1.1 每台卸船机应在醒目位置设置额定生产率和额定起重量标志。

每台卸船机应在司机室或卸船机明显的位置装设标牌，标牌应符合 GB/T 13306 的规定。标牌上一般应标明下列内容：

a） 产品名称；

b） 主要技术参数；

c） 制造日期或生产编号；

d） 制造商名称。

10.2 包装

10.2.1 卸船机的包装应符合 GB/T 191 及 GB/T 13384 的有关规定。

10.2.2 需要解体的零部件的连接处应打上清晰的钢印标记和编号，电线接头应进行编号。

10.2.3 外露加工面应涂上防锈剂，防止锈蚀。

10.2.4 卸船机在发货时应包括下列随机文件：

a） 产品合格证明书；

b） 产品使用维护说明书；

c） 总图、主要部件图、PLC 应用程序、电气及液压系统原理图、布线图；

d） 备件及易损件清单；

e） 主要外购件的合格证和说明书；

f） 包装发运清单（包括随机附件清单）；

g） 专用工具、仪器清单；

h） 其他。

10.2.5 危险、易碎、防潮等包装箱、件，应分别注明危险、易碎、放置方向等符号字样。

10.2.6 大型零部件和包装箱的质量、质心、吊挂点应有标志，并应标明件号。

10.3 运输

10.3.1 产品的运输应符合铁路、公路、航运的有关运输要求。

10.3.2 采用整体运输方式时应按照海运的有关要求进行加固，落实航道上空的电缆线的净空（有季节性）以及相应的航道、高水位时桥涵通过性等，以使整机的运输通畅。

10.4 贮存

10.4.1 零部件应妥善保管，并应注意防锈、防潮、通风和防止变形。

10.4.2 大型结构件应防止变形和锈蚀。

ICS 01.040.53;53.020.99
J 80

中华人民共和国国家标准

GB/T 26476—2011

机械式停车设备 术语

Mechanical parking system—Vocabulary

2011-05-12 发布　　2011-12-01 实施

中华人民共和国国家质量监督检验检疫总局
中国国家标准化管理委员会　发布

前　言

本标准由中国机械工业联合会提出。

本标准由全国起重机械标准化技术委员会(SAC/TC 227)归口。

本标准负责起草单位:江苏双良停车设备有限公司、北京起重运输机械设计研究院。

本标准参加起草单位:杭州西子石川岛停车设备有限公司、潍坊大洋自动泊车设备有限公司、山东莱钢泰达车库有限公司、杭州友佳精密机械有限公司、兰州远达工程设备有限责任公司、上海爱登堡电梯有限公司、浙江艾耐特机械有限公司。

本标准主要起草人:周洁、杨春平、钱惠君、程琪、龚建平、李祥启、闫维庆、邱荣贤、史惠敏、宣国余、洪开江。

机械式停车设备 术语

1 范围

本标准定义了机械式停车设备的主要类别、机构和部件、安全装置、参数和一般概念等术语。

2 机械式停车设备类别

2.1 按工作原理

2.1.1

升降横移类机械式停车设备 lift-sliding mechanical parking system

利用载车板或其他载车装置升降和横向平移存取汽车的机械式停车设备。

2.1.2

简易升降类机械式停车设备 parking lift

使用升降或俯仰机构使汽车存入或取出的机械式停车设备。

2.1.3

平面移动类机械式停车设备 horizontal shifting mechanical parking system

在同一水平层上用搬运器平面移动汽车或载车板，实现存取汽车的机械式停车设备，多层平面移动类机械式停车设备还需使用升降机来实现不同层间的升降。

2.1.4

巷道堆垛类机械式停车设备 stacking mechanical parking system

使用巷道堆垛机，将汽车水平且垂直移动到停车位旁，并用存取交接机构存取汽车的机械式停车设备。

2.1.5

垂直升降类机械式停车设备 vertical lifting mechanical parking system

使用升降机将汽车升降到指定层，并用存取交换机构存取汽车的机械式停车设备。

2.1.6

垂直循环类机械式停车设备 vertical circulating mechanical parking system

使用垂直循环机构使车位产生垂直循环运动到达出入口层而存取汽车的机械式停车设备。

2.1.7

水平循环类机械式停车设备 horizontal circulating mechanical parking system

使用水平循环机构使车位产生水平循环运动到达升降机或出入口而存取汽车的机械式停车设备。

2.1.8

多层循环类机械式停车设备 multilayer circulating mechanical parking system

使用上下循环机构或升降机将汽车在不同层的车位之间进行循环换位来实现汽车存取的机械式停车设备。

2.1.9

汽车专用升降机 lift for vehicle

用于停车库出入口至不同停车楼层间升降搬运汽车的机械设备。

2.2 按停车形式

2.2.1

横向机械式停车设备 cross mechanical parking system

停车位上停放汽车的长度方向与搬运台车或巷道堆垛机运行的巷道长度方向垂直布置的停车设备。

2.2.2

纵向机械式停车设备　longitudinal mechanical parking system

停车位上停放汽车的长度方向与搬运台车或巷道堆垛机运行的巷道长度方向平行的停车设备。

2.2.3

重列式机械式停车设备　tandem mechanical parking system

连续两排及以上的机械车位纵向或横向贯穿排列在一起的停车设备。

2.3　按出入口位置

2.3.1

下部出入式停车设备　parking system with bottom entrance-exit

汽车在停车设备底部出入的停车设备。

2.3.2

中部出入式停车设备　parking system with middle entrance-exit

汽车在停车设备中部出入的停车设备。

2.3.3

上部出入式停车设备　parking system with top entrance-exit

汽车在停车设备上部出入的停车设备。

2.4　按操作方式

2.4.1

无人方式　nobody allowed

驾驶员不进入工作区,而由停车设备将转换区的汽车自动存入/取出至汽车停放位置。

2.4.2

准无人方式　personnel quit mode

驾驶员将汽车开进工作区,人离开后,由停车设备完成存车/取车功能。

2.4.3

人车共乘方式　both personnel and vehicle allowed

人和汽车一同进入工作区,并一起移动的方式。

3　机构和部件

3.1

起升机构　lifting mechanism

停车设备中用以提升搬运器的升降机构。

3.2

纵移机构　longitudinal mechanism

停车设备中沿巷道方向水平移动载车板的机构。

3.3

横移机构　traverse mechanism

停车设备中垂直于巷道方向移动载车板的机构。

3.4

水平循环机构　horizontal circulation transfer mechanism

在水平方向上使停车设备载车板循环移动的机构。

3.5

垂直循环机构　vertical circulation transfer mechanism

在垂直方向上使停车设备载车板循环移动的机构。

3.6

存取交接机构 accessing outfit

在停车设备中用于将汽车或载车板在汽车出入口、升降设备、搬运器、停车位之间交换的机构。

3.7

搬运器 load carrier

运送汽车的装置,具有独立的动力驱动装置。

3.8

升降机 lift

具有升降功能,可将汽车升降至所需位置的装置。

3.9

升降搬运器 lifting transport apparatus

升降机中承载汽车的平台。

3.10

有轨巷道堆垛机 rail mounted aisle-stacking machine

沿着多层停车位车库巷道内轨道运行,向单元车位存取汽车,完成出入库作业的起重机。

3.11

搬运台车 shuttle

在巷道轨道上运行,用于运送汽车使之到达预定停车位置的搬运器。

3.12

回转盘 rotary

在机械式停车设备中,可将汽车水平回转一定角度以改变汽车方向的机械装置。

3.13

载车板 pallet

在停车设备中,用于存放汽车的托板。

3.14

梳齿架 comb finger frame

在停车设备中,用于承载汽车的梳齿形支撑架。

3.15

导轨 guide rails

供升降平台、对重、平衡重等升降用的,不主要用来承受载荷的导向部件。

3.16

轨道 track

供有轨堆垛机或搬运器水平方向运行时,承载重力并为其导向的部件。

3.17

平衡重 counterpoise weight

为节能而设置的平衡全部或部分升降质量的装置。

3.18

对重 counterweight

由曳引绳经曳引轮与升降平台相连接,在运行过程中起平衡作用的装置。

3.19

出入库台 entrance platform

在机械式停车设备出入口处设置的用于汽车出入库用的停车平台。

3.20

平层 leveling

升降搬运器升降至汽车进、出口及各停车层时，实现在垂直方向搬运器与停车层平面平齐的一种运动。

4 安全装置

4.1

防坠装置 anti-dropping device

防止搬运器或载车板运行到位后处于空中静态位置时坠落的装置。

4.2

自动门防夹装置 anti-clamp device of automatic operated door

当自动门在关闭的过程中有汽车或障碍物出入门时而自动停止或自动开启的安全保护装置。

4.3

安全钳 safety gear

搬运器在超速下降时，制动并控制搬运器使其停止运行的机械装置。

4.4

限速器 speed limit device

当搬运器的运行速度超过额定速度一定值时，其动作能导致安全钳起作用的安全装置。

4.5

阻车装置 vehicle-block device

在搬运器或载车板上沿汽车行进方向设置的起阻挡车轮作用的装置。

4.6

人车误入检测装置 error-entering protection device

在机械式停车设备出入口处，设置的用于设备运行时检测人员或汽车误入停车设备的保护装置。

4.7

缓冲器 buffer

位于行程端部，用于吸收搬运器、平衡重、对重等动能的一种缓冲安全装置。

4.8

紧急停止开关 emergency stop switch

停车设备运行过程中能断开动力及控制电源使设备停止运行的开关。

5 驱动

5.1

强制驱动 compulsory drive

用链条或钢丝绳等悬吊的非摩擦方式的驱动。

5.2

曳引驱动 traction drive

提升绳靠主机的驱动轮绳槽的摩擦力的驱动。

5.3

液压驱动 hydraulic drive

依靠液压系统产生的动力的驱动。

6 通道及区域

6.1

出入口 access

进出停车设备转换区或工作区最外部的出入口。

6.2

人员出入口 personnel access

仅供人员进出停车设备而设置的出入口。

6.3

汽车出入口 vehicle access

仅供汽车进出停车设备而设置的出入口。

6.4

人车共用出入口 personnel and vehicle access

供人员或汽车共同使用的进出停车设备而设置的出入口。

6.5

安全出口 pass exit

为保证不把人关在停车设备内而设置的出口。

6.6

应急出口 emergency exit

用于在紧急情况下人员撤离危险区域所设的逃生口。

6.7

大门 main door

外部通道与停车设备之间的门。

6.8

工作区域门 working area door

司机上下车的转换区与停车设备工作区之间的门。

6.9

侧门 side door

非工作区与转换区之间的门。

6.10

检修门 service door

专为维修人员出入工作区所设的门。

6.11

通行门 pass door

大门的一部分,仅用于步行者通过。

6.12

自动门 power operated door

用动力开启或关闭的车库门。

6.13

水平滑动门 horizontal sliding door

沿门导轨和地坎槽水平滑动开启或关闭的门。

6.14

垂直滑动门 vertical sliding door

沿门两侧垂直门导轨滑动开启或关闭的门。

6.15

人行通道 walk way

停车设备内仅供人员通行的通道。

6.16

汽车通道 drive way

汽车自行驶入的供汽车通行的道路。

6.17

库前等待区域 waiting area

停车设备出入口前面供汽车暂时停放或通行的空地。

6.18

转换区 transfer area

存取汽车时，由人员驾驶状态转换为停车设备控制状态或由停车设备控制状态转换为人员驾驶状态的区域。

6.19

工作区 working area

停车设备运行、存放汽车的区域。对无人方式的停车设备，该区域不允许驾乘人员进入。

6.20

井道壁 well enclosure

用来隔开井道和其他场所的结构。

6.21

底坑 pit

机械式车库底层地面以下的井道。

7 车位

7.1

停车位 parking space

在停车设备中，用于最终停放汽车的空间。

7.2

混凝土结构停车位 concrete parking space

用钢筋混凝土建筑结构体的停车位。

7.3

钢结构停车位 steel structure parking space

用钢结构体存放汽车的停车位。

7.4

车位高度 parking space height

停车设备中停放适停汽车所需车位的净空高度。

7.5

车位宽度 parking space width

两相邻停车位中心线之间的距离，或停车位两侧能够保证车辆安全的有效宽度。

8 参数

8.1

停车设备高度 overall height

停车设备在高度方向上所占用的总空间，它包含停车设备本身和停放汽车的所有高度。

8.2

存容量 parking capacity

一套控制系统内机械式停车设备最大存容汽车的数量。

8.3

汽车宽度 vehicle width

分别过车辆两侧固定突出部位(不包括后视镜、侧面标志灯、示位灯、转向指示灯、扰性挡泥板、折叠式踏板、防滑链以及轮胎与地面接触变形部分)最外侧点且平行于 Y 平面的两平面之间的距离。

注：Y 平面为沿车长方向且垂直于地面的平面。

8.4

汽车全宽 overall width of car

汽车的最大宽度,包括后视镜处于正常位置的宽度。

8.5

适停汽车尺寸 dimensions of vehicle suitable for parking

停车库或停车设备所能容纳汽车的最大外形尺寸(不含车外两侧后视镜)。

8.6

适停汽车质量 concessional vehicle mass

停车设备中准许停放汽车的最大质量,它等于准许停放汽车整车整备质量加 50 kg 物品的质量。

8.7

层高 distance between floors

停车设备中停车位层与层之间的高度,一般情况下它是车位高度和相应层停车设备设施所占高度之和,当其他设施(如消防、通风等)侵入停车位高度方向位置时,也应包括其他设施的高度。

8.8

轨距 wheel track width

有轨巷道堆垛机或搬运器同一车轴上车轮的中心距。

8.9

轴距 wheelbase

搬运器前后车轴上轮轴的中心距。

8.10

额定速度 rated speed

在额定电压、额定频率和额定载荷状态下,搬运器的最大起升或运行速度。

8.11

单车最大进(出)车时间 maximum storage (or retrieval) time of single vehicle

从给出一个进车(或出车)指令开始,将车从出入口停放到该机械式停车设备的最不利位置(或将汽车从最不利的位置取出至出入口),直至该停车设备能进行下一个进车(或出车)指令为止所需的时间(不包括辅助时间)。

8.12

井道宽度 well width

平行于轿厢宽度方向井道壁内表面之间的水平距离。

8.13

井道深度 well depth

垂直于井道宽度方向井道壁内表面之间的距离。

8.14

平层精度 leveling precision

平层后确定测量基准实际停止的位置与理论停止的位置在垂直方向上的误差。

8.15

停准精度　stay precision

水平运行的搬运器移动到位后，实际停止的位置与理论停止位置在水平方向上的误差。

8.16

空载　no load

搬运器上无汽车时的工况。

8.17

额定载荷　rated load

搬运器上最大适停汽车的质量。

8.18

满载　full load

每个停车位或搬运器上都有额定载荷时的工况。

8.19

最大偏载　maximum eccentric load

对称设置的停车设备中，一侧的每个停车位均为额定载荷，而另一侧的停车位均为空载时的工况。

8.20

静载荷　static load

机械式停车设备搬运器处于静止状态时搬运器或停车位所承受的载荷。

8.21

动载荷　dynamic load

机械式停车设备搬运器处于运动状态时搬运器或停车位所承受的载荷。

9　与停车设备有关的术语

9.1

适停汽车　cars suitable for parking

停车设备允许停放的汽车。

9.2

机房　machine room

安装曳引机或其他驱动机构和相应附属设备的专用房间。

9.3

层站　landing

各停车楼层用于出入升降搬运器的地点。

9.4

辅助设备　auxiliary equipment

协助停车设备共同完成存取、储存汽车的设备，例如：大门及其联锁装置、工作区域门、侧门、检修门、紧急出口、通行门等。

9.5

电源设备　power supply

给机械式停车库及相关附属设备提供电源的设施。

9.6

警示装置　alarm device

停车设备中为提示人与车的安全而设置的设施。

9.7

周边设备　peripheral equipment

独立于停车设备以外，具有自身功能的设备，例如：消防设施、排水设施、换气通风设施、照明设施和停车收费管理系统等。

9.8

操作管理人员　parking equipment attendant

操作、监督管理机械式停车设备的专业人员。

参 考 文 献

[1] GB/T 7024 电梯、自动扶梯、自动人行道术语
[2] GB 50009 建筑结构荷载规范
[3] GB 50011 建筑抗震设计规范

中 文 索 引

英 文 索 引

H

L

M

N

O

P

R

S

T

V

W

ICS 53.020.20
J 80

中华人民共和国国家标准

GB/T 26477.1—2011

起重机 车轮和相关小车承轨结构的设计计算 第1部分：总则

Cranes—Design calculation for rail wheels and associated trolley track supporting structure—Part 1: General

(ISO 16881-1:2005, MOD)

2011-05-12 发布

2011-12-01 实施

中华人民共和国国家质量监督检验检疫总局
中国国家标准化管理委员会 发布

前　言

GB/T 26477《起重机　车轮和相关小车承轨结构的设计计算》由五个部分组成：

——第1部分：总则；

——第2部分：流动式起重机；

——第3部分：塔式起重机；

——第4部分：臂架起重机；

——第5部分：桥式和门式起重机。

本部分为GB/T 26477的第1部分。

本部分修改采用ISO 16881-1:2005《起重机　车轮和相关小车承轨结构的设计计算　第1部分：总则》(英文版)。

本部分与ISO 16881-1:2005的主要技术性差异如下：

——本部分的第2章中用GB/T 22437.1《起重机　载荷与载荷组合的设计原则　第1部分：总则》和GB/T 22437.5《起重机　载荷与载荷组合的设计原则　第5部分：桥式和门式起重机》代替了ISO 16881-1:2005中引用的ISO 8686-1和ISO 8686-5，两个国家标准均系修改采用国际标准，其中的分项载荷系数 γ_p 和抗力系数 γ_m 的取值与ISO 8686-1和ISO 8686-5的规定有差异；

——在载荷组合表中还增加了高危险度系数 γ_n。

本部分还作了下列编辑性修改：

——将“ISO 16881的本部分”改为“GB/T 26477的本部分”；

——用小数点“.”代替作为小数点的逗号“,”；

——删除了ISO 16881-1:2005的前言；

——对于ISO 16881-1:2005中引用的国际标准，用已被采用为我国的标准代替对应的国际标准，未被采用为我国标准的直接引用国际标准；

——对ISO 16881-1:2005中的4.1.6、4.2和附录A中有效翼缘宽度 b_c 的计算公式及参考文献中[4]的编辑性错误进行了订正。

本部分的附录A和附录B为资料性附录。

本部分由中国机械工业联合会提出。

本部分由全国起重机械标准化技术委员会(SAC/TC 227)归口。

本部分起草单位：大连重工·起重集团有限公司。

本部分主要起草人：桂佩康、何铀、李秀苇、董炜、曹旭阳。

起重机　车轮和相关小车承轨结构的设计计算　第1部分：总则

1　范围

GB/T 26477的本部分对选择轨道运行的起重机铸铁或钢质车轮的尺寸提出了要求，并给出了由轮压作用在起重机结构中产生的局部应力的计算公式。

2　规范性引用文件

下列文件中的条款通过GB/T 26477的本部分的引用而成为本部分的条款。凡是注日期的引用文件，其随后所有的修改单（不包括勘误的内容）或修订版均不适用于本部分，然而，鼓励根据本部分达成协议的各方研究是否可使用这些文件的最新版本。凡是不注日期的引用文件，其最新版本适用于本部分。

GB/T 6974.1　起重机　术语　第1部分：通用术语（GB/T 6974.1—2008，ISO 4306-1：2007，IDT）

GB/T 20863.1　起重机械　分级　第1部分：总则（GB/T 20863.1—2007，ISO 4301-1：1986，IDT）

GB/T 22437.1　起重机　载荷与载荷组合的设计原则　第1部分：总则（GB/T 22437.1—2008，ISO 8686-1：1989，MOD）

GB/T 22437.3　起重机　载荷与载荷组合的设计原则　第3部分：塔式起重机（GB/T 22437.3—2008，ISO 8686-3：1998，IDT）

GB/T 22437.5　起重机　载荷与载荷组合的设计原则　第5部分：桥式和门式起重机（GB/T 22437.5—2008，ISO 8686-5：1992，MOD）

ISO 8686-2　起重机　载荷与载荷组合的设计原则　第2部分：流动式起重机

ISO 8686-4　起重机　载荷与载荷组合的设计原则　第4部分：臂架起重机

3　术语和定义

GB/T 6974.1确立的术语和定义适用于GB/T 26477的本部分。

4　要求

4.1　车轮的选择

4.1.1　车轮尺寸

为了确定车轮的尺寸，应做如下校验：

a)　校验车轮在使用中承受最大轮压的能力；

b)　校验车轮能确保正常运行且无异常的过度磨损。

上述的校验计算用式(1)和式(2)进行：

$$\frac{P_{\max}}{b \cdot D} \leqslant 1.9P_{L} \qquad \cdots\cdots(1)$$

$$\frac{P_{\text{mean}}}{b \cdot D} \leqslant P_{L} \cdot c_1 \cdot c_2 \qquad \cdots\cdots(2)$$

式中：

D——车轮直径，单位为毫米（mm）；

b——轨道的有效宽度，单位为毫米（mm）；

P_L——由制造车轮的金属材料决定的许用比压，单位为牛每平方毫米（N/mm^2），见表 1；

c_1——取决于车轮转速的系数，见表 2；

c_2——取决于机构工作级别的系数，见表 3；

P_{max}——车轮在载荷组合 A、B 或 C 情况下的最大轮压，包括考虑动载试验和静载试验两者的载荷（载荷组合情况在 GB/T 22437.1、GB/T 22437.3、GB/T 22437.5 和 ISO 8686-2、ISO 8686-4 中都给出了定义）；

P_{mean}——当考虑 A 和 B 两种载荷组合情况时，等效工作轮压按式(3)计算，取较大值。

等效工作轮压考虑了车轮受载的各种变化，包括适用于一个工作循环期间与支承车轮有关的搬运载荷位置的变化。

式 (3) 给出的是等效工作轮压的近似值。

当工作程序已知时，利用搬运载荷的实际位置产生的轮压能更精确地计算等效工作轮压。在进行这一计算中，应采用起升载荷的最大值，系数 c_2 考虑了载荷的变化。

4.1.2 确定等效工作轮压

计算等效工作轮压时，应考虑车轮在规定的载荷情况下承受的最大轮压和最小轮压，即当确定 P_{mean} 时，在正常的工作状态下，不考虑动载系数 ϕ，P_{mean} 值按载荷组合 A 和载荷组合 B 的式(3)计算确定：

$$P_{mean}=\frac{P_{min,A,B}+2P_{max,A,B}}{3} \quad \cdots\cdots(3)$$

式中：

P_{min}——车轮在载荷组合 A、B 情况下的最小轮压。

4.1.3 确定有效的轨道宽度 b

对于具有平坦或微凸承压面，总宽度 l，每边倒角圆的半径 r 的轨道（见图 1），其有效宽度 b 应用式(4)计算：

$$b=l-2r \quad \cdots\cdots(4)$$

对于具有微凸承压面的轨道或车轮，因轨道与滚动车轮的接触得到了改善，故许用比压 P_L 可增加 10%。

对于在工字梁下翼缘板上运行的具有平面、锥面或微凸承压面的车轮，有效宽度按式(5)计算：

$$b=w-r \quad \cdots\cdots(5)$$

式中：车轮踏面宽度 w 和倒角圆半径 r 按图 2 确定。车轮直径 D 应为投影宽度($w-r$)中点上的直径。

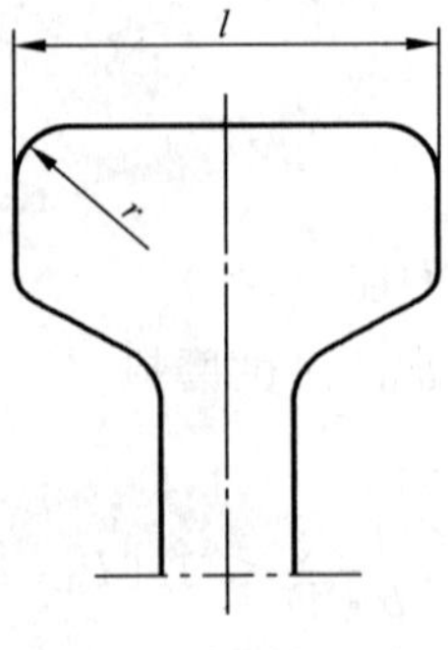

图 1 轨道尺寸

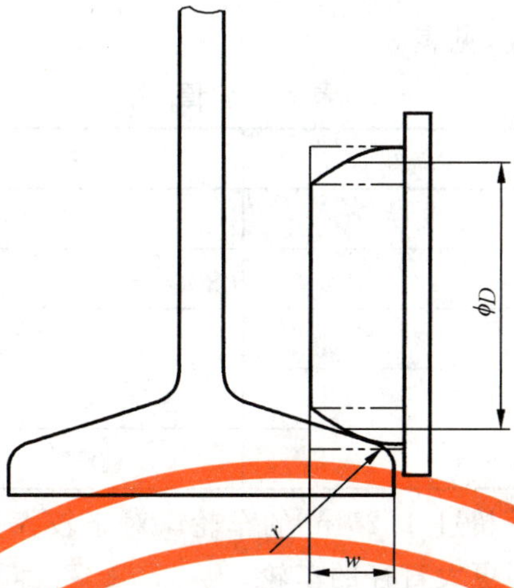

图 2　翼缘板上运行车轮的尺寸

4.1.4　确定许用比压 P_L

表 1 中给出的 P_L 值是车轮的金属材料极限强度的函数。

表 1　P_L 值

制造车轮用金属的极限强度 f_u/ (N/mm²)	P_L/ (N/mm²)	轨道的最小极限强度/ (N/mm²)
>500	5.00	350
>600	5.60	350
>700	6.50	510
>800	7.20	510
>900	7.80	600
>1 000	8.50	700

金属材料的质量应符合铸造、锻造、轧制钢或球墨铸铁的规定。

选择 P_L 值时，车轮踏面的硬化层深度可考虑为 0.01D。

在装有轮箍的轨道车轮情况下，应考虑轮箍的质量，轮箍应具有足够的厚度且不应自行辗出轮体。

4.1.5　确定系数 c_1

c_1 值根据车轮的转速确定，见表 2。

表 2　c_1 值

车轮转速/ (r/min)	c_1	车轮转速/ (r/min)	c_1	车轮转速/ (r/min)	c_1
200	0.66	50	0.94	16	1.09
160	0.72	45	0.96	14	1.10
125	0.77	40	0.97	12.5	1.11
112	0.79	35.5	0.99	11.2	1.12
100	0.82	31.5	1.00	10	1.13
90	0.84	28	1.02	8	1.14
80	0.87	25	1.03	6.3	1.15
71	0.89	22.4	1.04	5.6	1.16
63	0.91	20	1.06	5	1.17
56	0.92	18	1.07		

4.1.6 确定系数 c_2

系数 c_2 根据机构工作级别确定,见表 3。

表 3 c_2 值

机构工作级别	c_2
M1、M2	1.25
M3、M4	1.12
M5	1.00
M6	0.90
M7、M8	0.80

上述各项公式只适用于直径不超过 1.25 m 的车轮。对于较大直径的车轮,经验表明应降低轨道和车轮间的允许压力。不推荐使用更大直径的车轮。

注:车轮选择方法在这里是以 FEM 1.001:1988 第 4 分册和 1998 修订版第 9 分册为基础。本方法以 GB/T 20863.1 中机构的工作级别分级(M1～M8)为基础。

4.2 运行车轮机构工作级别的确定

轨道车轮的机构工作级别(根据 GB/T 20863.1)一般按下列各项确定:

a) 总工作循环次数 C 取规定值或给定的 U-分级(使用等级)的总工作循环次数的上限。

b) 平移运行的平均位移 x_m 按照使用要求的规定。

c) 机构载荷状态级别数 L_i 应取规定值或从给定型谱或工作循环种类计算出来的值。

d) 总行程 $L=2C \cdot x_m$。

e) 运行时间 $T=L/v_t$,v_t 为机构正常运行速度(通常为最大运行速度)。

f) 操作时间级别的计算如 $T_j=1+\text{int}[\ln(T/200.01)/\ln(2)]$。

示例 1:$T=3\ 200$,$T_j=1+\text{int}[\ln(3\ 200/200.01)/0.693\ 147]=1+\text{int}(3.999\ 9)=4$;→使用等级级别 T4。

示例 2:$T=3\ 201$,$T_j=1+\text{int}[\ln(3\ 201/200.01)/0.693\ 147]=1+\text{int}(4.000\ 4)=5$;→使用等级级别 T5。

g) 机构级别数的计算如 $m_m=L_i+T_j-2$。

T_j、L_i 和 m_m 应取整数,例如 5,或用相应的符号 T5 表示。

4.3 由轮压产生的局部应力的确定

由小车和大车(起重机)车轮轮压产生的局部应力可根据附录 A 和附录 B 确定。

当采用许用应力法时,局部应力根据附录 A 和附录 B 组合,由额定载荷产生的合成应力不应超过许用应力。

当采用极限状态法时,局部应力的计算应为该项计算载荷乘以相应的分项载荷系数 γ_p。其合成应力不应超过屈服应力除以材料的抗力系数 γ_m。

系数 γ_p 和 γ_m 应取自 GB/T 22437 和 ISO 8686 的有关部分。

附 录 A
（资料性附录）
轨道下轮压的分布

法向和横向作用于轨道的轮压，在承轨梁的焊缝或腹板铆钉和腹板产生的局部应力应按照轨道和翼缘系统来确定。

本附录提出的计算方法的前提条件：腹板和轨道布置符合 ISO 12488-1 规定的公差。超出公差时，应考虑由此产生的弯矩。

除非做更精确的计算，当轨道由上部翼缘直接支承的时候，由轮压在腹板或梁上部焊缝中产生的局部垂直应力用式（A.1）计算：

$$\sigma_Z = 0.32 \times \frac{F_{max}}{t_c} \times \sqrt[3]{\frac{t_w}{J_c}} \quad \cdots\cdots\cdots\cdots (A.1)$$

式中：

F_{max}——包括反映动力效应的载荷系数 ϕ_i 的最大轮压；

t_w——腹板厚度（见图 A.1）；

t_c——腹板厚度［见图 A.1a)］；或

- 减少的焊缝高度 1.4a［见图 A.1b)］；
- 减少的焊缝高度 0.7a［见图 A.1c)］；

J_c——由运行轨道和部分翼缘板横截面组成的断面的惯性矩（见图 A.2 的阴影部分）。

J_c通常应采用起重机轨道可用断面的 90%计算。此值可根据预期值的变化作调整：

——工作循环次数；

——载荷谱；

——形位公差；

——轨道和车轮的材料。

用于计算的磨损极限应在使用说明书中规定。

在运行轨道横截面被夹紧的情况下，J_c为轨道及翼缘的相关部分的单个惯性矩计算值之和。

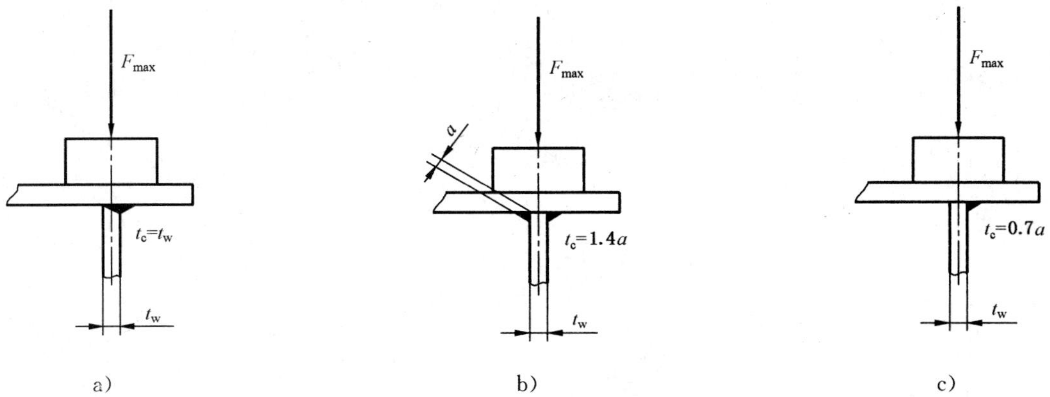

图 A.1 t_w和 t_c的示意图

在这种情况下，有效翼缘宽度 b_c，按式（A.2）计算：

$$b_c = b_r + 0.4(50 + 2h_c), \text{mm} \quad \cdots\cdots\cdots\cdots (A.2)$$

式中：

b_r——轨道宽度；

h_r——轨道高度；

h_c——从轨道顶部到翼缘底部的距离。

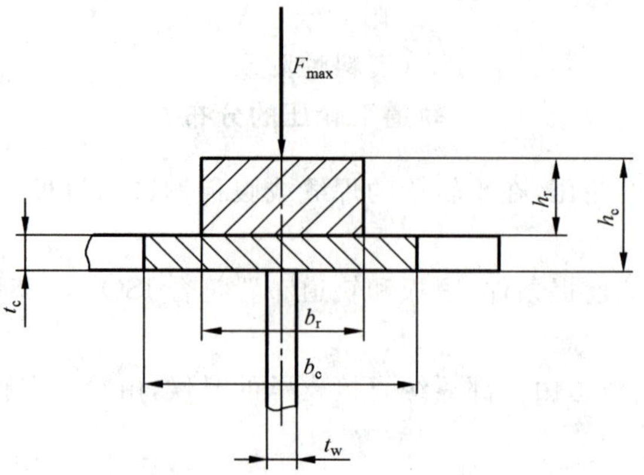

图 A.2 计算 J_c 的标定面积

附 录 B
（资料性附录）
车轮支承翼缘板的局部应力

B.1 总则

当小车运行在主梁翼缘时，在轮压 F 作用点的响应区域中产生翼缘的局部弯曲应力，它与梁的支承配置无关。

本附录中给出的公式和系数可用于两种型式的主梁：

——工字梁主梁（见 B.2）；

——箱形梁主梁（见 B.3）。

按照 GB/T 22437.1、ISO 8686-2、GB/T 22437.3、ISO 8686-4 和 GB/T 22437.5 确定的应力和在疲劳应力校验中，局部应力应在复合应力上叠加。注意一定要添加正号和负号。在载荷组合 A，B 和 C（见前述标准相应的表）以及疲劳强度（载荷组合 A）校核中，板和全焊透焊缝的局部应力在与复合应力叠加之前应乘以 0.75。在疲劳分析中，当采用系数 0.75 时，合成应力应与焊接接头或细部的拉伸疲劳强度作比较。

由于翼缘板具有充裕的塑性抗弯能力或腹板具有充裕的塑性抗拉能力，故局部应力可降低系数 0.75。

在疲劳分析中，因为对于相同的接头或细部而言，板的弯曲疲劳强度一般比拉伸疲劳强度高30%～60%，故可减少局部应力的影响。

如果轮压 F 不对称，局部应力用最大轮压和相应的距离 i 计算。除了这些翼缘弯曲应力和主应力外，还应计算主梁横断面中由非对称载荷作用点产生的扭转应力。

B.2 轮压作用在工字梁下翼缘的局部应力

作用于 X 和 Y 方向的应力为 σ_{FX} 和 σ_{FY}（见图 B.1）。其计算公式为式（B.1）和式（B.2）：

$$\sigma_{FX}=c_X(\lambda)\frac{F}{t_f^2} \qquad \cdots\cdots（B.1）$$

$$\sigma_{FY}=c_Y(\lambda)\frac{F}{t_f^2} \qquad \cdots\cdots（B.2）$$

图中数字含义为：

0——在腹板/翼缘过渡区的应力；

1——在轮压作用点的应力；

2——在梁的边缘的应力。

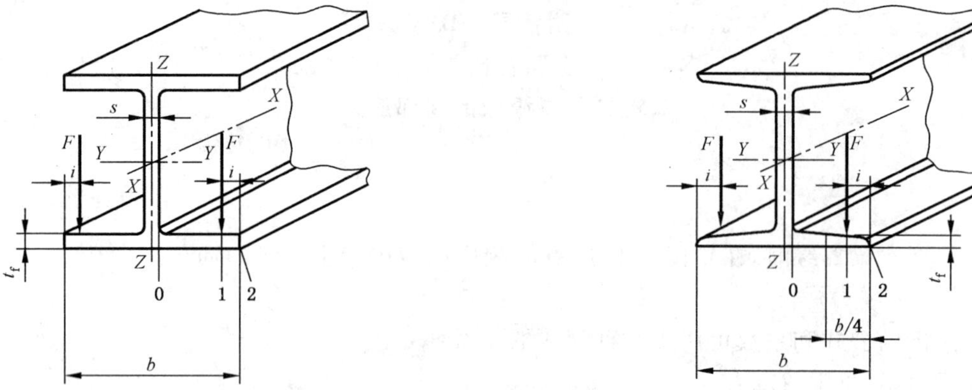

a) 平行翼缘工字梁　　　　b) 倾斜翼缘工字梁

图 B.1　工字梁的局部应力计算符号

变量 F,t_f,i 和 λ 各项具有下列含义：

F——包括反映动力效应的载荷系数 ϕ_i 的最大轮压；

t_f——翼缘(无公差和磨损)的理论厚度；对倾斜翼缘工字梁，t_f 为在轮压作用点，见图 B.1b)中点 1 处的厚度；

i——梁边缘至轮压作用点的距离；

b——翼缘的宽度；

s——腹板的厚度；

λ 用式(B.3)计算：

$$\lambda=\frac{i}{0.5(b-s)} \qquad \text{(B.3)}$$

翼缘底部的下表面计算点 0、1 和 2 的应力系数 $c_X(\lambda)$ 和 $c_Y(\lambda)$ 在表 B.1 中给出。在翼缘的上部表面的应力符号相反。

表 B.1　局部应力系数

	带平行翼缘的Ⅰ字梁	带倾斜翼缘的Ⅰ字梁
纵向弯曲应力	$c_{X0}=0.050-0.580\lambda+0.148e^{3.015\lambda}$ $c_{X1}=2.230-1.490\lambda+1.390e^{-18.33\lambda}$ $c_{X2}=0.730-1.580\lambda+2.910e^{-6.00\lambda}$	$c_{X0}=-0.981-1.479\lambda+1.120e^{1.322\lambda}$ $c_{X1}=1.810-1.150\lambda+1.060e^{-7.700\lambda}$ $c_{X2}=1.990-2.810\lambda+0.840e^{-4.690\lambda}$
横向弯曲应力	$c_{Y0}=-2.110+1.977\lambda+0.0076e^{6.53\lambda}$ $c_{Y1}=10.108-7.408\lambda-10.108e^{-1.364\lambda}$ $c_{Y2}=0$	$c_{Y0}=-1.096+1.095\lambda+0.192e^{-6.000\lambda}$ $c_{Y1}=3.965-4.835\lambda-3.965e^{-2.675\lambda}$ $c_{Y2}=0$

B.3　轮压作用在箱形梁下翼缘板的局部应力

轮压作用在箱形梁下翼缘板的局部应力见图 B.2。

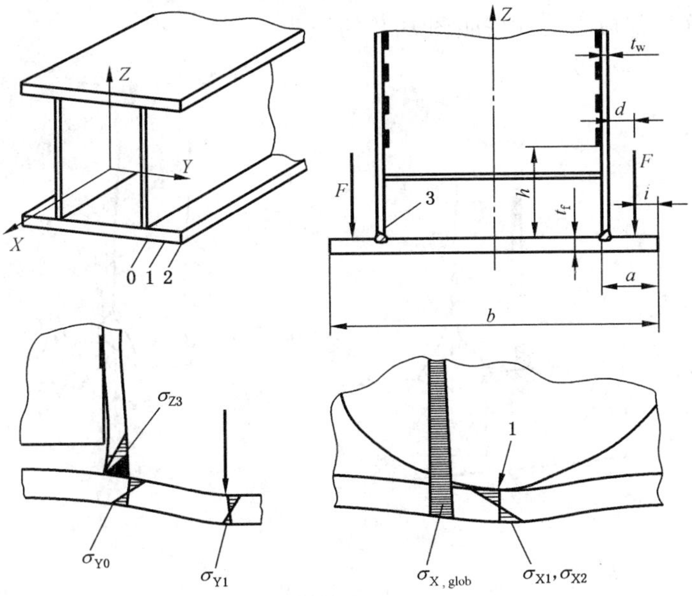

说明：

1——小车车轮。

图 B.2 箱形梁的局部应力计算符号

表 B.2 中给出了计算箱形梁下翼缘板局部应力的公式和系数。公式和系数均以有限元法计算结果的曲线为依据。因此，它们均为近似值且没有实际依据。

表 B.2 应力和系数公式

图 B.2 中的点	应力公式	系数	符号和极限
0	$\sigma_{X0}=c_{X0}\dfrac{F}{t_f^2}$ $\sigma_{Y0}=c_{Y0}\dfrac{F}{t_f^2}$	$c_{X0}=0.123+0.48\lambda+0.194\lambda^2-0.5\arctan(5r_t-1.375)$ $c_{Y0}=-1.306\,7-1.45r_t+0.583\,3\,r_t^2+1.933\lambda$	对所有公式都有效 $r_t=\dfrac{t_w}{t_f}$ $2a<b<16a$ $0.1<i/a<0.5$ $0.15<r_t<0.8$
1	$\sigma_{X1}=c_{X1}\dfrac{F}{t_f^2}$ $\sigma_{Y1}=c_{Y1}\dfrac{F}{t_f^2}$	$c_{X1}=2.23-1.49\lambda+2e^{-18.33\lambda}(1+1.5r_t)+0.4r_t^{2.5}$ $c_{Y1}=0.33(r_t-1)+(1+2r_t)[0.3\lambda+0.4\sin(3.4\lambda+0.4r_t^2)]$	
2	$\sigma_{X2}=c_{X2}\dfrac{F}{t_f^2}$ $\sigma_{Y2}=0$	$c_{X2}=-0.95+\dfrac{2.70}{(2\lambda+0.5)^{r_t^{0.333}}}+[1.2(\lambda-0.1)^{0.25}-0.76]\left(\dfrac{0.2}{r_t}\right)^4$ $c_{Y2}=0$	
3 在腹板和焊缝坡口	腹板应力是膜应力(m)和弯曲应力(b)的总和 $\sigma_{Z3}=\sigma_{Z3m}+\sigma_{Z3b}$ $\sigma_{Z3}=c_{Zm}\dfrac{f}{(d+t_f)t_w}+k_{Zh}c_{Zb}\dfrac{6Fd}{t_w{}^3[1+(2r_t)^{-3}]}$	$c_{Zm}=0.4+1.8r_t^2$ $c_{Zb}=(0.01+0.021\,2r_t^3)[0.125(b/a)-0.25]^{0.125}$ $k_{Zh}=1$ $k_{Zh}=1+\dfrac{k_{Z0}}{(1+0.000\,453\,6r_h^3)}$ $k_{Z0}=2+1.5\sin[1.5\pi(0.35-r_t)]+0.45\sin[4\pi(r_t-0.5)]$	$r_h=\dfrac{h}{t_w}$ $4\text{ mm}\leqslant t_w\leqslant 12\text{ mm}$ $50t_w<h$ $0\leqslant h<50t_w$

在 0、1、2 点的应力符号适用于下表面。上表面应力符号相反。

部分焊透的角焊缝局部应力公式按照图 B.3 的说明。

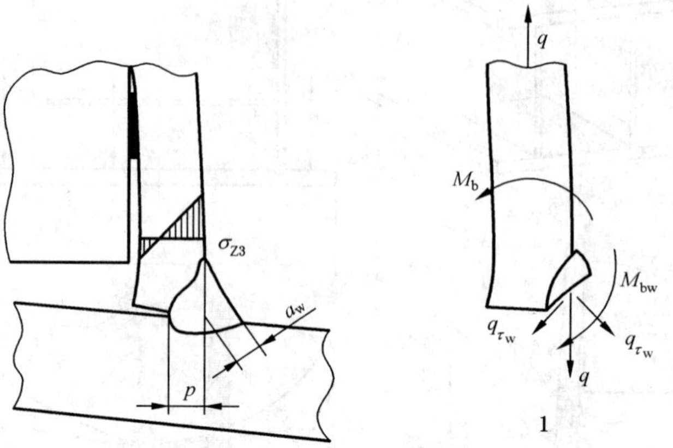

说明：

1——隔离体图。

图 B.3　角焊缝的计算符号

$$q=\sigma_{Z3m}t_w;\quad M_b=\sigma_{Z3b}\frac{t_w^2}{6};\quad a_{wp}=a_w+\frac{p}{\sqrt{2}};\quad e=\frac{t_w}{2}+\frac{a_w}{2\sqrt{2}}-0.75p;$$

$$q_{\sigma_w}=q_{\tau_w}=\frac{q}{\sqrt{2}};\quad M_{bw}=M_b-qe;$$

$$\sigma_n=\tau_w=\frac{q_{\sigma_w}}{a_{wp}};\qquad \sigma_{bw}=\frac{6M_{bw}}{a_{wp}^2};$$

焊缝表面应力：　　$\sigma_{ws}=\sigma_n+\sigma_{bw}$；

焊缝根部应力：　　$\sigma_{wr}=\sigma_n-\sigma_{bw}$。

焊缝根部的应力合成公式为：

$$\left(\frac{\sigma_{X,glob}-0.75\sigma_{X0}}{f_{Rd,X}}\right)^2+\left(\frac{\sigma_{wr}}{f_{Rd,Y}}\right)^2-\frac{(\sigma_{X,glob}-0.75\sigma_{X0})\sigma_{wr}}{f_{Rd,X}\cdot f_{Rd,Y}}+\left(\frac{\tau_{glob}}{f_{Rd,\tau X}}\right)^2+\left(\frac{\tau_w}{f_{Rd,\tau Y}}\right)^2\leqslant 1$$

下脚标“glob”意为计算点的综合(复合)应力(纵向正应力和通过焊缝的剪[切]应力)。

降低系数 0.75 不应用于角焊缝的横向应力。

注 1：按照 B.1 和 B.2 计算的局部应力符合 FEM 9.341 和 CMAA No.74 的规定。

注 2：B.3 是基于有限元计算的进一步展开。

参 考 文 献

[1] ISO 12488-1 起重机 车轮及大车和小车轨道公差 第1部分:总则
[2] FEM 1.001:1998 起重机械设计规范[1)]
[3] FEM 9.341 系列起重机械设计规范 梁的局部应力
[4] CMAA No.74 电动单梁起重机设计规范[2)]

1) FEM为欧洲物料搬运协会。
2) CMAA为美国起重机制造商协会。

ICS 23.060.50
J 16

中华人民共和国国家标准

GB/T 26478—2011

氨用截止阀和升降式止回阀

Globe valves for ammonia and lift check valves

2011-05-12 发布

2011-10-01 实施

中华人民共和国国家质量监督检验检疫总局
中国国家标准化管理委员会 发布

前　言

本标准按照 GB/T 1.1—2009 给出的规则起草。

本标准由中国机械工业联合会提出。

本标准由全国阀门标准化技术委员会(SAC/TC 188)归口。

本标准起草单位:合肥通用机械研究院、中南焦作氨阀股份有限公司、上海振兴制冷阀门厂。

本标准主要起草人:黄明亚、田喜战、温国旭、王晓钧、钱健、刘晓春、马海松。

氨用截止阀和升降式止回阀

1 范围

本标准规定了氨用截止阀和升降式止回阀的结构形式、技术要求、材料、试验方法、检验规则、标志、涂漆、包装和贮运。

本标准适用于公称压力 PN 10～PN 40，公称尺寸不大于 DN 300，适用温度为－46 ℃～150 ℃，使用介质为氨气、氨水和液氨，端部连接形式为螺纹、焊接和法兰连接的截止阀和升降式止回阀(以下简称截止阀、止回阀)。

氨用节流阀可参照本标准。

2 规范性引用文件

下列文件对于本文件的应用是必不可少的。凡是注日期的引用文件，仅注日期的版本适用于本文件。凡是不注日期的引用文件，其最新版本(包括所有的修改单)适用于本文件。

GB/T 196　普通螺纹　基本尺寸

GB/T 197　普通螺纹　公差

GB/T 228　金属材料　室温拉伸试验方法

GB/T 1220　不锈钢棒

GB/T 5796(所有部分)　梯形螺纹

GB/T 9113(所有部分)　整体钢制管法兰

GB/T 12220　通用阀门　标志

GB/T 12221　金属阀门　结构长度

GB/T 12224　钢制阀门　一般要求

GB/T 12226　通用阀门　灰铸铁件技术条件

GB/T 12227　通用阀门　球墨铸铁件技术条件

GB/T 12228　通用阀门　碳素钢锻件技术条件

GB/T 12229　通用阀门　碳素钢铸件技术条件

GB/T 12233　铁制截止阀与升降式止回阀

GB/T 12235　石油、石化及相关工业用钢制截止阀和升降式止回阀

GB/T 12459　钢制对焊无缝管件

HG/T 20592　钢制管法兰(PN 系列)

JB/T 106　阀门的标志和涂漆

JB/T 5300　工业用阀门材料　选用导则

JB/T 7248　阀门用低温钢铸件技术条件

JB/T 8859　截止阀　静压寿命试验规程

JB/T 9092　阀门的检验与试验

3 结构形式

3.1　直通式截止阀的典型结构形式见图 1。

3.2 角式截止阀的典型结构形式见图2。

3.3 流体管件焊接截止阀典型结构形式见图3。

3.4 升降式止回阀的典型结构形式见图4。

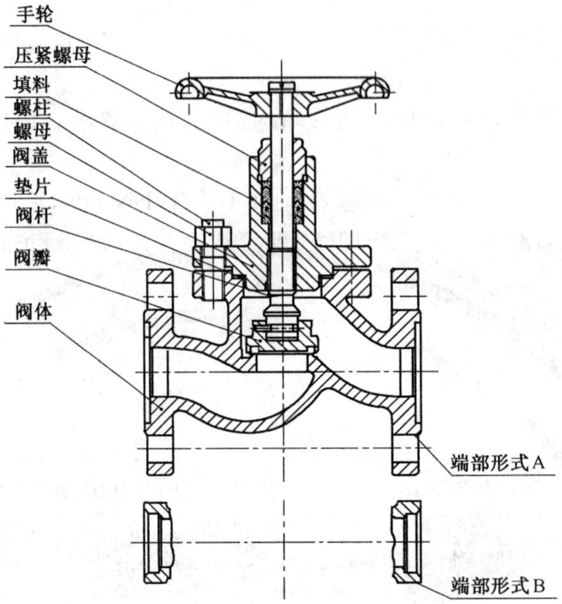

图1 直通式截止阀

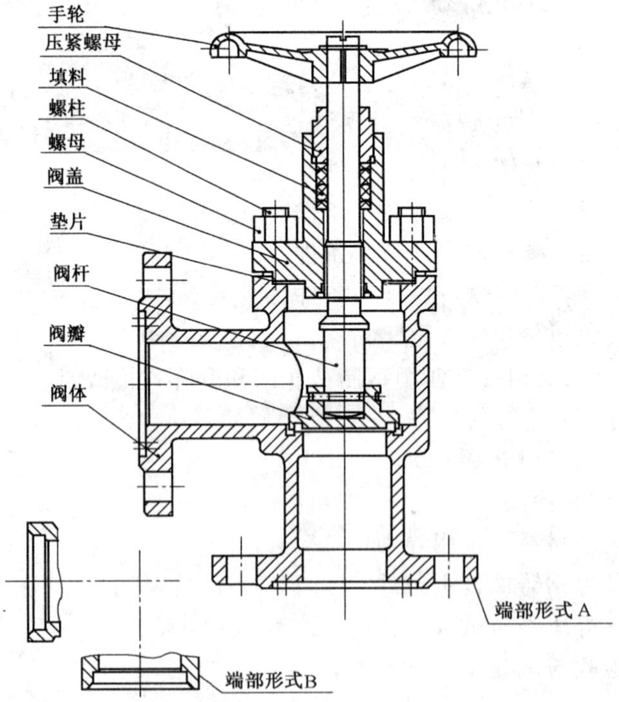

图2 角式截止阀

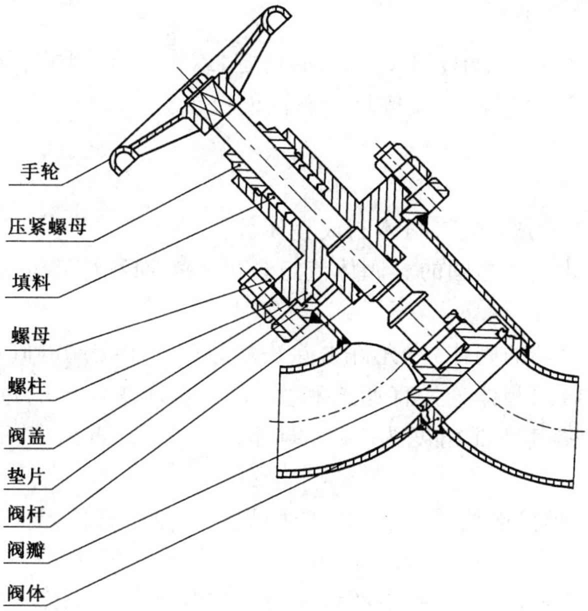

图 3　流体管道焊接截止阀

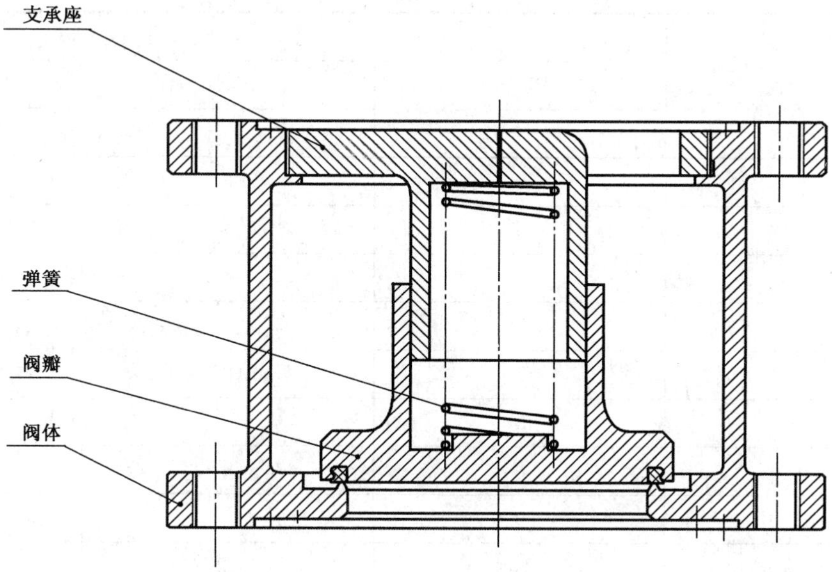

图 4　升降式止回阀

4　技术要求

4.1　结构长度

4.1.1　截止阀的结构长度按 GB/T 12221 的规定，或按订货合同的要求。

4.1.2　止回阀的结构长度按 GB/T 12221 中对夹连接升降式止回阀结构长度的规定，或按订货合同的要求。

4.2 连接端

4.2.1 法兰连接端按 GB/T 9113、HG/T 20592 的规定,或按订货合同的要求。

4.2.2 焊接端按 GB/T 12224 的规定,或按订货合同的要求。

4.3 阀体

4.3.1 法兰连接的氨阀,端部法兰应与阀体制成整体。

4.3.2 阀体与管道连接的孔应当是圆的。阀体流道各处的截面积应不小于阀体与管道连接的孔的截面积。

4.3.3 整体铸造成型的法兰端的阀体,不允许去除法兰后成为焊接端的阀体。

4.3.4 流体管件焊接截止阀的阀体分为直通式和直角式,直通阀体上的进口和出口采用GB/T 12459 中规定的钢制对焊无缝管件,其弯曲角度为 30°±5°至 60°±5°。直角式阀体上的进口和出口采用流体管。

4.3.5 焊接连接端阀体,其焊接端按 GB/T 12224 的规定。流体管件焊接阀对焊端坡口按订货合同的规定。

4.3.6 铸铁阀门壳体的最小壁厚 t_m 按表 1 的规定;钢制阀门壁厚按 GB/T 12224 的规定。

4.3.7 除法兰等部位外,在阀体壳体承压区域不允许打固定标牌。

表 1 铸铁阀体的最小壁厚

单位为毫米

公称尺寸 DN	公称压力		
	PN10	PN16	PN25
	灰铸铁	球墨铸铁	
20	6	6	6
25	6	6	7
32	6	7	7
40	7	7	8
50	7	8	8
65	8	8	9
80	8	9	10
100	9	10	11
125	10	12	12
150	11	12	13
200	12	14	15
250	—	—	—
300	—	—	—

4.4 阀盖

4.4.1 阀盖可铸造、锻造或焊接成型,与阀体制造的技术要求相同。

4.4.2 阀盖的最小壁厚不得小于表 1 的规定。

4.4.3 公称尺寸小于 DN 50 时,阀体与阀盖可采用螺纹连接,密封面为凹凸形式,但应设防松装置。

公称尺寸不小于 DN 50 时，阀体与阀盖应采用法兰连接，密封面为凹凸形式。

4.4.4 阀盖与阀体用法兰连接应采用螺柱，数量不得少于 4 个，其最小直径按表 2 的规定。

表 2 阀体与阀盖连接螺柱最小直径

单位为毫米

公称尺寸 DN	螺栓、螺柱最小直径
25～65	M10
80～200	M12
≥250	M16

4.4.5 截止阀的阀盖上应设上密封结构。

4.4.6 除法兰等部位外，在阀盖壳壁承压区域不允许打固定标牌。

4.5 阀瓣和阀座

4.5.1 在截止阀全开位置时，阀瓣与阀座之间的距离应至少等于阀体阀座直径的四分之一。

4.5.2 截止阀的阀瓣与阀杆宜采用销子、滚珠、阀瓣盖等方式连接，应有锁紧结构（如弹簧圈、螺堵等）或采用点焊的方式防止脱落，氨阀开关时应转动灵活，以减少对密封面的磨损。

4.5.3 可在氨阀壳体上直接加工阀座密封面；阀瓣密封面可采用平面、锥面等形式，其密封面厚度不得小于 3 mm。

4.5.4 弹性材料的密封圈放置在阀瓣上时，应当设计成有金属边包覆且不超过金属边平面的结构，并应有措施能防止弹性密封圈被破坏或脱落。

4.5.5 止回阀应设置缓冲机构，使启闭件的整个位移过程缓慢进行，以防止其端部产生快速的锤击。启闭件与阀座间采用弹簧使其回位。

4.6 阀杆

4.6.1 截止阀阀杆应是一个整体的，不允许采用焊接方式拼接组成。

4.6.2 阀杆的最小直径按 GB/T 12233 或 GB/T 12235 的规定。

4.6.3 阀杆的螺纹应采用梯形螺纹或三角螺纹。梯形螺纹按 GB/T 5796 的规定，三角螺纹按 GB/T 196、GB/T 197 的规定，或按订货合同的要求。

4.6.4 阀杆和阀盖螺母的有效旋合长度不得小于阀杆螺纹直径的 1.4 倍。

4.6.5 除非阀瓣或其他零件上有与阀盖密封的上密封结构，阀杆应当有一个圆锥形或球面形的上密封面，当氨阀全开时与阀盖的上密封座吻合。

4.7 填料和填料箱

4.7.1 填料在未压紧之前可以是方形、矩形或 V 形。

4.7.2 除有特殊要求外，填料箱的深度应不少于 5 圈未经压缩的填料的高度。填料箱与填料接触表面粗糙度应不低于 $Ra3.2\ \mu m$。

4.7.3 填料箱的内径应是阀杆直径加两倍填料的宽度之和，其制造精度为 H11 级。

4.8 手轮和操作

4.8.1 除订货合同中有规定外，截止阀的手轮采用逆时针方向为开。

4.8.2 在手轮上应当有“开”字及允许转动的方向标记。

4.8.3 手轮安装在阀杆上，应用螺母或螺栓固定。

4.9 阀门性能

4.9.1 壳体强度

氨阀应能承受壳体强度的试验，在试验压力的最短持续时间后，氨阀无结构损伤，在阀体和各连接处无可见渗漏或泄漏，填料能予紧保持试验压力。

4.9.2 密封性能

氨阀应能通过密封试验和上密封试验，在试验压力的最短持续时间后，密封副、阀瓣、阀座背面与阀体接触面等处和上密封不得有可见泄漏。

4.9.3 静压寿命

截止阀静压寿命次数应达到表3的要求。

表3 截止阀的静压寿命次数

公称尺寸 DN	静压寿命次数 次
≤100	≥2 500
≥125	≥2 000

5 材料

5.1 一般要求

阀门所有零部件不允许使用铜材料。如订货合同中无特殊要求，阀门金属材料应符合GB/T 12224和JB/T 5300等相关标准的要求。

5.2 阀体和阀盖

5.2.1 阀体材料应符合GB/T 12226、GB/T 12227、GB/T 12228、GB/T 12229、JB/T 7248的规定，或按订货合同的要求。

5.2.2 灰铸铁类阀门适用于公称压力不大于PN 10，温度为−10 ℃～+150 ℃的氨气、氨水等介质。

5.2.3 球墨铸铁类阀门适用于公称压力不大于PN 40，温度为−30 ℃～+150 ℃的氨气、氨水等介质。

5.2.4 流体管件焊接类阀门适用于公称压力不大于PN 40，温度为−30 ℃～+150 ℃的液氨、氨气介质工艺管道。

5.2.5 钢制阀门适用于公称压力不大于PN 40，温度为−46 ℃～+150 ℃的液氨、氨气、氨水等介质。阀体、阀盖的材料按表4的规定。

表4 阀体、阀盖材料

材料代号	公称压力 PN	使用温度
WCB、WCC	≤40	−29 ℃～+150 ℃
LCB、LCC		−46 ℃～+150 ℃

5.3 阀瓣

阀瓣本体材料的抗腐蚀性能不得低于阀体材料。密封面可采用巴氏合金、聚四氟乙烯等材料。

5.4 阀杆

阀杆应采用不锈钢，其抗腐蚀性能不得低于阀体材料。阀杆材料应符合 GB/T 1220 的要求，可按表 5 选用，并按要求进行热处理。

表 5 阀杆材料

材料类型	典型牌号	热处理要求和硬度
铬不锈钢	1Cr13、2Cr13 等	调质处理，200 HBW～275 HBW
铬-镍不锈钢	304、1Cr18Ni9Ti 等	固溶化处理，没有硬度要求

5.5 阀体与阀盖连接螺栓

阀体与阀盖连接螺柱材料应采用优质碳素钢或铬钼合金钢，螺母材料应采用碳素钢或优质碳素钢。螺柱性能应符合相关标准的要求或按订货合同的要求。

5.6 阀体与阀盖连接垫片

阀体与阀盖连接垫片应选用抗腐蚀性能不低于阀体材料的垫片，可选用“非金属平垫片(非石棉垫片)”、“金属包覆垫片”、“柔性石墨复合增强垫”等材料。

5.7 填料

填料应采用“聚四氟乙烯”、“柔性石墨”等材料。

5.8 手轮

手轮应采用碳素钢铸件、碳素钢锻件、球墨铸铁或可锻铸铁。

6 试验方法

6.1 压力试验

氨阀的壳体强度和密封性能试验按 JB/T 9092 的规定。

6.2 阀体壁厚测量

用测厚仪或专用卡尺量具测量阀体流道、中腔和阀盖部位的壁厚。

6.3 阀杆直径测量

用游标卡尺测量阀杆与填料接触区域的阀杆直径及阀杆螺纹的外径。

6.4 材料成分分析

在阀体、阀盖和阀瓣的本体材料上取样，钻屑取样应在表面 6.5 mm 之下处。

6.5 阀体材质力学性能

用阀体同炉号、同批热处理的试棒上按 GB/T 228 规定的方法进行。

6.6 静压寿命试验

采用干燥空气、在额定压差或最大允许工作压差下，按 JB/T 8859 的方法进行寿命试验。

6.7 阀体标志检查

目测阀体表面铸造或打印标记内容。

6.8 铭牌内容检查

目测阀门铭牌上打印标记内容。

7 检验规则

7.1 检验项目

检验项目、技术要求和试验方法按表 6 的规定。

表 6 检验项目、技术要求和试验方法

序号	检验项目	检验类别		技术要求	检验和试验方法
		出厂检验	型式检验		
1	壳体试验	√	√	符合 4.9.1	按 6.1
2	密封试验	√	√	符合 4.9.2	按 6.1
3	上密封试验[a]	√	√	符合 4.9.2	按 6.1
4	阀体壁厚测量	—	√	符合 4.3.6	按 6.2
5	阀杆直径测量	—	√	符合 4.6.2	按 6.3
6	材料成分分析	—	√	符合 5.2.1	按 6.4
7	阀体材质力学性能	—	√	符合 5.2.1	按 6.5
8	静压寿命试验	—	√	符合 4.9.3	按 6.6
9	阀体标识检查	√	√	符合 8.2	按 6.7
10	铭牌内容检查	√	√	符合 8.3	按 6.8

[a] 止回阀不进行此项试验。

7.2 出厂检验

阀门须逐台进行出厂检验和试验，检验合格后方可出厂。

7.3 型式检验

7.3.1 有下列情况之一时，一般要进行型式检验：

a) 新产品试制定型鉴定；

b) 正式生产时，定期或积累一定产量后，应周期性进行一次检验；

c) 正式生产时，如结构、材料、工艺有较大改变，可能影响产品性能时；

d) 产品长期停产后，恢复生产时；

e) 国家产品质量监督检验机构提出进行型式试验要求时。

7.3.2 型式试验采取抽样的方式。

7.4 抽样方法

7.4.1 抽样可以从生产线的终端经检验合格的产品中随机抽取，也可以在产品成品库中随机抽取，或者从已供给用户但未使用并且保持出厂状态的产品中随机选取。每一规格供抽样的最小批量和抽样数量按表7的规定。到用户抽样时，供抽样最小批量不受表7的限制，抽样数量仍按表7的规定。对整个系列产品质量进行考核时，根据系列范围大小情况从中抽2～3个典型规格进行检验，每个规格供抽样最小批量和抽样数量仍按表7的规定。

表7 抽样台数

公称尺寸 DN	最小基数/台	抽样台数
≤150	10	2
≥200	3	1

7.4.2 型式试验的全部检验项目都应符合表6中技术要求的规定。

8 标志

8.1 标志的内容

阀门应当按GB/T 12220的规定进行标记，并符合8.2和8.3的规定。

8.2 阀体上的标记

8.2.1 在阀体上应注有以下永久性的标记：

——制造厂名或商标标记；

——阀体材料或代号；

——公称压力；

——公称尺寸；

——介质流向标记；

——熔炼炉号或锻打批号。

8.2.2 对公称尺寸不大于DN 50的阀门，在阀体上应尽可能按8.2.1的要求标记。若因阀体的尺寸限制，可以将一部分内容标记在铭牌上，可以省略内容的顺序如下：

——公称尺寸；

——公称压力；

——阀体材料。

8.3 铭牌上的标志

阀门的铭牌上应有如下的内容：

——制造厂名；

——公称压力；

——公称尺寸；
——产品型号；
——材料；
——依据的标准号。

9 涂漆、包装和贮运

9.1 除奥氏体不锈钢阀门外，其他材料的阀门的表面按JB/T 106的规定或按用户要求的颜色涂漆；流道表面、螺纹连接端的螺纹应当涂以容易去除的防锈油脂。

9.2 应当用木质材料、木质合成材料、塑料或金属材料封盖，对阀门的连接管道的端口进行保护，封盖的形状应当是带凸耳边的。

9.3 在运输期间，阀门应处于关闭状态，并装在包装箱内。

ICS 23.060.01
J 16

中华人民共和国国家标准

GB/T 26479—2011

弹性密封部分回转阀门　耐火试验

Fire test for soft-seated quarter-turn valves

(ISO 10497:2010 Testing of valves—Fire type-testing requirement, MOD)

2011-05-12 发布　　2011-10-01 实施

中华人民共和国国家质量监督检验检疫总局
中国国家标准化管理委员会　发布

前　言

本标准修改采用API 607:2005/ISO 10497:2010《阀门试验　耐火型式试验要求》。

本标准与API 607:2005/ISO 10497:2010技术要求一致，在条款的顺序和编排上按照我国习惯进行了修改。本标准与API 607:2005/ISO 10497:2010相比没有技术内容变化。

本标准由中国机械工业联合会提出。

本标准由全国阀门标准化技术委员会(SAC/TC 188)归口。

本标准起草单位：合肥通用机械研究院、石油工业井控装置质量监督检验中心、合肥通用机电产品检测院。

本标准主要起草人：王晓钧、刘晓春、张祥来、吴磊。

弹性密封部分回转阀门　耐火试验

1　范围

本标准规定了弹性密封部分回转阀门耐火试验的术语和定义、试验准则、耐火试验方法、阀门性能要求、阀门的评定、试验报告。

本标准适用于按 GB/T 12237 设计的弹性密封部分回转阀门(不包括驱动装置)。

其他阀门的耐火试验可参照本标准。

2　规范性引用文件

下列文件对于本文件的应用是必不可少的。凡是注日期的引用文件，仅注日期的版本适用于本文件。凡是不注日期的引用文件，其最新版本(包括所有的修改单)适用于本文件。

GB/T 12224　钢制阀门　一般要求(GB/T 12224—2005,ASTM B16.34a:1998,NEQ)

GB/T 12237　石油、石化及相关工业用的钢制球阀(GB/T 12237—2007,ISO 17292:2004/API 608—2002,NEQ)

3　术语和定义

下列术语和定义适用于本文件。

3.1

对称阀座阀门　symmetric seated valve

沿着通过阀体两端面的轴线，在启闭件中线两侧具有相同内部结构尺寸的阀门。

3.2

非对称阀座阀门　asymmetric seated valve

沿着通过阀体的两端面的轴线，在启闭件中线两侧具有不相同内部结构的阀门。

4　试验准则

4.1　阀门结构形式的要求

4.1.1　对称阀座结构的阀门，只进行任一侧耐火试验。

4.1.2　非对称阀座结构的阀门，应按不同的流向安装并分别进行耐火试验；同一只阀门在第一次试验后，可进行修复，修复后进行相反方向的第二次耐火试验。

4.1.3　单向流动的阀门，应按其指定流向进行耐火试验。

4.1.4　阀门在耐火试验中不得隔火保护。

4.1.5　如果被试阀门配带齿轮箱，进行带齿轮箱阀门的试验结果可以验证不带齿轮箱的阀门。

4.1.6　除手动操作的齿轮箱等操作机构外的其他类型的阀门驱动装置(如电动装置、气动装置或液动装置等)，在本试验中应有特定的保护措施，这类驱动装置在耐火试验中的情况不作为试验考核的内容。

4.2　阀门的压力泄放

4.2.1　压力泄放装置在耐火试验期间起跳，试验应继续进行。

4.2.2 有压力泄放装置的阀门，在试验过程中，排出的量应予以计量。泄放装置排放到大气中的任何泄漏都应被计为外漏。如果压力泄放装置设计为排向阀门下游的结构，其泄漏应被记为通过阀座的泄漏。

5 耐火试验方法

5.1 安全防护

阀门的耐火试验是具有潜在危险的试验。被试阀门在火烧时阀体体腔内压力增加，存在缺陷的被试阀门有可能产生破裂。因此，在试验场地内应设置防护人身安全的保护措施。

5.2 试验要求

5.2.1 试验的燃料应采用气体燃料，火源应有足够的能力使被试阀门完全包裹在火焰中。

5.2.2 火烧过程持续时间 30 min，火焰的温度应在 750 ℃～1 000 ℃之间，火焰的温度由 5.3.4.2 中所特定的热电偶和测温块进行监测；火烧时，应观察阀门的情况。

5.2.3 火烧过程中，阀门内应有规定压力的水，火烧结束后，同时检测阀门的内漏量和外漏量。

5.2.4 在火烧试验结束，被试阀门冷却后，应进行水压试验，检查阀门的壳体、阀座密封的泄漏情况。

5.3 试验装置

5.3.1 试验系统

阀门耐火试验装置系统按图 1 所示。

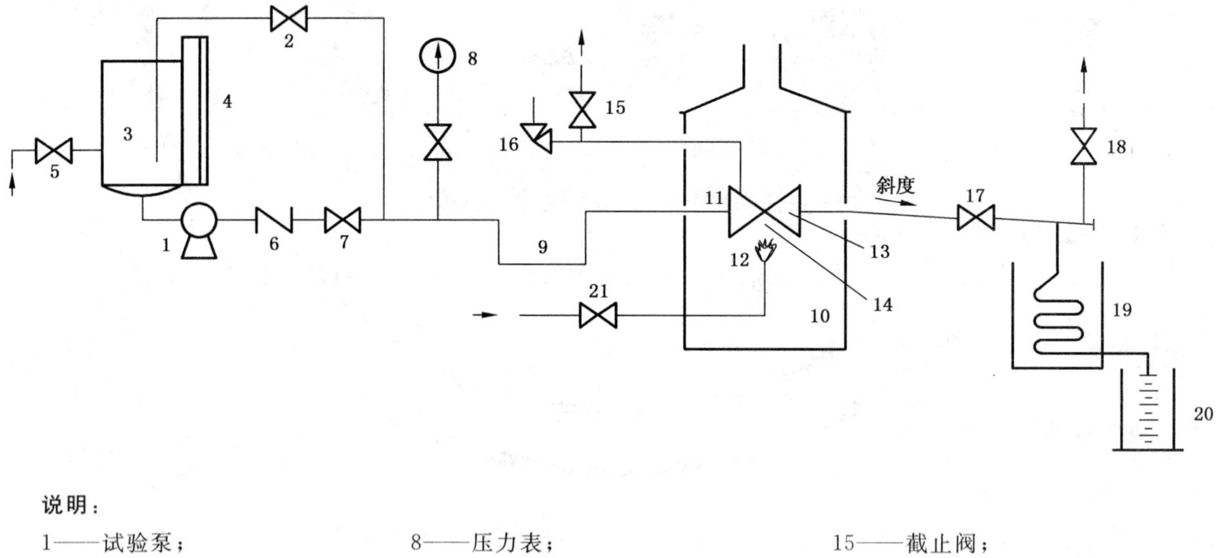

说明：

1——试验泵；	8——压力表；	15——截止阀；
2——压力泄放和调节阀；	9——阻汽管；	16——安全阀；
3——储水罐；	10——试验炉；	17——截止阀；
4——液位计；	11——被试阀；	18——截止阀；
5——供水阀；	12——燃气火头；	19——冷凝器；
6——止回阀；	13——测温块；	20——计量筒；
7——截止阀；	14——火焰热电偶；	21——燃气供给阀。

a） 用泵作为压力源的试验系统

图 1 耐火试验系统图

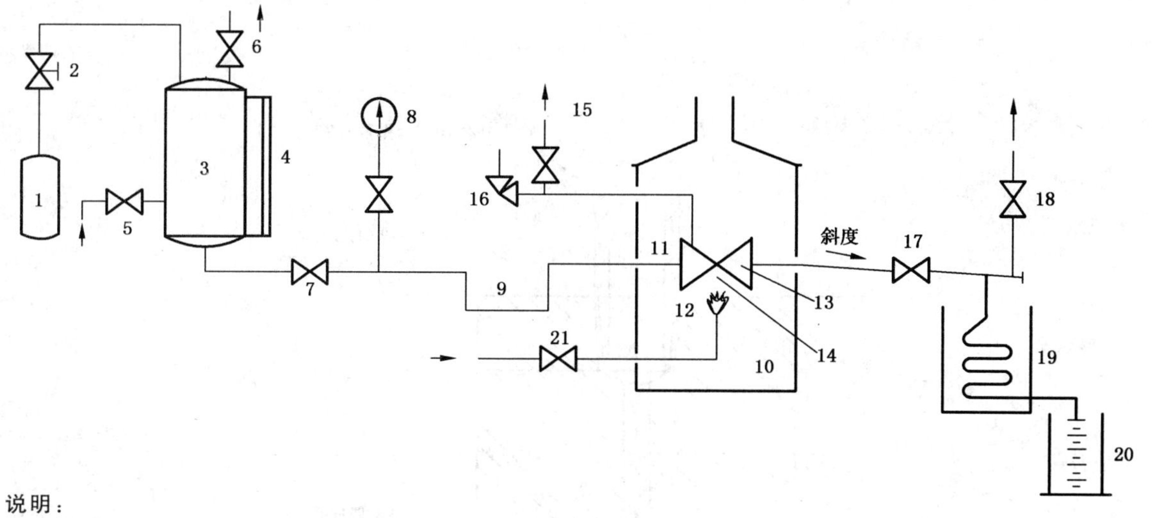

说明：

1——压缩气源；
2——气体压力调节阀；
3——储水罐；
4——液位计；
5——供水阀；
6——泄压阀；
7——截止阀；
8——压力表；
9——阻汽管；
10——试验炉；
11——被试阀；
12——燃气火头；
13——测温块；
14——火焰热电偶；
15——截止阀；
16——安全阀；
17——截止阀；
18——截止阀；
19——冷凝器；
20——计量筒；
21——燃气供给阀。

b） 用压缩气体作为压力源的试验系统

图1（续）

5.3.2 试验装置

5.3.2.1 试验装置不应有外力施加在被试阀门上。

5.3.2.2 火源距被试阀门与热电偶的距离应不少于 150 mm。试验装置炉的内壁与被试阀门的水平距离在任何地方应不小于 150 mm，试验炉上壁与被试阀门距离也应不小于 150 mm。

5.3.2.3 在整个系统中，被试阀门阀体体腔内的压力由泄压阀泄压，以防止水在阀体体腔内气化可能引起的超压。泄压阀的设定应是从阀门生产者对同规格阀门做压力试验获得的数据，或是不大于阀门在 20 ℃时的最大工作压力的 1.5 倍。

5.3.3 连接管道

5.3.3.1 被试阀门公称尺寸不小于 DN 50 的，连接管道内径应不小于 25 mm；被试阀门公称尺寸小于 DN 50 的，连接管道内径为被试阀门公称尺寸的二分之一。

5.3.3.2 被试阀门出口连接管道内径应不小于 15 mm。安装后，应有一定的斜度，使阀座泄漏出的水能从管道完全流出。

5.3.3.3 与被试阀门的连接处应保证有良好的密封性。若有泄漏，该泄漏量不能作为阀门外漏量的一部分进行计算。

5.3.4 仪表和计量器具

5.3.4.1 系统中的压力表的满量程读数应为测量压力的 1.5 倍至 4 倍之间，压力表的分辨率应达到在任意刻度点能读到最大刻度值 3%以内的值。

5.3.4.2 测温块应使用碳钢材料制作，尺寸应按图 2 的规定，在测温块中心放置一个热电偶。

单位为毫米

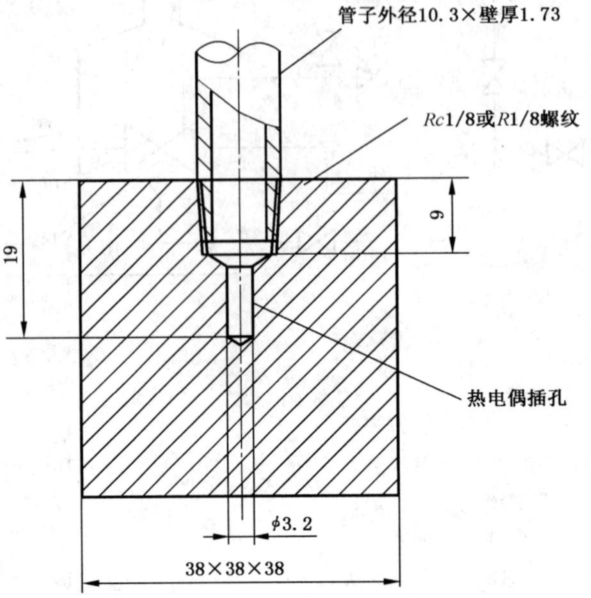

图 2 测温块的尺寸

5.3.4.3 被试阀门公称压力不大于 PN 50(ANSI Class 300),且公称尺寸不大于 DN 100 的测温装置安装位置按图 3 的要求,阀体热电偶的安装是插入阀体(或阀盖),插入深度为壁厚的 1/2 或 13 mm,取两者的较小值;其他阀门的测温装置安装位置按图 4 的要求。

单位为毫米

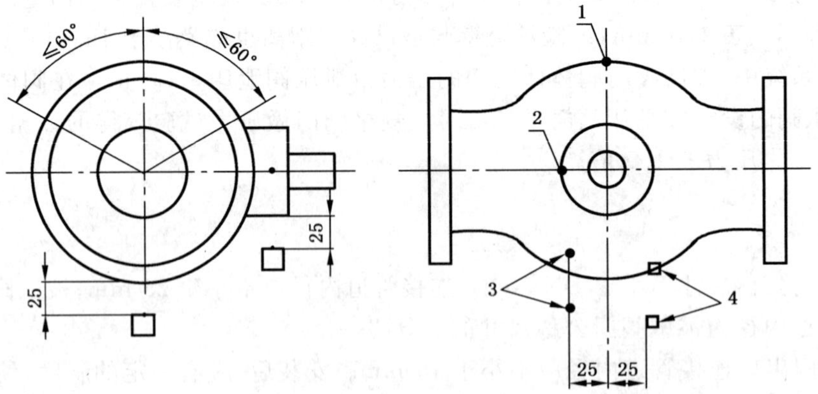

说明:

1——阀体热电偶;

2——阀盖热电偶;

3——火焰热电偶;

4——火焰测温块。

图 3 不大于 PN 50,且不大于 DN 100 阀门测温装置安装位置

单位为毫米

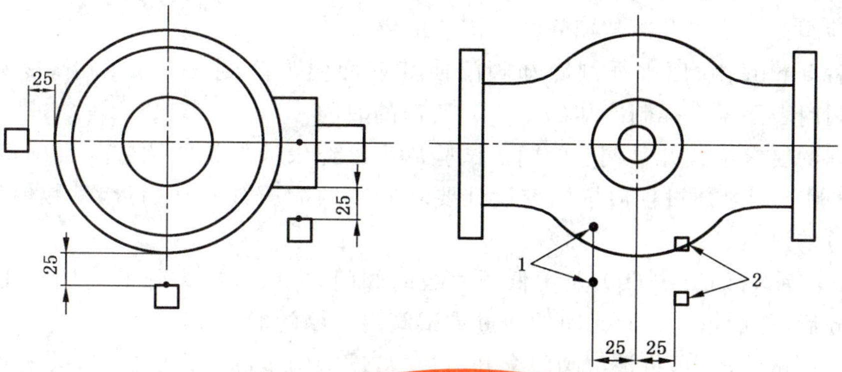

说明：

1——火焰热电偶；

2——火焰测温块。

图4 其他规格阀门测温装置安装位置

5.3.4.4 计量容器的容积应满足试验过程中水的最大泄漏量。

5.4 试验操作程序

5.4.1 把被试阀门的两端用专用试验盲板封闭，使阀杆处于水平状态，安装到试验装置上，连接好阀前后的试验管道。单向流动的阀门，应按其流向进行安装。

5.4.2 定位火焰、热电偶、阀体热电偶和测温块位置，按图3或图4所示的指定要求安装。

5.4.3 将阀门处于部分开启状态，打开供水阀(图1中的序号5)、截止阀(图1中的序号15、17、18)，使介质流入系统排净空气。当整个的系统完全充满水后，关闭截止阀(图1中的序号15、17、18)和供水阀(图1中的序号5)。整个系统用水加压，试验压力为试验阀门20 ℃最大工作压力的1.4倍(圆整到±0.1 MPa)。检查试验装置的泄漏情况，不应有泄漏。卸掉压力，关闭试验阀门并且打开截止阀(图1中的序号17)。

5.4.4 如试验阀是上游密封形式的，应在阀门关闭时，确定上游阀座与下游阀座之间的水量。记录此数据。由于在耐火过程中这部分水会通过下游阀座被计量筒(图1中的序号20)收集，因此，在计算通过阀座的泄漏量时应减掉这一部分。

5.4.5 在火烧期间及冷却期间应保持规定的试验压力，不超过50%规定试验压力的瞬时压力损失是允许的，但应在2 min内恢复，压力损失累积总时间应小于2 min。应按如下的要求给系统加压。

a) 不大于PN 50(ANSI Class 300)的弹性密封阀门，试验压力为0.2 MPa。

b) 其他压力级的阀门，高压试验压力为阀门20 ℃时最大允许工作压力75%。

5.4.6 记录液位计(图1中的序号4)的读数，清空计量筒(图1中序号20)。

5.4.7 调节包括被试阀门在内的试验系统，并在试验过程中保持所要求的压力。

5.4.8 打开燃料供应阀后点火，在火烧的30 min期间监视火焰温度。检查两个火焰环境热电偶平均温度从点火开始后2 min内达到750 ℃。保持其平均温度在750 ℃～1 000 ℃之间，并在整个30 min的耐火期间温度不得低于700 ℃。

5.4.9 测温块的平均温度应从点火开始后15 min内达到650 ℃，在剩下的火烧期间，保持其最小平均温度为650 ℃，并且温度不得低于560 ℃。

5.4.10 热电偶应编号并且单独记录每一个的温度值。火烧期间，每隔30 s记录仪器压力表(图1中的8)、测温块、热电偶的读数。

5.4.11 在达到火烧要求的时间后，关闭燃料供应阀。

5.4.12 立刻计算收集在计量筒(图1中的序号20)中的水量，确定在火烧期间通过阀座的泄漏。如果试验阀是上游密封型的，还应扣除收集在上游阀座与下游阀座之间的水量。继续用计量筒收集泄漏的水以用来确定试验阀在火烧以及冷却期间的外部泄漏率。

5.4.13 在熄火后 5 min 内，用水强制冷却阀门使其表面温度降到 100 ℃以下，冷却时间应不超过 10 min。记录使阀门表面温度强制冷却到 100 ℃所需的时间。

5.4.14 按 5.4.5 的要求检查并且调节阀门的试验压力。记录液位计的读数并且确定计量筒(图 1 中的序号 20)中的水量。记录通过任何按标准设计要求安装的泄压阀的外漏量，其数值用来计算在火烧期间和冷却期间总的泄漏量。

5.4.15 对 PN 100(ANSI Class 600)及更低压力级的阀门，把试验压力降低并稳定在 0.2 MPa，保持该试验压力 5 min 后，再测量 5 min 时间的通过被试阀门阀座的泄漏量。

5.4.16 升高至高压试验压力，将被试阀门全开，再关被试阀门至部分开启位置，关闭截止阀(图 1 中的序号 17)，保持高压试验压力 5 min 后，再测量 5 min 时间的被试阀门的外部泄漏量。

6 阀门性能要求

6.1 火烧期间，通过阀座的泄漏率应符合表 1 的规定。

6.2 在火烧期间和冷却期间，阀门的外部泄漏率(不包括通过阀座的泄漏)应符合表 1 的规定。

6.3 冷却后，通过阀座的低压试验的泄漏率应符合表 1 的要求。

6.4 冷却后，被试阀门在带压条件下从关闭位置到开启位置，应使用安装在阀门上的手动操作装置进行操作，不应使用其他的扳手或工具。高压试验时，阀门在部分开启位置的外部泄漏率应按表 1 的规定。

表 1 耐火期间最大允许泄漏率

单位为每分钟毫升

阀门公称尺寸 DN	通过阀座的泄漏 ≤			外部泄漏 ≤		
	火烧期间		冷却后	火烧及冷却期间		操作试验后
	低压试验	高压试验	低压试验	低压试验	高压试验	高压试验
8	32	128	13	8	32	8
10	40	160	16	10	40	10
15	60	240	24	15	60	15
20	80	320	32	20	80	20
25	100	400	40	25	100	25
32	128	512	51	32	128	32
40	160	640	64	40	160	40
50	200	800	80	50	200	50
65	260	1 040	104	65	260	65
80	320	1 280	128	80	320	80
100	400	1 600	160	100	400	100
125	500	2 000	200	125	500	125
150	600	2 400	240	150	600	150
200	800	3 200	320	200	800	200
＞200	800	3 200	320	200	800	200

7 阀门的评定

7.1 评定的方式

可以不需要对每一个公称尺寸和压力级的阀门都进行试验，所有基于同一设计的阀门可被经过耐火试验的阀门的试验结果认可，可按照以下的限制要求进行评定：

a) 被试阀门的试验结果，可用来评定比被试阀门公称尺寸大但不超过被试阀门2倍公称尺寸的阀门。公称尺寸DN 200的被试阀门的试验结果，可以评定所有比它公称尺寸更大的阀门。如果被试阀门的公称尺寸大于DN 200，其试验结果可以评定所有比它公称尺寸更大的阀门。

b) 公称尺寸DN 50的被试阀门的试验结果，可以评定所有同类型的尺寸更小的阀门。如果被试阀门的公称尺寸小于DN 50，其试验结果可以评定所有同类型的尺寸更小的阀门。

c) 被试阀门可以用来评定比被试阀门压力级高但不超过其2倍压力级的阀门。

d) 一个关闭件、阀座密封、阀杆设计尺寸相同的缩径的阀门可以用来评定比全通径尺寸更小的阀门。如是这样的试验，允许的平均泄漏率按全通径阀门的规定要求。

e) 若阀门符合其他的评定条件，阀体的连接端的形式不受限制，被试阀门可评定不同连接端的其他阀门，但阀门的重量应不小于被试阀门的75%。

7.2 材料的评定

7.2.1 被试阀门的试验结果，可以用来评定同一结构设计、同类别材料的阀门，可以评定的同类别材料有：铁素体钢、奥氏体钢、双相钢。壳体材料按GB/T 12224规定的类别。

7.2.2 如果被试阀门壳体是铁素体钢，可以扩展评定基于同一设计的奥氏体钢或双相钢材料的阀门。

7.2.3 其他类别阀体材料阀门的评定应按7.3和7.4规定的典型的压力级和公称尺寸进行试验。

7.2.4 阀门壳体连接用的螺栓，合金钢螺栓可以用来评定奥氏体钢螺栓，反之不允许。

7.2.5 阀门关闭件与阀座的密封、阀座与阀体密封、阀杆密封和阀体连接处密封等任何非金属密封材料的替代物可与原材料相互评定。填充聚四氟乙烯材料可以评定无聚四氟乙烯填充材料，反之亦然。

7.3 公称尺寸的评定

被试阀门可评定其他阀门的尺寸范围按表2的规定。

表2 可评定阀门的尺寸

被试阀门的公称尺寸		覆盖阀门的尺寸	
DN	NPS	DN	NPS
50	2	≤50;65;80;100	≤2;2½;3;4
65	2½	65;80;100;125	2½;3;4;5
80	3	80;100;125;150	3;4;5;6
100	4	100;125;150;200	4;5;6;8
125	5	125;150;200;250	5;6;8;10
150	6	150;200;250;300	6;8;10;12
200	8	≥200	≥8

7.4 压力等级的评定

被试阀门可评定其他阀门的压力等级范围按表3和表4的规定。

表3 可评定阀门的压力等级

被试阀门的公称压力 PN	覆盖阀门的压力级	
	PN	ANSI Class
10	10;16	150
16	16;25	150
25	25;40	150;300
40	40;63;100	300;400;600
63	63;100	300;400;600
100	100;150	600;800;900
150	150;260	900;1 500
260	260;420	1 500;2 500
420	420	2 500

表4 可评定阀门的压力级

试验阀门的压力级 ANSI Class	覆盖阀门的压力级	
	ANSI Class	PN
150	150;300	10;16;25;40
300	300;400;600	40;63;100
400	400;600;800	63;100
600	600;800;900	100;150
800	800;900;1 500	100;150;260
900	900;1 500	150;260
1 500	1 500;2 500	260;420
2 500	2 500	420

7.5 特别标记

除了按照有关的标准和技术条件的要求做标记外，按本标准进行评定的阀门应作“FT”(耐火试验)的标记。

8 试验报告

按本标准试验程序进行阀门的试验，试验报告应有以下的内容：

——试验日期和试验地点、阀门生产厂名及其地址；

——试验阀的信息：公称尺寸、压力级、结构类型、壳体材料以及生产厂编号等；

——阀体及其他位置处的标记，包括生产厂铭牌(如果有)；

——试验阀操作形式；
——在火烧过程及冷却过程中的阀门内水压力；
——试验开始时间从点火开始计时，每个热电偶和测温块的温度范围；
——在火烧结束时，记录通过阀座的泄漏和阀门的外泄漏；
——记录阀门冷却到 100 ℃的时间，记录冷却期间通过阀座的泄漏阀门；
——记录操作试验阀到全开位置时是否顺利，在部分开启位置时的外漏；
——非对称阀门，应有两个方向安装的试验结果。

ICS 23.060.01
J 16

中华人民共和国国家标准

GB/T 26480—2011

阀门的检验和试验

Valve inspection and testing

2011-05-12 发布 2011-10-01 实施

中华人民共和国国家质量监督检验检疫总局
中国国家标准化管理委员会 发布

前　言

本标准按照 GB/T 1.1—2009 给出的规则起草。

本标准修改采用 API 598:2009《阀门的检验和试验》标准。在顺序和编排上按照我国习惯作了少量改动。附录 A 中列出了本标准与 API 598:2009 章条编号对照一览表。附录 B 列出了本标准与 API 598:2009 的差异一览表。

本标准由中国机械工业联合会提出。

本标准由全国阀门标准化技术委员会(SAC/TC 188)归口。

本标准起草单位:合肥通用机电产品检测院、合肥通用机械研究院、保一集团有限公司。

本标准主要起草人:王晓钧、刘晓春、宋忠荣、张晓忠。

阀门的检验和试验

1 范围

本标准规定了石油、石化及相关工业用阀门的检验试验的术语和定义、检查、检验和补充检验、压力试验、试验结果、压力试验方法、阀门的合格证书和再试验。

本标准适用于金属和金属组成的金属密封副、金属和非金属弹性材料组成的弹性密封副、非金属与非金属材料组成的非金属密封副的闸阀、截止阀、旋塞阀、球阀、止回阀和蝶阀的检验和压力试验。

经供需双方同意后，也可适用于其他类型的阀门。

本标准检验项目范围包括：

——铸件的外观检验；

——壳体试验；

——上密封试验；

——低压密封试验；

——高压密封试验；

——双截断和排放密封试验；

——高压气体壳体试验。

2 规范性引用文件

下列文件对于本文件的应用是必不可少的。凡是注日期的引用文件，仅注日期的版本适用于本文件。凡是不注日期的引用文件，其最新版本(包括所有的修改单)适用于本文件。

GB/T 12224　钢制阀门　一般要求(GB/T 12224—2005，ASTM B16.34a:1998，NEQ)

JB/T 7927　阀门铸钢件　外观质量要求

3 术语

下列术语和定义适用于本文件。

3.1

弹性密封副　resilient seal

软密封副、固体和半固体润滑脂类组成的密封副(如油封旋塞阀)，软密封和金属密封组成的密封副等。

3.2

单向密封　unidirectional seal

在阀门关闭后，介质从阀门的某一端进入并加压，阀门的密封副能保持密封的结构。

3.3

双向密封　bidirectional seal

不论介质从阀门两端的哪一方向进入，在阀门关闭后，阀门密封副都能保持密封。

3.4

双截断和排放阀门　double block and bleed valve

在关闭位置有两个密封副的阀门，流体介质从两个端口进入，阀门的两个密封副都能保持密封，且可通过阀体中腔的泄压孔卸除中腔压力。

4 检查、检验和补充检验

4.1 在阀门制造厂内的检查

如订货合同有规定，买方需要在制造厂内检查并目睹阀门的检验和试验时，买方检验员在所订阀门制造期间，可随时进入厂内进行检验。

4.2 在阀门制造厂外的检查

如订货合同有规定，检验包括在阀门制造厂以外的壳体部件的检验，这些部件可在其协作制造厂受到买方检验员的检验。

4.3 检查通知

如订货合同有买方检验要求时，阀门制造厂应根据买方所要求的检验项目，在检验前 5 日通知买方。

4.4 检查范围

如在订货合同中没有规定其他附加项目，买方的检验应限于以下内容：

a) 使用非破坏性检验工具和方法，在装配过程中对阀门进行检查；

b) “应做”和“选择”的压力试验；

c) 其他的补充检验(见 4.6)；

d) 审查加工记录和无损检验记录(包括规定的射线检验记录)。

4.5 检验

4.5.1 阀门制造厂应对所有阀体、阀盖和密封件的铸件进行外观检查，并应符合 JB/T 7927 的规定。

4.5.2 阀门制造厂应对每台阀门进行检验，以保证符合本标准及相关产品标准的规定。

4.5.3 所有的检验均应根据相应标准编制的书面程序进行。

4.6 补充检验

在订货合同有规定时才进行补充检验，补充检验项目有铸钢件和锻钢件的磁粉检验、射线检验、液体渗透检验和超声波的无损检测。补充检验应在买方人员目睹下由制造厂进行，并应符合 GB/T 12224 或订货合同的要求。

5 压力试验

5.1 试验地点

压力试验应由阀门制造厂在阀门制造厂内进行。

5.2 试验设备

用于进行压力试验的设备，试验时不应有施加影响阀座密封的外力。如使用端部夹紧试验装置，阀门制造厂应能证实该试验装置不影响被试阀门的密封性。对夹式的试验装置适用于对夹式的阀门，如对夹式止回阀和对夹式蝶阀。

5.3 试验要求

5.3.1 每台阀门应根据本标准的要求按表1或表2进行压力试验。对于表1或表2中"选择"的试验项目，买方可以选择做试验。

5.3.2 除订货合同另有规定外，对具有上密封结构的阀门，其上密封试验可由制造厂选择用高压试验或用低压试验。

5.3.3 公称尺寸不大于DN 100、且公称压力不大于PN 250(ANSI Class 1 500)的阀门，公称尺寸大于DN 100、且公称压力不大于PN 100(ANSI Class 600)的阀门应按表1进行试验。

表1 公称尺寸不大于DN 100、且公称压力不大于PN 250的阀门，公称尺寸大于DN 100、且公称压力不大于PN 100的阀门

试验项目	阀门类型					
	闸阀	截止阀	旋塞阀	止回阀	浮动式球阀	蝶阀和固定式球阀
壳体试验	应做	应做	应做	应做	应做	应做
上密封试验[a]	应做	应做	不适用	不适用	不适用	不适用
低压密封试验	应做	选择[c]	应做[b]	选择[c]	应做	应做
高压密封试验[d]	选择[cf]	应做[e]	选择[bcf]	应做	选择[cf]	选择[cf]

[a] 除波纹管密封阀门外，其他具有上密封性能的阀门都应进行上密封试验。

[b] 对于油封式旋塞阀，高压密封试验是应做的，低压密封试验是任选的；其他旋塞阀，高压密封试验是任选的，低压密封试验是应做的。

[c] 如订货合同有要求时，任选的试验应增加为试验项目。

[d] 弹性密封阀门经高压密封试验后，可能降低其在低压工况的密封性能。

[e] 对于带驱动装置或手动装置操作的截止阀、包括截止止回阀，高压密封试验压力按制造厂规定的设计压差的1.1倍。

[f] 双截断和排放阀需要进行高压密封试验。

5.3.4 公称尺寸不大于DN 100、且公称压力大于PN 250(ANSI Class 1 500)的阀门，公称尺寸大于DN 100、且公称压力大于PN 100(ANSI Class 600)的阀门应按表2进行试验。

表2 公称尺寸不大于DN 100、且公称压力大于PN 250的阀门，公称尺寸大于DN 100、且公称压力大于PN 100的阀门

试验项目	阀门类型					
	闸阀	截止阀	旋塞阀	止回阀	浮动式球阀	蝶阀和固定式球阀
壳体试验	应做	应做	应做	应做	应做	应做
上密封试验[a]	应做	应做	不适用	不适用	不适用	不适用
低压密封试验	选择[b]	选择[b]	选择[b]	选择[b]	应做	选择[b]
高压密封试验[c]	应做	应做[d]	应做	应做	选择[be]	应做

[a] 除波纹管密封阀门外，其他具有上密封性能的阀门都应进行上密封试验。

[b] 如订货合同有要求时，任选的试验应增加为试验项目。

[c] 弹性密封阀门经高压密封试验后，可能降低其在低压工况的密封性能。

[d] 对于带驱动装置或手动装置操作的截止阀、包括截止止回阀，高压密封试验压力按制造厂规定的设计压差的1.1倍。

[e] 双截断和排放阀需要进行高压密封试验。

5.3.5 高压密封试验

按表1和表2的试验项目，某些类型阀门的高压密封试验是“任选”的，但这些阀门应能通过高压密封试验(作为阀门密封结构设计的验证试验)。当订货合同有要求时，应提供高压密封的试验结果以证明阀门结构符合。

5.3.6 高压气体壳体试验

当订货合同有要求进行高压气体壳体试验时，高压气体壳体试验应在液压壳体试验之后进行，并要有相应的安全防护措施。试验压力应是阀门38 ℃时最大允许工作压力的1.1倍或按订货合同的要求。试验结果应无可见泄漏。

5.3.7 试验介质

5.3.7.1 壳体试验、高压上密封试验和高压密封试验的试验介质应是水、煤油、黏度不高于水的非腐蚀性液体、氮气或空气。试验介质的温度应在5 ℃～50 ℃之间。低温阀门的试验介质温度在订单中规定。

5.3.7.2 低压密封和低压上密封试验，其试验介质可以是空气、氮气或惰性气体。

5.3.7.3 当用气体进行壳体试验、密封试验和上密封试验时，制造厂应确保有正确的检漏方法；如用液体进行试验时，应将阀门内部的空气排除。

5.3.7.4 各项试验用的水可以含有水溶性油或防锈剂；当需方另有要求时，水中可含有润滑剂。奥氏体不锈钢阀门试验时，所使用的水含氯化物量不应超过100 mg/L，阀门制造厂应能提供证实水中氯含量的文件。

5.4 试验压力

5.4.1 壳体试验压力

5.4.1.1 铁制阀门的壳体试验压力按表3的规定。

表3 铁制阀门壳体试验压力

阀门材料	公称尺寸	常温下最高工作压力 MPa	壳体试验压力 MPa
灰铸铁	DN 50～DN 300	1.37(ANSI Class 125)	2.5
	DN 350～DN 1 200	1.03(ANSI Class 125)	1.9
球墨铸铁	—	1.72(ANSI Class 150)	2.6

5.4.1.2 钢制阀门壳体试验压力为38 ℃时最大允许工作压力的1.5倍，试验压力值应加大圆整到邻近0.1 MPa。

5.4.2 高压密封试验压力

5.4.2.1 除蝶阀和止回阀外，其他结构阀门的高压密封和上密封试验压力为38 ℃时最大允许工作压力的1.1倍。

5.4.2.2 蝶阀的高压密封试验压力为38 ℃时最大允许工作压差的1.1倍。

5.4.2.3 铁制止回阀的高压密封试验压力按表4的规定。

表 4　铁制止回阀高压密封试验压力

阀门材料	公称尺寸	常温下最高工作压力 MPa	高压密封试验压力 MPa
灰铸铁	DN 50～DN 300	1.4(ANSI Class 125)	1.4
	DN 350～DN 1 200	1.0(ANSI Class 125)	1.0
球墨铸铁	—	1.7(ANSI Class 150)	1.7

5.4.2.4　钢制止回阀的高压密封试验压力按 38 ℃时最大允许工作压力。

5.4.3　低压密封试验压力

低压密封和低压上密封试验压力为 0.4 MPa～0.7 MPa。

5.5　试验持续时间

对于各项试验，保持试验压力的最短时间按表 5 的规定。

表 5　保持试验压力的持续时间

公称尺寸 DN	保持试验压力最短试验持续时间/s				
	壳体试验		上密封试验	密封试验	
	止回阀	其他阀门		止回阀	其他阀门
≤50	60	15	15	60	15
65～150	60	60		60	60
200～300	60	120	60	60	120
≥350	120	300		120	120
注：保持试验压力最短持续时间是指阀门内试验介质压力升至规定值后，保持该试验压力的最短时间。					

6　试验结果

6.1　壳体试验、阀杆密封和上密封试验

6.1.1　在阀门壳体和任何固定的阀体连接等处(如中口法兰)，均不允许有可见渗漏，并应无结构损伤；如果试验介质为液体，则不得有可见的液滴或表面潮湿；如果试验介质是空气或其他气体，应无气泡漏出。

6.1.2　壳体试验时，对于可调阀杆密封阀门，试验期间阀杆密封应能保持阀门的试验压力；对于不可调阀杆密封(如 O 形圈，固定的单圈等)，试验期间不允许有可见的泄漏。

6.1.3　对上密封试验，不允许有可见的泄漏。

6.2　密封试验

6.2.1　对于低压密封试验和高压密封试验，不允许有可见的泄漏通过密封副、阀瓣、阀座背面与阀体接触面等处，并应无结构损伤(弹性阀座和密封面的塑性变形不作为结构上的损坏考虑)。在试验持续时间内，试验介质通过密封面的允许泄漏率见表 6。

表 6 密封试验的最大允许泄漏率

公称尺寸	所有弹性密封副阀门 滴/min	除止回阀外的所有金属密封副阀门		金属密封副止回阀	
		液体试验[a] 滴/min	气体试验 气泡/min	液体试验 mL/min	气体试验 m^3/h
≤50	0	0[b]	0[b]	$\frac{DN}{25}\times 3$	$\frac{DN}{25}\times 0.042$
65～150		12	24		
200～300		20	40		
≥350[c]		2×DN/25	4×DN/25		

[a] 对于液体试验介质，1 mL(cm^3)相当于 16 滴(用 6 mm 内径的管子)。

[b] 在规定的最短试验压力持续时间内，对于液体试验，“0”滴表示在每个规定的最短试验时间内无可见泄漏，对于气体试验，“0”气泡表示在每个规定的最短试验时间内泄漏量小于 1 个气泡。

[c] 对于公称尺寸大于 DN600 的止回阀，允许的泄漏量由供需双方商定。

6.2.2 陶瓷等非金属密封副的阀门，其密封试验的允许泄漏率应按表 6 的同类型、同公称尺寸的金属阀门的规定。

7 压力试验方法

7.1 总要求

7.1.1 用液体试验时，应将腔内的空气排净。

7.1.2 壳体试验前，阀门不得涂漆或涂其他可以掩盖表面缺陷的涂层(用于保护阀门表面的磷化处理或相似的化学处理是允许的，但不应掩盖孔隙、气孔、砂眼等缺陷)。

7.1.3 进行密封试验时，在阀门两端不应施加对密封面泄漏有影响的外力；关闭阀门的操作扭矩不应超过阀门设计的关闭力矩。

7.1.4 对于具有允许向密封面或填料部位注入应急密封油脂的特殊结构阀门(油封旋塞阀除外)，试验时，注入系统应是空的和不起作用的。

7.2 壳体试验

7.2.1 阀门的两端封闭，阀门部分开启，已安装好的阀门体腔内加压到规定的试验压力。

7.2.2 除波纹管密封阀门外，填料压盖压紧到足以保持试验压力，使填料箱部位也受到试验。

7.3 上密封试验

7.3.1 除波纹管密封阀门外，具有上密封性能的阀门都应进行上密封试验。

7.3.2 上密封试验时，封闭阀门两端，向阀门体腔内加压，阀门应完全开启，松开填料压盖或不安装填料。

7.3.3 上密封试验后应压紧填料压盖或安装填料。阀门制造厂不应把上密封试验合格的阀门，作为推荐阀门在带压时添加或更换填料的依据。

7.4 低压密封试验

7.4.1 除以润滑油起主要密封作用的阀门(如，油封式旋塞阀)外，其他阀门的密封面应保持干净、无油迹。为防止密封面擦伤，可以涂一层不厚于煤油膜的油膜。

7.4.2 密封副处、阀座背后或通过阀瓣的任何泄漏都应在阀门的出口端进行检查，检查时，用水封住阀门的出口端流道，或用肥皂水或类似溶液涂抹密封处（阀瓣、阀座和密封圈），观察从此处冒出的气泡。如订货合同有要求，大于 DN 50 的阀门可采用排水集气检测装置作为另一种检漏方法，泄漏率应符合表 6 的规定。也可按订货合同规定的测试装置来检查，但应换算成表 6 规定的泄漏量单位。

7.4.3 当使用测量容积装置（排水集气器）检测泄漏时，试验持续时间应从介质稳定地通过试验管道时开始计算。该装置测定的泄漏量结果应与表 6 中规定的每分钟气泡数相当。测量容积装置应在相同试验介质和相同温度的情况下作为产品试验的测定装置。

7.4.4 当进行闸阀、旋塞阀和球阀的密封试验时，阀盖与密封面间的体腔内应充满介质并施加试验压力，在试验过程中由于逐步向上述部位充注介质和压力而使密封面的泄漏未被察觉。

7.4.5 低压密封应按下列方法中的一种进行：

a） 对单向密封并标有介质流动方向标志的阀门，应在进口端加压。对于止回阀，应在出口端加压。

b） 对双向密封的阀门（双截断和排放阀门、截止阀除外），应先后在关闭阀门的每一端加压，另一端敞开通向大气，以检查出口端密封面的泄漏。

c） 对多通道密封的阀门，试验介质应依次从被密封的通道口引入加压，从填料箱处（此时，应未装填料）或其他敞开的通道口来检查进口端密封面的泄漏率。试验时，其每一密封面的泄漏率应不超过表 6 规定的泄漏率。

d） 对工作压力小于 2.0 MPa 的中线衬里对称蝶阀，可只在一个方向上进行密封试验；对于其他连接形式的弹性密封座蝶阀，应进行双向密封试验。对于有流向标志的阀门，反向试验时，应按其最大允许工作压差进行密封试验。

7.4.6 对楔式单闸板（刚性或弹性的闸板）的闸阀，不允许采用将试压空气或气体封闭在阀座间的体腔内，然后用水封住或用肥皂水或类似溶液涂抹密封处进行检漏的方法。

7.5 高压密封试验

高压密封试验与低压密封试验方法相同。试验介质为液体时，泄漏的检测应是液滴。

7.6 双截断和排放阀的高压试验

7.6.1 关闭阀门，将阀门的每一端都充满试验介质，逐渐加压到规定的试验压力，按规定的时间保持的试验压力。在阀体的两个阀座中间的中腔的螺塞孔处检查泄漏情况。试验结果应不超过表 6 规定值的 2 倍。

7.6.2 如果不允许在两个阀座中间的中腔的螺塞孔检查，可以按订货要求，在试验期间，可改在其他部位（如填料函处）进行泄漏量的检查。

8 阀门的合格证书和再试验

8.1 合格证明

阀门制造厂应向需方提供一份证明阀门产品符合定单的合格证明。

8.2 重新试验

如订货合同没有规定由需方进行重新试验时，已试验过的阀门就不必进行重新试验。重新试验时，已涂漆的阀门不必除去油漆。库存阀门再试验以及装运前应进行清洗。

附 录 A
（资料性附录）
本标准与 API 598:2009 章条编号对照表

本标准与 API 598:2009 相比结构相同，具体章条编号对照情况见表 A.1。

表 A.1 本标准与 API 598:2009 章条编号对照情况

本标准章条编号	对应的 API 598 章条编号
1	1,1.1 的第一段,1.2,1.3
2	2
3.1	1.1 的第二段
3.2,3.3	—
—	3.1,3.2,3.3,3.4,3.5,3.6,3.7,3.8,3.9
4,4.1,4.2,4.3,4.4,4.5,4.6	4,4.1,4.2,4.3,4.4,4.5,4.6
5,5.1,5.2,	5,5.1,5.2
5.3.1,5.3.2,5.3.3,5.3.4	5.3.1,5.3.2,5.3.3,5.3.4
—	5.3.5
5.3.5,5.3.6,5.3.7	5.4,5.5,5.6
5.4.1,5.4.2,5.4.3	5.7.1,5.7.2
5.4.4	5.8
6.1,6.2,6.3,6.4	5.9.1,5.9.2
6.5	—
7.1	6.1
7.2	6.3
7.3	6.2
7.4	6.4
7.5	6.5
7.6	6.6
8.1	7.1
8.2	7.2
附录 A	
附录 B	

附 录 B
（资料性附录）
本标准与 API 598:2009 的技术性差异及其原因

本标准与 API 598:2009 在技术上有少量差异，具体见表 B.1。

表 B.1 本标准与 API 598:2009 的技术差异及其原因

本标准章条号	技术性差异	原 因
2	关于规范性引用文件，本标准删除了 API 的引用文件，改为引用我国的相关标准	便于使用者查询标准
3	在术语定义中，采用一条术语：双截断和排放阀门；删除了 API 上的其他术语：上密封试验，Class 级，密封试验，冷态工作压力，公称尺寸，公称管道尺寸，壳体试验，可见泄漏	这些术语在我国有关标准中已有定义，并且定义一致
3	本标准增加了“单向密封”和“双向密封”的术语	这两术语在本标准中使用
5.4	铸铁材料阀的试验压力未全部采用，灰铸铁材料只采用 Class 125，球墨铸铁只采用 Class 150	我国相关法规和标准对铸铁材料的使用压力有限制

ICS 23.060.01
J 16

中华人民共和国国家标准

GB/T 26481—2011

阀门的逸散性试验

Valve test for fugitive emissions

(ISO 15848-2:2006 Industrial valves—Measurement, test and qualification procedures for fugitive emissions—Part 2: Production acceptance test of valves, MOD)

2011-05-12 发布 2011-10-01 实施

中华人民共和国国家质量监督检验检疫总局
中国国家标准化管理委员会 发布

前　言

本标准修改采用ISO 15848-2:2006《工业阀门　逸散性介质泄漏的测量、试验和鉴定程序　第2部分:阀门产品验收试验》(英文版)。

本标准根据ISO 15848-2:2006重新起草。

由于我国法律要求和工业的特殊需要,在采用ISO 15848-2:2006时,本标准进行了修改。有关技术性差异已编入正文中并在它们所涉及的条款的页边空白处用垂直单线标识。在附录B中给出了这些技术性差异及其原因的一览表以供参考。

为便于使用,对于ISO 15848-2:2006,本标准还做了下列编辑性修改:

——“本部分”一词改为“本标准”;

——用小数点“.”代替作为小数点的逗号“,”;

——删除ISO 15848-2:2006的前言;

——标准格式按GB/T 1.1—2009作了调整。

本标准由中国机械工业联合会提出。

本标准由全国阀门标准化技术委员会(SAC/TC 188)归口。

本标准起草单位:合肥通用机械研究院、苏州高中压阀门厂。

本标准主要起草人:黄明亚、陆伟民、王晓钧。

阀门的逸散性试验

1 范围

本标准规定了逸散性介质用阀门逸散性试验的术语和定义、检验、试验、标志、阀门的合格证和再试验，以及吸气法的泄漏测量方法。

本标准适用于介质将会产生挥发性污染气体或危险性气体的切断阀和控制阀，对其阀杆（或轴封）和阀体连接处的外漏评定的试验程序。

本标准不适用于阀门的端部连接处、真空场合、腐蚀和辐射场合。

2 规范性引用文件

下列文件对于本文件的应用是必不可少的。凡是注日期的引用文件，仅注日期的版本适用于本文件。凡是不注日期的引用文件，其最新版本（包括所有的修改单）适用于本文件。

GB/T 13927 工业阀门 压力试验（GB/T 13927—2008，ISO/DIS 5208：2007，MOD）

3 术语和定义

下列术语和定义适用于本文件。

3.1

壳体密封 body seals

除了阀杆密封外的所有压力边界范围内的密封。

3.2

浓度 concentration

在试验阀门泄漏源上被测量出的试验介质体积和气体混合物体积的比率。

注：浓度单位以 ppmv 表示，其是一个无量纲单位（百万分体积含量或体积分数为 1×10^{-6}）。
（$1\ ppmv=1\ mL/m^3=1\ cm^3/m^3$）

3.3

逸散性 fugitive emission

任何物理形态的任意化学品或化学品的混合物，其从工业场所的设备中发生的非预期的或隐蔽的泄漏现象。

3.4

泄漏量 leakage

在规定试验条件下，通过被试验阀门的阀杆密封处或阀体密封处所逸出的试验介质量，其表现为浓度或泄漏率。

3.5

泄漏率 leak rate

试验介质的质量流率，表述为毫克每秒米阀杆周长[mg/(s·m)]。

3.6

局部泄漏量 local leakage

在泄漏源处采用探针所测出的试验介质泄漏量。

3.7

阀杆密封 stem seal

阀轴密封 shaft seal

为防止阀门内部介质泄漏到大气中所安装在阀杆/阀轴周围的零件。

4 检验

4.1 阀门制造厂的检验

4.1.1 阀门制造厂应制定能满足阀门逸散性要求的制造、检验书面程序。

4.1.2 阀门制造厂应按其书面程序的规定对阀门逸散性有影响的零件、尺寸、装配等进行检验。

4.2 买方检验

4.2.1 在阀门制造厂内的检验

如买方在订货合同中规定，需要在制造厂检验阀门，则买方检验员在所订阀门制造期间可随时进入厂内进行检验。

4.2.2 检验通知

买方要求检验时，阀门制造厂应根据所要求的试验项目在检验前7日，按订货合同所列地址通知买方。

4.2.3 检验范围

如果在订货合同中没有规定其他附加项目，买方的检验应限于以下内容：

a) 按订货合同规定，使用非破坏性检验工具和方法，在装配过程中对阀门进行检验；

b) 逸散性试验；

c) 其他的补充检验(见4.2.4)；

d) 审查加工记录。

注：所有的检验均应根据相应标准编制的书面程序进行。

4.2.4 补充检验

其他的补充检验是在订货合同有规定时才进行，具体要求按买卖双方商定的程序和要求进行，检验应在买方检验员目睹下由制造厂进行。

5 试验

5.1 试验阀门的准备

5.1.1 试验阀门的抽样

试验阀门的抽样百分比应按制造厂与买方明确的协议规定，但每批样品不少于1台，并从阀门产品中按每一类型、每一公称压力和每一公称尺寸来分的批次中随机选择。

5.1.2 试验阀门的条件

试验阀门应是全部装配结束，且试验阀门已按GB/T 13927或其他适用标准以及买方的规定进行检验和试验合格，试验阀门也可为油漆前状态。

试验阀门内腔应干燥、无润滑剂，阀门和试验设备应干净和不含水分、油、灰尘等。

试验阀门的端部密封、试验系统的各设备和管路连接处应密封可靠，在试验过程中不允许有影响检测结果的泄漏发生。

制造厂应保证试验前阀门的填料是干燥的。

5.1.3 阀杆密封的调整

阀杆密封的预紧应按阀门制造厂的说明书所规定的最初预紧要求进行调整。

5.2 试验条件

5.2.1 试验介质

试验介质为体积含量不低于97%的氦气。

5.2.2 泄漏量的测量

泄漏量的测量应使用吸气法的泄漏测量方法，试验介质为氦气，按附录A的规定进行。测量单位采用百万分体积含量（1 ppmv=1 mL/m^3=1 cm^3/m^3）。

5.2.3 试验压力

试验压力为0.6 MPa，或按订货合同的规定。

5.2.4 试验温度

试验温度为室温。

5.3 试验程序和试验结果的评定

5.3.1 阀杆密封泄漏量的测量

阀杆密封泄漏量测量的程序如下：

a) 使阀门处于半开时加压到5.2.3规定的试验压力，用按附录A规定的吸气法测量阀杆密封处的泄漏量。
b) 然后全开和全关带试验压力的阀门5次。
c) 以上机械循环后再半开阀门，并按上a)条款测量阀杆密封处的泄漏量。
d) 如仪表的读数超过表1规定的相应要求的性能等级的百万分体积含量（1 ppmv=1 mL/m^3=1 cm^3/m^3）量值，则认为试验不通过，该批阀门（见5.1.1）将被拒收。

表1 阀杆密封处的密封等级

等 级	量值/ppmv	备 注
A	≤50	典型结构为波纹管密封或具有相同阀杆密封的部分回转阀门
B	≤100	典型结构为PTFE填料或橡胶密封
C	≤1 000	典型结构为柔性石墨填料

5.3.2 阀体密封泄漏量的测量

阀体密封泄漏量测量的程序如下：

a）使阀门处于半开时加压到 5.2.3 规定的试验压力，试验压力稳定后，按附录 A 规定的吸气法测量阀体密封处的渗漏量。

b）如仪表的读数超过 50 ppmv，则认为试验不通过，该批阀门（见 5.1.1）将被拒收。

6 标志

阀门逸散性试验合格后，阀门的铭牌上或其他合适位置可标志上表示该阀门逸散性试验合格的标志“FE”。

7 阀门的合格证书和再试验

7.1 合格证书

阀门制造厂应向买方提供一份证明阀门产品符合本标准的合格证书。

7.2 再试验

如果订货合同没有规定由买方进行再试验时，已试验过的阀门就不必进行再试验。再试验时，已涂漆的阀门不必除去油漆。

附 录 A
（规范性附录）
使用吸气法的泄漏测量方法

A.1 范围

本附录规定了采用带探测器探针（吸枪）的氦检漏仪，测量从阀杆密封处和阀体密封处逸散出来的氦气浓度。

试验介质是氦气。

A.2 术语和定义

下列术语和定义适用于本附录。

A.2.1

泄漏定义浓度 leak definition concentration

在显示发生泄漏的某泄漏源表面处的局部氦气浓度。

A.2.2

校准气体 calibration gas

浓度约等于泄漏定义浓度的气体。

A.2.3

不可察觉逸散 no-detectable emission

在可能的泄漏源处氦气的浓度（已按现场环境氦气浓度进行校正过的）小于A.4.2中仪器可读性规定的值，这表示未发生泄漏。

A.2.4

校准精度 calibration precision

测量值和同一已知值之间的一致程度，即为仪表读数与已知浓度的平均差值与已知浓度的相对百分率。

A.2.5

响应时间 response time

从取样系统输入的氦气浓度改变开始到从仪器读出器显示的达到相应的最终值的90%时的时间间隔。

A.3 原理

采用便携式仪器来探测阀门的泄漏，仪器探测器的类型不作规定，但选择探测器和其灵敏度时应能够满足最高密封等级要求。本方法只对泄漏做出定位和分级，不能用于某一泄漏源的质量逸散速率的直接测量。

探测器探针（吸气）方法（见图A.1和图A.2）可以测量从阀杆密封系统（产品试验）和阀体密封处的局部逸散。

测量浓度单位为百万分体积含量（1 ppmv=1 mL/m^3=1 cm^3/m^3）。

一些氦质谱仪能测量局部体积漏率，其单位为毫巴每升每秒或相当的大气压每立方厘米每秒。

为了避免在局部和整体的测量之间的任何相关性,用吸气法测量的单位为百万分体积含量(1 ppmv=1 mL/m^3=1 cm^3/m^3)。

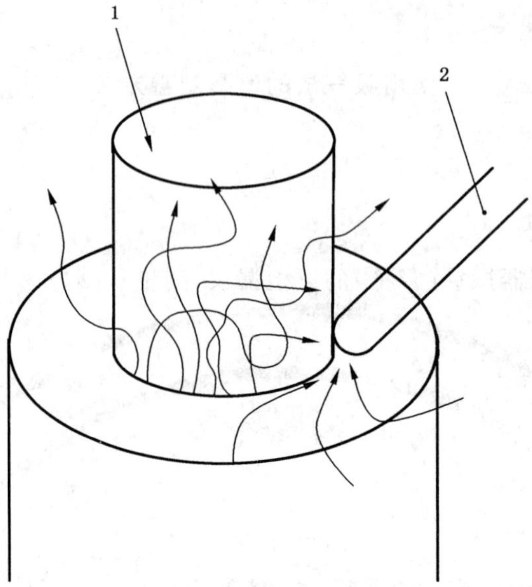

说明:

1——阀杆;

2——探测器。

图 A.1 局部测量法吸气

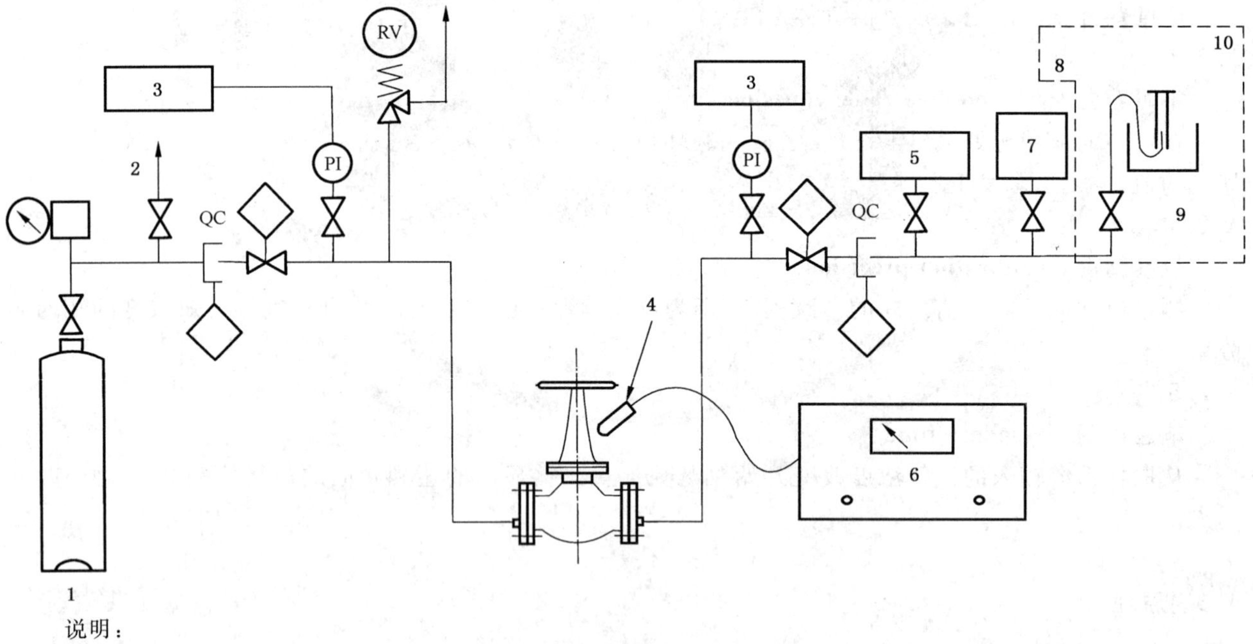

说明:

QC——快速接头;

1——氦气源;

2——放泄阀;

3——压力记录仪;

4——探针;

5——气体流量计;

6——质量分光计;

7——转子流量计;

8——软管;

9——测量容器;

10——安全区域(外面的)。

图 A.2 用吸气法的局部测量法

A.4 设备

A.4.1 监测仪器

A.4.2 规范

A.4.2.1 氦气仪器的探测器类型可包括但不限于质谱分析式、红外吸收式和分子筛选式。

A.4.2.2 仪器的线性响应范围和测量范围都应覆盖相应规范规定的泄漏定义浓度范围。使用稀释探针组件可能会使氦气浓度满足该范围，但应满足氦气取样探针孔径规范的规定。

A.4.2.3 在进行不可察觉逸散测量时，仪器仪表的分辨率应在规定的泄漏定义浓度范围的±2.5%内可读。

A.4.2.4 仪器应配备有电动泵以保证探测仪能以恒定流量进行采样，探针流量速率范围应为0.5 L/min至1.5 L/min。

A.4.2.5 仪器应配备有取样用探针或探针延伸器，探针或探针延伸器的外径不超过1/4英寸，其端部只有一个允许样品进入的孔口。

A.4.3 性能标准

A.4.3.1 试验用仪器的泵、稀释探针（如有）、取样探针和探针过滤器，在响应时间测定中应都连接在测试系统中。

A.4.3.2 校准精度应小于或等于10%的校准气体量值。

A.4.4 性能评定要求

校准精度试验应在仪器投入使用前完成，并且其后每隔三个月或在下次使用时已超过三个月未使用，则都应再进行校准精度试验。

A.4.5 校准气体

监测仪器按适用规范上规定的氦气的百万分体积含量（$1\ ppmv=1\ mL/m^3=1\ cm^3/m^3$）进行定期校准，监测器和仪器进行性能评定所需的校准气体是校零气体（空气，含氦气不超过10 ppmv）和空气混合物的校准气体，该空气混合物应约等于相应规范规定的泄漏定义浓度。如采用瓶装校准气体混合物，则制造厂应进行分析和鉴定，确认其误差在±2%以内，并且在其保存期限结束前应再进行分析或更换。或者操作人员按公认的气体标样生产程序生产满足误差在±2%以内的校准气体。生产的标样在使用时应每日更换，除非标样能被证明在储存期间精确度不发生变化。

A.5 试验要求

A.5.1 温度的影响

组分的温度越高，则饱和水蒸气压强也越高。因此，温度可能影响浓度的测量。所以，无论外界气候环境条件怎样，在测量浓度的地方应该保持温度的稳定。

A.5.2 气候的影响

用吸气法的泄漏测量对于大气气态的改变是异常敏感的，以下情况下将有明显表现：

——在户外测量；

——在低海拔处的测量。

室内泄漏测量处的空气环境应是平静的，而且在整个测量过程中应将通道保持关闭。

A.5.3 安全

在试验和测量的时候，高温条件下的高压氦气或相关真空环境都要求操作者按安全规则操作。

A.6 逸散的测量

A.6.1 校准程序

应按制造厂的使用说明书对氦分析仪进行组装、启动。在适当的预热时间和仪器自动校零程序后，将校准气体导入仪器取样探针，调节仪器仪表读数值符合校准气体值。

注：如果仪表读数不能被调节到固有值，则预示分析仪出现故障。

A.6.2 测量

按制造厂的使用说明书启动氦质谱仪和电加热器：

a) 校准。

b) 本底噪声测量：每次测量前，探测源周围的环境氦浓度可用探针在距离探测源 1 m 到 2 m 的任意地方测出。当附近有泄漏干扰测量时，环境浓度可在靠近探测源的地方测出，但离探测源绝不能小于 25 cm。

c) 探针应尽可能靠近可能的泄漏点，即
——阀杆和填料的分界面；
——阀体密封处外边缘。

d) 将探针沿着分界面周围移动，同时注意观察仪表读数。

e) 如果观察到仪表读数有增加，那么在泄漏显示的分界面处缓慢移动取样，直到读到渗漏量的最大读数。

f) 将探头吸口移开该最大读数位置约 2 倍的仪器响应时间。

g) 然后操作者将探头保持在该同一位置约 2 倍的仪器响应时间后再读出和记录该最大值(如对 5－m 标准探头为几秒)。

h) 该测量值与不管是否有不可察觉的逸散所确定的本底噪声的差值。

i) 逸散源处可发觉的逸散值扣除本底噪声应低于允许逸散等级。

附 录 B
（资料性附录）
本标准与 ISO 15848-2:2006 章条编号对照一览表

本标准与 ISO 15848-2:2006 相比，结构基本一致；内容上，ISO 15848-2 引用了 ISO 15848-1 中的较多内容，如术语、试验方法等，因 ISO 15848-1 未转化为我国标准，本标准将这部分内容直接编入本标准。具体章条编号对照情况见表 B.1。

表 B.1 本标准与 ISO 15848-2:2006 章条编号对照一览表

本标准章条编号	对应 ISO 15848-2:2006 标准章条编号
1 范围	1 范围
2 规范性引用文件	2 规范性引用文件
3 术语和定义	3 术语和定义
4 检验	—
5.1 试验阀门的准备	4 试验阀门的准备
5.2 试验条件	5 试验条件
5.3 试验程序和试验结果的评定	6 试验程序和试验结果的评定
6 标志	7 标志
7.1 合格证书	8 合格证书
7.2 再试验	—
附录 A 使用吸气法的泄漏测量方法(试验介质为氦气)	ISO 15848-1 使用吸气法的泄漏测量方法 B.1 使用氦气作为试验介质
附录 B 本标准与 ISO 15848-2:2006 章条编号对照一览表	—
附录 C 本标准与 ISO 15848-2:2006 技术性差异及其原因	—

附　录　C
（资料性附录）
本标准与 ISO 15848-2:2006 技术性差异及其原因

表 C.1 给出了本标准与 ISO 15848-2:2006 的技术性差异及其原因。

表 C.1　本标准与 ISO 15848-2:2006 技术性差异及其原因

本标准的章条编号	技术性差异	原　因
标准名称	标准名称修改为《阀门的逸散性试验》	ISO 15848-2 的名称不合适
3	增加了 ISO 15848-1 中的 7 个术语作为本标准的术语，删除了 ISO 15848-2 中的一个术语	本标准已使用了这些术语
4	增加了“检验”要求	因无相应的阀门产品标准，对有逸散性要求的阀门应有检验方面的要求
5.2.2	将 ISO 15848-2 的标题“前处理”改为“试验阀门的条件”；对内容按 ISO 15848-1、ISO 15848-2 的规定重新编写，并增加了试验系统的密封要求	比较全面地提出了试验前阀门的状态要求
6	标志条件和标志方法作了修改	明确了标志
7.2	增加了“再试验”的要求	对买方有否要求时的规定
附录 A	增加 ISO 15848-1 的附录 B 的部分内容到本标准的附录 A 中	本标准只收录 ISO 15848-1 的附录 B“使用吸气法的泄漏测量方法”中“B.1 关于使用氦气作为试验介质”部分，未收录“B.2 试验介质为甲烷”部分
A.6.2i)	将“……应低于允许逸散等级(50 ppmv)”中的“(50 ppmv)”删除	该泄漏测量法不仅用于阀体密封，还将用于阀杆密封，而阀杆密封的允许逸散等级不是 50 ppmv

ICS 23.060.50
J 16

中华人民共和国国家标准

GB/T 26482—2011

止回阀　耐火试验

Fire type-testing requirement for check valves

2011-05-12 发布　　2011-10-01 实施

中华人民共和国国家质量监督检验检疫总局
中国国家标准化管理委员会　发布

前 言

本标准按照 GB/T 1.1—2009 给出的规则起草。

本标准修改采用 API 6FD:1995(2008R)《止回阀　耐火试验技术要求》。

本标准与 API 6FD:1995(2008R)技术要求一致,在条款的顺序和编排上按照我国习惯进行了修改。本标准与 API 6FD:1995(2008R)相比没有技术内容变化。

本标准由中国机械工业联合会提出。

本标准由全国阀门标准化技术委员会(SAC/TC 188)归口。

本标准起草单位:合肥通用机械研究院、合肥通用机电产品检测院、石油工业井控装置质量监督检验中心。

本标准主要起草人:王晓钧、张继伟、江雨蓠、吴磊、刘晓春。

止回阀　耐火试验

1　范围

本标准规定了止回阀耐火试验的耐火试验方法、阀门性能要求、阀门评定。

本标准适用于石油管线用止回阀和井口装置用止回阀。

2　规范性引用文件

下列文件对于本文件的应用是必不可少的。凡是注日期的引用文件，仅注日期的版本适用于本文件。凡是不注日期的引用文件，其最新版本(包括所有的修改单)适用于本文件。

GB/T 12224　钢制阀门　一般要求(GB/T 12224—2005，ASTM B16.34a：1998，NEQ)

GB/T 19672　管线阀门　技术条件(GB/T 19672—2005，ISO 14313：1999，MOD)

SY/T 5127　井口装置和采油树规范

3　耐火试验方法

3.1　安全防护

止回阀的耐火试验是具有潜在危险的试验，被试止回阀在火烧时阀体腔内压力增加，有可能产生破裂。因此，在试验场地内应设置防护人身安全的保护措施。

3.2　试验要求

3.2.1　被试止回阀在正常的安装位置试验，用水做试验介质，应在其指定流向的反向端施加试验压力，保持到火烧结束。

3.2.2　试验的燃料应采用气体燃料，火源应有足够的能力使被试止回阀完全被火焰包裹。被试止回阀不得隔火保护。

3.2.3　火烧过程持续时间 30 min，火焰的温度应在 761 ℃～980 ℃之间，火焰的温度由 3.4.3 所指定位置的热电偶和测温块进行监测。

3.2.4　火烧时，应观察阀门的情况。火烧结束后，同时检测阀门的内漏量和外漏量。

3.3　试验系统

止回阀耐火试验装置系统按图 1 所示。

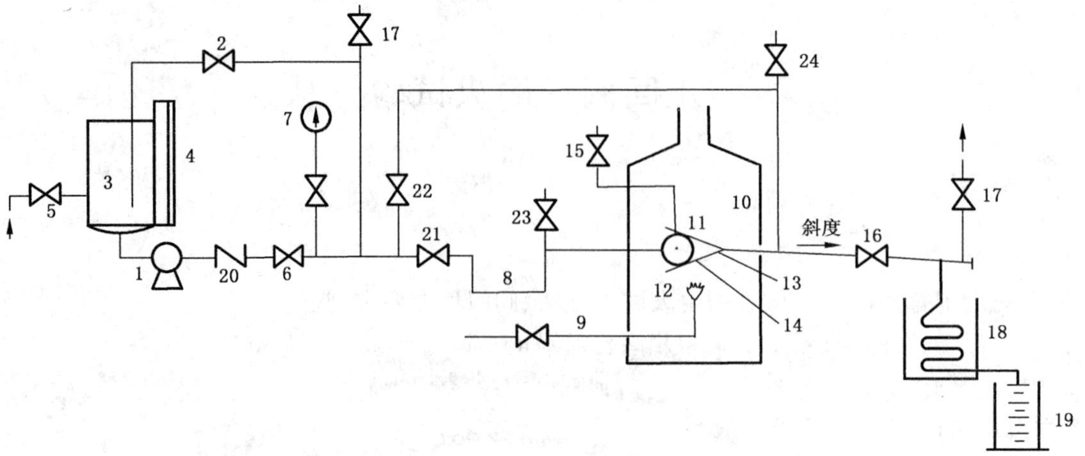

说明：

1——试验泵；
2——压力泄放阀；
3——储水罐；
4——液位计；
5——供水阀；
6——截止阀；
7——压力表；
8——阻汽管；
9——燃料供给阀；
10——试验炉；
11——被试止回阀；
12——燃气火头；
13——火焰热电偶；
14——火焰测温块；
15——泄压阀；
16——截止阀；
17——排气阀；
18——冷凝器；
19——计量筒；
20——止回阀；
21——截止阀；
22——截止阀；
23——排气阀；
24——排气阀。

a）用泵作为压力源的试验系统

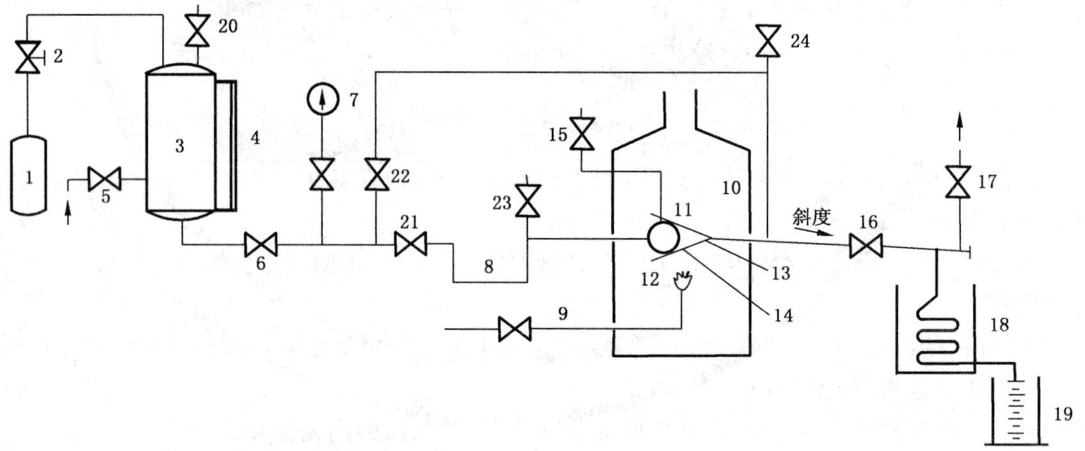

说明：

1——压缩气源；
2——气体压力调节阀；
3——储水罐；
4——液位计；
5——供水阀；
6——截止阀；
7——压力表；
8——阻汽管；
9——燃料供给阀；
10——试验炉；
11——被试止回阀；
12——燃气火头；
13——火焰热电偶；
14——火焰测温块；
15——泄压阀；
16——截止阀；
17——排气阀；
18——冷凝器；
19——计量筒；
20——泄压阀；
21——截止阀；
22——截止阀；
23——排气阀；
24——排气阀。

b）用压缩气体作为压力源的试验系统

图 1　耐火试验系统图

3.4 试验装置

3.4.1 试验装置不应有外力施加在被试止回阀上。

3.4.2 试验炉与被试止回阀在各个方向的间隔应不小于 150 mm。火源距被试止回阀、热电偶和测温块的距离至少应为 150 mm。

3.4.3 公称尺寸不大于 DN 150 或 SY/T 5127 标准 7⅙″的被试止回阀，应按图 2 或图 4 所示布置火焰热电偶和 2 个测温块。其他尺寸被试止回阀应按图 3 或图 5 所示布置火焰热电偶和 3 个测温块。

单位为毫米

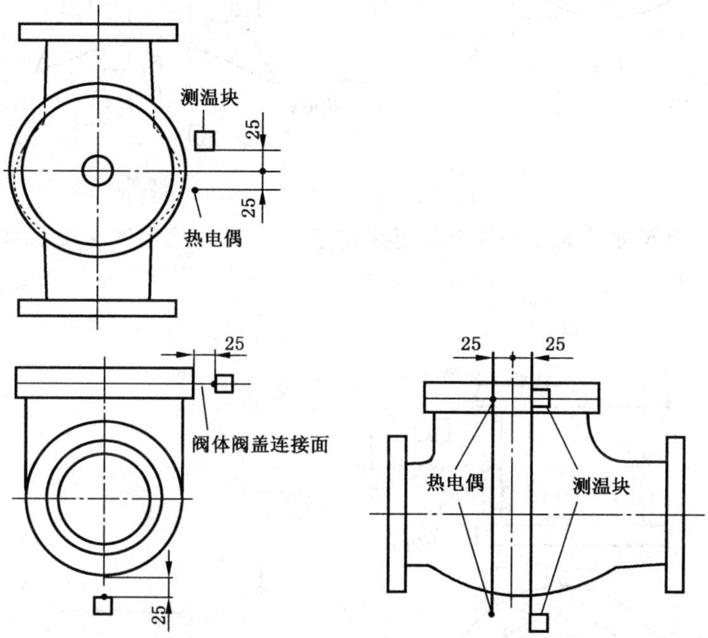

图 2 公称尺寸不大于 DN 150 法兰连接端止回阀的热电偶和测温块的位置

单位为毫米

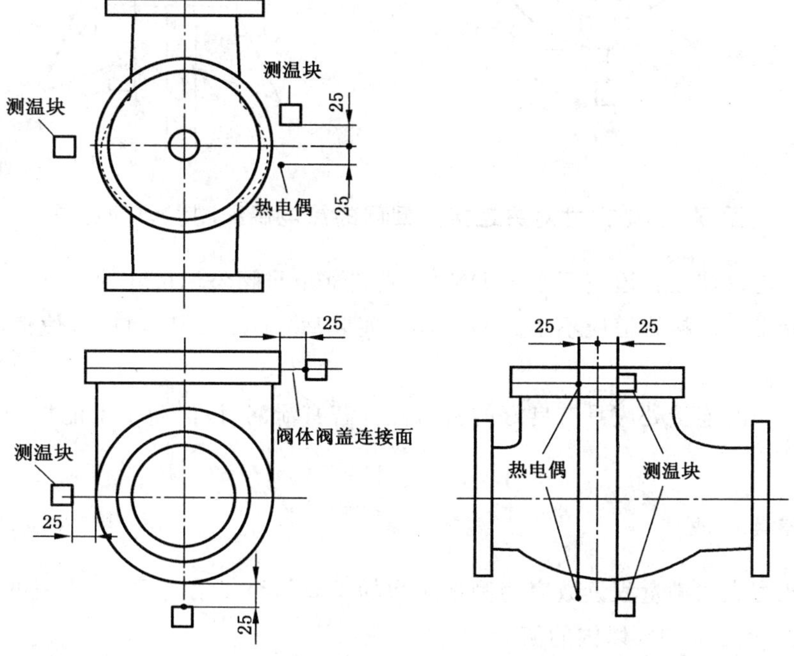

图 3 其他尺寸法兰连接端止回阀的热电偶和测温块的位置

单位为毫米

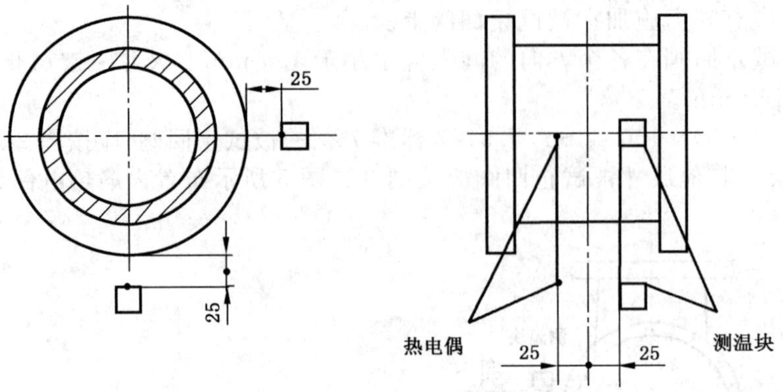

图 4　公称尺寸不大于 DN 150 对夹连接止回阀的热电偶和测温块的位置

单位为毫米

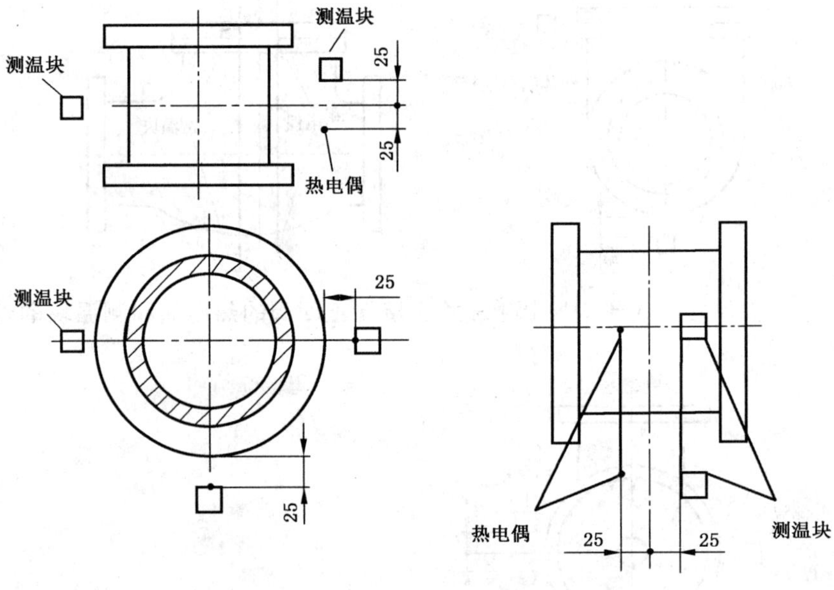

图 5　其他尺寸对夹连接止回阀的热电偶和测温块的位置

3.4.4　被试止回阀进口连接管道应不小于 DN 25 或被试止回阀公称尺寸的二分之一。

3.4.5　被试止回阀出口连接管道应不小于 DN 15。安装后，应有一定的斜度，使泄漏的水能从管道内完全流出。

3.4.6　与被试止回阀的连接处应具有良好的密封性。若有泄漏，该泄漏量不能作为允许最大外漏量的一部分进行计算。

3.5　仪表和计量器具

3.5.1　系统中的压力表的满量程读数应为测量压力的 1.5 倍至 4 倍之间，压力表的分辨率应达到在任意刻度点能读到最大刻度值 3%以内的值。

3.5.2　测温块应用碳钢材料制作，尺寸应按图 6 的规定；在测温块中心放置一个热电偶。

单位为毫米

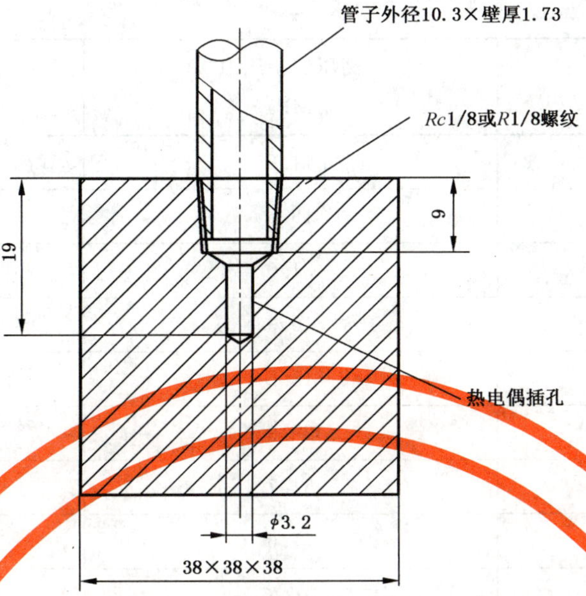

图6 测温块的尺寸

3.5.3 计量容器的容积应满足试验过程中水的最大泄漏量。

3.6 试验操作程序

3.6.1 将被试止回阀的两端用专用试验盲板封闭，使止回阀处于水平状态，安装到试验装置上，连接好阀前后的试验管道，在止回阀流向的出口端对其施加试验压力。

3.6.2 按图2～图5所示的指定要求，安装定位火焰口、热电偶、阀体热电偶和测温块位置。

3.6.3 打开阀门(图1中的序号5,6,15,21,22,23和24)，关闭阀门(图1中的序号16和17)，以给系统内注水和排气。

3.6.4 关闭供水阀(图1中的序号5,15,22,23和24)，打开下游的截止阀(图1中的序号16)，使管道系统上游的被试止回阀充满水，系统下游的水排掉。放空带有刻度的下游容器(图1中的序号19)。

3.6.5 施加气压或启动试压泵，系统上游的试验压力按表1的规定，记录带有刻度的计量表上的读数(图1中的序号4)，在火烧和冷却期间应维持这个压力。瞬时的压力损失是允许的，但累积的时间应不超过2 min。

表1 耐火试验时的试验压力

被试止回阀压力级	高压试验压力 MPa	低压试验压力 MPa
PN 20	1.5	0.2
PN 50	3.7	0.34
PN 64	5.0	0.48
PN 100	7.5	0.72

表 1（续）

被试止回阀压力级	高压试验压力 MPa	低压试验压力 MPa
PN 150	11.2	—
PN 250	18.6	—
PN 420	31.0	—
2 000Psi(13.8 MPa)	10.3	—
3 000Psi(20.7 MPa)	15.5	—
5 000Psi(34.5 MPa)	25.9	—
10 000Psi(69.0 MPa)	51.7	—
15 000Psi(103.5 MPa)	77.6	—
20 000Psi(138.0 MPa)	103.5	—
注：试验压力允许偏差±10%。		

3.6.6　打开燃料供应阀(图 1 中的序号 9)，点火并稳定火焰温度。在 2 min 之内，两个传感器的平均温度应达到 761 ℃，维持火焰温度在 761 ℃～980 ℃。

3.6.7　在 15 min 的火烧时间内，测温块的平均温度应达到 650 ℃。对于火烧的剩余时间，测温块的温度应不小于 565 ℃。

3.6.8　试验期间至少每隔 30 s 记录一次火焰热电偶和测温块的温度值。

3.6.9　在燃烧时间到后，切断燃气供应。

3.6.10　记录此刻计量容器所收集到的水量，以确定通过阀座的总泄漏量。继续用计量的容器收集水以确定外泄漏量。

3.6.11　冷却阀门或强制冷却使阀门温度低于 100 ℃。记录液位计(图 1 中的序号 4)和量筒(图 1 中的序号 19)的读数。

3.6.12　对于公称压力不大于 PN 100 的阀门。降低系统上游的试验压力，按表 1 的低压试验压力。在 5 min 后，再测量 5 min 时间通过阀座泄漏量和外泄漏量。

3.6.13　减小系统试验压力到阀门最大允许工作压力的 1%或者更低，排除放空阀中的空气和水(图 1 中的序号 15 和 23)，关闭下游的截止阀(图 1 中的序号 16)。

3.6.14　打开阀(图 1 中的序号 22 和 24)，使水充满系统下游管道，并排除管道的空气，然后关闭放空阀(图 1 中的序号 24)。

3.6.15　关闭截止阀(图 1 中的序号 21)，以断开被试止回阀上游的压力来源。

3.6.16　打开上游的放空阀(图 1 中的 23)。确保被试止回阀的阀座没有密封，通过放空阀观察水流动，然后关闭放空阀。

3.6.17　增加试验压力至表 1 规定高压试验压力，可通过打开阀体空腔放空阀(图 1 中的序号 15)观察，确保整个被试止回阀阀体内有试验压力。稳定高压试验压力 5 min 后，再测量 5 min 时间的被试止回阀的外部泄漏量。

4 阀门性能要求

4.1 火烧期间通过阀座的泄漏

火烧期间，在高压试验压力下，通过止回阀阀座的泄漏应不大于 15.7 mL/mm·min。

4.2 火烧和冷却期间的外漏

火烧后并冷却到 100 ℃以下，在低压试验压力时，止回阀外泄漏量应不大于 3.9 mL/mm·min。

4.3 冷却后通过阀座的泄漏

在低压试验压力时，持续时间 5 min，通过止回阀阀座的泄漏量应不大于 1.6 mL/mm·min。

4.4 冷却后的外漏

在低压试验压力下，试验持续时间 5 min，止回阀外漏量应不大于 0.8 mL/mm·min。

5 阀门评定

5.1 评定的方式

可以不需要对每一个公称尺寸和压力级的止回阀都进行试验，所有基于同一设计的止回阀可被经过耐火试验的止回阀的试验结果认可，可按照以下的限制要求进行评定：

a) 被试止回阀的试验结果，可用来评定比被试阀门公称尺寸大但不超过被试止回阀 2 倍公称尺寸的止回阀。公称尺寸 DN 400 的被试止回阀的试验结果，可以评定所有比它公称尺寸更大的阀门。如果被试阀门的公称尺寸大于 DN 200，其试验结果可以评定所有比它公称尺寸更大的阀门。

b) 被试止回阀可以用来评定比被试止回阀压力级高但不超过其 2 倍压力级的止回阀。

c) 若阀门符合其他的评定条件，阀体的连接端的形式不受限制，

5.2 材料的评定

5.2.1 被试阀门的试验结果，可以用来评定同一结构设计、同类别材料的阀门，可以评定的同类别材料有：铁素体钢、奥氏体钢、双相钢。壳体材料按 GB/T 12224 规定的类别。

5.2.2 如果被试阀门壳体是铁素体钢，可以扩展评定基于同一设计的奥氏体钢或双相钢材料的阀门。

5.2.3 其他类别阀体材料阀门的评定应按 5.3 和 5.4 规定的典型的压力级和公称尺寸进行试验。

5.3 公称尺寸的评定

被试止回阀可评定其他止回阀的尺寸范围按表 2 的规定。

表 2 可评定止回阀的尺寸

试验止回阀的尺寸		覆盖止回阀的尺寸	
DN (GB/T 19672)	NPS (SY/T 5127)	DN (GB/T 19672)	NPS (SY/T 5127)
50	$1\frac{13}{16}$,$2\frac{1}{16}$	50,65,80,100	$1\frac{13}{16}$,$2\frac{1}{16}$,$2\frac{9}{16}$,$3\frac{1}{8}$,$4\frac{1}{16}$
65	$2\frac{9}{16}$	65,80,100	$2\frac{9}{16}$,$3\frac{1}{8}$,$4\frac{1}{16}$,$5\frac{1}{8}$
80	$3\frac{1}{8}$	80,100,150	$3\frac{1}{8}$,$4\frac{1}{16}$,$5\frac{1}{8}$,$7\frac{1}{16}$
100	$4\frac{1}{16}$	100,150,200	$4\frac{1}{16}$,$5\frac{1}{8}$,$7\frac{1}{16}$
—	$5\frac{1}{8}$	150,200,250	$5\frac{1}{8}$,$7\frac{1}{16}$,9
150	$7\frac{1}{16}$	150,200,250,300	$7\frac{1}{16}$,9,11
200	—	200,250,300,350,400	9,11
—	9	200～400	9,11
250	—	250～500	11
—	11	250～600	11
300	—	300～600	—
350	—	350～700	—
400	—	≥400	—

5.4 压力等级的评定

被试止回阀可评定其他阀门的压力等级范围按表 3 和表 4 的规定。

表 3 可评定止回阀的压力

试验止回阀的压力		覆盖止回阀的压力或压力级		
PN	ANSI Class	PN	ANSI Class	NPS (SY/T 5127)
20	150	20,50	150,300	—
50	300	50,64,100	300,400,600	—
64	400	64,100	400,600	—
100	600	100,150	600,900	2 000,3 000
150	900	150,250	900,1 500	3 000
260	1 500	250,420	1 500,2 500	5 000
420	2 500	420	2 500	10 000

表 4　可评定止回阀的压力级

试验止回阀的压力 Psi	覆盖止回阀的压力或压力级		
	NPS (SY/T 5127)	ANSI Class	PN
2 000Psi(13.8 MPa)	2 000,3 000	900,1 500	150,250
3 000Psi(20.7 MPa)	3 000,5 000	1 500,2 500	250,420
5 000Psi(34.5 MPa)	5 000,10 000	2 500	420
10 000Psi(69.0 MPa)	10 000,15 000,20 000	—	—
15 000Psi(103.5 MPa)	15 000,20 000	—	—
20 000Psi(138.0 MPa)	20 000	—	—

ICS 25.120.10
J 62

中华人民共和国国家标准

GB 26483—2011

机械压力机　噪声限值

Noise limits of mechanical presses

2011-05-12 发布　　2012-01-01 实施

中华人民共和国国家质量监督检验检疫总局
中国国家标准化管理委员会　发布

前　言

本标准的 3.1.2、3.1.3、3.2.2、3.3.2 为强制性的，其余为推荐性的。

本标准按照 GB/T 1.1—2009《标准化工作导则　第 1 部分：标准的结构和编写》给出的规则起草。

本标准由中国机械工业联合会提出。

本标准由全国锻压机械标准化技术委员会(SAC/TC 220)归口。

本标准起草单位：济南二机床集团有限公司、济南铸造锻压机械研究所有限公司、青岛青锻锻压机械有限公司、江苏扬力集团有限公司。

本标准主要起草人：李红、马立强、杜勇、邢吉柏。

机械压力机　噪声限值

1　范围

本标准规定了机械压力机的声功率级和声压级的噪声限值。

本标准适用于机械压力机，包括各种类型的开式压力机、闭式压力机和螺旋压力机。

2　规范性引用文件

下列文件对于本文件的应用是必不可少的。凡是注日期的引用文件，仅注日期的版本适用于本文件。凡是不注日期的引用文件，其最新版本(包括所有的修改单)适用于本文件。

GB/T 23281　锻压机械噪声声压级测量方法

GB/T 23282　锻压机械噪声功率级测量方法

3　噪声限值

3.1　开式压力机的噪声限值

3.1.1　开式压力机的噪声声功率级限值

开式压力机连续空运转时的噪声 A 计权声功率级限值 L_{WA} 不应超过表 1 的规定。

表 1

公称力/kN	声功率级限值 L_{WA}/dB(A)
≤160	80
>160～250	90
>250～630	95
>630	100

3.1.2　开式压力机的噪声声压级限值

开式压力机连续空运转时在规定位置的噪声 A 计权声压级限值 L_{pA} 不应超过表 2 的规定。

表 2

公称力/kN	声压级限值 L_{pA}/dB(A)
≤160	70
>160～250	80
>250～630	85
>630	88

3.1.3 开式压力机的脉冲噪声声压级限值

开式压力机空载单次行程时在规定位置的脉冲噪声 A 计权声压级限值 L_{pAI}不应超过表 3 的规定。

表 3

公称力/kN	脉冲声压级限值 L_{pAI}/dB(A)
≤250	93
>250～630	95
>630	99

3.2 闭式压力机的噪声限值

3.2.1 闭式压力机的噪声声功率级限值

闭式压力机连续空运转时的噪声 A 计权声功率级限值 L_{WA}不应超过表 4 的规定。

表 4

公称力/kN	声功率级限值 L_{WA}/dB(A)
≤2 500	110
>2 500～6 300	115
>6 300	120

3.2.2 闭式压力机的噪声声压级限值

闭式压力机连续空运转时在规定位置的噪声 A 计权声压级限值 L_{pA}不应超过表 5 的规定。

表 5

公称力/kN	声压级限值 L_{pA}/dB(A)
≤2 500	85
>2 500～6 300	86
>6 300	87

3.3 螺旋压力机的噪声限值

3.3.1 螺旋压力机的噪声声功率级限值

螺旋压力机在按规定条件运转时的噪声 A 计权声功率级限值 L_{WA}不应超过表 6 的规定。

表 6

公称力/kN	声功率级限值 L_{WA}/dB(A)
≤1 000	92
>1 000～1 600	94

表 6（续）

公称力/kN	声功率级限值 L_{WA}/dB(A)
>1 600～3 150	98
>3 150～6 300	101
>6 300	110

3.3.2 螺旋压力机的噪声声压级限值

螺旋压力机按规定条件运转时在规定位置的噪声 A 计权声压级限值 L_{pA} 不应超过表 7 的规定。

表 7

公称力/kN	声压级限值 L_{pA}/dB(A)
≤1 000	76
>1 000～1 600	80
>1 600～3 150	82
>3 150～6 300	85
>6 300	90

4 测量方法

4.1 噪声声压级测量方法

机械压力机的噪声声压级测量方法应符合 GB/T 23281 的规定。

4.2 噪声声功率级测量方法

机械压力机的噪声声功率级测量方法应符合 GB/T 23282 的规定。

4.3 螺旋压力机噪声的测量条件

螺旋压力机在按规定规范运转时，应在滑块从最下位置向上运动过程中测量噪声。

4.4 噪声测量说明

4.4.1 出厂检验只测量噪声声压级。

4.4.2 新设计或改进设计、工艺、材料后的新产品等进行性能试验时均应测量噪声声压级；可再测量噪声声功率级，以噪声声压级为合格评定依据。

ICS 25.120.10
J 62

中华人民共和国国家标准

GB 26484—2011

液压机 噪声限值

Noise limits for hydraulic presses

2011-05-12 发布 2012-01-01 实施

中华人民共和国国家质量监督检验检疫总局
中国国家标准化管理委员会 发布

前　言

本标准的3.2是强制性的，其余为推荐性的。

本标准按照GB/T 1.1—2009《标准化工作导则　第1部分：标准的结构和编写》给出的规则起草。

本标准由中国机械工业联合会提出。

本标准由全国锻压机械标准化技术委员会(SAC/TC 220)归口。

本标准起草单位：合肥锻压机床有限公司、济南铸造锻压机械研究所有限公司、深圳市华测检测技术股份有限公司。

本标准主要起草人：王玉山、马立强、李贵显、朱平、孙华山。

液压机 噪声限值

1 范围

本标准规定了液压机的声功率级和声压级的噪声限值。

本标准适用于各种类型的液压机，如单柱液压机、四柱液压机等。

2 规范性引用文件

下列文件对于本文件的应用是必不可少的。凡是注日期的引用文件，仅注日期的版本适用于本文件。凡是不注日期的引用文件，其最新版本(包括所有的修改单)适用于本文件。

GB/T 23281 锻压机械噪声声压级测量方法

GB/T 23282 锻压机械噪声声功率级测量方法

3 噪声限值

3.1 液压机的噪声声功率级限值

液压机在连续空运转时的噪声A计权声功率级 L_{WA} 不应超过表1的规定。

表1

公称力/kN	声功率级限值 L_{WA}/dB(A)
≤1 600	90
>1 600～4 000	94
>4 000～10 000	102
>10 000～20 000	110
>20 000	120

3.2 液压机的声压级噪声限值

液压机连续空运转时在规定位置的噪声A计权声压级 L_{pA} 不应超过表2的规定。

表2

公称力/kN	声压级限值 L_{pA}/dB(A)
≤1 600	80
>1 600～4 000	83
>4 000～10 000	87
>10 000～20 000	90
>20 000	90

4 测量方法

4.1 噪声声压级测量方法

液压机的噪声声压级测量方法应符合 GB/T 23281 的规定。

4.2 噪声声功率级测量方法

液压机的噪声声功率级测量方法应符合 GB/T 23282 的规定。

4.3 噪声测量说明

4.3.1 出厂检验只测量噪声声压级。

4.3.2 新设计或改进设计、工艺、材料后的新产品等进行性能试验时均应测量噪声声压级；可再测量噪声声功率级，以噪声声压级为合格评定依据。

ICS 25.120.10
J 62

中华人民共和国国家标准

GB 26485—2011

开卷矫平剪切生产线　安全要求

Equipment for uncoiling, levelling and shearing Line—Safety requirements

2011-05-12 发布　　2012-01-01 实施

中华人民共和国国家质量监督检验检疫总局
中国国家标准化管理委员会　发布

前　言

本标准的第1章、第2章、第3章和附录A、附录B、附录C、附录D是推荐性的，其余为强制性的。

本标准参考ANSI B 11.18—1997《金属板卷开卷、矫平、剪切成套设备的设计、制造、组装、维护及使用的安全要求》制定的。

本标准按照GB/T 1.1—2009《标准化工作导则　第1部分：标准的结构和编写》给出的规则起草。

本标准由中国机械工业联合会提出。

本标准由全国锻压机械标准化技术委员会(SAC/TC 220)归口。

本标准起草单位：山东宏康机械制造有限公司、济南铸造锻压机械研究所有限公司、浙江恒立数控科技股份有限公司、深圳市华测检测有限公司、佛山市南海力丰机床制造有限公司。

本标准主要起草人：康风明、朱洪臣、马立强、周正礼、康峰、潘宪平、郭冰、杨承寿、朱平。

开卷矫平剪切生产线　安全要求

1　范围

本标准规定了开卷矫平剪切生产线的供应者和使用者等各方在设计、制造、组装、使用及维护方面的安全要求。

本标准适用于开卷矫平剪切生产线中的各种单机和机械组合(见附录A)。

本标准也适用于作为开卷矫平剪切生产线的辅助装置。

本标准不适用于与开卷矫平剪切生产线相关联的浸蚀、电镀、镀敷、油漆、润滑及表面预加工等机械和设备。

2　规范性引用文件

下列文件对于本文件的应用是必不可少的。凡是注日期的引用文件,仅注日期的版本适用于本文件。凡是不注日期的引用文件,其最新版本(包括所有的修改单)适用于本文件。

GB 2893　安全色

GB 2894　安全标志及其使用导则

GB/T 3766　液压系统通用技术条件

GB 4584　压力机用光电保护装置技术条件

GB 5226.1　机械电气安全　机械电气设备　第1部分:通用技术条件

GB/T 7932　气动系统通用技术条件

GB/T 8196　机械安全　防护装置　固定式和活动式防护装置设计与制造一般要求

GB/T 9969　工业产品使用说明书　总则

GB 12265.3　机械安全　避免人体各部位挤压的最小间距

GB/T 15706.1　机械安全　基本概念与设计通则　第1部分:基本术语和方法

GB/T 15706.2—2007　机械安全　基本概念与设计通则　第2部分:技术原则

GB 16754　机械安全　急停　设计原则

GB/T 16855.1　机械安全　控制系统有关安全部件　第1部分:设计通则

GB/T 16856.1　机械安全　风险评价　第1部分:原则

GB 17120　锻压机械　安全技术条件

GB 17888.1　机械安全　进入机械的固定设施　第1部分:进入两级平面之间的固定设施的选择

GB 17888.2　机械安全　进入机械的固定设施　第2部分:工作平台和通道

GB 17888.3　机械安全　进入机械的固定设施　第3部分:楼梯、阶梯和护栏

GB 17888.4　机械安全　进入机械的固定设施　第4部分:固定式直梯

GB 18209.2　机械安全　指示、标志和操作　第2部分:标志要求

GB/T 18831　机械安全　带防护装置的联锁装置　设计和选择原则

GB/T 19876　机械安全　与人体部位接近速度相关防护设施的定位

GB/T 23281　锻压机械噪声声压级测量方法

GB 23821　机械安全　防止上下肢触及危险区的安全距离

3 术语和定义

下列术语和定义适用于本文件。

3.1

警示　warning

提醒人们注意危险或危险操作的方法。

3.2

警示标志　warning symbol

通过实物警告有关人员注意危险的标志。

3.3

警示装置　warning device

通过声音或光线信号警示危险的装置。

3.4

保证　assurance

确立、维持和监控有效程序、步骤或体系以达到本标准的要求。

3.5

隔离装置　isolation device

隔离危险的实物。

3.6

制动装置　braking device

停止、延缓、阻止运动或加大带钢拉力的机械装置。

3.7

固定隔离保护装置　protection device for fixed isolation

机器或机器表面的一种附属装置以封闭或部分封闭危险区域。

3.8

安全防护装置　safeguard

防护装置或保护装置。

3.9

防护装置　guard

机器的组成部分，用于提供保护的物理屏障。

注1：防护装置可以：

——单独使用。对于活动式防护装置，只有当其“闭合”时才有效，对于固定式防护装置，只有当其处于“锁定位置”才有效；

——与带或不带防护锁的联锁装置结合使用。在这种情况下，无论防护装置处于什么位置都能起到防护作用。

注2：根据设计，防护装置可以是外壳、护罩、盖、屏、门和封闭式装置。

注3：防护装置的类型及其要求见GB/T 15706.2—2007中5.3.2和GB/T 8196。

3.9.1

固定式防护装置　fixed guard

以一定方式（如采用螺钉、螺帽、焊接）固定的，只能使用工具或破坏其固定方式才能打开或拆除的防护装置。

3.9.2

活动式防护装置　movable guard

不使用工具就能打开的防护装置。

3.9.3

可调式防护装置　adjustable guard

整体或者部分可调的固定式或活动式防护装置。在特定的操作期间，调整件保持固定。

3.9.4

联锁防护装置　interlocking guard

与联锁装置联用的防护装置，同机器控制系统一起实现以下功能：

——在防护装置关闭前，其"抑制"的危险的机器功能不能执行；

——在危险机器功能运行时，若打开防护装置，则发出停机指令；

——在防护装置关闭后，防护装置"抑制"的危险的机器功能可以运行，防护装置本身的关闭不会启动危险的机器功能。

注：GB/T 18831 给出了详细规定。

3.9.5

带防护锁的联锁防护装置　interlocking guard with guard locking

与联锁装置、防护锁定装置联用的防护装置，同机器控制系统一起实现以下功能：

——在防护装置关闭和锁定前，其"抑制"的危险的机器功能不能执行；

——在防护装置"抑制"的危险机器功能所产生的风险消失之前，防护装置保持关闭和锁定状态；

——在防护装置关闭和锁定后，被防护装置"抑制"的危险机器功能可以运行，防护装置本身的关闭和锁定不会启动危险机器功能。

注：GB/T 18831 给出了详细规定。

3.9.6

具有启动功能的联锁防护装置　interlocking guard with a start function

可控防护装置　control guard

特殊联锁防护装置。一旦其到达关闭位置，便发出触发机器危险功能的命令，无需使用离合启动控制。

注：GB/T 15706.2—2007 中给出了关于使用条件的详细规定。

3.10

保护装置　protective device

防护装置以外的安全装置。

3.11

感应保护装置　inductive protection device

安全保护的感应装置。

3.12

感应装置　inductive device

指能够产生感应区域以侦查人体存在的设备。

3.13

急停　emergency stop

具有以下功能：

——阻止正在发生的或降低所存在的对人员的危险、对机械或正在进行中的工作的损害；

——由单人动作触发。

注：GB 16754 给出了详细规定。

3.14

危险 hazard

潜在的伤害源。

注1："危险"一词可由其起源（例如：机械危险和电气危险），或其潜在伤害的性质（例如：电击危险、切割危险等）进行限定。

注2：本定义中的危险包括：

- 在机器的预定使用期间，始终存在的危险（例如：危险运动部件的运动、焊接过程中产生的电弧、不健康的姿势、噪声排放等）；
- 意外出现的危险（例如：意外启动引起的挤压危险、泄漏引起的喷射、加速/减速引起的坠落）。

3.15

危险区 hazard zone/danger zone

使人员暴露于危险的机械内部和（或）其周围的任何空间。

3.16

窄点 narrow point

指运行着的机器、附属设备、材料某些部分呈现危险的区域。

3.17

咬点 biting point

指任一装置的旋转部件与另一装置或材料之间挤咬部位。

3.18

安全距离 safe distance

在开卷矫平剪切生产线运行期间，避免操作者进入或接近危险区域所需要的距离。

3.19

本质安全设计措施 inherently safe design measure

通过改变机器设计或机器工作特性，而非使用防护装置或保护装置，来消除危险或减小与危险相关的风险的保护措施。

注：GB/T 15706.2—2007 的第4章给出了通过本质安全设计方法减小机器风险。

3.20

安全防护 safeguarding

使用安全防护装置保护人员的措施。这些保护措施使人员远离那些不能合理消除的危险或者通过本质安全设计方法无法充分减小的风险。

注：标准 GB/T 15706.2—2007 的第5章对安全保护措施进行了详细描述。

3.21

局部控制 partial controla

操作者可以直接控制系统中机器的某一部分的控制方法。

3.22

安全控制位置 safety control position

在机器或系统运行期间，当操作人员控制机器或系统时不能接近危险区域并与其保持一定距离的安全位置。

3.23

引料 guiding material

把材料头端引入机器的过程。

3.24

收尾 to end

将条形板材的末端部分从开卷矫平剪切生产线或其元件的上部、下部或中间通过的操作。

3.25

穿带　to start

将条形板材的头端部分从开卷矫平剪切生产线或其元件的上部、下部或中间通过的操作。

3.26

盘车　jog

通过人工方法使机器短暂运动。

3.27

集成者　integrator

任何设计、提供、生产或组装开卷矫平剪切生产线以及附属装置、控制接口或控制系统的人员。

3.28

制造商　manufacturer

任何设计、生产制造或组装开卷矫平剪切生产线的个人或组织。

3.29

改造　modification

对于开卷矫平剪切生产线原有的生产目的、生产功能、生产能力、操作步骤或安全保障要求的改变。

3.30

改造者　modification performer

对开卷矫平剪切生产线实施改造的个人或组织。

3.31

现场安装者　on-site installation workers

将开卷矫平剪切生产线重新组装以达到其原有的设计、生产目的、生产能力和生产功能的个人或组织。

3.32

现场安装　on-site installation

将开卷矫平剪切生产线重新组装以达到其原有的设计、生产目的、生产能力和生产功能。现场安装包括机器主要元件的修复或替代,其不被认为是保养和修理行为。

3.33

供应者　supplier

任何提供开卷矫平剪切生产线部分或所有系统元件或服务(比如:设计、制造、系统组合等)的个人或组织。

3.34

使用者　user

使用开卷矫平剪切生产线的任何个人或组织。

3.35

超前开启联锁防护装置　early opening interlocking guard

带有联锁装置的防护装置。在工作危险区所有危险运动结束后,不中断工作循环。

3.36

员工　employees

被设备原始购买者或使用者雇用的人员。

3.37

组装　assembly

为确保开卷矫平剪切生产线的正确安全操作,制造商对于机械和安保装置的合理安装和调试。

3.38

心轴　mandrel

对板卷材料提供内部支撑的机器部件。

3.39

纵切主轴　longi tudinal cutting shaft

用以安装隔套和圆盘刀具的主轴。

3.40

机械(机器)　machinery (machine)

由若干个零部件组合而成,其中至少有一个零件是可运动的,并且有适当的机器制动机构、控制和动力系统等。它们的组合具有一定应用目的,如物料的加工、处理、搬运或包装等。也包括具有一定应用目的的若干台机器的组合。

3.41

废料　waste

从材料加工过程中被排除的部分材料。

3.42

超载装运　overload carriage

装载材料的重量或惯性超过运行材料所使用的动力的一种情况。

3.43

数控系统　NC system

一种通过特殊方式执行命令而具有逻辑功能、决定功能和运算功能的电子系统。数控系统通常包括输入和输出元素,一般是可以重新编程的。

4　责任

4.1　制造商

4.1.1　设计

制造商应按照第 6 章的规定设计开卷矫平剪切生产线。

4.1.2　制造

制造商应按照第 6 章的规定制造开卷矫平剪切生产线。

4.1.3　危险识别

制造商应按照 5.1.2 的规定识别开卷矫平剪切生产线的危险源,并应按 5.1.3、5.1.4 和 5.1.5 的规定在使用说明书中指导原始购买者识别危险源。

4.1.4　危险控制

制造商应按照 5.1.2 和 5.2 的规定消除或控制可识别的危险。

4.1.5　安全防护

开卷矫平剪切生产线的安全防护应符合第 8 章的规定。

4.1.6　使用说明书

制造商负责为原始购买者提供使用说明书,使用说明书应符合 GB/T 9969 的规定。其应包括以下内容：

a) 技术要求

——操作要求；

——机器重量；

——使用要求。

b) 安装说明

——机器使用的环境；

——设计基础数据；

——安装图样；

——机器维修所需的最小空间；

——能源介质参数；

——启动前的准备事项。

c) 维修和保养说明

——润滑技术要求；

——推荐使用的润滑剂；

——润滑剂加注口和放油口的位置；

——润滑、检测和定期保养的要求；

——能源的供应和补充；

——能源切断及其位置；

——蓄能释放说明；

——安全预防措施。

d) 操作说明

——机器生产能力；

——机器操作描述；

——操作控制、指示及设备的功能与位置；

——机器的安装与维护；

——防护与安保装置的识别；

——安全预防措施；

——安全工作程序。

4.1.7 信息标示

制造商应在开卷矫平剪切生产线中的主要单机上标示说明设备的主要技术参数的标牌，如：材料的宽度、长度、厚度等，参见附录B。

4.2 集成者

4.2.1 危险识别

制造商或供应者应按照第5章的要求确认危险的来源。提供给原始购买者的使用说明书信息应符合5.1.3、5.1.4和5.1.5的要求，指导其确认危险。

4.2.2 危险控制

制造商或供应者应按照5.2的规定控制可识别的危险。

4.3 改造者

4.3.1 改造

4.3.1.1 改造者应按照第6章的规定改造开卷矫平剪切生产线。

4.3.1.2 对开卷矫平剪切生产线的改造，包括安全防护和非直接改造部分都属于改造。

4.3.2 危险识别

在改造工作范围内，改造者应按照5.1.2的规定确认危险的来源。提供给使用者的使用说明书信息应符合5.1.3、5.1.4和5.1.5的要求，指导其确认危险。

4.3.3 危险控制

在改造工作范围内改造者应按照5.2的规定，消除或控制已识别的危险。

4.3.4 安全保护

在改造工作范围内，改造者应根据第8章的规定采取安全保护措施。

4.3.5 技术文件

改造者应提供改造指导，并为改造提供相关技术文件和新的产品使用说明书。

4.4 现场安装者

现场安装者应按照第6章的规定安装开卷矫平剪切生产线。

4.5 使用者

4.5.1 安装与调试

使用者应按照第7章的规定安装与调试开卷矫平剪切生产线。

4.5.2 危险识别

按照5.1.1、5.1.2、5.1.3和5.1.4的规定，使用者应负责在开卷矫平剪切生产线工作期间与操作相关的危险源识别。

4.5.3 危险控制

按照5.2.2、5.2.3、5.2.4、5.2.5和5.2.6的规定，使用者负责消除或控制所有已识别的危险。

4.5.4 安全保护

使用者应在开卷矫平剪切生产线周围设置安全装置，并确保其可安全使用。

4.5.5 保养使用

使用者应按照第9章的规定使用和保养开卷矫平剪切生产线。

4.5.6 人员指派

使用者应确保只有经过培训的人员才能安装、调试、使用和保养开卷矫平剪切生产线。

4.5.7 使用者改装

使用者进行开卷矫平剪切生产线的部分设计、制造、改造和现场安装工作时，应符合第 4 章的规定。

4.6 人员

4.6.1 人员安全

与开卷矫平剪切生产线相关的工作人员应执行本标准和有关规定，以确保自身的安全和健康。

4.6.2 程序

与开卷矫平剪切生产线相关的工作人员，应遵守操作程序与安全程序。

5 危险

5.1 危险识别

5.1.1 总则

根据 GB/T 16856.1 规定的风险评价原则，本标准列出了与开卷矫平剪切生产线相关的危险，但不一定包含全部危险。与之相关的各方应根据 GB/T 16856.1 的规定，结合具体实际情况确定所有可预见的危险并进行必要的安全防护。

5.1.2 设计与制造

与开卷矫平剪切生产线的设计制造相关的可预见性危险包括：

a） 所有开卷矫平剪切生产线单机与机械组合

——动力传送设施；

——咬点（滚轮或其他旋转部件）；

——移动或固定零部件之间的窄点或剪切点；

——冲击荷载；

——旋转轴或传动杆断裂；

——紧固件的松动或断裂；

——需要经常维修或调整的零部件；

——传输设备；

——环境因素（噪声、温度、湿滑表面）；

——人为的因素。

b） 动力系统

——管道、油缸、蓄能器和其他元件因压力而造成的破裂；

——储存能量的突然释放而引发的危险动作；

——机械干扰（冲击、振动）；

——控制部件故障引发的危险；

——外围设备的干扰；

——电子干扰（EMI 为电磁干扰，ESD 为静电释放，RFI 为射频干扰）。

c） 翻卷机

——过度负载；

——不稳定卷料。

d) 卷料车

——输送区域；

——轨道装置；

——不稳定卷料。

e) 备料台

——失控的卷料运动；

——不稳定卷料。

f) 剪板机

——移动负载和机器固定零件之间的窄点和剪切点；

——机器零件之间的窄点和剪切点；

——储能装置的能源补充和爆裂；

——引料；

——人为因素。

g) 旋转料架

——板卷支撑杆之间或板卷之间的窄点；

——板卷支撑杆和相邻物体之间的窄点；

——旋转杆、板卷与拆装人员。

h) 开卷机

——开卷期间材料破损；

——与板卷的接触；

——失控的板卷尾部运动；

——心轴或板卷的意外启动、停滞、旋转或加速；

——多心轴运动；

——卷料应力释放造成的弹性松动；

——捆带切割和拆除时，捆带和卷料的失控运动；

——意外盘车；

——压料轮的咬点和窄点危险；

——心轴速度过快或失控。

i) 引料机

——引头装置与相邻装置之间的窄点或咬点。

j) 矫平机

——人工将板卷头端部分穿入未保护的咬点；

——材料导向；

——工作辊运动或清洁；

——工作辊升降时，工作辊之间的窄点。

k) 纵剪机

——纵剪机架的交换。

l) 收卷机

——收卷开始时，材料从钳口中滑出；

——收卷过程中材料断裂；

——收卷时的咬点和窄点；

——板卷末端的不恰当放置；

——与带钢或板卷的接触；

——失控的板卷尾部运动；
——板卷或心轴的意外启动、停止、旋转或加速；
——多个心轴的运行；
——卷料应力释放造成的弹性松动；
——板卷末端的箍紧扣松动；
——意外推料；
——压紧滚轮的窄点或咬点；
——过快或不可控制的心轴速度。

m） 码垛机
——运动零部件之间的咬点和窄点；
——滑轨或传送带；
——码垛区域；
——板材的失控运动；
——失控的码垛运动。

n） 卷取/切断废料处理机
——接触废弃的边脚料或碎片；
——移动或处理废料块、废料卷或捆扎；
——接触刀片；
——噪声。

5.1.3 安装和启动

与开卷矫平剪切生产线安装相关的可预见性危险源包括：
——不合适的基础；
——不恰当安装；
——环境因素；
——吊装；
——工作危险区的安全防护；
——护栏放置不妥；
——安装护栏、防护罩或操作点防护装置之前，应对危险性运动进行安全防护；
——工作区域；
——使用梯子、脚手架等。

5.1.4 使用

与开卷矫平剪切生产线使用相关的可预见性危险源包括：

a） 设备、原材料和操作行为
——不恰当安装和板卷处理；
——板卷处理时板卷与心轴之间的挤压区域；
——不稳定板卷的处理；
——使用加垫法升高板卷；
——板卷的打捆、解捆；
——板卷的弹性松动；
——压紧滚轮的窄点与咬点；
——板卷散捆；

——板卷不规则的头端和末端；
——失控的板卷或带材运动；
——使用梯子进入活套坑或储料塔；
——穿带；
——与带钢边缘的接触；
——带钢破裂；
——接触带钢废边或碎片；
——处理废料块、废料卷或捆包；
——从废边卷取机上取下废料；
——把废料填入压块机；
——处理及使用刀具；
——刀具压紧力不足；
——纵剪机主轴旋转时人工辅助喂料或清洁刀具；
——旋转槽加料、纸张或填充物的加进；
——收卷产生的板卷末端不齐的处理与箍紧；
——枕木(滑动垫木等)和托架的使用；
——移动的带材或板材；
——卸料；
——带材收尾；
——废料处理；
——辊子的清洁；
——超过机器额定的生产能力；
——超出规定功能使用机器或违背指令使用机器；
——工作人员错误的信息交流；
——规定单人操作的系统而由多人操作。

b) 个人行为
——未执行规定的工作程序；
——护栏或防护装置的错误连接或拆除；
——不使用或错误使用个人防护用品；
——操作时未能与机器保持安全距离；
——攀爬机器设备。

5.1.5 保养

与开卷矫平剪切生产线保养相关的可预见性危险源包括：
——未能执行恰当的切断程序；
——辊子的清洁；
——保养时的实际操作；
——工作危险区的安全防护；
——机器保养时，防护栏、防护罩或操作点的安全保护装置的拆除；
——防护栏、防护罩不当的位置改变；
——工作区域；
——梯子、脚手架等的使用；
——不规范的清洁程序。

5.2 危险控制

5.2.1 危险消除

开卷矫平剪切生产线应符合本质安全设计的原则，通过设计消除危险。本质安全设计应符合GB/T 15706.1和GB/T 15706.2的规定。

5.2.2 安全防护装置

不能通过设计消除的危险，应采取安全防护措施，并应符合第8章的规定。

5.2.3 安全工作规范

不适合使用安全防护装置防止危险时，应制定安全规范，以防止危险的产生。

5.2.4 警示

在安全保护措施不能有效避免危险时，应提供危险警示。

制造商应提供对未加安全保护(机器)部件的危险警示标志，并应张贴醒目，参见附录C。

使用者应为操作人员提供所必需的危险警示。应通过安全工作实践、人员培训和督导进行警示。

制造商和使用者所设置的安全指示和标志应符合GB 2893、GB 2894和GB 18209.2的规定。

5.2.5 危险能源

应通过切断或控制危险能量来源避免在安装、使用或维修期间的意外的危险运行。

5.2.6 未授权人员

使用者应限制未授权人员操作开卷矫平剪切生产线。

6 设计与制造

6.1 基本要求

开卷矫平剪切生产线的设计与制造应符合GB 17120和本标准的规定。

6.2 安全防护

设计者、制造商和供应商应选择尽可能减小风险的安全防护方法，并根据具体情况采取如下防护措施。

a) 固定式防护装置应符合GB/T 8196、GB 23821和GB 12265.3的要求。

b) 活动式防护装置应符合GB/T 8196的要求。

c) 可调式防护装置应符合GB/T 8196、GB 23821和GB 12265.3的要求。

d) 联锁防护装置应符合GB/T 8196和GB/T 18831的要求。

e) 带防护锁的联锁防护装置应符合GB/T 8196和GB/T 18831的要求。

f) 可控防护装置应符合GB/T 15706.1、GB/T 8196和GB/T 16855.1的要求。

g) 光电保护装置应符合GB 4584、GB/T 19876的规定。

6.3 机器安全

开卷矫平剪切生产线及其零部件的设计和制造应有利于消除5.1中所认定的危险。

6.4 危险能量的控制

对可能产生危险的能量应采取隔离或控制措施。

6.5 电气系统

6.5.1 控制可靠性

控制系统的设计与制造应符合 GB 5226.1 的规定;控制系统的急停设计应符合 GB 16754 的规定,并且不得影响正常的制动和产生不能停止的意外运行。

6.5.2 局部控制

如果使用局部控制,其应能阻止所有来自控制区域之外的操作控制。

6.5.3 “紧急停止”时的人员安全

“紧急停止”应在不产生其他危险的前提下,切断所有危险性机器的能量来源;“紧急停止”不得妨碍危险区或危险条件下人员的疏散。

6.5.4 电源中断

电源中断时,开卷矫平剪切生产线应能安全地停止运行,应保证只能在操作者有意行为下才能重新启动。

6.6 液压、气动系统

6.6.1 液压系统

开卷矫平剪切生产线的液压系统应符合 GB/T 3766 的规定。

6.6.2 气动系统

开卷矫平剪切生产线的气动系统应符合 GB/T 7932 的规定。

6.6.3 压力供应的隔离和释放

对于储存于系统中能产生危险运动的压力,应提供隔离与释放途径,并应有识别和切断的措施。

6.6.4 压力的联锁保护

当液压系统压力超出开卷矫平剪切生产线安全运转限度时,应提供停止或进入系统保护的自动装置。

6.6.5 压力增大

应有防止压力增大的装置,以避免危险的产生。

6.7 噪声

开卷矫平剪切生产线在空负荷运行时,其 A 计权噪声声压级不得大于 88 dB,其测量方法应符合 GB/T 23281 的规定。

7 安装与调试

7.1 基本要求

安装与调试应符合本标准的规定。

7.2 布局

应充分考虑为操作人员提供足够的空间，以方便机器的操作、材料的处理和机器的维护。

7.3 安装地基

安装机器的地面应经过硬化处理，其地基应足以负载开卷矫平剪切生产线设备的各种动、静载荷。

7.4 能源切断

在开卷矫平剪切生产线安装期间，应提供切断危险能量来源的装置。

7.5 照明

使用者应安装照明设施以保证操作人员安全。

7.6 调试

7.6.1 程序

使用者应按规定的程序进行设备的调试。

7.6.2 调试人员

只有经过培训的人员方可参与开卷矫平剪切生产线的调试。

7.6.3 安全保护

在调试期间，如果安全防护装置未安装，应采取其他安全防护措施，如：临时性护栏、安全工作程序和警示标志等。

8 安全防护

8.1 基本要求

制造商、供应商或改造者应会同使用者合理确定安全保护措施。当有危险存在时，应采取下列中的一项或多项措施保护操作人员。

——防护装置；

——保护装置；

——警示护栏；

——安全工作程序；

——个人防护。

8.2 人员安全防护

按照 5.1 中与机器相关的危险，应给人员提供安全防护，其措施应包括以下的一项或多项：

——防止人员无意接近或进入危险区域；

——当测知有人员进入或滞留危险区域时，开卷矫平剪切生产线应不可运行启动，或正在运行的开卷矫平剪切生产线应停止运行；

——相关人员使用个人防护设备；

——使用切断电源程序。

8.3 安全防护措施

8.3.1 防护装置

防护装置应防止人员无意进入危险区域，其设计与制造应符合 GB/T 8196 的规定。根据需要应按 GB 17888.3 的要求设置楼梯、阶梯和护栏等有效的安全保护装置，必要时应根据 GB 17888.1、GB 17888.2和 GB 17888.4 设置工作平台和通道、楼梯、固定式直梯。

8.3.2 保护装置

保护装置应在人员滞留或正在进入危险区域时防止机器的启动。

8.3.3 采用距离或位置的安全防护

使用者在开卷矫平剪切生产线安装时，应合理地考虑到设备的安装位置和安全距离，以防止人员无意进入危险区域。

8.3.4 警示标志和装置

通过设置警示标志或通过可触摸、可听或可视的方式警示有关人员注意可能发生的危险。

8.3.5 安全工作规程

使用者应通过培训、督导等，使工作人员认识到各种危险并防止危险的方法。

8.3.6 人员保护装备

使用者应为操作者和有关人员提供个人安全保护工具和装备。

9 保养与使用

9.1 安全规程

使用者应按制造商、供应商或改造者的要求，制定并执行开卷矫平剪切生产线的使用与保养的安全规程，其中包括：

——控制危险性能源；

——材料的装载与卸载；

——检查与维护；

——材料导入。

9.2 培训

9.2.1 所有人员

为保证开卷矫平剪切生产线的使用安全，所有相关的人员都应接受安全工作规程培训，参见附录 D。培训内容应包括：

——完成工作任务的方法；
——与 5.1.3 和 5.1.4 中所识别的与工作任务有关的危险；
——选定的安全防护方法；
——保证安全防护措施正常运行的方法；
——安全信息与图示。

9.2.2 操作人员

应按规定程序培训开卷矫平剪切生产线的操作人员，使其熟练掌握和了解危险动力的控制、喂料和操作方法等内容，应使操作人员掌握第 5 章中避免危险的方法。其培训内容包括：
——在操作机器和开卷矫平剪切生产线之前，所有人员都应处在安全位置；
——安全启动、正常停机和紧急停止程序；
——安全放置和操作程序；
——了解所有安全防护装置及使用方法；
——操作人员不应穿裙装、戴首饰、留长发、蓄长须等；
——操作人员应该向管理人员汇报任何设备故障、损坏或功能的异常；
——操作人员应知并理解所有提供的“警告”内容。

9.2.3 维护人员

维修人员应当接受开卷矫平剪切生产线的安全检修和维护程序培训，并熟练掌握本标准第 5 章中所列出的避免危险的方法。

9.2.4 电源切断

与开卷矫平剪切生产线相关人员应接受危险动力控制程序(电源切断)的培训。

9.3 监督

9.3.1 保养与使用

开卷矫平剪切生产线的保养与使用应指派接受过安全和维护方面培训的人员进行监督。

9.3.2 安全保护

使用者应保证所提供的安全防护措施被正确安装并能在操作中使用。

9.4 非授权使用

为防止危险的意外发生，必要时使用者应按下列方法提供防止或控制非授权人员对开卷矫平剪切生产线使用的措施。如：
——设置锁具；
——使用钥匙卡；
——带锁式选择开关；
——设置密码和进入指令。

9.5 监测与维护

使用者应制定开卷矫平剪切生产线的定期检测与维护计划；以保证所有的部件、辅助设备和安全保护装置处于安全运行状态。

附　录　A
（资料性附录）
开卷矫平剪切生产线部分单机构成及图示

A.1　开卷矫平定长剪切生产线

开卷矫平定长剪切生产线参见图 A.1。

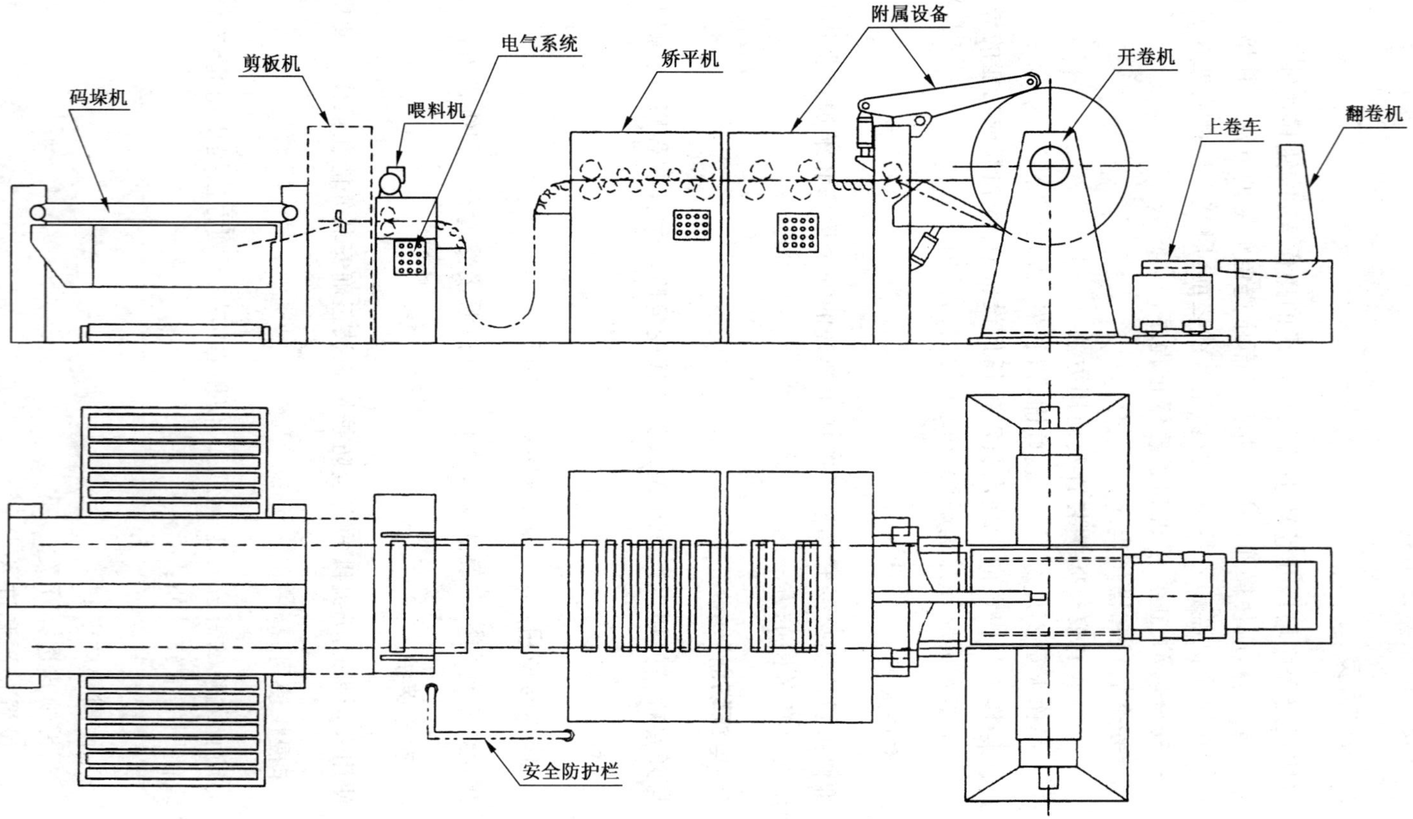

图 A.1　开卷矫平定长剪切生产线示意图

A.2 开卷矫平纵剪生产线

开卷矫平纵剪生产线参见图 A.2。

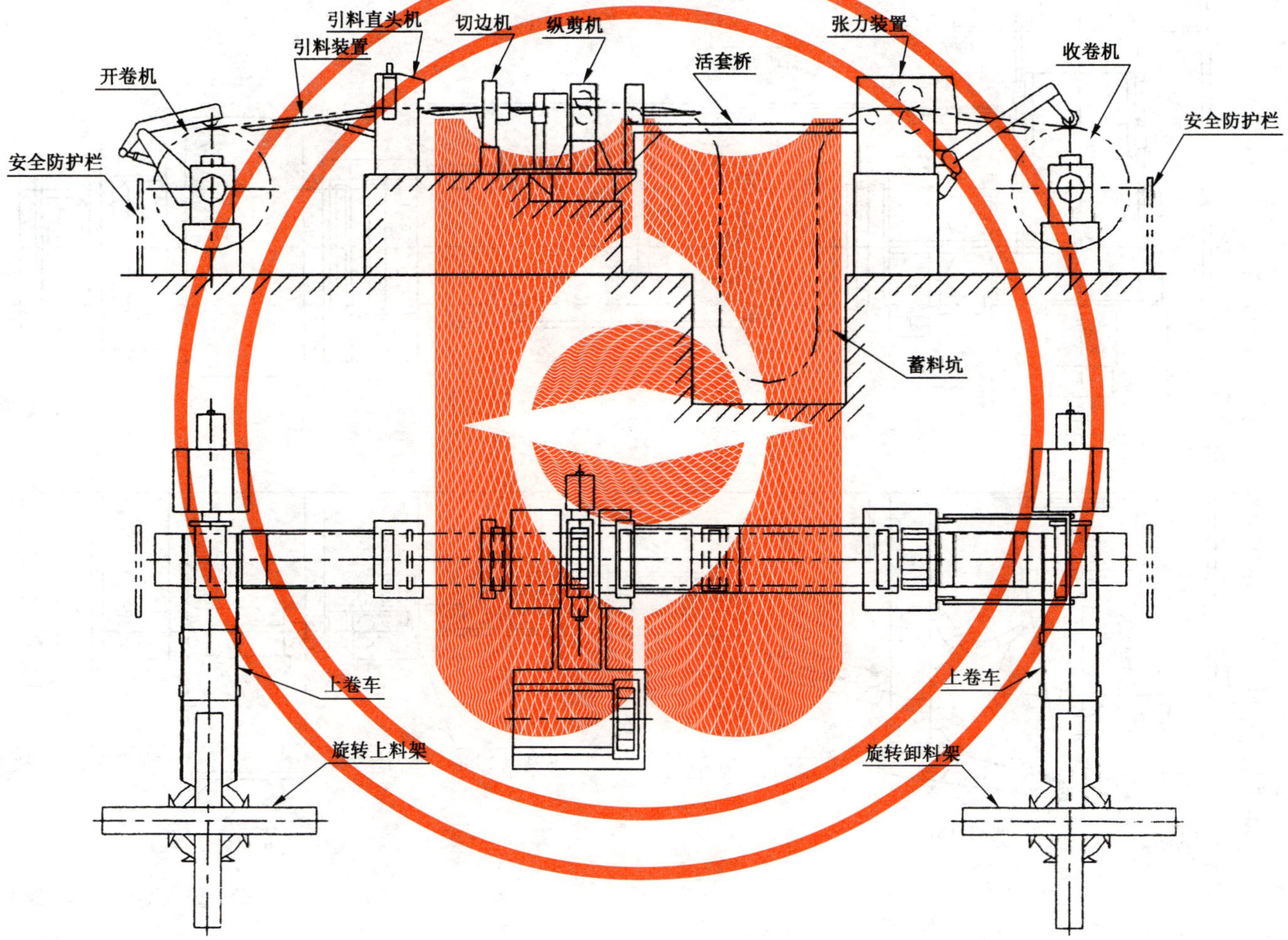

图 A.2 纵剪生产线示意图

A.3 开卷矫平冲压落料生产线

开卷矫平冲压落料生产线参见图 A.3。

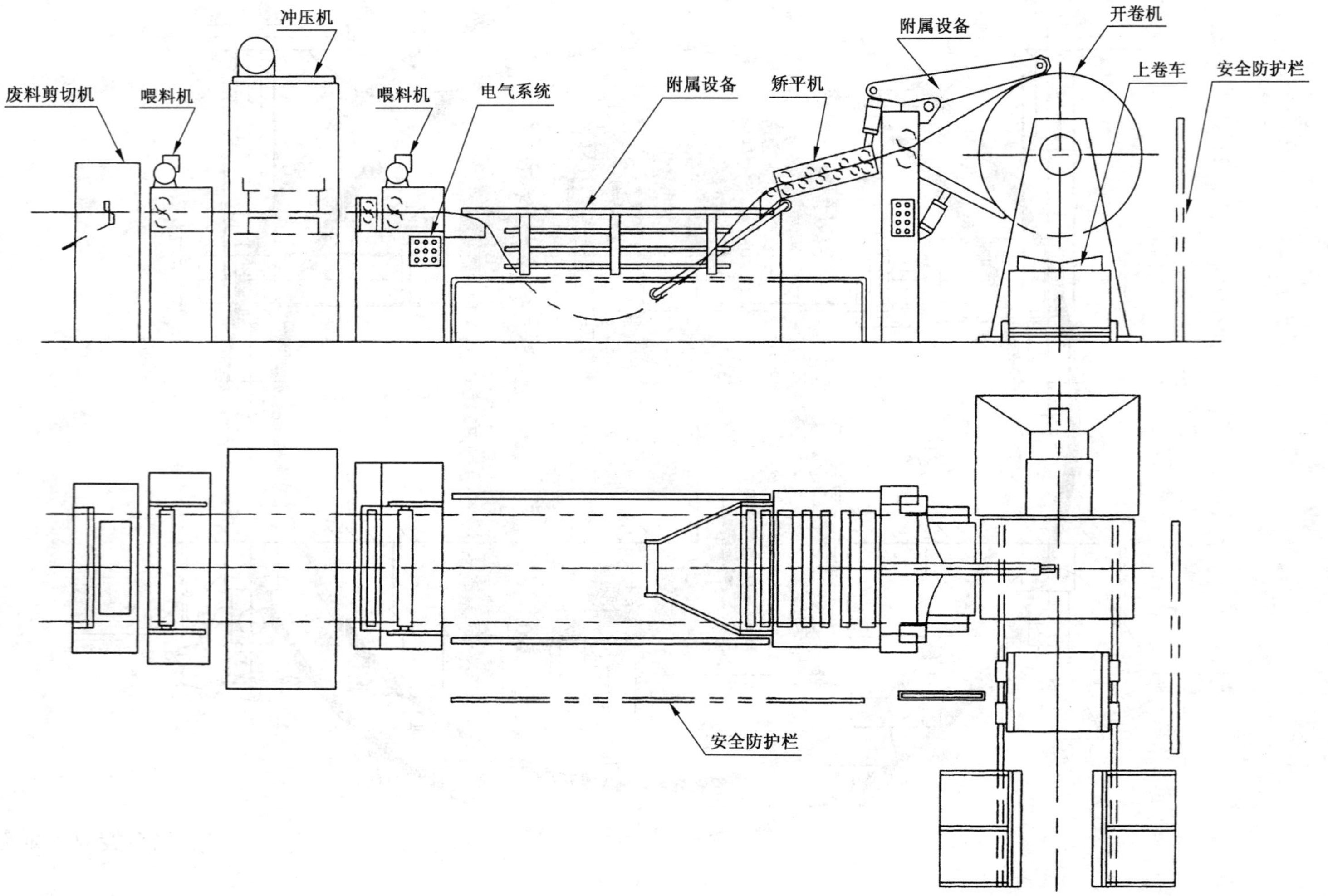

图 A.3 冲压、落料生产线示意图

A.4 开卷矫平重卷生产线

开卷矫平重卷生产线参见图 A.4。

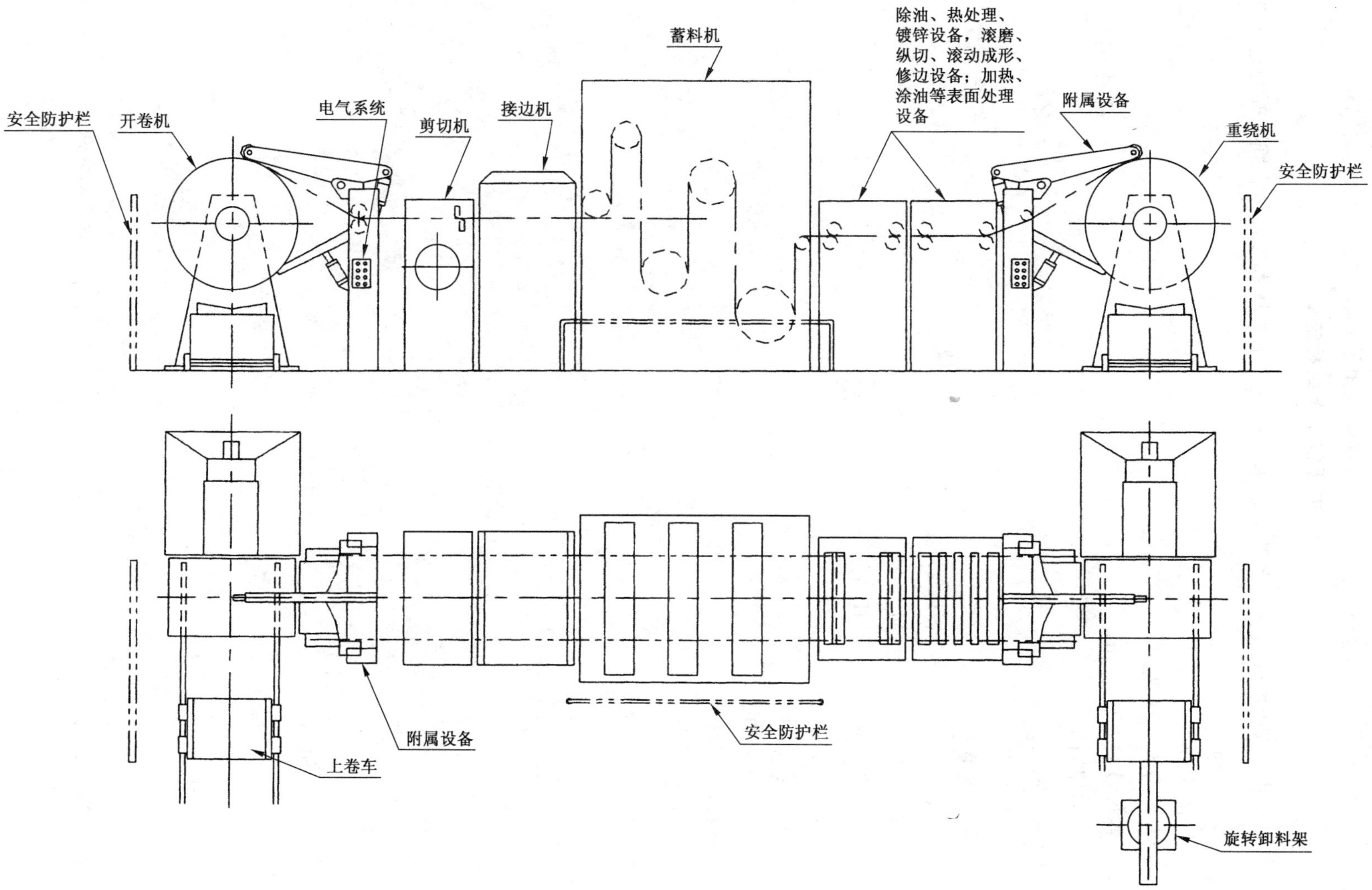

图 A.4 重卷生产线示意图

附 录 B
（资料性附录）
主要技术参数标志牌

B.1 开卷矫平剪切生产线成套设备及主要单机均应有主要技术参数标志牌。标牌应注明如下信息：

——产品名称；

——产品型号；

——卷料最大重量，kg；

——卷料最大外径，mm；

——主轴伸缩范围，mm；

——毛坯宽度，mm；

——喂料长度，mm；

——卷料毛坯厚度，mm；

——转速，r/min；

——液压系统额定压力，MPa；

——液压系统允许压力，MPa；

——出厂日期；

——电源电压，V；

——电源频率，Hz；

——制造商名称。

附 录 C
（资料性附录）
安全警示信息及安全标志

C.1 总则

本附录列出了制定危险控制计划时应当考虑的安全警示信息及安全标志，其内容应在开卷矫平剪切生产线成套设备的使用说明书、机械设备中或设备现场得到充分体现和使用。

C.2 警示信息

开卷线产品的使用说明或设备现场应有安全警示信息或标志，其安全警示信息的内容如下：

——危险：设备运转期间不要检查任何工件/轧件的尺寸！

——警告：操作任何机器之前务必保证防护设施到位！

——小心：对本机的不规范操作可能引起人员伤亡或机器故障！

——危险：任何维护和修理之前务必切断所有动力来源！

——警告：切勿超负荷运行设备！

——警告：板卷以非控制形式解绕时，板卷通道上不可有人员停留！

——警告：务必保持工作区间的畅通、地面清洁干燥！

——警告：任何人在使用开卷线设备或设备出租之前，应保证操作者在操作之前：

- 接受开卷线设备安全使用的培训并执行有关安全指令。
- 阅读并理解开卷线设备的使用说明书，并遵守相关的法律和法规。

C.3 安全标志

在开卷线设备现场应根据 GB 2894 的有关规定设置必要的禁止、警告、指令和提示的安全标志。标志牌的制作应符合 GB 2893 和 GB 2894 的规定。

附 录 D
（资料性附录）
操作人员培训指南

D.1 总则

为确保开卷矫平剪切生产线成套设备的安全使用，规范操作程序并指导制造商和使用者制订操作人员培训计划，特推荐此操作人员培训指南。

D.2 理论培训

让操作人员阅读并理解《使用说明书》和本标准的安全要求。向他们提供充分的口头和书面的培训资料。并对操作人员的理解程度进行评估和考核。

D.3 操作培训

让受训的操作人员观察有经验的操作人员做设备的操作示范演示。

D.4 操作实践培训

在理论培训和操作培训完成之后，让受训的操作人员在严格的监督之下操作设备。

D.5 操作指导

在观察受训人员操作设备之后，纠正不规范操作并提出改进建议。

D.6 工作实践

对操作人员进行评估并布置任务，在D.2～D.5的步骤完成后，向受训人员布置操作设备的任务并明确责任。

D.7 监督检查

使受训人员定期接受安全教育和操作培训，并监督检查操作人员遵守指令、操作规程和安全指南。

ICS 25.120.10
J 62

中华人民共和国国家标准

GB/T 26486—2011

数控开卷矫平剪切生产线

NC Levelling and shearing line

2011-05-12 发布 2012-01-01 实施

中华人民共和国国家质量监督检验检疫总局
中国国家标准化管理委员会 发布

前言

本标准按照GB/T 1.1—2009《标准化工作导则 第1部分:标准的结构和编写》给出的规则起草。

本标准由中国机械工业联合会提出。

本标准由全国锻压机械标准化技术委员会(SAC/TC 220)归口。

本标准起草单位:山东宏康机械制造有限公司、南京埃斯顿数字技术有限公司、浙江恒立数控科技股份有限公司、佛山市南海力丰机床制造有限公司、济南铸造锻压机械研究所有限公司。

本标准主要起草人:朱洪臣、康峰、马立强、潘宪平、吴波、李建峰、杨承寿、赵建峰。

数控开卷矫平剪切生产线

1 范围

本标准规定了数控开卷矫平剪切生产线的技术要求、试验方法、检验规则、包装、标志与运输。

本标准适用于被加工卷材的最大厚度为0.15 mm～25.4 mm的数控开卷矫平剪切生产线(以下简称开卷线),其他规格产品也可参照使用。

2 规范性引用文件

下列文件对于本文件的应用是必不可少的。凡是注日期的引用文件,仅注日期的版本适用于本文件。凡是不注日期的引用文件,其最新版本(包括所有的修改单)适用于本文件。

GB/T 191 包装储运图示标志

GB/T 3168 数字控制机床 操作指示形象化符号

GB/T 3766 液压系统通用技术条件

GB 5226.1 机械电气安全 机械电气设备 第1部分:通用技术条件

GB/T 6576 机床润滑系统

GB/T 7932 气动系统通用技术条件

GB/T 7935 液压元件 通用技术条件

GB/T 9969 工业产品使用说明书 总则

GB/T 10923 锻压机械 精度检验通则

GB/T 13306 标牌

GB/T 14404—1993 剪板机 精度

GB 17120—1997 锻压机械 安全技术条件

GB/T 23281 锻压机械噪声声压级测量方法

GB/T 50231 机械设备安装工程施工及验收通用规范

GB/T 50272 锻压设备安装工程施工及验收通用规范

GB 26485—2011 开卷矫平剪切生产线 安全要求

JB/T 1829—1997 锻压机械通用技术条件

JB/T 3164—2007 辊式板材矫正机技术条件

JB/T 3240 锻压机械操作指示形象化符号

JB/T 5197 剪板机技术条件

JB/T 5994 装配通用技术要求

JB/T 8832 机床数字控制系统 通用技术条件

JB/T 8356.1 机床包装技术条件

JB/T 9954 锻压机械液压系统清洁度

3 术语和定义

下列术语和定义适用于本文件。

3.1

数控开卷矫平剪切生产线　NC Levelling and Shearing Line

用于将金属卷材进行开卷、矫平、剪切、码垛等工序的数控生产线设备统称。

3.2

开卷机　uncoiler

用于实现金属卷材开卷功能的设备总称。如:双圆柱头式开卷机、悬臂式开卷机和双锥头式开卷机。

3.3

收卷机　recoiler

将经过开卷、矫平或纵剪后的带材加工成卷材的机器。

3.4

纵剪机　slitter

将经过开卷、矫平等工序加工后的带材,进行纵向剪切的设备。如:分条、切边。

3.5

引料机　plate feeder

用于将金属卷材的头端引入后续设备的机器。

3.6

活套　looper

为协调生产线相关单机的速度匹配或避免动作干涉,而设置的储料装置。如:地坑式活套、上储料活套等。

3.7

生产线速度　line speed

生产线速度指开卷机的出料速度。

3.8

落料装置　cushion device for plate dropping

为整齐码垛而设置的装置。

3.9

飞剪机　flying shear

卷材在运行状态下,进行板材定长剪切的设备。

3.10

收卷错边量　recoiling width tolerance

带材在纵剪并收卷后,其相邻带层之间在带宽方向上的最大错边尺寸。

3.11

废料卷取机　scrap baller

对切边机和纵剪机剪切下的边料进行卷取回收的机器。

3.12

板料对中机构　plate centering mechanism

为防止板材跑偏而设置的板材对中机构。

3.13

板料纠偏装置　plate deviation rectifying device

生产线工作过程中,在发生板料跑偏后而起纠偏作用的装置。

4 技术要求

4.1 基本要求

4.1.1 生产线的图样及技术文件应符合本标准的要求，并应按规定程序经批准后方能投入生产。

4.1.2 生产线的各单机配置应能满足生产工艺要求；产品设计应布局合理、性能优良、工作可靠、操作方便、造型美观、便于维修。

4.1.3 生产线出厂应保证成套性，并备有机器正常使用所需的附件、专用工具；特殊附件的供应由供需双方商定。

4.1.4 生产线所配置的刀具、模具、夹具一般按基本参数的最大规格提供。否则应在合同或技术协议中注明。

4.1.5 制造厂应保证用于生产线的外购件（包括电气、液压、气动元件）质量，并应符合相应标准的规定。出厂时应与生产线同时进行空运转试验。

4.1.6 生产线的使用说明书应符合 GB/T 9969 的规定。

4.1.7 根据用户对所加工金属卷材的工作精度和工作效率、自动化程度要求，供需双方应在合同中注明生产线中应包括的单机名称、数量和规格。

4.1.8 生产线的安装应符合 GB/T 50231、GB/T 50272 和有关技术文件的规定。

4.2 基本参数

4.2.1 生产线的主参数为被加工卷材的最大厚度和最大宽度。

4.2.2 生产线的基本参数应按表 1 的规定设计或选用，也可根据用户要求来确定产品的基本参数。

表 1 板料开卷矫平剪切生产线基本参数

<table>
<tr><th rowspan="3">卷材厚度
mm</th><th rowspan="3">卷材宽度
系列
mm</th><th colspan="3">生产线速度
m/min</th><th rowspan="3">卷材内径
系列
mm</th><th rowspan="3">卷材最大
重量
kg</th><th rowspan="3">卷材最大
外径范围
mm</th><th rowspan="3">剪板长度
mm</th></tr>
<tr><th colspan="2">横　剪</th><th rowspan="2">纵剪</th></tr>
<tr><th>飞剪</th><th>停机剪</th></tr>
<tr><td>0.15～0.6</td><td rowspan="10">450
650
800
1 000
1 300
1 600
1 800
2 000
2 200</td><td rowspan="4">50～120</td><td rowspan="4">15～60</td><td rowspan="4">30～200</td><td rowspan="10">450
508
610
762</td><td rowspan="2">15 000</td><td rowspan="10">1 000～
2 200</td><td rowspan="4">500～4 000</td></tr>
<tr><td>0.3～1.2</td></tr>
<tr><td>0.5～2.0</td><td rowspan="4">20 000</td></tr>
<tr><td>0.8～3.0</td></tr>
<tr><td>1～4</td><td rowspan="2">40～80</td><td rowspan="2">15～50</td><td rowspan="2">30～150</td><td rowspan="6">1 000～
16 000</td></tr>
<tr><td>2～8</td></tr>
<tr><td>3～12</td><td rowspan="4">20～60</td><td rowspan="4">10～40</td><td rowspan="4">—</td><td rowspan="4">40 000</td></tr>
<tr><td>4～16</td></tr>
<tr><td>6～20</td></tr>
<tr><td>8～25.4</td></tr>
<tr><td colspan="9">注：表中参数按卷材材料力学性能 $\sigma_s \leqslant 245$ MPa、$\sigma_b \leqslant 460$ MPa 计算。</td></tr>
</table>

4.3 结构与性能

4.3.1 生产线应按要求配置必备的单机或装置。

4.3.2 采用双锥头式的开卷机，应保证锥头的更换方便。采用涨缩式结构的悬臂式或双圆柱头式开卷机，应满足卷料实际孔径的要求，特殊要求应在合同中注明。

4.3.3 采用不停机剪切方式时，生产线中各单机的工作速度应相匹配；采用停机剪切方式时，活套装置的储料长度应与停机剪切的时间相适应。

4.3.4 根据需要设置防止板料跑偏的对中机构或纠偏装置。

4.3.5 生产线的定长剪切装置应准确、可靠，并能满足相应的工作精度要求。

4.3.6 生产线应采取防止板料表面划伤的措施。对板料的表面质量有特殊要求时应在合同中注明。

4.3.7 生产线中的各种模具、刀片更换应方便。

4.3.8 生产线中的落料装置工作应平稳、可靠。

4.3.9 生产线的工作速度应调整方便，并应满足技术文件和协议的要求。

4.3.10 横剪机的设计和制造应符合 JB/T 5197 的规定。

4.3.11 当矫平机结构型式符合 JB/T 3164 的规定时，其设计和制造也应符合 JB/T 3164 的要求。

4.4 精度

4.4.1 生产线几何精度应符合附录 A 的规定。

4.4.2 生产线工作精度应符合附录 B 的规定。

4.4.3 生产线的精度检验应符合 GB/T 10923 和附录 A、附录 B 的规定。

4.5 安全与防护

4.5.1 生产线应具备可靠的安全保护或防护装置，并应符合 GB 26485—2011 和 GB 17120 的有关规定。

4.5.2 在生产线需要经常调整的部位或工作人员操作部位应设置急停按钮，其配置应符合 GB 17120、GB 5226.1 的规定。

4.5.3 产品使用说明书的编制应有安全注意事项和有关警示内容，并说明除设备之外的保证人身安全的措施。

4.5.4 生产线运转前应有安全警示。

4.5.5 各单机运动部件在运行至极限位置时一般应设置安全保护装置。

4.5.6 生产线工作时应有可靠的联锁保护措施。

4.5.7 生产线的主要单机应有可靠的超载保护装置。在满负荷工作时，应能保证生产线的正常运行。当发生超负荷工况时，应能保证重要零件不致遭到破坏。

4.5.8 容易松动的零部件应采取可靠的防松措施。

4.5.9 涨紧机构或夹紧装置的动作应准确，锁紧机构应可靠。

4.6 刚性

矫平机的上横梁、框架，横剪机的刀架、机架，纵剪机及切边机的刀轴等应有足够的刚度，并应符合设计文件的规定。

4.7 润滑

生产线的润滑系统应符合 GB/T 6576 的规定。

4.8 防渗漏

生产线及各单机的液压、润滑、气动系统的油、气应不渗、不漏。

4.9 标牌

生产线及主要单机应有铭牌和润滑、操纵、安全等各种标牌或标志。标牌应符合 GB/T 13306 的规定。标牌上的形象化符号应符合 JB/T 3240 和 GB/T 3168 的规定。标牌应端正地固定在相关单机的明显部位,并保证清晰。

4.10 工作环境条件

生产线应在环境温度 0～40 ℃之间,相对湿度在最高温度 40 ℃时不超过 50%,海拔 1 000 m 以下,无强磁场、电场干扰,交流电网电压波动在额定电压±10%范围内及频率 50 Hz±1 Hz 的条件下正常工作。

4.11 铸、锻、焊件

4.11.1 各单机的所有铸件、锻件和焊接件均应符合 JB/T 1829—1997 中 3.3 的规定。对不影响使用和外观的缺陷,在保证质量的条件下允许按规定的技术文件进行修补。

4.11.2 重要铸造零件的工作表面,如齿轮齿面和滑动轴承、滑块与导轨等滑动面,不应有气孔、缩孔、砂眼、渣孔和偏析等缺陷。

4.11.3 机架、刀架、辊座等重要铸件或焊接件应采取消除内应力措施。

4.12 零件加工

4.12.1 零件加工基本要求

零件加工应符合设计、工艺和标准化的要求。已加工表面不应有毛刺、斑痕和其他机械损伤。除特殊规定外,均应将锐边倒钝。

4.12.2 刮研的滑动面和重要平面

4.12.2.1 采用刮研的轴瓦、轴套、导轨,其接触情况应在实际工作位置检验(如轴瓦应压入瓦座内)。

4.12.2.2 轴瓦和导轨的工作表面刮研点应均匀。用检验棒或配合件做涂色检验时,在 300 cm^2 面积内平均计算(不足 300 cm^2 时按实际面积平均计算),每 25 mm×25 mm 面积内的接触点数不应少于表 2的规定。

表 2 导轨、轴瓦刮研面的接触点数

导轨宽度、轴承直径/mm	接触点数
≤120	8
>120	6

注 1:两个不同宽度配合的导轨,按宽导轨的规定点数检验。

注 2:上述规定不适用于非轴承用轴套和复合材料轴承。

4.12.2.3 用刮研方法加工的重要工作平面,如燕尾槽、滑块等,采用涂色法检验平面度时,与检验平板合研后检验,接触应均匀,平均计算每 25 mm×25 mm 面积内接触点不应少于 6 点。

4.12.3 机械加工的滑动面

采用精刨、磨削或其他机械加工方法加工的滑动导轨、轴瓦、轴套等工作表面，在用涂色法检验其接触情况时，其接触面积累计值在长度上不应小于70%，在宽度上不应小于50%。

4.12.4 耐磨措施

矫平机等单机的工作轴，开卷机、收卷机等单机主轴，各类导辊、导轨、导向滑块、缸体和活塞杆等重要运动摩擦副应采取耐磨措施。

4.13 电气和数控系统

4.13.1 电气系统

电气系统的设计、装配、安装调试应符合 GB 5226.1 的规定。

4.13.2 数控系统

4.13.2.1 生产线数控系统应符合 JB/T 8832 的规定。

4.13.2.2 数控系统的硬件应稳定、可靠，符合系统通讯要求；软件的设计应简明、易懂、通用性强。人机界面一般应包括工作参数设置、重要的生产工艺参数设置、历史数据显示、设备故障和工艺操作提示等内容。

4.13.2.3 在机器醒目的位置应配备启动、运行、停止状态的声或光警示。

4.13.2.4 数控系统的操作指示形象化符号应符合 GB/T 3168 和 JB/T 3240 的规定。

4.13.2.5 数控系统应具有断电记忆功能。

4.13.2.6 数控系统应具有故障自诊断功能。

4.13.2.7 数控系统各位移坐标显示与实际位移的误差应符合技术文件及有关规定。其显示方法应直观，便于操作者观察。

4.13.2.8 数控系统长度位移显示精度不应低于有关工作精度数值量级。

4.13.2.9 数控系统的最小设定量应能满足对工件工作精度修正的需要。

4.13.2.10 对有自动编程的生产线，编程方法应简便易行。

4.14 液压和气动系统

4.14.1 液压系统

生产线的液压系统应符合 GB/T 3766 的规定。液压系统中所用的液压元件应符合 GB/T 7935 的规定。液压系统清洁度应符合 JB/T 9954 的规定。

4.14.2 气动系统

生产线的气动系统应符合 GB/T 7932 的规定。

4.15 装配

4.15.1 各单机应按装配工艺规程或相关技术文件进行装配。装配到设备上的零、部件均应符合质量要求。不允许装入图样上未规定的垫片、套等零件。

4.15.2 各单机上重要的固定结合面，如导轨架与床身等，应紧密贴合，紧固后用 0.05 mm 塞尺检验，塞尺塞入深度不应大于接触宽的 1/4，接触面间可塞入塞尺部位累计长度不应大于周长的 1/10。

4.15.3 各单机啮合齿轮安装后的轴向错位不应大于表 3 的规定。

表 3 齿轮啮合的轴向错位

单位为毫米

小齿轮轮缘宽度	轴向错位
≤50	2.5
>50～150	4
>150	6

4.16 噪声

生产线空运转时的声音应正常，其 A 计权噪声声压级不应大于 88 dB。测量方法应符合 GB/T 23281 的规定。

4.17 外观

4.17.1 各单机的外表面不应有图样未规定的凸起、凹陷或粗糙不平。盖板和罩壳等接缝处应平整。外露管线路应排列整齐、牢固。外露的结合表面不应有明显的错位，错位量应符合 JB/T 1829—1997 中 3.9.4 的规定。

4.17.2 机械零件和附件的非机械加工表面应采用涂漆或其他方法进行防护。

4.17.3 主要外露加工表面，不应有磕碰、划伤和锈蚀。

4.17.4 需经常拧动的调节螺栓和螺母以及非金属管道不应涂漆。

4.17.5 外露的焊缝应平直、均匀。

4.17.6 埋头螺钉头部不应突出零件表面，且与沉孔之间不应有明显的偏心；固定销应略突出零件外表面，螺栓应略突出螺母表面；外露轴端应突出包容件的端面，其突出量约为倒角值。

5 检验方法

5.1 一般要求

应符合 JB/T 1829—1997 中 4.1 的规定。

5.2 基本参数检验

按本标准要求和产品技术文件的规定检验生产线和单机的基本参数。与工作能力有关的技术参数须经负荷试验后确认。

5.3 基本性能检验

生产线在空运转试验前或空运转试验过程中应按下列项目进行基本性能检验：

a) 检验各种安全装置的可靠性；

b) 进行单机设备各种运行规范的操作试验，检验其动作的灵活性、可靠性与准确性；

c) 检验各种可进行调整或调节装置的可靠性，准确性；

d) 进行各单机的联机试验，检验生产线速度和各单机动作的协调性、准确性、可靠性；

e) 检验各种附属装置的灵活性和可靠性；

f) 检验润滑装置的功能及可靠性；

g) 检验气动装置的功能及可靠性；

h) 检验液压装置的功能及可靠性；

i) 检验电气装置的功能及可靠性；

j) 检验数控系统功能及可靠性。

5.4 装配检验

按4.15的规定检验各单机的装配质量。

5.5 空运转试验

5.5.1 空运转试验规范及时间

联机空运转试验前，应在制造厂进行各单机模拟工作规范动作的空运转试验，并进行辅助传动的单次运转试验，其中各单机的主传动运转时间不低于30 min，辅助传动单次运转时间不少于10 min（或5次）。对于在制造厂无条件进行联机试验的，其试验时间应加倍。

5.5.2 连续空运转试验规范及时间

在完成各单机空运转试验并确认工作正常后，在各单机联机状态下进行生产线的连续空运转试验。试验规范按技术文件的规定，模拟实际工况进行。连续空运转试验时间不得少于4 h。对速度可调的生产线，试验时应在最低速、中速、最高速各运转30 min后，在最高速度下进行连续空运转试验。

5.5.3 温升与最高温度限值

在生产线的连续空运转试验过程中，当温度达到稳定值时，用测温计在零件发热最高部位进行测量，其温升与最高温度不应超过下列规定：

——滑动轴承的温升不应大于40 ℃，最高温度不应高于70 ℃；

——滚动轴承的温升不应大于40 ℃，最高温度不应高于70 ℃；

——滑动导轨的温升不应大于15 ℃，最高温度不应高于50 ℃；

——液压泵的油液进口温度不应高于60 ℃。

5.6 噪声检验

按4.16的要求，在连续空运转时检验生产线在规定位置的A计权噪声声压级。

5.7 负荷试验

5.7.1 每条生产线均应按额定的工作能力参数进行满负荷工作试验。当在制造厂无条件进行该项试验时，可于设备安装后在用户现场进行。

5.7.2 负荷试验应在技术文件规定的最大卷重、最大板厚、最大板宽和特定的材料机械性能条件下进行。试验时的生产线运行速度应符合技术文件的要求。

5.7.3 在负荷试验过程中，生产线的机、电、液、气各系统应工作平稳、可靠，液压及气动系统不应渗漏。

5.8 精度检验

5.8.1 生产线中各单机的几何精度要求及检验方法应符合附录A的规定。

5.8.2 生产线的工作精度要求及检验方法应符合附录B的规定。

5.9 外观检验

生产线的外观应符合4.17的规定。

5.10 包装检验

生产线的包装应符合第7章的规定。

6 检验规则

6.1 出厂检验

6.1.1 生产线均须经制造厂检验部门进行出厂检验，合格后方可出厂。

6.1.2 生产线在制造厂的不可检项目，应在用户作补充检验或试验。

6.1.3 生产线应按下列项目进行出厂检验或试验：

a) 基本参数检验；
b) 基本性能检验；
c) 装配质量检验；
d) 空运转试验；
e) 噪声检验；
f) 负荷试验；
g) 精度检验；
h) 外观检验；
i) 包装检验。

6.2 型式检验

6.2.1 对于新产品、更新产品(包括结构、主要零件材质、工艺有较大改变的产品)应按有关规定进行型式检验。

6.2.2 型式检验应按本标准要求进行全面试验和检验。

6.2.3 型式检验时，从出厂检验合格的产品中随机抽样，每次检验不少于一台。

7 标志、包装与随机技术文件

7.1 防锈

各单机的零件、部件、附件和备件的外露加工面防锈应符合有关标准的规定。

7.2 包装与标志

各单机及其部件的包装应符合JB/T 8356.1的规定，标志应符合GB/T 191的规定。在保证产品质量和运输安全的前提下，允许按供需双方的约定实施简易包装。

7.3 随机技术文件

生产线的随机技术文件应包括：

——使用说明书(包括主要配套件使用说明书)；
——合格证(包括主要配套件合格证)；
——装箱单。

附 录 A
（规范性附录）
数控开卷矫平剪切生产线几何精度

A.1 横剪机几何精度

横剪机的几何精度应符合 GB/T 14404 的规定。

A.2 矫平机几何精度

对于结构型式符合 JB/T 3164 的矫平机，其几何精度应符合 JB/T 3164 的规定。

A.3 纵剪机几何精度

A.3.1 剪刀轴几何精度

A.3.1.1 几何精度允差

纵剪机剪刀轴的几何精度允差应符合表 A.1 的规定。

表 A.1 纵剪机剪刀轴的几何精度允差

单位为毫米

几何精度项目	最大卷料宽度	最小剪板厚度			
		≤0.5	>0.5～2	>2～5	>5
		允差			
上下剪刀轴径向跳动	≤1 000	0.01	0.02	0.05	0.06
	>1 000～1 600	0.02	0.03	0.08	0.10
	>1 600	0.03	0.08	0.12	0.15
上下剪刀轴平行度（两轴中心平面及与其垂直平面内）	≤1 000	0.01	0.02	0.03	0.05
	>1 000～1 600	0.02	0.03	0.05	0.08
	>1 600	0.03	0.06	0.08	0.12
上下剪刀轴轴向窜动	—	0.002	0.005	0.008	0.010
刀轴刀盘定位轴肩端面跳动	—	0.002	0.005	0.008	0.010

A.3.1.2 检验方法

A.3.1.2.1 上下剪刀轴径向跳动的检验方法

将指示器测头触及并垂直于轴面，将轴缓慢空转一周，测取指示器读数差（图 A.1）。分别在上、下轴的左、中、右三个部位测量，误差以指示器的最大读数差值计。

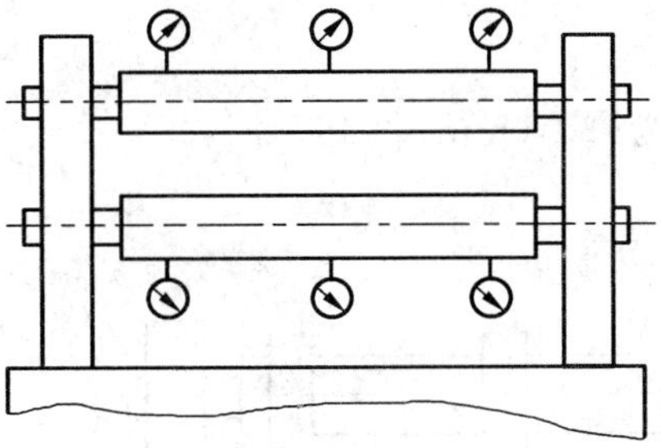

图 A.1

A.3.1.2.2 上下剪刀轴平行度的检验方法

A.3.1.2.2.1 检验要求

上下剪刀轴的平行度需在通过两轴线的平面内及垂直于该平面的两个方向检验。

A.3.1.2.2.2 在通过两轴轴线的平面内检验

将指示器装在与下轴轴径适应的 V 形槽支架上,测头垂直触在上轴面,支架沿下轴面滑动,并在垂直轴线方向摆动(见图 A.2),测取两轴线间的最小距离,误差以最小距离的最大差值计。

当上下轴间距小至不能用指示器检验时,可用块规检验(见图 A.3)。

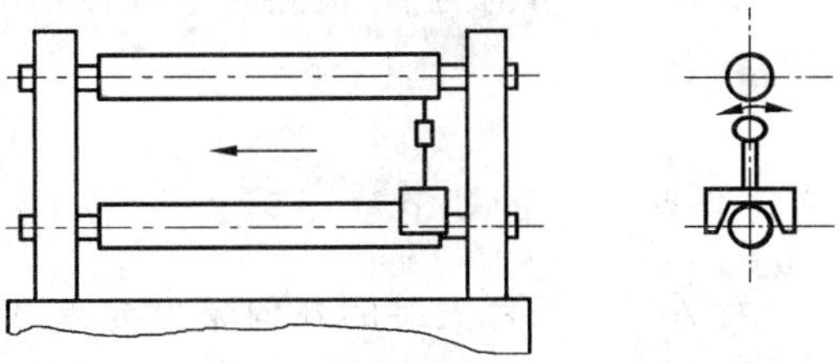

图 A.2

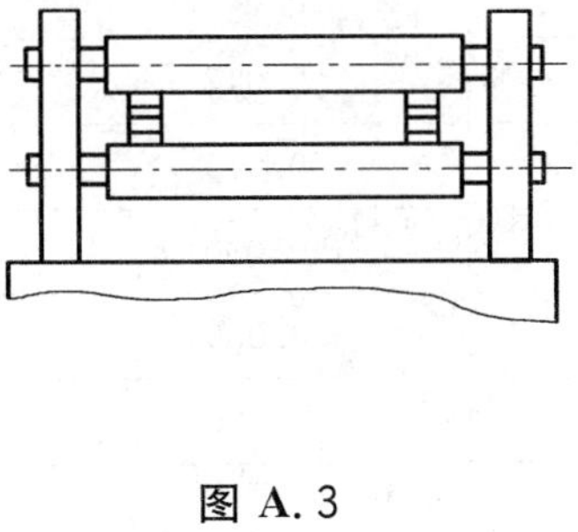

图 A.3

A.3.1.2.2.3 在垂直于通过两轴线的平面方向检验

将水平仪置于专用角尺的短边上固定,角尺短边的工作面与上轴的上母线接触,另一工作面与上下轴的侧母线接触(图 A.4),在轴的左、中、右部位测取水平仪读数,按式(A.1)计算平行度 δ。

$$\delta=\frac{nC}{1\ 000}L \qquad \cdots\cdots\cdots\cdots (\text{A.1})$$

式中:

δ——测得的平行度误差,单位为毫米(mm);

n——水平仪读数的最大差；

C——水平仪的刻度值；

L——两轴线间的距离，单位为毫米(mm)。

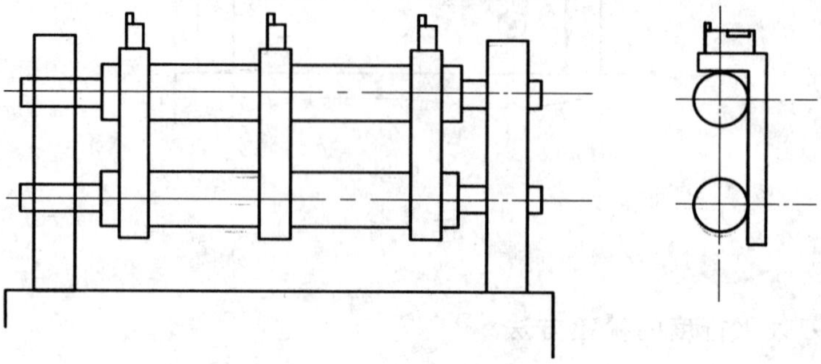

图 A.4

A.3.1.2.3 轴向窜动的检验方法

以适当的钢球置于轴的伸出端顶尖孔中，用装有平测帽的指示器测头与钢球接触，当轴转动一转时，测取指示器的读数差。对于无轴向压力结构的轴，检测时应施以适当的轴向力。

A.3.2 刀片安装的几何精度

刀片安装的几何精度允差应符合表 A.2 的规定。

表 A.2 刀片安装的几何精度允差

单位为毫米

几何精度项目	刀片直径	最大板宽		
		≤1 000	>1 000~1 600	>1 600
		允差		
端面圆跳动	≤200	0.010	0.012	0.015
	>200~400	0.012	0.015	0.018
	>400	0.015	0.018	0.020
径向圆跳动	≤200	0.030	0.050	0.080
	>200~400	0.050	0.080	0.100
	>400	0.080	0.100	0.150

A.4 悬臂式开卷机主轴的径向圆跳动

A.4.1 悬臂式开卷机主轴的径向圆跳动允差

悬臂式开卷机主轴的径向圆跳动允差应符合表 A.3 的规定。

表 A.3 悬臂式开卷机主轴的径向圆跳动

单位为毫米

最大板宽	允差
≤1 000	0.40
>1 000～1 600	0.45
>1 600	0.50

A.4.2 悬臂式开卷机主轴的径向圆跳动允差检验方法

在距涨缩轴端部 50 mm 处（*A*、*C* 点）和中部（*B* 点）三处用指示器检验（见图 A.5），误差以所测最大值计。

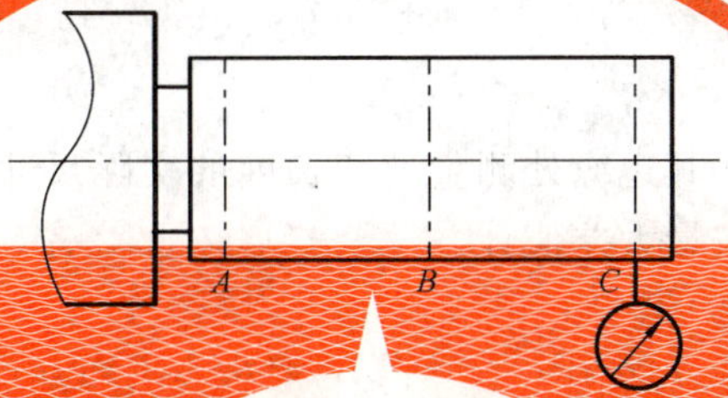

图 A.5

A.5 收卷机的径向圆跳动

A.5.1 收卷机主轴的径向圆跳动允差

收卷机主轴的径向圆跳动允差应符合表 A.4 的规定。

表 A.4 收卷机的径向圆跳动

单位为毫米

最大板宽	允差
≤1 000	0.20
>1 000～1 600	0.25
>1 600	0.30

A.5.2 收卷机主轴的径向圆跳动检验方法

在距端部 50 mm 处（*A*、*C* 点）和中部（*B* 点）三处用指示器检验（见图 A.6），误差以所测最大值计。

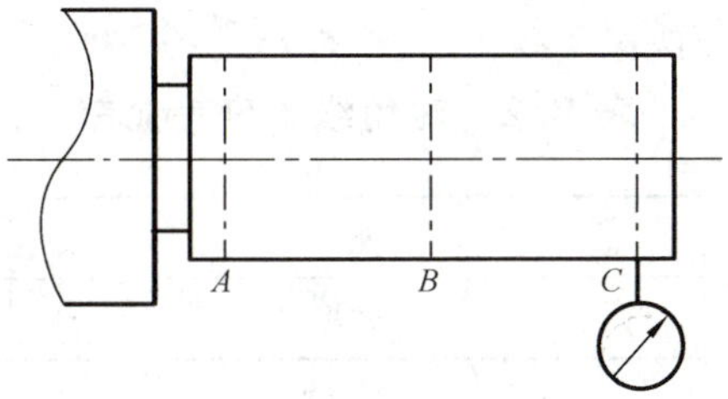

图 A.6

附 录 B
（规范性附录）
数控开卷矫平剪切生产线工作精度

B.1 基本要求

被检板材材料的力学性能 $\sigma_s \leqslant 245$ MPa、$\sigma_b \leqslant 460$ MPa，特殊要求应另行规定。

B.2 剪切长度

B.2.1 检验方法

剪切三块相同长度的板料，在其边缘处测量剪切长度的实际尺寸。计算每块板料的剪切长度的实际尺寸与目标尺寸的差值，误差按最大差值计。

B.2.2 允差

允差应符合表 B.1 的规定。

表 B.1 剪切长度允差

单位为毫米

剪切长度	允差	
	A级	B级
>1 000～2 000	±0.5	±0.8
>2 000～4 000	±0.6	±1.2

B.3 对角线长度差

B.3.1 检验方法

剪切三块相同长度的板料，分别测量其两条对角线的实际尺寸。计算每块板料两条对角线长度差的绝对值，误差按绝对值的最大值计。

B.3.2 允差

允差应符合表 B.2 的规定。

表 B.2 对角线长度差允差

单位为毫米

对角线长度	允差	
	A级	B级
>1 000～2 000	1.0	1.5
>2 000～4 000	1.5	2.0

B.4 板料平面度

B.4.1 检验方法

被检试件尺寸为开卷矫平剪切生产线的最大加工宽度和 2 000 mm 长度，特殊要求另行规定。将被检试件放在平台上，用长度 1 000 mm 的检验平尺靠在试件平面中部（当板厚≤3 mm 时，试件两端 100 mm 的边缘部分不作考核；当板厚＞3 mm～8 mm 时，试件两端 200 mm 的边缘部分不作考核；当板厚＞8 mm 时，试件两端 400 mm 的边缘部分不作考核；试件两侧 50 mm 的边缘部分不作考核），在任意方向上用塞尺测量两者之间的间隙，误差以最大间隙计。

B.4.2 允差

板料平面度的允差应符合表 B.3 的规定。

表 B.3 板料平面度允差

单位为毫米

板材厚度	允差		
	A 级	B 级	C 级
≤3	2.0	4.0	12.0
＞3～6	1.2	3.0	10.0
＞6～12	1.0	2.5	7.0
＞12～25	0.8	2.0	5.0

B.5 纵剪卷材宽度差

B.5.1 检验方法

用游标卡尺在多处测量试件的宽度，误差以其测量值与目标值的最大差值计。

B.5.2 允差

纵剪卷材宽度差的允差应符合表 B.4 的规定。

表 B.4 纵剪卷材宽度允差

单位为毫米

卷材厚度	允差		
	分条宽度		
	≤250	＞250～600	＞600
≤3.0	±0.10	±0.20	±0.25
＞3～6	±0.15	±0.25	±0.40
＞6	±0.25	±0.35	±0.65

B.6 切边宽度差

B.6.1 检验方法

用游标卡尺在多处测量试件的宽度,误差以测量值与目标值的最大差值计。

B.6.2 允差

切边宽度差的允差应符合表B.5的规定。

表B.5 切边卷材宽度允差

单位为毫米

卷材厚度	允差		
	切边卷材宽度		
	≤1 000	>1 000~1 600	>1 600
≤6	±0.2	±0.3	±0.5
>6~12	±0.4	±0.8	±1.0
>12	±0.8	±1.2	±1.5

B.7 直线度

B.7.1 检验方法

将试件放在平台上,用长度1 000 mm的检验平尺靠在试件的剪切面上,用塞尺测量两者之间的间隙,误差以最大间隙计。

B.7.2 允差

纵剪、切边卷材直线度的允差应符合表B.6的规定。

表B.6 纵剪、切边卷材的直线度允差

单位为毫米

精度项目	板材厚度	允差
纵剪卷材的直线度	≤3	0.1
	>3~6	0.2
	>6	0.4
切边卷材的直线度	≤6	0.2
	>6~12	0.4
	>12	0.6

B.8 卷材收卷的错边量

B.8.1 检验方法

在收卷卷材的直径范围内,用游标卡尺测量其在收卷宽度方向上的最大收卷宽度,误差以其测量值与卷材宽度的差值计。

B.8.2 允差

卷材收卷的错边量的允差应符合表 B.7 的规定。

表 B.7 卷材收卷的错边量

单位为毫米

板材厚度	收卷宽度	允差		
		收卷直径		
		≤1 000	>1 000～1 500	>1 500
≤2.5	≤50	1.0	1.5	2.0
	>50	1.2	1.8	2.5
>2.5	≤100	1.5	1.8	2.5
	>100	1.8	2.0	3.0

B.9 板材剪切的毛刺高度

B.9.1 检验方法

在板材剪切的端面用游标卡尺在多处测量试件的厚度，误差以测量值与板材厚度的最大差值计。

B.9.2 允差

板材剪切的毛刺高度允差应符合表 B.8 的规定。

表 B.8 板材剪切的毛刺高度

单位为毫米

剪板厚度	允　差
≤3.0	0.1b
>3～6	0.08b
>6	0.06b
注：b 为剪板厚度。	

ICS 25.120.10
J 62

中华人民共和国国家标准

GB/T 26487—2011

壳体钣金成型设备　通用技术条件

Sheet metal forming equipment—General specifications

2011-05-12 发布　　　2012-01-01 实施

中华人民共和国国家质量监督检验检疫总局
中国国家标准化管理委员会　发布

前言

本标准按照 GB/T 1.1—2009《标准化工作导则　第 1 部分:标准的结构和编写》给出的规则起草。

本标准由中国机械工业联合会提出。

本标准由全国锻压机械标准化技术委员会(SAC/TC 220)归口。

本标准起草单位:安徽鲲鹏装备模具制造有限公司、南京扬子鲲鹏装备模具制造有限公司、深圳市华测检测技术股份有限公司、中国扬子集团滁州扬子模具制造有限公司。

本标准起草人:胡德云、李志中、宗海啸、高宗贵、朱平、李飞。

壳体钣金成型设备　通用技术条件

1　范围

本标准规定了壳体钣金成型设备的术语和定义、技术要求、检验方法、检验规则、标志、包装、运输与贮存。

本标准适用于厚度尺寸为0.25 mm～2.0 mm金属壳体的钣金成型设备。如:冰箱、冰柜、洗衣机、热水器、格栅灯具、汽车等壳体的钣金成型设备。

2　规范性引用文件

下列文件对于本文件的应用是必不可少的。凡是注日期的引用文件,仅注日期的版本适用于本文件。凡是不注日期的引用文件,其最新版本(包括所有的修改单)适用于本文件。

GB/T 191　包装储运图示标志

GB/T 1184—1996　形状和位置公差　未注公差值

GB/T 3766　液压系统通用技术条件

GB 5226.1　机械电气安全　机械电气设备　第1部分:通用技术条件

GB/T 6576　机床润滑系统

GB/T 7932　气动系统通用技术条件

GB/T 7935　液压元件　通用技术条件

GB/T 9969　工业产品使用说明书　总则

GB/T 10923　锻压机械　精度检验通则

GB/T 13306　标牌

GB/T 13384　机电产品包装通用技术条件

GB/T 14662　冲模技术条件

GB 17120　锻压机械　安全技术条件

GB/T 23281　锻压机械噪声声压级测量方法

GB 50231　机械设备安装工程施工及验收通用规范

GB 50272　锻压设备安装工程施工及验收规范

JB/T 1829—1997　锻压机械　通用技术条件

JB/T 4129　冲压件毛刺高度

JB/T 5775　锻压机械灰铸铁件　技术条件

JB/T 5994　装配通用技术要求

JB/T 8609　锻压机械焊接件　技术条件

3　术语和定义

下列术语和定义适用于本文件。

3.1

壳体钣金成型设备　sheet metal forming equipment

将金属薄板加工成壳体零件的设备统称,应根据产品工艺需要选择、排列生产工序和设备。一般由上料机、冲切机、切断机、修边机、折弯机、辊轧成型机、辊圆机、压型机、接缝机、旋压机、下料机等组成。

3.2

上料机　loading machine

实现卷料或定尺板料上料的设备。

3.3

冲切机　punching machine

实现板料冲孔、切角、切口的设备。

3.4

切断机　cutting machine

实现半成品或成品制件分离的设备。

3.5

修边机　trimming machine

将板料或半成品制件的边缘修切整齐或修切成一定形状的设备。

3.6

折弯机　bending machine

采用翻转的方式将板料弯曲成一定形状的设备。

3.7

辊轧成型机　roll forming machine

将板料通过数组辊轮依次进行弯曲成形为所需截面形状的设备。

3.8

辊圆机　roll rounding machine

将板料通过旋转辊轴弯曲成近似圆形的设备。

3.9

压型机　press forming machine

采用压机与压型模具将板料压制成所需形状的设备。

3.10

接缝机　jointing machine

采用焊接或铆接的方式将板料连接在一起的设备。

3.11

旋压机　spin forming lathe

采用进给运动的滚轮在高速旋转状态下使板料受压而连续、逐点成形为所需形状的设备。

3.12

下料机　unloading machine

实现板料成型后下料的设备总称。

3.13

彩涂板　pre-painted steel sheet

以普通冷轧钢板、电镀锌钢板等为基材，经过表面处理、喷涂等工序而制成的板料。

3.14

滚切　roll cutting

采用旋转的带刃口的滚轮进行切割的方式。

3.15

预热装置　pre-heating device

采用加热器对辊轧前的板料进行加热的装置。

3.16

滚铆　roll jointing

采用旋转的滚轮压合板料使连接在一起的方式。

4　技术要求

4.1　基本要求

4.1.1　壳体钣金成型设备应按本标准和技术文件的要求制造。

4.1.2　壳体钣金成型设备的单机配置应能满足生产工艺要求，造型和布局应考虑人机工程学的要求，外形应美观，应便于使用、维修、装配、拆卸和运输。

4.1.3　壳体钣金成型设备出厂应保证成套性，并备有机器正常使用的附件与所需的专用工具。特殊附件的供应由供需双方商定。

4.1.4　壳体钣金成型设备所配置的刀具、模具、夹具一般按基本参数的最大规格提供，否则应在合同或技术协议中注明。

4.1.5　制造厂应保证用于壳体钣金成型设备的外购件(包括电气、液压和气动元件)质量，并应符合相应标准的规定。

4.1.6　壳体钣金成型设备的随机技术文件应符合 GB/T 9969 的规定。

4.1.7　壳体钣金成型设备的安装和验收应符合 GB 50231、GB 50272 的规定。

4.1.8　壳体钣金成型设备加工的板料材质包括普通冷轧板、镀锌板、彩涂板、不锈钢板等。

4.1.9　壳体钣金成型设备加工的板料力学性能为 $\sigma_s \leqslant 245$ MPa，$\sigma_b \leqslant 460$ MPa。

4.1.10　壳体钣金成型设备输送速度一般为 10 m/min～90 m/min。

4.1.11　板料在壳体钣金成型设备内的输送应顺畅、平稳。

4.1.12　板料在壳体钣金成型设备内的定位应准确、可靠。

4.2　结构与性能

4.2.1　上料机

4.2.1.1　卷料上料机

4.2.1.1.1　卷料上料机为主动开卷或被动开卷。

4.2.1.1.2　卷料上料机应有板料矫平装置。

4.2.1.1.3　卷料上料机根据需要设置防止开卷板料反跳松动的压料装置。

4.2.1.2　定尺板料上料机

4.2.1.2.1　定尺板料上料机为手动上料或自动上料。

4.2.1.2.2　定尺板料上料机应有板料输送机构。

4.2.1.2.3　输送机构应有板料定位导向装置。

4.2.1.2.4　输送机构出口处应有防重料的检测装置。

4.2.1.2.5　自动上料机堆料台的堆料高度应不大于 500 mm。

4.2.1.2.6　自动上料机的堆料台应有分料装置。

4.2.1.2.7　自动上料机采用吸盘吸附板料，吸盘数量、大小与排布应满足上料吸附的要求。

4.2.2　冲切机

4.2.2.1　冲切模架应具备足够的强度与刚性。

4.2.2.2 冲切模具的设计制造应符合 GB/T 14662 的规定。

4.2.2.3 冲切模具的装卸应方便,定位应准确、可靠。

4.2.3 切断机

4.2.3.1 切断机为剪切式、冲切式、滚切式等类型。

4.2.3.2 切断机应有压料装置,压料应可靠。

4.2.3.3 切断机架应具备足够的强度与刚性。

4.2.3.4 切断模具、刀具的装卸应方便,定位应准确、可靠。

4.2.3.5 滚切滚轮的精度应不低于 GB/T 1184—1996 中规定的 7 级精度要求。

4.2.4 修边机

4.2.4.1 修边机为冲切式、滚切式、磨削式、切割式等类型。

4.2.4.2 冲切式修边的模架应具备足够的强度与刚性。

4.2.4.3 滚切式修边用于固定制件的芯模应稳定、可靠。

4.2.4.4 修边模具、刀具的装卸应方便,定位应准确、可靠。

4.2.5 折弯机

4.2.5.1 折弯模包括上模、下模与翻转模,均应具有足够的刚性,间隙应均匀。

4.2.5.2 折弯机应有足够的压料力,折弯时压料应可靠。

4.2.5.3 上模模口部分应根据折弯角度设计,并能满足回弹的补偿需要。

4.2.5.4 翻转模的翻转角度应调整方便,以满足折弯回弹变化的需要。

4.2.5.5 对于彩涂板的折弯,推荐采用滚动式折弯模(见图 1),其翻转模带滚动式模条。

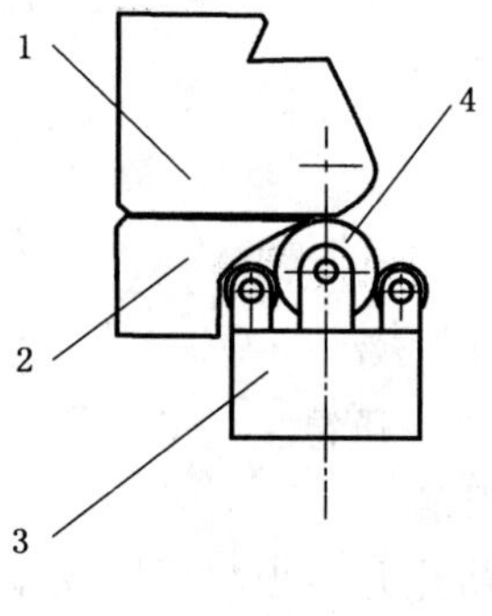

说明：

1——上模；

2——下模；

3——翻转模；

4——滚动式模条。

图 1 滚动式折弯模

4.2.5.6 折弯机的折弯模口与压型机的压型模口表面粗糙度 Ra 值应不大于 0.8 μm。

4.2.6 辊轧成型机

4.2.6.1 辊轧成型机出、入口应有板料定位导向装置。

4.2.6.2 辊轧成型机一般采用齿轮传递辊轧动力。

4.2.6.3 彩涂板辊轧成形时,根据需要设置板料预热装置。

4.2.6.4 辊轧成型机的辊轮由上、下辊轮和水平辊轮组成。

4.2.6.5 辊轮应采用轴承钢或冷作模具钢制作，并进行热处理。

4.2.6.6 辊轮的设计应防止辊轧时积料现象的产生。

4.2.6.7 在同一组辊轮中，同时弯曲的角度不宜超过两个，一次弯曲的角度应满足成型质量的要求。

4.2.6.8 辊轮的间隙应保证板料输送平稳、顺畅。

4.2.6.9 辊轮轴应有足够的强度和刚性。

4.2.6.10 用于安装水平辊轮的支架应有足够的强度和刚性，并调整方便。

4.2.6.11 辊轧成型机允许辊轧板料的最小长度尺寸应不小于四组辊轧轮的中心距。

4.2.6.12 辊轧成型机允许辊轧板料的最小厚度不大于 0.35 mm。

4.2.6.13 辊轧成型机的辊轮轴与辊轮的精度应不低于 GB/T 1184—1996 中规定的 7 级精度要求。

4.2.7 辊圆机

4.2.7.1 辊圆机应有可靠的定位导向装置，出口处应有保证制件顺畅出料的装置。

4.2.7.2 辊圆机为三辊辊圆或两辊辊圆。

4.2.7.3 三辊辊圆一般通过调整上辊轴位置改变辊圆直径或通过调整右侧辊轴位置改变辊圆直径(见图 2 的型式 1、型式 2)。

a) 型式 1　　b) 型式 2

图 2 三辊辊圆示意图

4.2.7.4 对于板料表面质量要求较高时，辊轴表面应覆盖聚胺脂等。

4.2.7.5 两辊辊圆时，板料弯曲内侧应采用刚性辊轴，外侧应采用具有一定硬度的弹性辊轴，如图 3 所示。

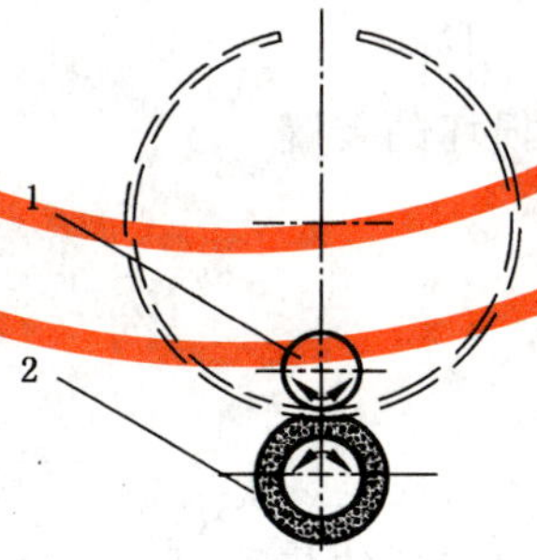

说明：

1——刚性辊轴；

2——弹性辊轴。

图 3 两辊辊圆

4.2.7.6 辊轴应具备足够的强度与刚性。

4.2.8 压型机

4.2.8.1 压型机由压机、压型模具等部分组成。

4.2.8.2 压机的结构形式应根据需要设计,并具备足够的强度与刚性。

4.2.8.3 根据成型工艺的不同,可分为压弯、拉深、翻边、胀形、扩口、缩口、整形、压印、卷边等类型。

4.2.8.4 压型模具的装卸应方便,定位应准确、可靠。

4.2.9 接缝机

4.2.9.1 接缝机一般有焊接式、压铆式、滚铆式等类型。

4.2.9.2 接缝机的辅助压料装置应可靠。

4.2.9.3 焊接接缝应采用专用的焊接设备。

4.2.9.4 压铆接缝应保证压模与芯模具备足够的强度与刚性,且间隙一致。

4.2.9.5 压铆接缝的压力点应合理、均匀,铆接压力应符合制件工艺要求。

4.2.9.6 滚铆接缝应保证芯模具备足够的刚性。

4.2.9.7 滚铆接缝的滚轮相对芯模的运动间隙应一致,运动应匀速、平稳。

4.2.9.8 滚铆滚轮的精度应不低于 GB/T 1184—1996 中规定的 7 级精度要求。

4.2.10 旋压机

4.2.10.1 根据成型工艺的不同,旋压机可分为拉深、缩口、胀形、翻边、卷边、压肋、叠缝等类型。

4.2.10.2 固定制件的芯模一般为旋转部件,应稳定、可靠。

4.2.10.3 进给运动的滚轮为被动旋转部件,应转动自如。

4.2.10.4 安装滚轮的支架应具备足够的强度与刚性。

4.2.10.5 旋压滚轮的精度应不低于 GB/T 1184—1996 中规定的 7 级精度要求。

4.2.11 下料机

4.2.11.1 下料机有人工下料和自动下料两种类型。

4.2.11.2 人工下料机可分为动力输送和无动力输送两种形式。

4.2.11.3 自动下料机采用机械手移出制件。

4.2.11.4 下料机应有防止制件跌落、损坏的装置。

4.3 精度

4.3.1 设备的几何精度

4.3.1.1 精度检验应符合 GB/T 10923 的规定。

4.3.1.2 壳体钣金成型设备上用于板料定位的装置,其定位精度不大于 0.30 mm。

4.3.1.3 壳体钣金成型设备上需要作调整的部件,其重复定位精度不大于 0.30 mm。

4.3.1.4 壳体钣金成型设备基准面的平面度应不低于 GB/T 1184—1996 中表 B1 中规定的 8 级精度要求。

4.3.1.5 壳体钣金成型设备导轨面的直线度与平面度应不低于 GB/T 1184—1996 中表 B1 中规定的 8 级精度要求。

4.3.1.6 壳体钣金成型设备上有平行度要求的导轨面,平行度应不低于 GB/T 1184—1996 中表 B3 中规定的 7 级精度要求。

4.3.1.7 壳体钣金成型设备上有垂直度要求的导轨面，垂直度应不低于 GB/T 1184—1996 中表 B3 中规定的 7 级精度要求。

4.3.1.8 辊轧成型机上用于安装辊轮的齿轮箱，其底面平面度应不低于 GB/T 1184—1996 中表 B1 中规定的 6 级精度要求，辊轮轴安装孔之间的平行度应不低于 GB/T 1184—1996 中表 B3 中规定的 6 级精度要求，同一轴上两孔的同轴度应不低于 GB/T 1184—1996 中表 B4 中规定的 7 级精度要求。

4.3.1.9 辊轧成型机辊轮轴的平行度误差应不大于 0.05 mm。

4.3.1.10 辊轧成型机辊轮的径向与端面跳动量应不大于 0.06 mm，下辊轮平面度误差应不大于 0.1 mm/m。

4.3.2 工作精度

4.3.2.1 冲裁毛刺高度应符合 JB/T 4129—1999 的规定。

4.3.2.2 冲裁断面的近似表面粗糙度 Ra 值应不大于 6.3 μm。

4.3.2.3 压弯、折弯弯曲的制件不应有拉裂、截面畸变、翘曲、回弹以及表面擦伤等缺陷。

4.3.2.4 辊圆的制件表面不应有擦伤。

4.3.2.5 辊轧成型的制件成型后直线度误差应不大于 2 mm/m，重要的成型角度误差应不大于 2°，表面不应有擦伤。

4.3.2.6 拉深成型的制件不应有起皱、拉裂、壁部拉毛以及歪扭等缺陷。

4.3.2.7 翻边成型的制件不应有起皱、破裂、缩径以及底部不平整等缺陷。

4.3.2.8 焊接接缝应保证焊逢均匀、平直。铆接接缝应保证咬合间隙一致。接缝连接应可靠、牢固。

4.4 对铸、锻、焊件的要求

4.4.1 铸件应符合 JB/T 5775 和技术文件的规定；焊接件应符合 JB/T 8609 的规定。

4.4.2 重要铸、锻件的工作表面，如齿轮齿面和滑动轴承、滑块与导轨等滑动面，不应有气孔、缩孔、砂眼、渣孔和偏析等缺陷。

4.4.3 机架、模架、齿轮箱等重要铸件、锻件或焊接件，应采取消除内应力措施。

4.5 安全与卫生

4.5.1 壳体钣金成型设备应具备可靠的安全保护或防护装置，并应符合 GB 17120 的规定。

4.5.2 急停按钮的设置应符合 GB 5226.1 的规定。

4.5.3 产品使用说明书应有安全注意事项和有关警示内容，并说明除设备之外的保证人身安全的措施。

4.5.4 各单机运动部件在所运行的极限位置，应设置安全保护装置。

4.5.5 壳体钣金成型设备工作时应有可靠的联锁保护措施。

4.5.6 壳体钣金成型设备的主要单机应有可靠的超载保护装置。在满负荷工作时，应能保证设备的正常运行。当发生超负荷工况时，应能保证重要零件不致遭到损坏。

4.5.7 各单机容易松动的零部件，应有可靠的防松动装置。

4.5.8 涨紧机构或夹紧装置的动作应准确，锁紧机构应可靠。

4.5.9 生产过程中产生的废料，应有废料收集装置。

4.6 润滑

壳体钣金成型设备的润滑系统应符合 GB/T 6576 的规定。

4.7 标牌

壳体钣金成型设备应有铭牌和润滑、操纵、安全等各种标牌和标志。标牌应符合 GB/T 13306 的规定。

4.8 工作环境条件

壳体钣金成型设备一般在环境温度 0～40 ℃之间，相对湿度在最高温度 40 ℃时不超过 50%，海拔 1 000 m 以下，无强磁场、电场干扰，交流电网电压波动在额定电压±10%范围内及频率 50 Hz±1 Hz 的条件下正常工作。

4.9 液压、气动和电气系统

4.9.1 液压系统

壳体钣金成型设备的液压系统应符合 GB/T 3766 的规定。液压系统中所用的液压元件应符合 GB/T 7935 的规定。

4.9.2 气动系统

壳体钣金成型设备的气动系统应符合 GB/T 7932 的规定。

4.9.3 电气系统

壳体钣金成型设备的电气系统应符合 GB 5226.1 的规定。

4.10 装配

4.10.1 壳体钣金成型设备的装配要求应符合 JB/T 5994 的规定。

4.10.2 各单机应按装配工艺规程或相关技术文件进行装配，装配到设备上的零、部件均应符合质量要求，不允许装入图样上未规定的垫片、套等零件。

4.10.3 部件上的滑动、扭动部位，运动应轻便、灵活、平稳、无阻滞现象。

4.11 噪声

壳体钣金成型设备空运转时的声音应正常，噪声测量应符合 GB/T 23281 的规定，其 A 计权噪声声压级不应超过 85 dB(A)。

4.12 外观

4.12.1 各单机的外表面不应有图样未规定的凸起、凹陷或粗糙不平。盖板和罩壳等接缝处应平整。外露管线路应排列整齐、牢固。

4.12.2 机械零件和附件的非机械加工表面应采用涂漆或其他规定的方法进行防护。

4.12.3 主要外露加工表面，不应有磕碰、划伤和锈蚀。

4.12.4 需经常拧动的调节螺栓和螺母，以及非金属管道不应涂漆。

4.12.5 外露的焊缝应平直、均匀。

4.12.6 埋头螺钉头部一般不应突出零件表面，且与沉孔之间不应有明显的偏心，固定销应略突出零件外表面，螺栓应略突出螺母表面，外露轴端应突出包容件的端面，其突出量约为倒角值。

5 检验方法

5.1 一般要求

应符合 JB/T 1829—1997 中 4.1 的规定。

5.2 基本参数检验

按本标准要求和产品设计文件的规定，检验壳体钣金成型设备的基本参数。与工作能力有关的技术参数须经负荷试验后确认。

5.3 基本性能检验

壳体钣金成型设备在空运转试验前或空运转试验过程中，应按下列项目进行基本性能检验：

a) 检验各种安全装置的可靠性；

b) 进行单机设备各种运行规范的操作试验，检验其动作的灵活性、可靠性与准确性；

c) 检验各种可进行调整或调节装置的可靠性，准确性；

d) 进行各单机的联机试验，检验设备速度和各单机动作的协调性、准确性、可靠性；

e) 检验各种附属装置的灵活性和可靠性；

f) 检验润滑装置的功能及可靠性；

g) 检验气动装置的功能及可靠性；

h) 检验液压装置的功能及可靠性；

i) 检验电气装置的功能及可靠性。

5.4 液压、气动和电气系统

按4.9的规定，检验液压、气动和电气系统。

5.5 装配检验

按4.10的规定，检验各单机的装配质量。

5.6 空运转试验

5.6.1 单机空运转试验

5.6.1.1 单机手动模式空运转试验。按规定动作顺序手动操作按钮，试验各运动部件的动作，一般试验次数不少于10次。调整单机的输送速度，使其在确定的高速及低速状态下分别连续运行不少于20 min。

5.6.1.2 单机自动模式空运转试验。采用手动给信号的方式，按自动操作模式，试验单机的全套运行动作，一般试验时间不得少于1 h。

5.6.2 连续空运转试验

在完成各单机空运转试验并确认工作正常后，在各单机联机状态下，进行设备的连续空运转试验。试验规范按技术文件的规定，模拟实际工作情况进行。连续空运转试验时间不得少于2 h。

5.6.3 温升与最高温度限值

在壳体钣金成型设备连续空运转试验过程中，当温度达到稳定值时，用测温计在零件发热最高部位进行测量。其温升与最高温度不得超过下列规定：

——滑动轴承的温升不应大于35 ℃，最高温度不应高于70 ℃；

——滚动轴承的温升不应大于40 ℃，最高温度不应高于70 ℃；

——滑动导轨的温升不应大于15 ℃，最高温度不应高于50 ℃；

——液压泵的油液进油口温度一般不应超过60 ℃。

5.7 噪声检验

按 4.11 的要求，在连续空运转时，检验壳体钣金成型设备在规定位置的噪声 A 计权声压级。

5.8 负荷试验

5.8.1 每套壳体钣金成型设备均应按额定的工作能力参数进行满负荷工作试验。当制造厂不具备进行该项试验的条件时，可在用户现场进行。

5.8.2 负荷试验应在技术文件规定的板料厚度、板料宽度、板料长度、材料机械性能和设备运行速度条件下进行。

5.8.3 在负荷试验过程中，壳体钣金成型设备的机、电、液、气各系统应工作平稳、可靠，液压及气动系统不应渗漏。

5.8.4 负荷试验应按照单机手动负荷试验、单机自动负荷试验与联机自动负荷试验的步骤进行。

5.8.5 联机自动负荷试验应连续运行不少于 3 h，无故障产生。

5.9 精度检验

按照 4.3 和 GB/T 10923 的规定，检验壳体钣金成型设备的几何精度与工作精度。

5.10 外观检验

检验壳体钣金成型设备的外观应符合 4.12 的规定。

5.11 包装检验

检验壳体钣金成型设备的包装应符合 7.2 的规定。

6 检验规则

6.1 出厂检验

6.1.1 壳体钣金成型设备均须经制造厂检验部门进行出厂检验，检验合格后方可出厂。

6.1.2 壳体钣金成型设备在制造厂的不可检项目，应在用户作补充检验或试验。试验前应按 GB 50231、GB 50272 和技术文件的规定安装、调整壳体钣金成型设备。

6.1.3 壳体钣金成型设备应按下列项目进行出厂检验或试验：

a) 基本参数检验；
b) 基本性能检验；
c) 装配质量检验；
d) 空运转试验；
e) 噪声检验；
f) 负荷试验；
g) 精度检验；
h) 外观质量检验；
i) 包装质量检验。

6.2 型式检验

6.2.1 对于新产品、更新产品(包括结构、主要零件材质、工艺有较大改变的产品)，应按有关规定进行型式检验。

6.2.2 型式检验应按本标准要求进行全面试验和检验。

6.2.3 型式检验时，从出厂检验合格的产品中随机抽样，每次检验不少于一台。

7 产品标志、包装、运输和贮存

7.1 标志

7.1.1 在每台壳体钣金成型设备的外部应紧固标牌，标牌上应包括以下内容：

a) 制造企业的名称和地址；

b) 产品的型号和基本参数；

c) 出厂年份和编号。

7.1.2 在每台壳体钣金成型设备上应有商标（商标亦可印制在标牌上）。

7.2 包装

7.2.1 各单机的零件、部件、附件和备件的外露加工面防锈应符合有关技术文件的规定。

7.2.2 壳体钣金成型设备的包装应符合 GB/T 13384 的规定。

7.2.3 包装储运图示标志应符合 GB/T 191 的规定。

7.2.4 在保证产品质量和运输安全的前提下，可按供需双方的约定实施简易包装。

7.2.5 壳体钣金成型设备的随机技术文件应包括：

——使用说明书（包括主要配套件使用说明书）；

——合格证书（包括主要配套件合格证书）；

——装箱单。

7.3 运输和贮存

在产品的技术条件中应列出运输种类、运输要求和贮存条件，并符合有关标准的规定。

ICS 77.120.20
H 61

中华人民共和国国家标准

GB 26488—2011

镁合金压铸安全生产规范

Magnesium alloys die casting safety criterion

2011-05-12 发布 2012-05-01 实施

中华人民共和国国家质量监督检验检疫总局
中国国家标准化管理委员会 发布

前　言

本标准中的3.2、4.1、5.3、6.1.5、7.2、10.1**条是强制性的，其余是推荐性的。**

本标准由中国有色金属工业协会提出。

本标准由全国有色金属标准化技术委员会归口。

本标准负责起草单位：重庆博奥镁业有限公司、力劲集团领威科技有限公司、中国有色金属工业标准计量质量研究所。

本标准参加起草单位：国家镁合金材料工程技术研究中心、南京云海特种金属股份有限公司、山西闻喜银光镁业（集团）有限责任公司、北京广灵精华科技有限公司、北京有色金属研究总院。

本标准主要起草人：曹建勇、廖正陶、刘兆明、蔡恒志、杨晓娟、张静。

镁合金压铸安全生产规范

1 范围

本标准规定了镁合金压铸生产过程中有关压铸机、周边设备、熔炉、个体防护、建筑物结构与布局、镁合金废料、厂区安全防护等安全生产规范。

本标准适用于涉及镁合金高压铸造工艺过程的各个环节。

2 规范性引用文件

下列文件对于本文件的应用是必不可少的。凡是注日期的引用文件，仅注日期的版本适用于本文件。凡是不注日期的引用文件，其最新版本(包括所有的修改单)适用于本文件。

GB/T 11651 个体防护装备选用规范

GB 18218 危险化学品重大危险源辨识

GB/T 20926 镁及镁合金废料

GB/T 28001 职业健康安全管理体系规范

3 一般规定

3.1 镁合金压铸企业的设计建设(包括新建和扩建)应须符合国家的有关建筑设计规范本标准的规定，不符合本标准的现有企业，应制定安全技术措施计划，符合要求后方能生产。

3.2 企业法人应按照 GB 18218 和 GB/T 28001 的有关规定对本企业的爆炸、火灾等重大危险源及职业危害因素进行辨识、评审，确定危险危害因素的类型、危害程度，制定有效的管理控制措施。管理者应和员工代表进行安全视察，以更正不安全的操作和环境，使之符合有关规定。生产场所不应吸烟。不应动用明火作业，若确实需要动用明火应经管理者或安全员现场确认，无安全隐患后挂牌作业。

3.3 企业应结合镁合金压铸生产的特点，制定本企业安全措施实施细则和安全检查表，并按安全检查表认真进行检查。企业每月至少检查一次，车间每周至少检查一次。企业应认真做好安全生产教育，普及镁合金安全知识和安全法规，使职工了解本企业安全生产特点，应对职工进行专业技术和业务培训，并经考核合格后方准上岗。企业应制定相关的安全预案并组织演习。

3.4 生产车间应具有良好的通风设备，通风设备不能设置在熔化炉的上方附近，以防漏雨。所有安全设施，未经主管部门批准，不得拆除或挪为他用。

3.5 企业应调查所有的事故和过失，应记录调查结果并有跟踪整改措施。

4 个体防护与抢救

4.1 生产人员应按 GB/T 11651 的有关规定，使用劳动保护用品。操作人员在进行作业以前，应按上述要求穿戴防护用品，未穿戴防护用品的人员不允许靠近作业区域，不允许操作设备。

4.2 在作业场所内人员应使用全棉制品的劳动保护服，生产人员贴身不应穿戴化纤织品制做的衣裤。

4.3 进行非自动熔炉加料时，应配戴防护面罩。

4.4 进入生产现场人员应配戴防护眼镜。

4.5 企业应制定事故抢救计划,并报主管部门批准。

4.6 应在当地消防部门指导下,对全体职工经常进行灭火和抢救训练。

5 建(构)筑物的结构与布局

5.1 建筑物宜为单层建筑,屋顶宜用轻型结构,应使用不可燃材料,地板的材料要不吸水、耐热。

5.2 设备、梁、架子、墙等应具有便于清扫的表面结构,不宜有向上的拼接平面。

5.3 车间不应使用自动喷淋装置,若本身已有的,应将阀门锁死并将其中水排尽。

5.4 应有足够数目的工作区,设置有明显的路标和应急照明疏散路线。

6 镁合金压铸机

6.1 基本安全要求

6.1.1 压铸机的前机门、后机门、中板顶盖、尾板顶盖、铰后罩板、铰前罩板、铰尾罩板,应有必要的安全防护装置。

6.1.2 镁合金压铸设备的安装应按照设备使用说明书的要求进行,设备安装完毕,首次运转时,应先点动电动机,观察电动机旋转方向是否与油泵允许旋转方向一致。油泵电机只能在手动模式下完成起动。

6.1.3 压射冲头润滑剂宜使用水溶性类产品,当使用油质压射冲头润滑剂时,应注意防火。

6.1.4 压铸模具温度控制避免采用水介质加热(冷却),应选用不含水的油质加热(冷却)方式,及具有油温过热保护装置的模温机。

6.1.5 操作人员应在确认机器所有安全防护功能完好的情况下才可以操作启动机器。压铸时要确保前后安全门关闭,操作者不应站在分型面上。操作过程中,操作工人每次应彻底清理注料嘴、并注意观察冲头是否脱落或漏水。

6.1.6 较长时间停机应关闭总电源、冷却水、压缩气及脱模液阀门,停机锁模时不能把机绞肘臂伸直锁死,尤其在模具加热过程中。

6.1.7 操作中发现问题和故障时不允许擅自改变工艺及机器的设定参数。压铸冲头应使用铍青冲头。

6.2 压铸机基本操作安全规范

6.2.1 压铸模具调整时应在手动模式下进行,安装模具时,应将前安全门和后安全门打开,并设置1个钥匙选择开头为“ON”以保证合模,开模的速度为低速、压力为低压的工作状态。

6.2.2 在工作过程中,操作人员应站立在当射料时熔融金属从模具的分型面喷射出后对人体不会造成危害的防护位置。

6.2.3 操作工人如需进入压铸模内对压铸模的内腔表面进行观察,或对模具表面进行修理和清洁时,应按下急停开关,将可能发生的危险动作完全切断。

6.2.4 对于热室压铸机中,压射嘴周围的挡板不要随意拆除。以减少金属液喷溅的危险。当因维护、保养或更换压射嘴的需要而移走或拆下挡板时,应完全恢复后,才能进行生产。

6.2.5 压铸生产时应等余料饼中镁合金冷却至没有爆炸危险时,方可开模顶出压铸件。并立即向压铸件较厚部位每个压铸喷脱模剂。

6.2.6 当机器运转时,操作人员不应接触机器运动部件,特别是机械合模装置,压射机构等高速运动部件。对于相关运动部件的安全隔离板,不允许拆除。

6.2.7 定期检查各防护装置功能是否正常,当发现有防护装置功能失效时,应将功能修复后再操作使用机器。任何情况下维修机器、处理模具或其他附属设备,应完全关闭能源锁后才能进入机器内进行工作。设备故障维修须挂上警示牌。

6.3 电气控制系统安全规范

6.3.1 电气安全系统应具有安全门的节制功能、紧急停止安全保护功能和开机保护功能。

6.3.2 操作人员不要直接接触裸露的带电零件、导线和元器件，避免发生触电危险。

6.3.3 镁合金压铸机在所有的操作台上安装有红色的带机械自锁功能的急停开关。当镁合金压铸机出现异常时，操作人员应快速地按下急停开关。只有镁合金压铸机的异常现象确认完全排除后，才能解除急停开关的机械自锁状态。

6.3.4 镁合金压铸机危险区域设计有各种防护装置。如机械合模装置、防护装置、前安全门、后安全门防护装置、飞料挡板等等。这些防护装置带有电控及监控功能，当所有的防护装置处于规定位置时，镁合金压铸机才会进行合模动作。开始生产前应检验这些安全防护装置的功能确保有效。

6.3.5 镁合金压铸机防护装置的电监控功能是非常重要的。操作人员不得任意拆除镁合金压铸机各种防护装置的电信号开关和在电路中短接这些信号，否则，可能导致危险情况的发生。

6.4 液压及气功系统

6.4.1 机器蓄能器中应使用纯度不小于 99.995％的氮气，充气方法及压力参数严格按说明书执行。

6.4.2 往机器油箱内灌注液压油时，须确认所加液压油油品是否与说明书一致。灌注液压油须经过滤器往油箱内灌注。

6.4.3 启动油泵前，须先检查液压油温度，液压油温度低于机器说明书允许工作温度下限时，须预加热。并使油泵空载运行一段时间后再加载运行。

6.4.4 停机不工作时应排放高压容器中的注压油。排放高压容器中的气体或残油时，操作者应避开高压气体的喷射方向。

6.4.5 定期检查油箱内的液压油的温度，当油温超过 55 ℃时，应立即停车检查原因。

6.4.6 定期检查高压容器，至少每年进行一次外部宏观裂纹检查，每二年进行一次内部探伤检查，每三年进行一次耐压试验检查。对于使用 10 年以上的高压容器，每年进行一次内、外部检查。

6.4.7 压力容器在每一个工作循环中的压力如有较大变化时应对机器进行检查并查明原因。

6.4.8 蓄能器应安装于易于维修位置，蓄能器和所有受压元件连接应坚固、安全。在维修工作开始前应对蓄能器进行泄压，不应对蓄能器进行任何机加工、焊接或其他措施的修改。

6.4.9 压力油管应使用耐温 200 ℃以上金属网包覆油压用软管、管外再包覆隔热套管。管连接应使用正确的接头并确定密封，防止泄漏，保证足够移动行程，防止管线相互磨擦而造成的危险。

7 镁合金熔炉及周边设备

7.1 每台熔炉应配置 1 个镁合金专用灭火器（D 级或冷金属）。

7.2 镁合金熔炉应配备完全封闭有气体保护且自动浇铸系统。

7.3 镁锭投料前应有专门的预热炉，若采用熔炉余热预热应保证镁合金锭预热到 120 ℃以上，并无腐蚀斑点、油污。模具、喷嘴及射道料管在每一次新开机或者停机后重新使用前都要预热至 150 ℃以上。

7.4 每次加入镁合金锭及除渣时炉门打开的时间应尽量短。不允许使用生锈、未预热的除渣工具进行操作，清理出的熔渣和熔体混合物置入可进行密封的渣桶中，并进行灭火处理。

7.5 熔炉的初始升温速度应控制在 50 ℃/h～80 ℃/h，并由熔炉膛内的热电偶来进行升温控制。达到镁锭熔化温区 500 ℃～600 ℃时，升温速度控制在 50 ℃/h 以下。

7.6 熔炉应有过热保护装置，熔炉应设有远程控制开关，供紧急断路之用。熔炉和保护气体的控制系统应有相应的报警装置，熔炉还应有坩埚渗漏报警装置。定期检查气体混合装置及供应管线是否有泄漏。放置 SF6 或其他气体钢瓶处应制作固定架，或以链条固定。

7.7 每3个月检查一次坩埚壁厚，一旦坩埚的厚度小于原厚度的一半时，就应该更换。应建立坩埚使用寿命记录，详细记载其材质、厚度、检查记录等资料。

7.8 不允许对处于工作状态的熔炉进行升降作业。

7.9 取件机器人周围应设置防护栏栅避免人员误入机器人操作范围内。

7.10 镁合金压铸机合模采用双手合模控制，操作人员应使用双手同时操作2个合模按钮。

8 镁合金铸件清理，打磨

8.1 清理、打磨生产场所应配备镁合金专用灭火器（D级或冷金属），干沙，覆盖剂。

8.2 镁合金铸件清理，打磨场所应使用防爆电器及防爆开关。

8.3 打磨所产生的粉尘不允许直接排空，应进行湿收集。抽风管道每月进行一次清理，清理过程中不应使用金属工具。

8.4 抽风管道应进行防静电处理。

8.5 对生产场地每2 h进行一次清扫，避免粉尘堆集。操作人员每小时应进行一次防护用品的清洁，防止粉尘聚集在防护用品上。

9 镁合金原料及废料的储存

9.1 镁合金原料入厂时应检查包装是否受损，是否有淋雨及受潮现象。若有，应烘干后使用。

9.2 镁合金废料的存放按GB/T 20926的规定进行。

10 灭火设施

10.1 应使用镁合金专用灭火器（D级或冷金属）、干沙、覆盖剂进行灭火，不应使用水、A、B、C类灭火器灭火。

10.2 灭火剂应放置于明显、容易取得的地方并经常检查，确保干燥。

10.3 覆盖剂应存放于密闭，便于拆开的包装袋内。灭火设施和灭火剂应随时可用。

ICS 71.040.40
G 04

中华人民共和国国家标准

GB/T 26489—2011

纳米材料超双亲性能检测方法

Methods for measuring super amphiphilicity of nanomaterials

2011-05-12 发布　　2012-02-01 实施

中华人民共和国国家质量监督检验检疫总局
中国国家标准化管理委员会　发布

前　言

本标准按 GB/T 1.1—2009 给出的规则起草。

本标准由全国纳米技术标准化技术委员会纳米材料分技术委员会(SAC/TC 279/SC 1)提出并归口。

本标准主要起草单位:中国科学研究院化学研究所。

本标准主要起草人:江雷、张玲娟。

纳米材料超双亲性能检测方法

1 范围

本标准规定了纳米材料超双亲性能检测方法的术语及定义、方法原理、仪器和试剂、样品制备、检测条件、检测步骤及结果评定、检测报告等。

本标准适用于检测经纳米技术处理,组成均匀、光滑、不变形(在液体表面张力的垂直分量的作用下)和各向同向性的固体表面超双亲性能。

本标准不适用于能够吸收所测液体的材料。

2 规范性引用文件

下列文件对于本文件的应用是必不可少的。凡是注日期的引用文件,仅注日期的版本适用于本文件。凡是不注日期的引用文件,其最新版本(包括所有的修改单)适用于本文件。

GB/T 6682—2008 分析实验室用水规格和试验方法(ISO 3969:1987,MOD)

GB/T 19619 纳米材料术语

3 术语和定义

GB/T 19619 界定的以及下列术语和定义适用于本文件。

3.1

接触角 contact angle

液体滴在固体表面上,在固-液-气三相交点处做气-液界面的切线,此切线与固液交界线之间的夹角,见图1。测试状态下,固体表面与水的接触角称为水接触角,与油的接触角称为油接触角。

注:黏附力是评定超双亲材料的主要指标。

3.2

亲水性 hydrophilic

对水具有亲合力的性能,可润湿性。材料表面与水的接触角小于或等于90°的为亲水性。

3.3

亲油性 oileophilic

对油具有亲合力的性能,可润湿性。材料表面与油的接触角小于或等于90°的为亲油性。

3.4

超双亲纳米材料 super amphiphilic nanomaterials

经纳米技术处理,材料表面具有纳米结构且有亲水亲油性,水接触角小于或等于5°、油接触角小于或等于5°的材料。

4 原理

4.1 接触角是用来表征液体对固体的润湿程度。以度计,介于0°~180°之间。对于一给定的体系,接触角是特定的,取决于三相界面(液/气、固/气和液/固)间的相互作用。

固体表面液滴的接触角是固、气、液界面间表面张力平衡的结果，液滴的平衡使得体系总能量趋于最小，因而使液滴在固体表面上处于稳态（亚稳态）。一般来说，液滴在光滑平坦固体表面的接触角可以用杨氏方程来表示，见式(1)：

$$\gamma_{sv} = \gamma_{sl} + \gamma_{lv}\cos\theta \qquad \cdots\cdots(1)$$

即：

$$\cos\theta = (\gamma_{sv} - \gamma_{sl})/\gamma_{lv}$$

式中：

γ_{sv}——固-气表面张力，单位微牛顿(μN)；

γ_{sl}——固-液的表面张力，单位微牛顿(μN)；

γ_{lv}——液-气界面的表面张力，单位微牛顿(μN)；

θ——平衡接触角(或称本征接触角)，单位为度(°)。

图1为接触角测量原理示意图。

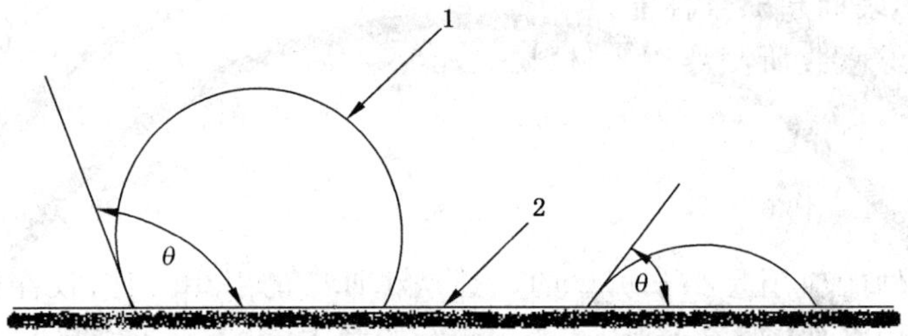

1——液滴；

2——样品表面；

θ——平衡接触角。

注：此图所示为大于90°(左)和小于90°(右)的两个接触角。

图1 接触角测量原理示意图

4.2 本标准采用圆锥法测量接触角。圆锥法是通过运用二次曲线方程式来拟合液滴的轮廓形状，从而计算出接触角。由于此方法未对液滴的形状作任何假定，所以其适用范围不受液滴形状的限制，不但可用于轴对称的液滴，也同样可用于不符合轴对称的液滴。

5 仪器和试剂

5.1 仪器

光学接触角测量仪(测量精度±0.1°)。

5.2 试剂

a) 水：GB/T 6682—2008中规定的二级去离子水；

b) 油：正十六烷(分析纯)。

6 样品制备

从待测材料的不同部位取5块大小为70 mm×70 mm的标准样品。样品应平整、洁净、无褶皱，具有代表性。对于软质材料，可用双面胶将样品固定在载玻片上。拿取和制作标准样品时应使用手套和镊子。如果待测材料不能切割成70 mm×70 mm的标准样品，也可以使用相同原料及相同加工方法得到的材料作为样品，也可以使用本标准所规定以外的大小与形状的样品，但应保证在不同的、间距6 mm

以上的5个点测定接触角。

注：在对样品加工过程中，需要注意防止油等有机污染物以及待测材料之间的交叉污染。

7 检测条件

测试温度(23±2)℃，相对湿度(50±5)%。

8 检测步骤

8.1 用镊子将样品置于光学接触角测量仪的样品台上，打开聚光灯调整视野和焦距，使样品位于视野中央；将滴液针头置于样品上方10 mm～20 mm处，设定测试液滴体积为5 μL，按下针管滴定操作键，针头缓慢滴出5 μL去离子水(或正十六烷)，缓慢升高样品台，使样品表面接触到液滴，然后将样品台缓慢降低至液滴与针头分离，使用拍照功能，拍下水滴(或油滴)完全滴落于样品表面的初始状态。测定这一状态下，纳米材料表面对水滴(或油滴)的接触角。每个样品选取5个点进行测试，每个点之间至少间隔6 mm，5个数据为一组。

注：本方法是一整体液滴法。在计算时考虑的是整个液滴的轮廓形状，所以当液滴的形状受到其他物体干扰时，如针管置于液滴内，就会影响方法的准确性，甚至不再适用。

8.2 按8.1步骤测定5块标准样品，得到5组接触角数据。也可在同等条件下，同一样品间隔6 mm以上的不同位置重复测定，得到5组接触角数据。

9 结果评定

9.1 按照4.2的圆锥法计算出液滴左右接触角。在样品表面平整、无杂质的情况下，左右接触角数据差异应不大于2°。除去离散的数据，至少保留3组集中的数据，取左、右接触角的算术平均值，得出接触角数值。

9.2 当平衡接触角小于1°时，同时采用以下两种方法来评价：

a) 平均速率：即在指定时间内，接触角单位时间内变化的平均值。

b) 初始接触角：相互作用时间 $t=0$ 时的接触角。

图2是典型的接触角 θ 随相互作用时间 t 的变化曲线，两曲线交点之前，表面A的短时间瞬态接触角大于表面B的，而在交点之后，表面A的平衡态接触角小于表面B的，所以可以采用以上两种方法分别给以评价。

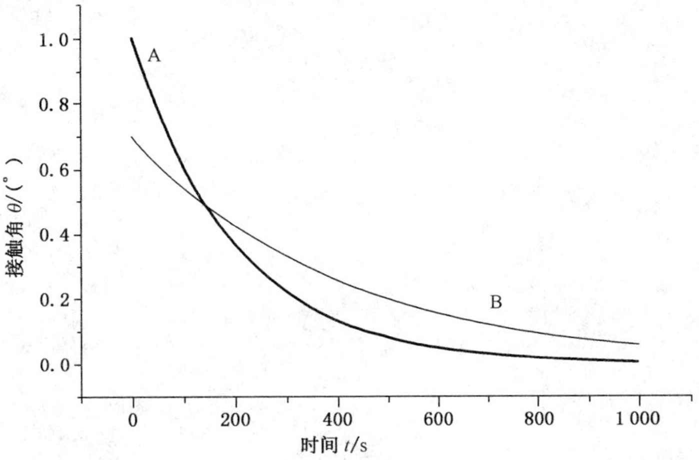

图2 典型的接触角 θ 随相互作用时间 t 的变化曲线

10 检测报告

检测报告应包括下列各项：

a) 本标准的编号及试验日期；

b) 样品名称、编号、规格品种、产地、委托检测单位等；

c) 检测条件；

d) 所使用的标准及方法；

e) 检测项目；

f) 评定结果；

g) 检验日期和人员；

h) 审核；

i) 其他。

ICS 71.040.40
G 04

中华人民共和国国家标准

GB/T 26490—2011

纳米材料超双疏性能检测方法

Methods for measuring super hydrophobicity of nanomaterials

2011-05-12 发布　　2012-02-01 实施

中华人民共和国国家质量监督检验检疫总局
中国国家标准化管理委员会　发布

前　言

本标准按 GB/T 1.1—2009 给出的规则起草。

本标准由全国纳米技术标准化技术委员会纳米材料分技术委员会(SAC/TC 279/SC 1)提出并归口。

本标准主要起草单位:中国科学院化学研究所。

本标准主要起草人:江雷。

纳米材料超双疏性能检测方法

1 范围

本标准规定了纳米材料超双疏性能检测方法的术语和定义、方法原理、仪器和试剂、样品制备、检测条件、检测步骤及结果评定、检测报告等。

本标准适用于检测经纳米技术进行处理的材料的超疏水和超疏油性能，材料表面应是均匀、光滑、不变形（在液体表面张力的垂直分量作用下）和各向同性的固体表面。

2 规范性引用文件

下列文件对于本文件的应用是必不可少的。凡是注日期的引用文件，仅注日期的版本适用于本文件。凡是不注日期的引用文件，其最新版本（包括所有的修改单）适用于本文件。

GB/T 6682—2008 分析实验室用水规格和试验方法（ISO 3696:1987，MOD）

GB/T 19619 纳米材料术语

3 术语和定义

GB/T 19619 界定的以及下列术语和定义适用于本文件。

3.1

接触角 contact angle

液体滴在固体表面上，在固-液-气三相交点处做气-液界面的切线，此切线与固液交界线之间的夹角，见图1。测试状态下，固体表面与水的接触角称为水接触角，与油的接触角称为油接触角。

注：接触角是评定超双疏材料的主要指标之一。

3.2

疏水性 hydrophobicity

材料表面对水有很低的亲和性和不可润湿性。

3.3

疏油性 oleophobicity

材料表面对油有很低的亲和性和不可润湿性。

3.4

黏附力 adhesive force

材料表面疏水性能和疏油性能的程度。材料对水滴表现出的黏附力，称为水黏附力；对油滴表现出的黏附力，称为油黏附力。

注：黏附力是评定超双疏材料的另一主要指标。

3.5

超双疏纳米材料 super-hydrophobicity nanomaterials

经纳米技术处理，材料表面具有纳米结构，具备疏水疏油性能，水接触角不小于150°、油接触角不小于120°，且水黏附力不大于10 μN、油黏附力不大于10 μN 的材料称为超双疏纳米材料。

4 原理

4.1 接触角的测量原理

4.1.1 接触角用来表征液体对固体的润湿程度，以度计，介于 0°～180°之间。对于一给定的体系，接触角是特定的，取决于三相界面(液/气、固/气和液/固)间的相互作用。

固体表面液滴的接触角是固、气、液界面间表面张力平衡的结果，液滴的平衡使得体系总能量趋于最小，因而使液滴在固体表面上处于稳态(亚稳态)。一般来说，液滴在光滑平坦固体表面的接触角可以用杨氏方程来表示，见式(1)：

$$\gamma_{sv}=\gamma_{sl}+\gamma_{lv}\cos\theta \qquad \cdots\cdots(1)$$

即：

$$\cos\theta=(\gamma_{sv}-\gamma_{sl})/\gamma_{lv}$$

式中：

γ_{sv}——固-气表面张力，单位微牛顿(μN)；

γ_{sl}——固-液的表面张力，单位为微牛顿(μN)；

γ_{lv}——液-气界面的表面张力，单位为微牛顿(μN)；

θ ——平衡接触角，或称本征接触角，单位为度(°)。

图 1 为接触角测量原理示意图。

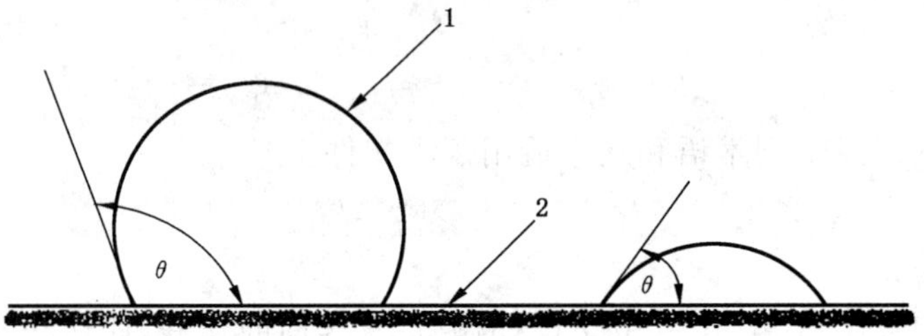

1——液滴；

2——样品表面；

θ——平衡接触角。

注：此图所示为大于 90°(左)和小于 90°(右)的两个接触角。

图 1 接触角测量原理示意图

4.1.2 本标准采用圆锥法测量接触角。圆锥法运用二次曲线方程式来拟合液滴的轮廓形状，计算出接触角。由于未对液滴的形状作任何假定，所以其适用范围不受液滴形状的限制，不但可用于轴对称的液滴，也同样可用于不符合轴对称的液滴。

4.2 黏附力测量原理

4.2.1 黏附力测量是基于黏附理论。材料给予液滴的拉伸力是随着两者间距增加而增长，直至液滴脱离材料表面，重力数值归零。拉伸力及两者间距的数值，通过配套软件记录并绘制成黏附曲线，黏附曲线中拐点的重力数值，依据相互作用力原理，实际表现为材料表面与液滴之间因黏附作用而产生的拉伸力，即材料对液滴的黏附力，见图 2。

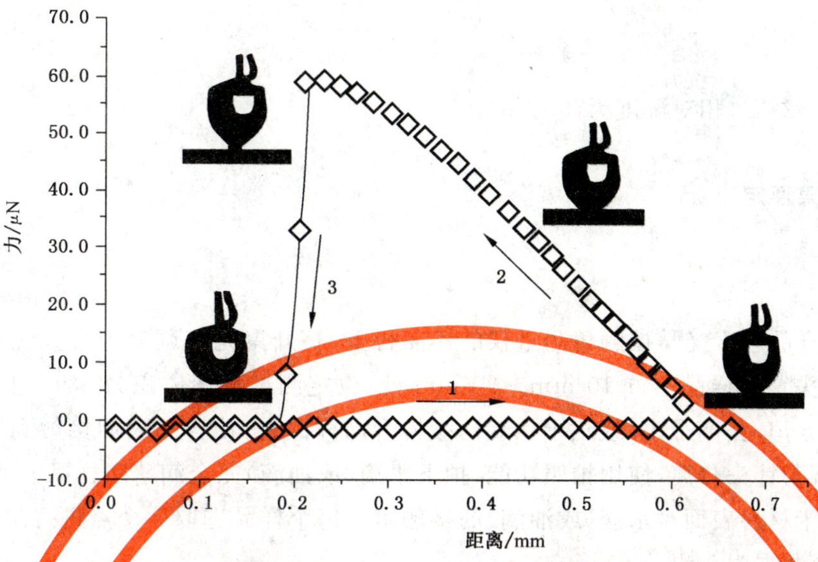

注：拐点处纵坐标即黏附力数值。

图 2　黏附力曲线

4.2.2　本标准采用动态接触角与微重力分析仪测量黏附力，由样品平台、微量进样器及泵组成的液体输送系统、电脑和与之相应的用于捕获、分析和记录图像的软件构成。微重力分析仪安装在悬臂处，是一种灵敏的质量检测元件，检测精度达到微牛顿级，可检测液滴从接触到离开材料表面过程中微重力的数值。由于超双疏材料表面对水滴和油滴具有极低的黏附性，液滴脱离材料表面之前，材料给予液滴的作用力是非常小的。

5　仪器和试剂

5.1　仪器

a)　光学接触角测量仪(测量精度±0.1 度)；

b)　动态接触角仪与微重力分析仪。

5.2　试剂

a)　水：按 GB/T 6682—2008 中规定的二级去离子水；

b)　油：正十六烷(分析纯)。

6　样品制备

从待测材料的不同部位取 5 块大小为 70 mm×70 mm 的标准样品。样品应平整、洁净、无褶皱，具有代表性。对于软质材料，可用双面胶将样品固定在载玻片上。拿取和制作标准样品时应使用手套和镊子。如果待测材料不能切割成 70 mm×70 mm 的标准样品，也可以使用相同原料及相同加工方法得到的材料作为样品，也可以使用本标准所规定以外的大小与形状的样品，但应保证在不同的、间距6 mm 以上的 5 个点测定接触角。

注：在对样品加工过程中，需要注意防止油等有机污染物以及待测材料之间的交叉污染。

7 检测条件

测试温度(23±2)℃,相对湿度为(50±5)%。

8 检测步骤及结果评定

8.1 接触角

8.1.1 用镊子将样品置于光学接触角测量仪的样品台上,打开聚光灯调整视野和焦距,使样品位于视野中央;将滴液针头置于样品上方10 mm～20 mm处,设定测试液滴体积为5 μL,按下针管滴定操作键,针头缓慢滴出5 μL去离子水(或正十六烷),缓慢升高样品台,使样品表面接触到液滴,然后将样品台缓慢降低至液滴与针头分离,使用拍照功能,拍下水滴(或油滴)完全滴落于样品表面的初始状态。测定这一状态下,纳米材料表面对水滴(或油滴)的接触角。每个样品选取5个点进行测试,每个点之间至少间隔6 mm,5个数据为一组。

注:本方法是一整体液滴法。在计算时考虑的是整个液滴的轮廓形状,所以当液滴的形状受到其他物体干扰时,如针管置于液滴内,就会影响方法的准确性,甚至不再适用。

8.1.2 按8.1.1步骤测定5块标准样品,得到5组接触角数据。也可在同等条件下,同一样品间隔6 mm以上的不同位置重复测定,得到5组接触角数据。

8.1.3 按照4.2的圆锥法计算出液滴左右接触角,在样品表面平整无杂质的情况下,左右接触角数据差异应不大于2°。除去离散的数据,至少保留3组集中的数据,取左、右接触角的算术平均值,得出接触角数值。

8.2 黏附力

8.2.1 将样品正面向上,置于动态接触角仪的固定平台上。用微量进样器注射5 μL二级去离子水(或正十六烷)到动态接触角仪的悬臂。开启步进马达控制固定平台的样品向上接触悬臂上的液滴,然后向下使两者分离。微重力分析仪测量并记录液滴从接触到离开材料表面过程中,所受拉伸作用力的一系列数值。每个样品选取5个点进行测试,每个点之间至少间隔6 mm,5个数据为一组。

8.2.2 按8.2.1步骤测定5块标准样品,得到5组黏附力数据。也可在同等条件下,同一样品间隔6 mm以上的不同位置重复测定,得到5组黏附力数据。除去失败和离散的数据,至少保留3组集中的数据,取其算术平均值。

注:超双疏材料的黏附曲线,起点和终点纵坐标数值是一致的,拐点纵坐标表示材料的黏附力。材料的水黏附力及油黏附力,分别以不产生力缺失的水黏附曲线及油黏附曲线的拐点重力值为最终数据。

9 检测报告

检测报告应包括下列各项:

a) 本标准的编号;

b) 样品名称、编号、规格品种、产地、委托检测单位、抽样日期等;

c) 检测条件;

d) 所使用的标准及方法;

e) 检测项目;

f） 评定结果；

g） 检测日期和人员；

h） 审核；

i） 其他。

ICS 77.040.30
H 25

中华人民共和国国家标准

GB/T 26491—2011

5XXX 系铝合金晶间腐蚀试验方法 质量损失法

Determination of intergranular corrosion of 5XXX series aluminum alloys by mass loss

2011-05-12 发布

2012-02-01 实施

中华人民共和国国家质量监督检验检疫总局
中国国家标准化管理委员会 发布

前　言

本标准使用重新起草法参考 ASTM G67-04《测定 5XXX 系铝合金的晶间腐蚀敏感性的标准试验方法(NAMLT 试验)》编制,与 ASTM G67-04 的一致性程度为非等效。本标准与 ASTM G67-04 的主要技术差异如下:

——试验溶液温度由"30 ℃±0.1 ℃"修改为"30 ℃±1 ℃";

——试验溶液浓度由"70%～72%"修改为"3+2";

——计算公式由"$X=(m_1-m_2)/s$"修改为"$X=(m_1-m_{n-1})/s$"。

本标准由中国有色金属工业协会提出。

本标准由全国有色金属标准化技术委员会(SAC/TC 243)归口。

本标准负责起草单位:西南铝业(集团)有限责任公司。

本标准参加起草单位:东北轻合金有限责任公司、中铝瑞闽铝板带有限公司、南山轻合金有限公司。

本标准主要起草人:周仁良、温庆红、张钰、侯绎、卢金华、陈文、李瑞山。

5XXX 系铝合金晶间腐蚀试验方法 质量损失法

1 范围

本标准规定了用质量损失法测定5XXX系铝合金板材产品晶间腐蚀敏感性的试验方法。

本标准适用于5XXX系铝合金板材产品晶间腐蚀敏感性的测定。

2 方法原理

将5XXX系铝合金板材产品试样浸入30 ℃的浓硝酸中24 h,测定其单位面积上的质量损失,并对其横截面作金相分析,从而评定晶间腐蚀的敏感性。

3 试验溶液

3.1 氢氧化钠溶液(ρ 50 g/L)。

3.2 硝酸溶液(1+1)。

3.3 硝酸溶液(3+2)。

4 试验设备

4.1 电热恒温水浴锅。

4.2 分析天平(感量为0.1 mg)。

4.3 玻璃干燥器(内放变色硅胶)。

4.4 烧杯。

5 试样

5.1 同一批试验用的样品,应取自同一批次或同一热处理炉次的产品。

5.2 从每一个样品上切取至少两个平行试样。

5.3 试样尺寸为50 mm×6 mm×产品厚度(产品厚度大于25 mm时,试样加工至25 mm厚,且保留一面轧制原始表面,并在试样的加工表面作标记),其中50 mm为加工产品的轧制方向。

5.4 试样若不立即进行试验,可将试样放在干燥器中短期保存。

6 试验步骤

6.1 用细纹锉刀或细砂纸打磨试样。

6.2 将试样浸入约80 ℃的氢氧化钠溶液(3.1)中1 min,然后用水冲洗。

6.3 再将试样浸入硝酸溶液(3.2)中30 s,然后用水冲洗。

6.4 将试样在空气中晾干。不允许用布或纸巾将试样擦干。

6.5 测量试样(6.4)尺寸(所有测量精确至0.02 mm),计算其总表面积(s)。

6.6 将制备好的试样(6.5),置于天平上称量(m_1)。

6.7 将试样(6.6)浸入30 ℃±1 ℃的硝酸溶液(3.3)中,使试样与垂直方向成15°～30°,试验溶液体积与试样总表面积之比至少为3 mL/cm²。

6.8 将活动盖子盖在盛装试验溶液的容器口上,以减少试验溶液的蒸发,并防止放出酸雾。

6.9 试样在试验溶液中浸渍24 h,然后迅速取出。

6.10 将取出后的试样一边用水冲洗,一边用硬塑料毛刷刷洗,以除去所有粘附微粒,然后在空气中晾干。

6.11 将试样(6.10)置于天平上称量(m_2)。重复6.10,直至相继两次的称量结果(m_n 与 m_{n-1})之差值不超过0.5 mg。

6.12 按式(1)计算试样单位面积上的质量损失。测定结果取两次平行测定的平均值,且修约到整数。

$$X=(m_1-m_{n-1})/s \qquad \cdots\cdots(1)$$

式中:

X ——试样单位面积上的质量损失,单位为毫克每平方厘米(mg/cm²);

m_1 ——试样浸渍前的质量,单位为毫克(mg);

n ——试样的称量次数($n\geqslant3$);

m_{n-1} ——浸渍后的试样,第($n-1$)次清洗、晾干后称得的质量,单位为毫克(mg);

s ——试样的总表面积,单位为平方厘米(cm²)。

6.13 为确定腐蚀形态,将测定完质量损失后的试样(6.11)横截面进行机械抛光,并对试样作金相检查。

7 试验报告

试验报告应至少包括下列内容:

a) 试样的牌号及状态;

b) 试验条件;

c) 试验中观察到的异常现象;

d) 试验结果以"mg/cm²"表示;

e) 试验者、审核者、试验日期;

f) 本标准编号。

ICS 77.150.10
H 60

中华人民共和国国家标准

GB/T 26492.1—2011

变形铝及铝合金铸锭及加工产品缺陷 第1部分：铸锭缺陷

Defects for wrought aluminium and aluminium alloys ingots and products—
Part 1: Defects for ingots

2011-05-12 发布　　　　2012-02-01 实施

中华人民共和国国家质量监督检验检疫总局
中国国家标准化管理委员会　发布

前　言

GB/T 26492《变形铝及铝合金铸锭及加工产品缺陷》分为五个部分：

——第1部分：铸锭缺陷；

——第2部分：铸轧带材缺陷；

——第3部分：板、带缺陷；

——第4部分：铝箔缺陷；

——第5部分：管材、棒材、型材、线材缺陷。

本部分为GB/T 26492的第1部分。

本部分由全国有色金属标准化技术委员会(SAC/TC 243)归口。

本部分负责起草单位：东北轻合金有限责任公司。

本部分参加起草单位：西南铝业(集团)有限责任公司、中国铝业西北铝加工分公司、山东兖矿轻合金有限责任公司、广东坚美铝型材有限公司、福建省南平铝业有限公司、龙口市丛林铝材有限公司。

本部分主要起草人：吴欣凤、吕新宇、王美琪、李成利、王立娟、李海仙、王贵福、冯彦波、段瑞芬、郭瑞、谢延翠。

变形铝及铝合金铸锭及加工产品缺陷 第1部分:铸锭缺陷

1 范围

本部分规定了变形铝及铝合金铸锭产品中常见缺陷的定义、特征,并分析了其主要产生原因。

本部分适用于变形铝及铝合金铸锭缺陷的分析与判定。

2 缺陷定义、特征和主要产生原因

2.1

偏析浮出物(偏析瘤) nodule of segregation (segregation knoble)

半连续铸造过程中,在铸锭表面上产生的瘤状物称偏析浮出物。宏观组织特征是铸锭表面呈不均匀的凸起[如图1a)、图1b)],显微组织观察偏析瘤处的第二相比基体的大,分布致密,第二相体积分数也大,有时在偏析瘤处可发现一次晶[如图1c)]。

主要产生原因:

a) 铸造温度高,铸造速度快;

b) 结晶器或芯子锥度过大;

c) 冷却强度低或结晶器内部缺水;

d) 漏斗摆放不正。

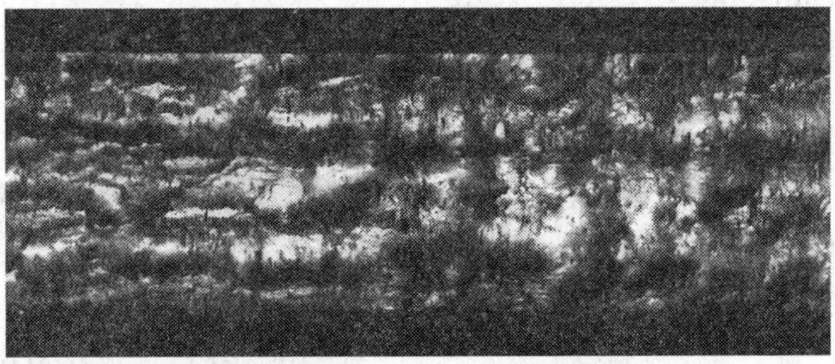

a) 铸锭表面偏析浮出物

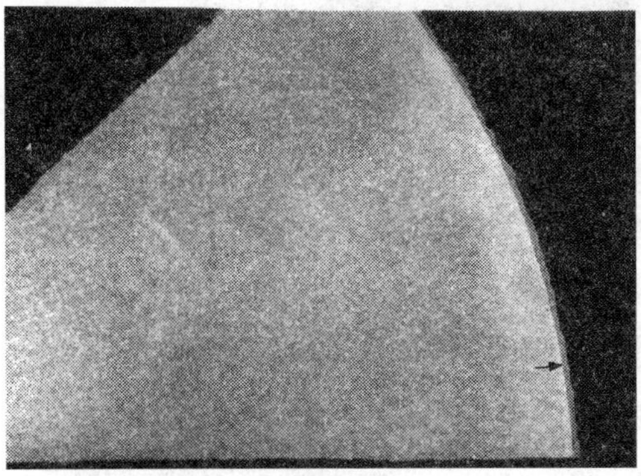

b) 偏析浮出物低倍组织

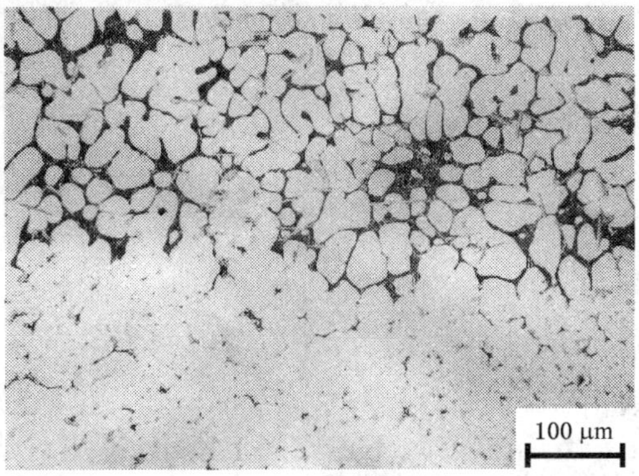

c) 偏析浮出物显微组织

图1 偏析浮出物

2.2

冷隔(或成层) cold shut (or stratification)

铸锭表皮上存在的有规律性重叠或靠近表皮内部形成隔层的现象称冷隔。宏观组织表现为不合层，低倍组织有明显分层，分层处凹下形成沿铸锭外表面的圆弧状黑色裂纹(如图 2)。显微组织冷隔处为黑色裂纹，裂纹处有非金属夹杂。冷隔一般可通过机械加工方式进行处理。

主要产生原因：

a) 铸造速度慢，金属熔体供流少，边部易凝固，继续供给熔体补充不足就提前凝固；

b) 铸造温度低，金属熔体流动性不好，靠近结晶器壁处易凝固；

c) 铸造漏斗安放不正或漏斗孔堵塞，造成金属液流供给不均；

d) 结晶器锥度不当或结晶器变形；

e) 漏斗过小，结晶器内液面过低或波动过大；

f) 冷却强度过大或冷却不均匀；

g) 润滑不均，局部供油过量。

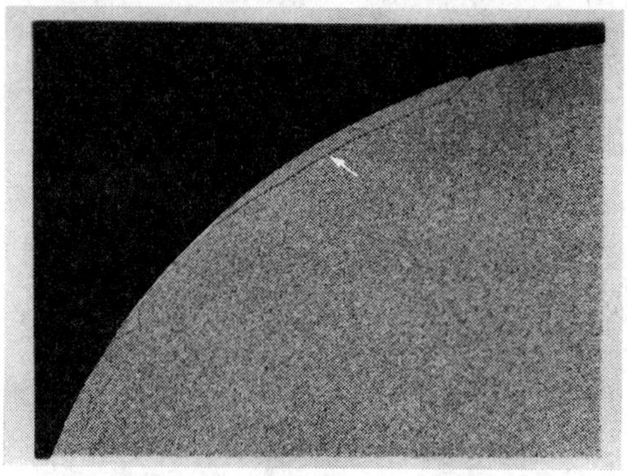

图 2 冷隔(或成层)低倍组织

2.3

断流冷隔 breaking cold shut

在铸造过程中因金属流供应不足造成组织不连续、铸锭表面横截面分层的现象称断流冷隔。

主要产生原因：

a) 铸造时金属液面水平控制过低；

b) 铸造时漏金属；

c) 铸造时因流口堵塞或冷凝、流口太小等原因致使金属液流供应不上。

2.4

竹节 bamboo-ridge

因铸造设备运转问题，铸锭表面上形成的"竹节"状现象。竹节经铸锭车皮可去掉。

主要产生原因：

a) 铸造机运行不稳，有停顿现象；

b) 无导轨铸造机，导向滑轮夹杂铝或杂物。

2.5

弯曲 bow

铸锭纵向轴线不成一条直线的现象。

主要产生原因：

a) 结晶器安装不正或固定不牢，铸造时错动；

b) 铸造机运行不稳；

c) 铸造机导轨不直或导轨间隙过大，底座不稳；

d) 盖板不平，使结晶器歪斜；

e) 结晶器变形，锥度不适当或光洁度差，造成局部悬挂产生弯曲；

f) 吊运或摆放不当。

2.6

拉裂　pull crack

铸造时形成的凝固外壳与结晶器壁的摩擦阻力超出铸锭的本身强度时，在铸锭表面形成拉痕。严重时在铸锭表面产生横向裂口称为拉裂[如图3a)、图3b)]。有时在裂口处产生流挂。这种缺陷破坏了铸锭组织的连续性，严重时应为废品。只有当拉痕、拉裂深度不超出铸锭机械加工余量时，可以进行铣面或车皮处理。

主要产生原因：

a) 结晶器内表面不光滑，有毛刺、划痕、润滑不好；

b) 结晶器或漏斗安放歪斜，使铸锭下降时一侧产生很大的摩擦阻力；

c) 铸造过程中，金属熔体水平忽高忽低造成抱芯子(空心锭)或漏铝而悬挂；

d) 铸造速度快、铸造温度高，铸造水压大容易造成拉痕和拉裂；

e) 结晶器冷却水结垢；

f) 结晶器退火或过烧。

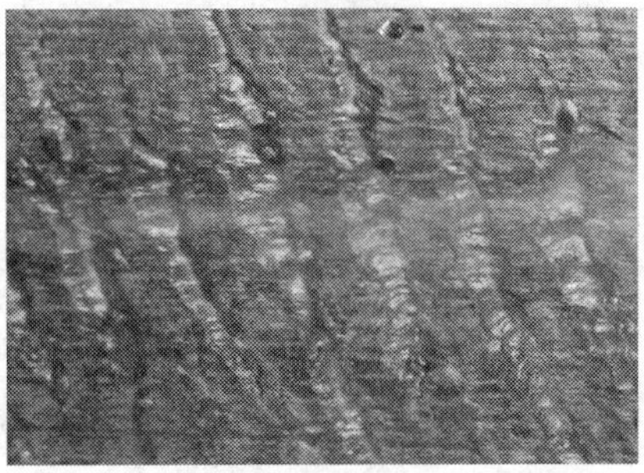

a) 扁铸锭拉裂

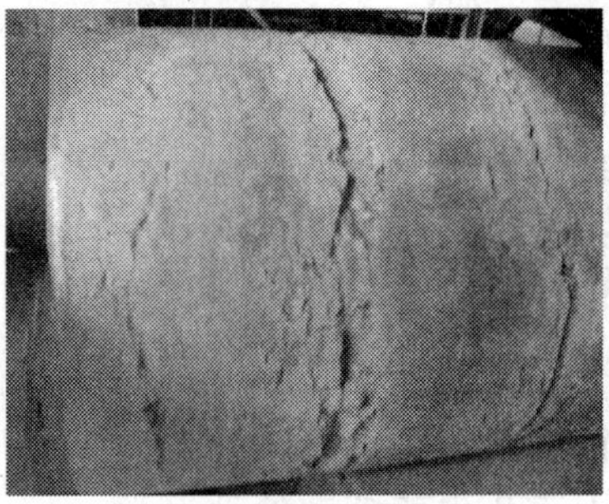

b) 圆铸锭拉裂

图3　拉裂

2.7

竖道皱褶　vertical fold

铸锭宽面沿铸造方向出现的凹下的竖条状缺陷称竖道皱褶。宏观上主要存在于扁锭漏斗对应的两侧表面上。皱褶沿纵向发展，可能是连续的，也可能是断续的，长度和深度不等(如图4)，皱褶严重时可导致裂纹。

主要产生原因：

a) 熔体中B元素含量高；

b) 铸造温度低；

c) 润滑不好。

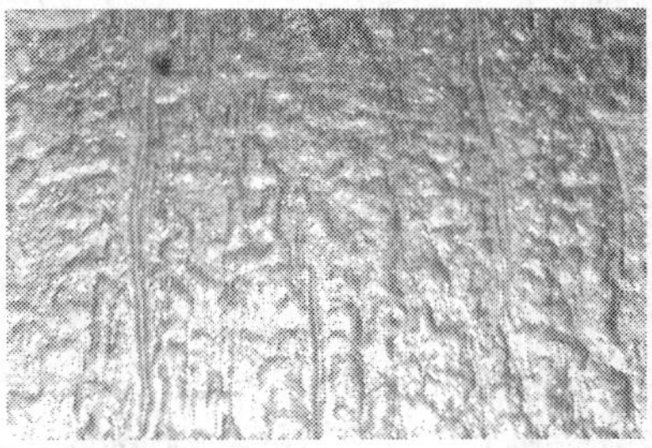

图4　扁铸锭竖道皱褶

2.8

偏心　eccentric centre

空心铸锭内、外圆不同心的现象，偏心的结果导致空心锭壁厚不均。

主要产生原因：

a） 芯子安装不正，铸造机下降时不稳定；

b） 铸造工具不符合要求；

c） 铸锭弯曲或镗孔不正确。

2.9

缩孔 shrinkage cavity

液体金属凝固时，由于体积收缩而液体金属补缩不足时，凝固后在铸锭尾部中心形成的空腔叫缩孔。

2.10

热裂纹 hot crack

金属凝固过程中，在线收缩开始温度至固相点温度的结晶终了区间，由于结晶收缩受到阻碍而产生拉应力，又由于这个区间含有较多的脆性金属化合物，拉应力超过了该区金属的强度极限时产生的裂纹叫热裂纹。热裂纹的宏观组织特征为裂纹曲折、分叉或呈网状、圆弧状[如图 5a)、图 5b)]；断口上裂纹处多呈黄褐色，有氧化现象，裂纹凸凹不平。显微组织特征为裂纹沿晶界开裂，且裂纹处有低熔点共晶物填充[如图 5c)]。

主要产生原因：

a） 铸造速度、温度、冷却水压不当，或冷却不均匀；

b） 结晶器、盖板变形或结晶器、芯子锥度不当；

c） 熔体过热或液体金属停留时间过长；

d） 合金化学成分、杂质含量控制不当；

e） 铸造时液流分配不均匀；

f） 铸造开头或结尾处理不当。

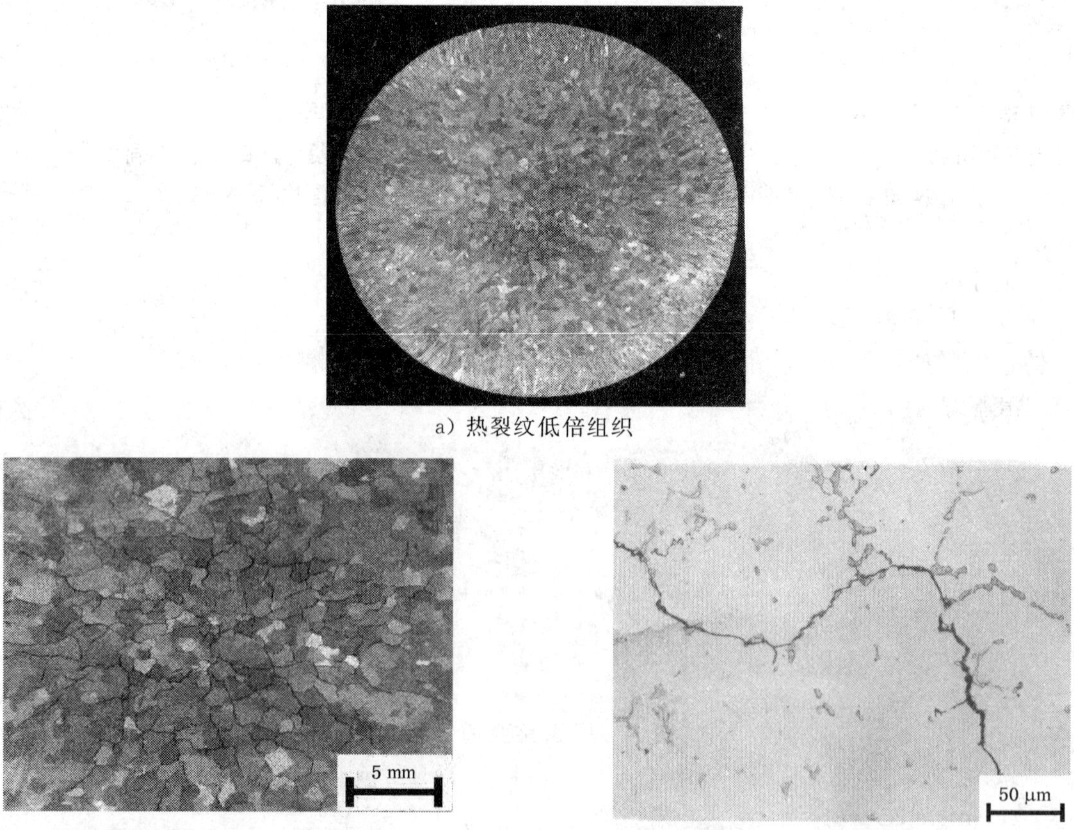

a）热裂纹低倍组织

b）热裂纹处低倍组织的局部放大图

c）热裂纹显微组织

图 5 热裂纹

2.11

冷裂纹　cold crack

液态金属凝固后，由于铸锭内部冷却不均产生的拉应力超过了金属的强度极限，而在铸锭的某个或某几个塑性薄弱区产生的裂纹称冷裂纹。宏观组织特征呈平直的裂纹[如图6a)]，断口上裂纹为亮晶色，断口没有氧化。显微组织特征为裂纹不沿枝晶发展，横穿基体和枝晶网络[如图6b)]。

主要产生原因：

a）　合金元素、杂质含量控制不当；

b）　熔体过热或液体金属停留时间过长；

c）　冷却不均匀，铸造速度快、铸造温度偏高；

d）　结晶器、盖板变形或结晶器、芯子锥度不当；

e）　铸造时液流分配不均匀；

f）　铸造开头或收尾处理不当。

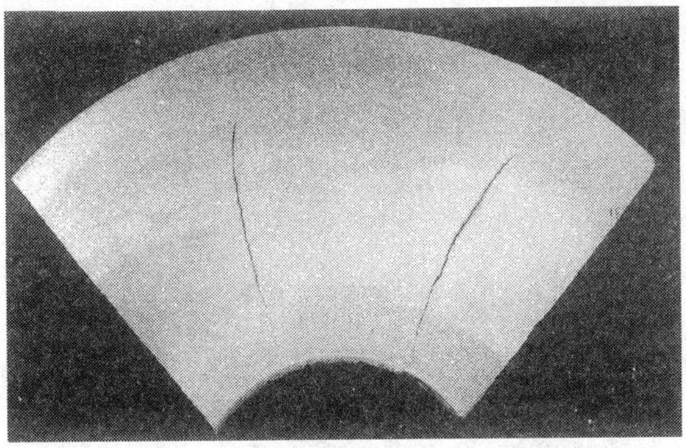

a）冷裂纹低倍组织

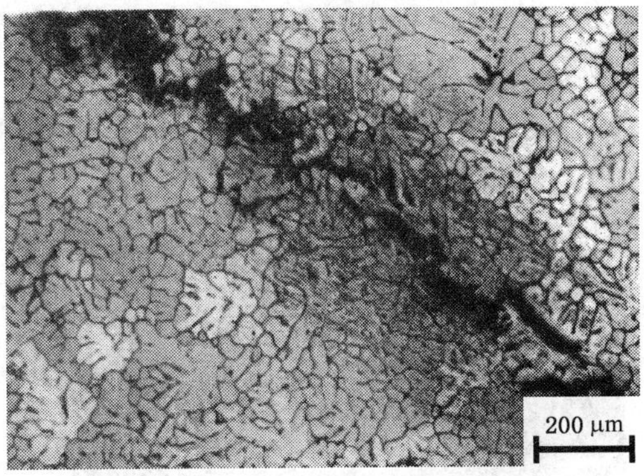

b）冷裂纹显微组织

图6　冷裂纹

2.12

偏析　segregation

铸锭中化学成分分布不均的现象称偏析。在变形铝合金中，偏析主要有晶内偏析和逆偏析。

2.13

晶内偏析　coring segregation

显微组织中同一个晶粒内化学成分不均的现象称晶内偏析。晶内偏析的显微组织特征是，浸蚀后的晶内呈水波纹状的类似树木年轮状组织（如图7）。表现为晶界或枝晶界内化学成分和显微硬度不均匀。

主要产生原因：

a）　结晶区间间隔大，引起不平衡结晶；

b）　结晶过程中熔质原子在晶体中的扩散速度小于晶体生长速度。

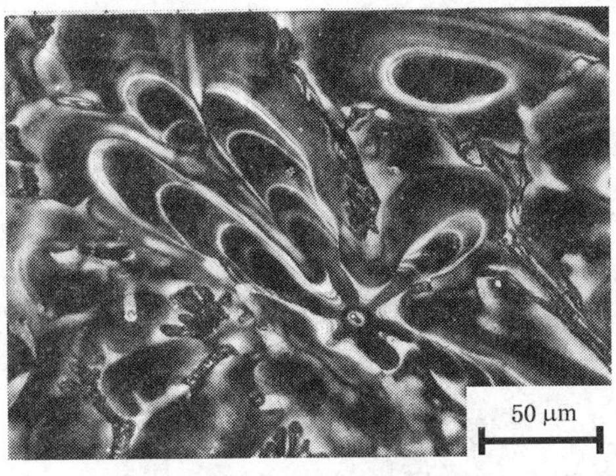

图7　晶内偏析显微组织

2.14

逆偏析 inverse segregation

铸锭边部的熔质浓度高于铸锭中心熔质浓度的现象称逆偏析。逆偏析的组织特征不易从显微组织辨别，只能从化学成分分析上确定。

主要产生原因：

结晶过程中，液体中富集溶质受力，穿过以结晶的树枝晶枝干和分枝缝隙向铸锭表面移动的结果。

2.15

非金属夹杂 non-metallic inclusion

混入铸锭中的熔渣或落入铸锭内的其他非金属夹杂。低倍组织为无固定形状、与基体界限不清的黑色凹坑[如图8a)]。其断口特征为黑色条状、块状或片状，显微组织特征多为黑色线状、块状、絮状的紊乱组织，与基体色差明显[如图8b)]。

主要产生原因：

a) 原、辅材料不干净，如有油污、泥土、灰尘、水分等；

b) 炉子、流槽、流盘或导炉流管处清理不干净；

c) 精炼不彻底，精炼温度低，静置时间不足，使渣、铝分离得不好；

d) 铸造温度低；

e) 操作不当，导致外来脏物掉入液体金属中进入铸锭。

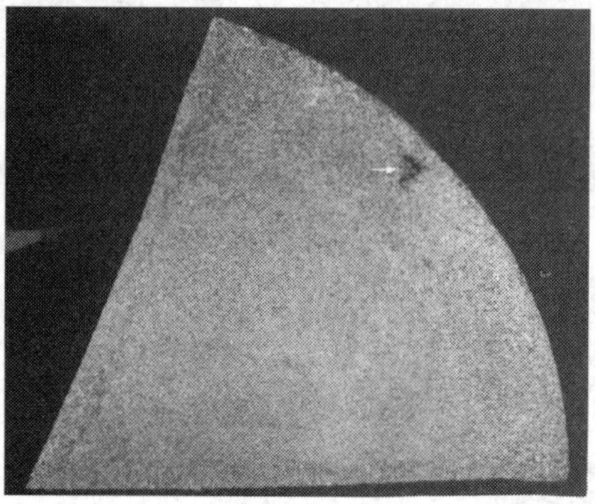

a) 非金属夹杂低倍组织

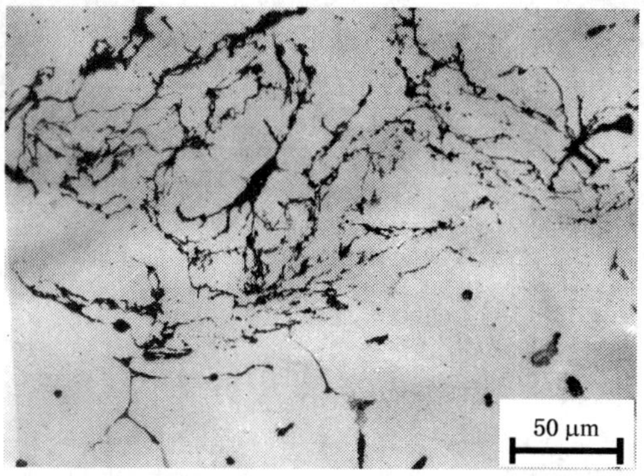

b) 非金属夹杂显微组织

图8 非金属夹杂

2.16

金属夹杂 metallic inclusion

由于铸造工艺不当，或外来金属掉入液体金属中，致使铸锭结晶后在组织中存在外来金属物。在组织中存在的外来金属物称金属夹杂。其宏观组织和显微组织特征为有棱角的金属物，颜色与基体金属有明显差别，并有清晰的分界线。铸锭变形后金属夹杂与基体金属间易产生裂纹。

主要产生原因：

a) 操作不当，导致外来金属掉入液体金属中，进入铸锭；

b) 外来的未被熔化的金属块保留在铸锭中。

2.17

氧化膜 oxide film

熔体铸造时由于操作不当和熔体污染，铸锭中存在的由非金属夹杂形成的氧化物和未排除气体（主要为氢气）称氧化膜。由于氧化膜尺寸较小，在铸锭宏观组织中很难发现，应将检查氧化膜用铸锭试样变形后做断口检查，氧化膜特征为黄褐色、灰色的条状或片状物小平台，对称的分布在两个断裂面上（如图9）。显微组织上的氧化膜特征为黑色线状包留物或闭合的空腔，黑色为氧化膜，白色为铝基体，包留物往往为窝纹状。

主要产生原因：

a) 原、辅材料不干净，有油污、潮湿、水分、腐蚀、灰尘、泥沙等；

b) 熔炼过程中，反复补料、冲淡，搅拌方法不当，破坏了表面氧化膜，使其成为碎块掉入熔体内；

c) 精炼除气不彻底，熔剂、铸造工具潮湿未经充分干燥，空气湿度大，容易产生氧化膜；

d) 熔体转注过程中金属熔体没有满管流动，冲击太大或落差点没有封闭造成氧化膜碎块掉入熔体内；

e) 静置时间不够，熔炼炉、静置炉积渣太多；

f) 铸造温度低；

g) 铸造过程中净化装置出现故障，过滤系统没起作用；

h) 结晶器内金属水平波动大或液流供应不均匀。

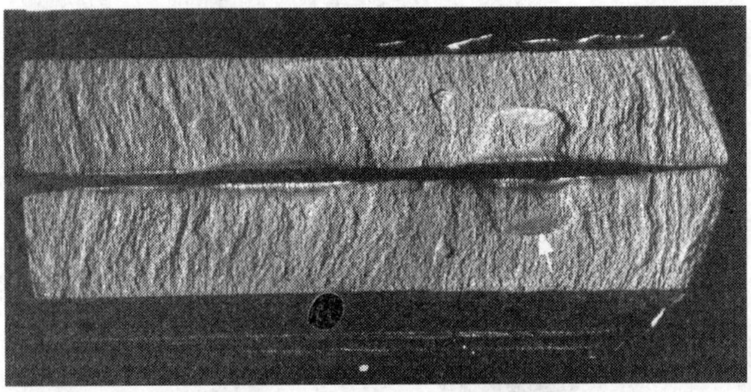

图 9 氧化膜断口组织

2.18

白斑 white spot

在宏观组织中的白色块状物称白斑。白斑的低倍组织与基体金属组织有明显的色差，形状不定、轮廓清晰[如图 10a)]，但并没有破坏金属的连续性。显微组织特征为纯铝组织，没有合金那样多的化合物[如图 10b)]，显微硬度很低。白斑出现在铸锭底部。

主要产生原因：

a) 采用纯铝铺底铸造的合金中，由于铸造操作不当，熔体液流将铺底铝溅起，混入合金的熔体中；

b) 用纯铝铺底时表面硬壳未打净；

c) 铸造漏斗温度低，纯铝粘在漏斗底，在铸造过程中掉下；

d) 铺底纯铝温度低。

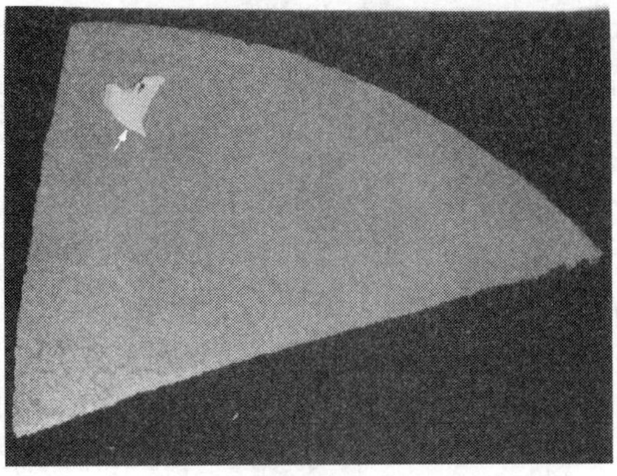

a) 白斑低倍组织

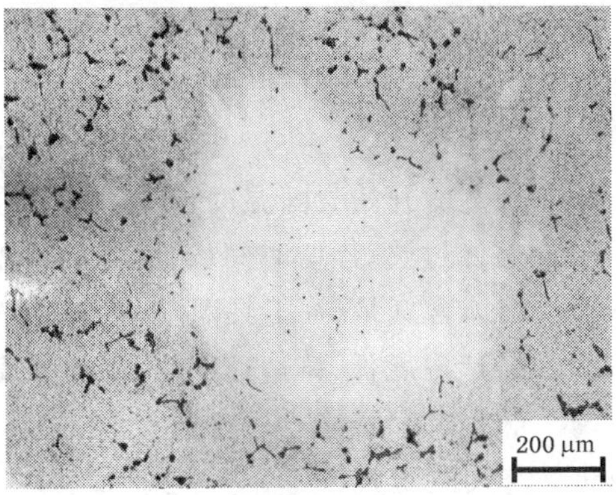

b) 白斑显微组织

图 10 白斑

2.19

疏松 porosity

当熔体结晶时，由于基体树枝晶间液体金属补充不足或由于存在未排出的气体（主要为氢气），结晶后在枝晶内形成的微孔称疏松。由补缩不足形成的微孔称为收缩疏松；由气体形成的疏松称气体疏松。疏松的低倍组织特征为形状不规则、分散状的黑色针孔[如图11a)]，断口组织特征为组织粗糙、灰白色的点状小坑，不致密，疏松严重时断口上有白色小亮点。显微组织特征为沿枝晶分布、有棱角形的黑洞，疏松俞严重，黑洞数量俞多，尺寸也愈大[如图11b)]。

主要产生原因：

a) 合金的开始凝固温度与凝固终了温度相差很大，即过渡带宽，使补缩和气体逸出困难；

b) 熔体过热、停留时间长、高镁合金不覆盖或覆盖不好等，吸收大量气体；

c) 工具潮湿、熔剂、精炼气体水分含量高；

d) 铸造温度低、铸造速度快、冷却强度小，熔体中的气体逸出困难；

e) 静置时间不够，精炼除气不彻底；

f) 空气湿度大；

g) 燃气、燃油水分大；

h) 原材料潮湿，有油污、水分；

i) 炉子大修、中修、长期停炉后干燥不彻底。

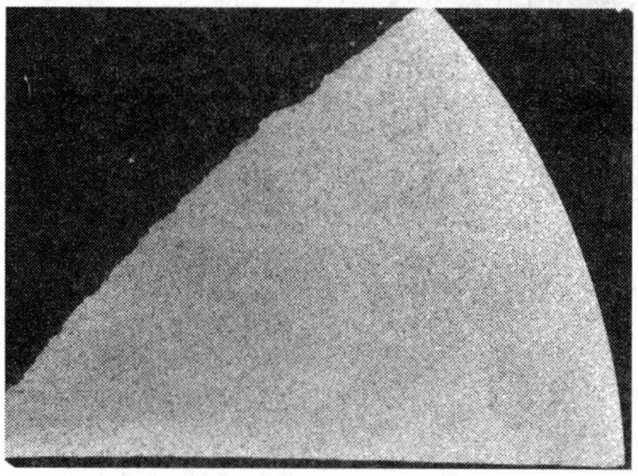

a) 疏松低倍组织

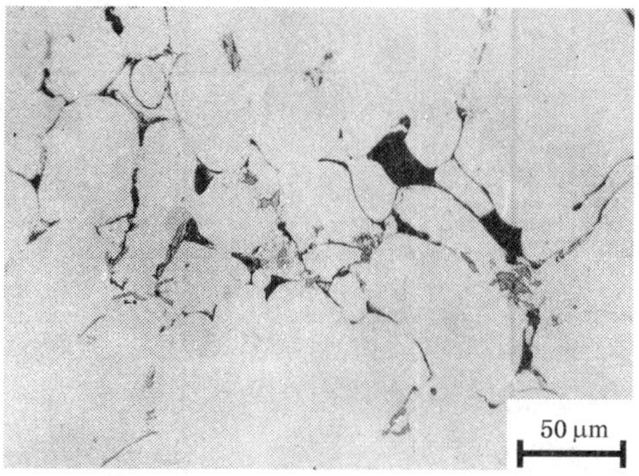

b) 疏松显微组织

图11 疏松

2.20

气孔 gas porosity

当熔体中氢含量较大且除气不彻底时，使氢气以泡状存在，并在金属凝固后被保留下来，在金属内形成空腔，该空腔称为气孔。气孔的组织特征为圆孔状，内表面光滑明亮[如图12a)、图12b)]。

主要产生原因：

a) 合金的开始凝固温度与凝固终了温度相差很大，即过渡带宽，使补缩和气体逸出困难；

b) 熔体过热、停留时间长、熔体不覆盖或覆盖不好等，吸收大量气体；

c) 熔体含气量高、工具潮湿、熔剂、精炼气体水分含量高，精炼除气不彻底；

d) 铸造温度低、铸造速度快、冷却强度小，熔体中的气体逸出困难；

e) 静置时间不够；

f) 空气湿度大；

g) 燃气、燃油含水量高；

h) 原材料潮湿，有油污、水分。

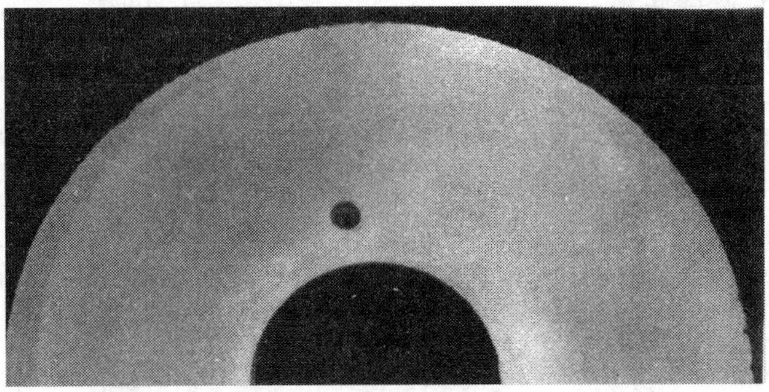

a) 气孔低倍组织

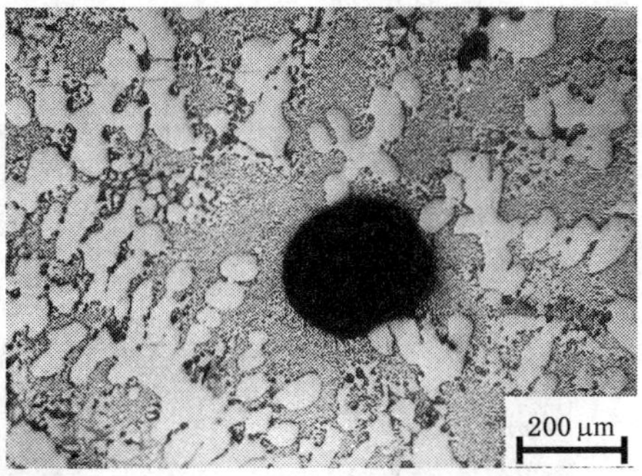

b) 气孔显微组织

图 12 气孔

2.21

白点 white freckles

断口呈白色、边界不齐、形状不规则、对光无选择性的絮状物(如图 13)。显微组织为几个粗大的缩孔沿枝晶边界连成一串。白点通常分布在铸锭底部、浇口部及横断面的边部。

主要产生原因:

a) 合金的开始凝固温度与凝固终了温度相差很大,即过渡带宽,使补缩和气体逸出困难;

b) 熔体过热、停留时间长、熔体不覆盖或覆盖不好等,吸收大量气体;

c) 熔体含气量高、工具潮湿、熔剂、精炼气体水分含量高,精炼除气不彻底;

d) 铸造温度低、铸造速度快、冷却强度小,熔体中的气体逸出困难;

e) 静置时间不够;

f) 空气湿度大;

g) 煤气、燃油含水量高;

h) 原材料潮湿,有油污、水分;

i) 炉子大修、中修、长期停炉后干燥、烘炉不彻底。

图 13 白点断口组织

2.22

光亮晶粒 bright crystal

在宏观组织中存在着色泽光亮的树枝状组织称为光亮晶粒[如图 a)]。它对光线无选择性,断口组织观察光亮晶粒为亮色絮状物。显微组织特征为粗大枝晶网状组织,与正常结晶组织相比枝晶粗大,枝晶网络稀薄,含有的低熔点共晶较少,该组织显微硬度低,为贫乏固熔体组织[如图 b)]。

主要产生原因:

a) 铸造开始时使用漏斗表面不光滑或导热不好,漏斗孔距底部过高,漏斗预热不好;

b) 漏斗沉入液穴过深时,使铸锭液体部分的过冷带扩展到液穴的整个体积,造成体积顺序结晶;

c) 铸造开始时漏斗底粘铝,铸造过程中落入铸锭中;

d） 铸造温度低，铸造速度慢，使漏斗底中易产生底结；

e） 结晶器内金属水平波动或液流供应不均匀。

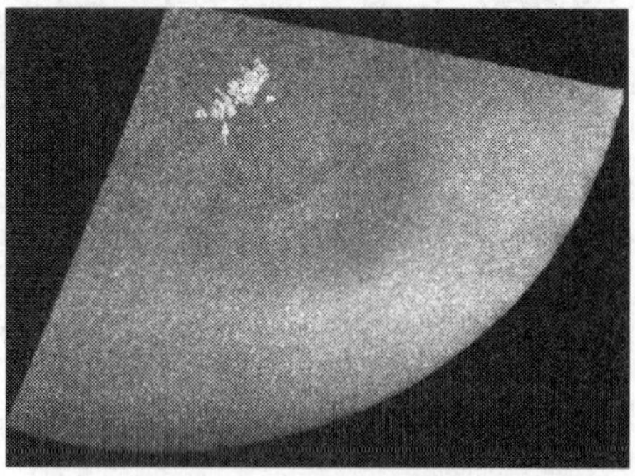

a）光亮晶粒低倍组织

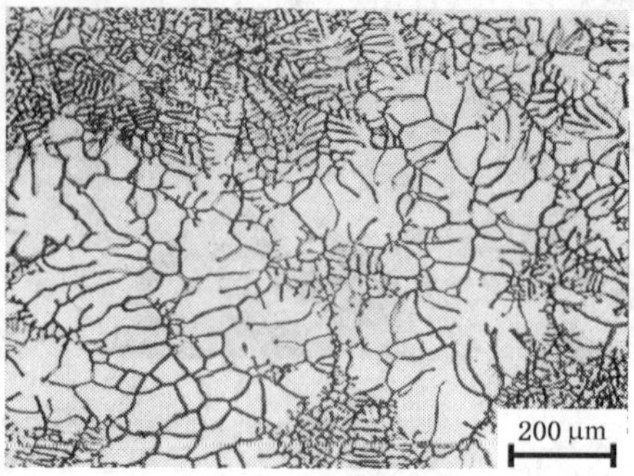

b）光亮晶粒显微组织

图 14　光亮晶粒

2.23

羽毛状晶（孪晶）　feather crystals (twin columnar grains)

由于熔体过热等原因在铸锭宏观组织中形成的类似羽毛状的金属组织，称羽毛状晶。羽毛状晶的低倍组织特征为呈扇形分布的、有许多平行细条组成的羽毛状，尺寸较大，在铸锭截面上分布有时分散，有时连成一片[如图 15a)]。断口组织呈片状。显微组织为粗大孪晶组织，是柱状晶变种。枝晶一边为直线孪晶晶轴，另一边为锯齿状晶界[如图 15b)]。铸锭变形后宏观组织仍保持羽毛状，显微组织由亚晶晶粒组成。

主要产生原因：

a） 熔体过热或液体金属停留时间过长，使非自发晶核减少；

b） 铸造温度过高；

c） 晶粒细化剂加入量少或失效。

a）羽毛状晶低倍组织

b）羽毛状晶显微组织

图 15　羽毛状晶

2.24

粗大晶粒　coarse grain

在宏观组织上出现的均匀或不均匀的、超出晶粒标准规定的大晶粒，称粗大晶粒（如图 16）。特征是粗大晶粒不破坏基体的连续性，只使金属某些性能指标降低或性能不均。

主要产生原因：

a） 合金熔体过热或局部过热，液体金属停留时间过长，使非自发性晶核被熔解，结晶核心减少；

b） 铸造温度高，晶核产生数量少；

c） 冷却强度弱，结晶速度慢；

d) 合金成分与杂质含量调整不当；

e) 液流分布不均或冷却不均。

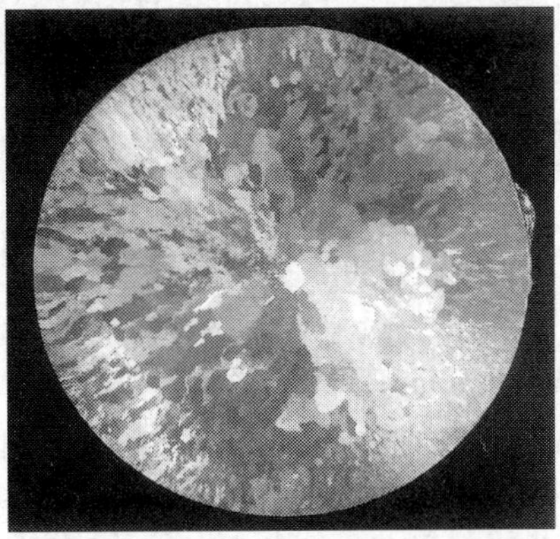

图 16 粗大晶粒

2.25

初晶硅 primary crystal silicon

在亚共晶或共晶变形铝-硅系合金中，显微组织中存在的呈块状的、硅的一次晶组织(如图 17)。

主要产生原因：

a) 硅元素含量过高；

b) 中间合金中的初晶硅未充分熔解扩散；

c) 熔炼温度低；

d) 熔化不充分，搅拌不充分。

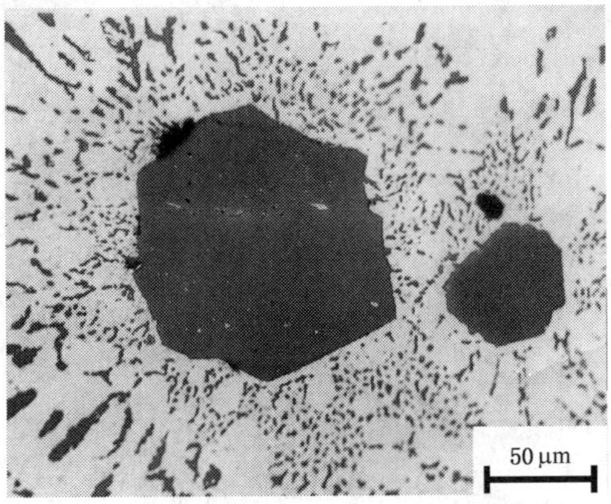

图 17 初晶硅显微组织

2.26

晶层分裂 crystal layer splitting

在铸锭边部断口上沿柱状晶轴产生的层状开裂称晶层分裂(如图 18)。断口特征为裂纹取向与柱状晶轴相同，在显微组织上裂纹沿着枝晶发展，裂纹诸多含有金属间化合物。

主要产生原因：

a) 合金成分与杂质含量调整不当；

b) 熔体过热或局部过热，液体金属停留时间过长，使非自发晶核被熔解，结晶核心减少，易于柱状晶生长；

c) 集中供流或供流不均，有利于柱状晶生长；

d) 水冷强度小。

图 18 晶层分裂断口组织

2.27

粗大金属化合物 coarse metal compound

由于熔铸工艺不当，在固液两相区使溶质富集和有充足的生长时间形成的粗大第二相，称粗大金属化合物。宏观组织特征为分散或聚集的针状或块状凸起，边界清晰，有金属光泽，对光有选择性[如图 19a)]；断口组织特征为针状或块状晶体，有闪亮金属光泽；显微组织特征为有特定形状的粗大化合物[如图 19b)]，既脆又硬，对不同化学侵蚀剂有不同着色。金属加工变形后沿变形方向被破碎成小块。

主要产生原因：

a) 化学成分中含高熔点元素多而且控制不当；生成初晶化合物的元素含量超过生成初晶界限；

b) 中间合金难熔组元高，加入合金没充分熔解；中间合金中的粗大化合物在熔炼时没充分熔解；

c) 铸造温度过低或铸造速度慢；

d) 漏斗表面不光滑或导热不好，漏斗预热不好，漏斗沉入过深。

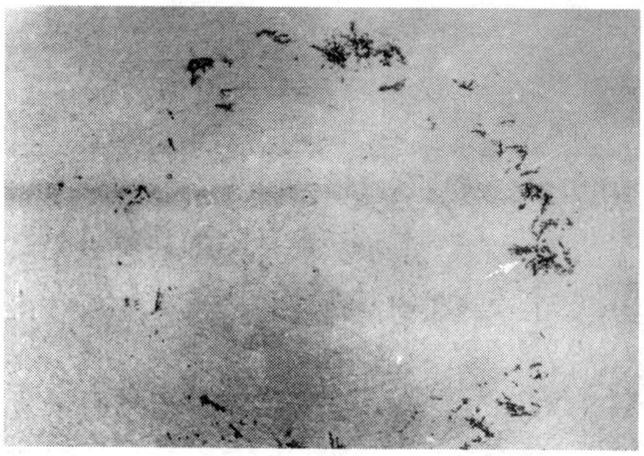

a) 粗大金属化合物低倍组织

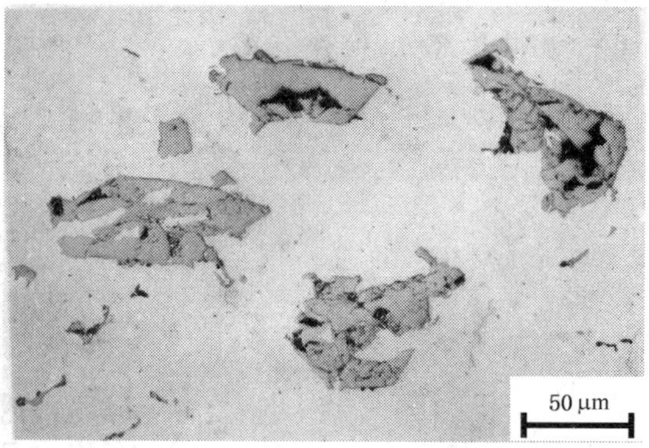

b) 粗大金属化合物显微组织

图 19 粗大金属化合物

2.28

过烧 burnt

铸锭均匀化退火时金属温度等于或高于低熔点共晶熔点，使低熔点共晶在晶界重熔的现象叫过烧。过烧严重时可使铸锭表面色泽变暗、变黑，有时产生表面气泡。显微组织特征有复熔的共晶球(共晶球有清晰的几何外圆)、晶界局部复熔加宽和在三个晶粒交界处形成复熔三角形(如图 20)。

主要产生原因：

a) 没有正确的执行铸锭均匀化制度中规定的加热和保温时间的定温制度；

b) 均热炉各区温度不均或装料时放的不正确，易引起铸锭组织局部过烧；

c) 均热炉不正常，通风设备不良，使各区温度不均；

d) 仪表失灵或测温电偶放置位置不当，导致温度升高；

e) 装错料。

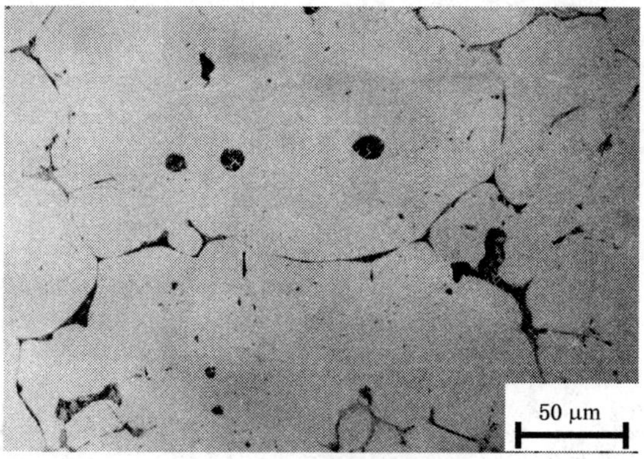

图 20　过烧显微组织

附　录　A
（资料性附录）
汉语拼音索引

B

ICS 77.150.10
H 60

中华人民共和国国家标准

GB/T 26492.2—2011

变形铝及铝合金铸锭及加工产品缺陷 第2部分：铸轧带材缺陷

Defects for wrought aluminium and aluminium alloys ingots and products—Part 2:Defects for roll-casting strips

2011-05-12 发布 2012-02-01 实施

中华人民共和国国家质量监督检验检疫总局
中国国家标准化管理委员会 发布

前　言

GB/T 26492《变形铝及铝合金铸锭及加工产品缺陷》分为5个部分：

——第1部分：铸锭缺陷；

——第2部分：铸轧带材缺陷；

——第3部分：板、带缺陷；

——第4部分：铝箔缺陷；

——第5部分：管材、棒材、型材、线材缺陷。

本部分为GB/T 26492的第2部分。

本部分由全国有色金属标准化技术委员会(SAC/TC 243)归口。

本部分负责起草单位：华北铝业有限公司。

本部分参加起草单位：中铝瑞闽铝板带有限公司、云南新美铝铝箔有限公司、中国铝业西北铝加工分公司、郑州铝业股份有限公司、东北轻合金有限责任公司、江苏常铝铝业股份有限公司。

本部分主要起草人：潘军朋、王志勇、杨碧烟、郭义庆、高珺、张国良、侯波、韩千永、郭瑞、王进卫、孔祥鹏。

变形铝及铝合金铸锭及加工产品缺陷
第2部分:铸轧带材缺陷

1 范围

本部分规定了双辊连续铸轧铝带产品中常见缺陷的定义、特征,并分析了其主要产生原因。

本部分适用于双辊式铸轧机生产的变形铝及铝合金铸轧带缺陷的分析与判定。

2 缺陷定义、特征和主要产生原因

2.1

分层裂纹 lamination crack

铸轧带表层下出现由低熔点相和 Fe、Si 等杂质隔开的分层。有时分层延伸到表面,形成马蹄形裂口[如图 1a)]。延伸或未延伸到表面的这种缺陷称之为分层裂纹。分层裂纹一般是各个分离且成群出现[如图 1b)]。裂纹两侧组织差异较大,表面低熔点相和杂质相较少,晶粒较粗大,内部低熔点相和杂质相较多,晶粒细小。

主要产生原因:分层裂纹是由于铸轧带在凝固过程中,凝壳抗剪强度小于表面粘着区和中心变形区之间的附加切应力所致。

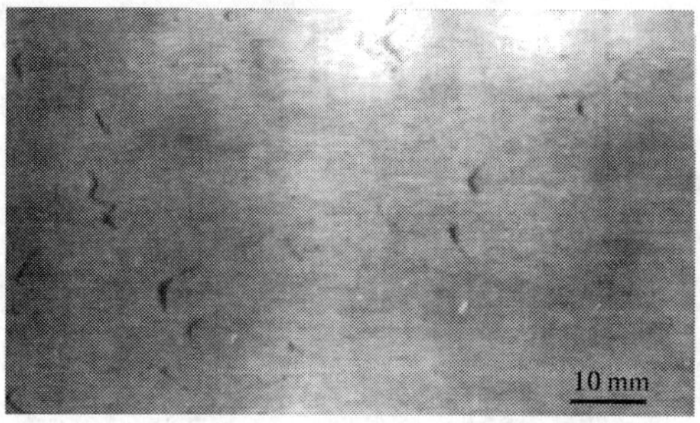

a) 表面

b) 侧向截面

图 1 分层裂纹

2.2

通条裂纹 run-through crack

铸轧带表面出现弧形、V 形或无固定横向裂纹或裂口,沿着轧制方向形成或排列成裂纹带。它往往同气道、表面偏析带、粗晶带等缺陷伴生。

主要产生原因:

a) 供料嘴局部堵塞;

b) 嘴唇局部破损或结渣。

2.3

热带 hot strip

铸轧带局部未受轧制变形,具有自由结晶表面的区域(如图 2)。缺陷严重时会穿透板厚,形成孔洞;热带形状不规则,有不同程度的凹陷。凹陷的表面不平整,往往伴随有裂缝出现,有时有偏析浮出物。

主要产生原因:

a) 铸轧温度过高、速度过快、冷却强度不够等原因致使熔体出现局部未完全凝固；

b) 前箱液面太低；

c) 供料嘴严重堵塞等原因致使局部熔体供给不足，熔体不能和辊面充分接触，因而未受轧制变形，保留铸态组织。

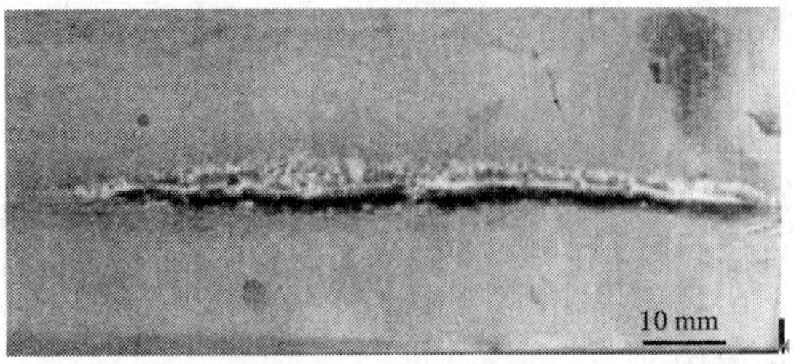

图 2 热带(表面)

2.4

气道 void

铸轧带内形成的纵向连续或间断延伸不规则的凹坑。通过低倍试片肉眼可见的孔洞称为气道。借助放大镜才能发现的称为微孔。气道附近晶位发生歪扭，表面多显现白道，严重时可延续到铸轧带全长，常伴有通条裂纹和麦穗状晶。气道分横向位置固定气道和游动性气道(如图 3)。

主要产生原因：

a) 熔体含气量多；

b) 供料系统干燥不彻底；

c) 供料嘴结渣；

d) 铸轧辊表面温度与环境温度差过大。

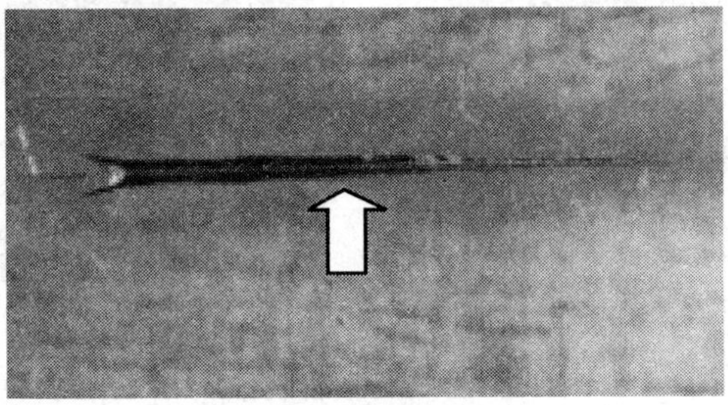

图 3 气道(表面)

2.5

粗大晶粒 coarse grain

在宏观组织上出现的均匀或不均匀的、超出晶粒标准规定的大晶粒(如图 4)。粗大晶粒组织具有很强的各向异性；冷轧后表面出现白色条状缺陷；再结晶退火后晶粒易长大。

主要产生原因：

a) 熔体过热；

b) 结晶前沿温度梯度过大；

c) 液面过低；

d) 熔体在炉内停留时间过长；

e) 晶粒细化效果不良。

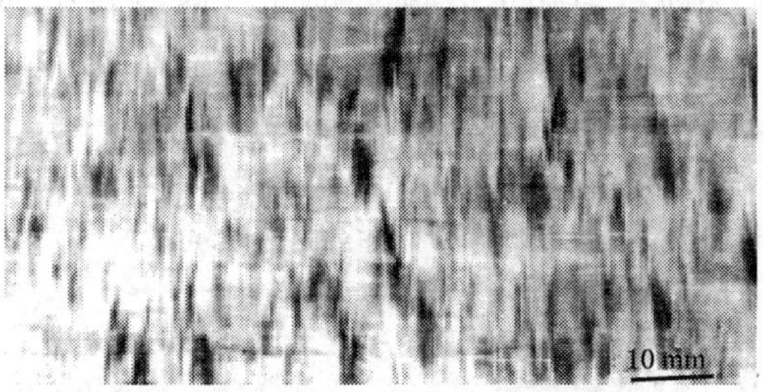

图 4　五级大晶粒(表面)

2.6

晶粒不均　uneven grains

同一铸轧带不同区域晶粒大小有明显差异的现象(如图 5)。晶粒不均有两种形式:一种为同一表面不同区域晶粒大小不同,另一种为上下表面晶粒大小不同。

主要产生原因:晶粒不均是由于在铸嘴出口处结晶条件差异所致。

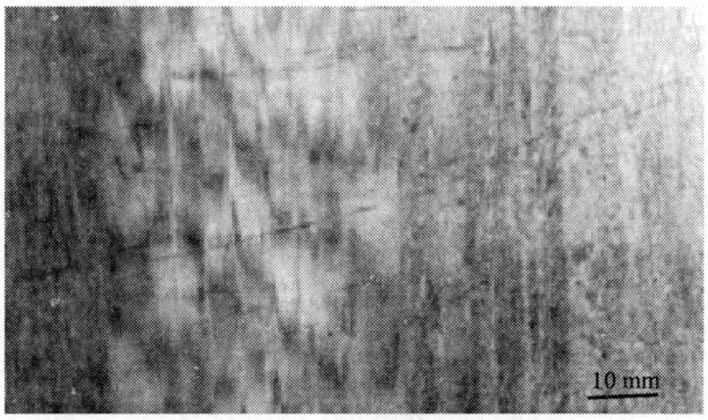

图 5　晶粒不均(混合酸洗后表面)

2.7

表面偏析条纹　surface segregation

铸轧带表面点状缺陷集聚成带状,纵贯铸轧带全长(如图 6)。未经浸蚀时缺陷不易发现,缺陷部位反光性稍差,较暗;经高浓度混和酸或碱浸蚀后发黑。显微组织为两相共晶组织,缺陷部位化合物比正常部位明显增多,其中 Si、Fe、Cu 等与铝形成共晶转变的元素含量升高,而与铝形成包晶转变的 Ti 的含量则明显降低。表面偏析条纹是一种逆偏析。

主要产生原因:供料嘴的唇缘损坏、脱落或挂渣。

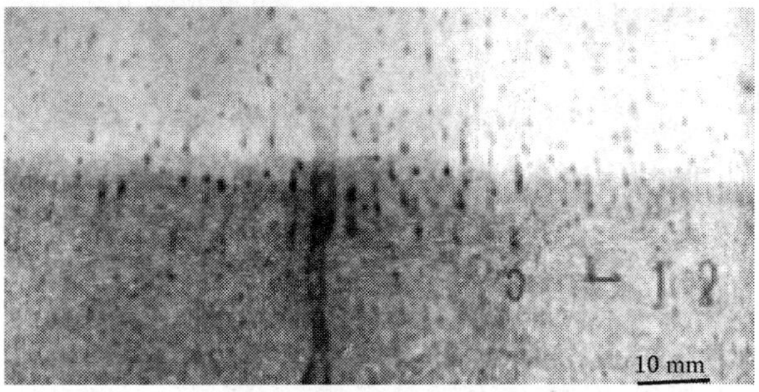

图 6　表面偏析条纹

2.8

中心层(线)偏析　intermediate layer segregation

铸轧带中,最终凝固的中心层附近集中了不平衡过剩组合物的现象(如图 7)。中心层(线)偏析量随合金元素含量的增加或铸轧速度的提高而增加。在轧辊压力作用下,富集合金元素的液态铝沿枝晶间隙，从较冷区挤到中部较热区（即所谓孔道效应），全部凝固后在中部形成共晶，局部还可能出现过共晶。

主要产生原因：

a) 铸轧速度过快；

b) 合金元素含量高；

c) 铸轧区过小。

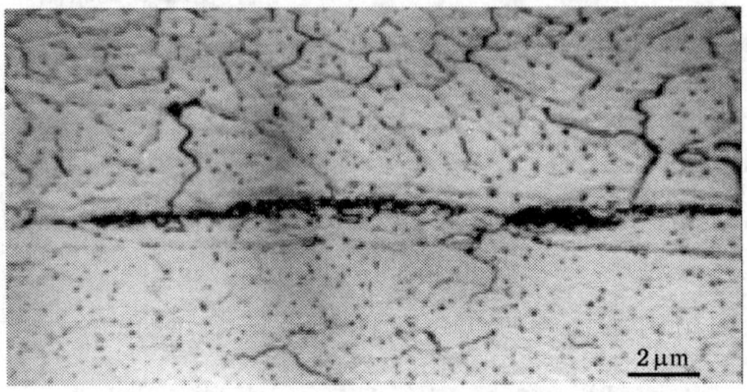

图 7 中心层（线）偏析

2.9

重熔斑纹 remelting mottle

铸轧时，铸造区铝凝壳发生重熔，在铸轧带表面形成皱纹或斑纹的现象。这种缺陷多以周期性横向皱纹形式出现，严重时可见成层，甚至出现类似偏析浮出物的斑点。重熔斑纹实际上是一种逆偏析。偏析区内组织粗大，中间化合物大且集中，破坏了铸轧带表面组织的均匀性。

主要产生原因：

a) 熔体温度过高；

b) 铸轧速度快；

c) 凝壳薄；

d) 铸轧辊局部导热性能差；

e) 供料嘴组装及流场分布不良，熔体温度不均；

f) 铸轧机振动等。

2.10

夹杂 inclusion

铸轧带内含有的炉渣、熔剂、各种耐火材料碎块、金属氧化物及其他杂物。夹杂形貌多种多样，多呈黑色或耐火材料的颜色，形状不规则。

主要产生原因：

a) 熔体不干净；

b) 精炼、过滤效果不佳或过滤片损坏；

c) 料嘴内部保温材料脱落；

d) 液面波动大，氧化膜带入。

2.11

表面纵向条纹 surface longitudinal streak

铸轧带表面沿轧制方向出现的有一定色差没有深度的条纹，一般贯穿整个纵向板面。

主要产生原因：

a) 嘴辊间隙小，铸嘴前沿摩擦辊面；

b) 铸嘴局部破损；

c) 铸嘴前沿挂渣；

d） 嘴腔局部堵塞；

e） 轧辊辊面磨削质量不好，轧辊辊面或牵引辊辊面有划痕。

2.12

横向波纹 crosswise waviness

铸轧时，嘴辊间隙处包覆铝液和氧化膜周期振荡并发生破裂，使带坯表面的凝固速度周期变化，枝晶间距周期变化。经过高浓度混和酸或碱浸蚀后出现较粗大的树枝晶组织或较粗大的化合物颗粒与正常晶粒组织间隔的现象（如图8）。

主要产生原因：

a） 铸轧速度过快；

b） 供料嘴与轧辊间隙较大；

c） 冷却强度过大；

d） 前箱液面高度过高或不稳定；

e） 机架、供料系统振动等致使铸嘴前沿弯液面在辊面和铝凝固壳之间波动。

图8 横向波纹（酸侵蚀后）

2.13

粘辊 roll sticking

铸轧时，铸轧带局部或整个带宽度上在离开轧辊中心连线后不能与轧辊分离，而由卷取张力强行分离，使带坯出现表面粗糙、翘曲不平或横纹等缺陷的现象。

主要产生原因：

a） 熔体温度偏高；

b） 铸轧速度快；

c） 冷却强度低；

d） 铸轧辊辊面温度不均；

e） 铸轧辊表面粗糙度不适宜；

f） 清辊器或润滑介质欠佳；

g） 卷取张力小。

2.14

层间粘伤 sticking trace

铸轧带被卷取时层与层之间发生的局部粘连的现象，强行展开后，粘连区呈现片状、条状或点状伤痕。发生粘连的两接触表面对应点上的伤痕相互吻合。

主要产生原因：

a） 铸轧速度太快；

b) 铸轧带温度过高；

c) 卷取张力过大。

2.15

辊印 roll mark

由于铸轧辊辊面、牵引辊或导向辊辊面损伤或粘铝[如图 9a)]、铸轧辊龟裂[如图 9b)]等印在铸轧带表面呈现周期性出现的凸起或凹下的现象。

注：铸轧辊龟裂是由于使用时间长，承受交变热应力、机械应力、以及辊面与高温熔体发生一系列物理化学作用引起的。

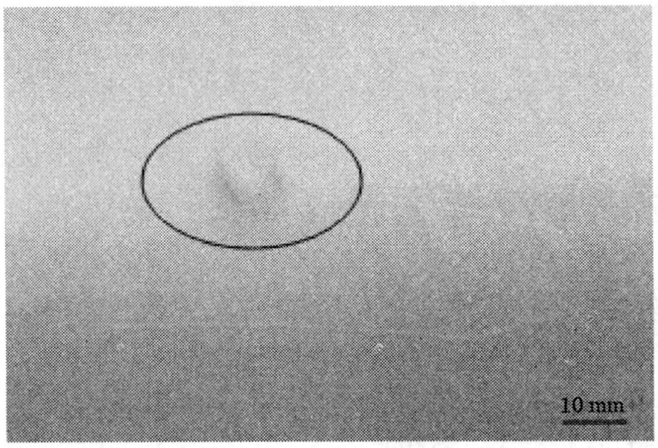

a) 辊印缺陷

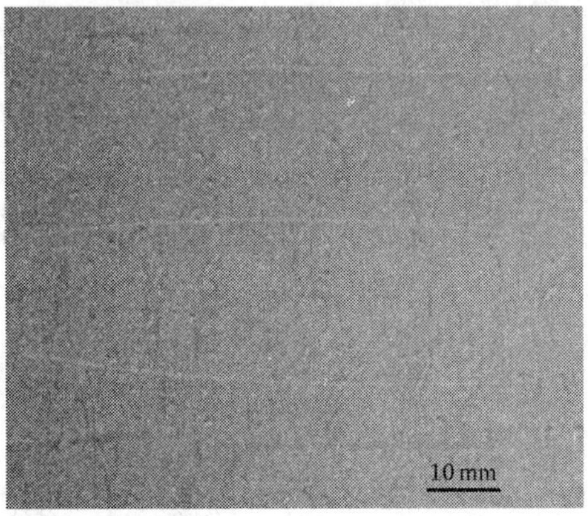

b) 铸轧辊龟裂造成的辊印

图 9 辊印

2.16

非金属压入 rolled-in dirt

压入铸轧带表面的非金属夹杂物。非金属压入物呈点状、长条状或不规则形状，颜色随压入物不同而不同。

主要产生原因：

a) 供料嘴唇掉渣或局部脱落；

b) 清辊器毛毡脱落；

c) 喷涂介质在辊面堆积；

d) 非金属异物经输送辊道或卷取压入铸轧带表面。

2.17

金属压入 rolled-in metal

铸轧带表面嵌入金属碎片或碎屑。

主要产生原因：

a) 铸轧辊粘铝或热状态铸轧带坯粘上外来金属碎屑未及时清除；

b) 铸轧带在线铣边时铝屑未吸取干净，压入表面。

2.18

机械损伤 mechanical damage

铸轧带表面出现的划伤(断续或连续的单条沟线状缺陷。一般是由尖锐物与产品接触并相对移动所致)、擦伤(成束或成片细小的划伤。一般是物体的棱与面或面与面接触后发生相对移动或错动所致)、碰伤和压伤(产品与其他物体互相碰撞或挤压形成的一个或多个伤痕)等。

主要产生原因：

a) 设备和工具有突出尖锐角或粘铝；

b) 导辊与移动不同步；

c) 铸轧带搬运不慎。

2.19

腐蚀　corrosion

铸轧带表面与外界介质发生化学或电化学反应，导致表面不规则损伤的现象。腐蚀表面失去金属光泽，严重时产生灰色粉末。

主要产生原因：因包装、贮存、运输不当导致铸轧带吸附水分或与其他化学物质接触。

2.20

板型不良　poor shape

铸轧带横截面除边部减薄区外，中间部分也明显不具备二次曲线的特征（如图10）。

主要产生原因：

a) 铸轧辊型不合理；

b) 辊芯冷却水通道局部堵塞；

c) 辊缝未调整好；

d) 辊套过薄局部变形不均；

e) 轧制载荷太大；

f) 工艺参数不匹配。

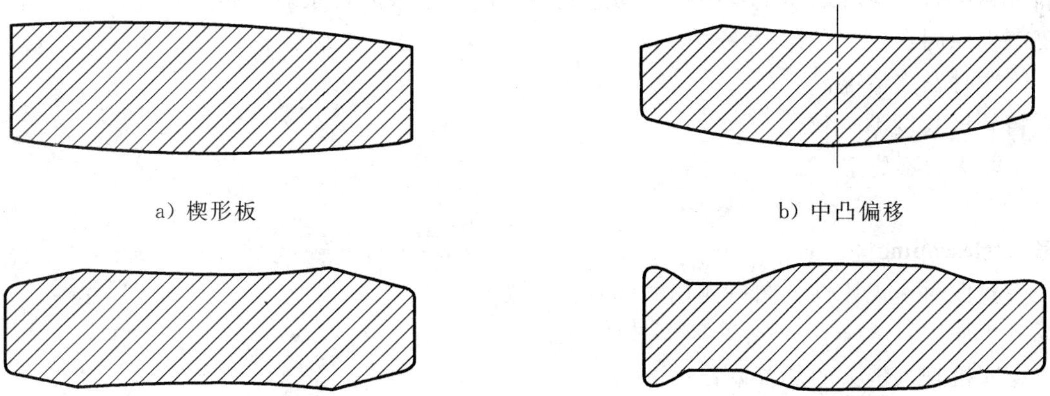

a) 楔形板　　b) 中凸偏移

c) 二肋厚　　d) 二肋薄

图10　板型不良的几种表现示意图

2.21

裂边　broken edge

铸轧带边部破裂称为裂边。具体可分为工艺裂边和边部缺损。

主要产生原因：

a) 耳部挂渣；

b) 耳子倒角不合适；

c) 铸轧区大，变形量大；

d) 铸轧速度过快；

e) 熔体温度不均；

f) 熔体流动性差。

2.22

飞边　fin

铸轧带边缘宽出一条形状不规则的金属翅片。

主要产生原因：

a) 铸轧速度过快；

b) 前箱温度过高；

c) 耳子损坏、脱落；

d) 耳子倒角不合适；

e) 耳辊间隙过大。

2.23

缩边 shrinking edge

铸轧带一侧或两侧边部收缩，带坯变窄的现象。

主要产生原因：

a) 前箱温度过低；

b) 熔体温度过低；

c) 前箱液面过低；

d) 液流分配不合理；

e) 耳部结渣。

2.24

错层 oscillation

铸轧带卷取时层与层之间不规则的串动造成的端面不平整的现象。

主要产生原因：

a) 铸轧时发生粘辊；

b) 铸轧区长度不一致；

c) 卷取张力不稳定。

2.25

塔形 telescoping

铸轧带卷取时呈规律性的向一侧偏移（倾斜）的现象。

主要产生原因：

a) 卷取机咬入带头的位置偏移；

b) 供料嘴中心线与卷取中心线偏移；

c) 铸轧带单侧压下量过大；

d) 卷取轴中心线与轧辊水平线不平行。

2.26

松层 loose wrap

由于铸轧带缠卷不紧或出现相对滑动而产生的层与层之间的较大缝隙的现象。

主要产生原因：

a) 卷取张力突然减小或停止；

b) 捆卷钢带断带或捆卷不紧。

附　录　A
（资料性附录）
汉语拼音索引

B

C

F

G

H

J

L

Q

R

S

T

Z

ICS 77.150.10
H 60

中华人民共和国国家标准

GB/T 26492.3—2011

变形铝及铝合金铸锭及加工产品缺陷 第3部分：板、带缺陷

Defects for wrought aluminium and aluminium alloys ingots and products—Part 3: Defects for plates, sheets and strips

2011-05-12 发布 2012-02-01 实施

中华人民共和国国家质量监督检验检疫总局
中国国家标准化管理委员会 发布

前　言

GB/T 26492《变形铝及铝合金铸锭及加工产品缺陷》分为五个部分：

——第 1 部分：铸锭缺陷；

——第 2 部分：铸轧带材缺陷；

——第 3 部分：板、带缺陷；

——第 4 部分：铝箔缺陷；

——第 5 部分：管材、棒材、型材、线材缺陷。

本部分为 GB/T 26492 的第 3 部分。

本部分由全国有色金属标准化技术委员会(SAC/TC 243)归口。

本部分主要起草单位：东北轻合金有限责任公司。

本部分参加起草单位：西南铝业(集团)有限责任公司、中铝瑞闽铝板带有限公司、中铝河南铝业有限公司、华北铝业有限公司、中国铝业西北铝加工分公司、云南新美铝铝箔有限公司、厦门厦顺铝箔有限公司、乳源东阳光精箔有限公司。

本部分主要起草人：陶志民、赵永军、张钰、徐涛、卢金华、郭瑞、张登峰、高作文、于莉莉、郭仪韬、张丽华。

变形铝及铝合金铸锭及加工产品缺陷
第3部分：板、带缺陷

1 范围

本部分规定了变形铝及铝合金板、带产品中常见缺陷的定义、特征，并分析了其主要产生原因。

本部分适用于变形铝及铝合金板、带缺陷的分析与判定。

2 缺陷定义、特征和主要产生原因

2.1

表面气泡 blister

板、带材表面不规则的圆形或条状空腔凸起。凸起的边缘圆滑、板片上下不对称，分布无规律(如图1)。

主要产生原因：

a) 铸块表面凹凸不平、不清洁，表面偏析瘤深度较深；

b) 铣面量小或表面有缺陷，如：凹痕或铣刀痕较深；

c) 乳液或空气进入包铝板与铸块之间；

d) 铸块加热温度过高或时间过长；

e) 热处理时温度过高。

图1 气泡

2.2

毛刺 burr

板、带材经剪切，边缘存在有大小不等的细短丝或尖而薄的金属刺。

主要产生原因：

a) 剪刃不锋利；

b) 剪刃润滑不良；

c) 剪刃间隙及重叠量调整不当。

2.3

水痕 water stain

板、带材表面浅白色或浅黑色不规则的水线痕迹(如图2)。

主要产生原因：

a） 淬火后板材表面水分未处理干净，经压光机压光后留下的痕迹；

b） 清洗后，烘干不好，板、带材表面残留水分；

c） 淋雨等原因造成板、带材表面残留水分，未及时处理干净。

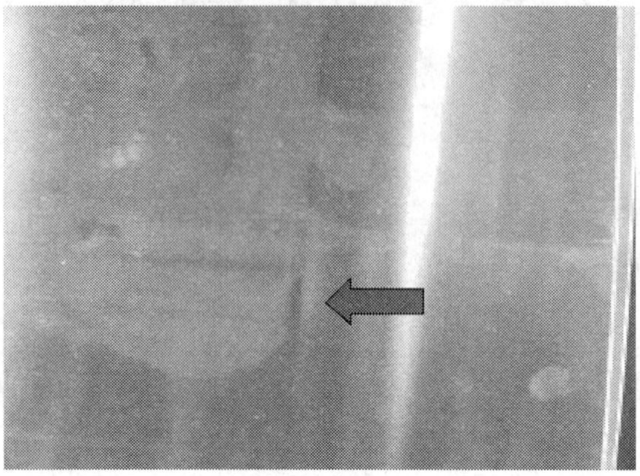

图 2　水痕

2.4

印痕　dent

板、带材表面存在单个的或周期性的凹陷或凸起（如图 3）。凹陷或凸起光滑。

主要产生原因：

a） 轧辊、工作辊、包装涂油辊及板、带表面粘有金属屑或脏物；

b） 其他工艺设备（如：压光机、矫直机、给料辊、导辊）表面有缺陷或粘附脏物；

c） 套筒表面不清洁、不平整及存在光滑的凸起；

d） 卷取时，铝板、带粘附异物。

图 3　印痕

2.5

裂边　broken edge

板、带材边部破裂，严重时呈锯齿状[如图 4a)、图 4b)、图 4c)]。

主要产生原因：

a） 铸块温度低、中间退火或均匀化退火不充分，金属塑性差；

b） 辊型控制不当，使板、带边部出现拉应力；

c） 剪切送料偏斜，板、带一边产生拉应力；

d） 侧边包铝不完整；

e） 端面损伤，经切边后无法消除；

f） 道次加工率过大；

g） 浇口未切掉；

h） 冷轧时卷取张力调整不合适。

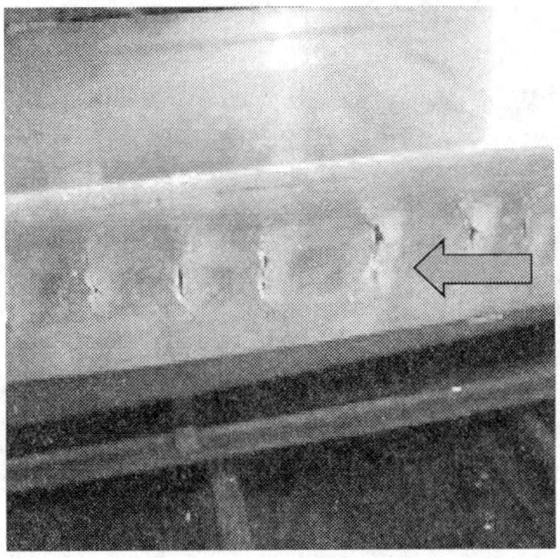

a）热轧厚板裂边

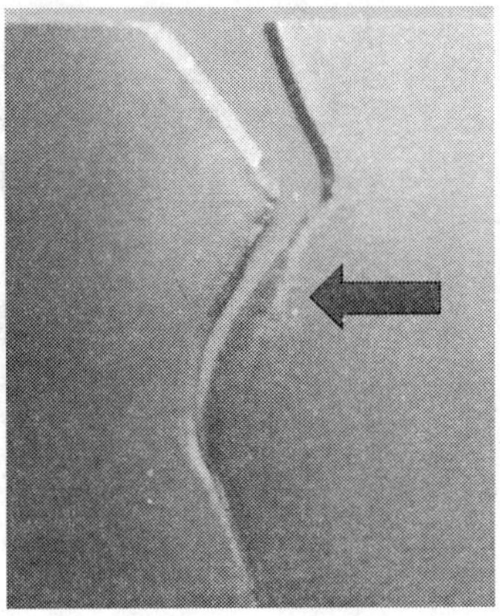

b）冷轧板材裂边

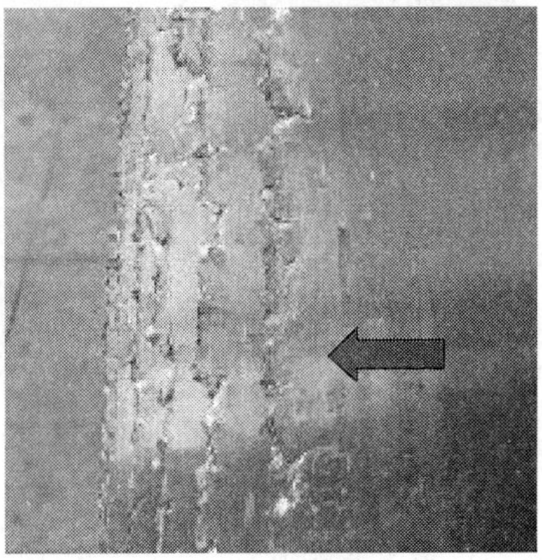

c）带材坯料裂边

图 4 裂边

2.6

表面裂纹 torn surface

板、带材表面开裂现象[如图 5a)、图 5b)]。

主要产生原因：

a） 铸块加热温度过高；

b） 道次加工率过大；

c） 铸块表面质量差；

d） 铸锭成分偏析、化合物聚集；

e） 铸轧带坯存在夹渣等缺陷。

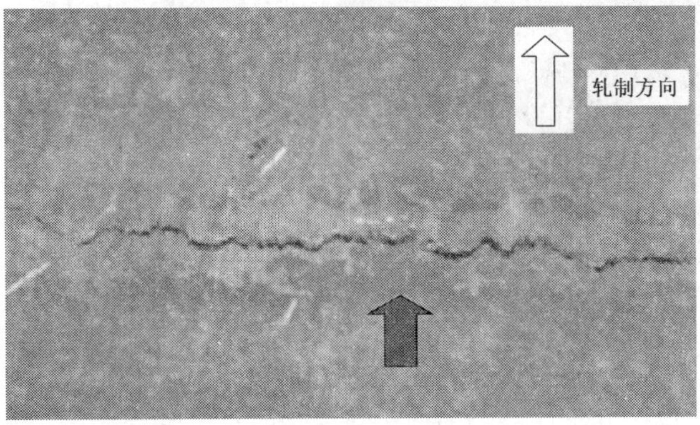

a）铸锭热轧开坯表面裂纹

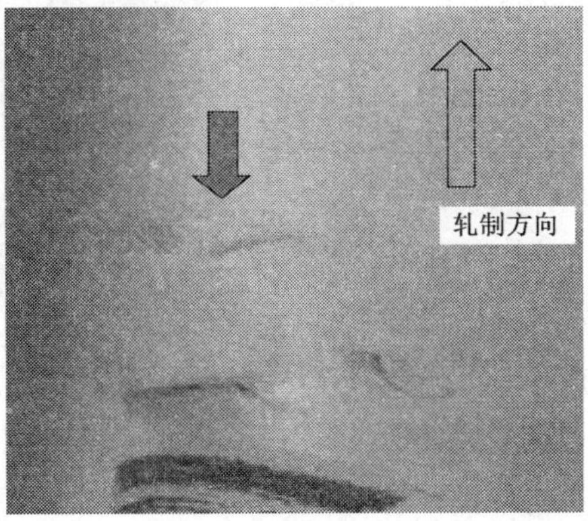

b）热轧板表面裂纹

图 5 表面裂纹

2.7

碰伤 damage

板、带材在搬运或存放过程中，与其他物体碰撞后在表面或端面产生的损伤[如图 6a)、图 6b)]。

a）卷材碰伤

b）板材碰伤

图 6 碰伤

2.8

孔洞 hole

穿透板、带材的孔或洞(如图 7)。

主要产生原因：

a） 坯料轧制前存在夹渣、粘伤、压划、孔洞；

b） 压入物经轧制后脱落。

图 7 孔洞

2.9

非金属压入 roll-in dirt

压入板、带表面的非金属夹杂物。非金属压入物呈点状、长条状或不规则形状，颜色随压入物不同而不同(如图 8)。

主要产生原因：

a） 生产设备或环境不洁净；

b） 轧制工艺润滑剂不洁净；

c） 坯料存在非金属异物；

d） 板坯表面有擦划伤，油泥等非金属异物残留在凹陷处；

e） 生产过程中，非金属异物掉落在板、带材表面。

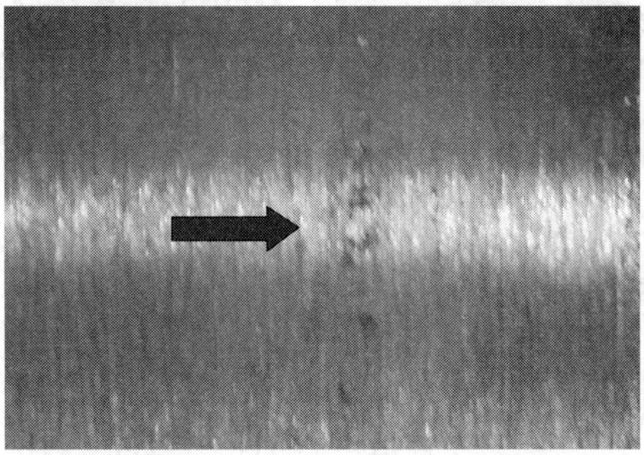

图 8　非金属压入

2.10

金属压入　roll-in metal

金属屑或金属碎片压入板、带材表面。压入物刮掉后呈大小不等的凹陷，破坏了板、带材表面的连续性（如图 9）。

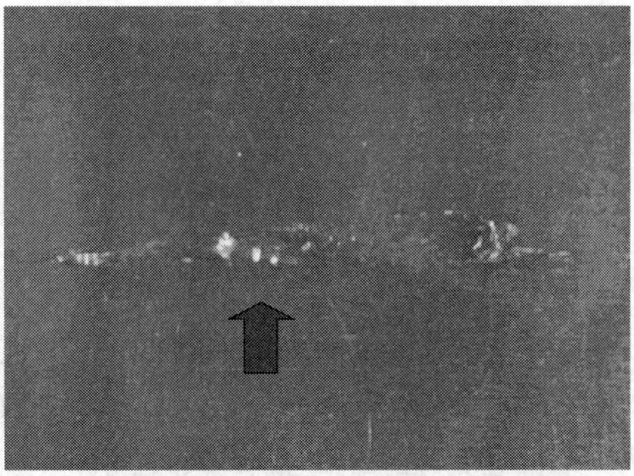

图 9　金属压入

2.11

凹痕　pit

板、带材表面单个或不规则分布的凹陷。凹陷处表面不光滑，表面金属被破坏。

主要产生原因：

a）退火料架或底盘上有突出物，造成硌伤；

b）锯切后，铝屑等杂物未清理干净，印在板材表面上；

c）卷取、垛板过程中，坚硬异物掉落板片间或卷入带卷。

2.12

折伤　kink

板材弯折后产生的变形折痕（如图 10）。产生于薄板翻板、搬运或垛板时受力不平衡。

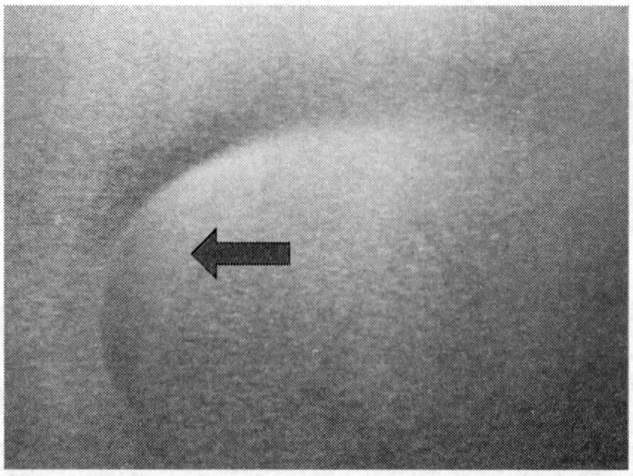

图 10　折伤

2.13

压折　roll bruise kink

压过的皱折，皱折与轧制方向成一定角度。压折处呈亮道花纹（如图 11）。

主要产生原因：

a）　压光机辊型不当，板材不均匀变形；

b）　压光前板材波浪过大，矫直过程压下量大、速度快；

c）　压光时送料不正；

d）　冷轧时板带厚度不均匀，板形不良；

e）　矫直机送料不正。

图 11　压折

2.14

分层　lamination

由于变形不均或铸锭夹渣，在板材的横截面上产生与板材表面平行并沿压延方向延伸的裂纹。变形不均造成的分层分布在板材端部及边部中心部位[如图 12a)、图 12b)、图 12c)]；铸锭夹渣造成的分层分布无规律（如图 13）。

主要产生原因：

a）　热轧道次压下量分配不当，压下量过大；

b）　铸锭加热不均匀或加热温度过高或过低；

c) 铸锭质量差,含有非金属夹杂;

d) 含气量高,疏松严重。

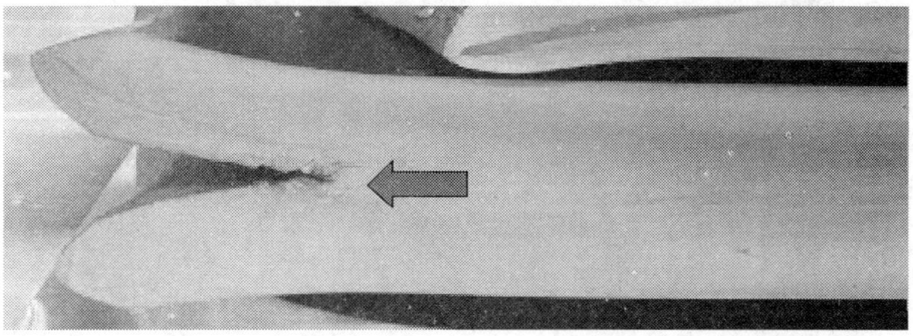

a) 热轧板端头张开的分层

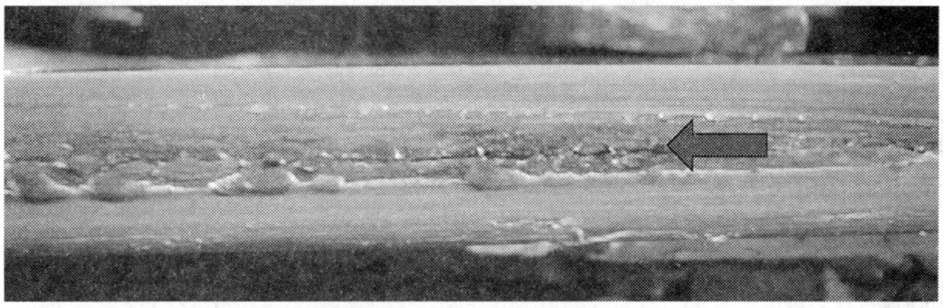

b) 热轧板端头未张开的分层

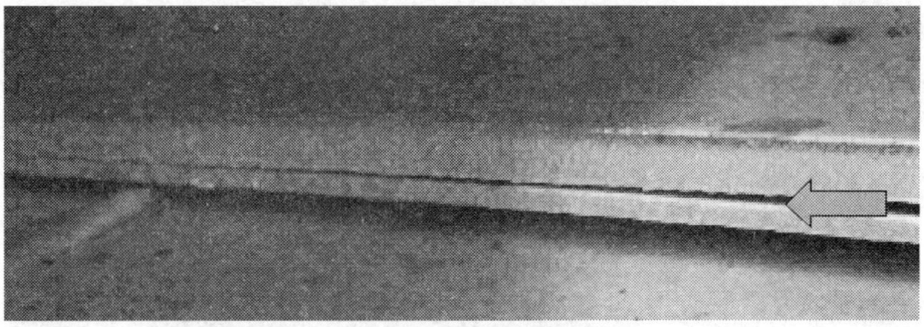

c) 严重的板材分层

图 12 分层

图 13 夹渣分层

2.15

振纹 chatter marks

在板、带材表面周期性或连续地出现垂直于轧制方向的条纹。该条纹单条间平行分布,一般贯通带材整个宽度(如图 14)。产生于轧机、矫直机、压光机等设备在生产过程中振动。

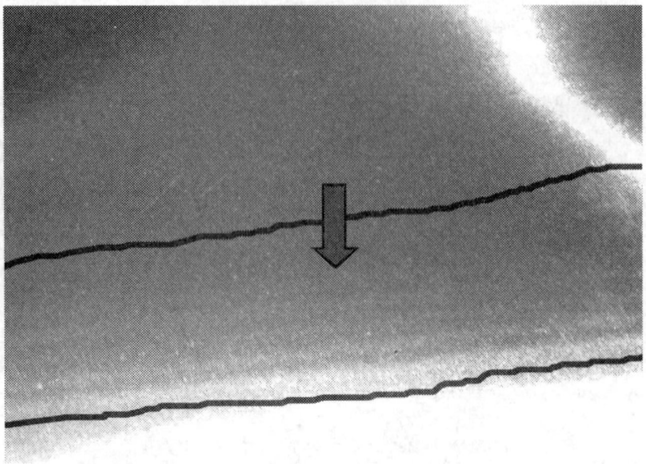

图 14 振纹

2.16

粘伤 sticking trace

因板间或带材卷层间粘连造成板、带表面呈点状、片状或条状的伤痕(如图 15)。粘伤产生时往往上下板片(或卷层)呈对称性,有时呈周期性。

主要产生原因:

a) 热状态下板、带材承受局部压力;

b) 冷轧卷取过程中张力过大,经退火产生;

c) 热轧卷取时张力过大。

图 15 粘伤

2.17

刀背印 knife mark

剪切过程中剪刃与刀垫配合不好,在板、带材边部产生的明显、连续的线状痕迹。

2.18

横波 roll skid mark

垂直压延方向横贯板、带材表面的波纹,波纹处厚度突变(如图 16)。

主要产生原因:

a) 轧制过程中中间停机,或较快调整压下量;

b) 精整时多辊矫直机在有较大压下量的情况下矫直时中间停车。

图 16 横波

2.19

擦伤 rub mark

由于板带材层间存在杂物或铝粉与板面接触、物料间棱与面，或面与面接触后发生相对滑动或错动而在板、带表面造成的成束(或组)分布的伤痕(如图 17)。

主要产生原因：

a) 板、带在加工生产过程中与导路、设备接触时产生摩擦；

b) 冷轧卷端面不齐，在立式炉退火翻转时层与层之间产生错动；

c) 开卷时产生层间错动；

d) 精整验收或包装操作不当产生板间滑动；

e) 卷材松卷。

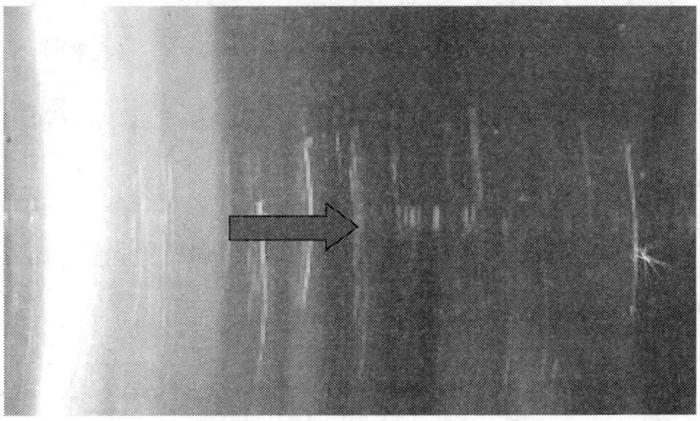

图 17 擦伤

2.20

拉伸钳口痕 stretcher jaw mark

板材拉伸后锯切量不足，在拉伸板表面端头形成的规则排布的凹坑(如图 18)。

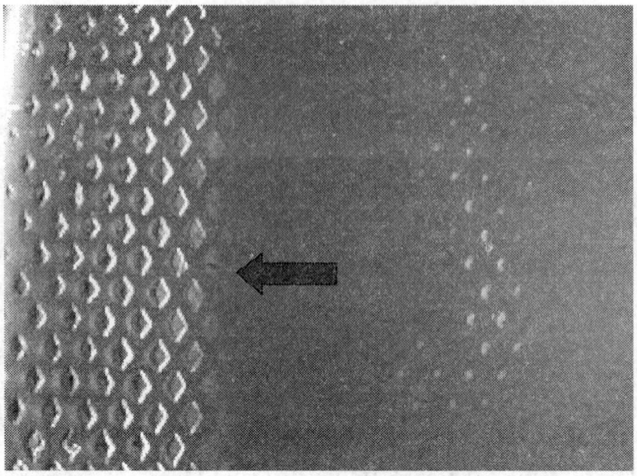

图 18　拉伸钳口痕

2.21

摩擦腐蚀　traffic mark

运输过程中，板、带材表面摩擦错动产生静电，造成表面静电腐蚀后形成的镜像分布的黑色氧化铝(如图 19)。

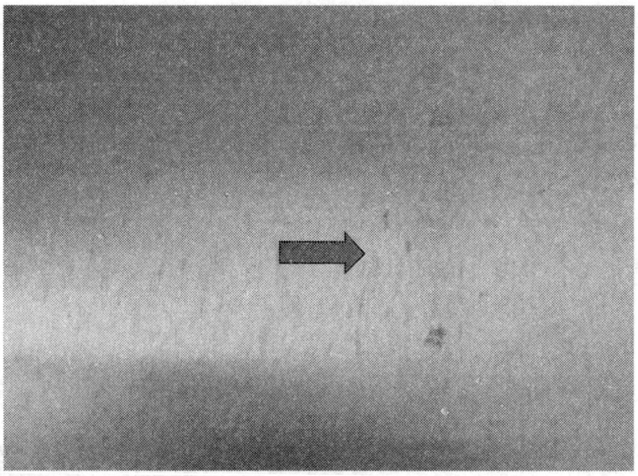

图 19　摩擦腐蚀

2.22

花纹失真　pattern out of register

由于花纹辊存在破损或轧花工序压下量不足造成花纹板的花纹变形或残缺。

2.23

粘铝　roll pickup

板、带材表面粘附铝粉(如图 20)。粘铝的板、带材表面粗糙、无金属光泽。

主要产生原因：

a)　热轧时铸锭温度过高；

b)　轧制工艺不当，道次压下量大且轧制速度快；

c)　工艺润滑剂性能差。

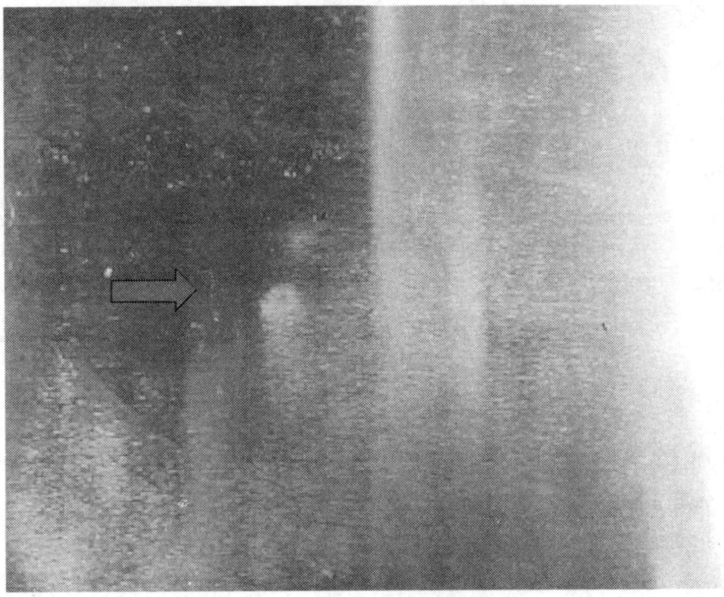

图 20　粘铝

2.24

轧辊磨痕　roll grind

工作辊磨削不良使工作辊的磨痕反印在板、带材表面上。

2.25

划伤　scratch

因尖锐的物体(如板角、金属屑或设备上的尖锐物等)与板面接触,在相对滑动时所造成的呈单条状分布的伤痕(如图 21)。

主要产生原因:

a)　热轧机辊道、导板上粘铝;

b)　冷轧机导板、压平辊等有突出的尖锐物;

c)　精整时板角划伤板面;

d)　包装时,异物划伤板面。

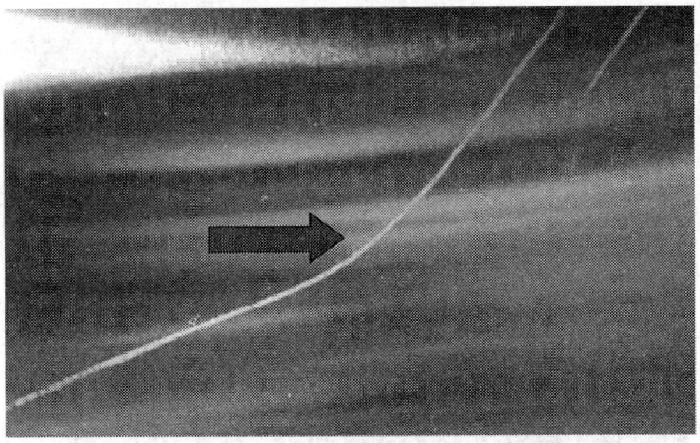

图 21　划伤

2.26

压过划痕　roll-in scratch

经轧辊压过的擦、划伤、粘铝等表面缺陷(如图 22)。

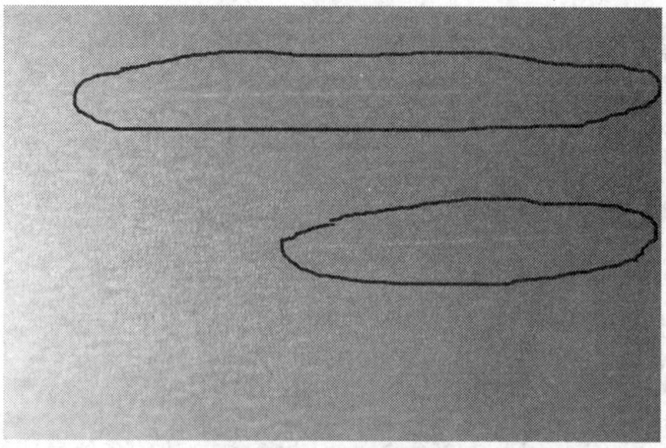

图 22 压过划痕

2.27

揉擦伤 friction scratch

淬火时相邻板片间相互摩擦产生的伤痕(如图 23)。揉擦伤不规则,呈圆弧状,破坏了自然氧化膜和包覆层。

主要产生原因:

a) 淬火板材弯曲变形过大;

b) 淬火时,装料太多、板间间距小。

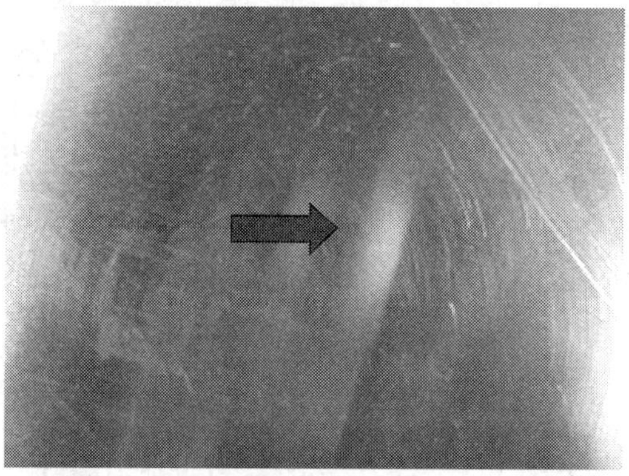

图 23 揉擦伤

2.28

起皮 peeling

铸块表面平整度差或铣面不彻底或铸块加热时间长,表面严重氧化,造成板材表面的局部起层。成层较薄,破裂翻起(如图 24)。

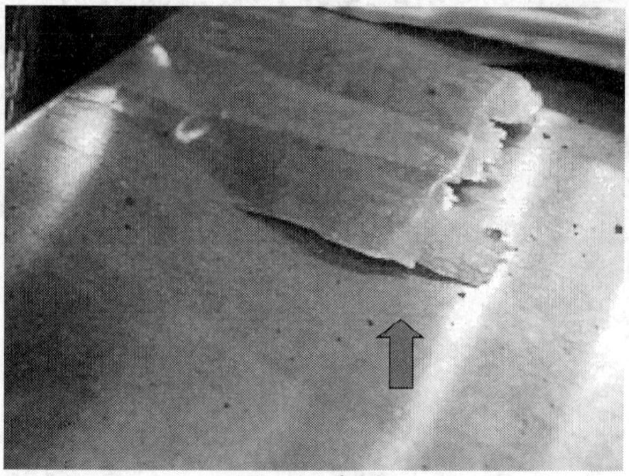

图 24 起皮

2.29

黑条 smudge

板、带材表面沿轧制方向分布的黑色线条状缺陷(如图25)。

主要产生原因:

a) 工艺润滑不良;

b) 工艺润滑剂不干净;

c) 板、带表面有擦划伤;

d) 板、带通过的导路不干净;

e) 铸轧带表面偏析或热轧用铸块铣面不彻底;

f) 金属中有夹杂;

g) 开坯轧制时,产生大量氧化铝粉,并压入金属,进一步轧制产生黑条。

图25 黑条

2.30

油斑 oil stain

残留在板、带上的油污,经退火后形成的淡黄色、棕色,黄褐色斑痕(如图26)。

主要产生原因:

a) 轧制油的理化指标不适宜;

b) 冷轧吹扫不良,残留油过多,退火过程中,残油的油不能完全挥发;

c) 机械润滑油等高粘度油滴在板、带表面,未清除干净。

图26 油斑

2.31

油污　oil trace

板、带材表面的油性污渍。

主要产生原因：

a） 板、带材表面残留的轧制油与灰尘、铝粉或杂物混合形成；

b） 轧制油中混有高粘度润滑油；

c） 剪切、矫直等过程中设备润滑油污染板带材。

2.32

花脸　dirt stain

淬火板材表面发生光泽及颜色不均匀的污迹(如图 27)。

主要产生原因：

a） 淬火后清洗用酸、碱浓度过低；

b） 淬火后清洗用酸、碱洗不充分；

c） 淬火后水洗不充分。

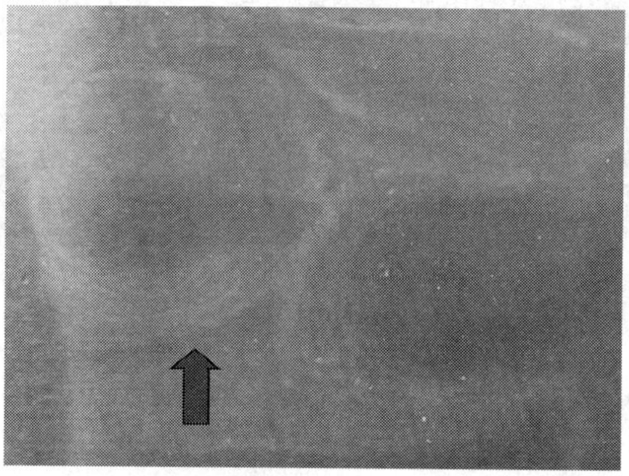

图 27　花脸

2.33

腐蚀　corrosion

板、带材表面与周围介质接触，发生化学或电化学反应后在板、带表面产生局部破坏的现象(如图 28)。腐蚀板、带材表面失去金属光泽，严重时在表面产生灰白色的腐蚀产物。

主要产生原因：

a） 淬火洗涤后，板材表面残留有酸、碱、硝盐；

b） 板、带生产、包装、贮存、运输不当，由于气候潮湿或水滴浸润表面；

c） 工艺润滑剂中含有水分或呈碱性；

d） 压缩空气及测厚仪含有水分。

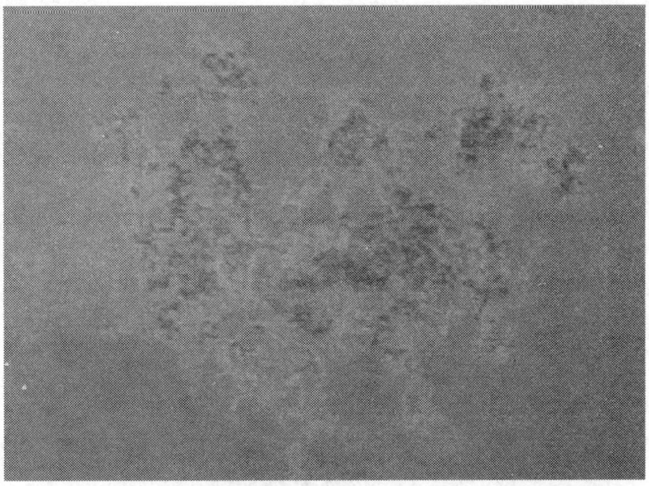

图 28 腐蚀

2.34

硝盐痕 nitrate stain

热处理硝盐介质残留在板材表面而产生的斑痕。硝盐痕呈不规则的白色或淡黄色斑块，表面粗糙、无金属光泽。

2.35

滑移线 luders line

板材预拉伸时拉伸量过大。在拉伸板表面形成与拉伸方向约呈 45°～60°角的有规律的明暗条纹（如图 29）。

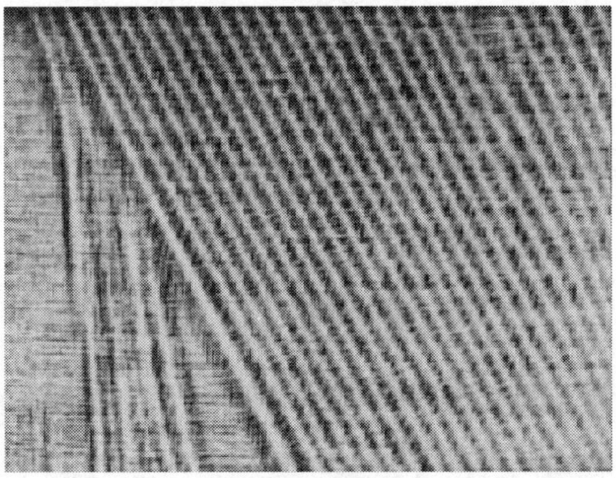

图 29 滑移线

2.36

包铝层错动 clad scurry

热轧时包铝板偏移或横向摆动形成的板、带表面缺陷。该缺陷沿板材边部为整齐的暗带、热处理后呈暗黄色条状痕迹。

主要产生原因：

a） 包铝板没有放正；

b） 焊合侧边包铝板时辊边量过大，造成包铝板偏移；

c） 热轧时铸块送料不正；

d） 切边时两边剪切宽度不均，一边剪切量小；

e） 焊合压延时压下量小，未焊合上。

2.37

乳液痕　coolant stain

板、带表面残留的呈乳白色或灰黑色点状、条状痕迹(如图30)。

主要产生原因：

a) 乳液温度高，乳液没吹净；

b) 乳液温度过高，乳液烧结在板面上。

图30　乳液痕

2.38

明暗条纹　two-tone streak

板、带材表面与轧制方向平行的明暗相间的条纹(如图31)。

主要产生原因：

a) 铸锭表面质量差，热轧前未铣面；

b) 工艺润滑不良；

c) 轧辊上存在亮带；

d) 板坯表面组织不均有粗大晶粒或偏析带；

e) 先轧窄料后轧宽料。

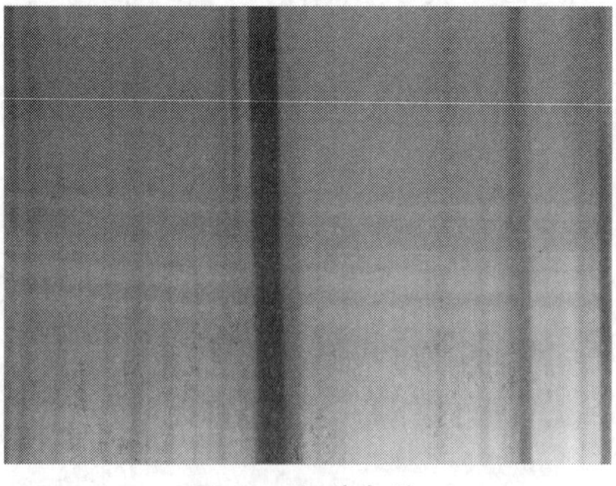

图31　明暗条纹

2.39

贯穿气孔　pore

板材表面呈现出一种表面及边缘圆滑的圆形或长条形的贯穿板材整个厚度的空腔凸起，具有对称性。这种凸起分布是无规则的(如图32)。主要原因是铸锭质量不好，含氢量过高，有集中气孔。

图 32 贯穿气孔

2.40

松树枝状花纹 herringbone streak

冷轧过程中产生的滑移线。板、带材表面呈现有规律的松树枝状花纹，有明显色差，但仍十分光滑[如图 33a)、图 33b)]。

主要产生原因：

a) 工艺润滑不良；

b) 冷轧时道次压下量过大；

c) 冷轧时张力小，特别是后张力小。

a) 板材松树枝状花纹

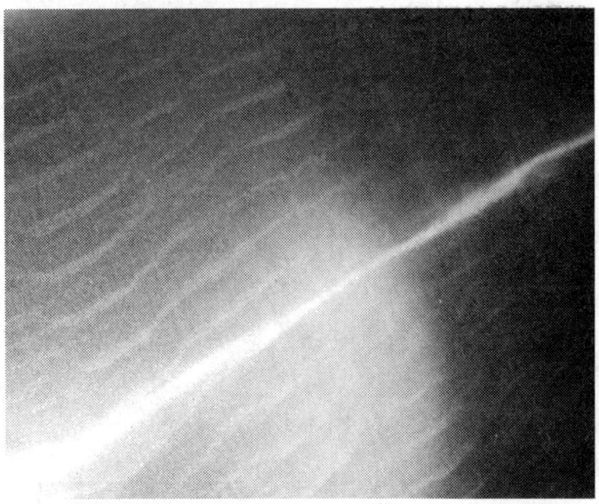

b) 卷材松树枝状花纹

图 33 松树枝状花纹

2.41

包覆层脱落 clad flaking

复合材料包铝层离开基体并脱落形成的不规则缺陷。主要原因是包铝层与基体金属之间有异物，导致包铝层无法焊合，并进一步产生包铝层脱落。

2.42

辊花 feed mark

磨床振动造成轧辊磨削不良，在板、带材表面形成的与轧制方向平行或呈一定角度的、有规律排列的、且相互间平行的条纹。

2.43

铣刀痕　milling mark

由于铸锭铣面不当，轧制后板材表面产生的与铣削方向一致的条纹(如图 34)。

图 34　铣刀痕

2.44

压花　crossgrained rolled mark

由于带材折皱、断带等原因导致轧辊辊面不规则色差在轧制过程中周期性地印到带材表面的色差现象。

2.45

暗裂　internal crack

由于铸锭冶金缺陷或热轧不当造成的内部裂纹。

2.46

波浪　buckle

板、带材由于不均匀变形而形成的各种不同的不平整现象的总称。板、带边部产生的波浪称为边部波浪，中间产生的波浪称为中间波浪，在中间和边部之间的既不在中间又不在两边的波浪称为二肋波浪，尺寸较小且通常呈圆形的波浪称为碎浪(如图 35)。

产生原因：

a)　辊缝调整不平衡，辊型控制不合理；

b)　润滑冷却不均，使板、带变形不均；

c)　道次压下量分配不合理；

d)　来料板型不良；

e)　卷取张力使用不均。

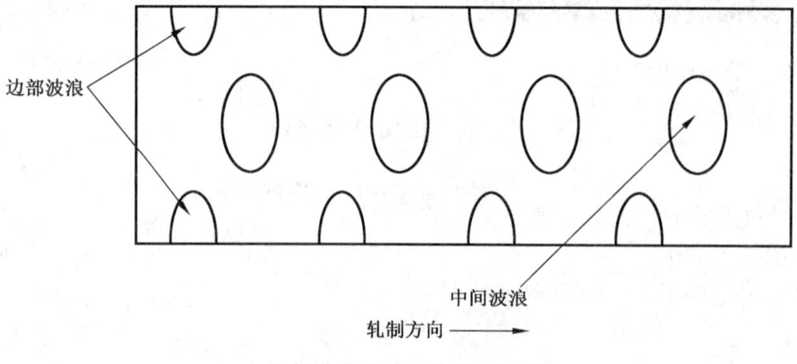

a) 边部波浪和中间波浪示意图

图 35　波浪示意图

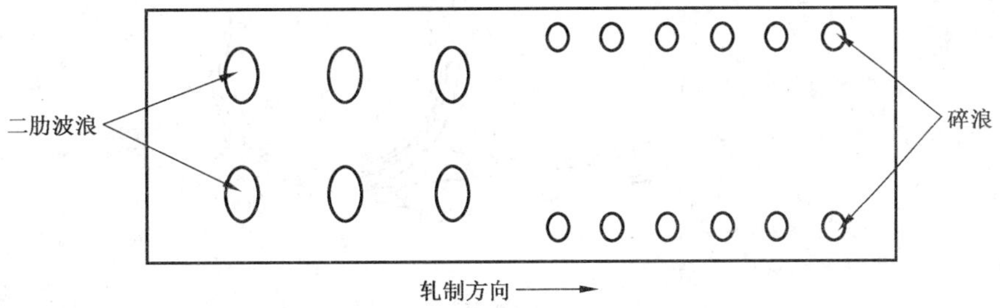

b）二肋波浪和碎浪示意图

图 35（续）

2.47

翘边　belled edge

经轧制或剪切后，带材边部翘起[如图 36a)、图 36b)]。

主要产生原因：

a）轧制时压下量过大；

b）轧制时润滑油分布不均匀；

c）剪切时剪刃调整不当。

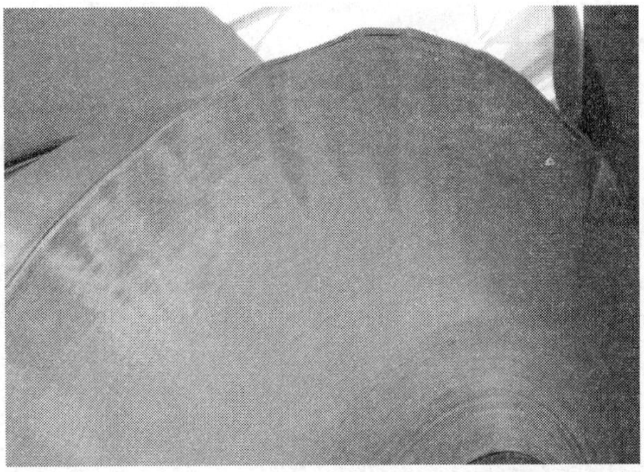

a）翘边

b）翘边

图 36　翘边

2.48

起棱　arbor mark

卷曲过程中，由于厚头或打底不良，卷曲张力不当，套筒不圆或有棱等原因产生的表面折痕(如图 37)。

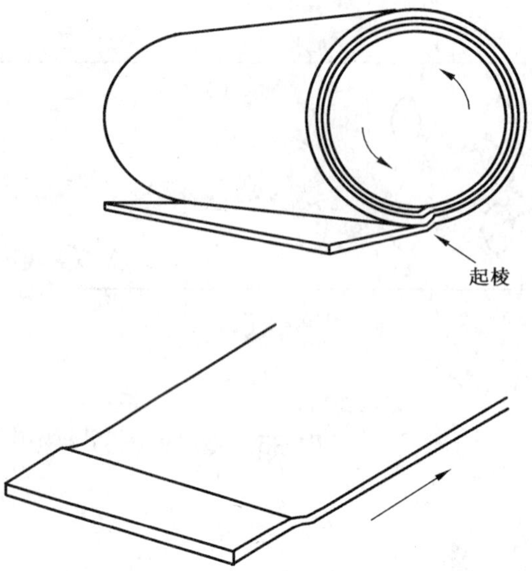

图 37　起棱示意图

2.49

过烧　burnt

热处理时金属温度达到或超过低熔点共晶温度而产生特有组织的现象叫过烧。过烧严重时表面呈现明显的氧化色(呈灰色或微黄色)、粗糙或密集小泡[如图 38a)]。显微组织中出现晶界加粗或晶间复熔三角或晶内出现了复熔共晶球[如图 38b)]。

主要产生原因：

a)　热处理工艺不当；

b)　热处理设备及仪表运转不正常。

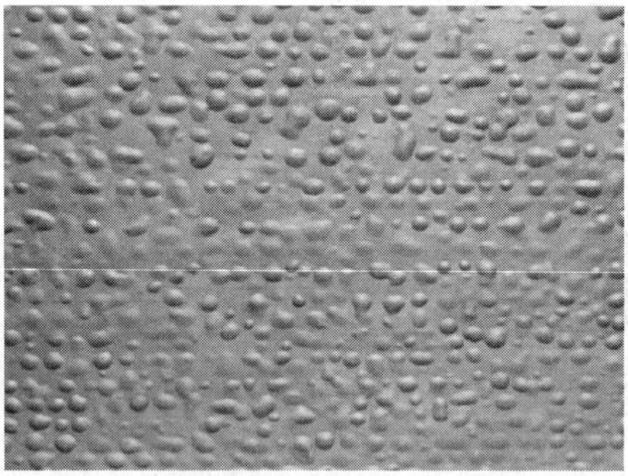

a) 严重过烧板材表面

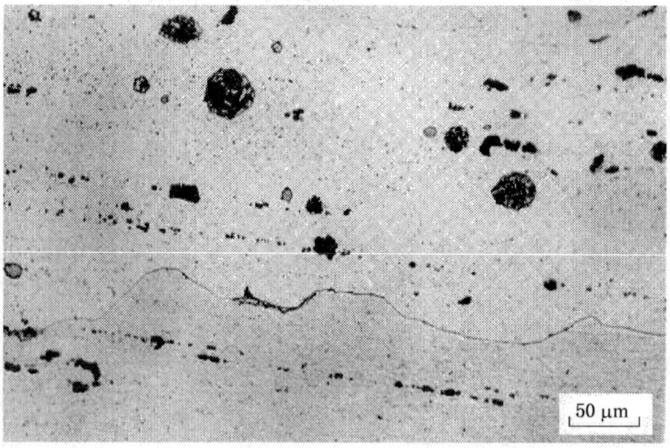

b) 过烧板材显微组织

图 38　过烧

2.50

铜扩散　copper diffusion

由于不适宜的加热制度使包铝板材基体金属中的铜原子扩散到包铝层的晶界上，形成须状晶界(如图 39)，扩散到板材表面时，在表面上形成黄褐色斑点。

主要产生原因：

a)　不正确的热处理制度，温度过高或时间过长；

b） 淬火、退火等重复热处理次数太多；

c） 用错包铝板。

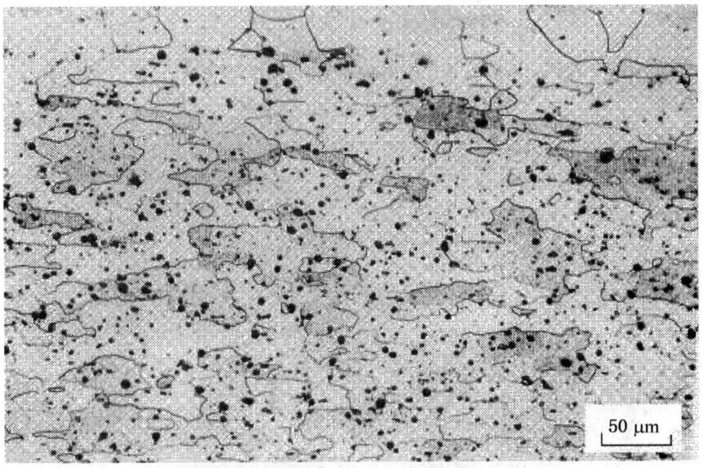

图 39 铜扩散显微组织

2.51

大晶粒 orange peel

热处理工艺不当或坯料化学成分控制不当，在板带材表面形成橘皮状晶粒粗大现象。

2.52

侧边弯曲 lateral bow

板、带的纵向侧边呈现向某一侧弯曲的非平直状态（如图 40）。

主要产生原因：

a） 轧机、压光机两端压下量不一样；

b） 轧机、压光机送料不正；

c） 板、带来料两侧厚度不一致；

d） 轧辊预热不良或乳液流量控制不当；

e） 工艺润滑剂浓度过高，产生打滑；

f） 剪切前带材存在波浪，经剪切后波浪展开。

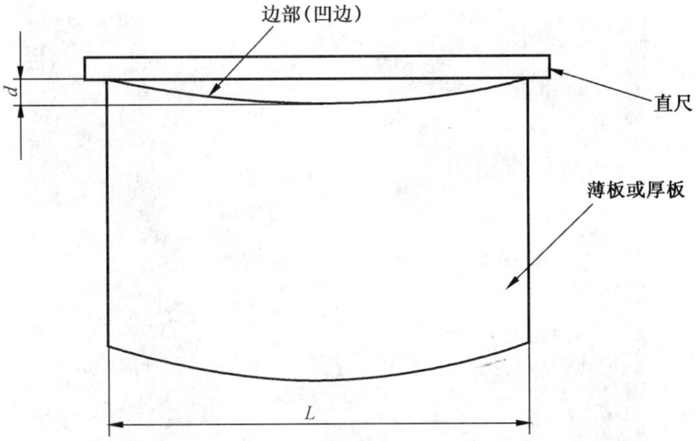

图 40 侧边弯曲示意图

2.53

塌卷 collapse

卷芯严重变形，卷形不圆（如图 41）。

主要产生原因：

a） 卷曲过程中张力不当；

b） 外力压迫；

c） 卷芯强度低；

d） 无卷芯卷材经退火产生。

图 41 塌卷

2.54

错层 oscillation

带材端面层与层之间不规则错动，造成端面不平整（如图 42）。

主要产生原因：

a） 坯料不平整；

b） 卷取张力控制不当；

c） 压下量不均，套筒串动；

d） 压平辊调整不当；

e） 卷取过程中，对中系统异常；

f） 辊系平行度不好。

图 42 错层

2.55

蛇形 snaking

卷取操作中的周期性波动，使带材展开后形成周期性的侧边弯曲（如图 43）。

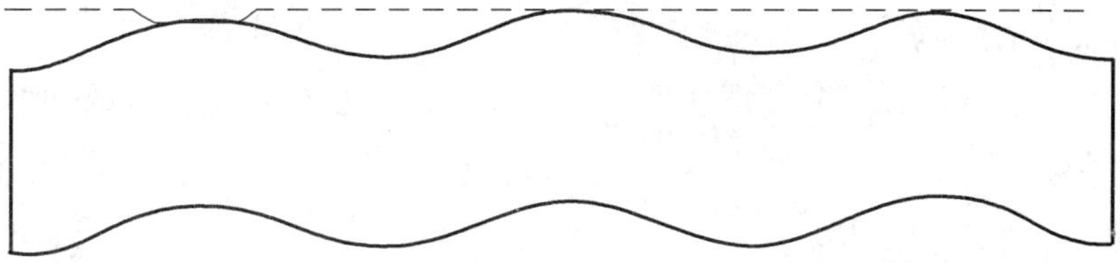

图 43　蛇形

2.56

塔形　telescoping

带卷层与层之间向一侧窜动形成塔状偏移(如图 44)。

主要产生原因:

a)　来料板形不好,张力控制不当;

b)　卷取对中调节控制系统异常;

c)　卷取时带头粘结不牢。

图 44　塔形

2.57

松卷　loose wrap

卷取、开卷时层与层之间产生的松动,严重时波及整卷(如图 45)。

主要产生原因:

a)　卷取过程中张力不均或过小;

b)　开卷时压辊压力太小;

c)　钢带或卡子不牢固,吊运时产生。

图 45　松卷

2.58

燕窝　arrowhead waviness

带卷端面上产生局部"V"型缺陷(如图46)。这种缺陷在带卷卷取过程中或卸卷后产生,有些待放置一段时间后才产生。

主要产生原因:

a) 带卷卷取过程中前后张力使用不当;

b) 胀圈不圆或卷取时打底不圆,卸卷后由于应力不均匀分布而产生;

c) 卷芯质量差。

图46　燕窝

附　录　A
（资料性附录）
汉语拼音索引

M

P

Q

R

S

T

X

Y

Z

ICS 77.150.10
H 60

中华人民共和国国家标准

GB/T 26492.4—2011

变形铝及铝合金铸锭及加工产品缺陷 第4部分:铝箔缺陷

Defects for wrought aluminium and aluminium alloys ingots and products—Part 4:Defects for foils

2011-05-12 发布

2012-02-01 实施

中华人民共和国国家质量监督检验检疫总局
中国国家标准化管理委员会 发布

前　言

GB/T 26492《变形铝及铝合金铸锭及加工产品缺陷》分为5个部分：

——第1部分：铸锭缺陷；

——第2部分：铸轧带材缺陷；

——第3部分：板、带缺陷；

——第4部分：铝箔缺陷；

——第5部分：管材、棒材、型材、线材缺陷。

本部分为GB/T 26492的第4部分。

本部分由全国有色金属标准化技术委员会(SAC/TC 243)归口。

本部分负责起草单位：华北铝业有限公司。

本部分参加起草单位：厦门厦顺铝箔有限公司、云南新美铝铝箔有限公司、中国铝业西北铝加工分公司、中铝瑞闽铝板带有限公司、广东乳源东阳光铝业有限公司、郑州铝业股份有限公司、东北轻合金有限责任公司、江苏常铝铝业股份有限公司。

本部分主要起草人：关世彤、卜长海、曹建峰、高珺、张丽华、段瑞芬、张深阳、郭义庆、林圣豪、佟颖、吴欣凤、金雯辉、马美珍、孔祥鹏。

变形铝及铝合金铸锭及加工产品缺陷
第4部分:铝箔缺陷

1 范围

本部分规定了变形铝及铝合金箔材常见缺陷的定义、特征,并分析了其主要产生原因。

本部分适用于变形铝及铝合金箔材缺陷的分析与判定。

2 缺陷定义、特征和主要产生原因

2.1

非金属压入 rolled-in dirt

非金属夹杂压入箔材表面,表面呈明显的点状或长条状黄黑色缺陷(如图1)。

主要产生原因:

a) 生产设备或环境不洁净;

b) 轧制工艺润滑剂不洁净;

c) 坯料存在非金属异物;

d) 板坯表面有擦划伤,油泥等非金属异物残留在凹陷处;

e) 生产过程中,非金属异物掉落在板、带材表面。

图1 非金属压入

2.2

金属压入 rolled-in metal

金属屑或金属碎片压入箔材表面。压入物刮掉后呈大小不等的凹陷,破坏了箔材表面的连续性。

2.3

划伤 scratch

箔材表面呈现的断续或连续的沟状伤痕。一般在尖锐物与箔材表面接触后相对滑动时产生。

主要产生原因:

a) 轧辊、导辊表面有尖状缺陷,或粘有硬杂物;

b） 合卷、分切的机械导辊、导路有尖状缺陷或粘有杂物；

c） 包装时，异物划伤铝箔表面。

2.4

擦伤 rub mark

由于物料间棱与面、或面与面接触后发生的相对滑动在箔材表面造成的成束（或组）分布的伤痕。

主要产生原因：

a） 箔材在加工生产过程中，与导路、设备接触时，产生相对摩擦而造成擦伤；

b） 坯料松卷；

c） 轧制时张力使用不当，开卷时产生层间错动。

2.5

碰伤 damage

箔材在搬运或存放过程中，与其他物体碰撞后在表面或端面产生的损伤（如图 2）。

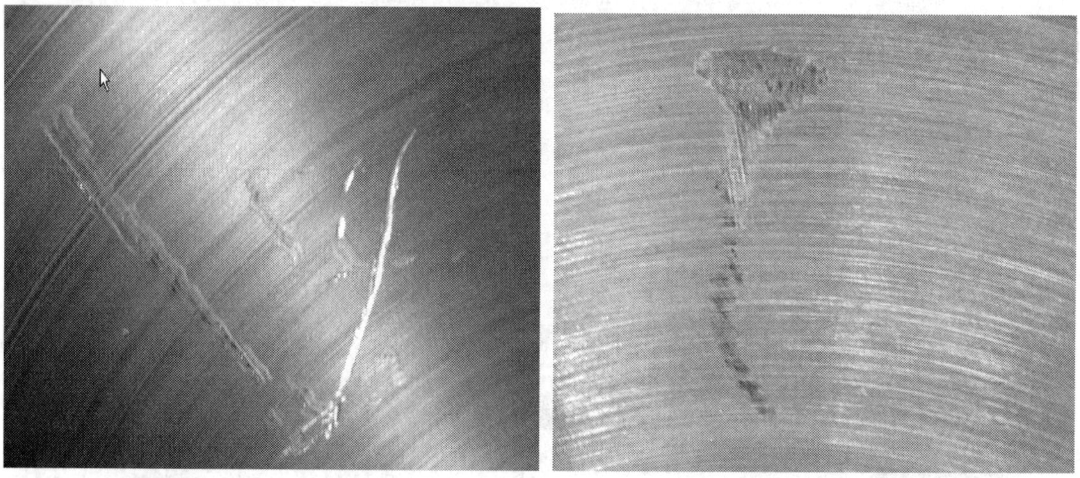

图 2 端面碰伤

2.6

印痕 impression dent

箔材表面存在单个或周期性的凹陷或凸起（如图 3）。

主要产生原因：

a） 轧辊或导辊表面有缺陷；

b） 轧辊或导辊表面粘有金属屑等脏物；

c） 套筒或管芯表面不清洁或局部存在光滑凸起；

d） 卷取时，箔材表面粘有异物。

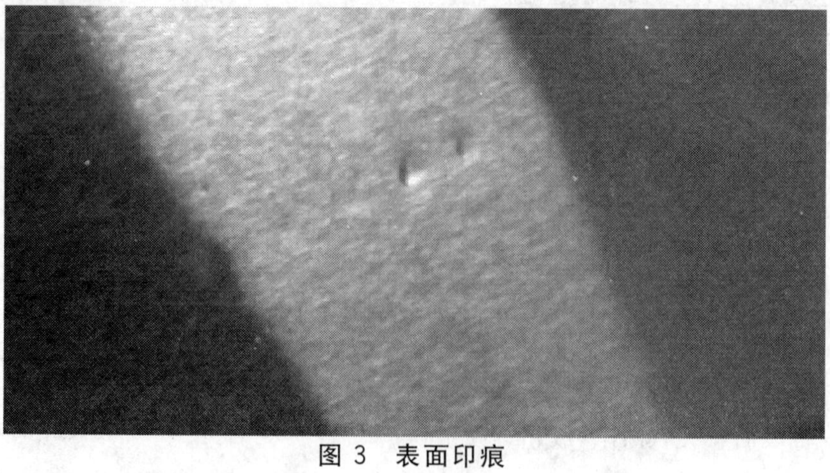

图 3 表面印痕

2.7

表面气泡 blister

箔材表面不规则的圆形或条状空腔凸起；凸起的边缘圆滑，两面不对称，分布无规律。

主要产生原因：

a) 退火温度过高，加热时间过长；

b) 板型不良；

c) 表面残油量大；

d) 箔卷空隙率小。

2.8

腐蚀 corrosion

铝箔表面与周围介质接触，发生化学反应或电化学反应后，在铝箔表面产生的缺陷，被腐蚀的铝箔表面会失去光泽，严重时还会产生灰色腐蚀产物(如图 4)。

主要产生原因：

a) 铝箔生产及运输、存放保管不当，由于气候潮湿或雨水浸入而引起腐蚀；

b) 轧制油中含有水分或呈碱性；

c) 测厚仪冷却系统滴水或压缩空气中含水量高；

d) 包装、贮存、运输不当，由于气候潮湿或水滴浸润表面而引起腐蚀。

图 4 铝箔表面腐蚀

2.9

油斑 oil stain

残留在铝箔上的油污，经退火后形成的淡黄色、棕色，黄褐色斑痕(如图 5)。

主要产生原因：

a) 轧制油的理化指标不适宜；

b) 轧制过程吹扫不良，残留油过多，退火过程中，残油的油不能完全挥发；

c) 机械润滑油等高粘度油滴在板、带表面，未清除干净；

d) 分切张力过大，造成铝箔卷过紧。

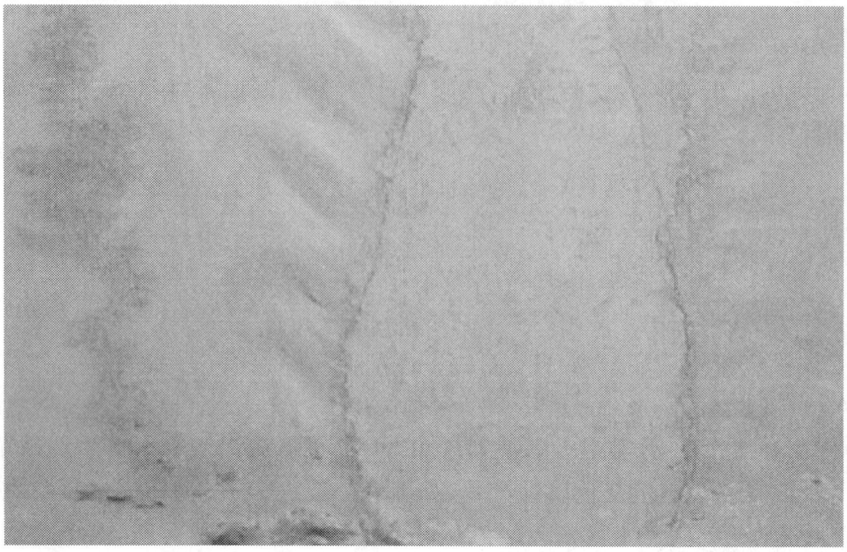

图 5 油斑

2.10

裂边 broken edge

铝箔表面纵向边部破裂的现象,称裂边。严重时边部可见明显缺口(如图 6)。

主要产生原因:

a) 辊型控制不当,使铝箔边部出现拉应力;

b) 中间退火不充分,金属塑性差;

c) 边部裂口未完全切除;

d) 道次加工率过大;

e) 切边刀不够锋利或调整不当。

图 6 裂边

2.11

板型不良 poor shape

由于不均匀变形使箔材表面局部产生起伏不平的现象,称为板型不良。根据缺陷产生的部位,分为中间波浪、边部波浪、二肋波浪及复合波浪等。在边部称边部波浪(如图 7),在中间称中间波浪,二者兼有之称复合波浪,既不在中间又不在边部称二肋波浪。

主要产生原因:

a) 来料板型不良;

b）轧制压力调整不平衡；

c）道次压下量分配不合理；

d）轧辊辊型不合理；

e）轧制油喷淋不正常。

图7　边部波浪

2.12

压折　roll bruise kink

压过的皱折。皱折与轧制方向成一定角度。压折处呈亮道花纹。

主要产生原因：

a）后张力小；

b）辊型控制不良，厚度不均；

c）轧制时送料不正。

2.13

粘连　sticking of foil

铝箔卷单张不易打开，多张打开时呈板结状，产品自由垂落长度不能达到标准要求，严重时，单张无法打开。

主要产生原因：

a）轧制油理化指标不合理；

b）分切张力过大；

c）退火工艺不合理。

2.14

粘油　sticking oil

残留在箔卷内的轧制油及其他油污，在退火过程中氧化，聚合生成粘稠物质，影响箔材展开。

主要产生原因：

a）退火制度不当；

b）轧制油理化指标不适宜；

c）高粘度油滴在铝箔表面。

2.15

起棱　arbor mark

垂直压延方向横贯箔材表面的波纹及凸起（如图8）。

主要产生原因：

a） 卷取张力控制不当，先松后紧；

b） 套筒或管芯精度不够，打底不良；

c） 分切时同一轴卷径大小不一样；

d） 生产工艺参数控制不合理。

图 8　铝箔表面横波

2.16

横纹　crosswise streak

铝箔表面横向有规律的细条纹，一般呈白色，无凹凸感，有时在卷材局部，有时布满整个表面（如图 9）。

主要产生原因：

a） 轧制毛料表面有横纹；

b） 轧制道次压下量过大；

c） 轧辊粗糙度不合理；

d） 轧制油理化指标不合理。

图 9　铝箔表面横纹

2.17

人字纹　chevron streak（herringbone streak）

箔材表面呈现的有规律的人字形的花纹，一般呈白色，表面有明显的色差，但十分光滑（如图 10）。

主要产生原因：

a） 轧制时道次压下量过大，金属在轧辊间由于摩擦力大，流动速度慢，产生滑移；

b) 辊型不好，温度不均；

c) 轧辊粗糙度不合理；

d) 轧制油理化指标不合理。

图 10 人字纹

2.18

孔洞 hole

箔材表面的孔洞(如图 11)。

主要产生原因：

a) 轧辊表面有损伤；

b) 生产过程中，外来物脱落后形成裂口；

c) 来料表面有夹杂、气道、严重划伤等缺陷；

d) 压下量过大导致变形不均匀。

图 11 铝箔孔洞

2.19

松卷 loose wrap

由于分切时卷取不紧，沿管芯方向立拿箔材时，箔材发生层间错动；用手指按压箔材时，可产生局部凹陷的现象。

主要产生原因：

a) 分切时张力过小或张力不均；

b) 分切速度过快；

c) 分切压平辊压力过小。

2.20

毛刺 burr

剪切后，箔材边部存在的大小不等的刺状物(如图 12)。

主要产生原因：

a) 剪切时刀刃不锋利；

b) 剪刃润滑不当；

c) 剪刃间隙及重叠量调整不当。

图 12 铝箔端面毛刺

2.21

错层 oscillation

铝箔卷端面层与层之间不规则错动，造成端面不平整(如图 13)。

主要产生原因：

a) 来料板型不良；

b) 卷取张力调整不当；

c) 压平辊调整不当；

d) 卷取时对中系统异常；

e) 轧制或分切时速度过快。

图 13 铝箔端面串层

2.22

塔形　telescoping .

铝箔端面层与层之间的错动造成塔状偏移，称为塔形。塔形是错层的特例(如图 14)。

主要产生原因：

a) 来料板型不好；

b) 卷取时对中调节系统异常；

c) 压平辊系统状态不良，或调整不当；

d) 卷取张力调整不当。

图 14　铝箔塔形

2.23

翘边　belled edge

铝箔卷两端或一端向上翘起的现象，称为翘边，其特征为铝箔卷边向上部翘起，手触有明显凹凸感(如图 15)。

主要产生原因：

a) 道次加工率过大；

b) 轧制油分布不均；

c) 剪刃调整不当；

d) 板型不良。

图 15　翘边

2.24

针孔　pinhole

铝箔表面迎光可见的不规则小孔(如图 16)。

主要产生原因:

a) 坯料存在内部组织缺陷;

b) 轧辊表面粗糙度过高或轧辊表面有缺陷;

c) 轧制油不够清洁;

d) 来料表面擦划伤;

e) 轧制工艺参数不当;

f) 生产环境不洁净。

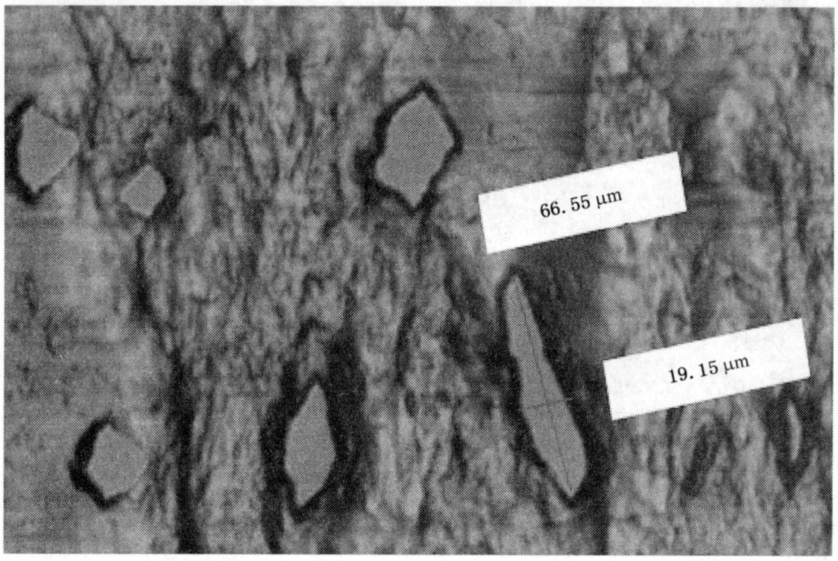

图 16　针孔

2.25

开缝　slitting

铝箔经轧制后沿纵向自然开裂的现象。

主要产生原因:

a) 轧制时后张力过小;

b) 来料板型不良;

c) 辊型控制不当;

d) 坯料存在气道;

e) 入口侧打折或来料打折。

2.26

皱纹　crepe

铝箔表面呈现的细小的、纵向或斜向局部凸起的、一条或数条圆滑的沟槽(如图 17)。

主要产生原因:

a) 压下量过大,致使轧制时变形不均或卷取时张力不够;

b) 辊型控制不当或轧制压力过低;

c) 坯料厚度不均,板型不良或有起棱;

d) 卷取轴精度不够,套筒不圆;

e) 压平辊压力控制不当。

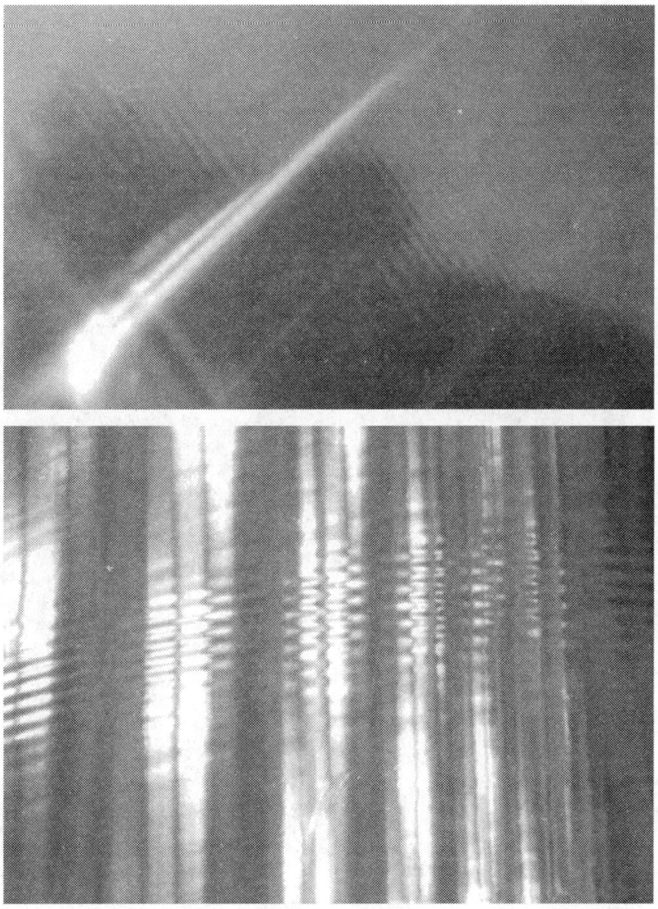

图 17 皱纹

2.27

起皱 wrinkling

铝箔卷表面无法展平的纵向或横向皱折(如图 18)。

主要产生原因：

a) 来料板型不良或有皱折；

b) 轧辊辊型控制不合理；

c) 轧制及分切工艺参数不合理；

d) 轧机辊系精度不够；

e) 套筒或管芯精度不够。

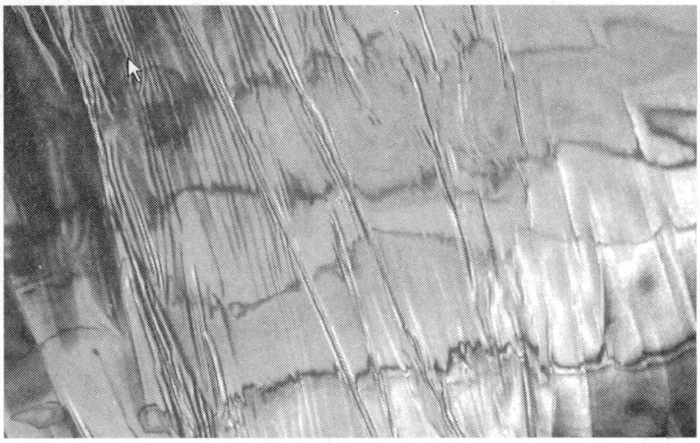

图 18 起皱

2.28

亮点　bright dot

铝箔双合轧制时，出现的铝箔暗面上不均匀的发亮的点称为亮点（如图19）。

主要产生原因：

a) 双合前箔材表面粗糙不均或有辊印、横波等缺陷；

b) 轧辊表面粗糙不均；

c) 双合油指标不适宜；

d) 双合时，上下张铝箔厚度相差过大。

图19　亮点

2.29

箭头（燕窝）　arrowheaded waviness

铝箔卷端面上一定层数在同一处由内向外处的凸起，凸起程度由内向外或由外向内逐渐减弱（如图20）。

主要产生原因：

a) 卷取张力前小后大；

b) 套筒或管芯精度低；

c) 生产过程断带后，张力使用不当。

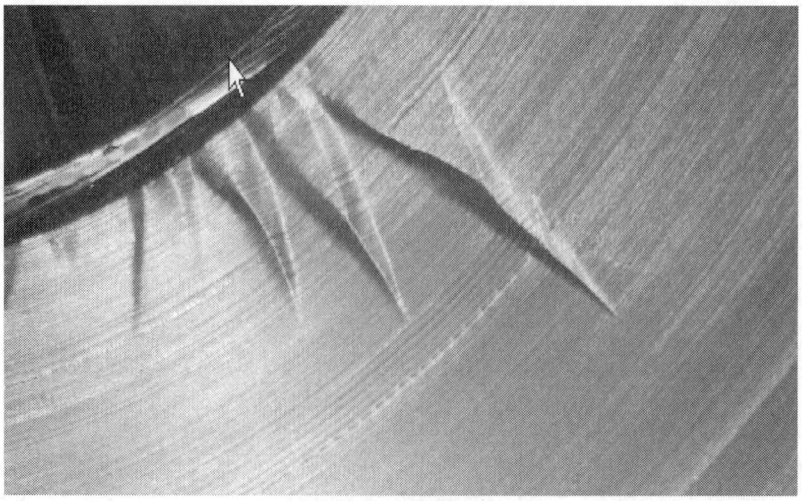

图20　箭头

2.30

辊眼　roll holes

铝箔表面出现的周期性有压延痕迹的小孔，有的呈网状，尺寸一般大于针孔（如图 21）。

主要产生原因：

a）来料表面有辊眼；

b）轧制过程中，有异物将轧辊硌伤。

图 21　辊眼

2.31

辊印　roll mark

轧制时铝箔表面出现的呈周期性排列的印痕。

主要产生原因：

a）来料表面有辊印；

b）在推入轧辊时，因操作不当将轧辊表面划伤，或在轧制过程中，有异物将轧辊硌伤。

2.32

油污　oil stain

铝箔表面的油性污渍。

主要产生原因：

a）轧制工艺参数不合理；

b）轧机清辊器出现异常；

c）轧机测厚仪头部滴油；

d）轧机本体滴油；

e）轧制油不洁净。

2.33

除油不净　incompleted evaporation of oil

O 状态铝箔，退火后，采用刷水方法检测，未达到刷水试验规定的级别（如图 22）。

主要产生原因：

a）铝箔表面带油量过大；

b）铝箔卷空隙率过低；

c）轧制油理化指标不适宜；

d）退火工艺不合理。

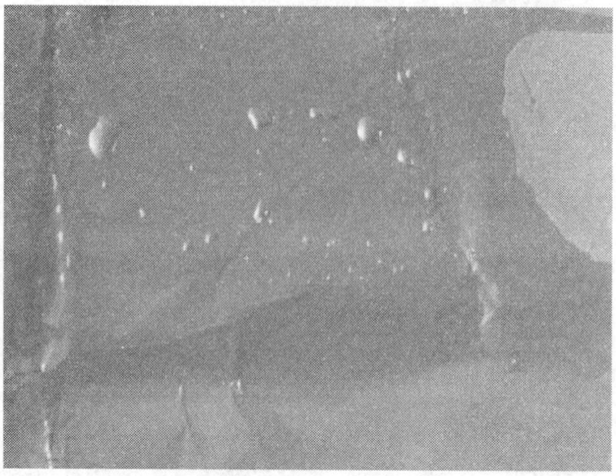

图 22 除油不净

2.34

亮线 bright line

铝箔表面纵向连续的亮条，产生部位与其他部位有明显的色泽差异（如图 23）。

主要产生原因：

a) 来料表面有严重亮线；

b) 清辊器运转不正常，将轧辊划伤；

c) 轧机运转时，有异物将轧辊划伤。

图 23 亮线

2.35

起鼓 protuberance

铝箔表面纵向的呈条状凸起，手触有明显凸凹感，有时除去外层铝箔后消失，有时贯穿整卷铝箔（如图 24）。

主要产生原因：

a) 铝箔板型控制不良；

b) 铝箔表面有亮线；

c) 退火冷却速度过快；

d) 压平辊表面不平整。

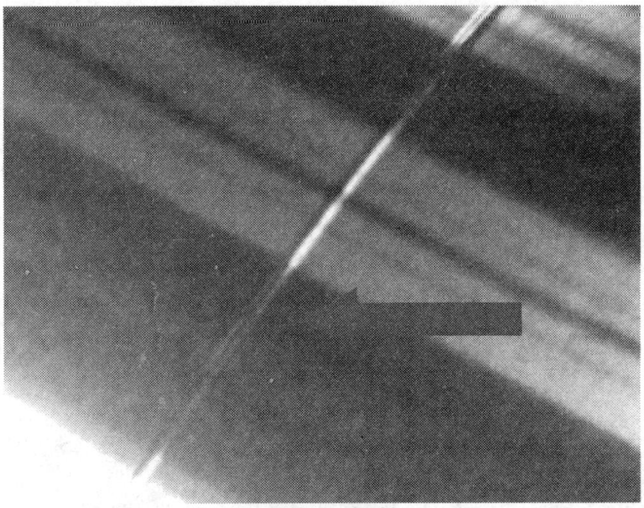

图 24　起鼓

2.36

暗面色差　colour difference on matt side

双合时由于未喷双合油或双合油不均匀，造成轧制后的产品，暗面色泽不均匀、色差明显，严重时上、下张无法分开（如图 25）。

图 25　暗面色差

2.37

气道　void

由于熔体氢含量偏高，造成铝箔在轧制过程中出现的沿轧制方向的条状压碎，有一定宽度（如图 26）。

图 26　气道

2.38

暗面条纹　streak on matt side

双合产品，暗面有沿轧制方向的明显的明暗相间的条状花纹(如图 27)。

主要产生原因：

a) 坯料晶粒细化不够；

b) 毛料中间退火工艺不合理；

c) 坯料合金成分不合理。

图 27　暗面条纹

2.39

白条　white streak

铝箔表面沿轧制方向、宽度或间隔不等的白色条纹。一般对应铸轧带下表面出现，条纹多集中在铝箔中间、两肋位置，随着铝箔的压延减薄，条纹呈明显加重趋势(如图 28)。

主要产生原因：

a) 铸轧坯料 Ti/B 偏析，沉积等；

b) 铸轧带材中间及两肋位置冷却较差，结晶滞后造成该位置组织和其他位置不同；

c) 铸轧辊冷却强度不均，造成成分偏析、晶粒不均。

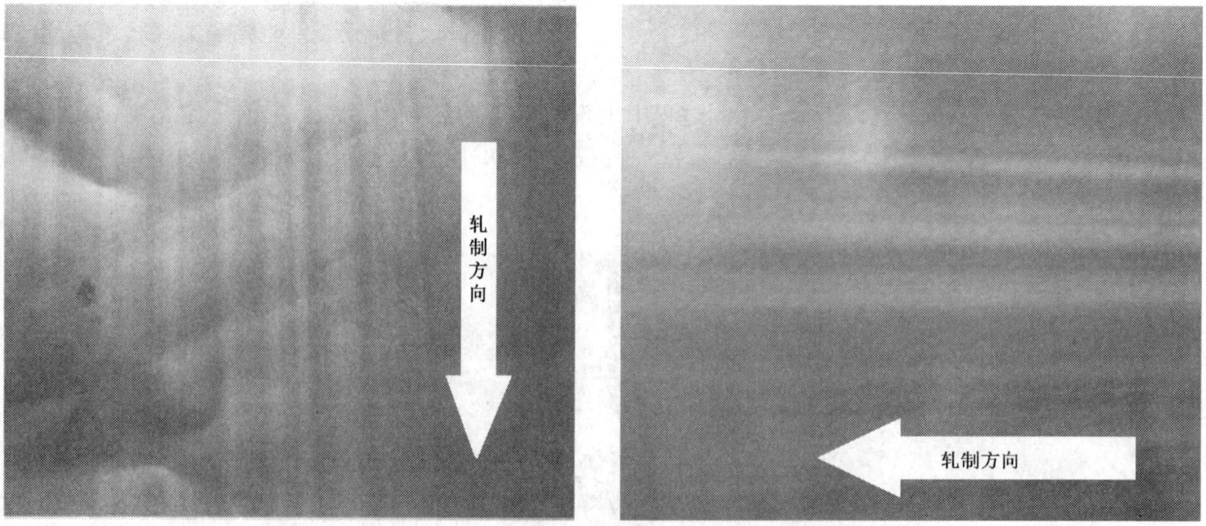

图 28　铝箔表面白条

2.40

端面花纹　radius on lateral stacking of wraps

铝箔端部局部或整卷上看，管芯处沿壁厚呈放射状花纹；开卷后该处铝箔边部有轻微波浪（如图 29）。

主要产生原因：

a）刀槽或剪刃调整不当；

b）分卷处板型不良（波浪）。

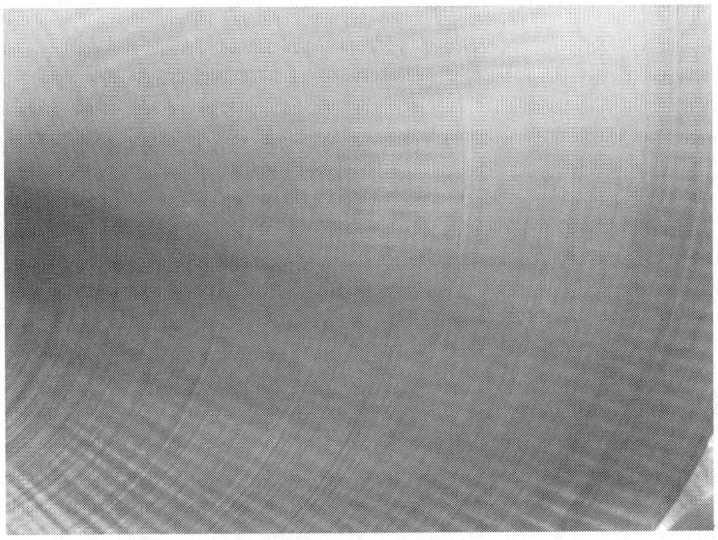

图 29　端面花纹

附 录 A
（资料性附录）
汉语拼音索引

L

M

N

P

Q

R

S

T

Y

Z

ICS 77.150.10
H 60

中华人民共和国国家标准

GB/T 26492.5—2011

变形铝及铝合金铸锭及加工产品缺陷 第5部分:管材、棒材、型材、线材缺陷

Defects for wrought aluminium and aluminium alloys ingots and products—Part 5:Defects for tubes,rods or bars,profiles,wires

2011-05-12 发布 2012-02-01 实施

中华人民共和国国家质量监督检验检疫总局
中国国家标准化管理委员会 发布

前　言

GB/T 26492《变形铝及铝合金铸锭及加工产品缺陷》分为五个部分：

——第1部分：铸锭缺陷；

——第2部分：铸轧带材缺陷；

——第3部分：板、带缺陷；

——第4部分：铝箔缺陷；

——第5部分：管材、棒材、型材、线材缺陷。

本部分为GB/T 26492的第5部分。

本部分由全国有色金属标准化技术委员会(SAC/TC 243)归口。

本部分负责起草单位：东北轻合金有限责任公司。

本部分参加起草单位：西南铝业(集团)有限责任公司、中国铝业西北铝加工分公司、广东豪美铝业有限公司、山东南山铝业股份有限公司、广东兴发铝业有限公司、广东坚美铝型材厂有限公司、广亚铝业有限公司、佛山市南海华豪铝型材有限公司、山东兖矿轻合金有限责任公司、龙口市丛林铝材有限公司、福建省南平铝业有限公司。

本部分主要起草人：刘科研、王国军、左宏卿、王正安、段瑞芬、周春荣、李喆、潘维谦、王玉刚、宋微、张燕飞。

变形铝及铝合金铸锭及加工产品缺陷
第5部分：管材、棒材、型材、线材缺陷

1 范围

本部分规定了铝及铝合金管材、棒材、型材、线材产品中常见缺陷的定义、特征，并分析了其主要产生原因。

本部分适用于铝及铝合金管材、棒材、型材、线材缺陷的分析与判定。

2 缺陷定义、特征和主要产生原因

2.1

气泡 blister

制品表面的连续或非连续凸起的泡状空腔(如图1)。

主要产生原因：

a) 挤压筒或挤压垫有水分、油等脏物；

b) 空气在挤压时进入金属表面；

c) 润滑剂中有水分；

d) 铸锭有疏松、气孔；

e) 制品中氢含量过高；

f) 挤压筒温度和铸锭温度过高。

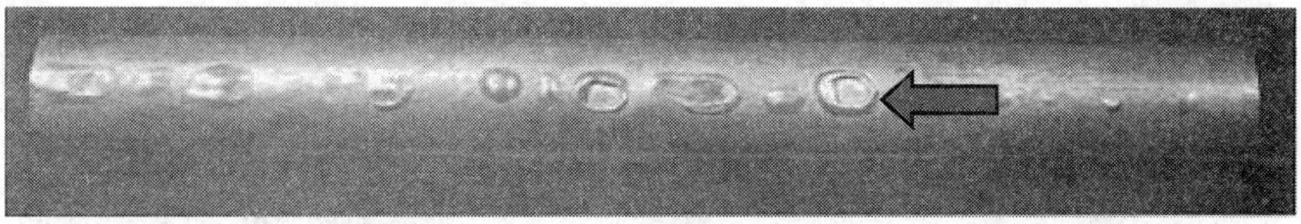

图1 气泡

2.2

起皮 peeling

附在制品表面上的薄层，有局部剥落现象(如图2)。

主要产生原因：

a) 挤压筒不干净；

b) 挤压筒与挤压垫配合不当；

c) 模孔上粘有金属或模子工作带过长。

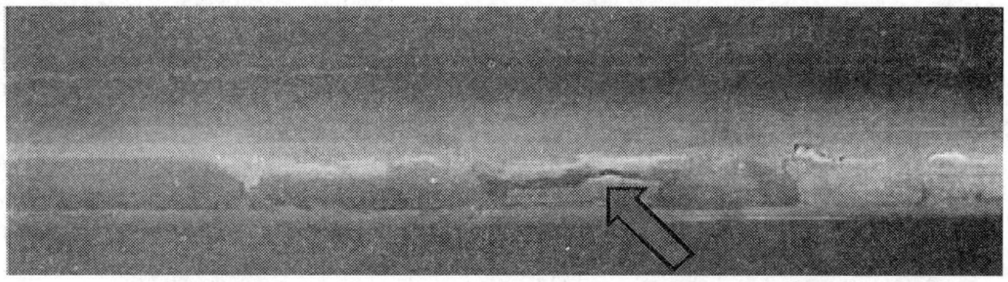

图2 起皮

2.3

划伤　scratch (scuff mark)

尖锐物品(如设备上的尖锐物、金属屑等)与制品表面接触,在相对滑动时所造成的呈单条状分布的伤痕(如图3)。

主要产生原因:

a) 工具装配不当;

b) 模子工作带上粘有金属屑或模具工作带损坏;

c) 润滑油不洁净;

d) 运输过程中操作不当。

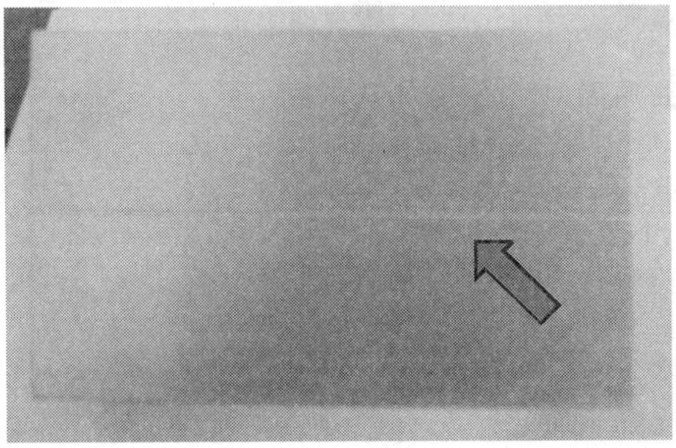

图3　划伤

2.4

磕碰伤　damage

制品在搬运或存放过程中,与其他物体碰撞后产生的损伤(如图4)。

图4　磕碰伤

2.5

擦伤　rub mark

制品表面与其他物体的棱或面接触后发生相对滑动或错动而在制品表面造成的成束(或组)分布的伤痕(如图5)。

主要产生原因:

a) 铸锭温度过高,模孔粘铝或模孔工作带损坏;

b) 制品相互串动;

c) 挤压流速不均。

图5　擦伤

2.6

内表面擦伤　rab mark on inner face

制品内表面在生产过程中产生的擦伤(如图6)。

主要产生原因：

a)　挤压针或模具工作带粘有金属；

b)　挤压针温度低；

c)　挤压针或模具工作带表面质量差；

d)　挤压温度、速度控制不好；

e)　挤压润滑剂配比不当；

f)　拉拔芯头损坏；

g)　拉拔润滑油有脏物。

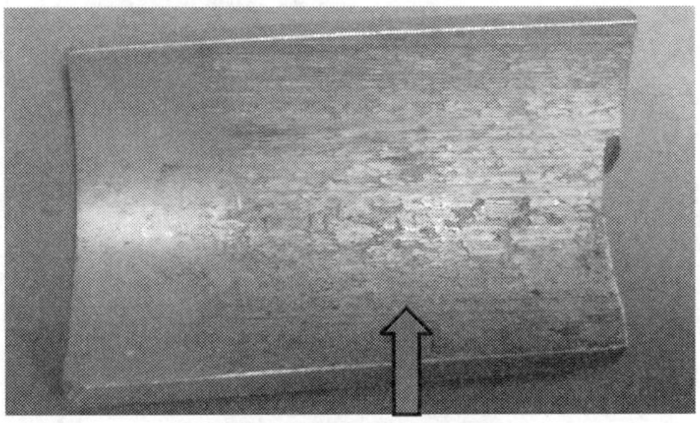

图6　内表面擦伤

2.7

挤压裂纹　broken surface

制品表面呈周期性出现的横向开裂(如图7)。

主要产生原因：

a)　挤压速度过快；

b)　挤压温度过高；

c)　挤压速度波动太大。

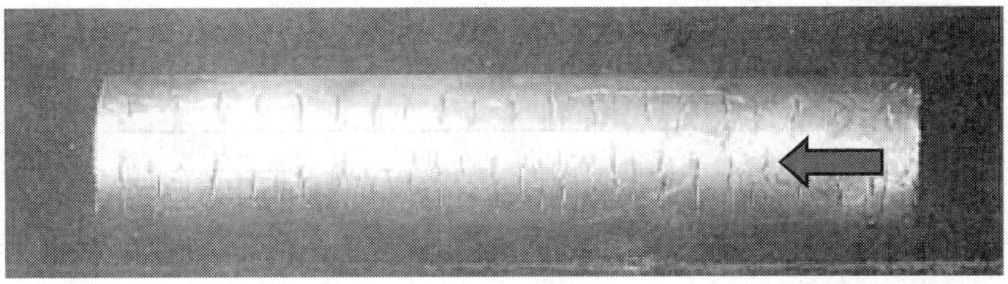

图7　裂纹

2.8

模痕　die line

由于模具工作带不光滑，导致制品表面纵向凹凸不平的痕迹（如图 8）。

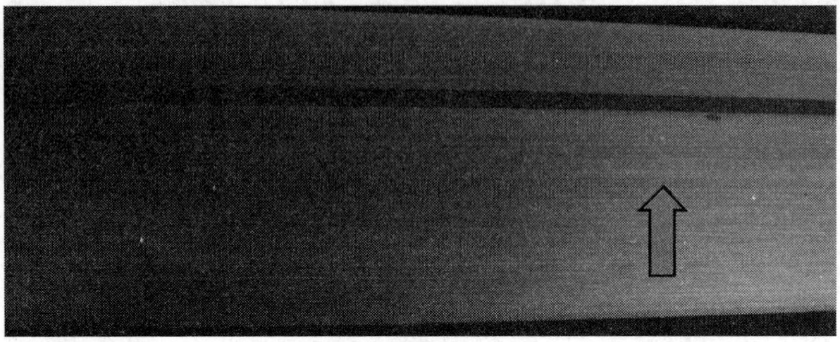

图 8　模痕

2.9

扭拧　twist

由于模具设计不合理、修模不当、挤压工艺参数控制不当等原因导致的制品横截面沿纵轴发生扭转的现象（如图 9）。

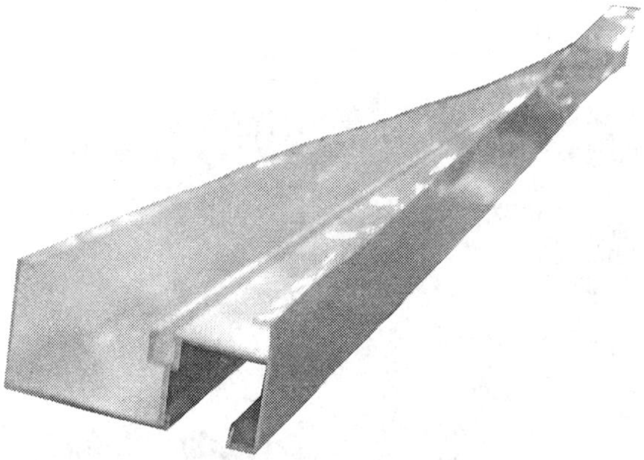

图 9　扭拧

2.10

弯曲　bow

由于模具设计不合理、修模不当、挤压工艺参数控制不当等原因导致的制品沿纵向呈现弧型或刀型不平直的现象（如图 10）。

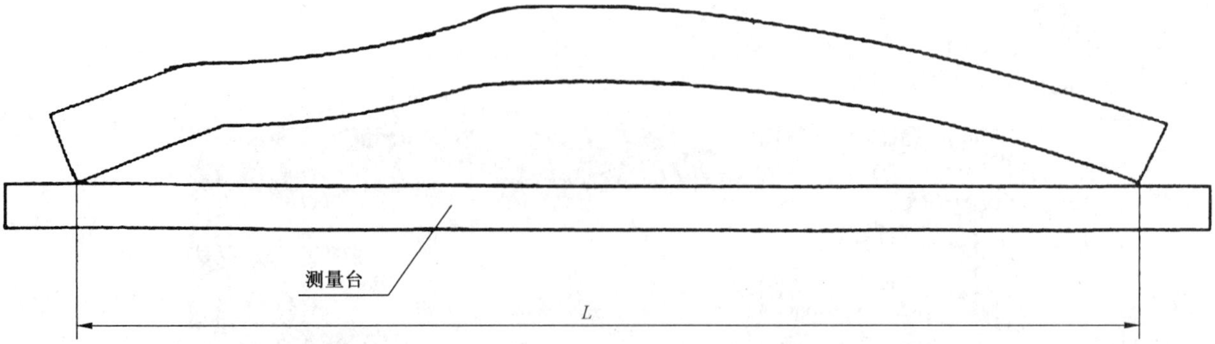

图 10　弯曲

2.11

波浪　corrugation

由于模具设计不合理、修模不当、挤压工艺参数控制不当等原因导致的制品沿纵向发生的连续起伏(如图 11)。

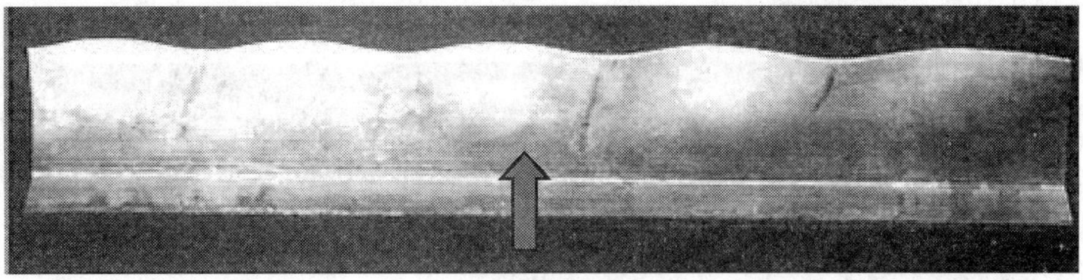

图 11　波浪

2.12

硬弯　hook

由于挤压速度突变等原因在制品上存在局部曲率半径很小的弯曲(如图 12)。

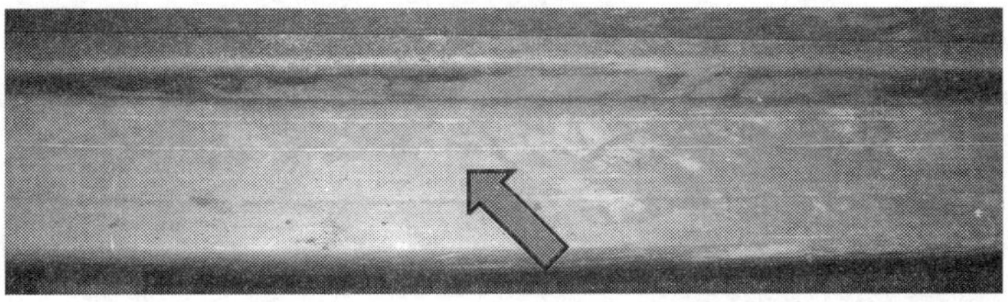

图 12　硬弯

2.13

麻面　pickups

制品表面呈现连续麻点、金属豆的现象(如图 13)。

主要产生原因：

a)　模具硬度不够；

b)　挤压温度过高；

c)　挤压速度过快；

d)　模子工作带过长,粗糙或粘有金属。

图 13　麻面

2.14

金属压入　press-in metal

金属屑或金属碎片压入制品表面的现象(如图 14)。

主要产生原因：

a） 坯料端头有毛刺；

b） 坯料粘有金属或润滑油内含有金属碎屑等异物；

c） 孔型、芯头上粘金属。

d） 挤压筒不干净。

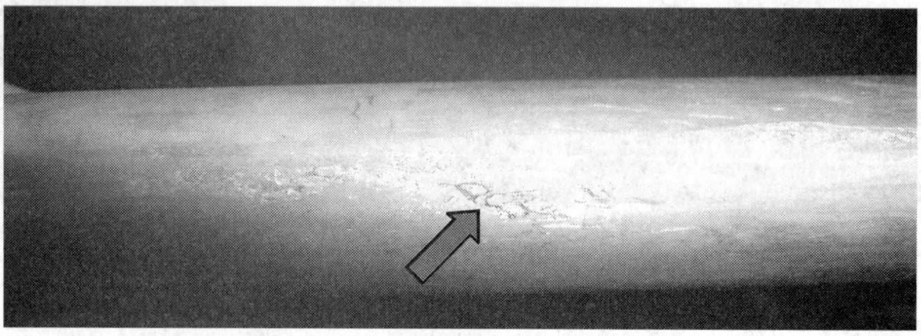

图 14　金属压入

2.15

非金属压入　press-in nonmetal

制品表面压入石墨或其他非金属异物的现象。异物刮掉后制品表面呈现大小不等的凹陷，破坏了制品表面的连续性。

主要产生原因：

a） 石墨粒度粗大或结团，含有水分或油搅拌不匀；

b） 汽缸油的闪点低；

c） 汽缸油与石墨配比不当；

d） 挤压筒内落入石墨及油等。

2.16

表面腐蚀　surface corrosion

制品表面与外界介质发生化学或电化学反应后在表面产生局部破坏的现象。被腐蚀制品表面失去金属光泽，严重时在表面产生灰白色的腐蚀产物（如图 15）。

主要产生原因：

a） 制品在生产和储运过程中接触水、酸、碱、盐等腐蚀介质；

b） 合金成分配比不当；

c） 时效炉的燃料不干净，燃烧后产生二氧化硫。

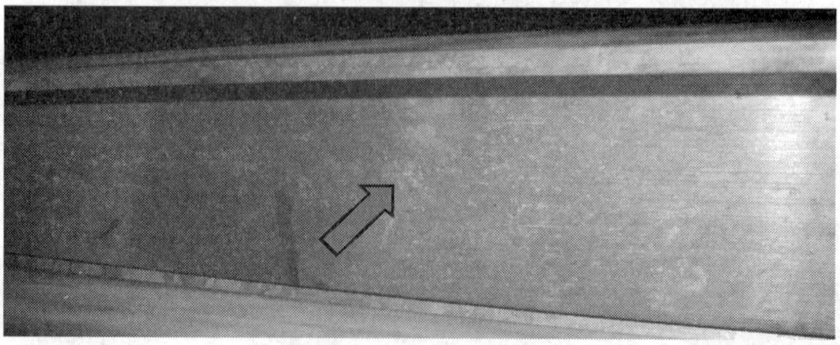

图 15　表面腐蚀

2.17

压坑　indentation

压入制品的异物脱落后形成的凹陷(如图16)。

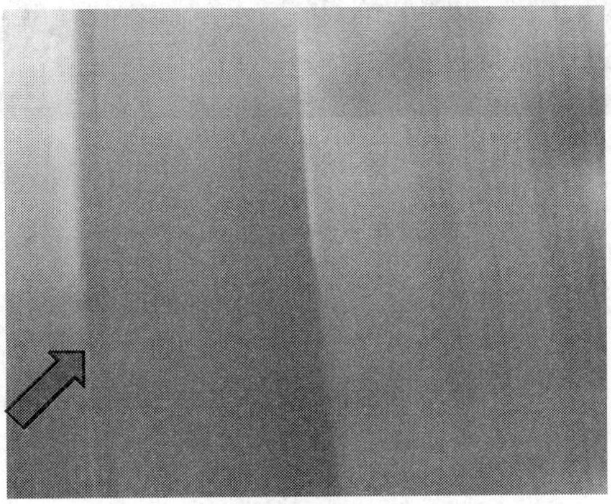

图16　压坑

2.18

裂口　torn surface

轧制制品表面产生的局部开裂(如图17)。

主要产生原因：

a)　坯料有裂纹；

b)　坯料退火不充分；

c)　送料量过大。

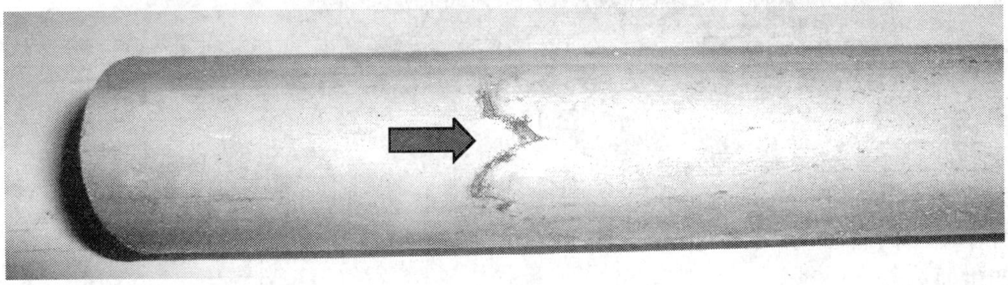

图17　裂口

2.19

耳子　ear-like fin

制品在轧制过程中产生的貌似耳朵的薄片(如图18)。

主要产生原因：

a)　孔型间隙太大或不一致；

b)　回转角度不适当；

c)　送料量过大。

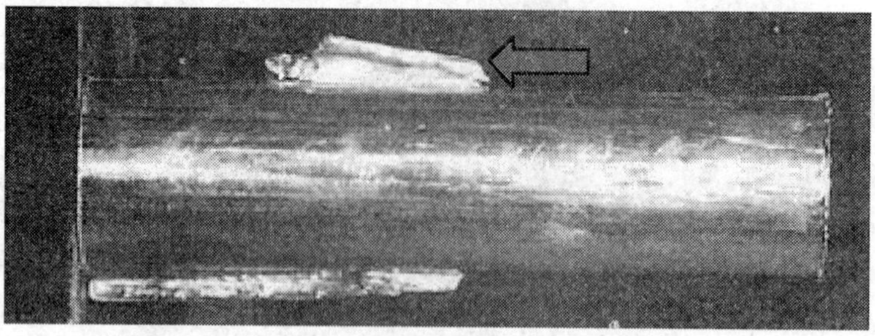

图 18 耳子

2.20

纵向皱纹 vertical wrinkles

制品在轧制或拉拔过程中因道次加工率过大沿纵向产生的表面皱折。

2.21

飞边 rolled-in fin

制品轧制时沿纵向出现的耳子，经加工后，一般形成折叠压入制品并相对称（如图 19）。

主要产生原因：

a） 轧制时，制品不翻转；

b） 锥体向前；

c） 孔型开口过小，开口不均匀或圆角过尖；

d） 送料量过大；

e） 孔型磨损严重，间隙大。

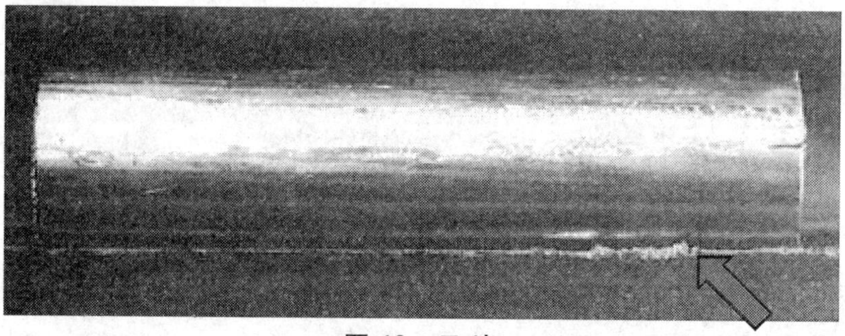

图 19 飞边

2.22

内表面波浪 inner face corrugation

轧制时在制品内表面上，沿纵向产生的环形波纹（如图 20）。

主要产生原因：

a） 芯头不适当；

b） 送料量过大；

c） 孔型间隙大。

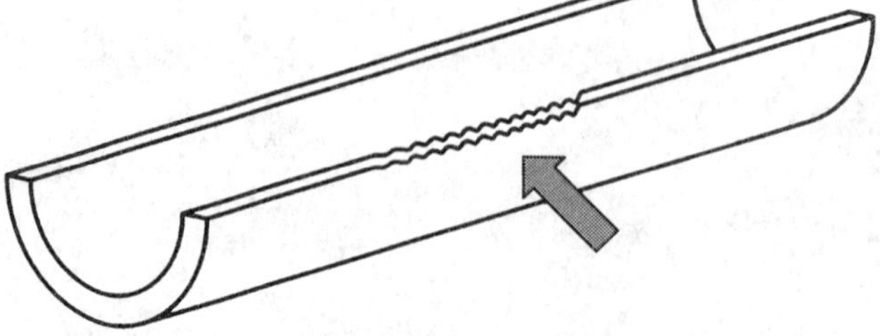

图 20 内表面波浪

2.23

孔型啃伤　pass scar

在轧制时，由于孔槽边缘或表面有磕碰伤、毛刺，导致制品表面沿纵向成角度分布的条纹。

2.24

矫直痕　reeling mark

制品在辊矫时产生的螺旋状条纹(如图 21)。

主要产生原因：

a)　矫直辊辊面上有棱；

b)　制品的弯曲度过大；

c)　矫直辊辊子角度过大；

d)　矫直压力太大；

e)　制品椭圆度大。

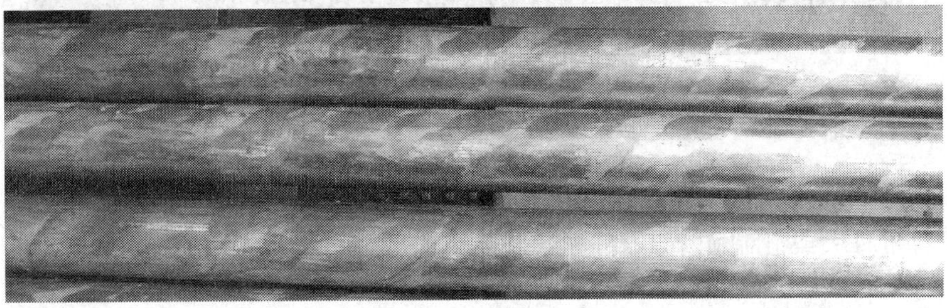

图 21　矫直痕

2.25

停车痕　stop mark

异常停车后恢复挤压，在制品表面产生的垂直于挤压方向的带状痕迹(如图 22)。

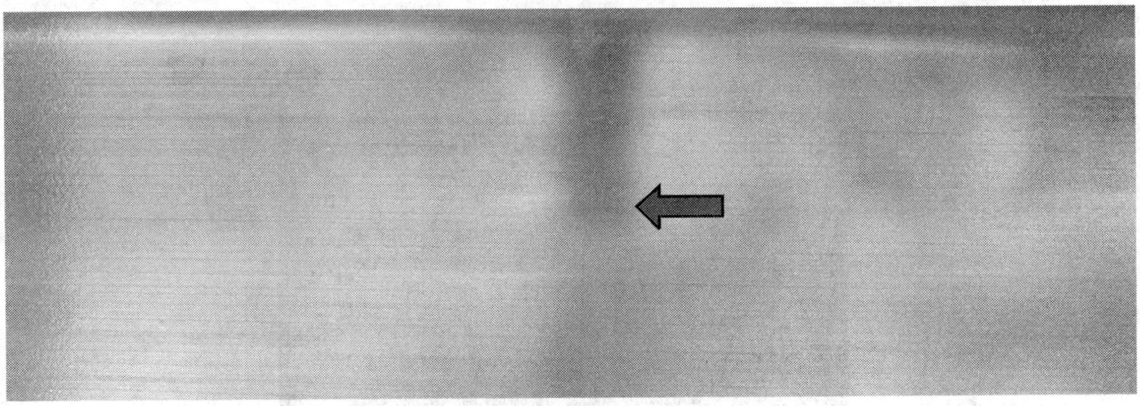

图 22　停车痕

2.26

咬痕　snap mark

制品在挤压过程中产生的垂直于挤压方向的线状或带状痕迹。发生咬痕时会伴随异常响声。

主要产生原因：

a)　铸锭加热温度不均匀；

b)　模具设计不合理；

c)　挤压速度过快；

d)　挤压机运行不平稳，有爬行现象。

2.27

跳环　ring bulge

制品表面在拉拔过程中产生的规律性的环状凸起(如图23)。

主要产生原因:

a) 芯杆过弯过细;

b) 道次加工率不当;

c) 毛料太长;

d) 润滑油粘度太低。

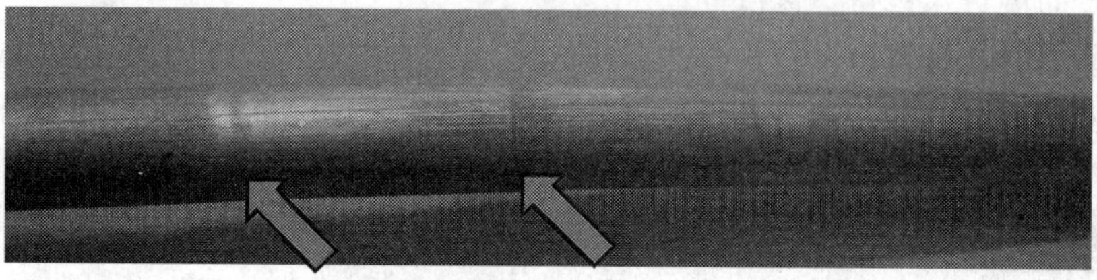

图23　跳环

2.28

棱子　ridge

轧制时,送料量过大或轧制孔型不当,导致制品表面圆周方向产生的条状凸起。

2.29

油斑　oil stain

残留在制品表面上的油污,经退火后形成的淡黄色、棕色、黄褐色斑痕(如图24)。

主要产生原因:

a) 在低温或成品退火前未把残留在制品表面的油擦净;

b) 拉拔、轧制用的润滑油质量差;

c) 拉拔油的闪点较高,在退火时不易烧尽。

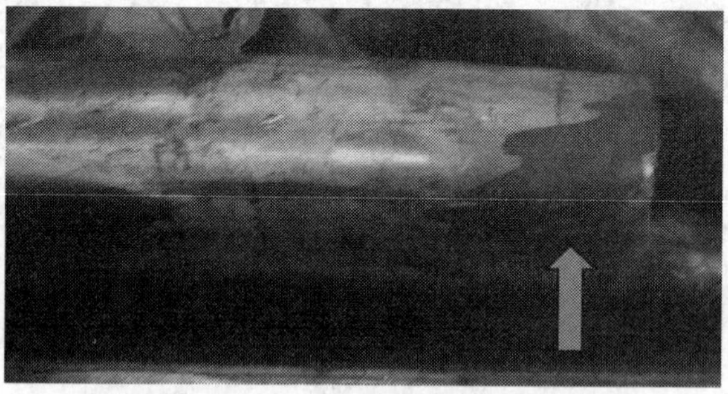

图24　油斑

2.30

三角口　triangle tear

拉拔时,在制品表面形成的单个或断续的三角状缺口(如图25)。

主要产生原因:

a) 毛坯有严重擦伤,造成粗糙的表面;

b) 在退火、运输过程中,制品受到机械损伤;

c) 拉拔时线卷掉到线落架下或由于二次拉线机的导辊表面质量不好。

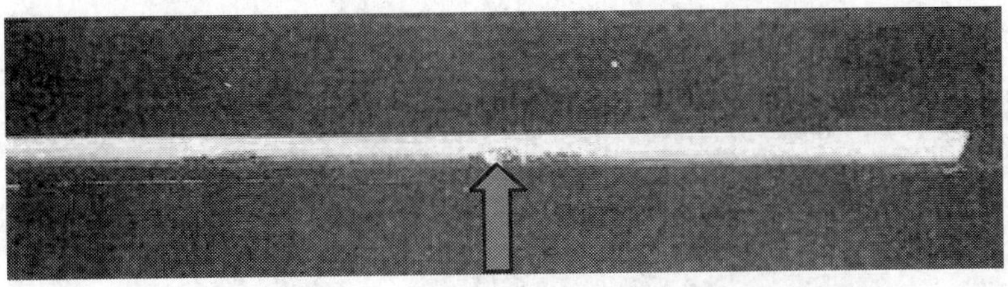

图 25　三角口

2.31

灰道　stringer (grey stripe)

由于模具损坏、润滑油有砂子等原因造成制品沿纵向表面有灰色条状痕迹的现象(如图 26)。

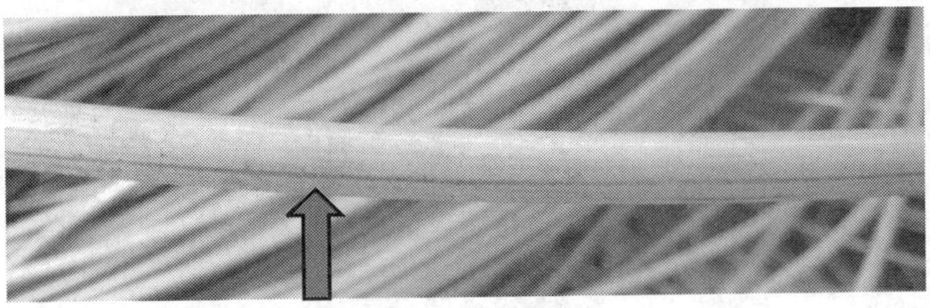

图 26　灰道

2.32

桔皮　orange peel

挤压制品表面出现的像桔皮一样的皱褶(如图 27)。

主要产生原因:

a)　铸锭组织不均匀,均匀化处理不充分;

b)　挤压条件不合理造成制品晶粒粗大;

c)　矫直时拉拔量过大。

图 27　桔皮

2.33

凹凸痕　concave convex mark

制品挤压后,在平面上厚度发生变化的区域出现凹陷或凸起,一般用肉眼观察不出来,通过表面处理后显现明细暗影或骨影(如图 28)。

主要产生原因:

a)　模具工作带设计不当;

b)　分流孔或前置室大小不合适,交叉区域型材拉或胀的力,导致平面发生微小变化;

c) 冷却过程不均匀，厚壁部分或交叉部分冷却速度慢，导致平面在冷却过程中收缩变形程度不一；
d) 由于厚度相差悬殊，导致厚壁部位或过渡区域组织与其他部位组织差异增加；
e) 金属流动不均匀。

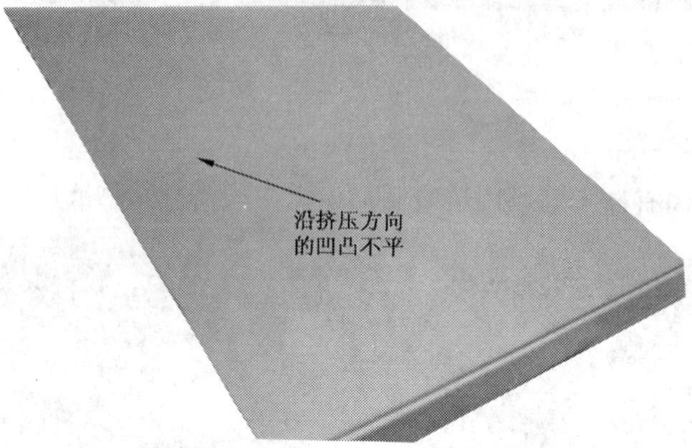

图 28 凹凸痕

2.34

振纹 chatter marks

制品表面横向的周期性条纹(如图 29)。其特征为制品表面横向连续周期性条纹，条纹曲线与模具工作带形状相吻合，严重时有明显凹凸手感。

主要产生原因：

a) 设备原因造成挤压轴前进抖动，导致金属流出模孔时抖动；
b) 模具原因造成金属流出模孔的抖动；
c) 模具支撑垫不合适，模具刚度不佳，在挤压力波动时产生抖动。

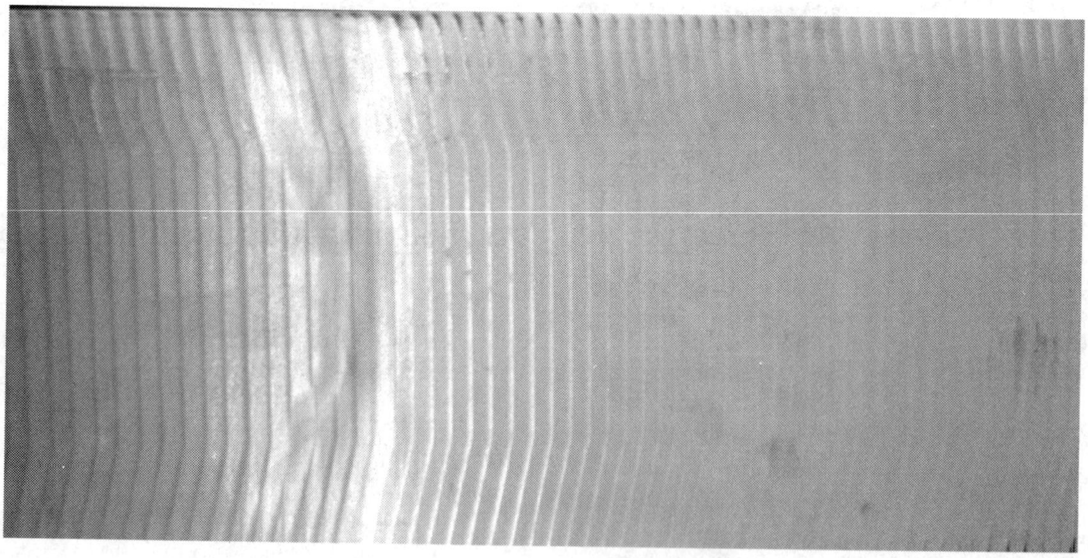

图 29 振纹

2.35

夹杂 inclusion

因铸坯夹渣，造成制品表面或内部残留异物的现象(如图 30)。

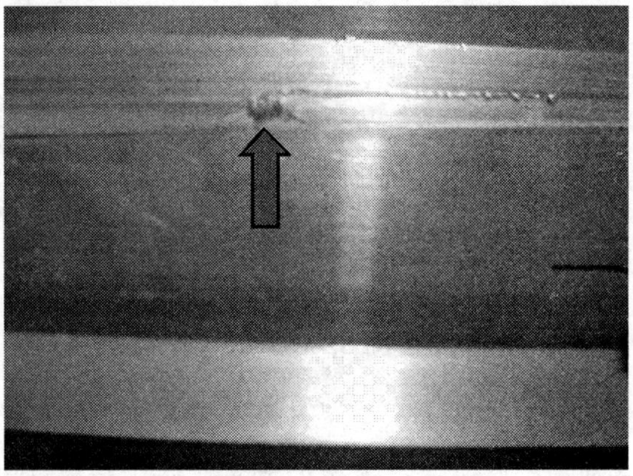

图 30 夹杂

2.36

水痕 water stain

制品表面呈现不规则的水渍。

主要产生原因：

a) 制品表面残留水分；

b) 时效炉的燃料含水，水分在时效后的冷却中凝结在制品表面上。

2.37

壁厚不均 thickness unevenness

在制品同一截面上相同壁厚要求的部位出现厚薄不一致的现象(如图 31)。

主要产生原因：

a) 挤压筒与挤压针不在同一中心线，形成偏心；

b) 模具设计不合理；

c) 挤压筒的内衬磨损过大，模具使用不当，形成偏心；

d) 铸锭或坯料本身壁厚不均，在一次和二次挤压后，仍不能消除；毛料挤压后壁厚不均，经压延、拉拔工艺后没有消除；

e) 上润滑油涂抹不均，使金属流动不均；

f) 轧制和拉拔时，芯头位置安装不对；孔型未调整好；拉拔模与芯头配置不当。

图 31 壁厚不均

2.38

扩口 flaring appearance

八字、槽形型材两侧板向外或工字形型材上、下平面不平行，向上偏斜，超出尺寸公差的范围(如图 32)。

主要产生原因：

a) 挤压速度过快；

b) 模具设计不合理，金属流速不均；

c) 精整上辊时配辊不当。

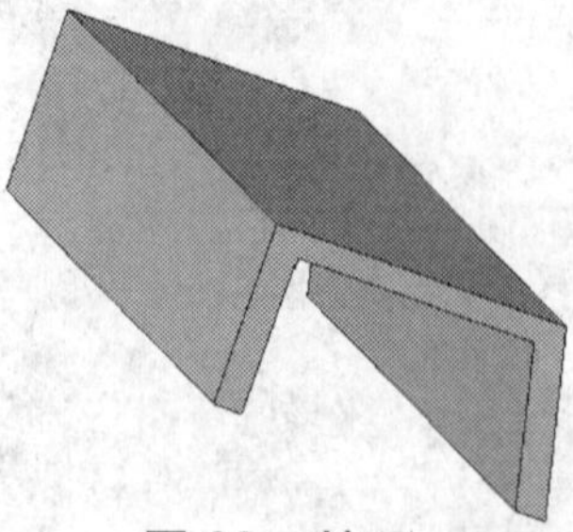

图 32　扩口

2.39

并口　necked-in

八字、槽形型材两侧板向内或工字形型材上、下平面不平行，向下偏斜，超出尺寸公差的范围(如图 33)。

a) 挤压速度过快；

b) 模具设计不合理，金属流速不均；

c) 精整上辊时配辊不当。

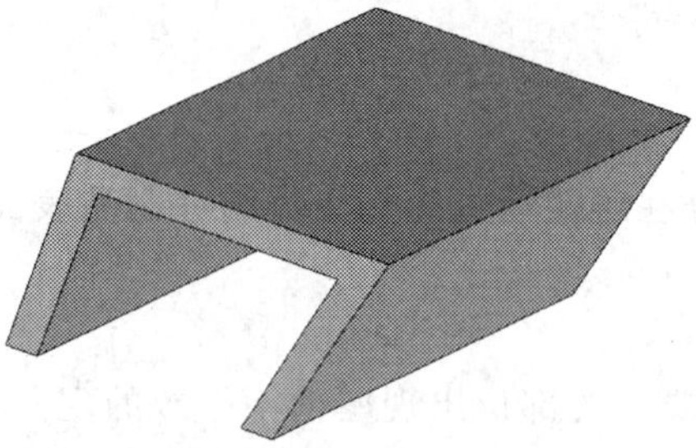

图 33　并口

2.40

缩尾　back end condition

在挤压制品的尾端产生喇叭状的空穴(如图 34)。一般正向挤压比反向挤压长，软合金比硬合金长。正向挤压制品多表现为环形不合层，反向挤压制品多表现为中心漏斗(空穴)状。

主要产生原因：

a) 残料留的过短或制品切尾长度不符合规定；

b) 挤压垫不清洁，有油污；

c) 挤压速度过快；

d) 使用已变形的挤压垫(中间凸起的垫)。

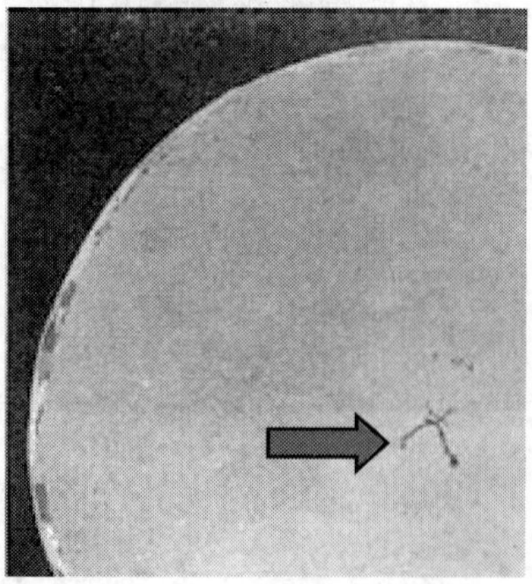

图 34　缩尾

2.41

粗晶环 peripheral coarse grain

制品固溶热处理后，经低倍检查发现断面上晶粒大小不一，截面周边晶粒特别粗大形成环状或月牙状组织(如图35)。

主要产生原因：

a) 挤压变形不均匀；

b) 热处理温度高，保温时间长，使晶粒长大；

c) 合金化学成分不合理；

d) 挤压比过小。

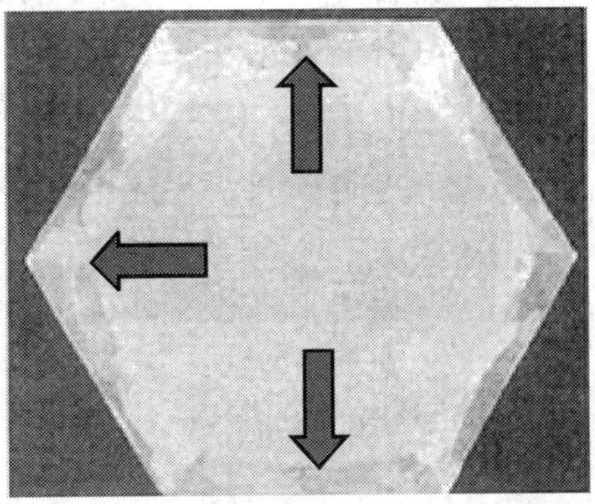

图35 粗晶环

2.42

成层 lamination

制品经低倍检查，在截面边缘的不合层现象(如图36)。

主要产生原因：

a) 铸锭表面有尘垢或不车皮的铸锭有较大的偏析聚集物、金属瘤等；

b) 坯料表面有毛刺或粘有油污、锯屑等赃物，挤压前没清理干净；

c) 挤压筒、挤压垫磨损严重或挤压筒衬套内有脏物清理不干净，且不及时更换；

d) 模孔位置不合理，靠近挤压筒边缘；

e) 两个挤压垫直径差过大。

图36 成层

2.43

过烧 burnt

金属温度过高，使合金中低熔点共晶体熔化的现象。当制品发生严重过烧时，其表面上的颜色发黑或发暗。在其显微组织中，可以观察到在晶界局部加宽现象，在晶粒内部产生复熔球，在晶粒交界处呈现明显的三角形复熔区等特征（如图 37），同时影响制品其他性能。

主要产生原因：

a） 加热温度过高，超出了合金过烧温度范围；

b） 加热炉温差过大，仪表失灵；

c） 由于加热不均而引起的局部过烧现象。

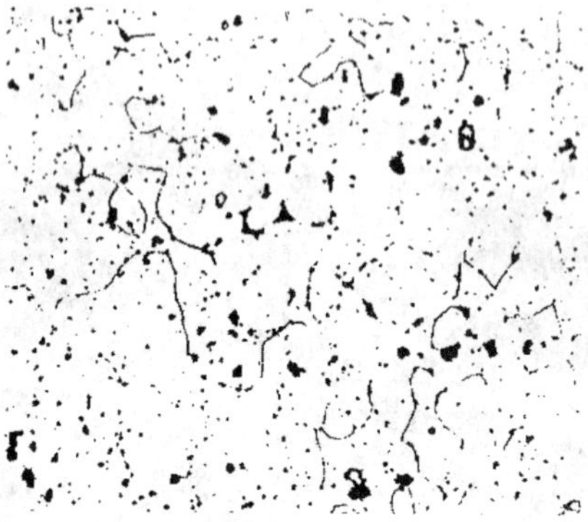

图 37　过烧

2.44

焊合不良　incomplete weld

分流模挤压的制品在焊缝处表现的焊缝分层或没有完全焊合的现象（如图 38）。

主要产生原因：

a） 挤压比小，挤压温度低，速度快；

b） 挤压坯料或工具不清洁；

c） 舌型模涂油；

d） 模具设计不当。

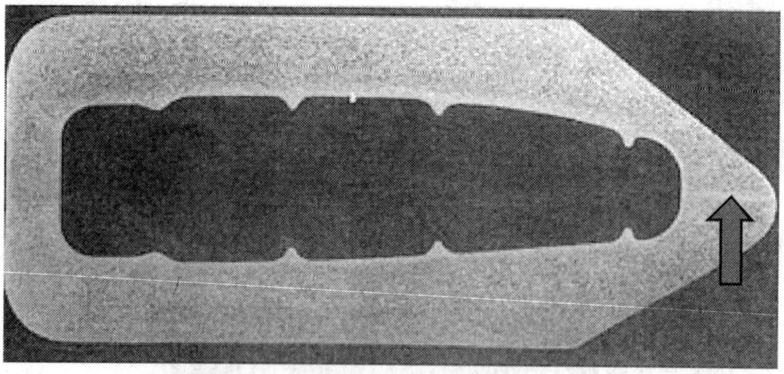

图 38　焊合不良

2.45

淬火裂纹　quenching crack

制品在淬火过程中出现的裂纹（如图 39）。低倍试片上，沿晶界开裂的网状裂纹。

裂纹多出现在拐角部位或壁厚不均之处。

主要产生原因：

a） 淬火加热温度过高；

b） 加热不均匀；

c） 淬火时水温过低；

d） 成分严重偏析。

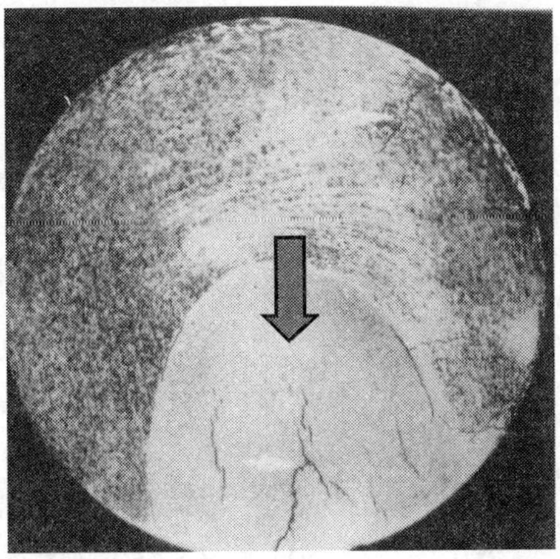

图 39 淬火裂纹

附　录　A
（资料性附录）
汉语拼音索引

A

B

C

E

F

G

H

J

K

L